图解FANUC数控机床维修从新手到高手

王吉明 主编

·北京·

图书在版编目（CIP）数据

图解FANUC数控机床维修：从新手到高手/王吉明主编. —2版. —北京：化学工业出版社，2019.8（2023.4重印）

ISBN 978-7-122-34396-3

Ⅰ.①图… Ⅱ.①王… Ⅲ.①数控机床-维修-图解
Ⅳ.①TG659-64

中国版本图书馆CIP数据核字（2019）第081106号

责任编辑：王　烨　　　文字编辑：陈　喆

责任校对：杜杏然　　　装帧设计：刘丽华

出版发行：化学工业出版社（北京市东城区青年湖南街13号　邮政编码100011）

印　　装：北京天宇星印刷厂

787mm×1092mm　1/16　印张27　字数938千字　2023年4月北京第2版第2次印刷

购书咨询：010-64518888　　　售后服务：010-64518899

网　　址：http://www.cip.com.cn

凡购买本书，如有缺损质量问题，本社销售中心负责调换。

定　　价：99.00元

前 言

数控机床是综合应用了机械、电子、液压、计算机与通信技术的设备，以其适用性强、加工效率、生产率及自动化程度高等优点，得到了广泛应用。数控机床的结构复杂，若出现故障，诊断、排除的难度都比较大。

随着数控机床得到广泛应用，对数控机床的有效利用率要求越来越高，一方面要求数控机床的可靠性要高，另一方面要求数控机床出现故障后要尽快排除。所以，对数控机床的维修人员的数量及技术水平要求也就越来越高了。

人们对事物的认识总是从实践到理论，理论再指导实践，这样一个不断循环逐步提高的过程。同样，维修工作也离不开这样的循环过程。通过对个别机床的了解和维修，可逐步积累经验达到对一般机床和复杂机床的了解，从而获得全新的理念，让自身水平逐步提高。

在维修工作中，不仅需要扎实的理论基础知识和对各种机床的了解，更需要通过大量的维修工作积累丰富的实践经验，达到心领神会的境界，从而产生灵感，工作就能得心应手。另外还要有足够的数据、资料和图样。本书就是在这种情况下产生的。

本书出版五年来，多次重印，受到广大读者的欢迎和肯定。不少读者来信来电反映他们使用本书过程中的阅读感受和遇到的问题，并提出了一些中肯的改进建议。结合读者的反馈以及数控行业和技术的发展，我们对本书进行了修订。在修订过程中，对已经过时和不太实用的内容进行了删减，对一些章节进行了全面改写，并增加了很多实用性强的内容。比如，增加了数控铣床和加工中心的维护保养、增加了很多数控维修实例，增加了主传动系统和进给系统的机械结构组成，增加了数控机床辅助装置的结构与维修，等等。第 2 版内容较第 1 版更丰富、更全面、更实用。

更为难得的是，本书在很多章节针对一些重要知识点以及不好理解的地方配置了大量视频演示，读者通过扫描书中的二维码，即可观看视频播放，更直观地学习和理解重点、难点。

本书由王吉明主编，姜秋月、邴芳媛副主编，王建绪、王海军、刘清艳、王晓龙、韩钰、孙凯、杨志江、商景凤参编。韩鸿鸾主审。

在编写过程中得到了临沂、东营、烟台等职业院校与数控机床生产厂家的帮助，在此表示由衷的感谢。

由于编者水平有限，时间仓促，书中不妥之处在所难免，请广大读者给予批评指正。

编 者

目　录

第1章　数控机床维修基础

第2章　FANUC系统数控机床的连接与参数设置

第3章　FANUC系统数控机床PMC的装调与维修

第4章　主传动系统的故障诊断与检修

第5章　进给传动系统的结构与维修

第6章 自动换刀装置的结构与维修

第7章 数控机床辅助装置的结构与维修

第8章 综合故障的诊断与维修

第1章 数控机床维修基础

1.1 数控机床概述

1.1.1 数控机床的分类

1.1-1

目前数控机床的品种很多，通常按下面几种方法进行分类。

(1) 按工艺用途分类［二维码 1.1-1］

① 金属切削类数控机床

a. 一般数控机床。最普通的数控机床有钻床、车床、铣床、镗床、磨床和齿轮加工机床，如图 1-1 所示。由数控机床、机器人等还可以构成柔性加工单元（FMC），它能实现工件搬运、装卸的自动化和加工调整准备的自动化，见图 1-2。

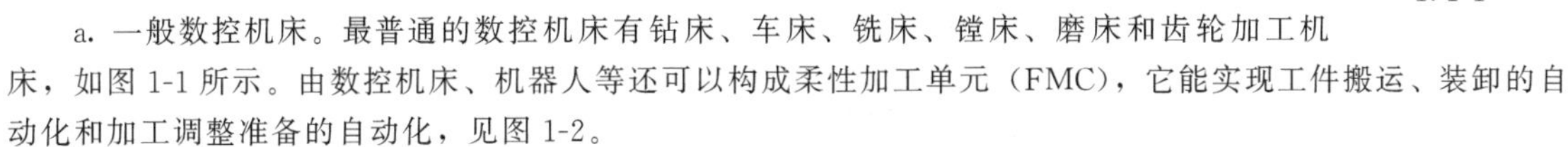

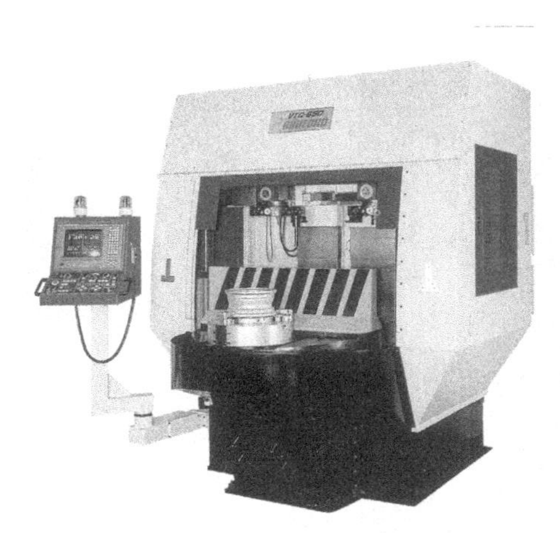

(a) 立式数控车床

(b) 卧式数控车床

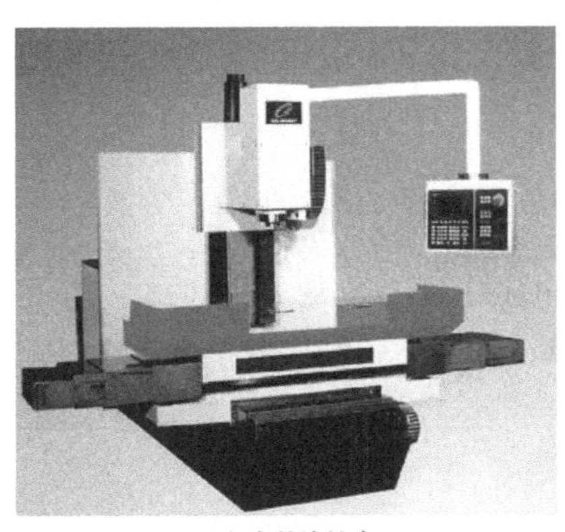

(c) 立式数控铣床

(d) 卧式数控铣床

图 1-1　常见数控机床

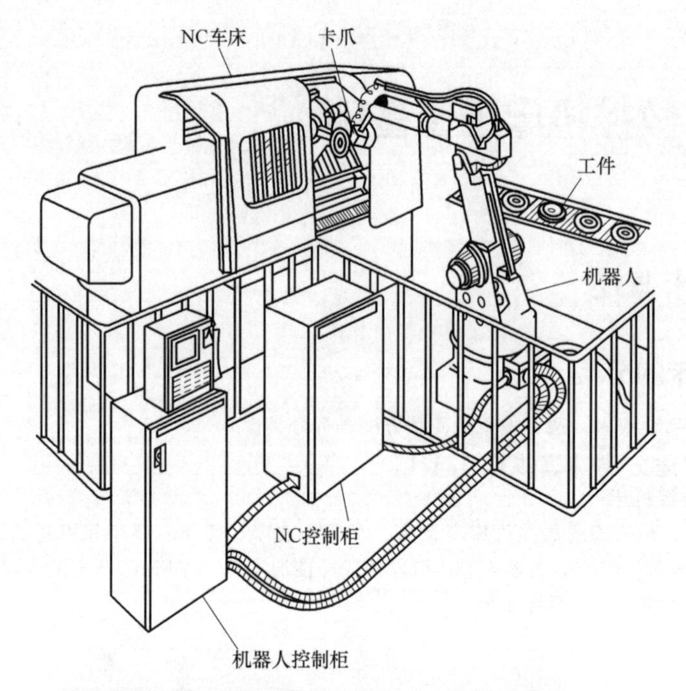

1.1-2

图 1-2 FMC 数控机床 [二维码 1.1-2]

b. 数控加工中心。这类数控机床是在一般数控机床上加装一个刀库和自动换刀装置，构成一种带自动换刀装置的数控机床。这类数控机床的出现打破了一台机床只能进行单工种加工的传统概念，实行一次安装定位，完成多工序加工。加工中心有较多的种类，一般按以下几种方式分类：

• 按加工范围分类：车削加工中心、钻削加工中心、镗铣加工中心、磨削加工中心、电火花加工中心等。一般镗铣类加工中心简称加工中心，其余种类的加工中心要有前置定语。现在发展的复合加工功能的机床，也常称为加工中心，如表 1-1 所示。

• 按机床结构分类：立式加工中心、卧式加工中心（图 1-3）、五面加工中心和并联加工中心（虚拟加工中心）。

• 按数控系统联动轴数分类：有两坐标加工中心、三坐标加工中心和多坐标加工中心。

• 按精度分类：可分为普通加工中心和精密加工中心。

表 1-1 常见的加工中心

名　称	图　样	说　明
车削加工中心	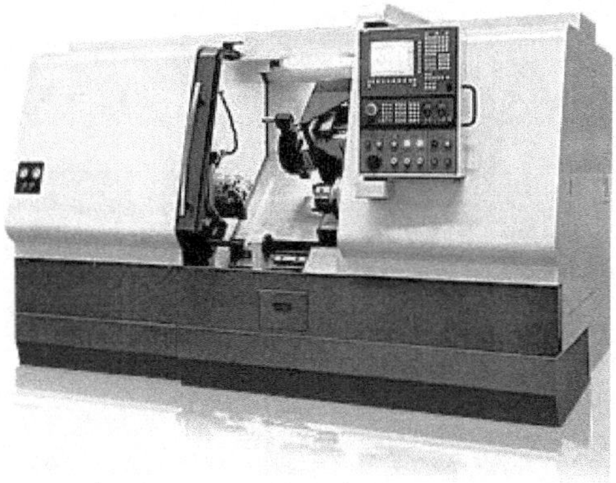	1.1-3
钻削加工中心	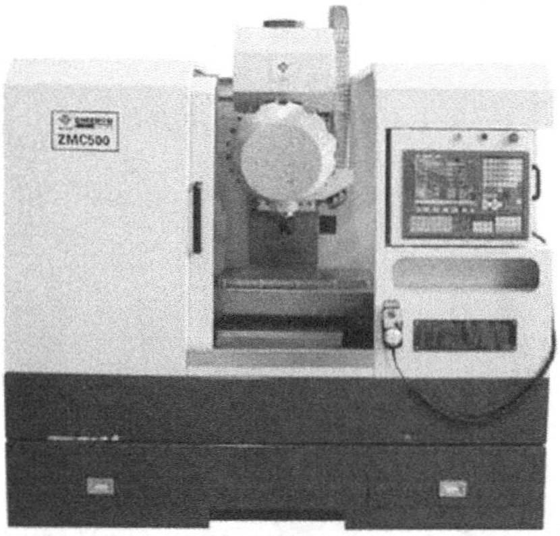	1.1-4
磨削加工中心	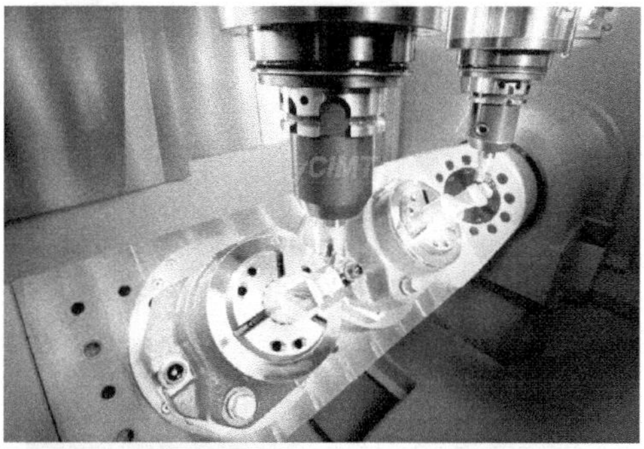	五轴螺纹磨削加工中心
车铣复合加工中心		1.1-5

续表

名称	图样	说明
车铣复合加工中心		1.1-6
	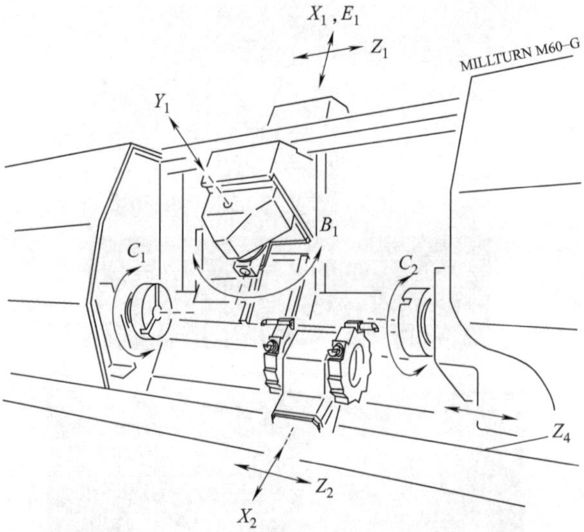	WFL 车铣复合加工中心的坐标
车铣磨插复合中心	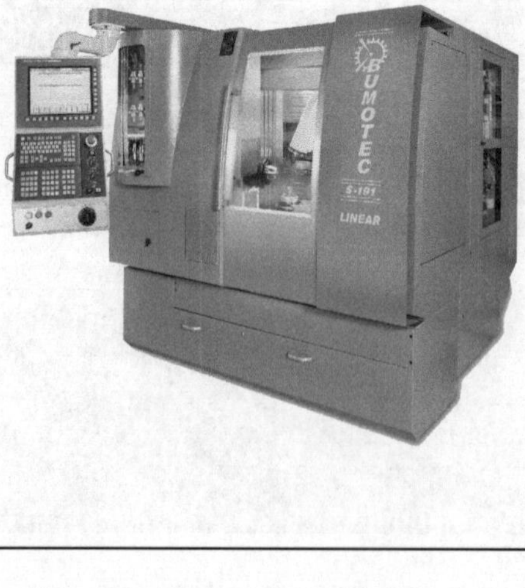	瑞士宝美 S-191 车铣磨插复合中心 1.1-7

续表

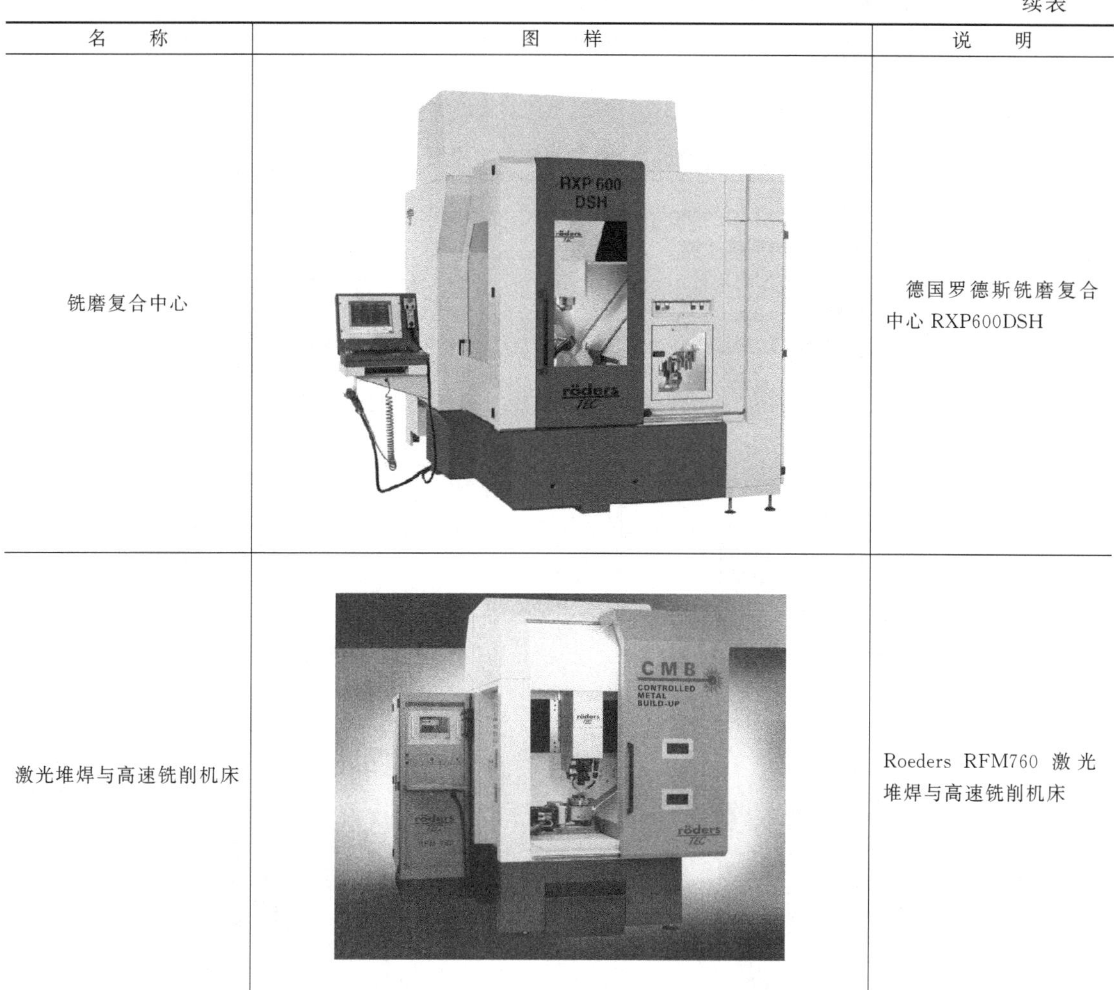

名　称	图　样	说　明
铣磨复合中心		德国罗德斯铣磨复合中心 RXP600DSH
激光堆焊与高速铣削机床		Roeders RFM760 激光堆焊与高速铣削机床

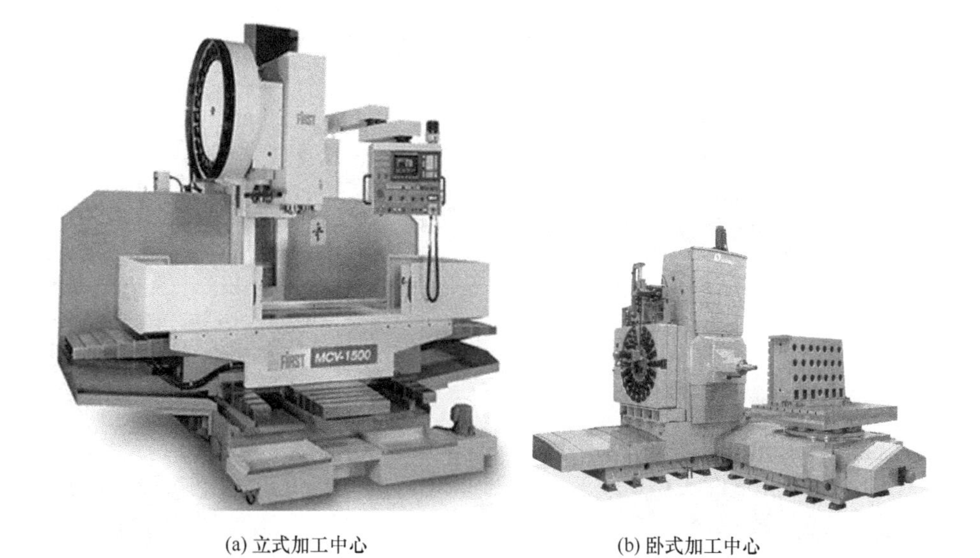

(a) 立式加工中心　　(b) 卧式加工中心

图 1-3　常见加工中心

② 金属成形类数控机床　如数控折弯机、数控弯管机、数控回转头压力机等，如表 1-2 所示。

③ 数控特种加工机床　如数控线（电极）切割机床、数控电火花加工机床、数控激光切割机等，如表 1-2所示。

④ 其他类型的数控机床　如火焰切割机、数控三坐标测量机等，如表 1-2 所示。

表 1-2　各种机床的实物图

名称	实物图	名称	实物图
数控插齿机		数控电火花线切割机床	
数控滚齿机		数控电火花成形机床	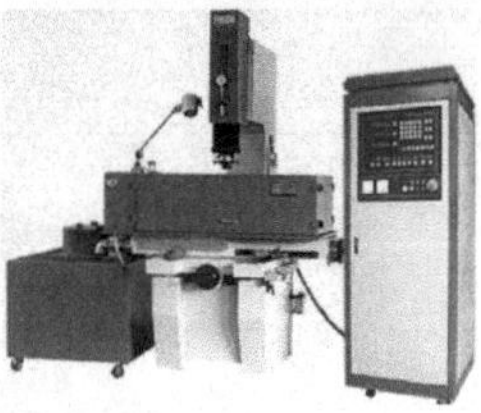
数控刀具磨床		数控火焰切割机床	 1. 1-8
数控镗床		数控激光加工机床	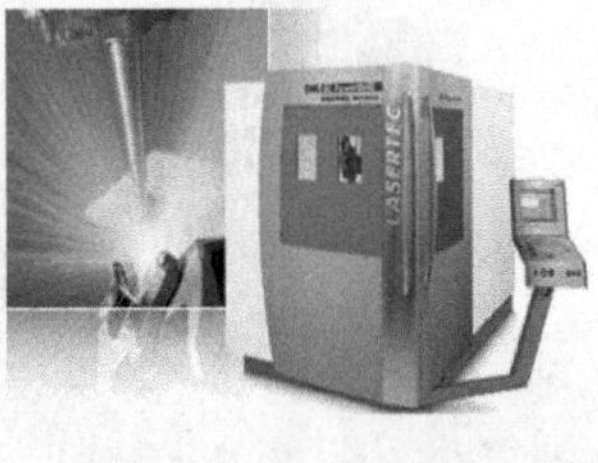 1. 1-9
数控折弯机	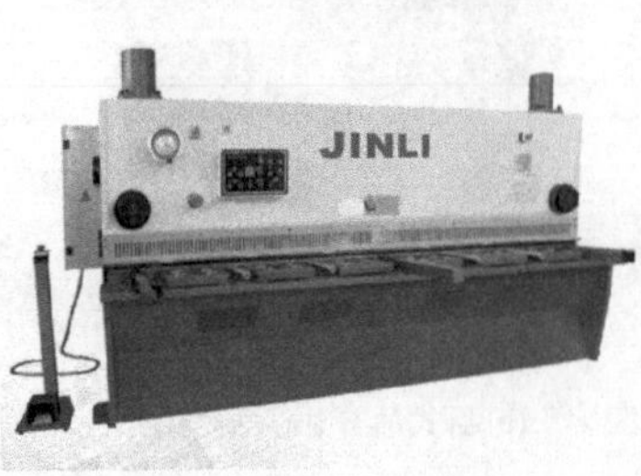	三坐标测量仪	

续表

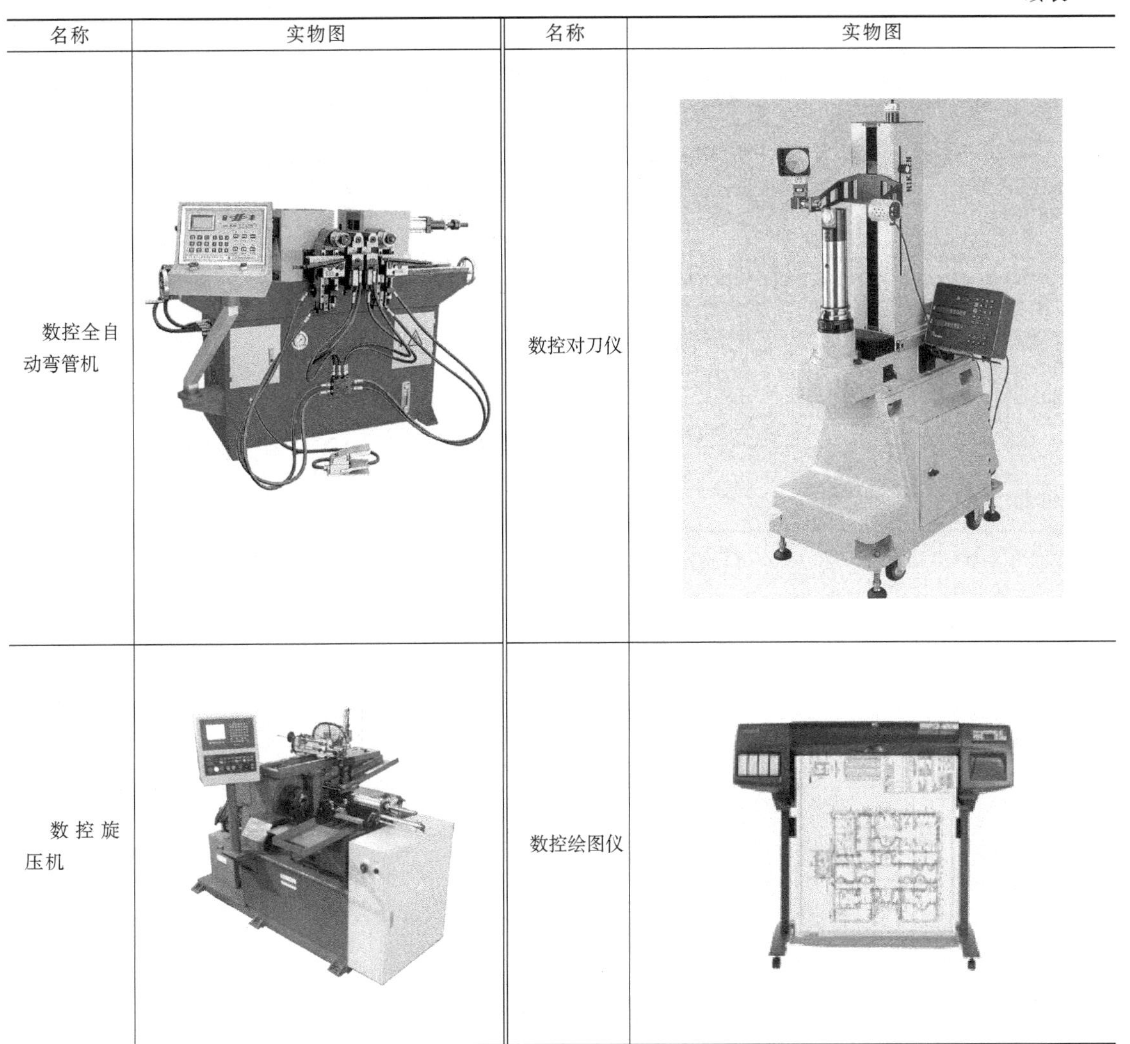

名称	实物图	名称	实物图
数控全自动弯管机		数控对刀仪	
数控旋压机		数控绘图仪	

(2) 按可控制联动的坐标轴分类

所谓数控机床可控制联动的坐标轴，是指数控装置控制几个伺服电动机，同时驱动机床移动部件运动的坐标轴数目。

① 两坐标联动　两坐标联动指数控机床能同时控制两个坐标轴联动，即数控装置同时控制 X 和 Z 方向运动，可用于加工各种曲线轮廓的回转体类零件；或机床本身有 X、Y、Z 三个方向的运动，数控装置中只能同时控制两个坐标，实现两个坐标轴联动，但在加工中能实现坐标平面的变换，用于加工图 1-4（a）所示的零件沟槽。

② 三坐标联动　三坐标联动指数控机床能同时控制三个坐标轴联动。此时，铣床称为三坐标数控铣床，可用于加工曲面零件，如图 1-4（b）所示。

③ 两轴半坐标联动　两轴半坐标联动指数控机床本身有三个坐标能作三个方向的运动，但控制装置只能同时控制两个坐标，而第三个坐标只能作等距周期移动，可加工空间曲面，如图 1-4（c）所示。数控装置在 ZX 坐标平面内控制 X、Z 两坐标联动，加工垂直面内的轮廓表面，控制 Y 坐标作定期等距移动，即可加工出零件的空间曲面。

④ 多坐标联动　多坐标联动指数控机床能同时控制四个以上坐标轴联动。多坐标数控机床的结构复杂、精度要求高、程序编制复杂，主要应用于加工形状复杂的零件。五轴联动铣床可加工曲面形状零件，如图1-4（d）所示。现在常见的五轴联动加工中心如表 1-3 所示。六轴加工中心如图 1-5 所示。

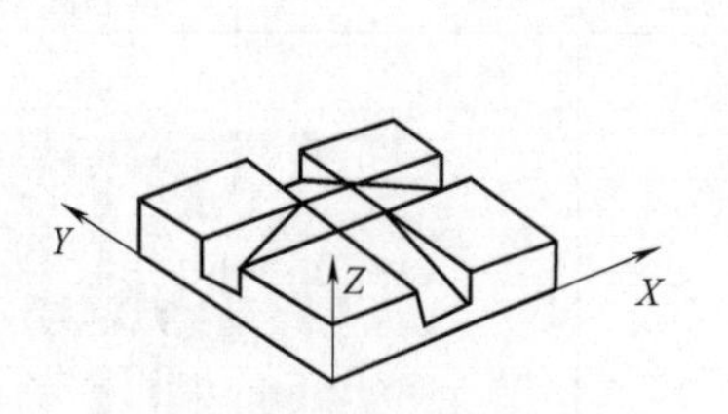

(a) 零件沟槽面加工

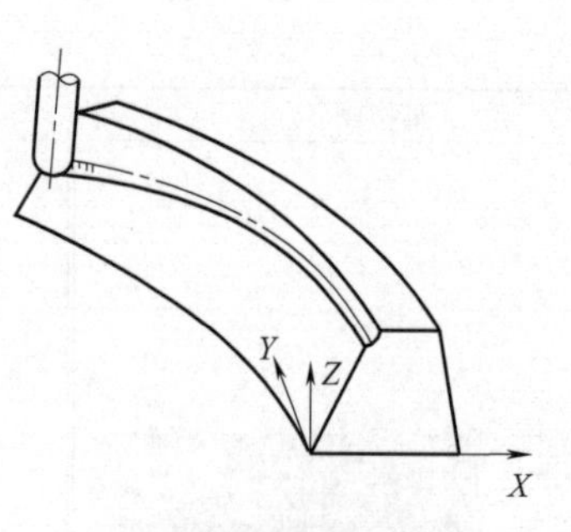

(b) 三坐标联动曲面加工

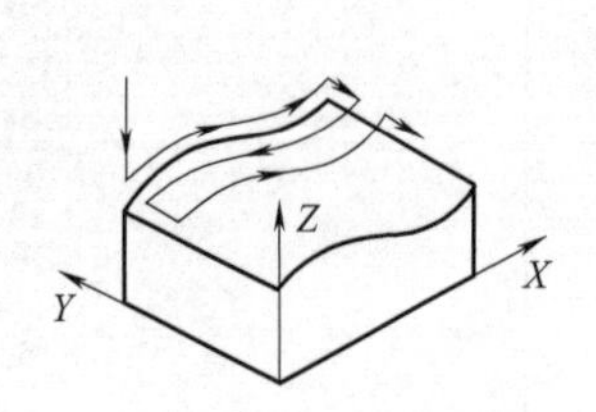

(c) 两坐标联动加工曲面

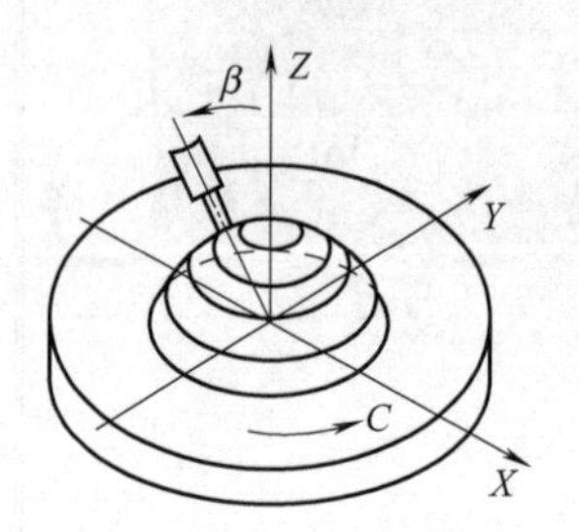

(d) 五轴联动铣床加工曲面

图 1-4 空间平面和曲面的数控加工

表 1-3 五轴联动加工中心

特点	图样	说明
摆头		瑞士威力铭 W-418 五轴联动加工中心
		德玛吉公司的 DMU125P 机床

续表

特　　点	图　　样	说　　明
铣头与分度头联动回转	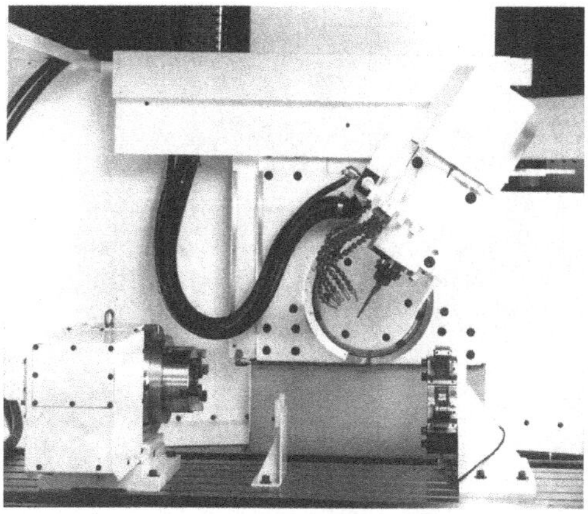	
工作台两轴回转加工中心	 DMU 50 T DECKEL MAHO	
摇篮		德国哈默的C30U不仅能作镜面切削，还可加工伞齿轮、螺旋伞齿轮等 1.1-10

续表

特点	图样	说明
摇篮		德国哈默的摇篮式可倾工作台
		牧野摇篮式加工中心

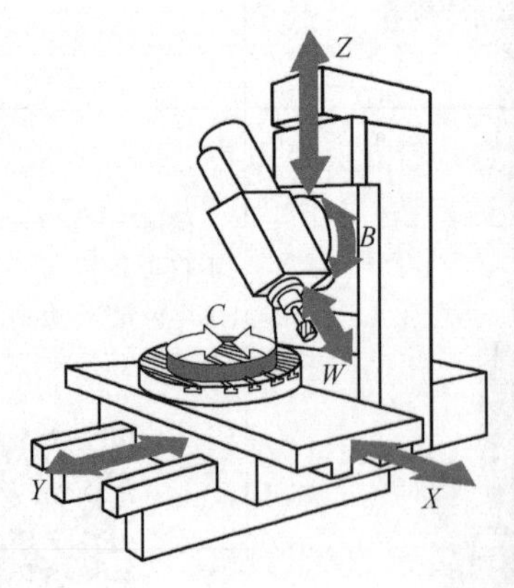

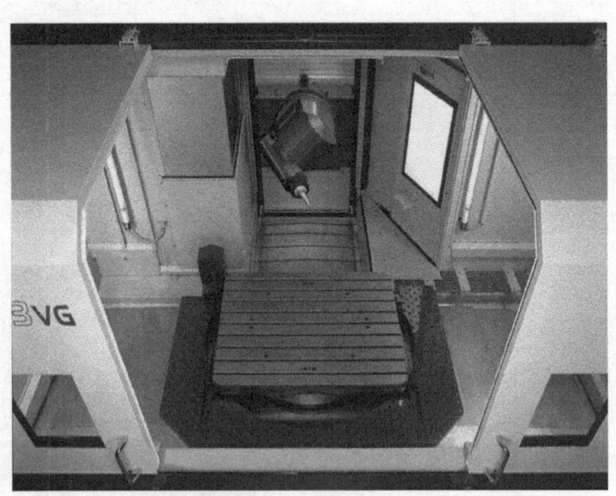

图 1-5　六轴加工中心

(3) 按控制方式分类

数控机床按照对被控量有无检测反馈装置可分为开环控制和闭环控制两种。在闭环系统中，根据测量装置安放的部位又分为全闭环控制和半闭环控制两种，具体见表 1-4。

1.1-11

表 1-4 数控机床按照控制方式分类［二维码 1.1-11］

控制方式		图示与说明	特点	应用
开环控制		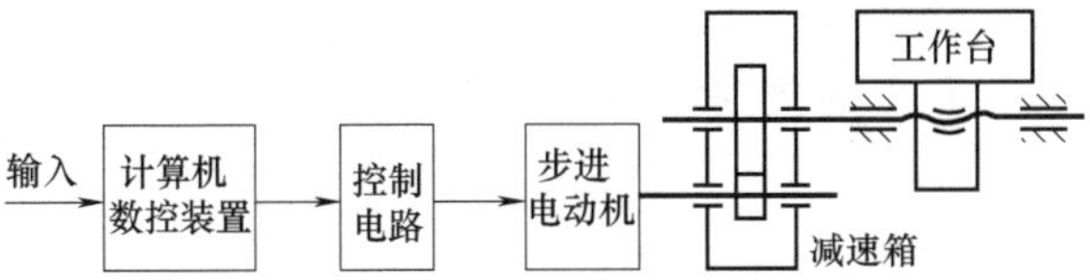 数控装置将工件加工程序处理后,输出数字指令信号给伺服驱动系统,驱动机床运动。由于没有检测反馈装置,因此不检测运动的实际位置,没有位置反馈信号。因此,指令信息在控制系统中单方向传送,不反馈	采用步进电动机作为驱动元件 开环系统的速度和精度都较低,但是,控制结构简单、调试方便、容易维修、成本较低	广泛应用在经济型数控机床上
闭环控制	全闭环	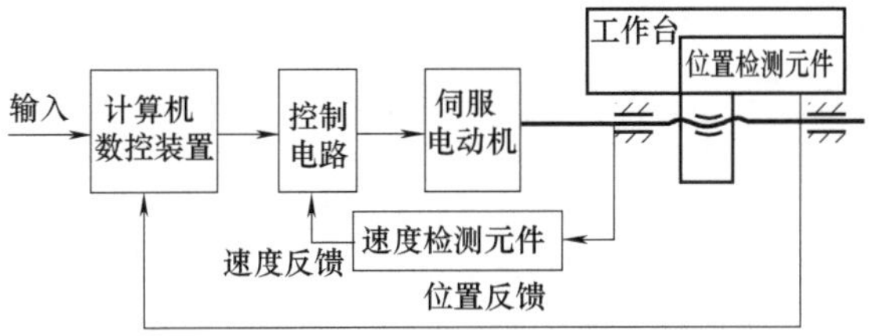 安装在工作台上的位置检测元件将工作台实际位移量反馈到计算机中,与所要求的位置指令进行比较,用比较的差值进行控制,直到差值消除为止	采用直流伺服电动机或交流伺服电动机作为驱动元件 加工精度高,移动速度快,但是,电动机的控制电路比较复杂、检测元件价格昂贵,因而调试和维修成本高	广泛应用在加工精度高的精密型数控机床上
	半闭环	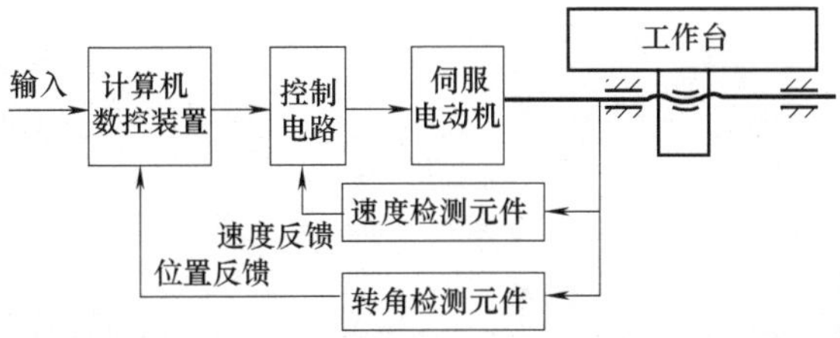 系统反馈环内不包含工作台。系统不直接检测工作台的位移量,而是采用转角位移检测元件,测出伺服电动机或丝杠的转角,推算工作台的实际位移量,反馈到计算机中进行位置比较,用比较的差值进行控制	控制精度比闭环控制差,但稳定性好,成本较低,调试维修也较容易,兼具开环控制和闭环控制两者的优点	应用比较普遍

(4) 按加工路线分类［二维码 1.1-12］

1.1-12

数控机床按其进刀与工件相对运动的方式，可以分为点位控制、直线控制和轮廓控制，见表 1-5。

表 1-5　数控机床按照加工路线分类

加工路线控制	图示与说明	应　用
点位控制	移动时刀具未加工 刀具与工件相对运动时，只控制从一点运动到另一点的准确性，而不考虑两点之间的运动路径和方向	多应用于数控钻床、数控冲床、数控坐标镗床和数控点焊机等
直线控制	刀具在加工 刀具与工件相对运动时，除控制从起点到终点的准确定位外，还要保证平行坐标轴的直线切削运动	由于只作平行坐标轴的直线进给运动（可以加工与坐标轴成 45°的直线），因此不能加工复杂的零件轮廓，多用于简易数控车床、数控铣床、数控磨床等
轮廓控制	刀具在加工 刀具与工作相对运动时，能对两个或两个以上坐标轴的运动同时进行控制	可以加工平面曲线轮廓或空间曲面轮廓，多用于数控车床、数控铣床、数控磨床、加工中心等

需要说明的是，随着工业机器人技术的发展，有的工业机器人也可参与机械加工，如图 1-6 所示，往往把这种工业机器人称为广义的数控机床。这样的工业机器人所做的工作有轻型铣削、去毛刺等。

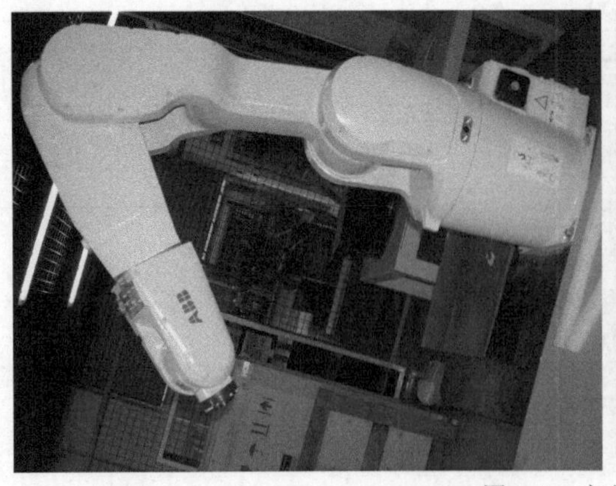

图 1-6　广义数控机床

1.1.2 数控机床的布局

(1) 数控车床的布局

数控车床的主轴、尾座等部件相对床身的布局形式与普通车床一样，但刀架和导轨的布局形式有很大变化，而且其布局形式直接影响数控车床的使用性能及机床的外观和结构。刀架和导轨的布局应考虑机床和刀具的调整、工件的装卸、机床操作的方便性、机床的加工精度以及排屑性和抗振性。

① 床身和导轨的布局　数控车床布局形式受到工件尺寸、质量和形状，机床生产率，机床精度，操纵方便运行要求和安全与环境保护要求的影响。

随着工件尺寸、质量和形状的变化，数控车床的布局可有卧式车床、落地式车床、单柱立式车床、双柱式车床和龙门移动式立式车床的变化，如图 1-7 所示。

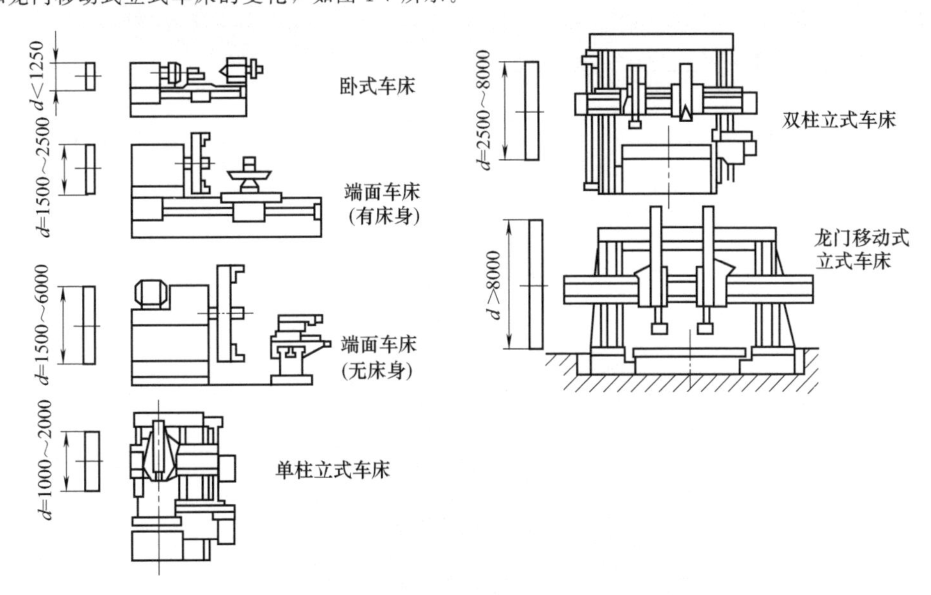

图 1-7　工件尺寸、质量对车床布局的影响

不同类型的机床，其布局也有不同，数控车床的床身和导轨的常用布局主要有如图 1-8 所示几种。图 1-8（a）所示为平床身，图 1-8（b）所示为斜床身，图 1-8（c）所示为平床身斜滑板，图 1-8（d）所示为立床身，图 1-8（e）所示为前斜床身平滑板，图 1-8（f）～(h）为数控机床实物图。

平床身的工艺性好，导轨面容易加工；平床身配上水平刀架，由平床身机件工件重量所产生的变形方向垂直向下，它与刀具运动方向垂直，对加工精度影响较小；平床身由于刀架水平布置，不受刀架、溜板箱自重的影响，容易提高定位精度；大型工件和刀具装卸方便，但平床身排屑困难，需要三面封闭，刀架水平放置也加大了机床宽度方向结构尺寸。

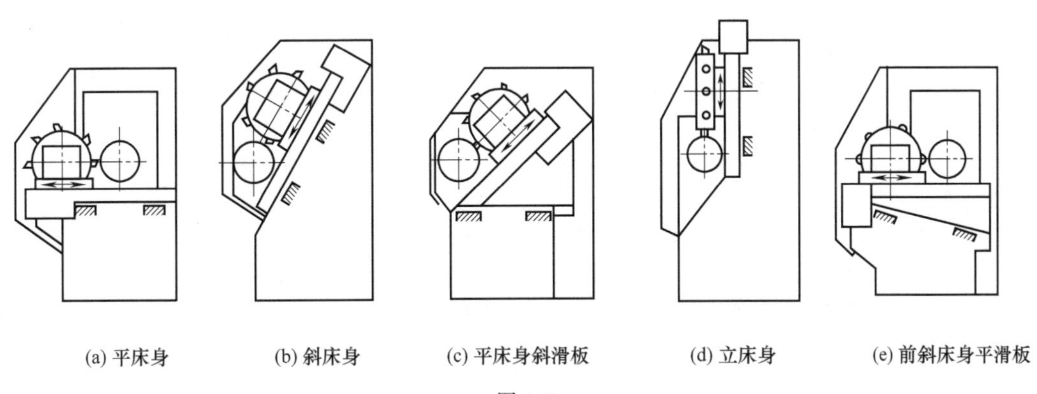

(a) 平床身　(b) 斜床身　(c) 平床身斜滑板　(d) 立床身　(e) 前斜床身平滑板

图 1-8

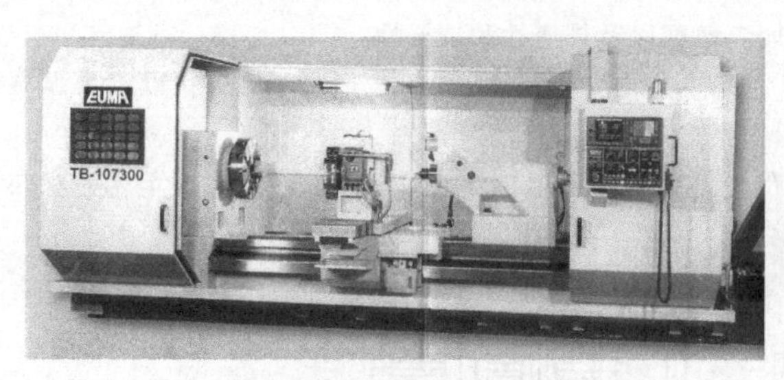

(f) 平床身数控车床实物图

(g) 斜床身数控车床实物图

(h) 立床身数控车床实物图

图 1-8 数控车床布局形式

斜床身的观察角度好，工件调整方便，防护罩设计较为简单，排屑性能较好。斜床身导轨倾斜角有 30°、45°、60°和 75°几种，导轨倾斜角为 90°的斜床身通常称为立式床身。倾斜角度影响导轨的导向性、受力情况、排屑、宜人性及外形尺寸高度比例等。一般小型数控车床多用 30°、45°的导轨倾斜角；中型数控车床多用 60°的导轨倾斜角，大型数控车床多用 75°的导轨倾斜角。

如果数控车床采取水平床身配上斜滑板并配置倾斜式导轨防护罩，这种布局形式一方面具有水平床身工艺性好的特点；另一方面，与水平配置滑板相比，其机床宽度方向尺寸小，且排屑方便。

立床身的排屑性能最好，但立床身机床工件重量所产生的变形方向正好沿着垂直运动方向，对精度影响最大，并且立床身结构的机床受结构限制，布置也比较困难，限制了机床的性能。

一般来说，中小型规格的数控车床常用斜床身和平床身斜滑板布局，只有大型数控车床或小型精密数控车床才采用平床身，立床身采用较少。

② 刀架布局　回转刀架在数控机床上有两种常见布局形式：一种是回转轴垂直于主轴，如经济型数控车床的四方回转刀架；另一种是回转轴平行于主轴，如转塔式自动转位刀架。按组合形式又有平行交错双刀

架、垂直交错双刀架，如图 1-9 所示。

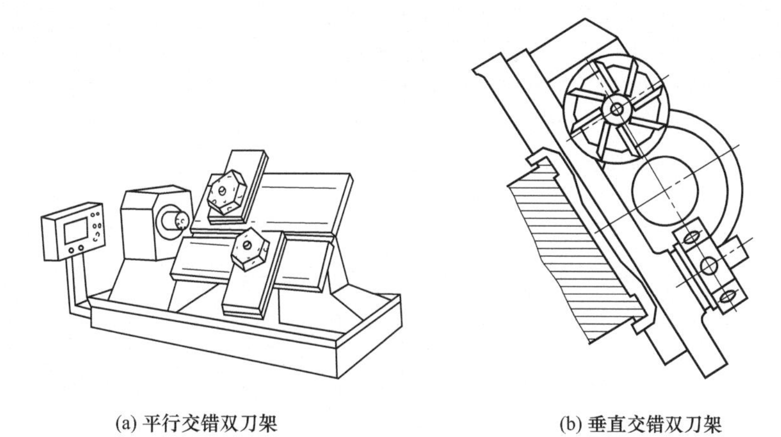

(a) 平行交错双刀架　　(b) 垂直交错双刀架

图 1-9　自动转位刀架的组合形式

随着生产率要求的不同，数控车床的布局可以产生单主轴单刀架、单主轴双刀架、双主轴双刀架等不同的结构变化。表 1-6 所示是某公司 CNC 车床和车削加工系列布局。

表 1-6　某公司 CNC 车床和车削加工系列布局

TT25	TM25	TM25Y
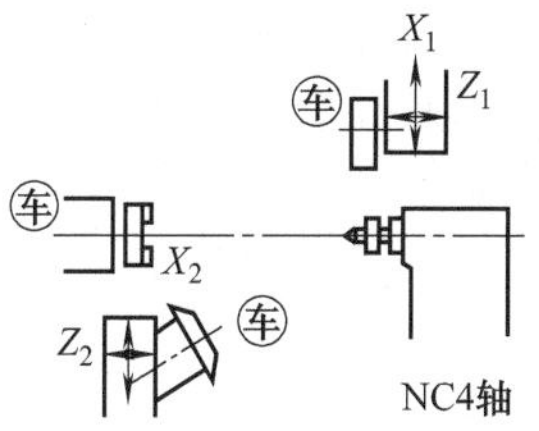 NC4轴	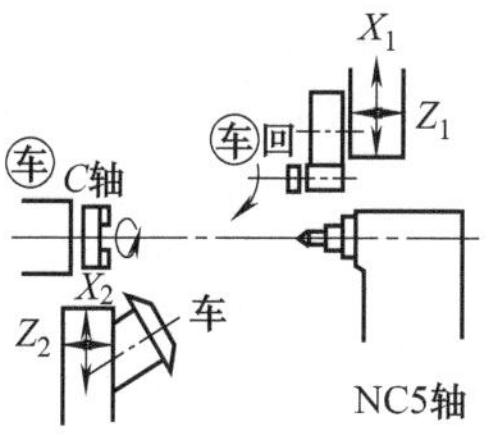 NC5轴	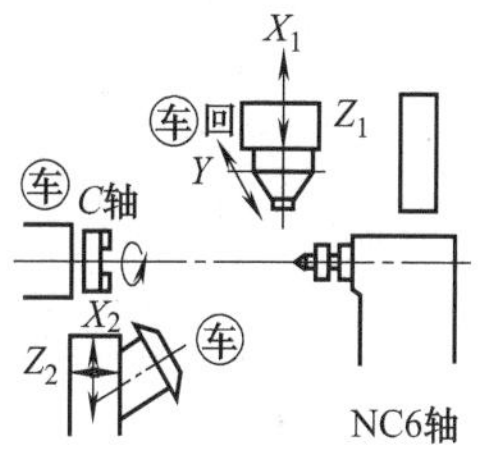 NC6轴
• 多刀平衡车削	• 铣削 • 动力刀具	• 上刀架有 Y 轴、ATC 和动力刀具
TT25S	**TM25S**	**TM25YS**
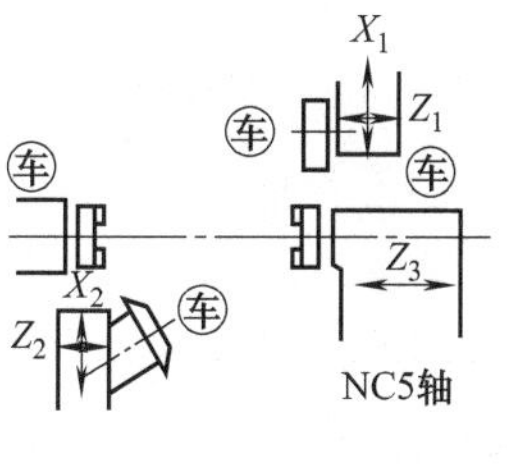 NC5轴	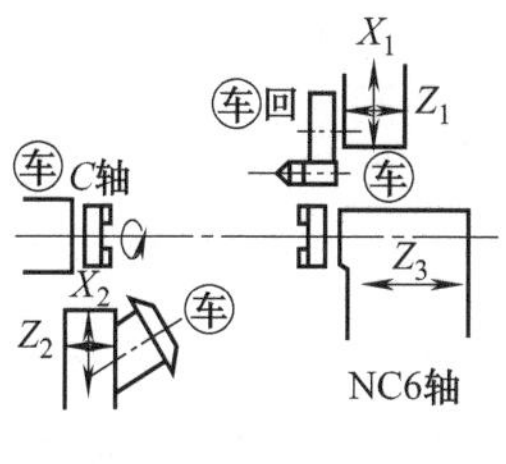 NC6轴	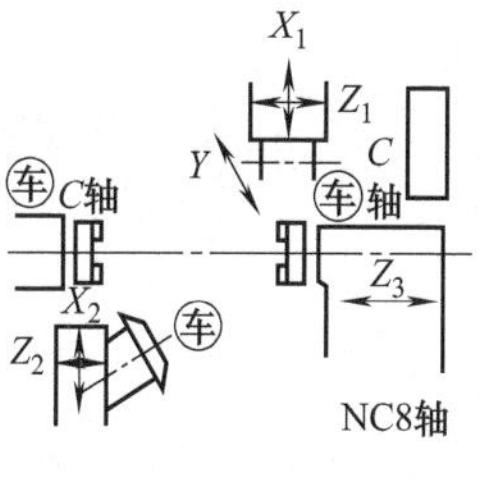 NC8轴
• 尾座换为第二主轴	• 尾座换为第二主轴	• 尾座换为第二主轴
• 1 台机床上完成全部工序加工 • 附上下料装置可完成无人加工		• 第 1 主轴送棒料 • 第 2 主轴拉棒料可完成无人加工

随着机床精度的不同，数控车床的布局要考虑切削刀、切削热和切削振动的影响。要使这些因素对精度影响最小，机床在布局上就要考虑到各部件的刚度、抗振性和在受热时使得热变形的影响在不敏感的方向。如卧式车床主轴箱热变形时，随着刀架的位置不同，对尺寸的影响也不同，如图 1-10 所示。

(2) 数控铣床与加工中心的布局

① 数控铣床的布局　数控铣床是一种用途广泛的机床，分为立式、卧式、龙门式和立卧两用式四种。其中，立卧两用式数控铣床的主轴（或工作台）方向可以更换，能达到一台机床上既可以进行立式加工，又可以进行卧式加工，使其应用范围更广，功能更全。根据工件的重量和尺寸的不同，数控铣床可以有四种不同的布局方案，如图 1-11 所示。图 1-12 所示是五面数控铣床（立卧两用数控铣床）动力头的形式，图 1-13 所示是立卧两用数控铣床的一种布局。

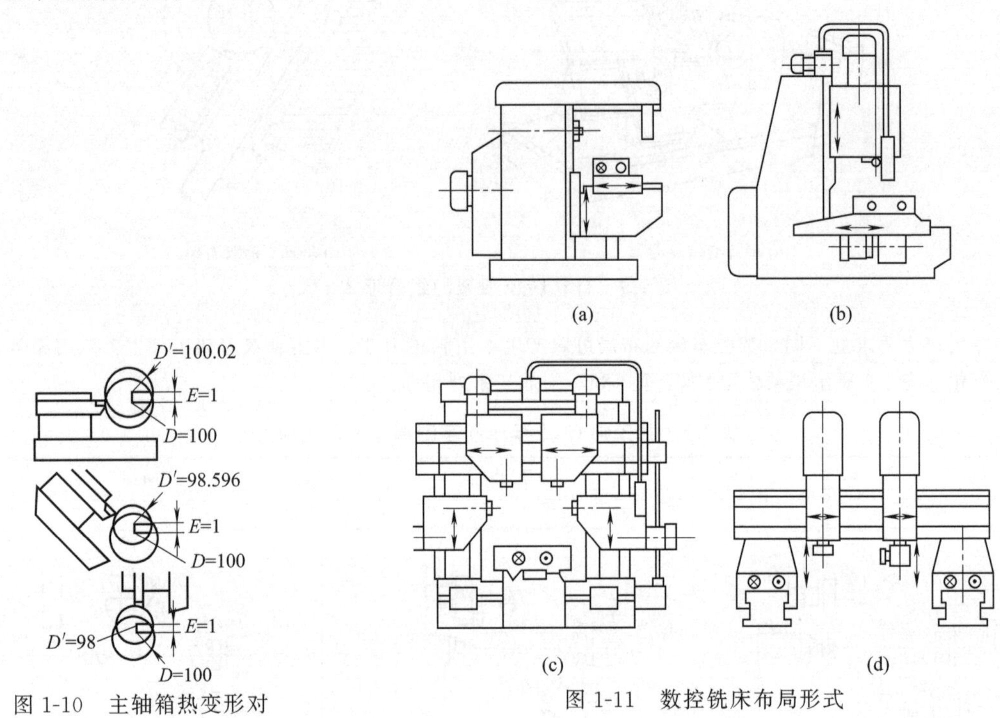

图 1-10　主轴箱热变形对加工尺寸的影响

图 1-11　数控铣床布局形式

图 1-12　新型五面加工中心动力头

图 1-13　立卧两用数控铣床的一种布局

② 加工中心的布局　加工中心是一种配有刀库并能自动更换刀具、对工件进行多工序加工的数控机床。其可分为卧式加工中心、立式加工中心、五面加工中心和虚拟加工中心。

a. 立式加工中心。如图 1-14（a）所示，立式加工中心可采用固定立柱式，主轴箱吊在立柱一侧，其平衡重锤放置在立柱中，工作台为十字滑台，可以实现 X、Y 两个坐标轴的移动，主轴箱沿立柱导轨运动实现 Z 坐标移动。立式加工中心还可以采用图 1-14（b）和（c）所示布局等。

b. 卧式加工中心。如图 1-15 所示，卧式加工中心通常采用立柱移动式、T 形床身。一体式 T 形床身的刚度和精度保持性较好，但其铸造和加工工艺性差。分离式 T 形床身的铸造和加工工艺性较好，但是必须在连接部位用大螺栓紧固，以保证其刚度和精度。

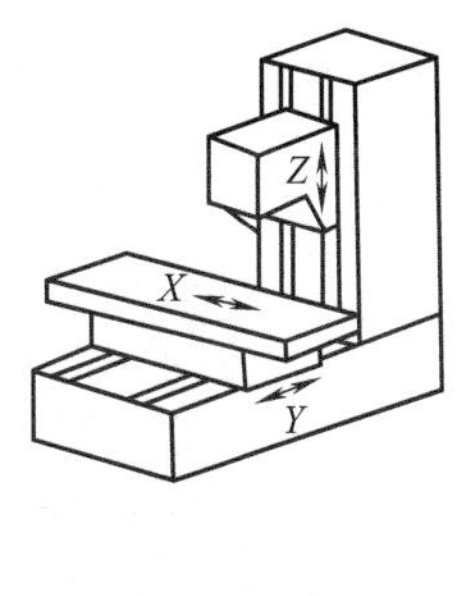

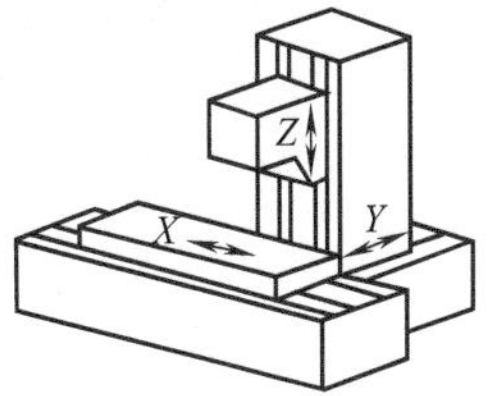

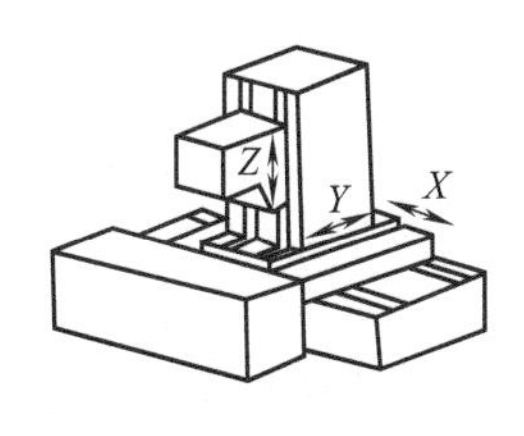

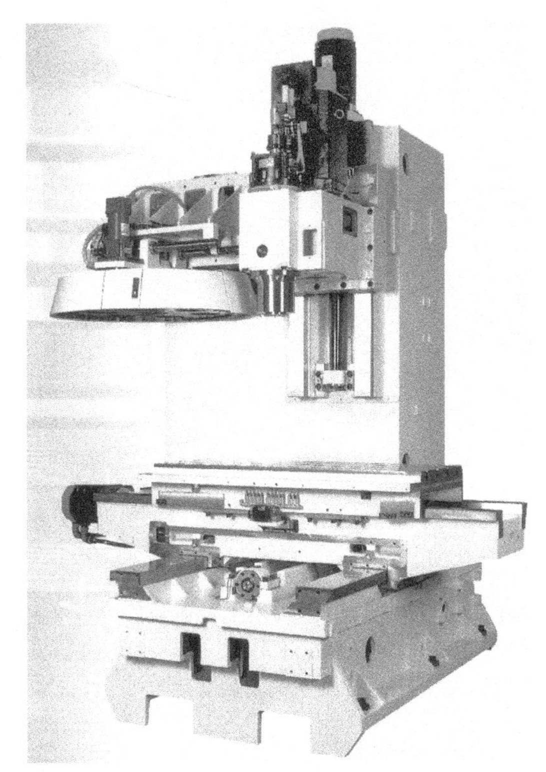

(a) 固定立柱式

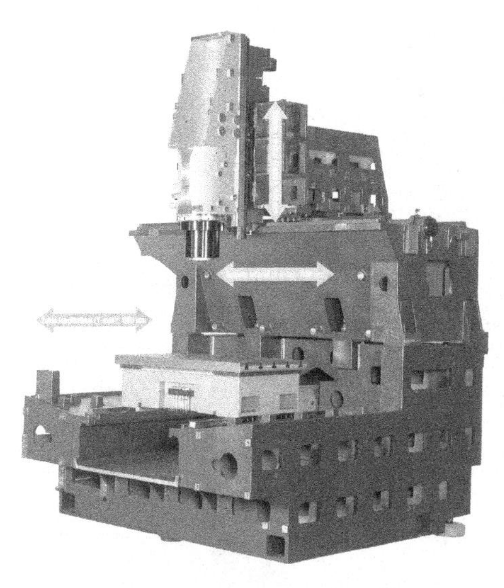

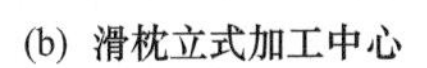

(b) 滑枕立式加工中心　　(c) O形整体床身立式加工中心

图 1-14　立式加工中心的配置

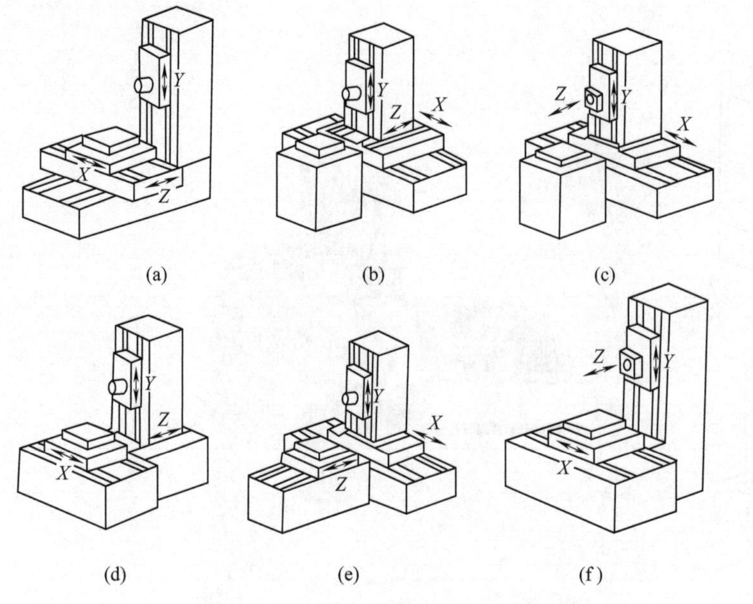

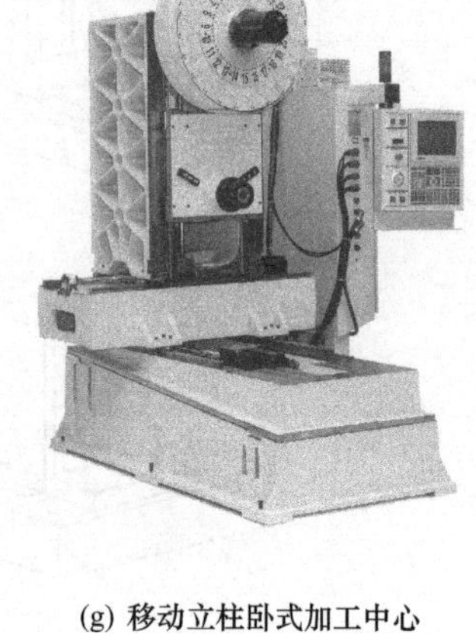

(g) 移动立柱卧式加工中心

图 1-15 卧式加工中心布局形式

c. 五面加工中心。五面加工中心兼具立式和卧式加工中心的功能，工件一次装夹后能完成除安装面外的所有侧面和顶面等五个面的加工。常见的五面加工中心有图 1-16 所示两种结构形式，图 1-16（a）所示主轴可以 90°旋转，可以按照立式和卧式加工中心两种方式进行切削加工；图 1-16（b）所示的工作台可以带着工件作 90°旋转来完成装夹面外的五面切削加工。龙门加工中心也可以通过铣头交换来实现五面体加工。

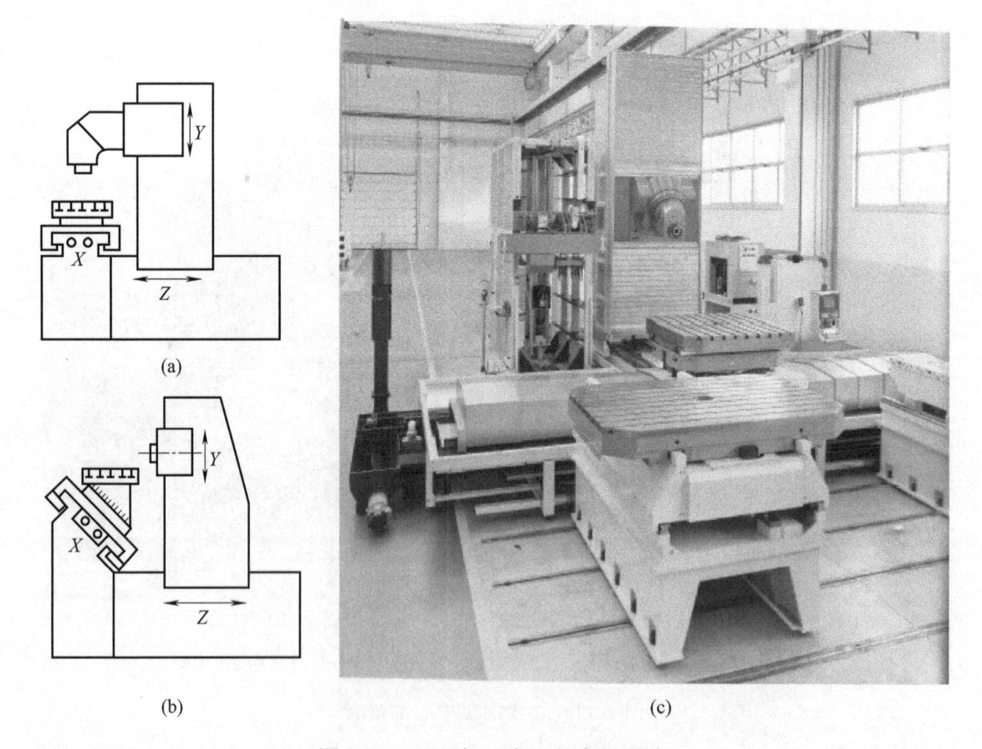

图 1-16 五面加工中心的布局形式

1.2 数控机床的组成与工作原理

1.2.1 数控机床的组成［二维码 1.2-1］

1.2-1

数控机床一般由计算机数控系统和机床本体两部分组成，其中计算机数控系统是由输入/输出设备、计算机数控装置（CNC 装置）、可编程控制器、主轴驱动系统和进给伺服驱动系统等组成的一个整体系统，如图 1-17 所示。

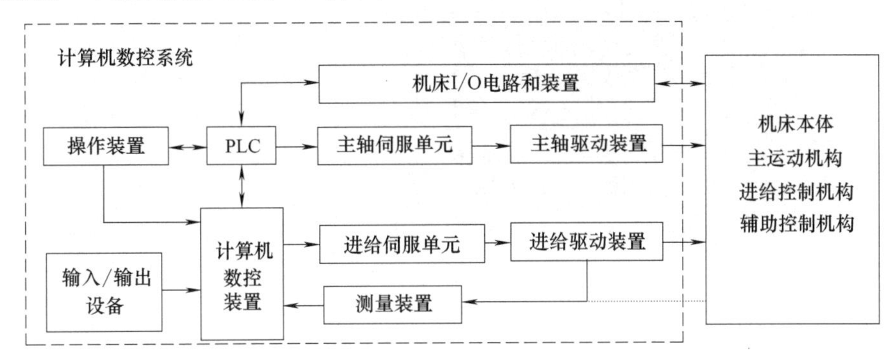

图 1-17　数控机床的组成

(1) 输入/输出装置

数控机床在进行加工前，必须接收由操作人员输入的零件加工程序（根据加工工艺、切削参数、辅助动作以及数控机床所规定的代码和格式编写的程序，简称为零件程序。现代数控机床上该程序通常以文本格式存放），然后才能根据输入的零件程序进行加工控制，从而加工出所需的零件。此外，数控机床中常用的零件程序有时也需要在系统外备份或保存。

因此数控机床中必须具备必要的交互装置，即输入/输出装置来完成零件程序的输入/输出过程。

零件程序一般存放于便于与数控装置交互的一种控制介质上，早期的数控机床常用穿孔纸带、磁带等控制介质，现代数控机床常用移动硬盘、Flash（U 盘）、CF 卡（图 1-18）及其他半导体存储器等控制介质。此外，现代数控机床可以不用控制介质，直接由操作人员通过手动数据输入（manual data input，简称 MDI）键盘输入零件程序；或采用通信方式进行零件程序的输入/输出。目前数控机床常采用通信的方式有：串行通信（RS232、RS422、RS485 等）；自动控制专用接口和规范，如 DNC（direct numerical control）方式，MAP（manufacturing automation protocol）协议等；网络通信（Internet、Intranet、LAN 等）及无线通信［无线接收装置（无线 AP）、智能终端］等。

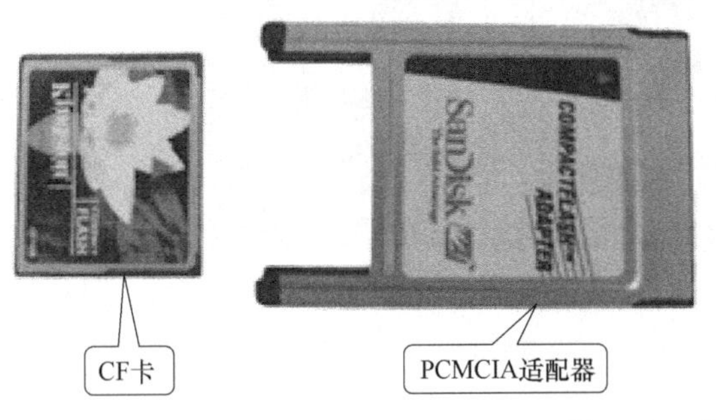

图 1-18　CF 卡

(2) 操作装置

操作装置是操作人员与数控机床（系统）进行交互的工具，一方面，操作人员可以通过它对数控机床

（系统）进行操作、编程、调试或对机床参数进行设定和修改；另一方面，操作人员也可以通过它了解或查询数控机床（系统）的运行状态，它是数控机床特有的一个输入/输出部件。操作装置主要由显示装置、NC键盘（功能类似于计算机键盘的按键阵列）、机床控制面板（machine control panel，简称 MCP）、状态灯、手持单元等部分组成。如图 1-19 所示为 FANUC 系统的操作装置，其他数控系统的操作装置布局与之相比大同小异。

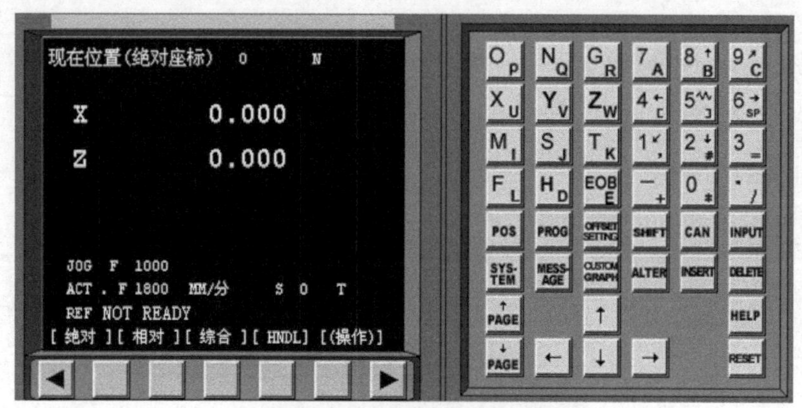

(a) FANUC 0i车床数控系统的控制面板

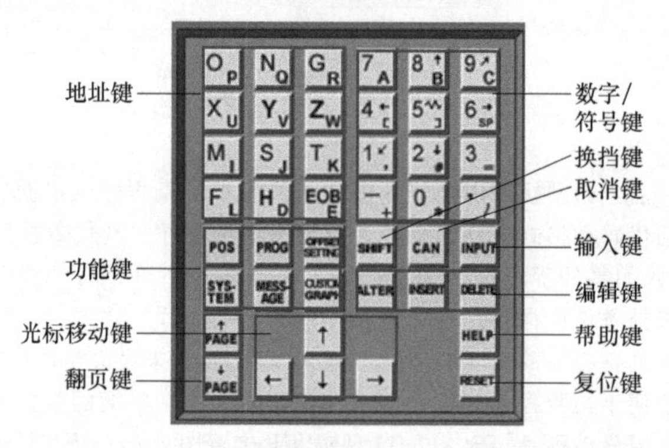

(b) MDI键盘

(c) 软键功能键

图 1-19　FANUC 系统操作装置

① 显示装置　数控系统通过显示装置为操作人员提供必要的信息，根据系统所处的状态和操作命令的不同，显示的信息可以是正在编辑的程序、正在运行的程序、机床的加工状态、机床坐标轴的指令/实际坐标值、加工轨迹的图形仿真、故障报警信号等。

较简单的显示装置只有若干个数码管，只能显示字符，显示的信息也很有限；较高级的系统一般配有

CRT 显示器或点阵式液晶显示器，一般能显示图形，显示的信息较丰富。

② NC 键盘　NC 键盘包括 MDI 键盘及软键功能键等。

MDI 键盘一般具有标准化的字母、数字和符号（有的通过上挡键实现），主要用于零件程序的编辑、参数输入、MDI 操作及系统管理等。

功能键一般用于系统的菜单操作，如图 1-19 所示。

③ 机床控制面板 MCP　机床控制面板集中了系统的所有按钮（故可称为按钮站），这些按钮用于直接控制机床的动作或加工过程，如启动、暂停零件程序的运行，手动进给坐标轴，调整进给速度等，如图 1-19 所示。

④ 手持单元　手持单元不是操作装置的必需件，有些数控系统为方便用户配有手持单元用于手摇方式增量进给坐标轴。

手持单元一般由手摇脉冲发生器 MPG、坐标轴选择开关等组成，如图 1-20 所示为几种常见的手持单元。

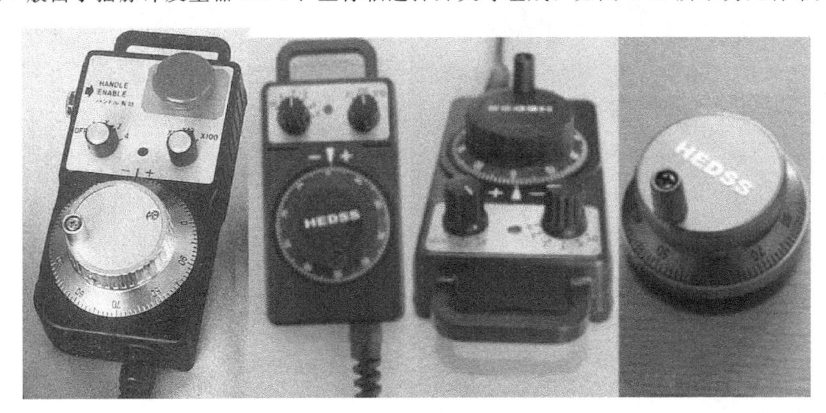

图 1-20　常见 MPG 手持单元

(3) 计算机数控装置（CNC 装置或 CNC 单元）

计算机数控（CNC）装置是计算机数控系统的核心，如图 1-21 所示。其主要作用是根据输入的零件程序和操作指令进行相应的处理（如运动轨迹处理、机床输入输出处理等），然后输出控制命令到相应的执行部件（伺服单元、驱动装置和 PLC 等），控制其动作，加工出需要的零件。所有这些工作是由 CNC 装置内的系统程序（亦称控制程序）进行合理的组织，在 CNC 装置硬件的协调配合下，有条不紊地进行的。

(4) 伺服机构

伺服机构是数控机床的执行机构，由驱动和执行两大部分组成，如图 1-22 所示。它接受数控装置的指令信息，并按指令信息的要求控制执行部件的进给速度、方向和位移。目前数控机床的伺服机构中，常用的位移执行机构有功率步进电动机、直流伺服电动机、交流伺服电动机和直线电动机等。

图 1-21　计算机数控装置

(a)伺服电动机　　(b)驱动装置

图 1-22　伺服机构

(5) 检测装置

检测装置（也称反馈装置）对数控机床运动部件的位置及速度进行检测，通常安装在机床的工作台、丝杠或驱动电动机转轴上，相当于普通机床的刻度盘和人的眼睛，它把机床工作台的实际位移或速度转变成电信号反馈给 CNC 装置或伺服驱动系统，与指令信号进行比较，以实现位置或速度的闭环控制。

数控机床上常用的检测装置有光栅、编码器（光电式或接触式）、感应同步器、旋转变压器、磁栅、磁尺、双频激光干涉仪等，如图 1-23 所示。

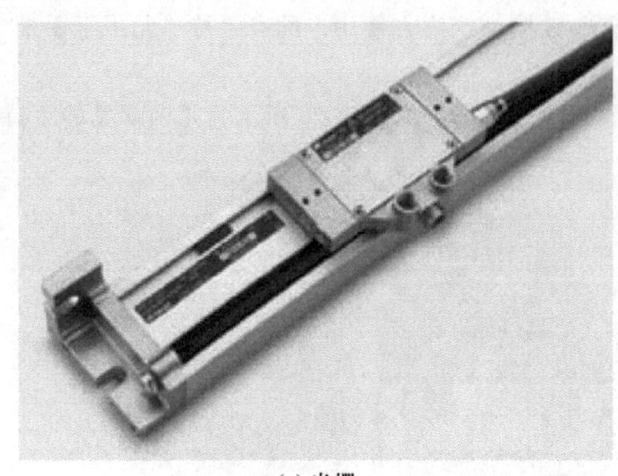

(a) 光栅

(b) 光电编码器

图 1-23　检测装置

(6) 可编程控制器

可编程控制器（programmable logic controller，简称 PLC）是一种以微处理器为基础的通用型自动控制装置（如图 1-24 所示），专为在工业环境下应用而设计的。在数控机床中，PLC 主要完成与逻辑运算有关的一些顺序动作的 I/O 控制，它和实现 I/O 控制的执行部件——机床 I/O 电路和装置（由继电器、电磁阀、行程开关、接触器等组成的逻辑电路）一起，共同完成以下任务。

图 1-24　可编程控制器（PLC）

① 接受 CNC 装置的控制代码 M（辅助功能）、S（主轴功能）、T（刀具功能）等顺序动作信息，对其进行译码，转换成对应的控制信号，一方面，它控制主轴单元实现主轴转速控制；另一方面，它控制辅助装置完成机床相应的开关动作，如卡盘夹紧松开（工件的装夹）、刀具的自动更换、切削液（冷却液）的开关、机械手取送刀、主轴正反转和停止、准停等动作。

② 接受机床控制面板（循环启动、进给保持、手动进给等）和机床侧（行程开关、压力开关、温控开关等）的 I/O 信号，一部分信号直接控制机床的动作，另一部分信号送往 CNC 装置，经其处理后，输出指令控制 CNC 系统的工作状态和机床的动作。用于数控机床的 PLC 一般分为两类：内装型（集成型）PLC 和通用型（独立型）PLC。

(7) 数控机床的机械结构

① 数控车床的机械结构［**二维码 1.2-2**］ 图 1-25 所示为典型数控车床的机械结构，包括主轴传动机构、进给传动机构、刀架、床身、辅助装置（刀具自动交换机构、润滑与切削液装置、排屑机构、过载限位机构）等部分。

1. 2-2

② 数控铣床/加工中心的机械结构　如图 1-26 所示，加工中心由基础部件（主要由床身、立柱和工作台等大件组成，如图 1-26 所示）、数控装置、刀库和换刀装置、辅助装置等几部分构成。从外观上看数控铣床与加工中心相比就是少了刀库和换刀装置。

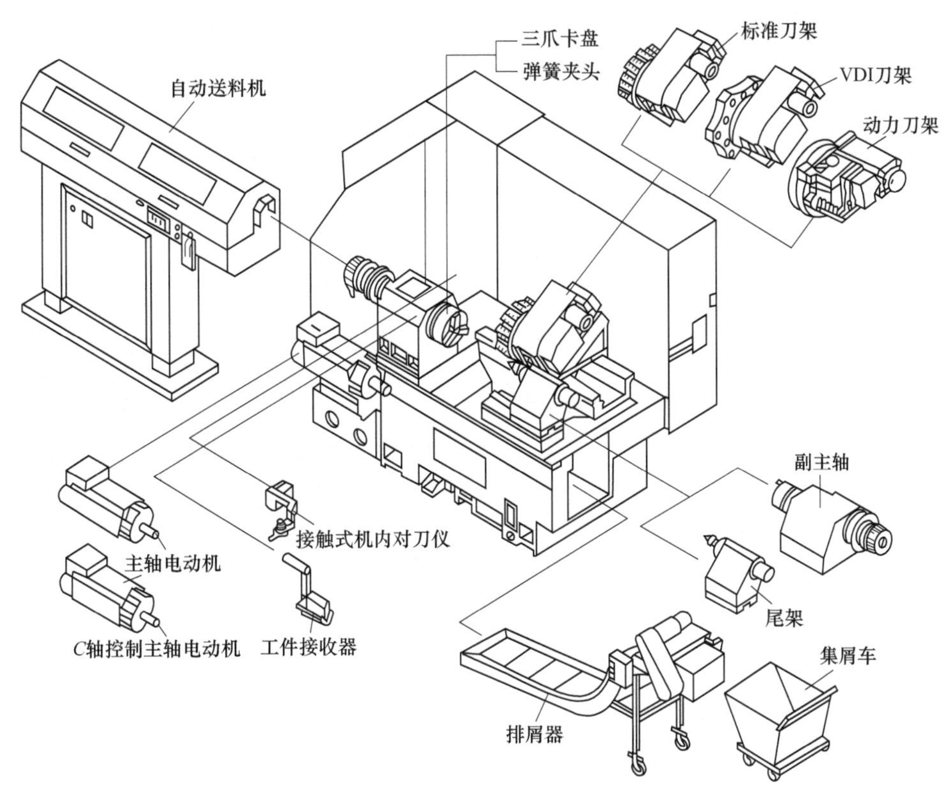

图 1-25 典型数控车床的机械结构组成

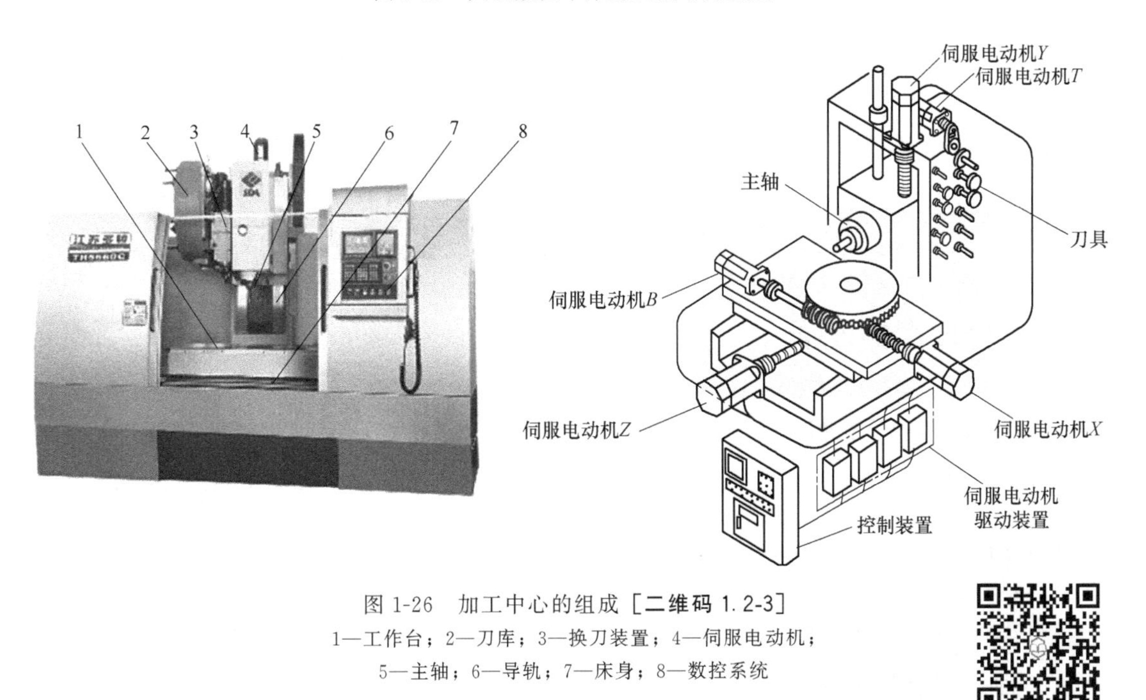

图 1-26 加工中心的组成［二维码 1.2-3］

1—工作台；2—刀库；3—换刀装置；4—伺服电动机；
5—主轴；6—导轨；7—床身；8—数控系统

1.2-3

1.2.2 数控机床的工作原理［二维码 1.2-4］

数控机床的主要任务就是根据输入的零件程序和操作指令，进行相应的处理，控制机床各运动部件协调动作，加工出合格的零件，如图 1-27 所示。

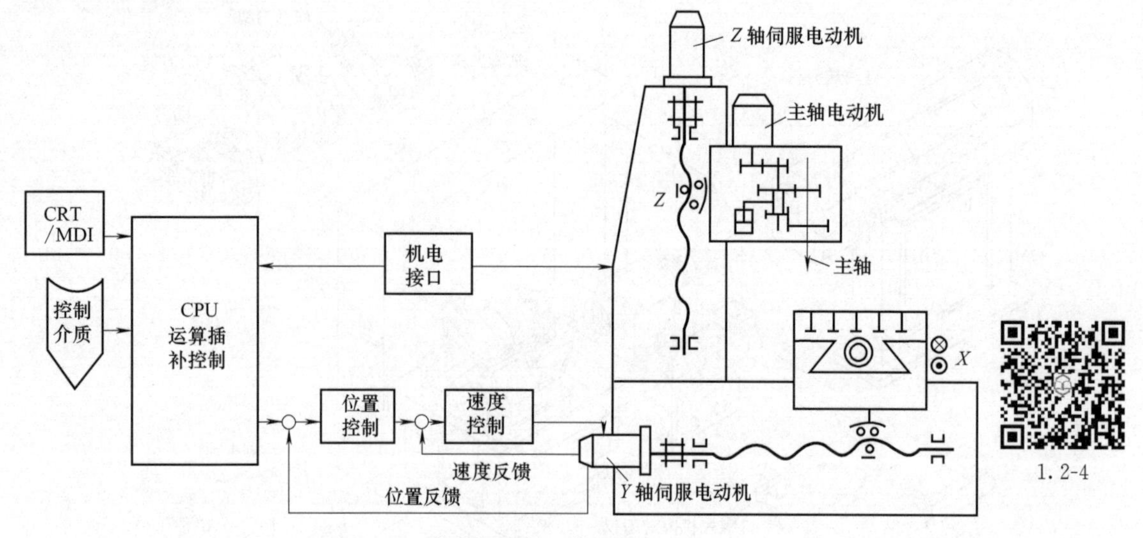

1. 2-4

图 1-27　数控机床的工作原理

根据零件图制订工艺方案，采用手工或计算机进行零件程序的编制，并把编好的零件程序存放于某种控制介质上；经相应的输入装置把存放在该介质上的零件程序输入至 CNC 装置；CNC 装置根据输入的零件程序和操作指令，进行相应的处理，输出位置控制指令到进给伺服驱动系统以实现刀具和工件的相对移动；输出速度控制指令到主轴伺服驱动系统以实现切削运动；输出 M、S、T 指令到 PLC 以实现顺序动作的开关量 I/O 控制，从而加工出符合图样要求的零件。其中 CNC 系统对零件程序的处理流程包括译码、数据处理、插补、位置控制、PLC 控制等环节，如图 1-28 所示。

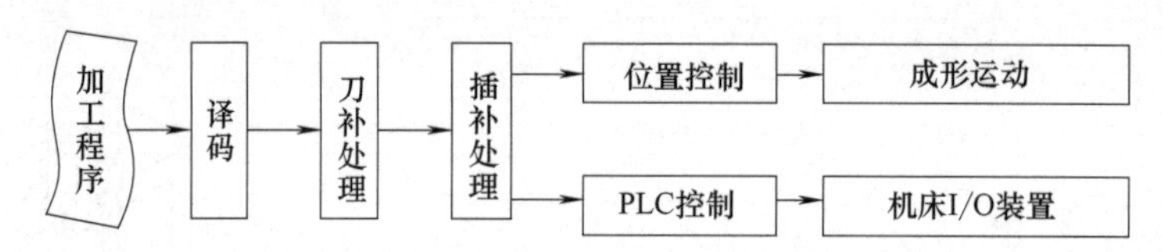

图 1-28　数控系统对零件程序的处理流程

1.3　数控技术的发展

1.3.1　数控系统的发展

① 开放式数控系统逐步得到发展和应用。

② 小型化以满足机电一体化的要求。

③ 改善人机接口，方便用户使用。

④ 提高数控系统产品的成套性。

⑤ 研究开发智能型数控系统。

1.3.2　制造材料的发展

为使机床轻量化，常使用各种复合材料，如轻合金、陶瓷和碳素纤维等。目前用聚合物混凝土制造的基础件性能优异，其密度大、刚性好、内应力小、热稳定性好、耐腐蚀、制造周期短，特别是其阻尼系数大，抗振减振性能特别好。

聚合物混凝土的配方很多，大多申请了专利，通常是将花岗岩和其他矿物质粉碎成细小的颗粒，以环氧树脂为黏结剂，以一定比例充分混合后浇注到模具中，借助振动排除气泡，固化约12h后出模。其制造过程符合低碳要求，报废后可回收再利用。图1-29（a）所示为用聚合物混凝土制造的机床底座，图1-29（b）所示为在铸铁件中填充混凝土或聚合物混凝土，都能提高振动阻尼性能，其减振性能是铸铁件的8～10倍。

(a) 聚合物混凝土底座

(b) 铸铁件中填充混凝土或聚合物混凝土

图1-29 应用聚合物混凝土制造的机床基础件

1.3.3 结构的发展

(1) 新结构

① 箱中箱结构 为了提高刚度和减轻重量，采用框架式箱形结构，将一个框架式箱形移动部件嵌入另一个框架箱中，如图1-30所示。

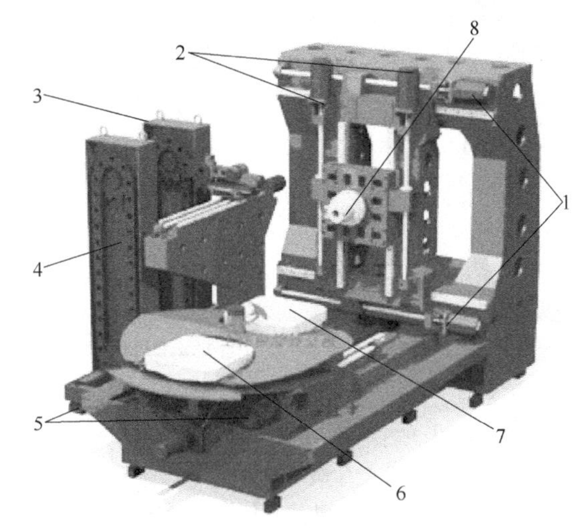

图1-30 箱中箱完全对称结构和双丝杠驱动的机械结构

1—X轴双丝杠驱动机构；2—Y轴双丝杠驱动机构；3—模块化刀库a；4—模块化刀库b；
5—Z轴双丝杠驱动机构；6—回转工作台（装夹工件位）；7—回转工作台（加工工件位）；8—主轴

② 台上台结构 如立式加工中心，为了扩充其工艺功能，常使用双重回转工作台，即在一个回转工作台上加装另一个（或多个）回转工作台，如图1-31所示。

③ 主轴摆头 卧式加工中心中，为了扩充其工艺功能，常使用双重主轴摆头（主轴及其回转均为零链传动），如图1-32所示，两个回转轴为C和B。

(a) 可倾转台

(b) 多轴转台

图 1-31　台上台结构

④ 重心驱动　对于龙门式机床，横梁和龙门架用两根滚珠丝杠驱动，形成虚拟重心驱动。如图 1-33 所示，Z_1和 Z_2形成横梁的垂直运动重心驱动，X_1和 X_2形成龙门架的重心驱动。近年来，由于机床追求高速、高精，重心驱动为中小型机床采用。

如图 1-33 所示，加工中心主轴滑板和下边的工作台由单轴偏置驱动改为双轴重心驱动，消除了启动和定位时由单轴偏置驱动产生的振动，因而提高了精度。

图 1-32　主轴摆头

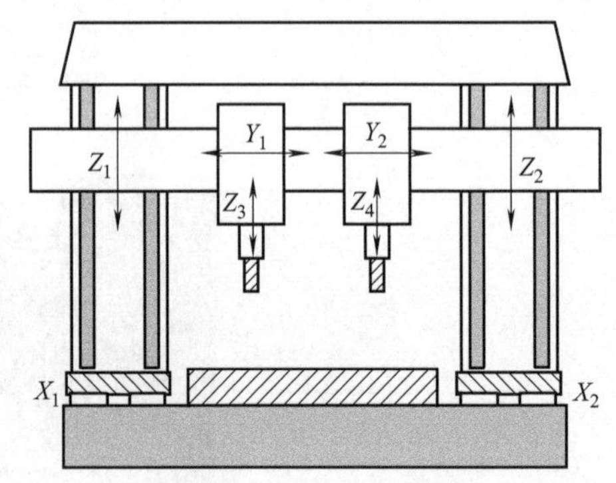

图 1-33　重心驱动

⑤ 螺母旋转的滚珠丝杠副　重型机床的工作台行程通常有几米到十几米，过去使用齿轮齿条传动。为消除间隙使用双齿轮驱动，但这种驱动结构复杂，且高精度齿条制造困难。目前使用大直径（直径已达 200～250mm）、长度通过接长可达 20m 的滚珠丝杠副，通过丝杠固定、螺母旋转来实现工作台的移动，如图 1-34 所示。

⑥ 电磁伸缩杆　近年来，将交流同步直线电动机的原理应用到伸缩杆上，开发出一种新型位移部件，称之为电磁伸缩杆。它的基本原理是在功能部件壳体内安放环状双向电动机绕组，中间是作为次级的伸缩杆，伸缩杆外部有环状的永久磁铁层，如图 1-35 所示。

电磁伸缩杆是没有机械元件的功能部件，借助电磁相互作用实现运动，无摩擦、磨损和润滑问题。若将电磁伸缩杆外壳与万向铰链连接在一起，并将其安装在固定平台上，作为支点，则随着磁伸缩杆的轴向移动，即可驱动平台。由图 1-36 可见，采用 6 根结构相同的电磁伸缩杆、6 个万向铰链和 6 个球铰链连接固定平台和动平台就可以迅速组成并联运动机床。

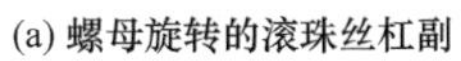
(a) 螺母旋转的滚珠丝杠副

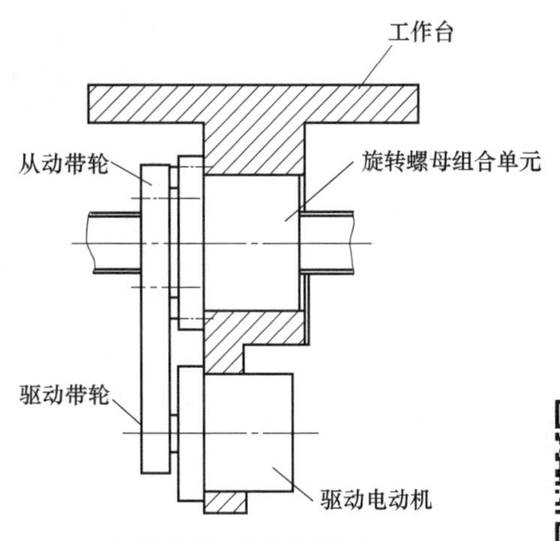

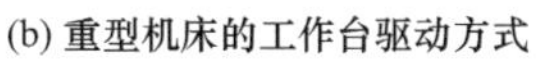
(b) 重型机床的工作台驱动方式

1.3-1

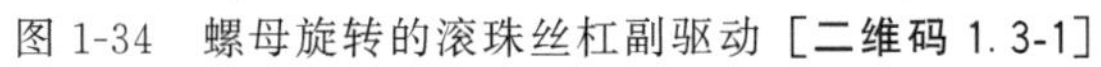
图 1-34 螺母旋转的滚珠丝杠副驱动［二维码 1.3-1］

图 1-35 电磁伸缩杆

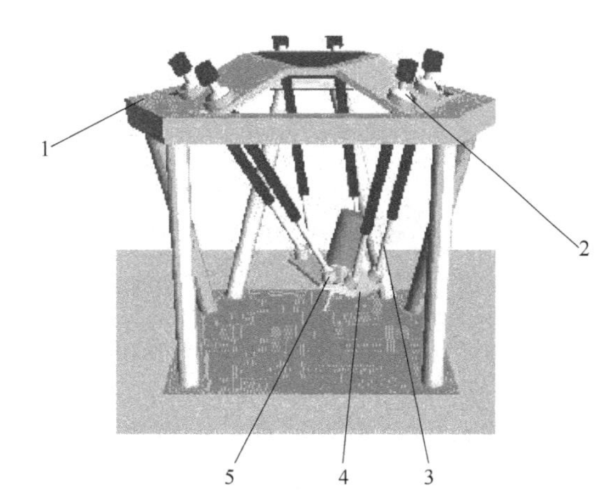

图 1-36 电磁伸缩杆在并联数控机床上的应用
1—固定平台；2—万向铰链；3—电磁伸缩杆；4—动平台；5—球铰链

⑦ 球电动机 球电动机是德国阿亨工业大学正在研制的一种具有创意的新型电动机，是在多棱体的表面上间隔分布着不同极性的永久磁铁，构成一个磁性球面体。它是具有 3 个回转自由度的转动球（相当于传统电动机的转子），球体的顶端有可以连接杆件或其他构件的工作端面，底部有静压支承，承受载荷。当供给定子绕组一定频率的交流电源后，转动球就偏转一个角度。事实上，转动球就相当于传统电动机的转子，不过不是实现绕固定轴线的回转运动，而是实现绕球心的角度偏转。

⑧ 八角形滑枕 如图 1-37 所示，八角形滑枕形成双 V 字形导向面，导向性能好，各向热变形均等，刚性好。

(2) 新结构的应用

① 并联数控机床 基于并联机械手发展起来的并联机床，因仍使用直角坐标系进行加工编程，故称虚拟坐标轴机床。并联机床发展很快，有六杆机床与三杆机床，一种六杆数控机床的结构如图 1-38（a）所示，图 1-38（b）是其加工示意图。图 1-39（a）是另一种六杆数控机床的结构示意图，图 1-39（b）是这种六杆数控机床的加工示意图。六杆数控机床既有采用滚珠丝杆驱动的又有采用滚珠螺母驱动的。三杆机床传动副如图 1-40 所示。在三杆机床上加装了一副平行运动机构，主轴可水平布置，总体结构如图 1-41 所示。

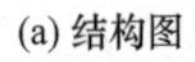
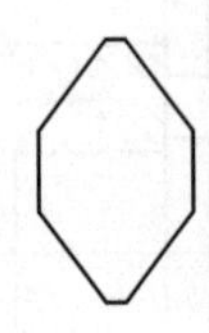

(a) 结构图　　(b) 示意图　　(c) 实物图

图 1-37　八角形滑枕

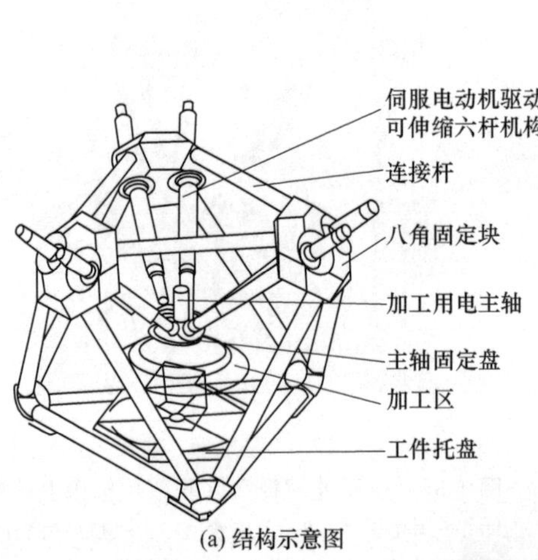

(a) 结构示意图　　(b) 加工示意图

图 1-38　六杆数控机床（一）

1. 3-2

(a) 结构示意图　　(b) 加工示意图[二维码1. 3-2]

图 1-39　六杆数控机床（二）

图 1-40　三杆机床传动副［二维码 1.3-3］

1.3-3

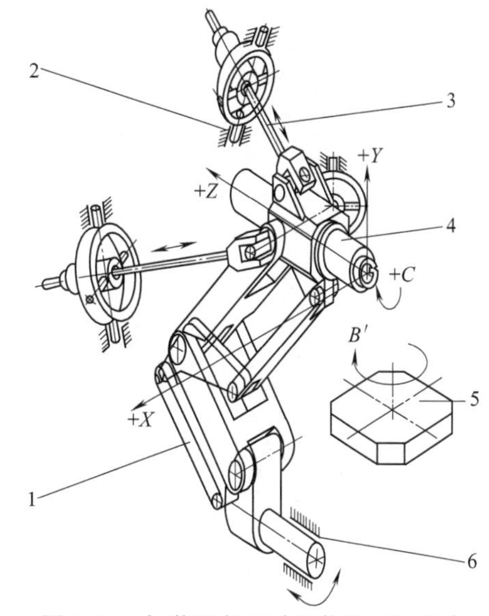

图 1-41　加装平行运动机构的三杆机床

1—平行运动机构；2，6—床座；3—两端带万向联轴器的传动杆；4—主轴；5—回转工作台

② 倒置式机床　1993 年德国 EMAG 公司发明了倒置立式车床，特别适宜对轻型回转体零件的大批量加工，随即倒立加工中心、倒立复合加工中心及倒立焊接加工中心等新颖机床应运而生。图 1-42 所示是倒置式立式加工中心，图 1-43 所示是其各坐标轴分布情况，倒置式立式加工中心发展很快，倒置的主轴在 *XYZ* 坐标系中运动，完成工件的加工。这种机床便于排屑，还可以用主轴取放工件，即自动装卸工件。

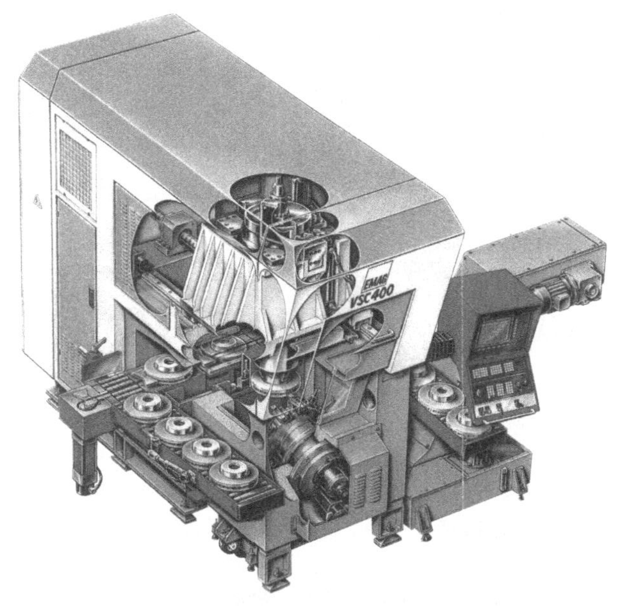

图 1-42　EMAG 公司的倒置式立式加工中心［二维码 1.3-4］

1.3-4

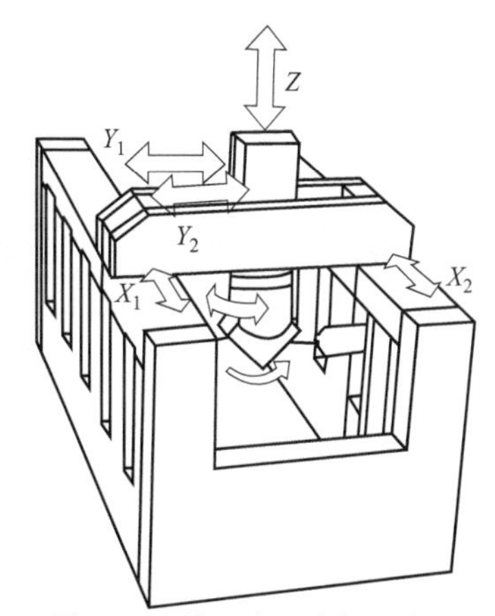

图 1-43　倒置式立式加工中心各坐标轴的分布

③ 没有 *X* 轴的加工中心　这种加工中心通过极坐标和笛卡儿坐标的转换来实现 *X* 轴运动。其主轴箱是由大功率扭矩电动机驱动的，绕 *Z* 轴作 *C* 轴回转，同时又迅速作 *Y* 轴上下升降，这两种运动方式的合成就完成了 *X* 轴向的运动，如图 1-44 所示。由于是两种运动方式的叠加，因此机床的快进速度达到 120m/min，加

(a) 加工图

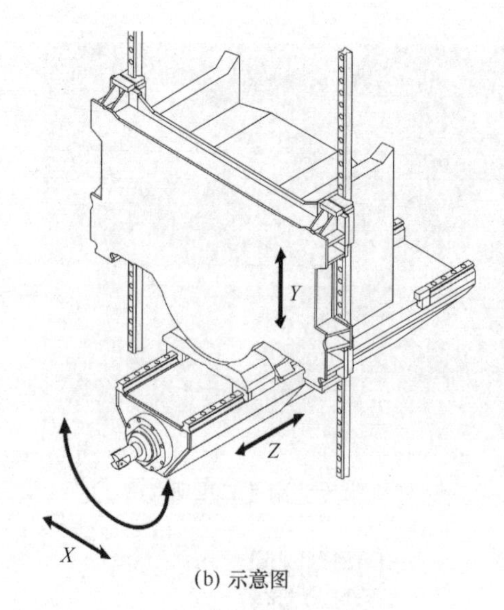

(b) 示意图

图 1-44　德国 ALFING 公司的 AS 系列（没有 X 轴的加工中心）

速度为 $2g$。

④ 立柱倾斜或主轴倾斜　机床结构设计成立柱倾斜（图 1-45）或主轴倾斜（图 1-46），其目的是为了提高切削速度，因为在加工叶片、叶轮时，X 轴行程不会很长，但 Z 和 Y 轴运动频繁，立柱倾斜能使铣刀更快切至叶根深处，同时也为了让切削液更好地冲走切屑并避免与夹具碰撞。

(a) 瑞士Liechti公司的立柱倾斜型加工中心[二维码1. 3-5]

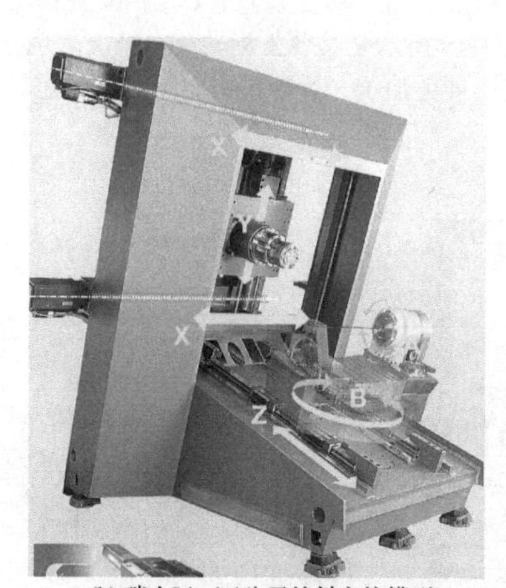

(b) 瑞士Liechti公司的斜立柱模型

1. 3-5

图 1-45　立柱倾斜型加工中心

⑤ 四立柱龙门加工中心　图 1-47 所示为日本新日本工机开发的类似模架状的四立柱龙门加工中心，其将铣头置于中央位置。机床在切削过程中，受力分布始终在框架范围之中，这就克服了龙门加工中心铣削中，主轴因受切削力而前倾的弊端，从而增强刚性并提高加工精度。

⑥ 特殊机床　特殊数控机床是为特殊加工而设计的数控机床，如图 1-48 所示为轨道铣磨机床（车辆）。

⑦ 未来机床　未来机床应该是 SPACE CENTER，也就是具有高速（speed）、高效（power）、高精度（accuracy）、通信（communication）、环保（ecology）功能。MAZAK 建立的未来机床模型是主轴转速 100000r/min，加速度 $8g$，切削速度 2 马赫（1 马赫为 1 倍音速），同步换刀，干切削，集车、铣、激光加工、磨、测量于一体，如图 1-49 所示。

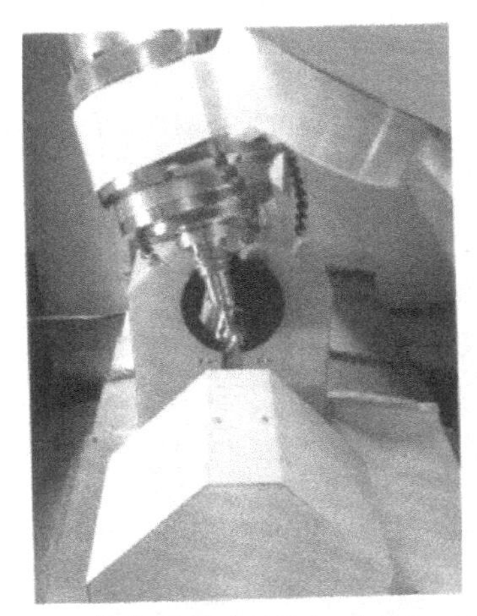

图 1-46　铣头倾斜式叶片加工中心（瑞士 Starrag 公司的铣头倾斜式叶片加工中心）

图 1-47　日本新日本工机开发的四立柱龙门加工中心

图 1-48　轨道铣磨机床（车辆）

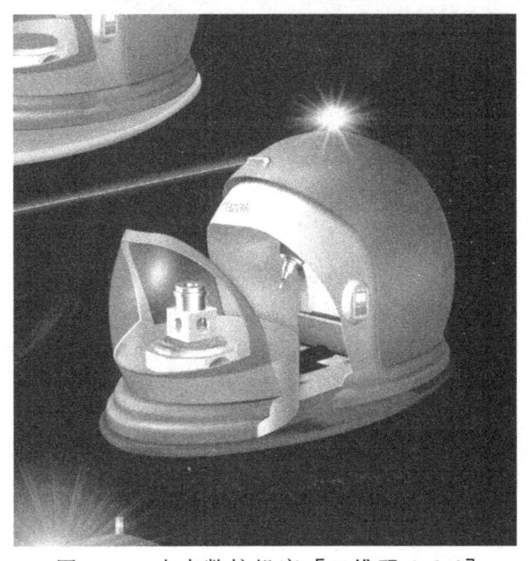

图 1-49　未来数控机床［二维码 1. 3-6］

1. 3-6

1.3.4 加工方式的发展

(1) 激光加工

激光加工的主要方式分为去除加工、改性加工和连接加工。去除加工主要包括激光切割、打孔等，改性加工主要包括激光表面热处理等，连接加工主要包括激光焊接等，如图 1-50 所示。

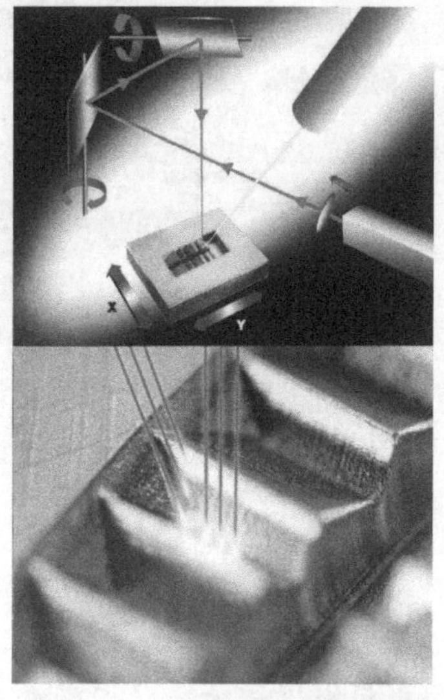

(a) DMG公司的DML40激光加工机床

(b) DMG公司的激光LT Shape

(c) 激光成形加工

1.3-7

图 1-50　激光加工［二维码 1.3-7］

(2) 超声振动加工

超声加工是功率超声应用的一个重要方面。早期的超声加工也叫传统超声加工。它依靠工具作超声频(16～25 kHz)、小振幅（10～40μm）振动，通过分散的磨料来破除材料，不受材料是否导电的限制。研究表明：超声加工的效果取决于材料的脆度和硬度。材料的脆度越大，越容易加工；而材料越硬，加工速度越低。因此，常采用适当方法改变材料特性，如用阳极溶解法使硬质合金的黏结剂——钴先行析出，使硬质合金表面变为脆性的碳化钨（WC）骨架，易被去除，以适应超声加工的特点。

随着各种脆性材料（如玻璃、陶瓷、半导体、铁氧体等）和难加工材料（耐热合金和难熔合金、硬质合金、各种人造宝石、聚晶金刚石以及天然金刚石等）的日益广泛应用，各种超声加工技术均取得了长足的进步。

图 1-51 所示是由工业金刚石颗粒制成的铣刀、钻头或砂轮，通过 20000 次/s 的超声振动高频敲击，对超硬材料进行精密加工。

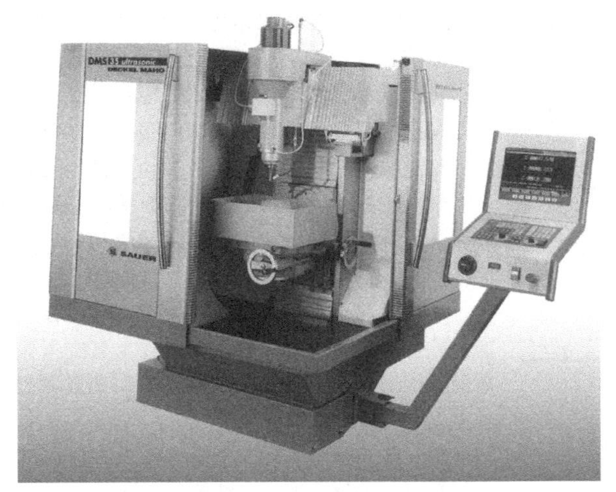

1.3-8

图 1-51　DMG 公司 DMS35 超声振动加工机床［二维码 1.3-8］

(3) 水射流切割［二维码 1.3-9］

1.3-9

水射流切割（water jet cuting，简称 WJC）又称液体喷射加工（liguid jet machining，简称 LJM），是利用高压高速液流对工件的冲击作用来去除材料的，如图 1-52 所示。水刀就是将普通水经过一个超高压加压器，加压至 380MPa（55000psi）甚至更高压力，然后通过一个细小的喷嘴（其直径为 0.010～0.040mm），可产生一道速度为 915m/s（约音速的三倍）的水箭，来进行切割。如图 1-53 所示水刀分为两种类型：纯水水刀及加砂水刀。

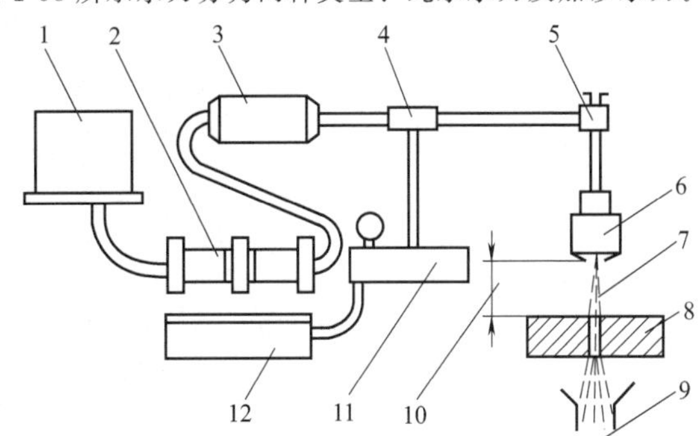

图 1-52　水射流切割原理图

1—带有过滤器的水箱；2—水泵；3—储液蓄能器；4—控制器；5—阀；6—蓝宝石喷嘴；7—射流；8—工件；9—排水口；10—压射距离；11—液压机构；12—增压器

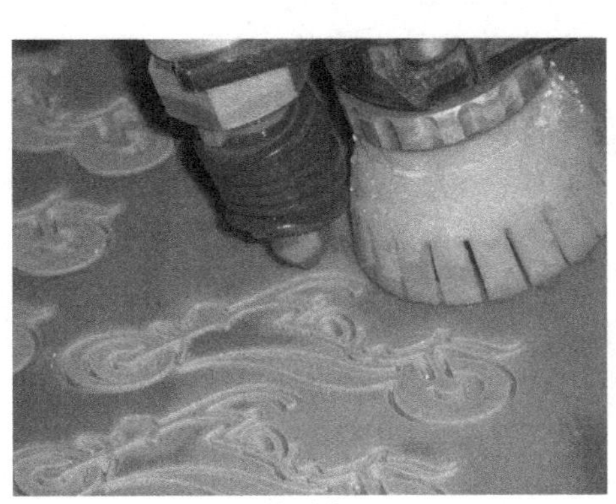

(a) 加砂水刀

(b) 纯水水刀

图 1-53　水刀

切割精度主要受喷嘴轨迹精度的影响，切缝大约比所采用的喷嘴孔径大 0.025mm，加工复合材料时，采用的射流速度要高，喷嘴直径要小，并具有小的前角，喷嘴紧靠工件，喷射距离要小。喷嘴愈小，加工精度愈高，但材料去除速度降低。

图 1-54　水射流喷嘴角度

1—工件；2—喷嘴运动方向；3—正前角；4—喷嘴

切边质量受材料性质的影响很大，软材料可以获得光滑表面，塑性好的材料可以切割出高质量的切边。液压过低会降低切边质量，尤其对复合材料，容易引起材料离层或起鳞。采用正前角（如图 1-54 所示）将改善切割质量。进给速度低可以改善切割质量，因此，加工复合材料时应采用较低的切割速度，以避免在切割过程中出现材料的分层现象。

切割过程中，切屑混入液体中，故不存在灰尘，不会有爆炸或火灾的危险。对某些材料，射流束中夹杂有空气将增加噪声，噪声随喷射距离的增加而增加。在液体中加入添加剂或调整到合适的前角，可以降低噪声。

水射流切割可以加工很薄、很软的金属和非金属材料，例如铜、铝、铅、塑料、木材、橡胶、纸等七八十种材料和制品。水射流切割可以代替硬质合金切槽刀具，而且切边的质量很好。所加工的材料厚度少则几毫米，多则几百毫米，例如切割 19mm 厚的吸音天花板，采用的水压为 310MPa，切割速度为 76m/min。玻璃绝缘材料可加工到 125mm 厚。由于加工的切缝较窄，可节约材料和降低加工成本。

(4) 微纳制造

微纳制造主要应用于超硬脆性材料、超硬合金、模具钢、无电解镀层镍等材料的微小机电光学零部件的纳米级精度磨削加工。图 1-55 所示为纳米磨床。

(5) 智能制造

智能化制造又是先进制造业的重要组成部分，它集信息技术、光电技术、通信技术、传感技术等为一体，推动着机床制造的不断进步。智能制造一般具有如下特点。图 1-56 所示为智能加工中心。

图 1-55　上海机床厂有限公司的纳米磨床

① 集成的自适应进给控制功能 AFC（adaptive feed control）：数控系统可按照主轴功率负载大小，自动调节进给速率。

② 自动校准和优化机床精度功能（kinematic OPT）：该功能是自动校准多轴机床精度的有效工具。

③ 智能颤纹控制功能 ACC（active chatter control）：在数控加工过程中，由于主轴或切削力的变化，工件上会产生颤纹，海德汉数控系统的颤纹控制功能可以大幅降低工件表面的颤纹，并且能提高切削率 25%以上，以降低机床载荷，并延长刀具使用寿命。

图 1-56　GF 的智能加工中心

(6) 液氮冷冻加工［二维码 1.3-10］

1.3-10

切削加工中的切削热导致刀具加工超硬材料时磨损快，刀具消耗量大，刀具消耗成本甚至超过机床的成本。图 1-57 所示超低温液氮冷却切削技术的推出，可以实现通过主轴中心和刀柄中心在刀片切削刃部的微孔中打出液氮，刀具切削产生的热量被液氮汽化（液氮的沸点为－195.8℃）的瞬间带走，尤其是在超硬材料加工和复合材料加工上会有更好的效果，切削速度可以大大提高，刀具寿命也可以大大延长。

图 1-57　超低温液氮冷却切削刀具

1.3.5　混合加工

(1) 混合加工的概念

混合加工（hybrid machining）是在一台设备上完成两种不同机理的加工过程（如增材和减材），而非同一机理不同工艺方法的集成（如车铣复合机床）。

混合加工可以显著改善难加工材料（如钛合金）的可加工性，减少加工过程和刀具（工具）磨损，对加工零件的复杂表面完整性更起到积极作用。

混合加工可分为不同能源或工具混合和不同过程机理的混合。不同能源或工具混合又分辅助性过程（如切削时借助激光软化工件表面）和混合性过程（如电加工和化学加工同时进行）。

(2) 增材＋减材加工

增材制造的原理是通过材料的不断叠加而形成零件，包括粉末激光烧结、薄材叠层、液态树脂光固化和丝材熔融等。

切削加工是从毛坯上切除多余的材料而形成最终零件，包括车、铣、钻、刨、磨等，与增材制造相反，就材料而言都是减材。

增材制造优势在于节省材料、可以构建结构和形状复杂的零件，而切削加工却具有高效率、高精度和高表面质量的优点，两者集成在一台机床上就开创了令人鼓舞的前景。

① 激光烧结（3D 打印）与铣削的混合加工　选择性激光烧结是金属 3D 打印（增材制造）的主要方法之一，它借助激光束将混有黏结剂的金属粉末烧结成零件，其软肋是表面质量较差。

将选择性激光烧结与铣削加工集成为一台混合加工机床，无需电加工就能造出具有深沟、薄壁且结构形状复杂的高精度模具，颠覆了传统模具制造的概念和工艺方法。

a. 激光烧结与铣削的集成原理如图 1-58 所示。

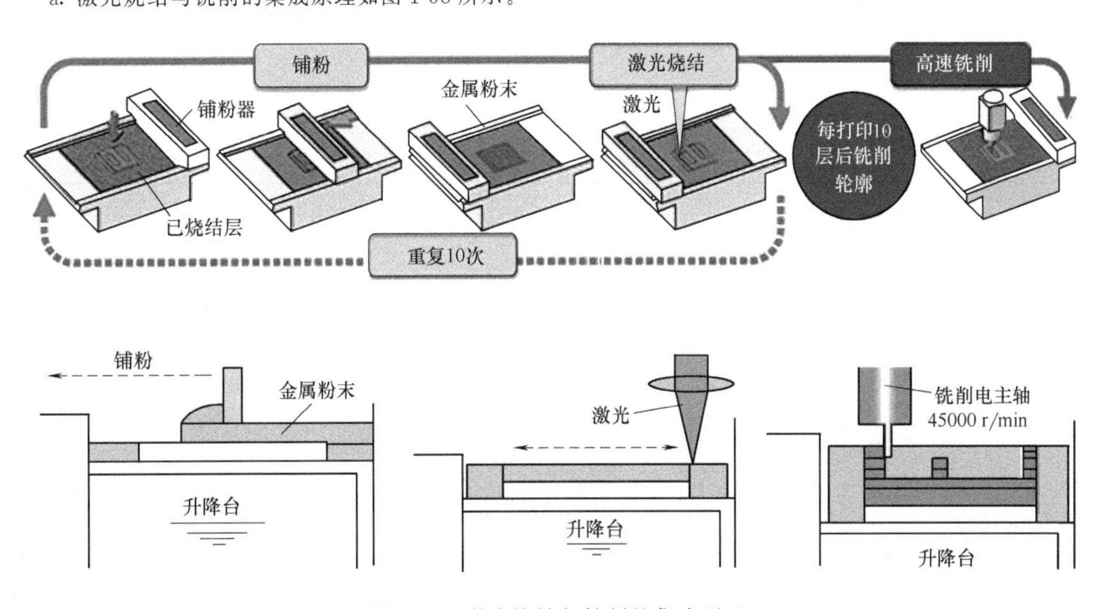

图 1-58　激光烧结与铣削的集成原理

1.3-11

b. 优点。激光烧结（3D打印）与铣削混合加工的优点主要是复杂模具无需拼装、效率高、制造周期短。

② 激光堆焊（3D打印）和铣削的混合加工［二维码1.3-11］

a. 结构配置如图1-59所示。

b. 激光堆焊（3D打印）的工作原理如图1-60所示。

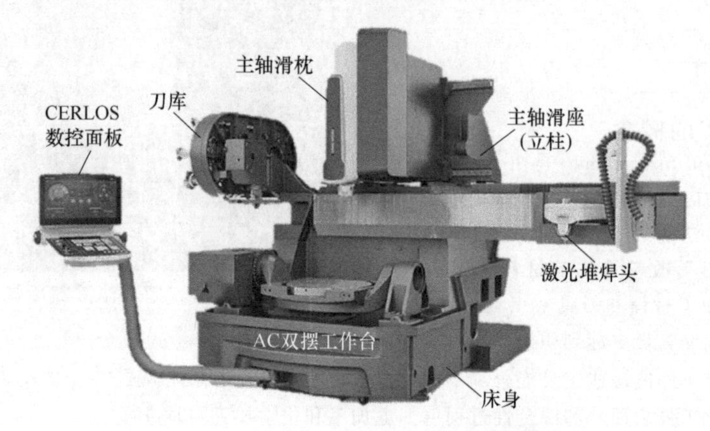

图1-59　LASERTEC 65 3D的结构配置

图1-60　激光堆焊（3D打印）的工作原理

c. 常见设备如表1-7所示。

表1-7　激光堆焊（3D打印）和铣削的混合加工常见设备

产品	国别/公司	特　点	安装位置	图样
激光堆焊头AMBIT	美国Hybrid Manufacturing Technology公司	各种切削加工机床皆可作为平台	激光堆焊头安装在主轴上，与刀具一样存放在刀库中	
激光堆焊铣削混合加工机床	德国Hamuel五轴车铣卧式加工中心 HSTM1000 AMBIT激光堆焊头	加工空间 激光功率2kW	激光堆焊头安装在主轴上，存放在刀库中	

续表

产品	国别/公司	特　点	安装位置	图样
激光堆焊铣削混合加工机床	德国 DMG MORI 公司	五轴立式加工中心 LASERTEC 65 3D	堆焊头安装在主轴上，存放在右侧专用位置	
激光堆焊铣削混合加工机床	日本 MAZAK 公司，采用 AMBIT 激光堆焊头		激光堆焊头安装在主轴上，存放在刀库中	
高速微锻铣削混合加工机床 MPA	德国 Hermle 公司			
激光堆焊车铣混合加工机床	奥地利 WFL 公司			
激光堆焊铣削混合加工机床 LENS	美国 OPTOTEC 公司			
激光堆焊磨削混合加工机床 AMBIT	德国 Elb 公司	Mill grind	堆焊头固定在主轴侧	
激光堆焊铣削混合加工机床	西班牙			

③ 金属粉末应用工艺［二维码 1.3-12］

a. 金属粉末应用工艺的原理如图 1-61 所示。

b. 设备如图 1-62 所示。

1.3-12

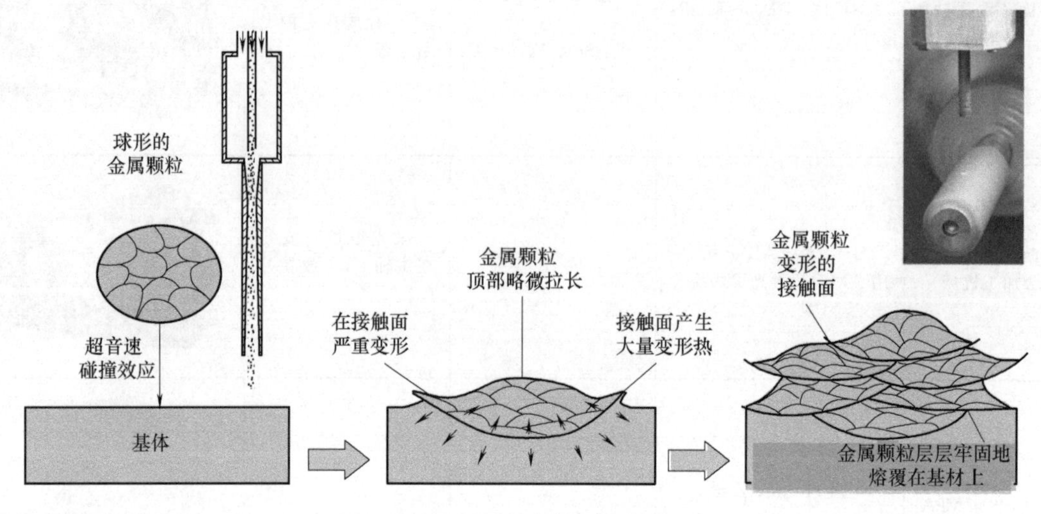

图 1-61　金属粉末应用工艺的原理

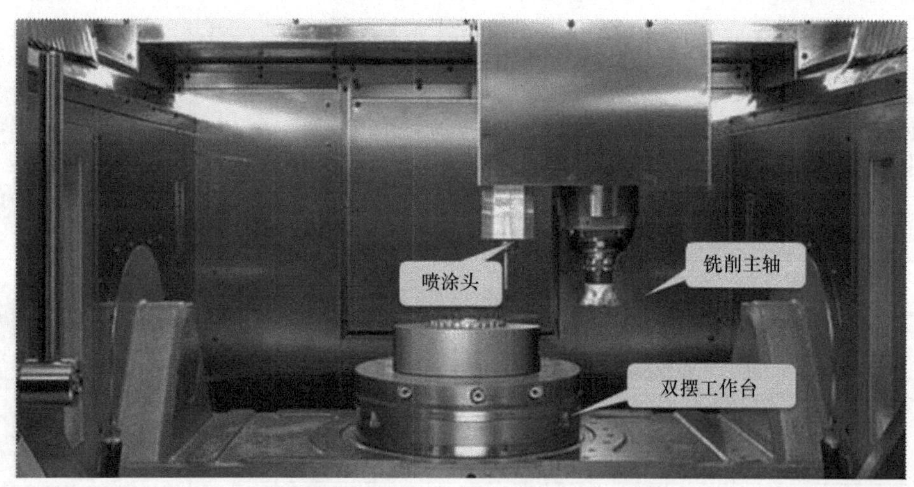

图 1-62　Hermle MPA 40 混合加工机床

④ 超声摩擦焊和铣削的混合［二维码 1.3-13］

a. 超声摩擦焊和铣削的混合加工原理如图 1-63 所示。

b. 设备如图 1-64 所示。

1.3-13

(3) 增材＋减材混合加工的应用前景

① 应用前景

a. 在 3D 打印机上集成高速铣削工艺；

b. 在加工中心上集成激光堆焊工艺；

c. 在加工中心上集成金属喷涂工艺；

d. 在加工中心上集成超声摩擦焊工艺。

② 主要应用领域

a. 难加工材料零件的单件和小批制造；

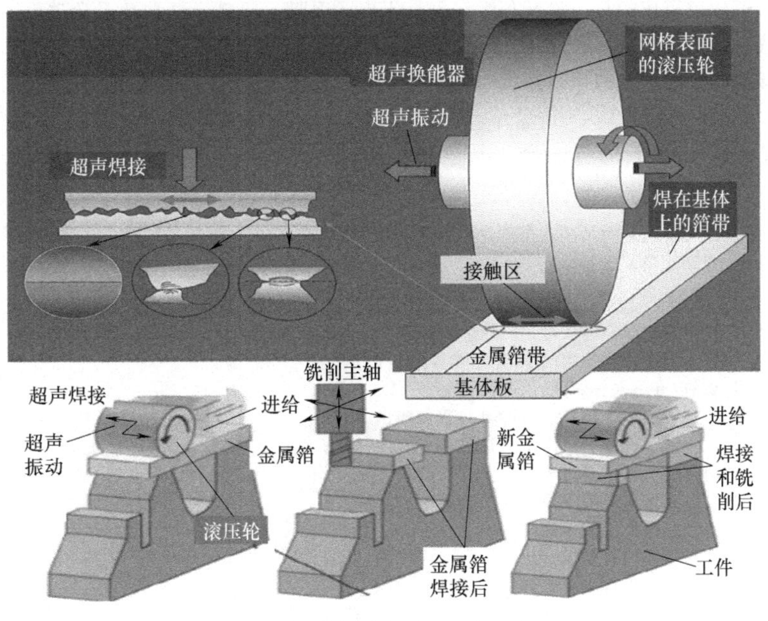

图 1-63　超声摩擦焊和铣削的混合加工原理

图 1-64　超声摩擦焊和铣削的混合加工设备

b. 贵重零件（如飞机发动机叶片）的修复；
c. 由多种材料构建或具有嵌入结构的零件；
d. 结构复杂（如 3D 随形冷却管道）的构建；
e. 耐磨表面层的涂覆。

1.4　数控机床故障诊断

1.4.1　数控机床的故障

数控机床的故障是指数控机床丧失了规定的功能，包括机械系统、数控系统和伺服系统等方面的故障。数控机床是高度机电一体化的设备，它与传统的机械设备相比，内容上虽然也包括机械、电气、液压与气动方面的故障，但数控机床的故障诊断和维修侧重于电子系统、机械、气动乃至光学等方面装置的交接点上。由于数控系统种类繁多、结构各异、形式多变，给测试和监控带来了许多困难。数控机床的故障多种多样，按其故障的性质和故障产生的原因及不同的分类方式可划分为不同的故障（表 1-8）。

表 1-8　数控机床故障的分类

<table>
<tr><th>分类方式</th><th colspan="2">分类</th><th>说　明</th><th>举　例</th></tr>
<tr><td rowspan="2">按故障出现的必然性和偶然性分类</td><td colspan="2">系统性故障</td><td>是指只要满足某一条件,机床或数控系统就必然出现的故障</td><td>网络电压过高或过低,系统就会产生电压过高报警或电压过低报警
切削量安排得不合适,就会产生过载报警等</td></tr>
<tr><td colspan="2">随机故障</td><td>是指在同样的条件下,只偶尔出现一次或两次的故障。要想人为地再使其出现同样的故障则是不太容易的,有时很长时间也很难再遇到一次
这类故障的诊断和排除都是很困难的
一般情况下,这类故障往往与机械结构的局部松动、错位,数控系统中部分元件工作特性的漂移,机床电器元件可靠性下降有关
有些数控机床采用电磁离合器变挡,离合器剩磁也会产生类似的现象
排除此类故障应该经过反复实验,综合判断</td><td>一台数控机床本来正常工作,突然出现主轴停止时产生漂移,停电后再送电,漂移现象仍不能消除。调整零漂电位器后现象消失,这显然是工作点漂移造成的</td></tr>
<tr><td rowspan="2">按故障产生时有无破坏性分类</td><td colspan="2">破坏性故障</td><td>故障产生会对机床和操作者造成侵害导致机床损坏或人身伤害
有些破坏性故障是人为造成的
维修人员在进行故障诊断时,决不允许重现故障,只能根据现场人员的介绍,经过检查来分析、排除故障
这类故障的排除技术难度较大且有一定风险,故维修人员应非常慎重</td><td>有一台数控转塔车床,为了试车而编制一个只车外圆的小程序,结果造成刀具与卡盘碰撞。事故分析的结果是操作人员对刀错误</td></tr>
<tr><td colspan="2">非破坏性故障</td><td>大多数的故障属于此类故障,这种故障往往通过“清零”即可消除
维修人员可以重现此类故障,通过现象进行分析、判断</td><td></td></tr>
<tr><td rowspan="2">按故障发生的原因分类</td><td colspan="2">数控机床自身故障</td><td>是由数控机床自身的原因引起的,与外部使用环境条件无关。数控机床所发生的绝大多数故障均属此类故障</td><td></td></tr>
<tr><td colspan="2">数控机床外部故障</td><td>这类故障是由外部原因造成的。例如,数控机床的供电电压过低,波动过大,相序不对或三相电压不平衡,周围的环境温度过高,有害气体、潮气、粉尘侵入,外来振动和干扰,还有人为因素所造成的故障</td><td>电焊机所产生的电火花干扰等均有可能使数控机床发生故障
手动进给过快造成超程报警,自动切削进给过快造成过载报警,等</td></tr>
<tr><td rowspan="2">以故障产生时有无自诊断显示来区分</td><td rowspan="2">有报警显示故障</td><td>硬件报警显示的故障</td><td>硬件报警显示通常是指各单元装置上的报警灯(一般由 LED 发光管或小型指示灯组成)的指示
借助相应部位上的报警灯均可大致分析判断出故障发生的部位与性质
维修人员日常维护和排除故障时应认真检查这些报警灯的状态是否正常</td><td>控制操作面板、位置控制印制线路板、伺服控制单元、主轴单元、电源单元等部位的报警灯亮</td></tr>
<tr><td>软件报警显示故障</td><td>软件报警显示通常是指 CRT 显示器上显示出来的报警号和报警信息
由于数控系统具有自诊断功能,一旦检测到故障,即按故障的级别进行处理,同时在 CRT 上以报警号形式显示该故障信息
数控机床上少则几十种,多则上千种报警显示
软件报警有来自 NC 的报警和来自 PLC 的报警。可参阅相关的说明书</td><td>存储器报警、过热报警、伺服系统报警、轴超程报警、程序出错报警、主轴报警、过载报警以及断线报警等</td></tr>
</table>

续表

分类方式	分类		说　明	举　例
以故障产生时有无自诊断显示来区分	无报警显示故障		无任何报警显示，但机床却处于不正常状态 往往是机床停在某一位置上不能正常工作，甚至连手动操作都失灵 维修人员只能根据故障产生前后的现象来分析判断 排除这类故障是比较困难的	美国 DYNAPATH 10 系统在送电之后一切操作都失灵，再停电、再送电，不一定哪一次就恢复正常了 这个故障一直没有得到解决，后来在剖析软件时才找到答案。原来是系统通电“清零”时间设计较短，元件性能稍有变化，就不能完成整机的通电“清零”过程
按故障发生在硬件上还是软件上来分类	软件故障	程序编制错误	故障排除比较容易，只要认真检查程序和修改参数就可以解决 参数的修改要慎重，一定要搞清参数的含义以及与其相关的其他参数方可改动，否则顾此失彼还会带来更大的麻烦	
		参数设置不正确		
	硬件故障		指只有更换已损坏的器件才能排除的故障，这类故障也称“死故障” 比较常见的是输入/输出接口损坏，功放元件得不到指令信号而丧失功能。解决方法只有两种：更换接口板；修改 PLC 程序	
机床品质下降故障	机床可以正常运行，但表现出的现象与以前不同 加工零件往往不合格 无任何报警信号显示，只能通过检测仪器来检测和发现 处理这类故障应根据不同的情况采用不同的方法			噪声变大、振动较强、定位精度超差、反向死区过大、圆弧加工不合格、机床启停有振荡等

1.4.2　数控机床故障产生的规律

(1) 数控机床故障率曲线

与一般设备相同，数控机床的故障率随时间变化的规律可用如图 1-65 所示的浴盆曲线（也称失效率曲线）表示。整个使用寿命期，根据数控机床的故障率大致分为三个阶段，即早期故障期、偶发故障期和耗损故障期。

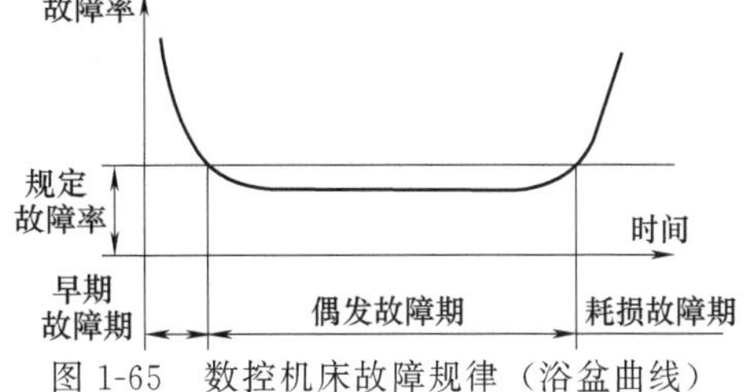

图 1-65　数控机床故障规律（浴盆曲线）

① 早期故障期　这个时期数控机床故障率高，但随着使用时间的增加迅速下降。这段时间的长短，随产品、系统的设计与制造质量而异，约为 10 个月。数控机床使用初期之所以故障频繁，原因大致如下。

a. 机械部分。机床虽然在出厂前进行过磨合，但时间较短，而且主要是对主轴和导轨进行磨合。由于零件的加工表面存在着微观的和宏观的几何形状偏差，部件的装配可能存在误差，因而，在机床使用初期会产生较大的磨合磨损，使设备相对运动部件之间产生较大的间隙，导致故障的发生。

b. 电气部分。数控机床的控制系统使用了大量的电子元器件，这些元器件虽然在制造厂经过了严格的筛选和整机烤机处理，但在实际运行时，由于电路的发热、交变负荷、浪涌电流及反电势的冲击，性能较差的某些元器件经不住考验，因电流冲击或电压击穿而失效，或特性曲线发生变化，从而导致整个系统不能正常工作。

c. 液压部分。出厂后运输及安装阶段的时间较长，使得液压系统中某些部位长时间无油，气缸中润滑油干涸，而油雾润滑又不可能立即起作用，造成油缸或气缸可能产生锈蚀。此外，新安装的空气管道若清洗不干净，一些杂物和水分也可能进入系统，造成液压气动部分的初期故障。

除此之外，还有元件、材料等原因会造成早期故障，这个时期一般在保修期以内。因此，数控机床购买后，应尽快使用，使早期故障尽量出现在保修期内。

② 偶发故障期　数控机床在经历了初期的各种老化、磨合和调整后，开始进入相对稳定的偶发故障期——正常运行期。正常运行期为 7～10 年。在这个阶段，故障率低而且相对稳定，近似常数。偶发故障是由偶然因素引起的。

③ 耗损故障期　耗损故障期出现在数控机床使用的后期，其特点是故障率随着运行时间的增加而升高。

出现这种现象的基本原因是数控机床的零部件及电子元器件经过长时间的运行，由于疲劳、磨损、老化等原因，使用寿命已接近完结，从而处于频发故障状态。

数控机床故障率曲线变化的三个阶段，真实地反映了从磨合、调试、正常工作到大修或报废的故障率变化规律，加强数控机床的日常管理与维护保养，可以延长偶发故障期。准确地找出拐点，可避免过剩修理或修理范围扩大，以获得最佳的投资效益。

(2) 故障诊断技术

由维修人员的感觉器官对机床进行问、看、听、触、嗅等的诊断，称为“实用诊断技术”。实用诊断技术有时也称为“直观诊断技术”。

① 问　弄清故障是突发的，还是渐发的；询问机床开动时有哪些异常现象；对比故障前后工件的精度和表面粗糙度，以便分析故障产生的原因；询问传动系统是否正常、出力是否均匀、背吃刀量和进给量是否减小等；询问润滑油牌号是否符合规定、用量是否适当；询问机床何时进行过保养检修等。

② 看

a. 看转速。观察主传动速度的变化。例如带传动的线速度变慢，可能是传动带过松或负荷太大。对主传动系统中的齿轮，主要看它是否跳动、摆动。对传动轴主要看它是否弯曲或晃动。

b. 看颜色。主轴和轴承运转不正常，就会发热。长时间升温会使机床外表颜色发生变化，大多呈黄色。油箱里的油也会因温升过高而变稀，颜色变样；有时也会因久不换油、杂质过多或油变质而变成深墨色。

c. 看伤痕。机床零部件碰伤损坏部位很容易发现，若发现裂纹时，应作记号，隔一段时间后再比较它的变化情况，以便进行综合分析。

d. 看工件。若车削后的工件表面粗糙度 Ra 数值大，主要是由于主轴与轴承之间的间隙过大，溜板、刀架等压板楔铁有松动以及滚珠丝杠预紧松动等原因所致。若是磨削后的表面粗糙度 Ra 数值大，这主要是由于主轴或砂轮动平衡差、机床出现共振以及工作台爬行等原因所引起的。工件表面出现波纹，则看波纹数是否与机床主轴传动齿轮的齿数相等，如果相等，则表明主轴齿轮啮合不良是故障的主要原因。

e. 看变形。观察机床的传动轴、滚珠丝杠是否变形，直径大的带轮和齿轮的端面是否跳动。

f. 看油箱与冷却箱。主要观察油或冷却液是否变质，确定其能否继续使用。

③ 听　一般运行正常的机床，其声响具有一定的音律和节奏，并保持持续的稳定。机械运动发出的正常声音如表 1-9 所示，异常声音如表 1-10 所示。异响主要是由于机件的磨损、变形、断裂、松动和腐蚀等原因，致使机件在运行中发生碰撞、摩擦、冲击或振动所引起的。有些异响，表明机床中某一零件产生了故障；还有些异响，则是机床可能发生更大事故性损伤的预兆。其诊断如表 1-11 所示。

表 1-9　机械运动发出的正常声音

机械运动部件	正常声音
一般作旋转运动的机件	在运转区间较小或处于封闭系统时，多发出平静的“嘤嘤”声 若处于非封闭系统或运行区较大时，多发出较大的蜂鸣声 各种大型机床则产生低沉而振动声浪很大的轰隆声
正常运行的齿轮副	一般在低速下无明显的声响 链轮和齿条传动副一般发出平稳的“唧唧”声 直线往复运动的机件，一般发出周期性的“咯噔”声 常见的凸轮顶杆机构、曲柄连杆机构和摆动摇杆机构等，通常都发出周期性的“嘀嗒”声 多数轴承副一般无明显的声响，借助传感器[通常用金属杆或螺丝刀螺钉旋具]可听到较为清晰的“嘤嘤”声
各种介质的传输设备	气体介质多为“呼呼”声 流体介质为“哗哗”声 固体介质发出“沙沙”声或“呵罗呵罗”声响

表 1-10　异常声音

声音	特　征	原　因
摩擦声	声音尖锐而短促	两个接触面相对运动的研磨，例如带打滑或主轴轴承及传动丝杠副之间缺少润滑油，均会产生这种异声
冲击声	音低而沉闷	一般是由于螺栓松动或内部有其他异物碰击
泄漏声	声小而长，连续不断	如漏风、漏气和漏液等
对比声	用手锤轻轻敲击来鉴别零件是否缺损。有裂纹的零件敲击后发出的声音就不那么清脆	

表 1-11 异常声音的诊断

过程	说 明
确定应诊的异响	新机床运转过程中一般无杂乱的声响，一旦由于某种原因引起异响时，便会清晰而单纯地暴露出来 旧机床运行期间声音杂乱，应当首先判明哪些异响是必须予以诊断并排除的
确诊异响部位	根据机床的运行状态，确定异响部位
确诊异响零件	机床的异响，常因产生异响零件的形状、大小、材质、工作状态和振动频率不同而声响各异
根据异响与其他故障的关系进一步确诊或验证异响零件	同样的声响，其高低、大小、尖锐、沉重及脆哑等不一定相同 每个人的听觉也有差异，所以仅凭声响特征确诊机床异响的零件，有时还不够确切 根据异响与其他故障征象的关系，对异响零件进一步确诊与验证(表 1-12)

表 1-12 异响与其他故障征象的关系

故障征象	说 明
振动	振动频率与异响的声频将是一致的。据此便可进一步确诊和验证异响零件 如对于动不平衡引起的冲击声，其声响次数与振动频率相同
爬行	在液压传动机构中，若液压系统内有异响，且执行机构伴有爬行，则可证明液压系统混有空气。这时，如果在液压泵中心线以下还有“吱嗡、吱嗡”的噪声，就可进一步确诊是液压泵吸空导致液压系统混入空气
发热	有些零件产生故障后，不仅有异响，而且发热 某一轴上有两个轴承。其中有一个轴承产生故障，运行中发出“隆隆”声，这时只要用手一摸，就可确诊，发热的轴承即为损坏了的轴承

④ 触

a. 温升。人的手指触觉是很灵敏的，能相当可靠地判断各种异常的温升，其误差可准确到 3～5℃。不同温度的感觉如表 1-13 所示。

表 1-13 不同温度的感觉

机床温度	感 觉
0℃左右	手指感觉冰凉，长时间触摸会产生刺骨的痛感
10℃左右	手感较凉，但可忍受
20℃左右	手感到稍凉，随着接触时间延长，手感潮湿
30℃左右	手感微温有舒适感
40℃左右	手感如触摸高烧病人
50℃左右	手感较烫，如掌心扪的时间较长可有汗感
60℃左右	手感很烫，但可忍受 10s 左右
70℃左右	手有灼痛感，且手的接触部位很快出现红色
80℃以上	瞬时接触手感“麻辣火烧”，时间过长，可出现烫伤 为了防止手指烫伤，应注意手的触摸方法，一般先用右手并拢的食指、中指和无名指指背中节部位轻轻触及机件表面，断定对皮肤无损害后，才可用手指肚或手掌触摸

b. 振动。轻微振动可用手感鉴别，至于振动的大小可找一个固定基点，用一只手去同时触摸便可以比较出振动的大小。

c. 伤痕和波纹。肉眼看不清的伤痕和波纹，若用手指去摸则可很容易地感觉出来。摸的方法是：对圆形零件要沿切向和轴向分别去摸；对平面则要左右、前后均匀去摸；摸时不能用力太大，只轻轻把手指放在被检查面上接触便可。

d. 爬行。用手摸可直观地感觉出来。

e. 松或紧。用手转动主轴或摇动手轮，即可感到接触部位的松紧是否均匀适当。

⑤ 嗅 剧烈摩擦或电气元件绝缘破损短路，使附着的油脂或其他可燃物质发生氧化蒸发或燃烧产生油烟气、焦煳气等异味，用嗅觉诊断的方法可收到较好的效果。

(3) 数控机床诊断技术的发展

① 远程诊断系统 随着计算机和通信技术的飞速发展，当前大多数的数控系统都支持数控机床与网络的

连接，因此，对数控机床进行远程的监控和诊断就随之发展起来。如图1-66所示就是一个数控机床故障远程诊断系统的典型结构。在该系统中，数控机床通过数控系统的网络接口（以太网口、RS-232接口等）与局域网相连。在车间设置了一台设备诊断服务器，该服务器可以实现数控机床的远程监控和简单的诊断，如果设备诊断服务器不能诊断出结果，则还可以利用远程诊断中心进行诊断。在这个诊断过程中，数控机床、设备诊断服务器、远程诊断中心通过通信线路进行信息交互。这种诊断方式可以以最快的速度对数控机床的故障进行定位，找出排除故障的方法，从而减少故障停机时间，还可以减少设备维修费用。

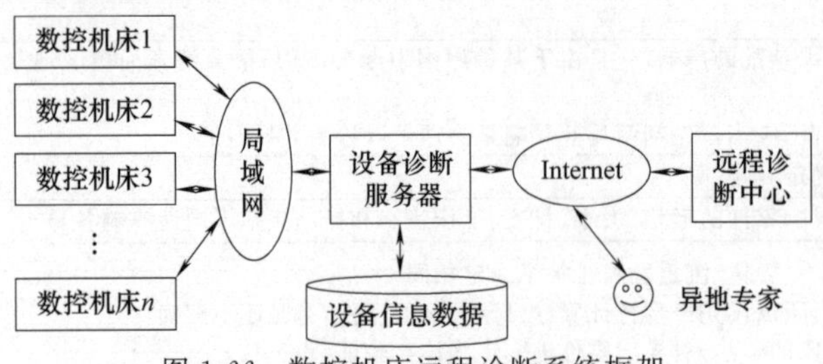

图1-66　数控机床远程诊断系统框架

② 自修复系统　自修复系统是在系统内安装了备用模块，并在CNC系统的软件中装有自修复程序。当该软件在运行时一旦发现某个模块有故障时，系统一方面将故障信息显示在CRT上，另一方面自动寻找是否有备用模块。如果存在备用模块，系统将使故障模块脱机而接通备用模块，从而使系统较快地恢复到正常工作状态。在美国Cincinnati Milacron公司生产的950CNC系统的机箱内安装有一块备用的CPU板，一旦系统中所用的4块CPU板中的任何一块出现故障时，均能立即启用备用板替代故障板。

③ 专家故障诊断系统　专家故障诊断系统是一种“基于知识”（knowledge-based）的人工智能诊断系统，它的实质是在某些特定领域内应用大量专家的知识和推理方法求解复杂的实际问题的一种人工智能计算机程序。

通常，专家故障诊断系统由知识库、推理机、数据库以及解释程序、知识获取程序等部分组成，如图1-67所示。

专家故障诊断系统的核心部分为知识库和推理机。其中，知识库存放着求解问题所需的专业知识，推理机负责使用知识库中的知识去解决实际问题。知识库的建造需要知识工程师和领域专家的相互合作，把领域专家的知识和经验整理出来，并用系统的知识方法存放在知识库中。当解决问题时，用户向系统提供一些已知数据，就可从系统处获得专家水平的结论。对于数控机床，专家故障诊断系统主要用于故障监测、故障分析、故障处理三个方面。在FANUC 15系统中，已将专家故障诊断系统用于故障诊断。使用时，操作人员以简单的会话问答方式，通过数控系统上的MDI/CRT操作装置就能如同专家亲临现场一样，快速进行CNC系统的故障诊断。

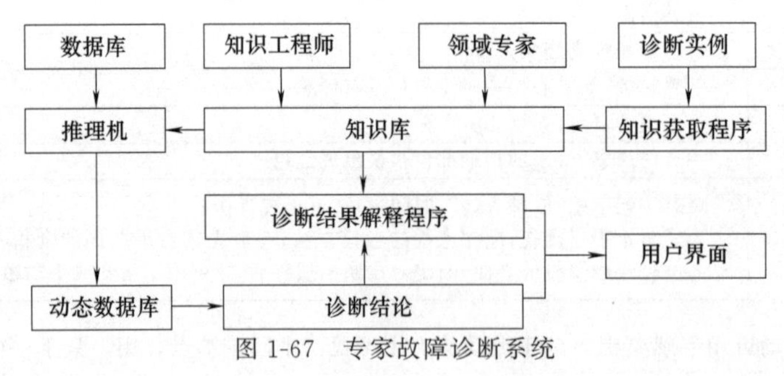

图1-67　专家故障诊断系统

1.5　数控机床故障维修

1.5.1　数控机床故障维修的原则

(1) 先外部后内部

数控机床是机械、液压、电气一体化的机床，故其故障的发生必然要从机械、液压、电气这三方面综合反映出来。数控机床的检修要求维修人员掌握先外部后内部的原则。即当数控机床发生故障后，维修人员应先采用望、闻、听、问等方法，由外向内逐一进行检查。比如：数控机床的行程开关、按钮开关、液压气动元件以及印制线路板插头座、边缘接插件与外部或相互之间的连接部位、电控柜插座或端子排这些机电设备之间的连接部位，因其接触不良造成信号传递失灵，是产生数控机床故障的重要因素。此外，由于工业环境中温度、湿度变化较大，油污或粉尘对元件及线路板的污染，机械的振动等，对于信号传送通道的接插件都将产生严重影响。在检修中重视这些因素，首先检查这些部位就可以迅速排除较多的故障。另外，尽量避免随意地启封、拆卸，不适当的大拆大卸往往会扩大故障，使机床大伤元气，丧失精度，降低性能。

(2) 先机械后电气

由于数控机床是一种自动化程度高、技术复杂的先进机械加工设备。机械故障一般较易察觉，而数控系统故障的诊断则难度要大些。先机械后电气就是首先检查机械部分是否正常，行程开关是否灵活，气动、液压部分是否存在阻塞现象，等等。因为数控机床的故障中有很大部分是由机械动作失灵引起的，所以，在故障检修之前，首先注意排除机械性的故障，往往可以达到事半功倍的效果。

(3) 先静后动

维修人员本身要做到先静后动，不可盲目动手，应先询问机床操作人员故障发生的过程及状态，阅读机床说明书、图样资料后，方可动手查找处理故障。其次，对有故障的机床也要本着先静后动的原则，先在机床断电的静止状态，通过观察测试、分析，确认为非恶性循环性故障或非破坏性故障后，方可给机床通电，在运行工况下，进行动态的观察、检验和测试，查找故障。然而对恶性的破坏性故障，必须先行处理排除危险后，方可通电，在运行工况下进行动态诊断。

(4) 先公用后专用

公用性的问题往往影响全局，而专用性的问题只影响局部。如机床的几个进给轴都不能运动，这时应先检查和排除各轴公用的CNC、PLC、电源、液压等公用部分的故障，然后再设法排除某轴的局部问题。又如电网或主电源故障是全局性的，因此一般应首先检查电源部分，看看断路器或熔断器是否正常、直流电压输出是否正常。总之，只有先解决影响一大片的主要矛盾，局部的、次要的矛盾才有可能迎刃而解。

(5) 先简单后复杂

当出现多种故障互相交织掩盖、一时无从下手时，应先解决容易的问题，后解决较大的问题。常常在解决简单故障的过程中，难度大的问题也可能变得容易，或者在排除容易故障时受到启发，对复杂故障的认识更为清晰，从而也有了解决办法。

(6) 先一般后特殊

在排除某一故障时，要先考虑最常见的可能原因，然后再分析很少发生的特殊原因。例如：一台FANUC-0T数控车床Z轴回零不准常常是由降速挡块位置走动所造成的，一旦出现这一故障，应先检查该挡块位置，在排除这一常见的可能性之后，再检查脉冲编码器、位置控制等环节。

1.5.2 维修前的准备

接到用户的直接要求后，应尽可能直接与用户联系，以便尽快地获取现场信息、现场情况及故障信息。如数控机床的进给与主轴驱动型号、报警指示或故障现象、用户现场有无备件等。据此预先分析可能出现的故障原因与部位，而后在出发到现场之前，准备好有关的技术资料与维修服务工具、仪器备件等，做到有备而去。

每台数控机床都应设立维修档案（表1-14），将出现过的故障现象、时间、诊断过程、故障的排除做出详细的记录，就像医院的病历一样。这样做的好处是给以后的故障诊断带来很大的方便和借鉴，有利于数控机床的故障诊断。

表1-14　某单位机床维修档案

某单位机床维修档案　时间　年　月　日			
设备名称		NC系统维修	年　次
目　的	故障　维修　改造	维修者	
		编　号	
理由			
此表由维修单位填			
维修单位名称		承担者名	
故障现象及部位			

续表

原因						
排除方法						
再次发生	预见			有 无 其他		
	使用者要求					
	年 月 日					
费用	无偿 有偿					
内容	零件名	修理费	交通费	其他	停机时间	
对修理要求的处理						

这里应强调实事求是，特别是涉及操作者失误造成的故障，应详细记载。这只作为故障诊断的参考，而不能作为对操作者惩罚的依据。否则，操作者不如实记录，只能产生恶性循环，造成不应有的损失。这是故障诊断前的准备工作的重要内容，没有这项内容，故障诊断将进行得很艰难，造成的损失也是不可估量的。

1.5.3 数控机床维修常用工具

(1) 拆卸及装配工具（表 1-15）

表 1-15 拆卸及装配工具

名 称	外 观 图	说 明
单手钩形扳手	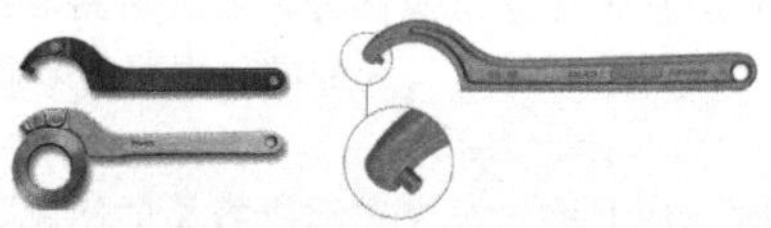	有固定式和调节式，可用于扳动在圆周方向上开有直槽或孔的圆螺母
断面带槽或孔的圆螺母扳手		可分为套筒式扳手和双销叉形扳手
弹性挡圈装拆用钳子	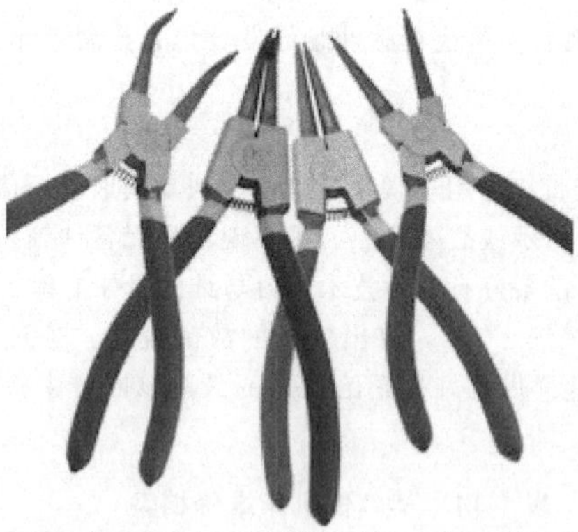	分为轴用弹性挡圈装卸用钳子和孔用弹性挡圈装卸用钳子
弹性锤子		可分为木锤和铜锤

续表

名 称	外 观 图	说 明
平键工具		拉带锥度平键工具:可分为冲击式拉锥度平键工具和抵拉式拉锥度平键工具
拔销器		拉带内螺纹的小轴、圆锥销工具
拉卸工具		拆装在轴上的滚动轴承、皮带轮式联轴器等零件时,常用拉卸工具。拉卸工具常分为螺杆式及液压式两类,螺杆式拉卸工具分两爪式、三爪式和铰链式
尺		有平尺、刀口尺和90°角尺
垫铁		有角度面为90°的垫铁、角度面为55°的垫铁和水平仪垫铁
检验棒		有带标准锥柄检验棒、圆柱检验棒和专用检验棒
杠杆千分尺		当零件的几何形状精度要求较高时,使用杠杆千分尺可满足其测量要求,其测量精度可达0.001mm
万能角度尺		用来测量工件内外角度的量具,按其游标读数值可分为2′和5′两种,按其尺身的形状可分为圆形和扇形两种

续表

名　称	外 观 图	说　明
限力扳手	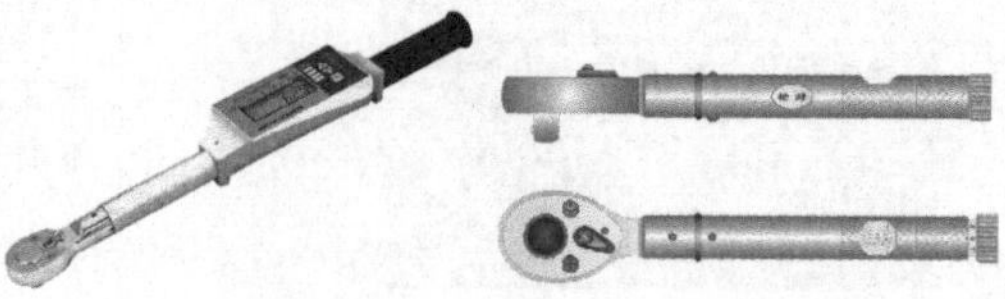 电子式　机械式	又称为扭矩扳手、扭力扳手
装轴承胎具	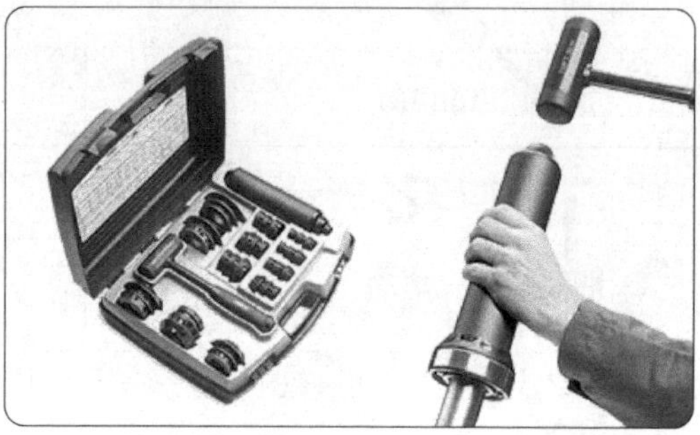	适用于装轴承的内、外圈
钩头楔键拆卸工具	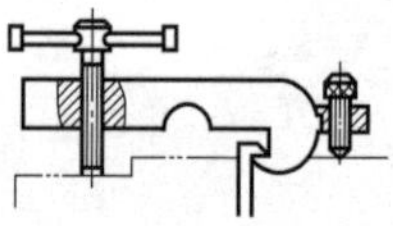	用于拆卸钩头楔键

(2) 数控机床装调与维修（维护）常用仪表（仪器）（表 1-16）

表 1-16　数控机床装调与维修（维护）常用仪表（仪器）

名　称	外 观 图	说　明
百分表	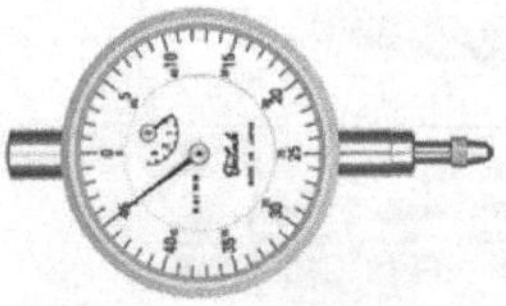	百分表用于测量零件相互之间的平行度、轴线与导轨的平行度、导轨的直线度、工作台台面平面度以及主轴的端面圆跳动、径向圆跳动和轴向窜动
杠杆百分表	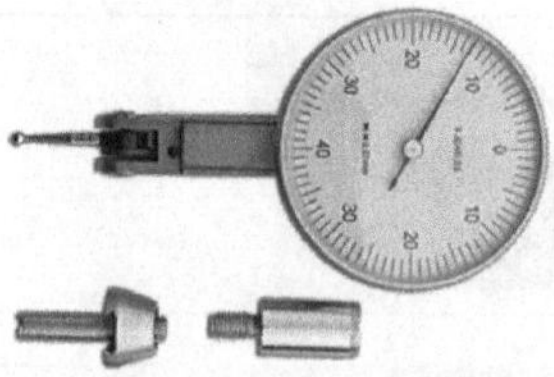	杠杆百分表用于受空间限制的工件，如内孔跳动、键槽等。使用时应注意使测量运动方向与测头中心垂直，以免产生测量误差
千分表及杠杆千分表	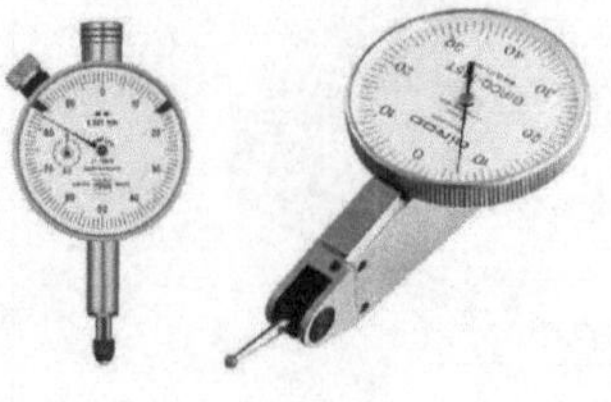	千分表及杠杆千分表的工作原理与百分表和杠杆百分表一样，只是分度值不同，常用于精密机床的修理

续表

名称	外观图	说明
水平仪		水平仪是机床制造和修理中最常用的测量仪器之一,用来测量导轨在垂直面内的直线度,工作台台面的平面度以及两件相互之间的垂直度、平行度等,水平仪按其工作原理可分为水准式水平仪和电子水平仪
光学平直仪		在机械维修中,常用来检查床身导轨在水平面内和垂直面内的直线度、检验用平板的平面度。光学平直仪是导轨直线度测量方法中较先进的仪器之一
经纬仪		经纬仪是机床精度检查和维修中常用的高精度的仪器之一,常用于数控铣床和加工中心的水平转台和万能转台的分度精度的精确测量,通常与平行光管组成光学系统来使用
转速表	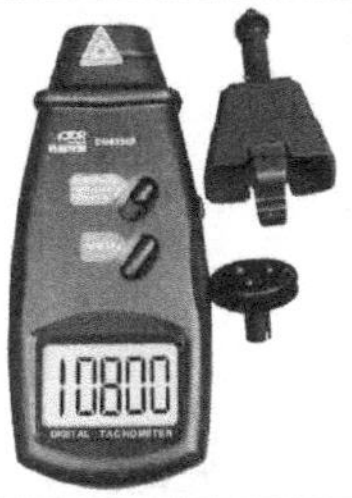	转速表常用于测量伺服电动机的转速,是检查伺服调速系统的重要依据之一。常用的转速表有离心式转速表和数字式转速表等
万用表	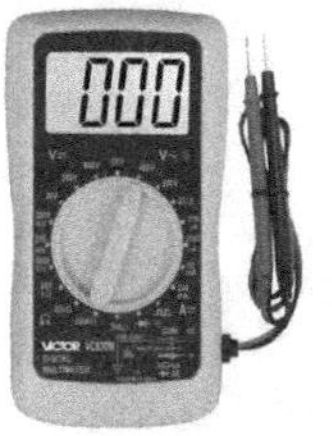	包含有机械式和数字式两种。万用表可用来测量电压、电流和电阻等
相序表	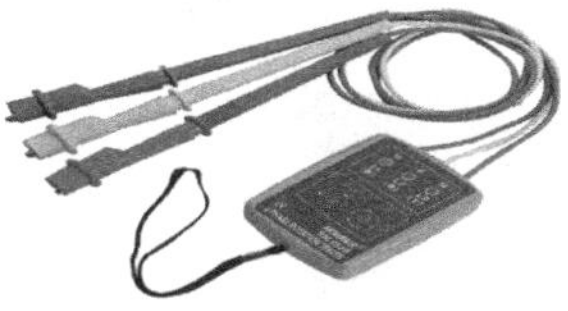	用于检查三相输入电源的相序,在维修晶闸管伺服系统时是必需的
逻辑脉冲测试笔	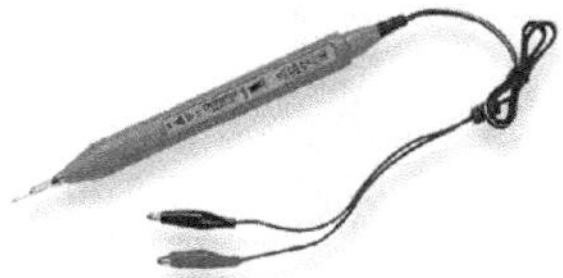	对芯片或功能电路板的输入端注入逻辑电平脉冲,用逻辑测试笔检测输出电平,以判别其功能是否正常

续表

名　称	外 观 图	说　明
测振仪器	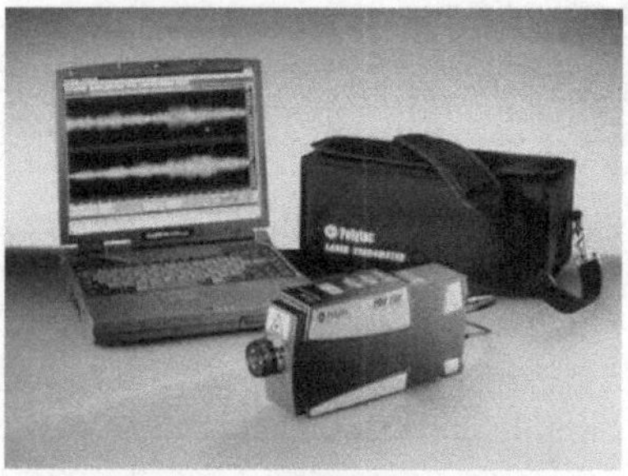	测振仪是振动检测中最常用、最基本的仪器，它将测振传感器输出的微弱信号放大、变换、积分、检波后，在仪器仪表或显示屏上直接显示被测设备的振动值大小。为了适应现场测试的要求，测振仪一般都做成便携式与笔式测振仪
故障检测系统	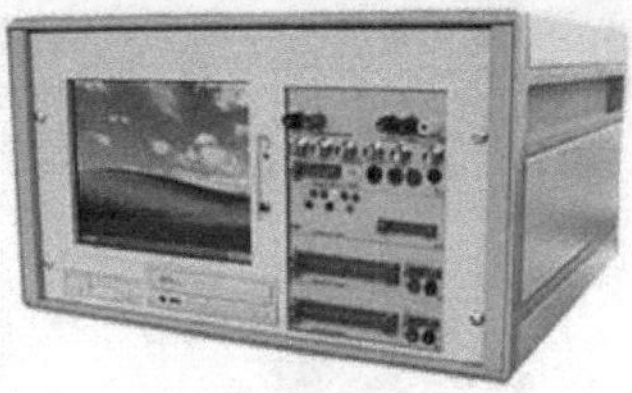	由分析软件、微型计算机和传感器组成多功能的故障检测系统，可实现多种故障的检测和分析
红外测温仪	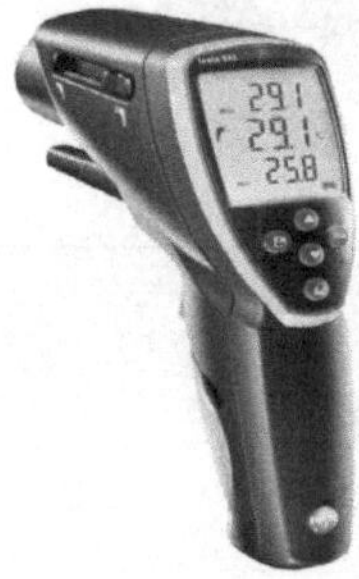	红外测温是利用红外辐射原理，将对物体表面温度的测量转换成对其辐射功率的测量，采用红外探测器和相应的光学系统接受被测物不可见的红外辐射能量，并将其变成便于检测的其他能量形式予以显示和记录
激光干涉仪		激光干涉仪可对机床、三坐标测量机及各种定位装置进行高精度的精度校正，可完成各项参数的测量，如线形位置精度、重复定位精度、角度、直线度、垂直度、平行度及平面度等。其次它还具有一些选择功能，如自动螺距误差补偿、机床动态特性测量与评估、回转坐标分度精度标定、触发脉冲输入输出功能等
短路追踪仪	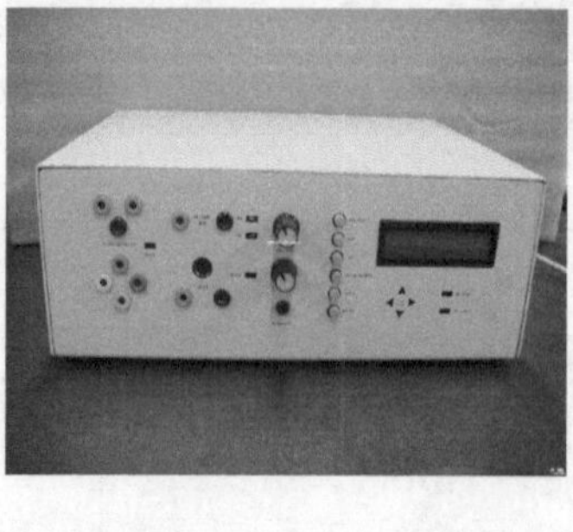	短路是电气维修中经常碰到的故障现象，使用万用表寻找短路点往往很费劲。如遇到电路中某个元器件击穿电路，由于在两条线之间可能并接有多个元器件，用万用表测量出哪个元件短路比较困难。再如对于变压器绕组局部轻微短路的故障，一般万用表测量也无能为力，而采用短路故障追踪仪可以快速找出电路板上的任何短路点

续表

名称	外观图	说明
示波器	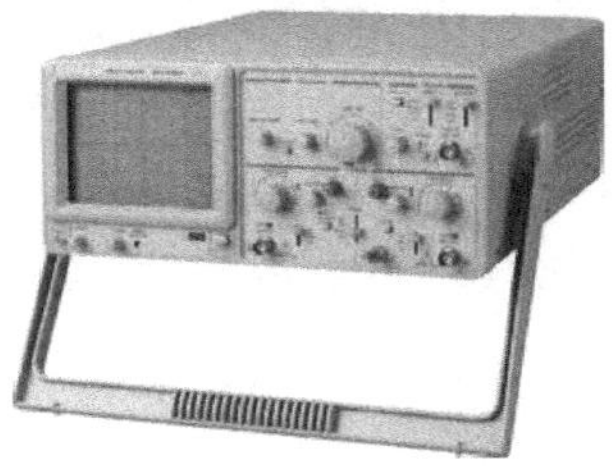	主要用于模拟电路的测量,它可以显示频率相位、电压幅值。双频示波器可以比较信号相位关系,可以测量测速发电机的输出信号,其频带宽度在5MHz以上,有两个通道
逻辑分析仪	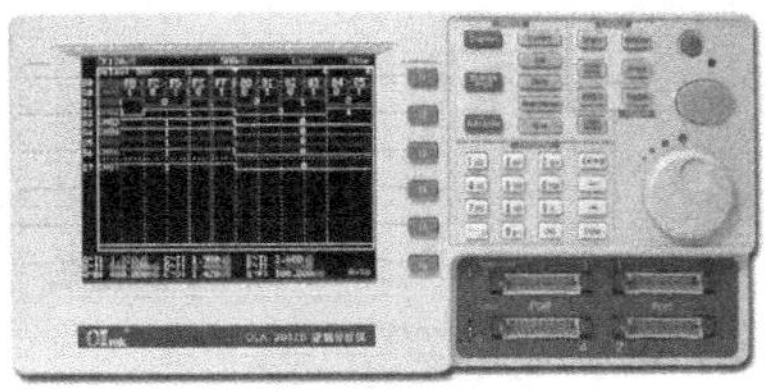	按多线示波器的思路发展而成,不过它在测量幅度上已经按数字电路的高低电平进行了1和0的量化,在时间轴上也按时钟频率进行了数字量化,因此可以测得一系列的数字信息;再配以存储器及相应的触发机构或数字识别器,使当多通道上同时出现的一组数字信息与测量者所规定的目标字相符合时,触发逻辑分析仪,以便将需要分析的信息存储下来
微机开发系统	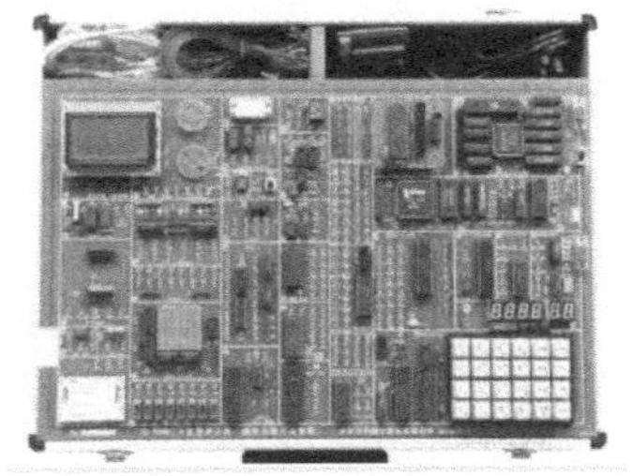	这种系统配置进行微机开发的硬、软件工具。在微机开发系统的控制下对被测系统中的CPU进行实时仿真,从而取得对被测系统的实时控制
特征分析仪	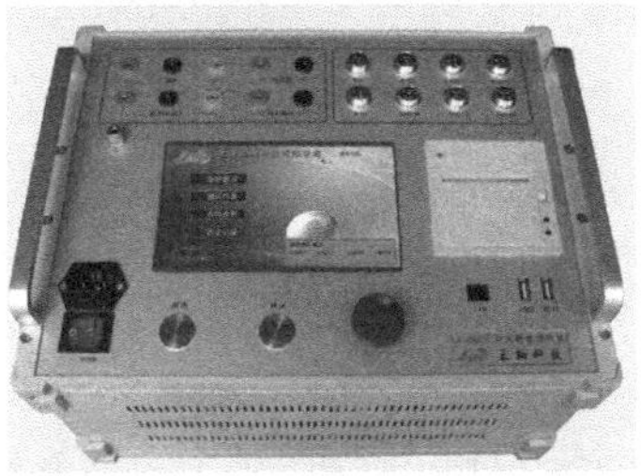	它可从被测系统中取得4个信号,即启动、停止、时钟和数据信号,使被测电路在一定信号的激励下运行起来。其中时钟信号决定进行同步测量的速率。因此,可将一对信号"锁定"在窗口上,观察数据信号波形特征
故障检测仪	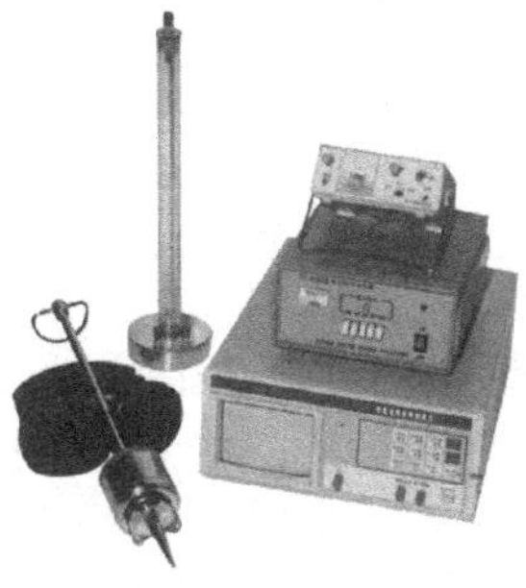	这种新的数据检测仪器各自出发点不同,具有不同的结构和测试方法。有的是按各种不同时序信号来同时激励标准板和故障板,通过比较两种板对应节点响应波形的不同来查找故障。有些则是根据某一被测对象类型,利用一台微机配以专门接口电路及连接工装夹具与故障机相连,再编写相关的测试程序对故障进行检测

续表

名　称	外　观　图	说　明
IC 在线测试仪		这是一种使用通用微机技术的新型数字集成电路在线测试仪器。它的主要特点是能对电路板上的芯片直接进行功能、状态和外特性测试，确认其逻辑功能是否失效
比较仪	扭簧比较仪　杠杆齿轮比较仪	可分为扭簧比较仪与杠杆齿轮比较仪。尤其扭簧比较仪特别适用于精度要求较高的跳动量的测量

1.5.4　数控机床机械部件的拆卸

(1) 数控机床机械部件拆卸的一般原则

① 首先必须熟悉机床设备的技术资料和图样，弄懂机械传动原理，掌握各个零部件的结构特点、装配关系以及定位销、轴套、弹簧卡圈、锁紧螺母、锁紧螺钉与顶丝的位置和退出方向。

② 拆卸前，首先切断并拆除机床设备的电源和车间动力联系的部位。

③ 在切断电源后，机床设备的拆卸程序要坚持与装配程序相反的原则。先拆外部附件，再将整机拆成部件总成，最后全部拆成零件，按部件归并放置。

④ 放空润滑油、切削液、清洗液等。

⑤ 在拆卸机床轴孔装配件时，通常应坚持用多大力装配就基本上用多大力拆卸的原则。如果出现异常情况，应查找原因，防止在拆卸中将零件碰伤、拉毛甚至损坏。热装零件要利用加热来拆卸，如热装轴承可用热油加热轴承外圈进行拆卸。滑动部件拆卸时，要考虑到滑动面间油膜的吸力。一般情况下，在拆卸过程中不允许进行破坏性拆卸。

⑥ 对于拆卸机床大型零件要坚持慎重、安全的原则。拆卸中要仔细检查锁紧螺钉及压板等零件是否拆开。吊挂时，必须粗估零件重心位置，合理选择直径适宜的吊挂绳索及吊挂受力点。注意受力平衡，防止零件摆晃，避免吊挂绳索脱开与断裂等事故发生。吊装中设备不得磕碰，要选择合适的吊点慢吊轻放，钢丝绳和设备接触处要采取保护措施。

⑦ 要坚持拆卸机床服务于装配的原则。如果被拆卸机床设备的技术资料不全，拆卸中必须对拆卸过程做必要的记录，以便安装时遵照先拆后装的原则重新装配。在拆卸中，为防止搞乱关键件的装配关系和配合位置，避免重新装配时精度降低，应在装配件上用划针做出明显标记。对于拆卸出来的轴类零件应悬挂起来，防止弯曲变形。精密零件要单独存放，避免损坏。

⑧ 先小后大，先易后难，先地面后高空，先外围后主机，必须要解体的设备要尽量少分解，同时又要满足包装要求，最终达到设备重新安装后的精度性能同拆卸前一致。为加强岗位责任，采用分工负责制，谁拆卸、谁安装。

⑨ 所有的电线、电缆不准剪断，拆下来的线头都要有标号，对有些线头没有标号的，要先补充后再拆下，线号不准丢失，拆线前要进行三对照（内部线号、端子板号、外部线号），确认无误后，方可拆卸，否则

要调整线号。

⑩ 拆卸中要保证设备的绝对安全，要选用合适的工具，不得随便代用，更不得使用大锤敲击。

⑪ 不要拔下设备电气柜内的插线板，应该用胶带纸封住加固。

⑫ 做好拆卸记录，并交相关人员。

(2) 常用的拆卸方法

① 击卸法　利用锤子或其他重物在敲击零件时产生的冲击能量把零件卸下。

② 拉拔法　对精度较高不允许敲击或无法用击卸法拆卸的零部件应使用拉拔法。它采用专门拉器进行拆卸。

③ 顶压法　利用螺旋C形夹头、机械式压力机、液压式压力机或千斤顶等工具和设备进行拆卸。顶压法适用于形状简单的过盈配合件。

④ 温差法　拆卸尺寸较大、配合过盈量较大的配合件或无法用击卸、顶压等方法拆卸时，或为使过盈量较大、精度较高的配合件容易拆卸，可采用此种方法。温差法是利用材料热胀冷缩的性能，加热包容件，使配合件在温差条件下失去过盈量，实现拆卸。

⑤ 破坏法　若必须拆卸焊接、铆接等固定连接件，或轴与套互相咬死，或为保存主件而破坏副件时，可采用车、锯、钻、割等方法进行破坏性拆卸。

1.5.5 数控机床电气部件的更换

(1) 更换单元模块的注意事项

① 测量电路板操作注意事项

a. 电路板上刷有阻焊膜，不要任意铲除。测量线路间阻值时，先切断电源，每测一处均应红黑笔对调一次，以阻值大的为参考值，不应随意切断印刷电路。

b. 需要带电测量时，应查清电路板的电源配置及种类，按检测需要，采取局部供电或全部供电。

② 更换电路板及模块操作注意事项

a. 如果没确定某一元件为故障元件，不要随意拆卸。更换故障元件时避免同一焊点的长时间加热和对故障元件的硬取，以免损坏元件。

b. 更换PMC控制模块、存储器、主轴模块和伺服模块会使SRAM资料丢失，因此更换前必须备份SRAM数据。

c. 用分离型绝对脉冲编码器或直线尺保存电动机的绝对位置，更换主印制电路板及其印制电路板上安装的模块时，不保存电动机的绝对位置。更换后要执行返回原点的操作。

(2) 更换主板操作

① 松开控制单元固定框架的四个螺钉，拆下框架，风扇和电池的电缆不要拔下。如果单元带有触摸屏，触摸屏安装在从单元后面看的左边，在拆下框架前要先拆下连接触摸屏控制板的电缆（连接器CN1、CD37），如图1-68所示。

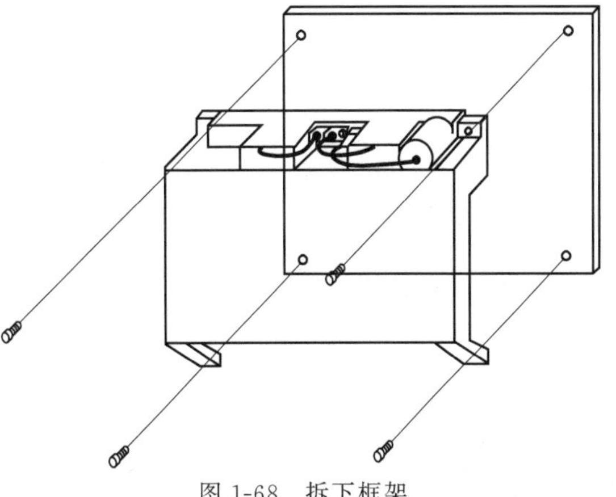
图1-68　拆下框架

② 从主板上拔下插座CNMIA（PCMCIA接口用插座）、CN8（视频信号接口插座）、CN2（软键电缆用插座）的所有电缆；然后松开所有固定主板的螺钉、插座CN3（连接转换板插座）直接连接主板和转换板，最后向下轻拉主板，将主板拆下。

③ 安装主板，按照与上述顺序相反的步骤操作，将主板安装到框架上。

(3) 更换模块操作

在CNC上更换DIMM模块或模块板时，不要用手触摸模块或模块板上的部件，以免因放电等因素造成元件的损坏。操作方法如下。

① 从CNC主机上取出模块的方法

a. 向外打开模块插座的卡爪，如图1-69（a）所示。

b. 向上拔模块，如图 1-69（b）所示。

② 往 CNC 主机上安装模块的方法

a. 模块倾斜地插入插座，如图 1-69（b）所示。此时应确认模块是否插到插座的底部。

b. 竖起模块直到模块被锁住为止，如图 1-69（c）所示。用手指下压模块上部的两边，不要压模块的中间部位。

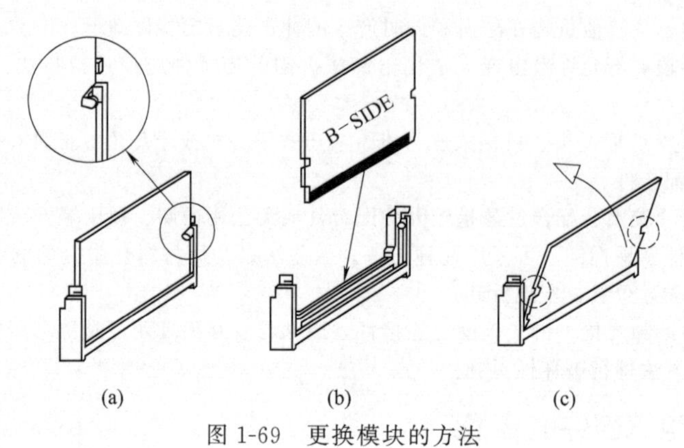

图 1-69 更换模块的方法

(4) 更换控制单元的风扇操作

风扇单元装配在框架上部的风扇盒中，独立式机箱如图 1-70 所示，分离式机箱如图 1-71 所示。更换风扇单元时，不要触摸高压电路部分（有标记并盖有防止电击的罩），以防受到电击。

① 独立式机箱更换风扇单元步骤

a. 关掉 CNC 电源。

b. 拔出风扇单元插头（图 1-70），插头带有锁扣，所以在拔插头的同时，用平头螺丝刀按住插头下部的锁扣。

c. 拔出风扇单元（图 1-70），使之与风扇盒分离。

d. 更换新风扇单元，尽可能快地把新的风扇单元装上，当听到“咔”的一声，表明风扇单元已安装完成。注意风扇的标签面朝上，风向是由下向上。

e. 插上风扇单元插头。

② 分离式机箱更换风扇单元步骤

a. 切断系统电源。

b. 把需更换的风扇从电气柜拉出，如图 1-71 中①所示。

c. 把风扇装置向上提，从机壳上拆下风扇，如图 1-71 中②所示。

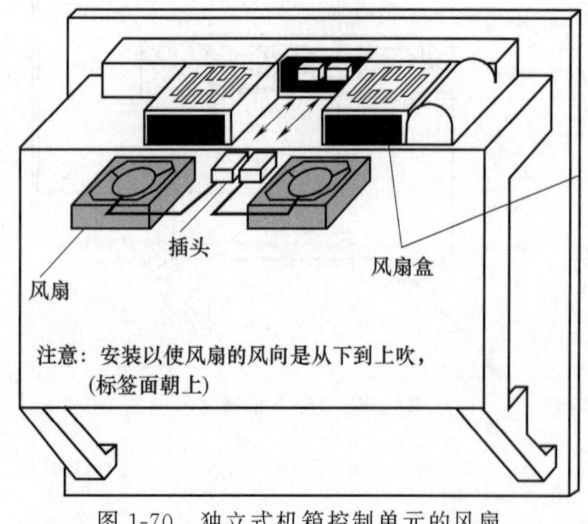

图 1-70 独立式机箱控制单元的风扇

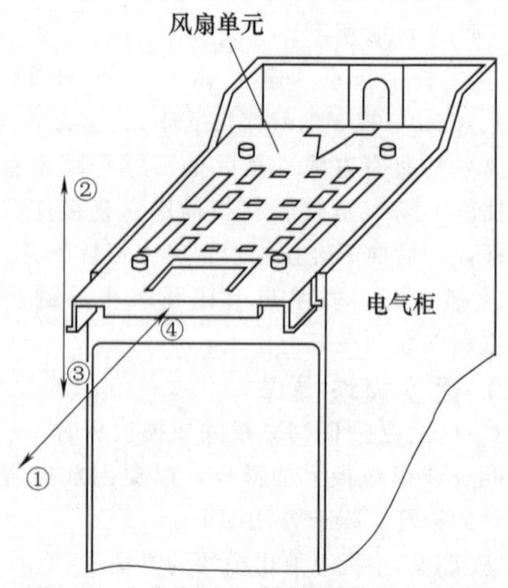

图 1-71 分离式机箱控制单元的风扇

d. 将新风扇装入机壳，如图 1-71 中③所示。

e. 将机壳推入电气柜，如图 1-71 中④所示，当听到“咔”的一声，表明风扇单元装好。

(5) 更换熔丝操作

更换电源单元熔丝前，先要排除引起熔丝熔断的原因，同时确认熔丝规格，更换时要使用相同规格的熔丝。FANUC 0i-C 系统熔丝和 LCD 熔丝在数控装置上的安装位置如图 1-72 所示。熔丝的更换步骤如下。

① 先查明并排除熔断的原因，再更换熔丝。

② 将旧的熔丝向上拔出。

③ 将新的熔丝装入原来的位置。

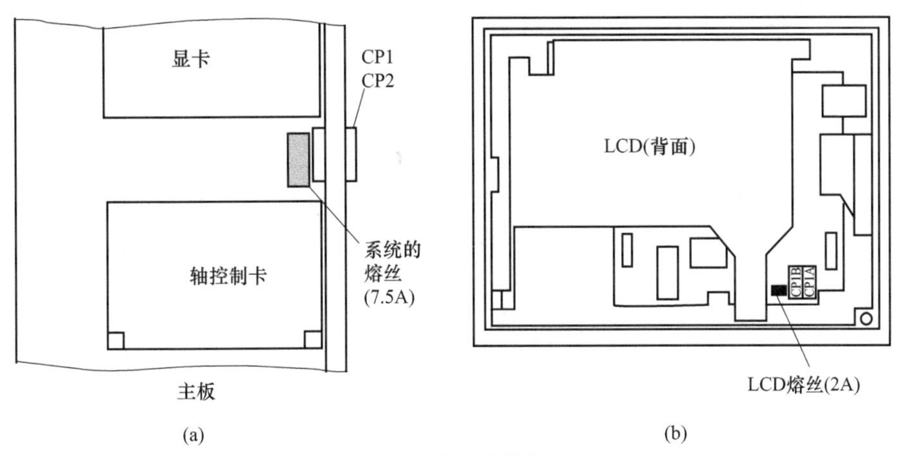

图 1-72 熔丝安装位置

(6) 更换 LCD 的灯管

① 灯管规格 应该使用规定规格的灯管。由于换灯管时，会将 SRAM 存储器中的内容丢失，所以更换灯管之前必须备份 SRAM 区域中的数据。

② 7.2″ LCD 更换过程

a. 拔掉电源电缆插头和视频信号电缆插头，拆下 LCD 控制单元，如图 1-73 所示。

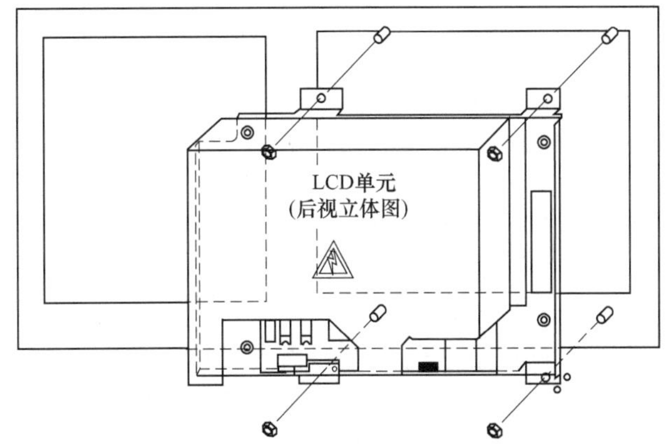

图 1-73 拆下 7.2″ LCD 单元

b. 从 LCD 的正面拆掉灯管的盖子，然后更换灯管，如图 1-74 所示。

c. 更换灯管后，按相反顺序安装好显示单元。此时，应防止尘土等脏物进入显示单元。

③ 8.4″ LCD 更换过程

a. 拔掉电源电缆插头和视频信号电缆插头，拆下 LCD 控制单元，如图 1-73 所示。

b. 从 LCD 的后面拧松电源盖子的螺钉，然后更换灯管，如图 1-75 所示。

c. 更换灯管后，按相反顺序安装好显示单元。此时，应防止尘土等脏物进入显示单元。

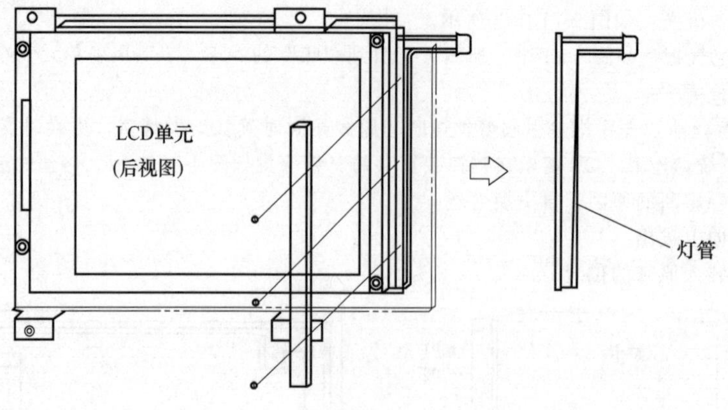

图 1-74 更换灯管（一）

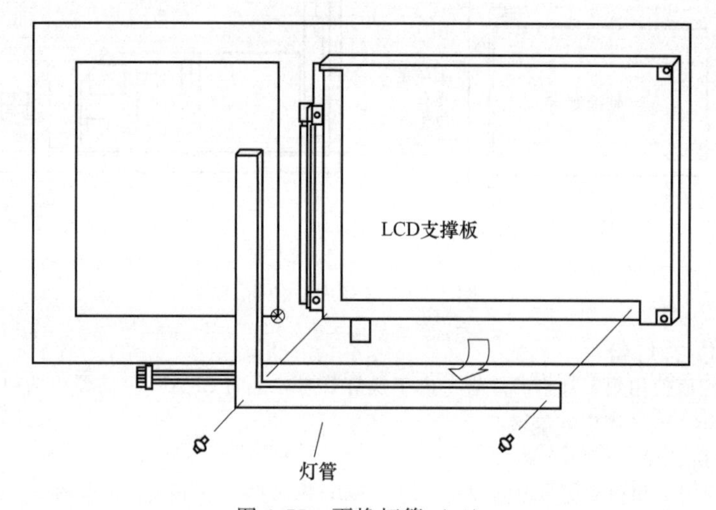

图 1-75 更换灯管（二）

④ 10.4″ LCD 更换过程

a. 拔掉电源电缆插头和视频信号电缆插头，拆掉 LCD 控制单元，如图 1-73 所示。

b. 拆掉 LCD 的金属薄片，如图 1-76 所示。

c. 按图 1-77 所示方向拉出灯管。

d. 更换灯管后，按相反顺序安装好显示单元。此时，应防止尘土等脏物进入显示单元。

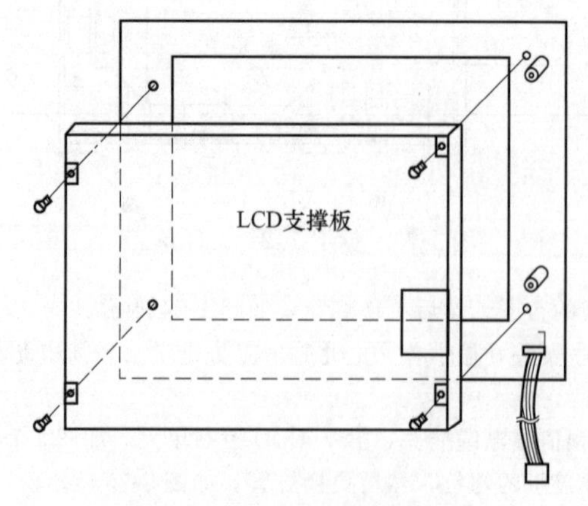

图 1-76 拆下 LCD 的金属薄片

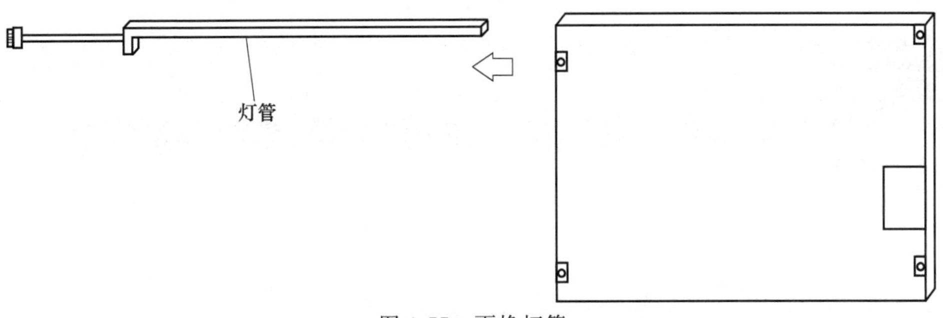

图 1-77　更换灯管

第2章 FANUC系统数控机床的连接与参数设置

2.1 FANUC系统数控机床的强电连接与故障维修

2.1.1 电气原理图分析的方法与步骤

电气控制电路一般由主回路、控制电路和辅助电路等部分组成。首先要了解电气控制系统的总体结构、电动机和电器元件的分布状况及控制要求等内容，然后阅读分析电气原理图。

① 分析主回路　从主回路入手，根据伺服电动机、辅助机构电动机和电磁阀等执行电器的控制要求，分析它们的控制内容，包括启动、方向控制、调速和制动等。

② 分析控制电路　根据主回路中各伺服电动机、辅助机构电动机和电磁阀等执行电器的控制要求，逐一找出控制电路中的控制环节，按功能不同划分成若干个局部控制线路来进行分析。

③ 分析辅助电路　辅助电路包括电源显示、工作状态显示、照明和故障报警等部分，它们大多是由控制电路中的元件来控制的，在分析时，还要回头来对照控制电路进行分析。

④ 分析联锁与保护环节　机床对于安全性和可靠性有很高的要求，实现这些要求，除了合理地选择元器件和控制方案以外，在控制线路中还设置了一系列电气保护和必要的电气联锁。

⑤ 总体检查　经过“化整为零”，逐步分析了每一个局部电路的工作原理以及各部分之间的控制关系之后，还必须用“集零为整”的方法，检查整个控制线路，看是否有遗漏。特别要从整体角度去进一步检查和理解各控制环节之间的联系，理解电路中每个元器件所起的作用。

2.1.2 数控车床的分析

以TK1640数控车床为例来介绍：主轴采用变频调速，三挡无级变速，机床配有四工位刀架，可满足不同需要的加工；可开闭的半防护门，确保操作人员的安全。

(1) 主回路分析

如图2-1所示是380V强电回路。图中，QF1为电源总开关，QF3、QF2、QF4、QF5分别为主轴强电、伺服强电、冷却电动机、刀架电动机的空气断路器，作用是接通电源及短路、过电流时起保护作用。其中QF4、QF5带辅助触头，该触点输入PLC，作为报警信号，并且该空气断路器的保护电流为可调的，可根据电动机的额定电流来调节空气断路器的设定值，起过电流保护作用。KM3、KM1、KM6分别为主轴电动机、伺服电动机、冷却电动机交流接触器，由它们的主触点控制相应电动机；KM4、KM5为刀架正反转交流接触器，用于控制刀架的正反转。TC1为三相伺服变压器，将交流380V变为交流200V供给伺服电源模块；RC1、RC3、RC4为阻容吸收，当相应的电路断开后，吸收伺服电源模块、冷却电动机、刀架电动机中的能量，避免产生过电压而损坏器件。

(2) 电源电路分析

如图2-2所示为电源回路。图中，TC2为控制变压器，原方为AC 380V，副方为AC 110V、AC 220V、AC 24V，其中AC 110V给交流接触器线圈和强电柜风扇提供电源；AC 24V给电柜门指示灯、工作灯提供电源；AC 220V通过低通滤波器滤波给伺服模块、电源模块、24V电源提供电源；VC1为24V电源，将AC 220V转换为DC 24V电源，给世纪星数控系统、PLC输入/输出、24V继电器线圈、伺服模块、电源模块、吊挂风扇提供电源；QF6、QF7、QF8、QF9、QF10空气断路器为电路的短路保护。

(3) 控制电路分析

① 主轴电动机的控制　如图2-3和图2-4所示分别为交流控制回路和直流控制回路。如图2-1所示强电回路，先将QF2、QF3空气断路器合上，当机床未压限位开关、伺服未报警、急停未压下、主轴未报警时，

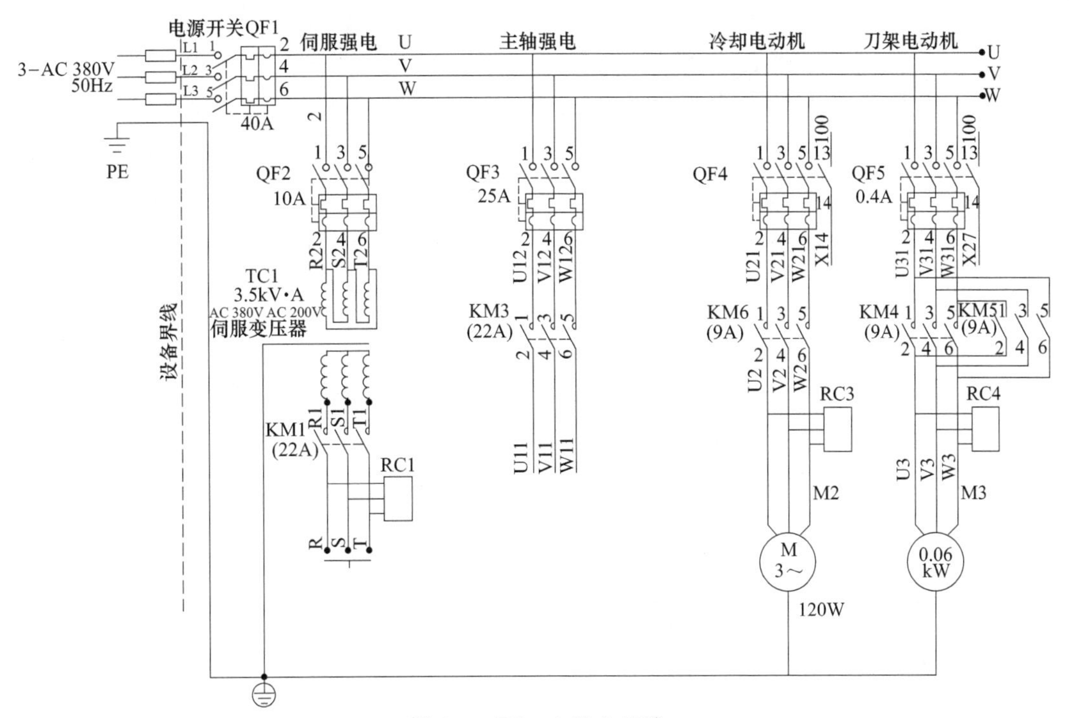

图 2-1　TK40A 强电回路

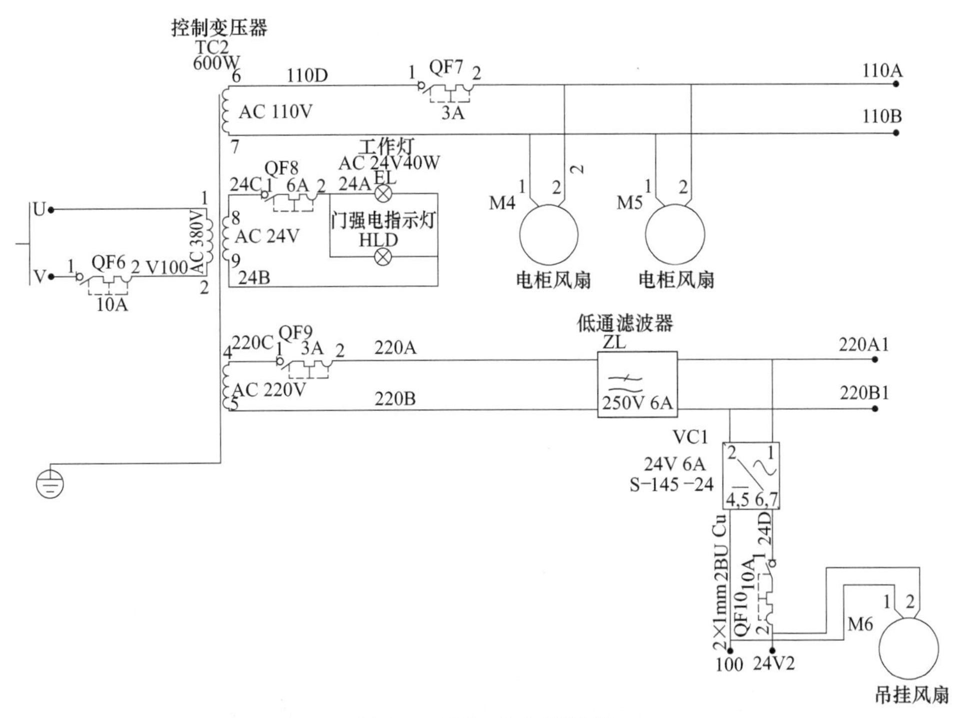

图 2-2　TK40A 电源回路

KA2、KA3 继电器线圈通电，继电器触点吸合，并且 PLC 输出点 Y00 发出伺服允许信号，KA1 继电器线圈通电，继电器触点吸合，KM1 交流接触器线圈通电，交流接触器触点吸合，KM3 主轴交流接触器线圈通电，交流接触器主触点吸合，主轴变频器加上 AC 380V 电压，若有主轴正转或主轴反转及主轴转速指令时（手动或自动），PLC 输出主轴正转 Y10 或主轴反转 Y11 有效，主轴 AD 输出对应于主轴转速的直流电压值（0～

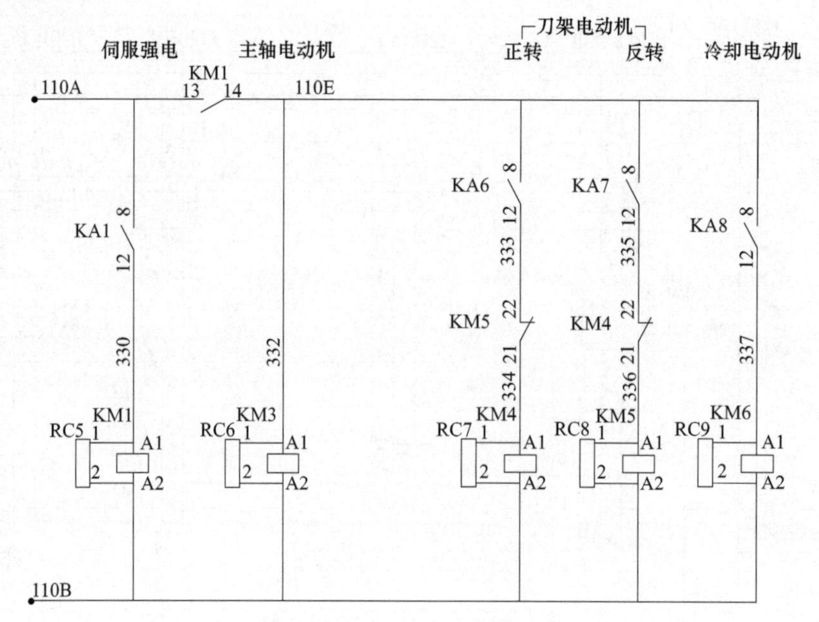

图 2-3　TK40A 交流控制回路

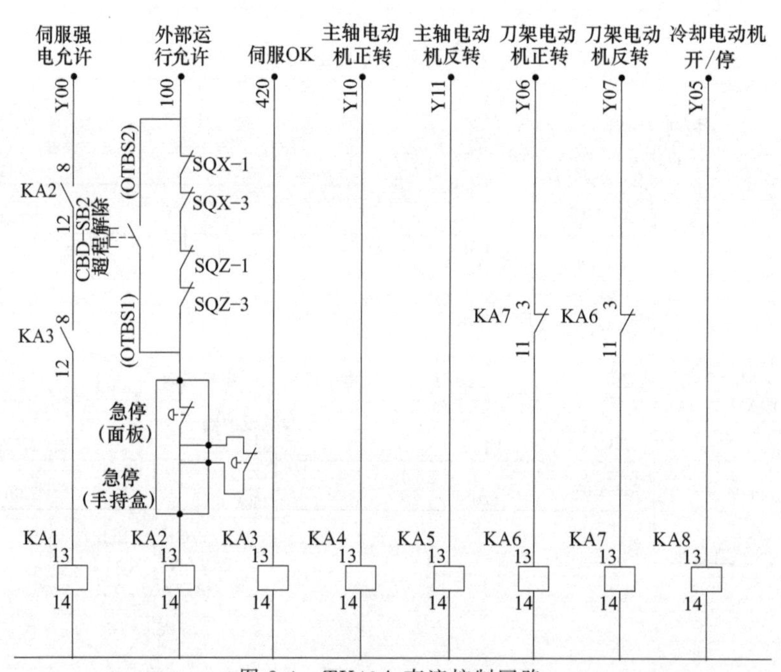

图 2-4　TK40A 直流控制回路

10V)，主轴按指令值的转速正转或反转；当主轴速度到达指令值时，主轴变频器输出主轴速度到达信号给PLC 输入 X31（未标出），主轴转动指令完成。主轴的启动时间、制动时间由主轴变频器内部参数设定。

② 刀架电动机的控制　当有手动换刀或自动换刀指令时，经过系统处理转变为刀位信号，这时 PLC 输出 Y06 有效，KA6 继电器线圈通电，继电器触点闭合，KM4 交流接触器线圈通电，交流接触器主触点吸合，刀架电动机正转，当 PLC 输入点检测到指令刀具所对应的刀位信号时，PLC 输出 Y06 有效撤销、刀架电动机正转停止；PLC 输出 Y07 有效，KA7 继电器线圈通电，继电器触点闭合，KM5 交流接触器线圈通电，交流接触器主触点吸合，刀架电动机反转，延时一定时间后（该时间由参数设定，并根据现场情况调整），PLC 输出 Y07 有效撤销，KM5 交流接触器主触点断开，刀架电动机反转停止，选刀完成。为了防止电源短路，

在刀架电动机正转、继电器线圈、接触器线圈回路中串入了反转继电器、接触器常闭触点，如图2-3所示。请注意，刀架转位选刀只能一个方向转动，取刀架电动机正转。刀架电动机反转只为刀架定位。

③ 冷却电动机控制　当有手动或自动冷却指令时，这时PLC输出Y05有效，KA8继电器线圈通电，继电器触点闭合，KM6交流接触器线圈通电，交流接触器主触点吸合，冷却电动机旋转，带动冷却泵工作。

2.1.3　数控无级调速镗铣床的电路分析

(1) 主轴电路分析

① 主轴工作过程　数控无级调速镗铣床主轴电动机及装卸刀电动机如图2-5所示，控制电路如图2-6～图2-10所示。按启动按钮SB3启动机床，电源110V→停止按钮SB2→启动按钮SB3→XT7→XT3→交流接触器KA1线圈吸合，并有23—24常开触点吸合并自动保持。这是由于KA1的接触器吸合，13—14之间通电，再有选择开关接通KM1（正转）或KM2（反转），同时KM3吸合，短接电阻器，因而电动机就会按所选方向运转。

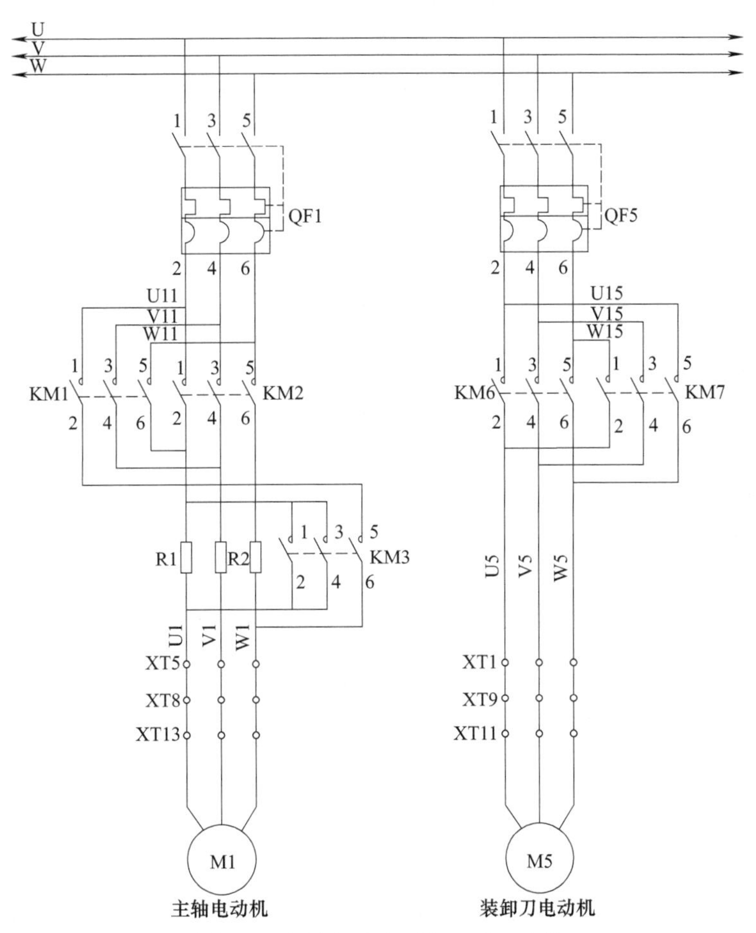

图2-5　主轴电动机及装卸刀电动机

当主轴停止时只需按动停止按钮SB2，这时切断主轴启动接触器KA1。同时SB2常开触点接通，主轴制动电磁离合器工作，迫使主轴在制动状态下停转（制动电磁离合器工作电压为直流24V）。

当主轴需变速时只需调节手柄、调速开关SB4，进行点动接触使电动机启动将齿轮完好啮合。变速结束，则SB4断开，主轴正常运转。另外，主轴具备自动装刀和卸刀功能，需要装刀时按动SB5按钮，可实现自动装刀，自动卸刀时只需按动SB6按钮。

② 主轴系统常见故障　主轴系统常见故障如表2-1所示。

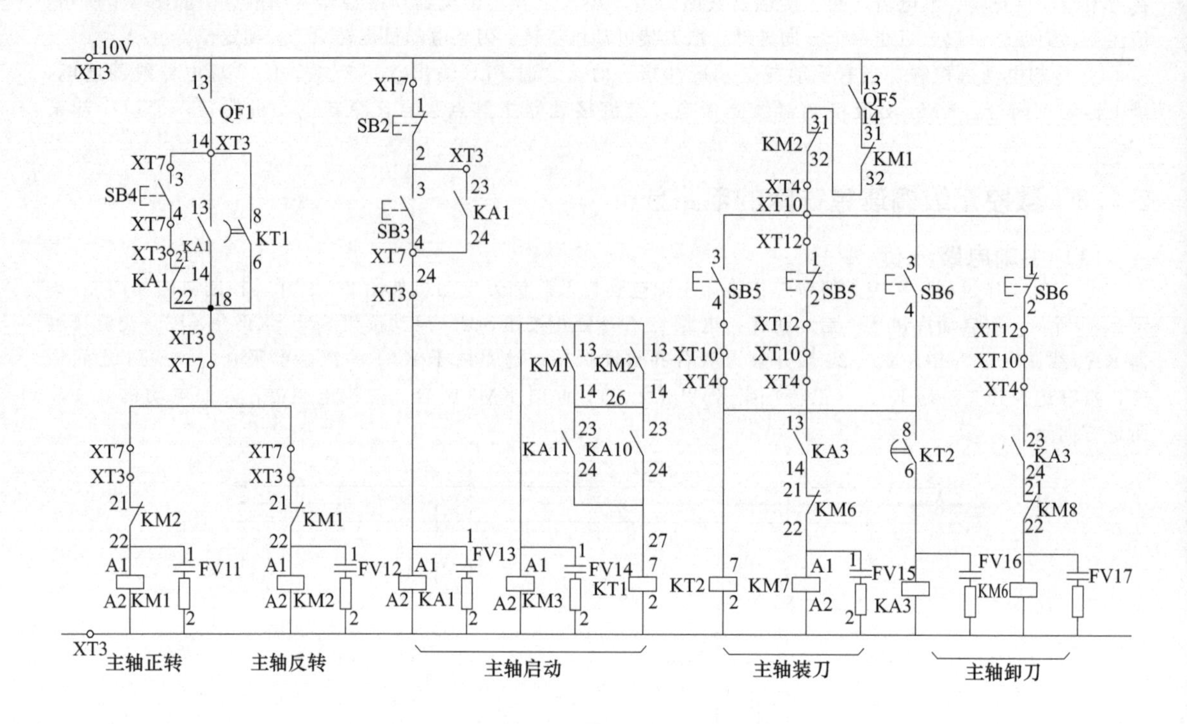

图 2-6　主轴启动及装卸刀控制

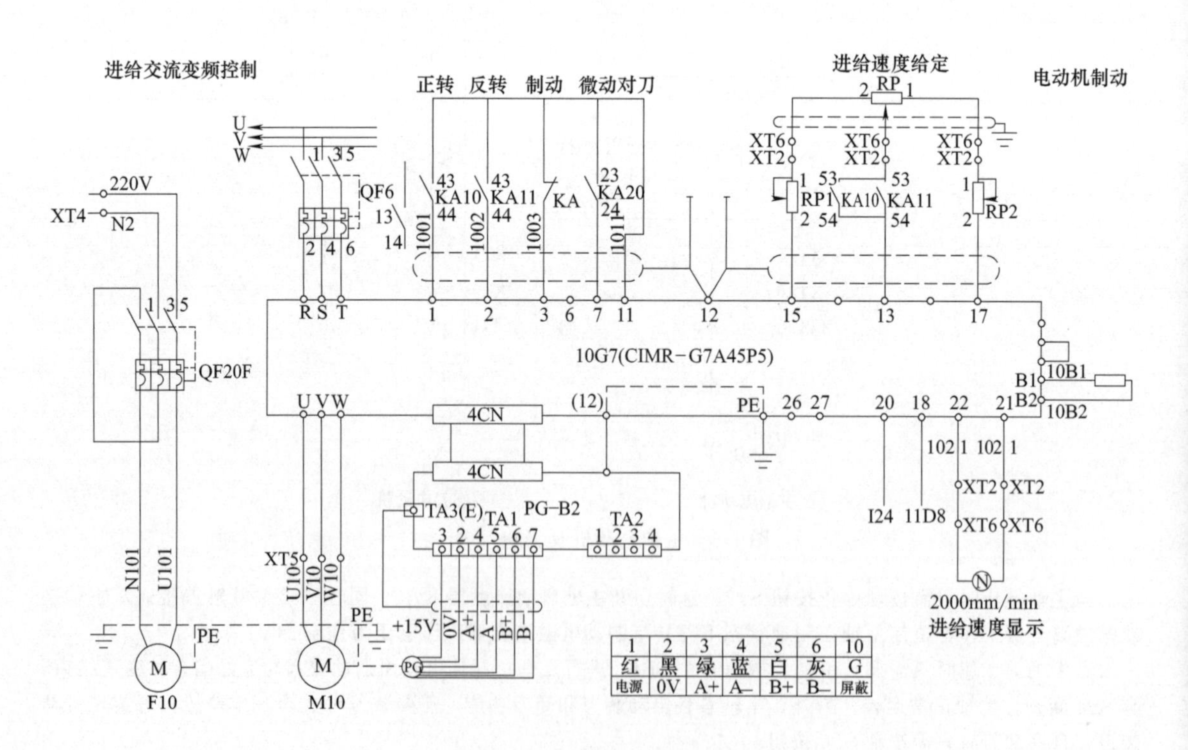

图 2-7　数控镗铣床进给交流变频控制

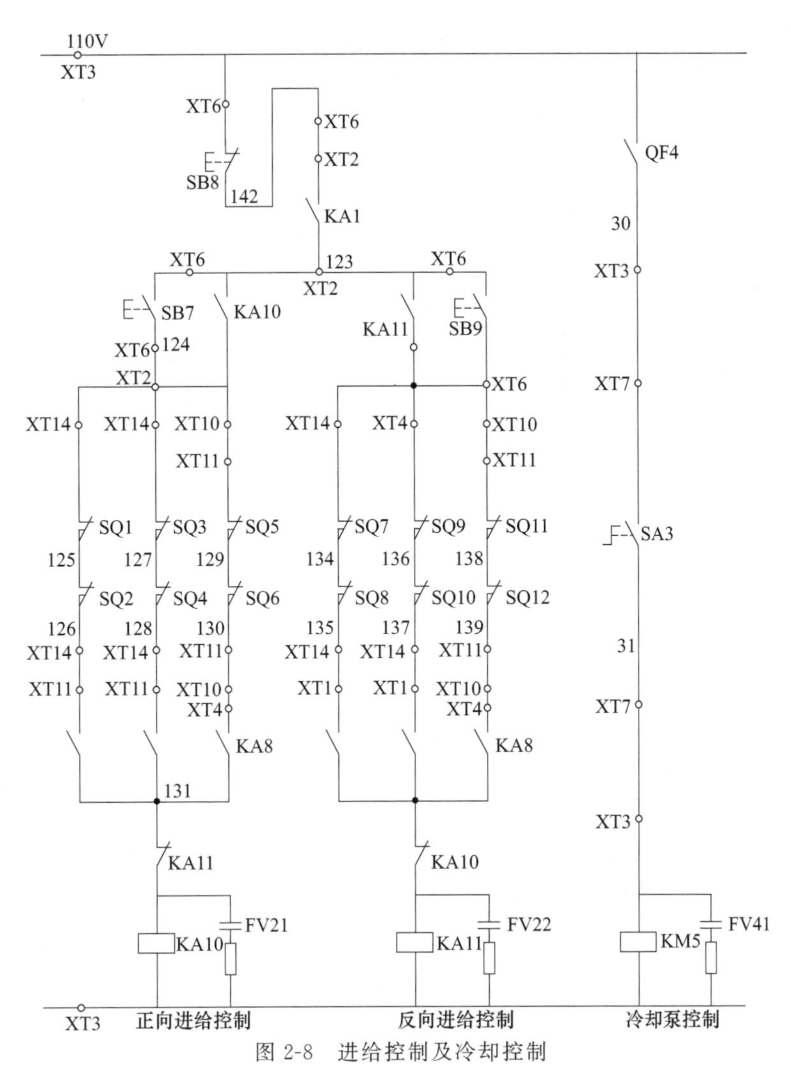

图 2-8 进给控制及冷却控制

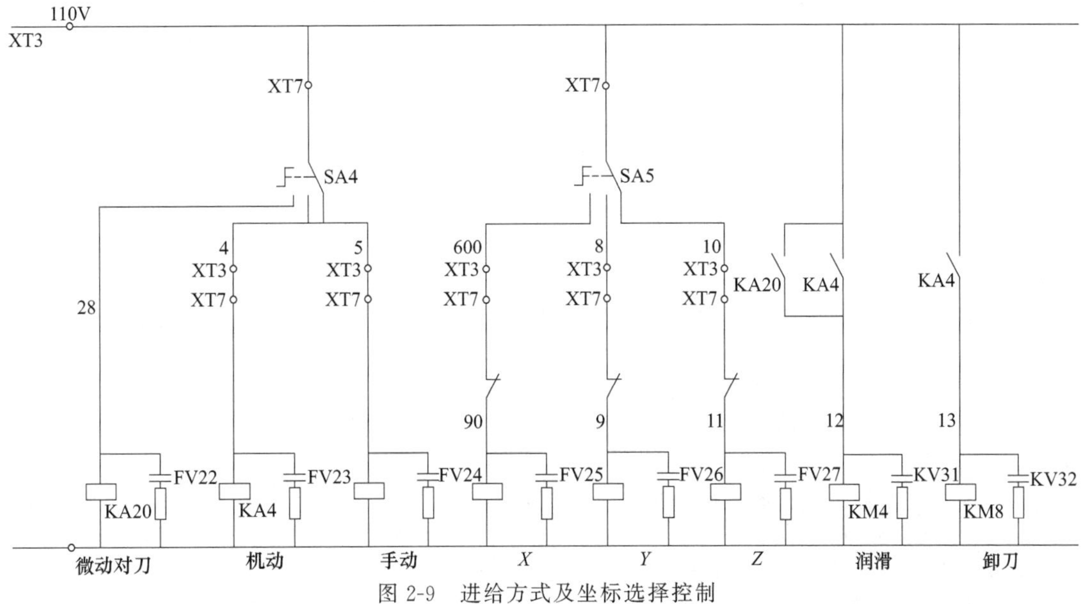

图 2-9 进给方式及坐标选择控制

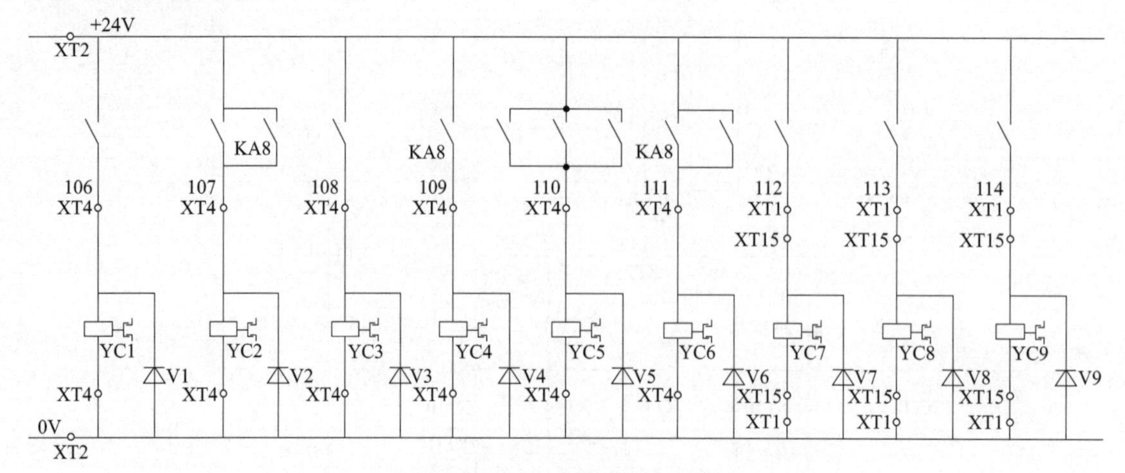

图 2-10　进给电磁离合器控制

表 2-1　数控镗铣床主轴系统常见故障及其处理

故　障　现　象	故　障　原　因	故　障　处　理
主轴不转	选择按钮和开关接触不良	更换按钮和开关
	开关接线有断头	连接电线断头
	接触器 KA1、KM1 或 KM2 不工作	检查控制回路和接触器
	机械受卡	排除机械原因
	电动机故障	检查电动机
主轴速度太低	电源电压太低或有断相	检查电源
	接触器 KM3 不工作	检查 KM3 控制电路
主轴一启动就跳闸	R1 或 R2 电阻短路	检查启动电阻器
	启动电流太大,接触器 KM3 触点熔焊	更换接触器 KM3
主轴无制动	电磁离合器不工作	检查直流 24V 电压和离合器电路
	制动停止按钮接触不良	检查停止按钮 SB2 的触点

注：主轴部分常见易损件有接触器、电磁离合器和启动电阻器。

(2) 进给运动电路分析

① 工作过程　铣床的进给运动有工作台的前后左右移动及主轴箱沿立柱上下移动，工作台的左右移动称为 *X* 方向，工作台的前后移动（靠滑座完成）称为 *Y* 方向，主轴箱沿立柱上下移动称为 *Z* 方向。

进给运动又分为可调速的连续进给运动与点动两种方式，点动方式设计速度为 10mm/min，主要为替代手动方式的手摇脉冲发生器进行对刀。

铣床的进给运动由交流变频器（GIMK-G5A47P5 或 GIMK-G7A47P5）配交流变频电动机（YPNC-33-5.5-B）实现无级调速。

当需要可调速的连续进给运动时，可将转换开关 SM 转到机动位置，SA5 选到所需要的坐标（*X*，*Y*，*Z*），再按下 SB7 正向或 SB9 反向启动按钮，旋转电位器 RP 即按预定方向和速度运动，再按下 SB8 按钮则进给运动停止。

旋转电位器 RP 通过电压表 PV 来观察进给量，电压表满量程 10V，对应 *X*、*Y*、*Z* 轴的直线速度为 10～2000mm/min。

当需要点动进给运动时，先将转换开关 SA2 转到点动位置，SA5 选到所需要的坐标（*X*，*Y*，*Z*），再按下 SB7 正向或 SB9 反向启动按钮，即按预定方向和 10mm/min 的速度运动，再按下 SB8 按钮则点动进给停止。

X，*Y*，*Z* 三个坐标分别有限位行程开关，*X* 方向为 SQ1、SQ2、SQ7、SQ8；*Y* 方向为 SQ3、SQ4、SQ9、SQ10；*Z* 方向为 SQ5、SQ6、SQ11、SQ12。当触碰行程开关时进给运动就停止，再按下相反方向的启动按钮，即可按旋转电位器 RP 预定的速度反方向运动。

铣床的进给部分除使用了交流变频器作为进给无级调速外，还配用了数字编码器作为数字或速度反馈，其作用是通过编码器的数字反馈为频率/电压转换电路提供速度反馈信号，发出相应的对称三相信号，驱动电路中定子三相绕组，使电流机旋转速度趋于稳定。这也是编码器在交流伺服电路中所起的主要作用。

② 进给运动常见故障

a. 机床速度不稳定，如进给电动机转速时快时慢，特别是当切削量大时，起刀进给速度明显下降。首先应该考虑反馈电路（编码器等）无反馈信号或线头接触不良。

b. 变频器无输出（电动机不转），一般原因为RP电位器连线有断头或RP电位器接触不良而开路等。

c. 电动机（进给）速度无法调节或快或慢，有时可能造成无法控制，此时可检查电位器RP、RP1和RP2是否有故障，同时可测量变频器进给速度设定电压1—2之间是否有直流+10V输出电压。另外，反馈信号编码器断线或接线错误也会引起进给速度的不稳定，如飞车、失速等。常见故障及其处理如表2-2所示。

表2-2 数控镗铣床进给运动常见故障及其处理

故障现象	故障原因	故障处理
进给电动机无进给(不工作)	无电源或断相	检查电源进线
	电动机故障	检查电动机
	进给接触器KA10或KA11不工作	检查进给接触器KA10或KA11
	RP电位器断线或开路	检查电位器RP或更换测量变频器
	进给速度设定无直流+10V电压	进给速度电压应为直流+10V
	制动接触器KA触点未断开	检查KA触点是否断开
	变频器输出电源断相	测量变频器输出电压三相是否平衡
	电磁离合器未接通到位	检查各电磁离合器是否到位
进给电动机无法控制失速(飞车)	RP电位器故障,内部短路造成全电压+10V直流输入	检查RP电位器,用万用表全程测试
	编码器反馈信号接线错误或断线对地	检查编码器反馈信号接线
	屏蔽接触不良电路,反馈信号抗干扰不良	检查屏蔽或接头
	编码器本身故障	更换编码器
进给速度太慢无法提速	变频器输入或输出断相	检查三相输入输出电压是否平衡
	电位器RP(调速开关)故障	更换调速电位器
进给电动机工作不稳定,进给时刀抖动	反馈器(编码器)故障	更换编码器
	反馈线连接点接触不良,线头松动	焊接各连接点
	RP1和RP2电位器调整不当	检查电位器RP、RP1、RP2的进线合点为调整器
	编码器与电动机不能同轴运行造成信号误传(编码器底座松动或连接轴不能与电动机同步工作)	检查编码器底座和电动机的连接情况,应同轴运行
	变频器断相	分别测量变频器低速和高速三相输出电压
	各轴电磁吸合不牢固(24V直流电压不足或离合器绕组内有短路现象)	测量直流24V电压,用交换法对电磁离合器进行比较鉴别出故障所在
进给工作时,QF4跳闸	电动机故障	检查电动机
	变频器内部积尘太多,造成内部短路	清除积尘油污
	变频器内部故障	更换变频器
	变频器断相	检查输入输出电压
在调速进程中电路跳闸	电动机故障	检查电动机
	调速电位器RP故障	更换电位器RP
	变频器断相	检查变频器输入输出电压
	负载太重或机械受卡	减轻负载,检查机械部分是否有故障

注：进给电动机部分发生故障时，首先应该考虑的是变频器的外部电路中RP和编码器反馈信号部分的故障，如电位器RP和编码器之间的连线等，然后再考虑变频器内部故障原因，即“由外向内逐步分析，由动向静进行检查”。另外，各轴进给时，电磁离合器必须接触足够良好的电压，否则也会引起进给部分的进给断续、抖动或停止，电磁离合线圈也应该接触良好。如有线圈短路、断路，可用比较法和交换法对离合器线圈进行判断检测，同时也应考虑负载、机械是否受卡或离合器磨损等因素，应做到全面分析。

(3) 辅助功能电路分析

① 冷却（冷却泵电动机 M4，如图 2-11 所示） 当被加工零件需要冷却时，将开关 SA3 转动到接通位置，电动机 M4 即开始工作。

② 润滑（进给箱润滑电动机 M3，床鞍润滑电动机 M2，如图 2-11 所示） 当开关 SA4 转动到机动和微动位置时，两个润滑电动机同时启动（HL3、HL4 亮）；当开关 SA4 转到手动位置，两个润滑电动机即停止工作。

③ 装刀卸刀（电动机 M5，如图 2-12 所示） 装刀时先将开关 SA4 转到机动或微动位置使制动电磁离合器 YC10 接通，按下装在主轴箱上的装刀按钮 SB6，则启动电动机 M5 实现装刀；卸刀时将开关 SA4 转动到手动位置使 YC10 接通，按压装在主轴箱上的卸刀按钮 SB5 则电动机反转实现卸刀。

④ 照明 机床照明采用 24V 低压，灯的信号为 JC11-6。

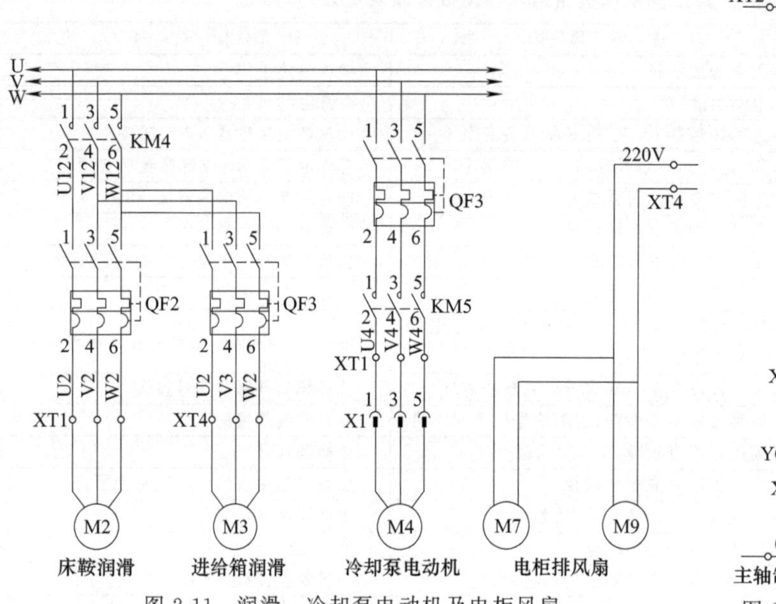

图 2-11 润滑、冷却泵电动机及电柜风扇

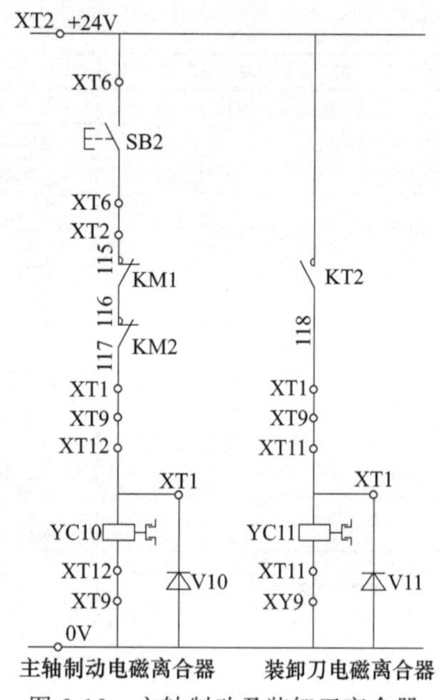

图 2-12 主轴制动及装卸刀离合器

2.1.4 数控机床电气接线注意事项

(1) 信号的分组

机床所使用的电缆分类如表 2-3 所示，每组电缆应按表中所述处理方法处理，并按分组走线，电缆走线方法如图 2-13 所示。

表 2-3 信号线的分组

组别	信　号　线	处　理　方　法
A	初级交流电源线	B、C 组的电缆必须与其他组电缆分开走线①或进行电磁屏蔽②
	次级交流电源线	
	交/直流动力线(包括伺服电动机、主轴电动机动力线)	
	交/直流线圈	
	交/直流继电器	
B	直流线圈(DC 24V)	在直流线圈和继电器上连接二极管，A 组电缆要与其他组电缆分开走线或电磁屏蔽；尽量使 C 组远离其他组；最好进行屏蔽处理
	直流继电器(DC 24V)	
	CNC-强电柜之间的 DI/DO 电缆	
	CNC-机床之间的 DI/DO 电缆	
	控制单元及其外围设备的 DC 24V 输入电源电缆	

续表

组别	信号线	处理方法
C	CNC-伺服放大器之间的电缆	A组电缆要和其他组电缆分开走线，要进行电磁屏蔽；B组电缆尽量与其他组电缆分开；必须实施屏蔽处理
	位置反馈、速度反馈用的电缆	
	CNC-主轴放大器之间的电缆	
	位置编码器电缆	
	手摇脉冲发生器电缆	
	CRT(LCD)MDI用的电缆	
	RS-232C，RS-422用的电缆	
	电池电缆	
	其他需要屏蔽用的电缆	

① 分开走线指每组间的电缆间隔要在10cm以上。

② 电磁屏蔽指各组间用接地的钢板屏蔽。

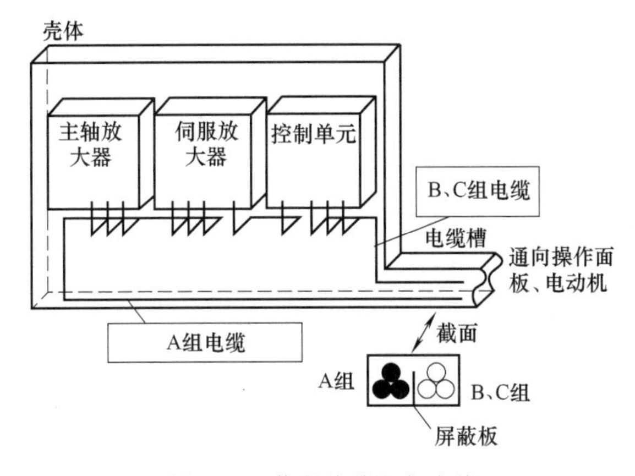

图2-13 信号线分组与走线

(2) 屏蔽

屏蔽是利用导电或导磁材料制成的盒状或壳状屏蔽体将干扰源或干扰对象包围起来，从而割断或削弱干扰场的空间耦合通道，阻止其电磁能量的传输。按需要屏蔽的干扰场性质的不同，可分为电场屏蔽、磁场屏蔽和电磁场屏蔽。

电场屏蔽是为了消除或抑制由于电场耦合引起的干扰。通常用铜和铝等导电性能良好的金属材料作为屏蔽体。屏蔽体结构应尽量完整、严密并保持良好的接地。

磁场屏蔽是为了消除或抑制由于磁场耦合引起的干扰。对静磁场及低频交变磁场，可用高磁导率的材料作为屏蔽体，并保证磁路畅通。对高频交变磁场，由于主要靠屏蔽体壳体上感生的涡流所产生的反磁场起排斥原磁场的作用，因此，应选用良导体材料，如铜、铝等作为屏蔽体。

一般情况下，单纯的电场或磁场是很少见的，通常是电磁场同时存在的，因此应将电磁场同时屏蔽。例如，在电子仪器内部，最大的工频磁场来自电源变压器，对变压器进行屏蔽是抑制其干扰的有效措施，在变压器绕组线包的外面包一层铜皮作为漏磁短路环。当漏磁通穿过短路环时，在铜环中感生涡流，因此会产生反磁通以抵消部分漏磁通，使变压器外的磁通减弱。对变压器或扼流圈的侧面也需屏蔽，一般采用包一层铁皮来作为屏蔽盒。包的层数越多，短路环越厚，屏蔽效果越好。

与CNC连接的电缆，均需经过屏蔽处理，应按如图2-14所示方法紧固。装夹屏蔽线时除夹住电缆外，还兼屏蔽处理作用，这对系统的稳定性极为重要，因此必须实施。如图2-14所示，剥开部分电缆皮使屏蔽层露出，将其用紧固夹子拧到机床厂家制作的地线板上。紧固夹子附在CNC上。屏蔽线的屏蔽地只允许接在系统侧，而不能接在机床侧，否则会引起干扰。

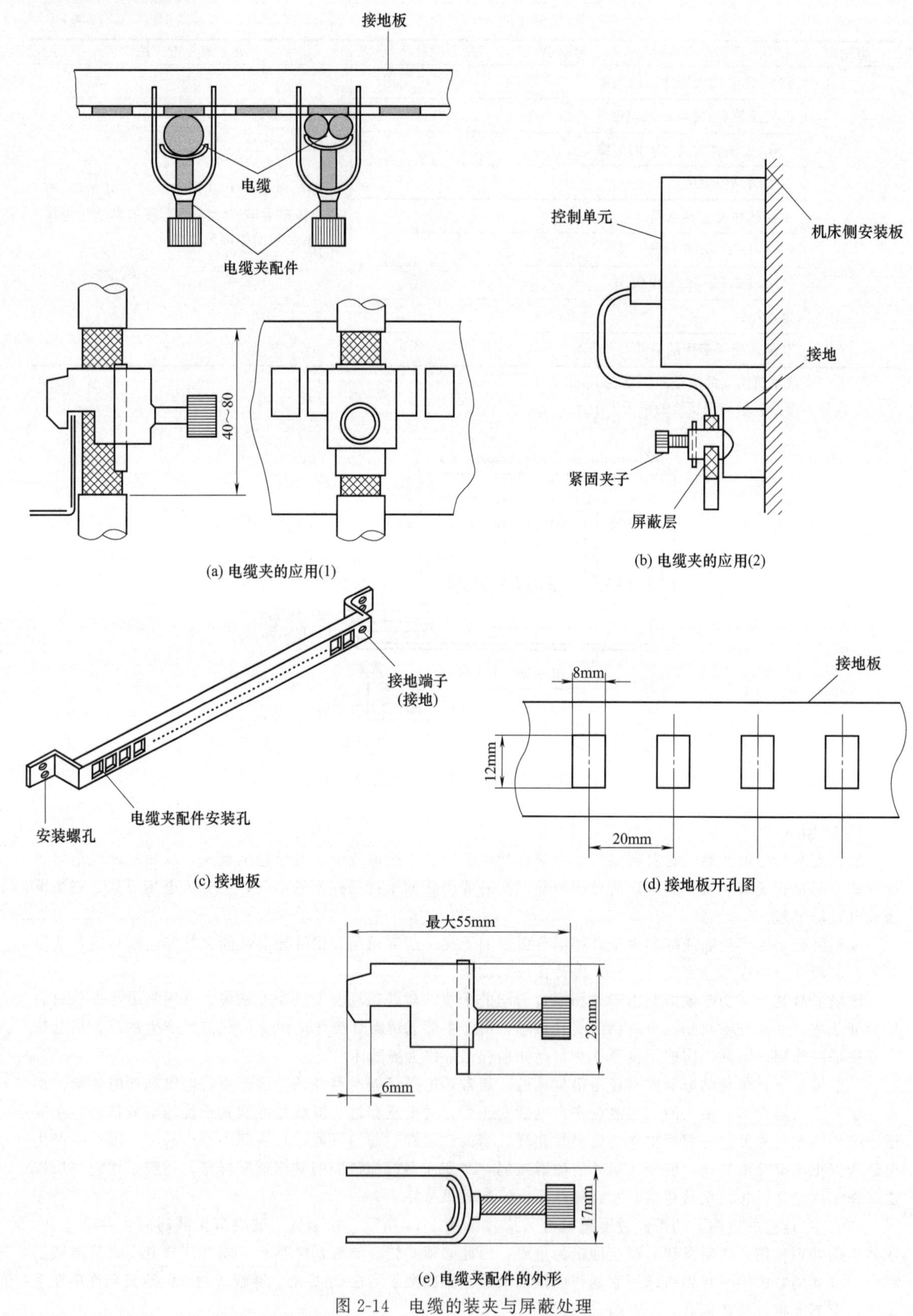

图 2-14　电缆的装夹与屏蔽处理

(3) 接地

数控机床安装中的“接地”有严格要求，如果数控装置、电气柜等设备不能按照使用手册要求接地，一些干扰会通过“接地”这条途径对机床造成影响。数控机床的地线系统有以下三种。

① 信号地　用来提供电信号的基准电位（0V）。

② 框架地　框架地是防止外来噪声和内部噪声为目的的地线系统，它是设备的面板、单元的外壳、操作盘及各装置间连接的屏蔽线。

③ 系统地　是将框架地和大地相连接。

如图 2-15 所示是数控机床的地线系统，如图 2-16 所示为数控机床实际接地的方法。图 2-16（a）所示是将所有金属部件连在多点上的接地方法，把主接地点和第二接地点用截面积足够大的电缆连接起来，图 2-16（b）所示的接地方法是设置一个接地点。

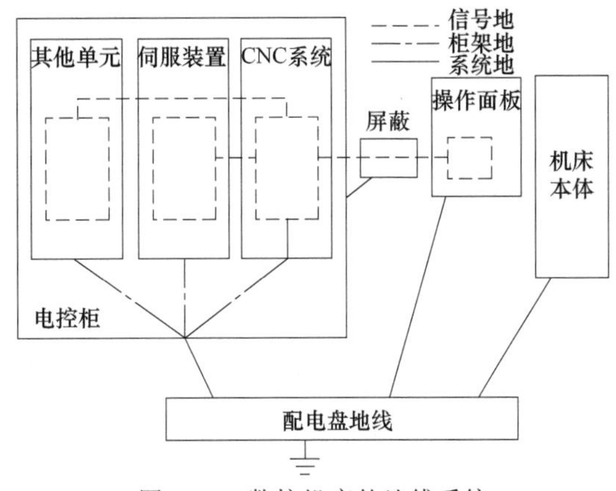

图 2-15　数控机床的地线系统

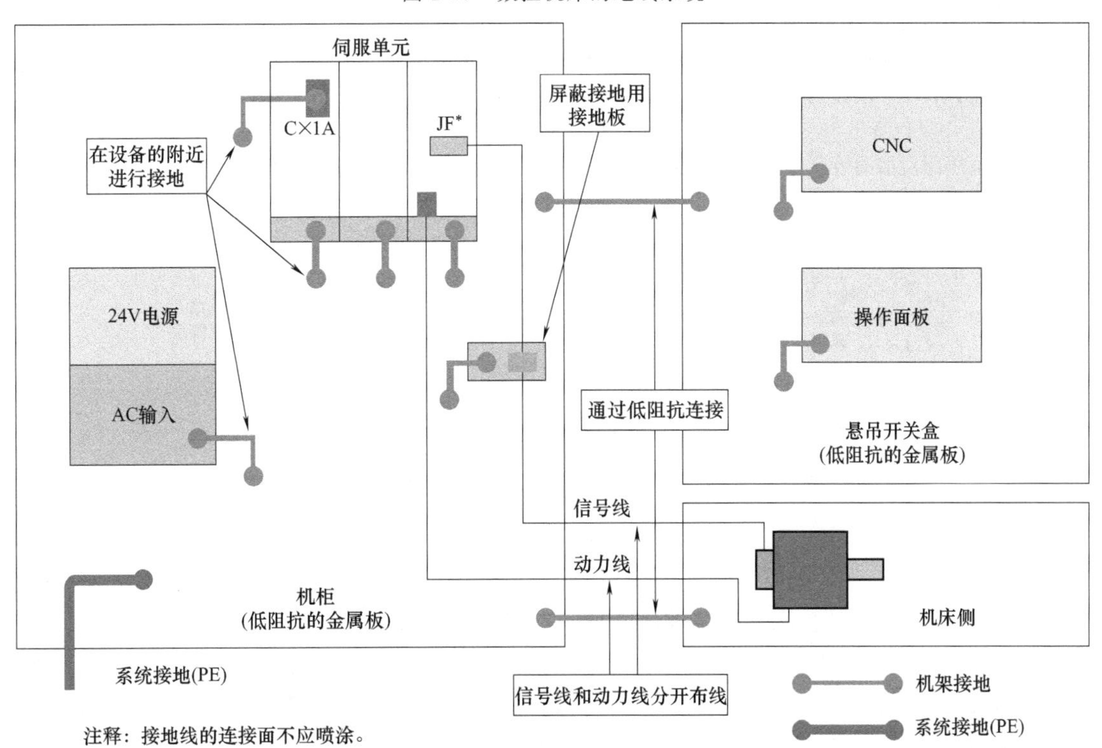

(a) 多点接地方式概略图

图 2-16

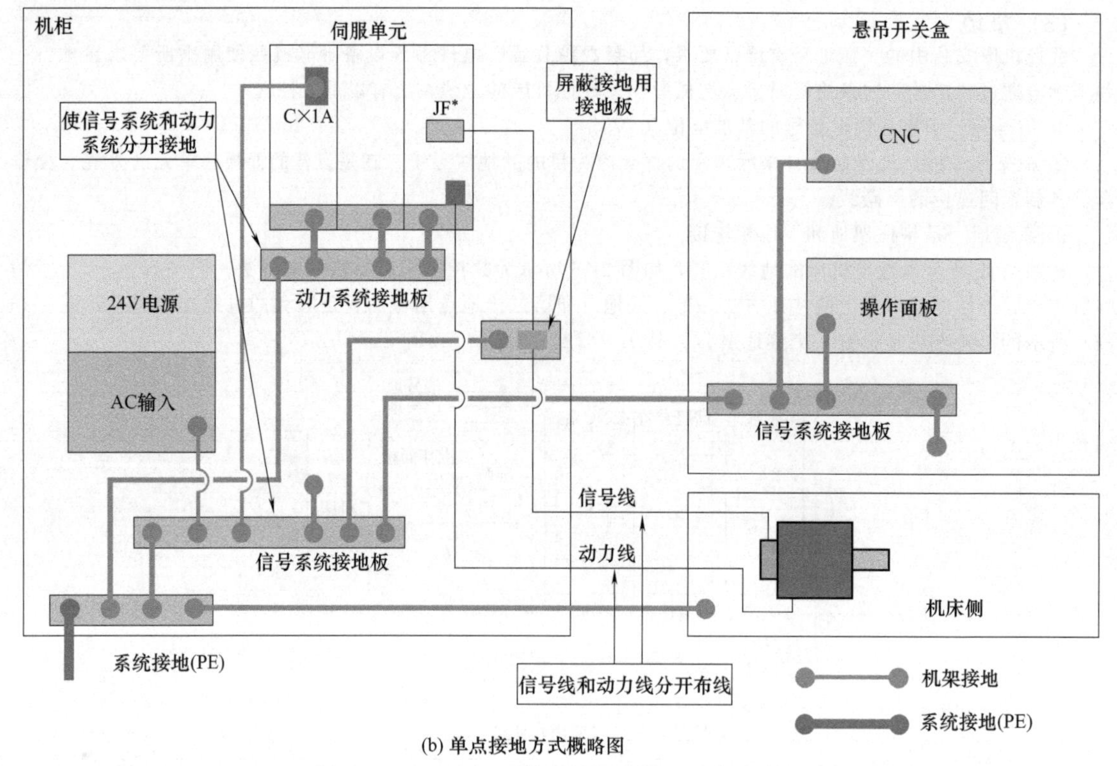

(b) 单点接地方式概略图

图 2-16　FANUC 系统数控机床接地系统示意图

(4) 浪涌吸收器的使用

为了防止来自电网的干扰，在异常输入时起到保护作用，电源的输入应该设有保护措施，通常采用的保护装置是浪涌吸收器。浪涌吸收器包括两部分，一个为相间保护，另一个为线间保护，如图 2-17 所示。

从图 2-17 中可以看出，浪涌吸收器除了能够吸收输入交流的干扰信号以外，还可以起到保护的作用。当输入的电网电压超出浪涌吸收器的钳位电压时，会产生较大的电流，该电流即可使 5A 断路器断开，而输送

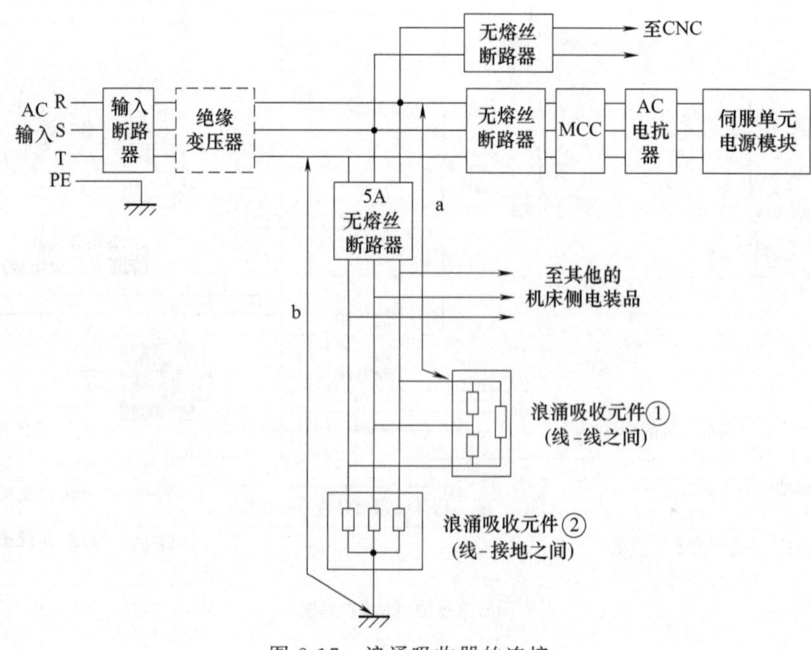

图 2-17　浪涌吸收器的连接

到其他控制设备的电流随即被切断。

(5) 导线捆扎处理

在配线过程中，通常将各类导线捆扎成圆形线束，线束的线扣节距应力求均匀，导线线束的规定如表2-4所示。

表 2-4 导线线束的规定

项　目	线束直径 D/m			
	5～10	＞10～20	＞20～30	＞30～40
捆扎带长度/mm	50	80	120	180
线扣节距/mm	50～100	100～150	150～200	200～300

线束内的导线超过30根时，允许加一根备用导线并在其两端进行标记。标记采用回插的方式以防止脱落。线束在跨越活动门时，其导线数不应超过30根，超过30根时，应再分离出一束线束。

随着机床设备的智能化，遥感、遥测等技术越来越多地在机床设备中使用，绝缘导线的电磁兼容问题越来越突出。目前，电气回路配线已经不局限在一般绝缘导线，屏蔽导线也开始广泛地被采用。因此，在配线时应注意：不要将大电流的电源线与低频的信号线捆扎成一束；没有屏蔽措施的高频信号线不要与其他导线捆成一束；高电平信号线与低电平信号线不能捆扎在一起，也不能与其他导线捆扎在一起；高电平信号输入线与输出线不要捆扎在一起；直流主电路线不要与低电平信号线捆扎在一起；主回路线不要与信号屏蔽线捆扎在一起。

(6) 行线槽的安装与导线在行线槽内的布置

电气元件应与行线槽统一布局、合理安装、整体构思。与元器件的横平竖直要求相对应，行线槽的布置原则是每行元器件的上下都安放行线槽，整体配电板两边加装行线槽。当配电板过宽时，根据实际情况在配电板中间加装纵向行线槽。根据导线的粗细、根数多少选择合适的行线槽。导线布置后，不能使槽体变形，导线在槽体内应舒展，不要相互交叉。允许导线有一定弯度，但不可捆扎，不可影响上槽盖。

2.1.5 维修实例

【例 2-1】 故障现象：一台 FANUC 0T 数控车床，开机后 CRT 无画面，电源模块报警指示灯亮。

分析及处理：根据维修说明书所述，发现 CRT 和 I/O 接口公用的 24EDC 电源正端与直流地之间仅有1～2Ω电阻，而同类设备应有155Ω电阻，这类故障一般在主板，而本例故障较特殊。先拔掉 M18 电缆插头，故障仍在，后拔掉公用的 24EDC 电源插头后，电阻值恢复正常，顺线查出插头上有短路现象。排除后，机床恢复正常。

【例 2-2】 故障现象：一台数控机床，某天开机，主轴报警，显示器显示“S axis not ready”（主轴没准备好）。

分析及处理：打开主轴伺服单元电箱，发现伺服单元无任何显示。用万用表测主轴伺服驱动 BKH 电源进线供电正常，而伺服单元数码管无显示，说明该单元损坏。检查该单元供电线路，发现供电线路实际接线与电气图不符，如图 2-18 所示。该单元通电启动时，KM5 先闭合，2～3s 后，KM6 闭合，将电阻 R 短接。电阻与扼流圈 L 的作用是在启动时防止浪涌电流对主轴单元的冲击。

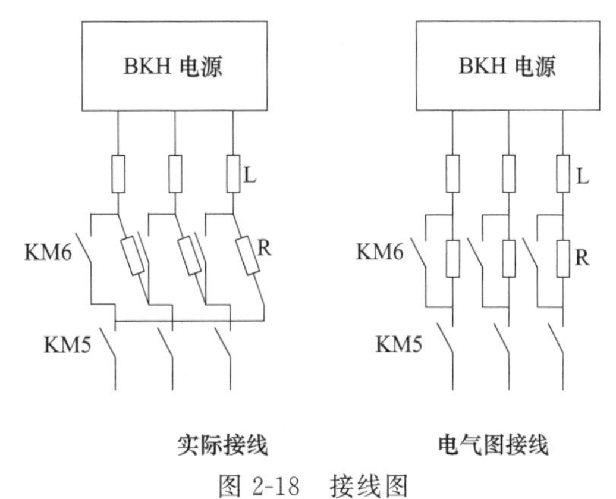

图 2-18 接线图

实际接线中三只电阻却接成了三相并联形式，起不到保护作用，导致通电时主轴单元被损坏，同时三只电阻因长期通电烧煳。

按电气图重新接线，更换新主轴单元后，机床恢复正常。

2.2 FANUC 系统数控机床的硬件连接

2.2.1 FANUC i 系统控制单元的基本配置

FANUC i 系列机箱共有两种形式，一种是内装式，另一种是分离式。内装式就是系统线路板安装在显示

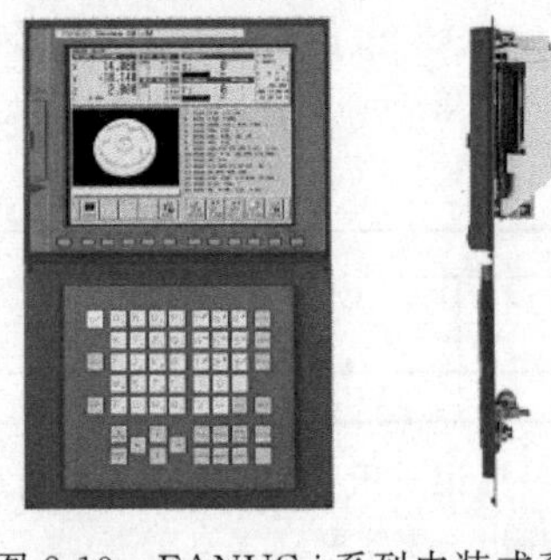

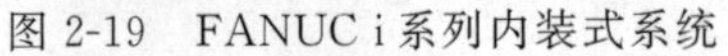

图 2-19　FANUC i 系列内装式系统

器背面，数控系统与显示器（LCD 液晶显示器）是一体的，如图 2-19 所示。图 2-20 是内装式 CNC 与 LCD 的实装图。分离式结构如图 2-21 所示，它的系统部分与显示器是分离的，显示器可以是 CRT（阴极摄线管）也可以是 LCD（液晶显示器）。两种系统的功能基本相同，内装式系统体积小，分离式系统使用更灵活些，如大型龙门镗铣床显示器需要安装在吊挂上，系统更适宜安装在控制柜中，显然分离式系统更适合。

无论是内装式结构还是分离式结构，它们均由“基本系统”和“选择板”组成。

基本系统，可以形成一个最小的独立系统，实现最基本的数控功能。如基本的插补功能（FS16i 可达 8 轴控制，0iC 最多可达 4 轴控制）形成独立加工单元。

图 2-22 是 FANUC 0i-TD 系统结构示意图。FANUC 0i-D 数控系统主机硬件如图 2-23 所示，图 2-24 是其方框图。它包括主印制电路板（PCB）、控制单元电源、图形显示板、可编程机床控制器（PMC-M）板、基本轴控制板、I/O 接口板、存储器板、子 CPU 板、扩展的轴控制板和 DNC 控制板等，上述各部件的代号和功能如表 2-5 所示。图 2-25～图 2-37 是控制单元的连接图。

图 2-20　内装式 CNC 与 LCD 的实装图

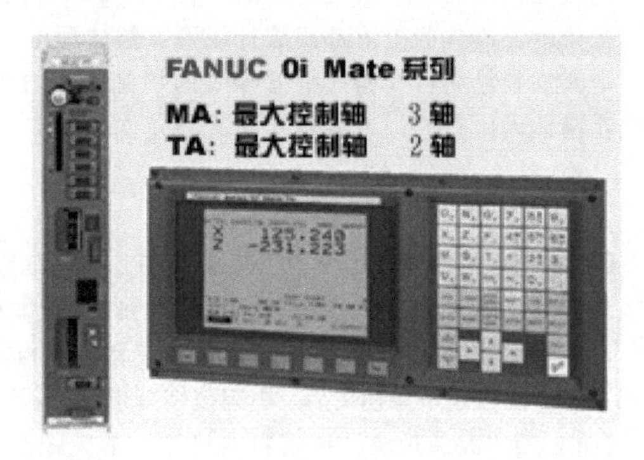

图 2-21　FANUC i 系列分离式系统

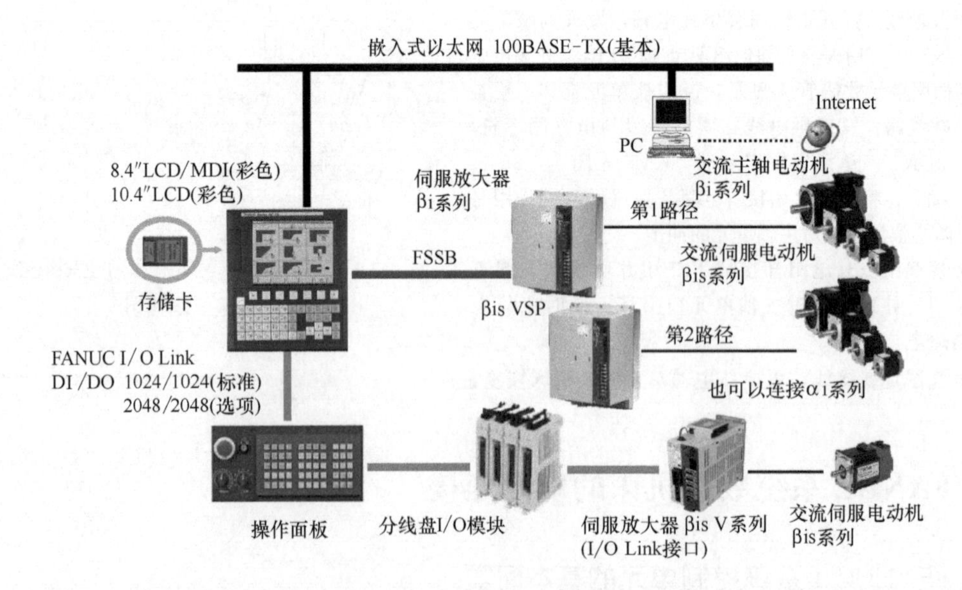

图 2-22　FANUC 0i-TD 系统结构示意图

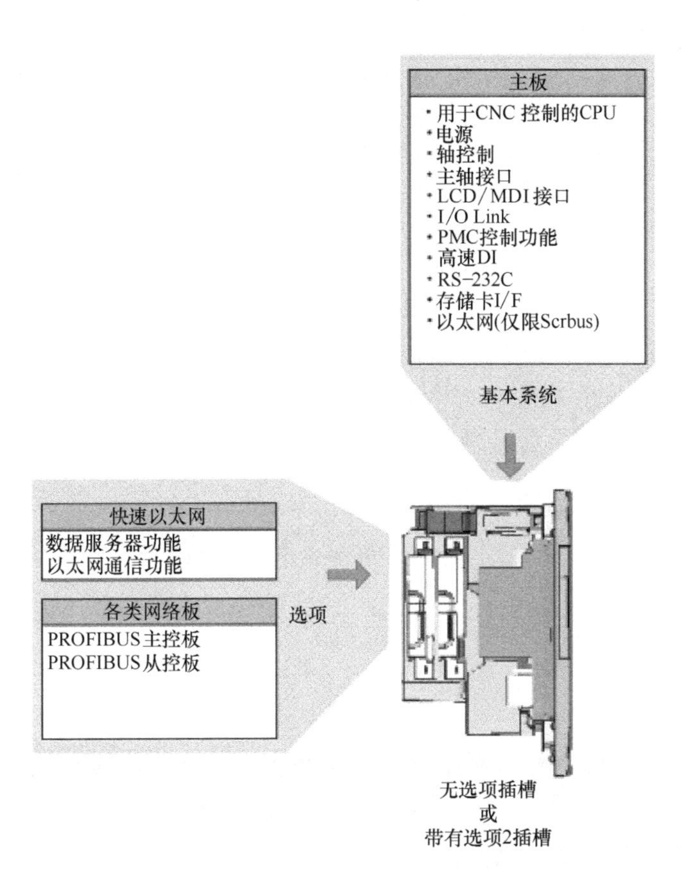

图 2-23　数控系统主机硬件

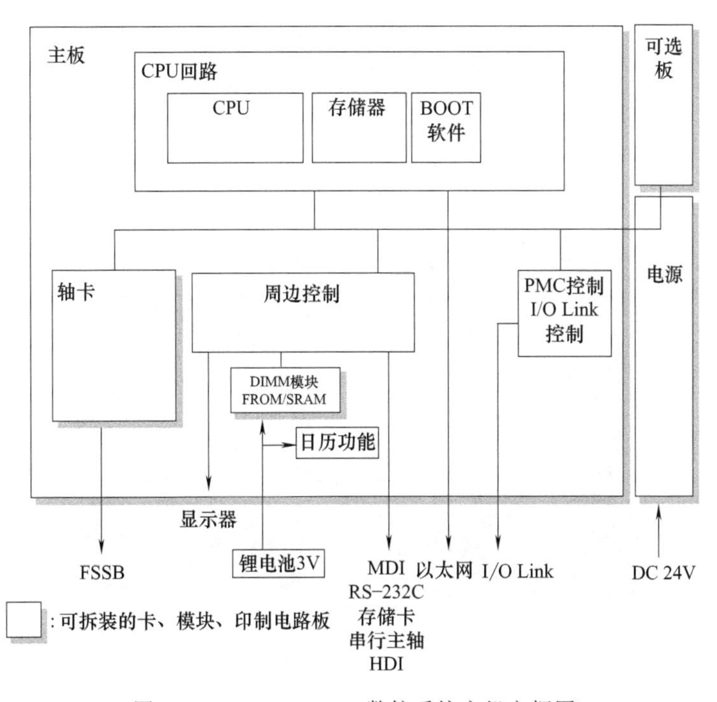

图 2-24　FANUC 0i-D 数控系统主机方框图

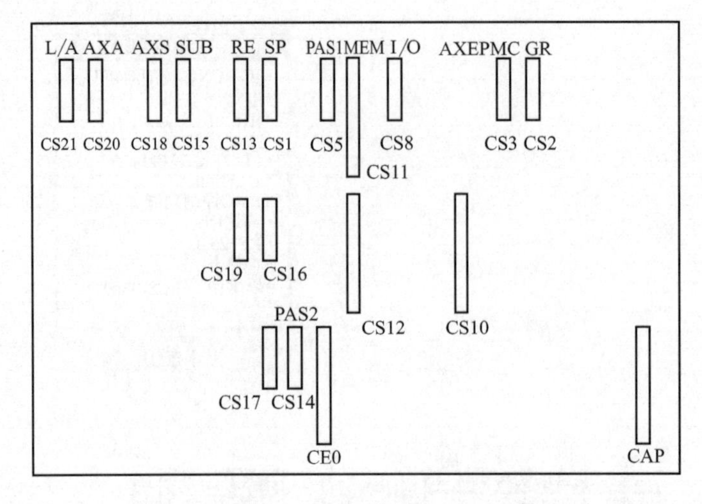

图 2-25 FANUC 0i 系统各板插接位置图

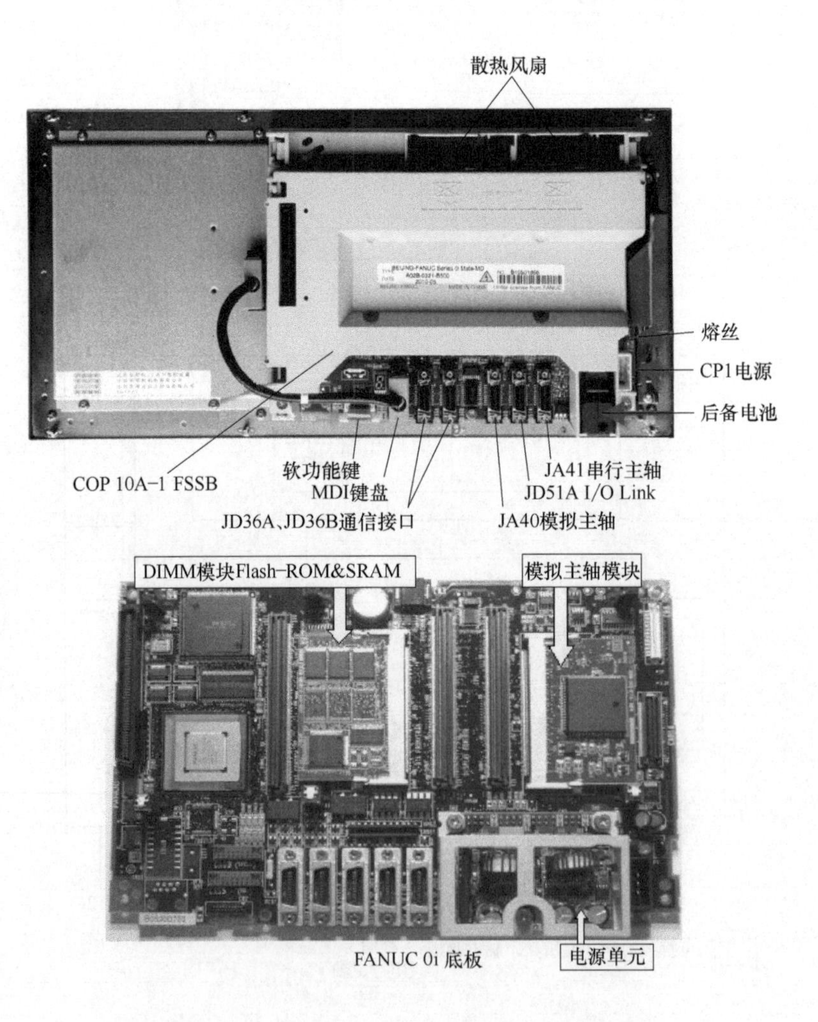

图 2-26 FANUC 0i 系统各板插接位置实物图

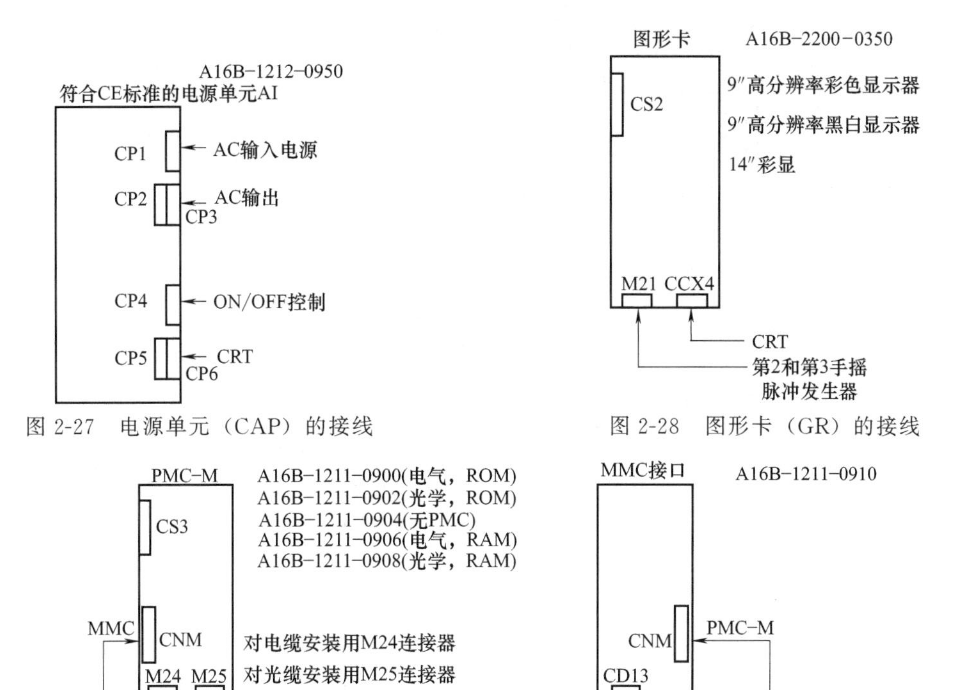

图 2-27　电源单元（CAP）的接线

图 2-28　图形卡（GR）的接线

图 2-29　PMC 的接线

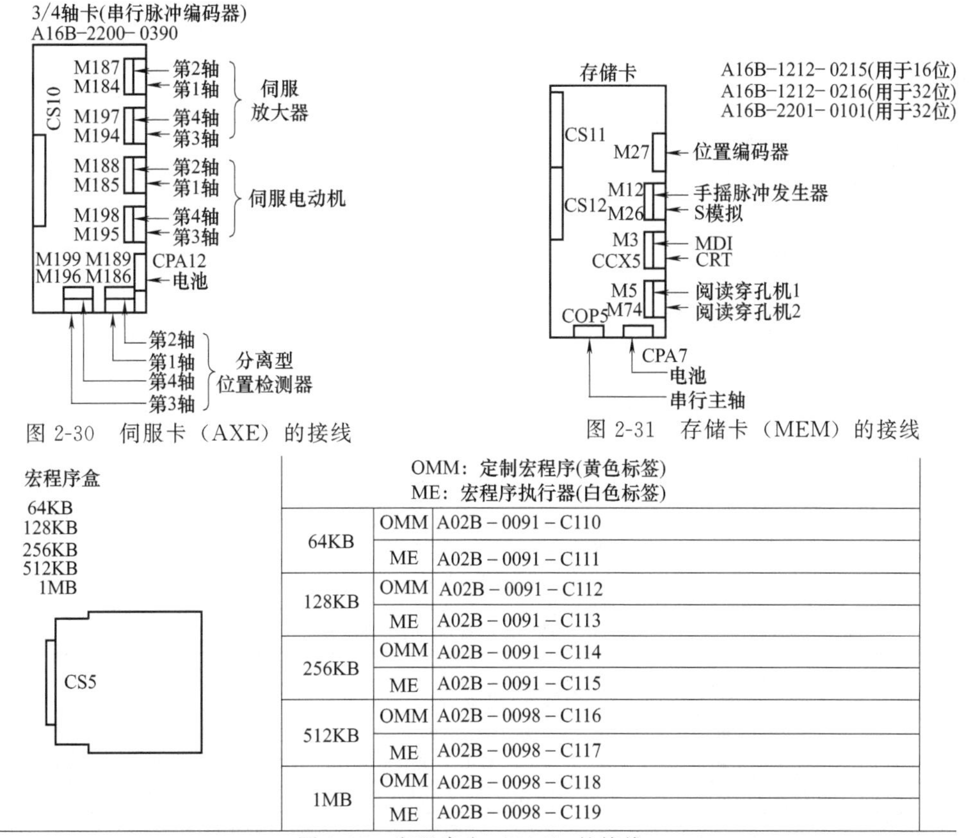

图 2-30　伺服卡（AXE）的接线

图 2-31　存储卡（MEM）的接线

OMM：定制宏程序(黄色标签)
ME：宏程序执行器(白色标签)

容量	类型	订货号
64KB	OMM	A02B－0091－C110
	ME	A02B－0091－C111
128KB	OMM	A02B－0091－C112
	ME	A02B－0091－C113
256KB	OMM	A02B－0091－C114
	ME	A02B－0091－C115
512KB	OMM	A02B－0098－C116
	ME	A02B－0098－C117
1MB	OMM	A02B－0098－C118
	ME	A02B－0098－C119

图 2-32　宏程序盒（PAS）的接线

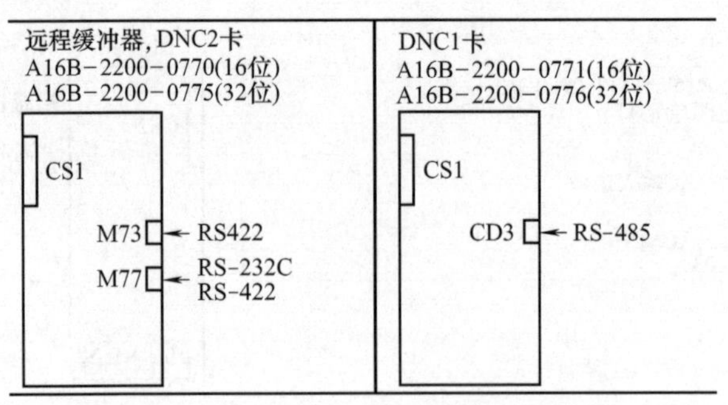

图 2-33　DNC 的接线

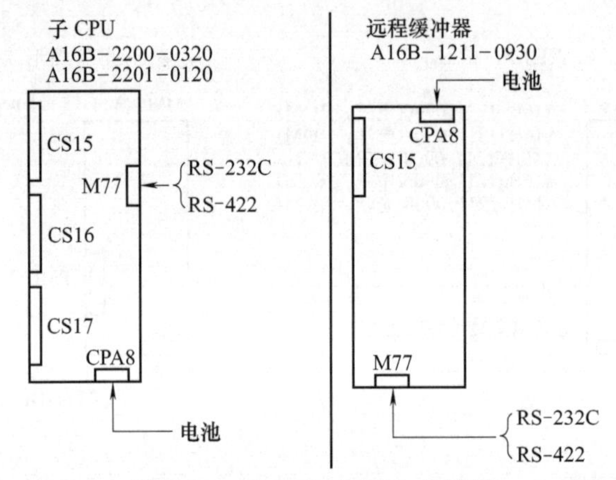

图 2-34　子 CPU（SUB）的接线

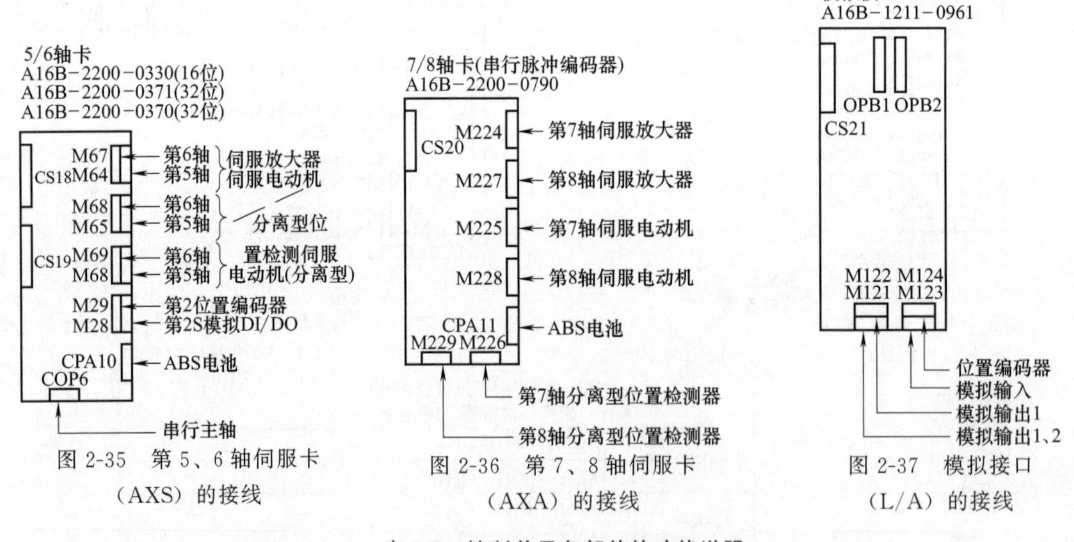

图 2-35　第 5、6 轴伺服卡（AXS）的接线

图 2-36　第 7、8 轴伺服卡（AXA）的接线

图 2-37　模拟接口（L/A）的接线

表 2-5　控制单元各部件的功能说明

代号	名　称	基　本　功　能
M-CPU	主板	连接各功能板、故障报警等
A/A1/B2	电源	提供+5V,+15V,−15V,+24V,+24E 电源
GR	图形板	提供图形显示功能,第二、第三手摇脉冲发生器接口等
PMC-M	PC 板	PMC-M 型可编程机床控制器,提供扩展的输入/输出板(B2)的接口
AXE	基本轴控制板	提供 X、Y、Z 和第 4 轴的进给指令,接收从 X、Y、Z 和第 4 轴位置编码器反馈的位置信号

续表

代号	名　称	基　本　功　能
I/O C5、C6、C7	输入/输出接口	通过插座 M1、M18 和 M20 提供输入点，通过插座 M2、M19 和 M21 提供输出点，为 PMC 提供输入/输出信号
MEM	存储器板	接收系统操作面板的键盘输入信号，提供串行数据传送接口和纸带读入接口、第一手摇脉冲发生器接口、主轴模拟量和位置编码器接口，存储系统参数、刀具参数和零件加工程序等
SUB	子 CPU	管理第 5～8 轴的数据分配，提供 RS-232C 和 RS-422 串行数据接口等
AXS	扩展轴控制板	提供第 5、6 轴的进给指令，接收从第 5、6 轴位置编码器反馈的位置信号
AXA	扩展轴控制板	提供第 7、8 轴的进给指令，接收从第 7、8 轴位置编码器反馈的位置信号
I/OB2	扩展的输入/输出接口	通过插座 M61、M78 和 M80 提供输入点，通过插座 M62、M79 和 M81 提供输出点，为 PMC 提供输入/输出信号
DNC2	通信板	提供数据通信接口

图 2-38 为控制单元内部电缆连接图。正确的连接电缆是机床正常工作的基本保证，如果在维修过程中插拔过上述电缆插头，注意必须按图恢复原状。

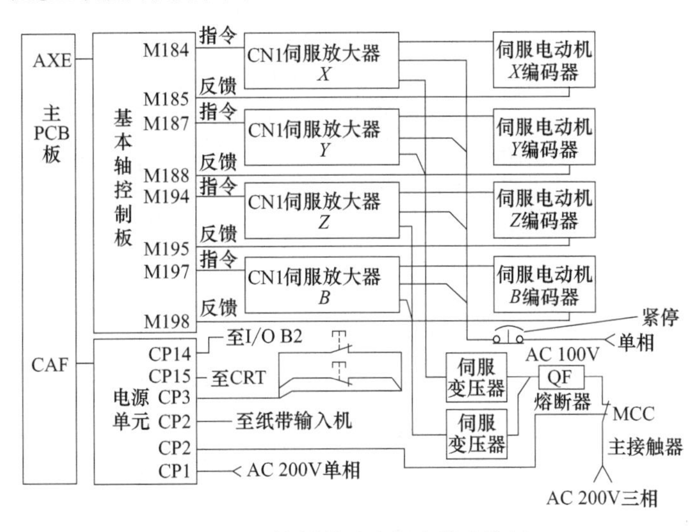

图 2-38　控制单元内部电缆连接图

2.2.2　FANUC 0i 系统控制单元的基本构成

FANUC 0i 系统控制单元由主板和 I/O 两个模块构成。主板模块包括主 CPU、内存、PMC 控制、I/O Link 控制、伺服控制、主轴控制、内存卡 I/F、LED 显示等；I/O 模块包括电源、I/O 接口、通信接口、MDI 控制、显示控制、手摇脉冲发生器控制和高速串行总线等。各部分与机床、外部设备连接插槽或插座如图 2-39 所示。

2.2.3　FANUC 0i 系统部件的连接

图 2-40 为 FANUC 0i 系统的连接图。系统输入电压为 DC 24V+10%，电流约 7A。伺服和主轴电动机为 AC 200V（不是 220V，其他系统如 0 系统，系统电源和伺服电源均为 AC 200V）输入。这两个电源的通电及断电顺序是有要求的，不满足要求会出现报警或损坏驱动放大器。原则是要保证通电和断电都在 CNC 的控制之下。

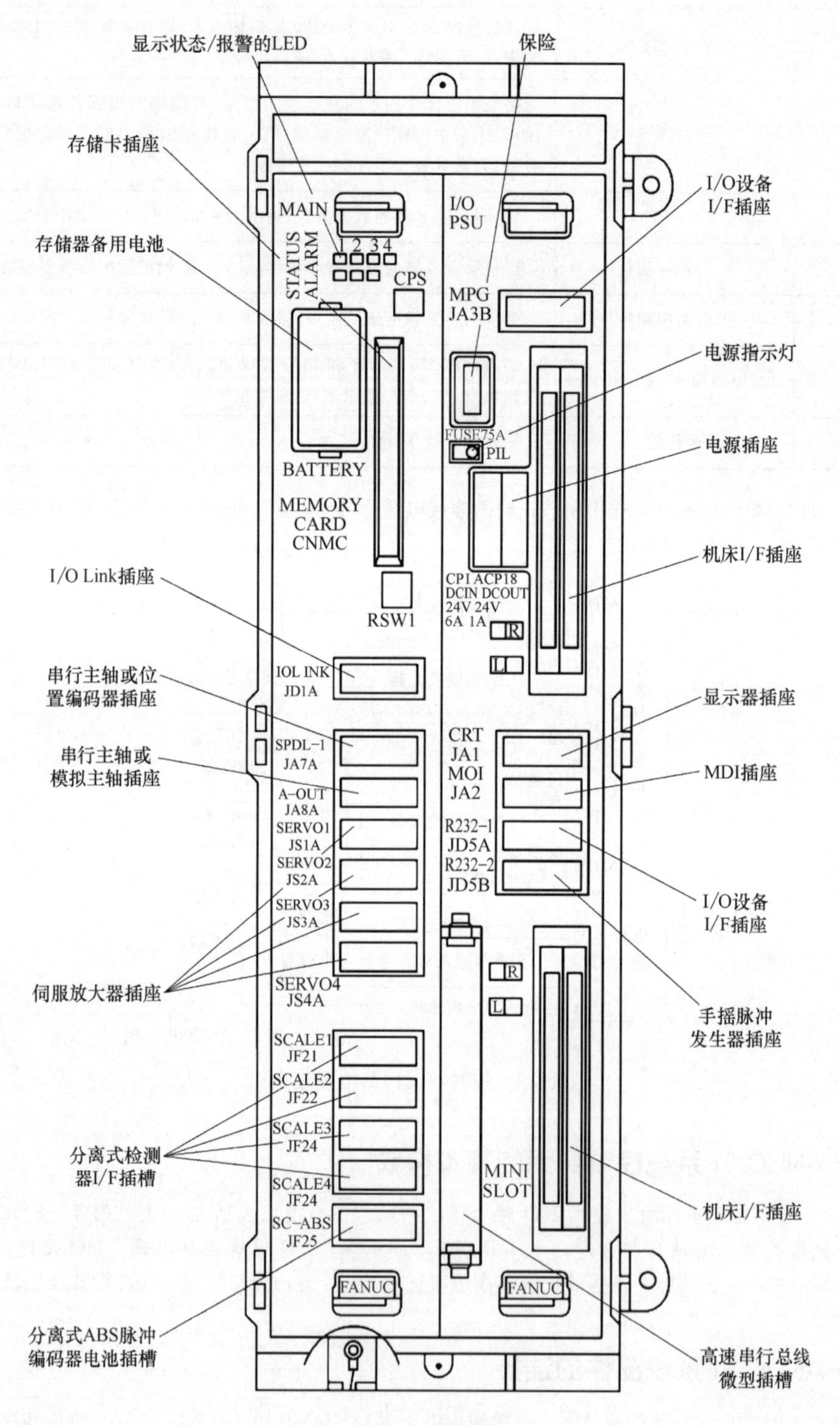

图 2-39　FANUC 0i 系统控制单元

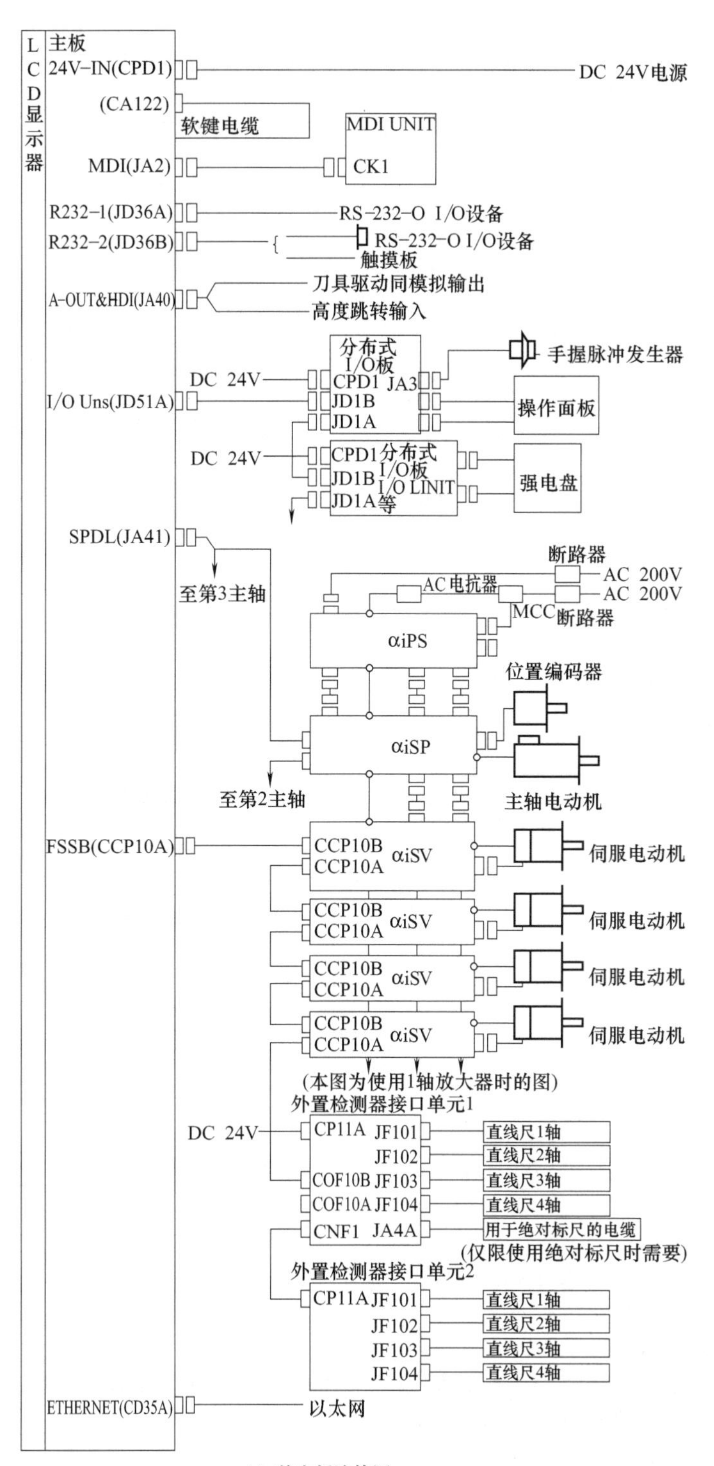

(a) 基本板连接图

图 2-40

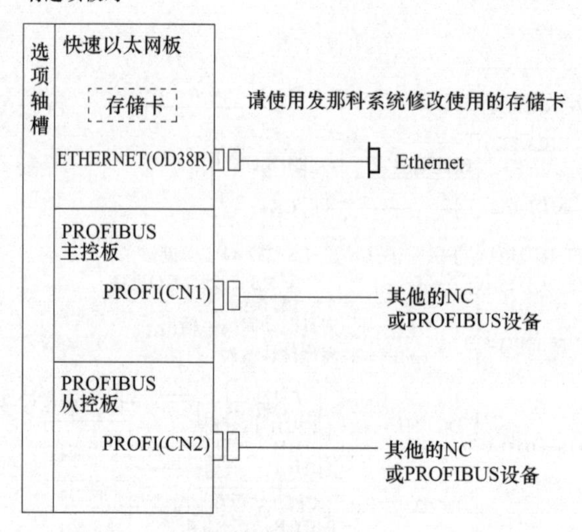

(b) 选择板连接图

图 2-40 FANUC 0i 系统连接图

2.2.4 电源的连接

(1) 电源的通断

图 2-41 中给出了 AC 电源的 ON/OFF 电路 A 和 DC 24V 电源的 ON/OFF 电路 B，一般不采用 DC 24V 电源的 ON/OFF 电路 B。

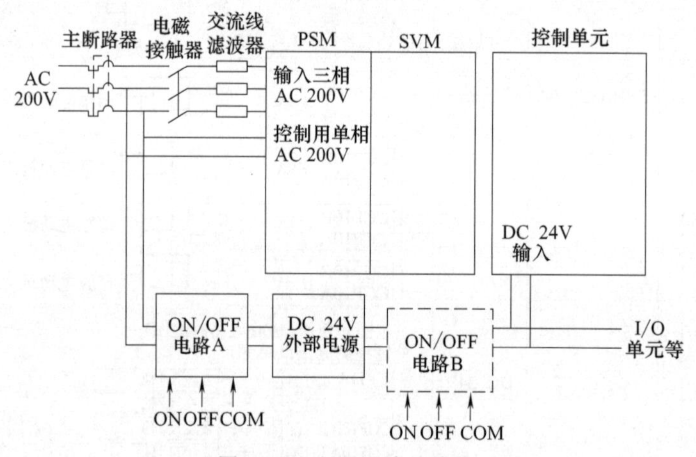

图 2-41 电源回路的接线

① 电源接通顺序 按如下顺序接通各单元的电源或全部同时接通。

a. 机床的电源（AC 200V）。

b. 伺服放大器的控制电源（AC 200V）。

c. I/O Link 连接的从属 I/O 设备，显示器的电源（DC 24V），CNC 控制单元的电源，分离型检测器（光栅尺）的电源，分离型检测器接口单元（DC 24V）。

② 电源关断顺序 按照下列顺序关断各单元的电源或者同时关断各单元的电源。

a. I/O Link 连接的从属 I/O 单元断电，显示单元断电（DC 24V），CNC 控制单元断电（DC 24V），分离型检测器接口单元断电（DC 24V）。

b. 伺服放大器控制电源（AC 200V）和分离型检测器（直线光栅尺）电源断电。

③ 机床的电源（AC 200V）断电 当电源关断或者临时断电时就不能控制电动机，从安全角度考虑需在

机床侧采取适当的措施。例如，当刀具沿重力轴移动时，使用抱闸以避免刀具下降。当伺服不工作或者电动机不旋转时抱闸卡紧电动机，只有当电动机转动时才松开抱闸。当电源关断或者瞬时断电、伺服不能控制时，抱闸卡紧伺服电动机。

(2) 控制单元的电源连接

控制单元的电源是由外部电源提供的，其连接如图2-42所示。

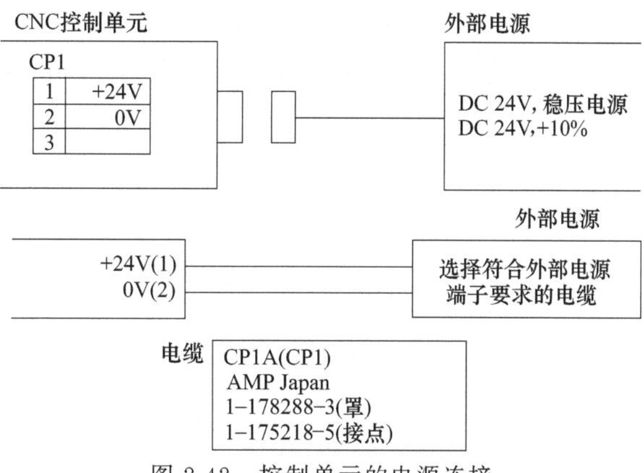

图2-42 控制单元的电源连接

(3) 电池

CNC系统中使用电池的单元有CNC控制单元、分离型检测器接口单元、伺服放大器。其中，CNC控制单元的电池用于SRAM存储器中内容的备份，分离型检测器接口单元电池用于分离型绝对脉冲编码器当前位置的保护，伺服放大器单元电池用于电动机内装绝对脉冲编码器当前位置的保护等。

① 存储器后备电池（DC 3V） 零件程序、刀具偏置量和系统参数等存储在控制单元的CMOS存储器中，其后备电池是安装在控制单元面板上的锂电池，如图2-43所示，上述数据在主电源切断时不会丢失。后备电池在出厂前就已经安装在控制单元中，用后备电池可以使存储器中的内容保存一年。当电池电压降低时，在CRT上会出现“BAT”字样的系统报警，并且电池报警信号输出给PMC。当这一报警信息出现时，需尽快更换电池。通常，电池应该在2～3周内更换，这依据系统的配置而定。如果电池电压下降很多，存储器的内容就不能继续保持，此时接通控制单元的电源，就会因为存储器内容的丢失而出现935报警（ECC错误）。更换电池后，存储器内容就会全部清除，需要重新输入必要的数据。因此无论是否发生了电池报警，都需一年更换一次电池。更换控制单元的电池时，一定要保持控制单元的电源为接通状态。如果在电源断开的情况下断开存储器的电池，存储器的内容就会丢失。

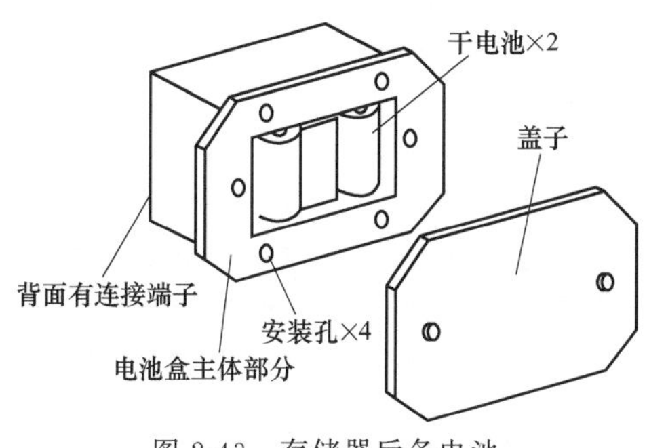

图2-43 存储器后备电池

② 分离型绝对脉冲编码器的电池（DC 6V） 一个电池单元可以使6个绝对脉冲编码器的当前位置值保持一年，如图2-44所示。当电池电压降低时，LCD显示器上会出现APC报警3n6～3n8（n：轴号）。当出现APC报警3n7时，应尽快更换电池。通常应该在出现该报警1～2周内更换，这取决于使用脉冲编码器的数量。如果电池电压降低太多，脉冲编码器的当前位置就可能丢失，此时接通控制器的电源，就会出现APC报警3n0（请求返回参考点报警）。更换电池后，应立即进行机床返回参考点操作。因此不管有无APC报警，都需每年更换一次电池。

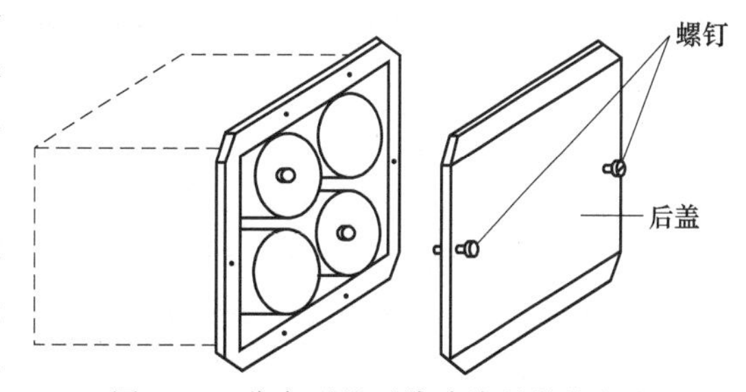

图2-44 分离型绝对脉冲编码器的电池

③ 电动机内装绝对脉冲编码器的电池（DC 6V） 电动机内装绝对脉冲编码器有两种供电方式：由单台电池向多台SVM供应电池电源（图2-45）、将内置电池分别装入各自SVM内（图2-46）。

④ 连接时的注意事项

a. 当绝对脉冲编码器报警电池电量下降时，需更换电池；当电压降为0时，需要进行参考点返回操作。

b. αis/αi系列伺服电动机在其绝对脉冲编码器内部安装了后备电容器，这样，就可以执行10min左右的绝对位置检测操作。在该时间段内，即使断开伺服放大器的电源更换电池，也不用进行参考点返回操作。

c. 在连接6轴伺服电动机的情况下，αis/αi系列伺服电动机的电池使用寿命约两年。

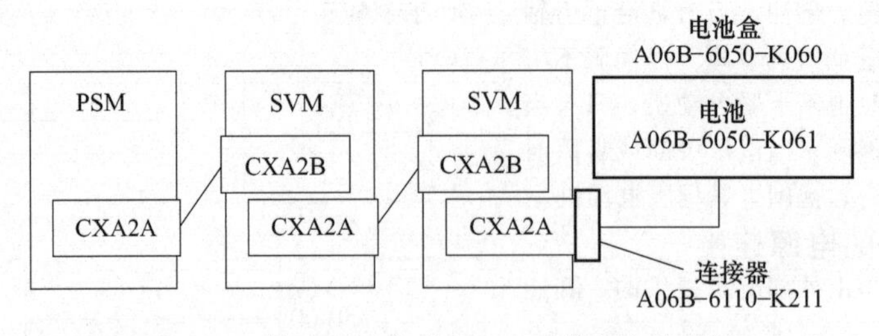

图 2-45　单台电池向多台 SVM 供应电池电源

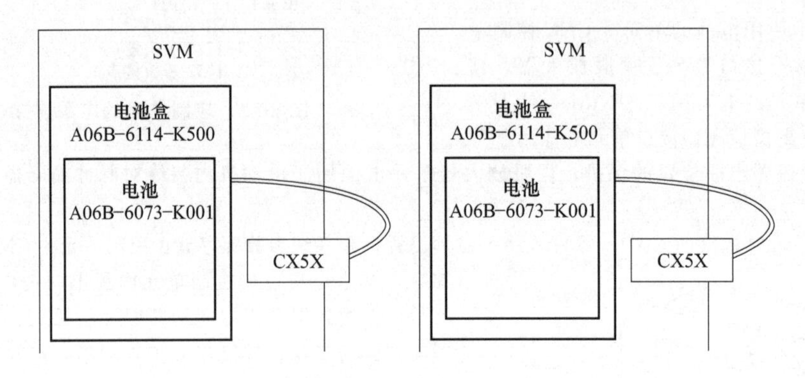

图 2-46　将内置电池分别装入各自 SVM 内

d. 单台电池向多台 SVM 供应时应使用 1 号碱性干电池（4 节），可以使用市面上出售的电池，A06B-6050-K061 为选购件；若将内置电池分别装入各自 SVM 内时，需选用 A06B-6073-K001 内置电池。

2.2.5　CNC 与驱动器的连接

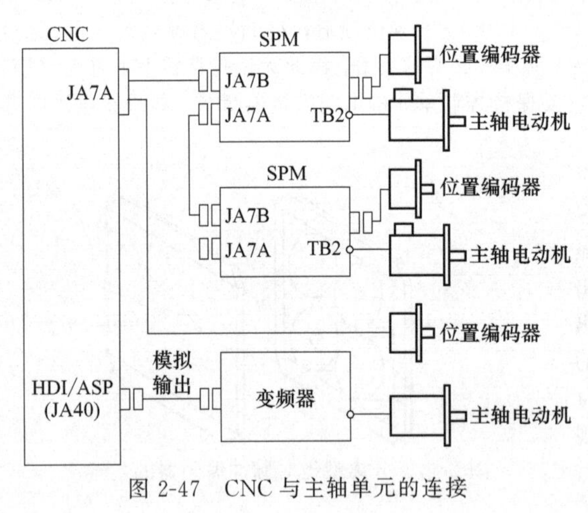

图 2-47　CNC 与主轴单元的连接

(1) 与主轴单元的连接

CNC 可连接串行主轴驱动器（FANUC 串行主轴驱动器）或模拟主轴驱动器（例如变频器），如图 2-47 所示。

① 串行主轴接口（JA7A）　CNC 与 FANUC 串行主轴放大器的连接如图 2-48 所示。连接时应注意以下事项。

a. 在 NC 与主轴放大器之间使用 I/O Link 接口光缆时，“(　)”中的＋5V 信号用来给 I/O Link 光缆适配器供电。不使用光缆时不用连接该信号。当位置编码器与模拟主轴一起使用时，要使用“[　]”中的信号。

b. 第二串行主轴作为主轴放大器模块的分支进行连接。

c. αi 系列主轴不能使用通常的 I/O Link 光缆适配器，必须选择相应规格的光缆适配器（A13B-0154-B003）。

② 模拟主轴接口（JA40）　CNC 与模拟主轴伺服单元或主轴变频器连接时，如图 2-49 所示。当主轴指令电压有效时，主轴使能信号 ENB1、ENB2 接通。SVC、ES 为主轴指令电压和公共线，额定模拟输出电压为±(0～10)V，最大输出电流为 2A。使用 FANUC 主轴伺服单元时，不使用这些信号。

③ 位置编码器接口（JA7A）　模拟主轴位置编码器与串行主轴接口相同，所不同的是它们采用不同的针脚，模拟主轴位置编码器的连接如图 2-50 所示。其中，PA、* PA，PB、* PB，SC、* SC 分别为编码器 A 相、B 相和 C 相信号。＋5V、0V 为 CNC 给位置编码器提供的电源。“(　)”中的信号用于串行主轴（图 2-48），

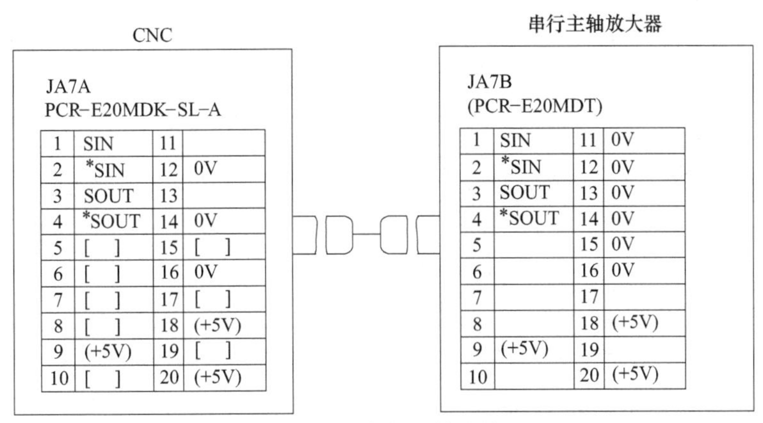

图 2-48 串行主轴连接

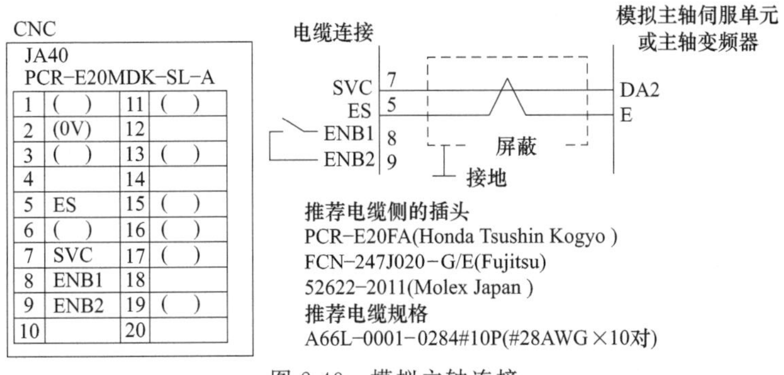

图 2-49 模拟主轴连接

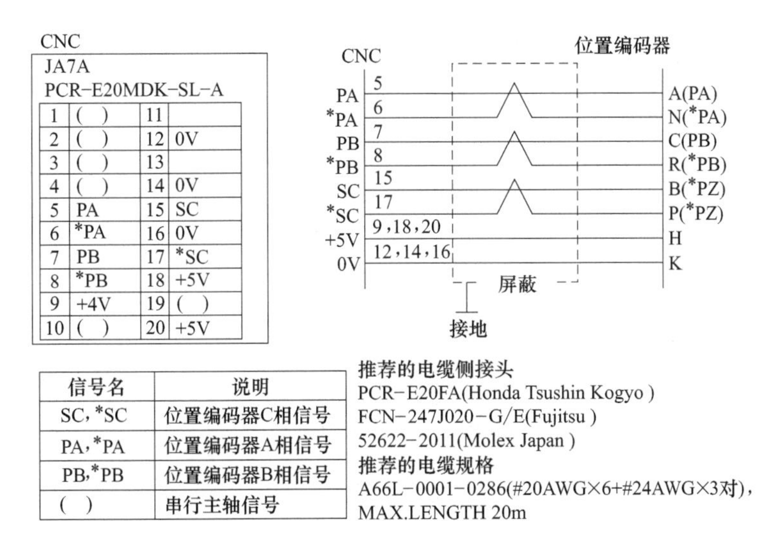

信号名	说明
SC,*SC	位置编码器C相信号
PA,*PA	位置编码器A相信号
PB,*PB	位置编码器B相信号
( )	串行主轴信号

图 2-50 位置编码器连接

模拟主轴不使用。

(2) 与伺服单元的连接

① 伺服放大器的连接 CNC 控制单元和伺服放大器之间只用一根光缆连接，与控制轴数无关。在控制单元侧，COP10A 插头安装在主板的伺服卡上。

② 分离型检测器接口单元的连接 当使用分离型编码器或直线尺时，需要如图 2-51 所示的分离型检测器接口单元。分离型检测器接口单元应该通过光缆连接到 CNC 控制单元上，作为伺服接口（FSSB）的单元

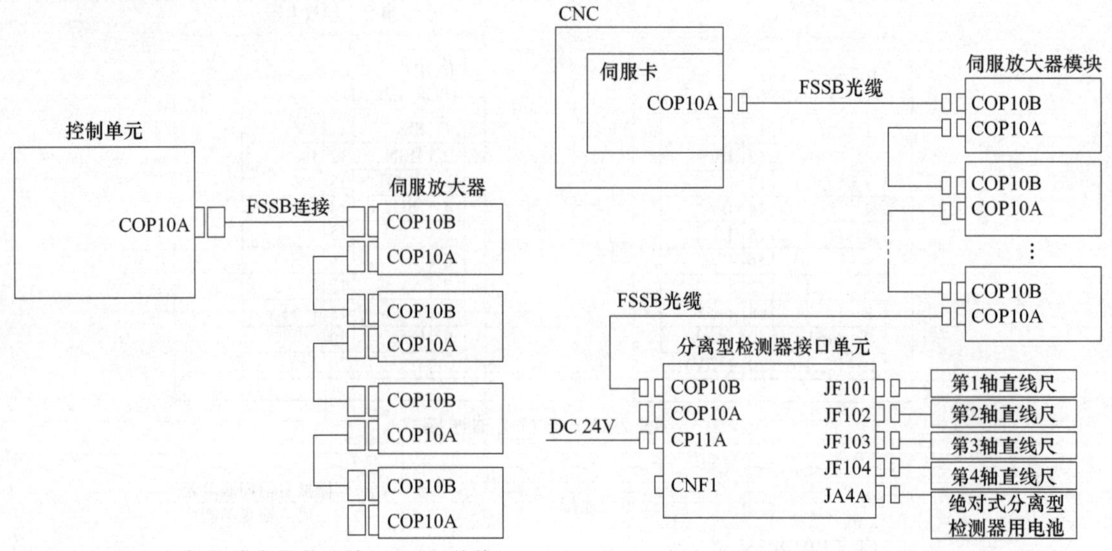

图 2-51　CNC 与伺服放大器的连接（FSSB 总线）　　图 2-52　分离型检测器接口单元连接（FSSB 总线）

之一。虽然在图 2-52 中分离型检测器接口单元作为 FSSB 的最终级连接，但它也可作为第一级连接到 CNC 控制单元，或者也可以安装在两个伺服放大器模块之间。

a. 分离型检测器接口单元的供电（DC 24V）如图 2-53 所示。输入到 CP11A 的 24V 能从 CP11B 输出，CP11B 的连接与 CP11A 的连接相同。CP11A 的容量应等于分离型检测器接口单元与 CP11B 后面所连接单元的容量总和。

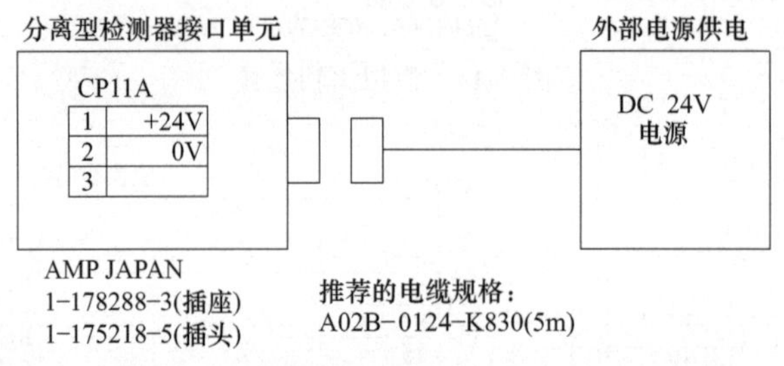

图 2-53　分离型检测器接口单元的供电

b. 直线尺接口（并行接口）如图 2-54 所示。

c. 脉冲编码器接口（串行接口）如图 2-55 所示。

d. 分离型检测器用电池的连接如图 2-56 所示。

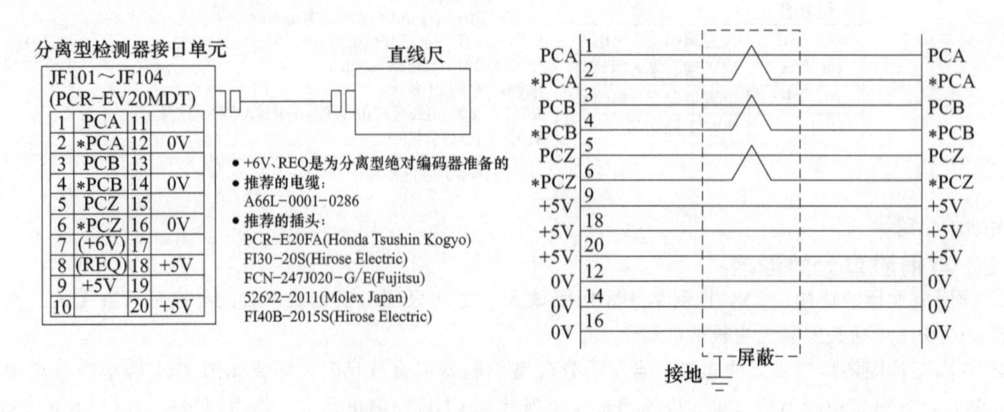

图 2-54　直线尺接口（并行接口）

图 2-55　脉冲编码器接口（串行接口）

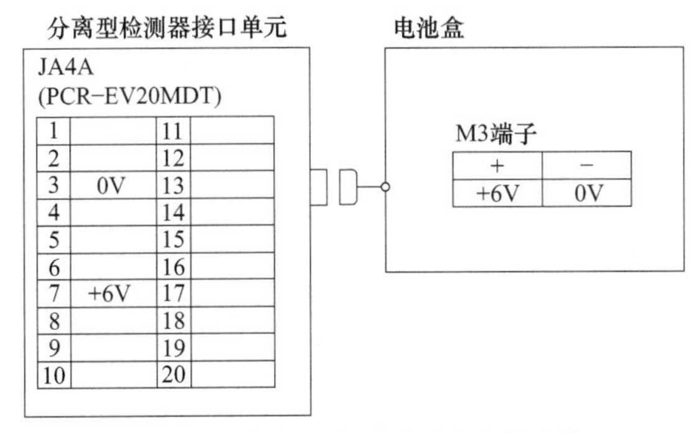

图 2-56　分离型检测器用电池的连接

2.2.6 FANUC I/O Link的连接

(1) FANUC I/O Link 连接

FANUC I/O Link 是一个串行接口，将 CNC、单元控制器、分布式 I/O、机床操作面板或 Power Mate 连接起来，并在各设备间高速传送 I/O 信号。当连接多个设备时，FANUC I/O Link 将一个设备认作主单元，其他设备作为子单元。子单元的输入信号每隔一定周期送到主单元，主单元的输出信号也每隔一定周期送至子单元。

FANUC 0i-C/0i Mate-C 系列中，JD1A 插座位于主板上。I/O Link 分为主单元和子单元。作为主单元的控制单元与作为子单元的分布式 I/O 相连接。子单元分为若干个组，一个 I/O Link 最多可连接 16 组子单元，I/O 点数最多可达 1024/1024 点。PMC 程序可以对 I/O 信号的分配和地址进行设定。

I/O Link 的两个插座分别叫作 JD1A 和 JD1B，对具有 I/O Link 功能的单元来说是通用的。电缆总是从一个单元的 JD1A 连接到下一单元的 JD1B，最后一个单元无须连接终端插头。对于 I/O Link 中的所有单元来说，JD1A 和 JD1B 的引脚分配都是一致的，不管单元的类型如何，均可按照如图 2-57 所示来连接。

(2) FANUC I/O Link 连接电缆

+5V 端子用于光缆 I/O Link 适配器，若不用光缆 I/O Link 适配器而用普通电缆连接时则无须使用，如图 2-58 所示。

2.2.7 急停的连接

急停控制的目的是在紧急情况下，使机床上所有运动部件制动，使其在最短时间内停止。图 2-59 中急停继电器的一对触点接到 CNC 控制单元的急停输入（X8.4）上，另一对触点接到放大器 PSM 电源模块的 CX4 上。PSM 的 MCC（CX3）不能接错，CX3 的 1、3 之间只是一个内部触点，如果错接成 200V，就会烧坏 PSM

I/O Link的连接例1

Series 0i的情形

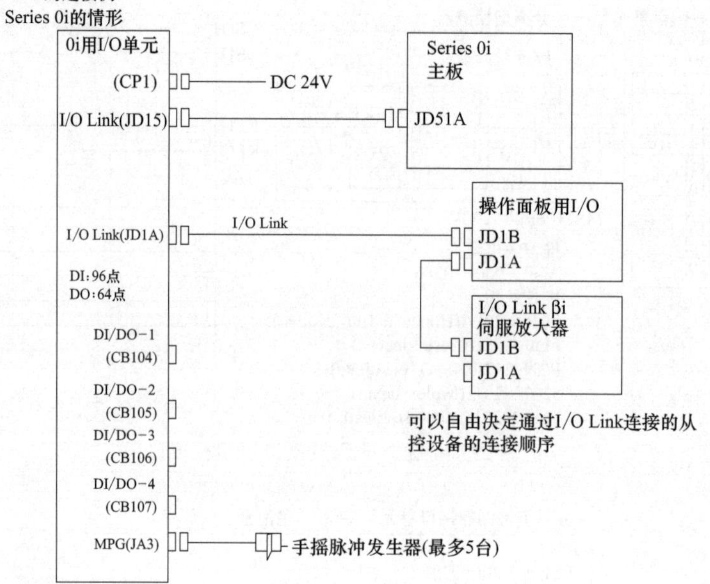

I/O Link 的连接例2

Series 0i Mate的情形

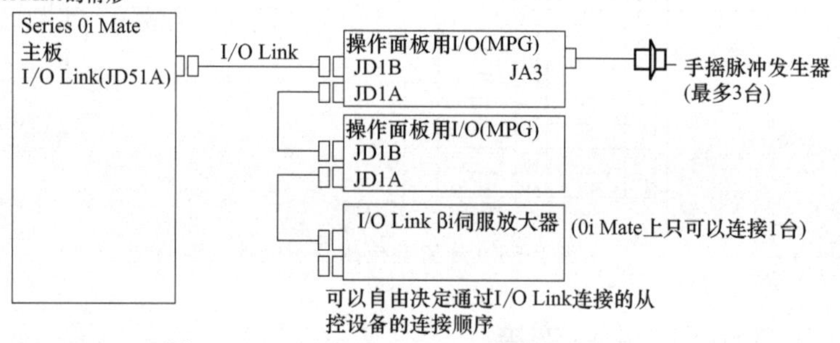

图 2-57　FANUC I/O Link 连接图

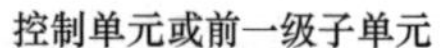

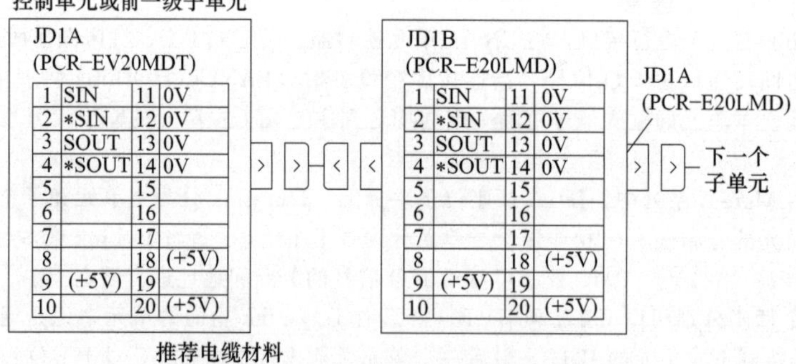

推荐电缆材料

A66L-0001-0284#10P(#28AWG)×10对

电缆连接

SIN 1 — 3 SOUT
*SIN 2 — 4 *SOUT
SOUT 3 — 1 SIN
*SOUT 4 — 2 *SIN
0V 11 — 11 0V
0V 12 — 12 0V
0V 13 — 13 0V
0V 14 — 14 0V

屏蔽

接地

图 2-58　FANUC I/O Link 连接电缆

控制板，所有的急停只能接触点，不能接24V电源，正确的连接如图2-59所示。

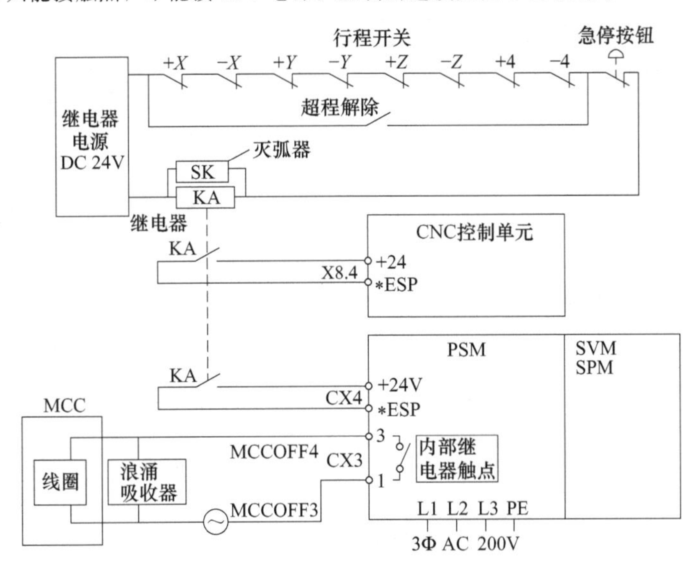

图2-59 急停控制线路

急停控制过程分析：急停的连接用于控制主接触器（MCC）线圈的通断电（MCCOFF3、MCCOFF4），并进一步控制三相AC 200V交流电源的通断。若按下急停按钮或机床运行时超程（行程开关断开），则继电器（KA）线圈断电，其常开触点1、2断开，触点1的断开使CNC控制单元出现急停报警，触点2的断开使主接触器线圈断电。主电路断开，进给电动机、主轴电动机便停止运行。

2.2.8 伺服电动机的连接

FANUC αi系列交流伺服电动机的连接，如图2-60所示，包括动力线、信号线、内置刹车和冷却风扇4个部分的连接。电动机制动电路的连接如图2-61所示。

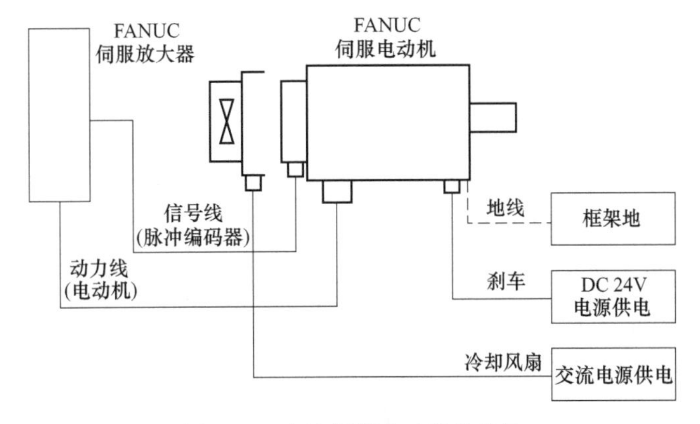

图2-60 交流伺服电动机的连接

图2-61中的开关为I/O输出点的继电器常开触点，控制制动器的开闭。电源侧方形连接插头5、6脚为制动器插脚，圆形连接插头1、2脚为制动器插脚。

2.2.9 FANUC 0i系统远程缓冲器接口

远程缓冲器是用于以高速向CNC提供大量数据的可选配置。远程缓冲器通过一个串行接口连接到主计算机或输入/输出装置上（图2-62）。表2-6列出了远程缓冲器印制线路板的类型。根据它们在控制单元中的位置不同，可将它们分为三类。

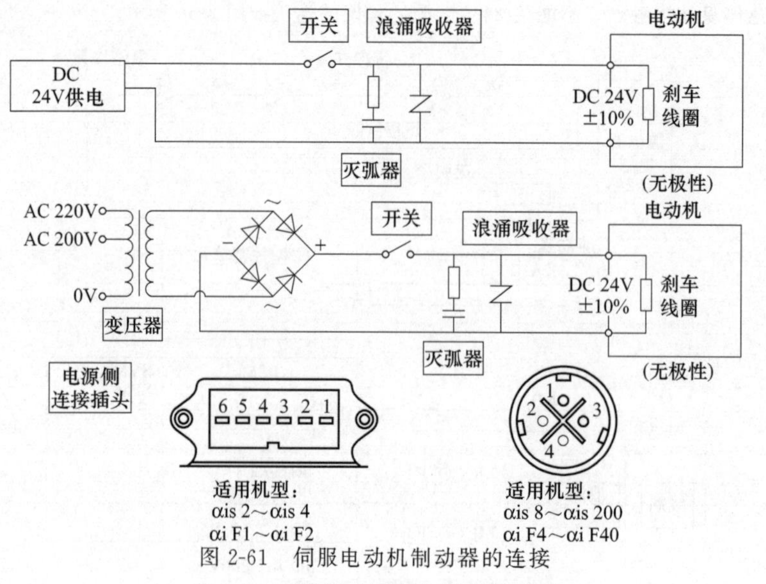

图 2-61　伺服电动机制动器的连接

表 2-6　远程缓冲器印制线路板类型

类　型	名　称	备　注	连　接　槽
A	SUB CPU 卡	包括在多轴卡中，第 5 和第 6 轴可作为 PMC 轴控制	SUB
	控制单元 B 的远程缓冲器	不能连接第 5 和第 6 轴	
B	控制单元 A 的远程缓冲器	也可用于 DNC2 接口	扩展接器 JA1 和 JA2
C	控制单元 B 的远程缓冲器	也可用于 DNC2 接口	SP

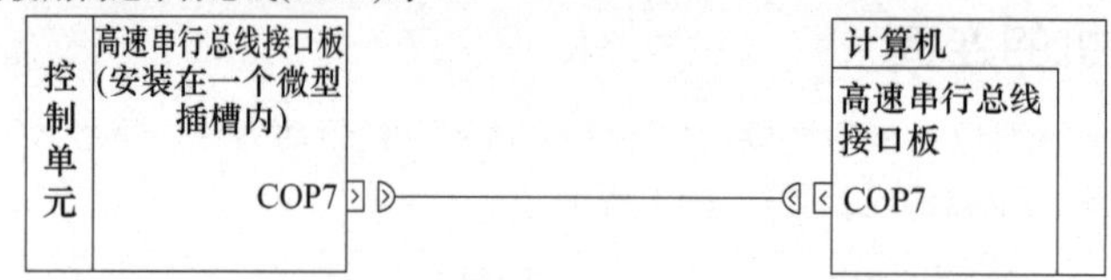

图 2-62　FANUC 0i 系统与计算机通信连接图

(1) 穿孔面板的连接

图 2-63 为穿孔面板的连接图。

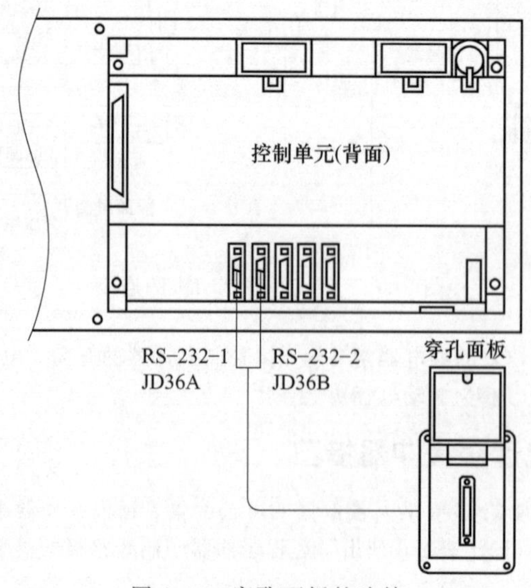

图 2-63　穿孔面板的连接

(2) 远程缓冲器接口 RS-232C（图 2-64 与图 2-65）

当使用 FANUC DNC2 接口并将 IBM PC-AT 作为主计算机时，主计算机在转到接收状态时，取消 RS（变为低电压）。因此，在这种情况下，CNC 侧的 CD 必须连接到 CNC 侧的 ER。

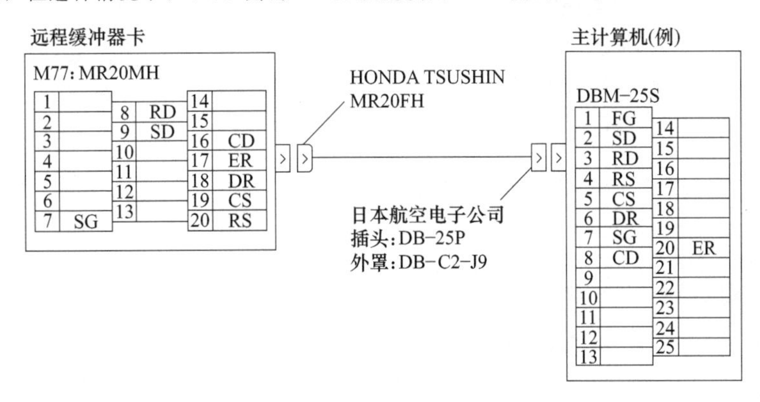

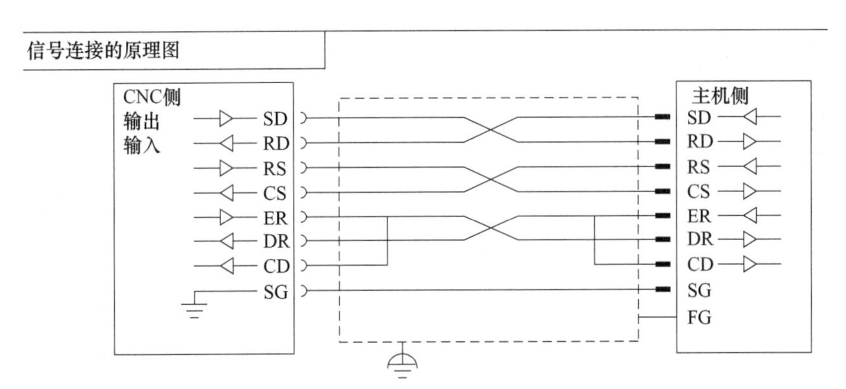

图 2-64 远程缓冲器接口及原理图

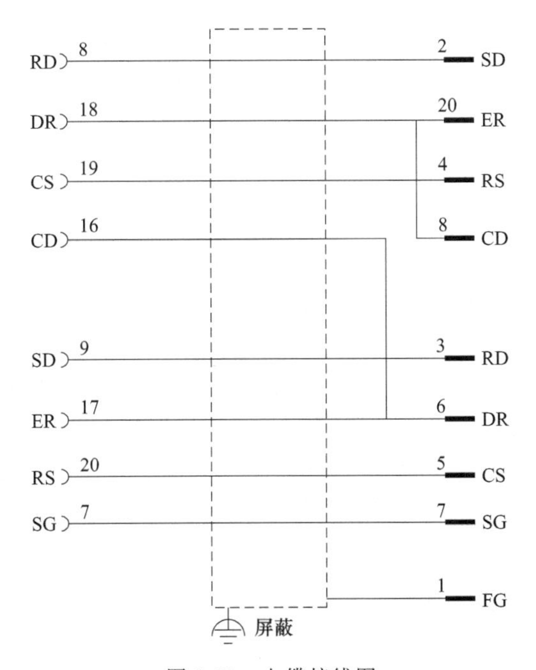

图 2-65 电缆接线图

(3) 与电池单元的连接（图 2-66）

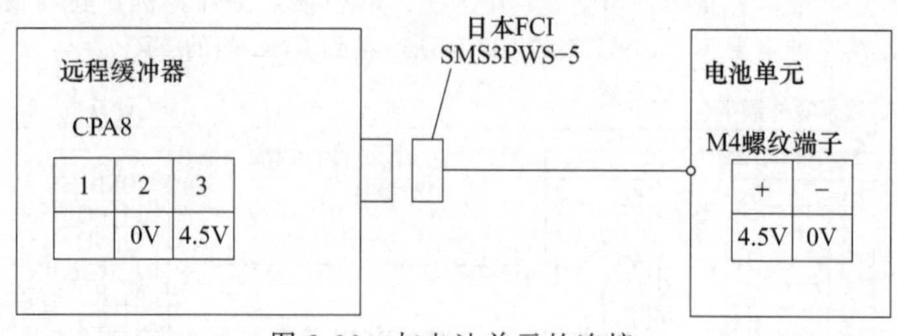

图 2-66　与电池单元的连接

2.2.10　驱动系统的连接

(1) FANUC αi 伺服连接实例

FANUC αi 驱动系统由电源模块、主轴模块与伺服模块等组成。以下给出主要模块（200V 系列）的连接图及连接电缆细节。

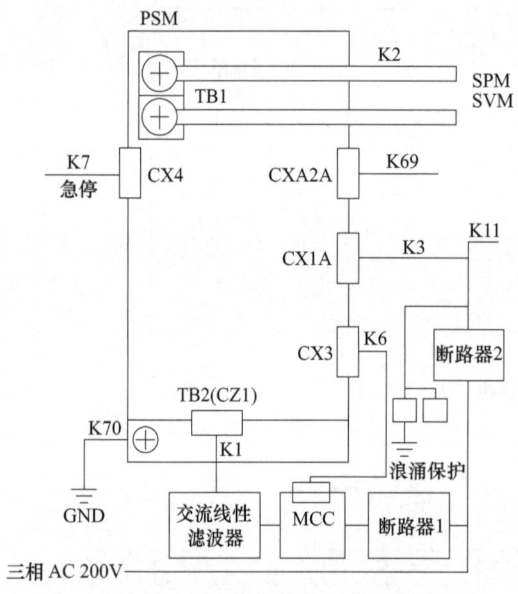

图 2-67　PSM 电源模块的连接

① 电源模块的连接　总连接图如图 2-67 所示。连接电缆分为如下几种。

a. K1 电缆用于主电源向电源模块（PSM）供电，以 PSM-5.5i 为例，其电缆截面积为 $5.5mm^2$，连接如图 2-68 所示。有三种类型的插座，为了防止连接错误，它们是不能互换的，需根据伺服轴的不同来选用，如表 2-7 所示。

b. K2 直流母线用于连接电源模块、主轴模块与伺服模块，其目的在于向主轴模块与伺服模块供电，PSM（200-V 系列）电源模块输出的直流电压为 DC 300V，连接如图 2-69 所示。

c. K3 电缆用于向电源模块提供 AC 200V 的控制电压。控制电源接线如图 2-70 所示。

d. K69 电缆用于连接 PSM、SPM 与 SVM 模块，包含急停信号（* ESP）、MIFA、* XMIFA 信号等。使用外置电池（A06B-6050-K061）时，需要连接 CXA2A/CXA2B 连接器的 BATL 针脚；使用内置电池（A06B-6073-K001）时，不能连接 CXA2A/CXA2B 连接器的 BATL 针脚。K69 的连接如图 2-71 所示。

e. K6 电缆用于控制主接触器（MCC），其连接如图 2-72 所示。

f. K7 电缆向电源模块提供了急停信号（* ESP），其连接如图 2-73 所示。

g. K70 电缆用于接地连接。

表 2-7　插座类型

插座号	键的标记	适用的伺服放大器	可用触点及型号	
1-917807-2	XX	PSM-5.5i，SPM-2.2i，SPM-5.5i，SVM1，SVM2(L)，SVM3(L)	SS	1318986-6
			S	316040-6
3-917807-2	XY	SVM2(M)，SVM3(M)	S	316040-6
			M	316041-6
2-917807-2	YY	SVM3(N)	M	316041-6
			L	1318697-6

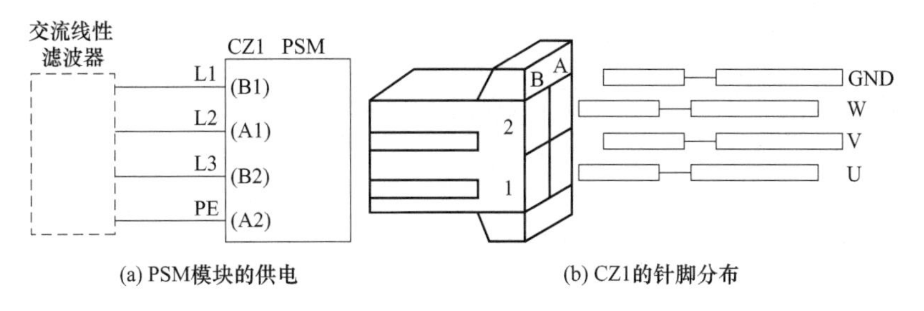

图 2-68 K1 连接电缆细节（PSM-5.5i）

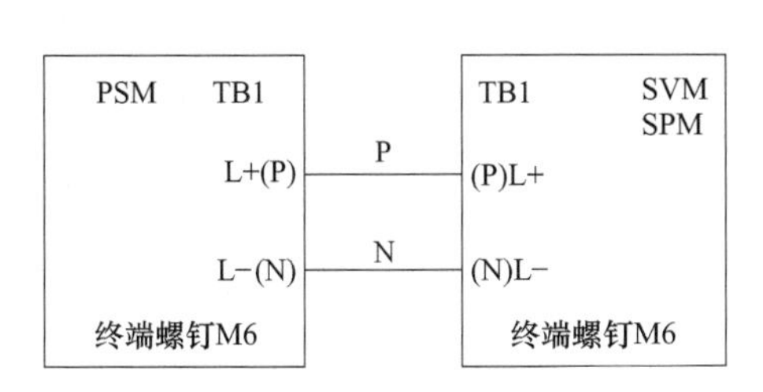

图 2-69 直流母线连接

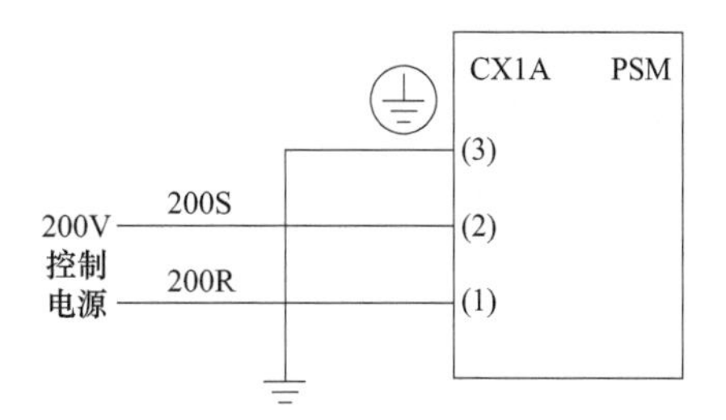

图 2-70 控制电源接线

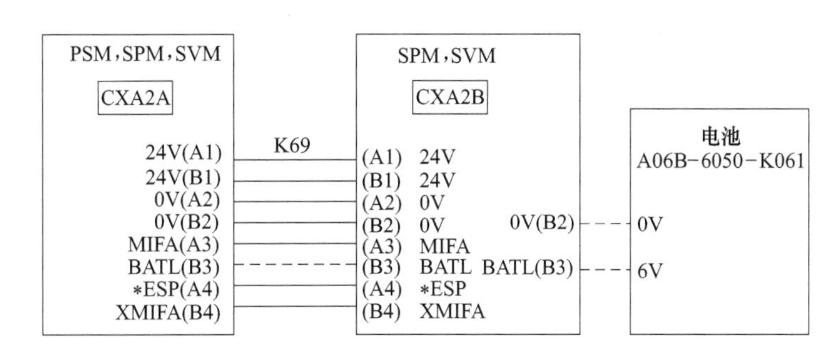

图 2-71 K69 的连接

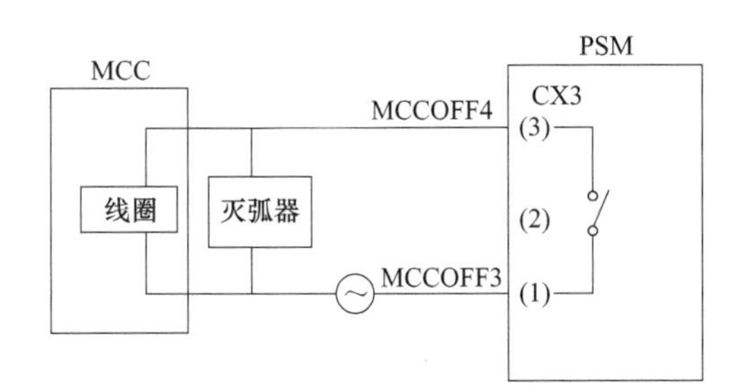

图 2-72 K6 电缆的连接

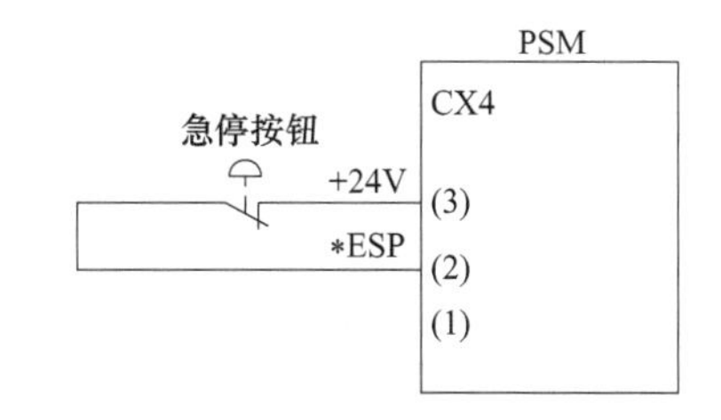

图 2-73 K7 电缆的连接

② 伺服模块的连接 总连接图如图 2-74 所示。连接电缆分为如下几种。

a. K4 电缆用于向伺服模块提供 AC 200V 控制电压，以驱动动力刹车单元，其连接如图 2-75 所示。

b. K21 电缆为伺服模块和伺服电动机之间的动力电缆，连接器采用 D-5000，其连接方式与 K1 电缆类似。

c. K22 电缆用于连接 SVM 和脉冲编码器，适用于 αi、αis、αis（HV）等系列伺服电动机的连接，如图 2-76所示。

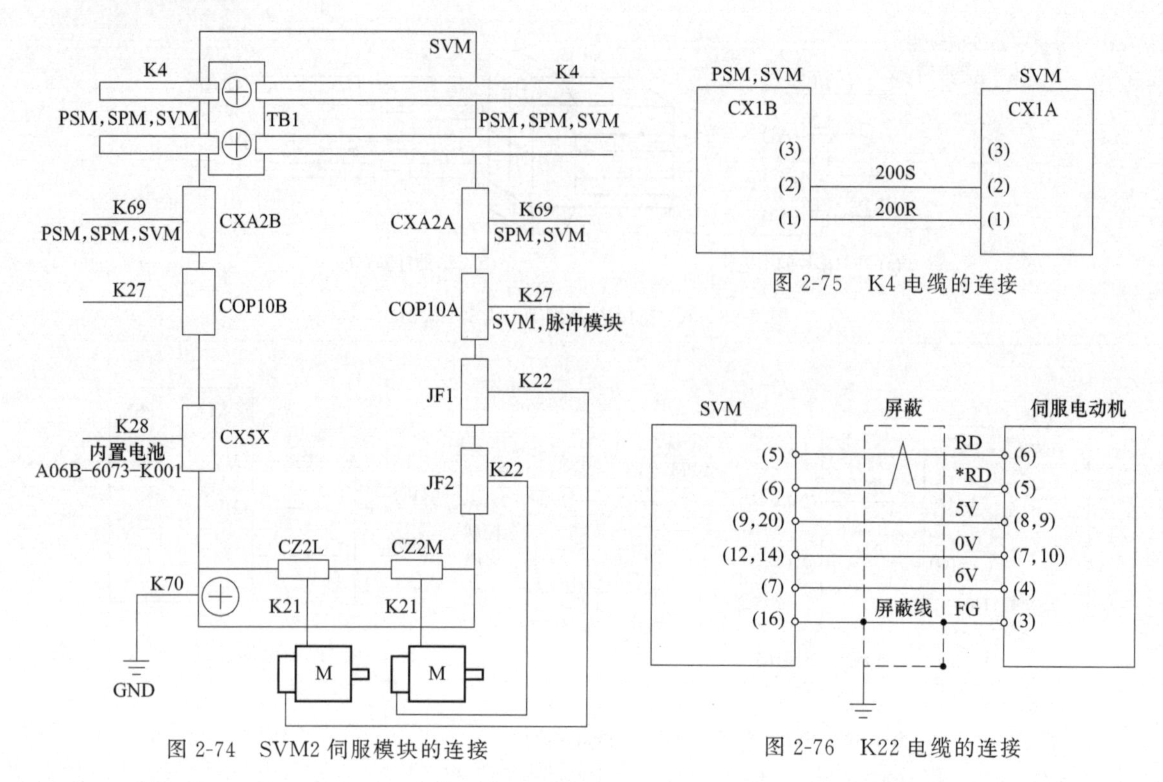

图 2-74　SVM2 伺服模块的连接

图 2-75　K4 电缆的连接

图 2-76　K22 电缆的连接

③ 主轴模块的连接　图 2-77 为 SPM 主轴模块的连接图，该图适用于 B 型 SPM 模块。对于 A 型 SPM 模

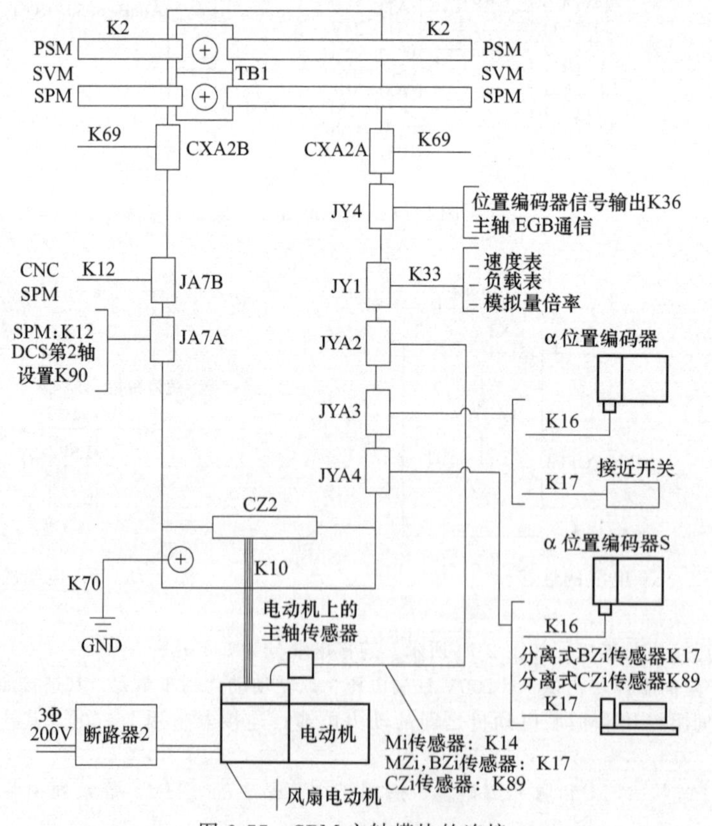

图 2-77　SPM 主轴模块的连接

块，没有提供 JYA4 和 JX4 连接功能。

a. K10 电缆为主轴模块和主轴电动机之间的动力电缆，连接器采用 D-5000，其连接方式与 K1 电缆类似。

b. K12 为串行主轴连接电缆，CNC 与串行主轴放大器的连接如图 2-78 所示。

c. K14 电缆用于带 Mi 传感器的主轴电动机（α0.5i 主轴电动机的连接有所不同），其连接如图 2-79 所示。

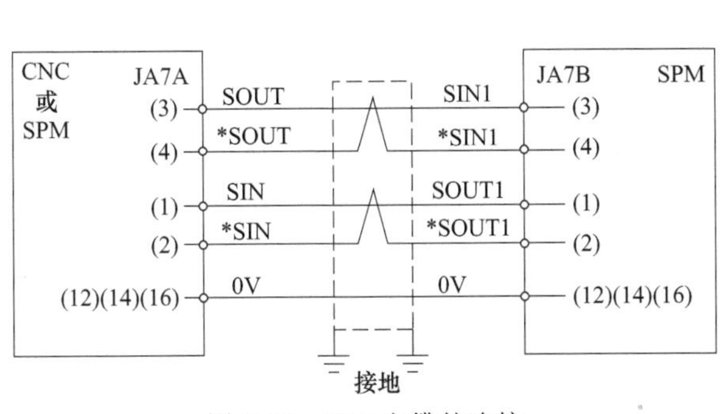

图 2-78 K12 电缆的连接

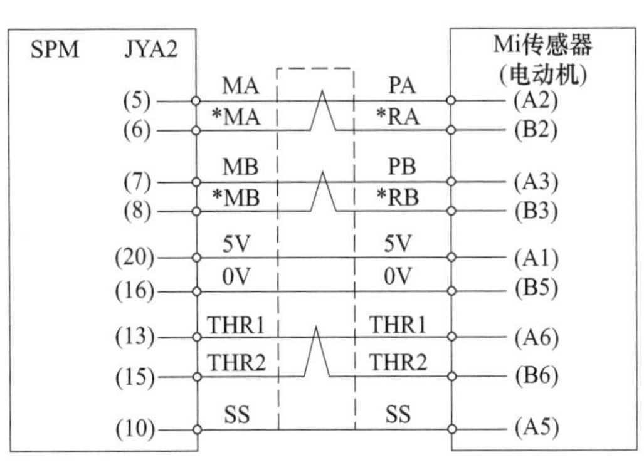

图 2-79 K14 电缆的连接

d. K16 电缆为 α 位置编码器连接电缆，其连接如图 2-80 所示。

e. K17 电缆用于带 MZi 传感器的主轴电动机（α0.5i 主轴电动机的连接有所不同），其连接如图 2-81 所示。对于带 BZi 传感器的内置式主轴电动机，其连接如图 2-82 所示。

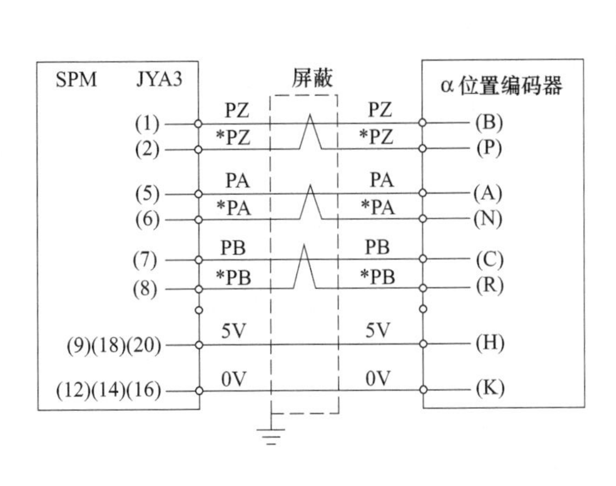

图 2-80 α位置编码器连接电缆（K16 电缆）

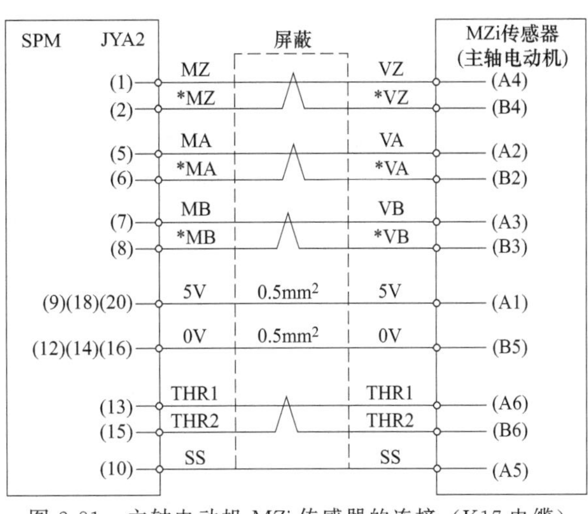

图 2-81 主轴电动机 MZi 传感器的连接（K17 电缆）

f. K33 电缆的连接如图 2-83 所示。

g. SPM（B 型）的 JX4 接口的连接电缆为 K36，如图 2-84 所示。

h. JYA3 接口的连接电缆为 K71，采用三线接近开关时，分为 PNP、NPN 两种接线方式，如图 2-85(a)、(b) 所示。

i. 主轴电动机热敏电阻的连接电缆（K79）如图 2-86 所示。

j. CZi 传感器连接电缆（K89）如图 2-87 所示。当 CZi 传感器用作分离型检测器时，不需要连接 THR1 和 THR2 的接线。

(2) FANUC βi SVM1 伺服连接实例

对于不带主轴的 FANUC 0i Mate-C 数控系统，使用的伺服放大器是 βis 系列，放大器为单轴型，没有电源模块。这类伺服放大器可分为 SVM1-4/20i 和 SVM-40/80i 两种规格，它们的区别主要在于电源和电动机动力线的连接，如表 2-8 所示。以 SVM1-40/80i 伺服放大器的连接为例，其连接图如图 2-88 所示。SVM1-40/80i 伺服放大器接口名称与功能说明如表 2-9 所示。

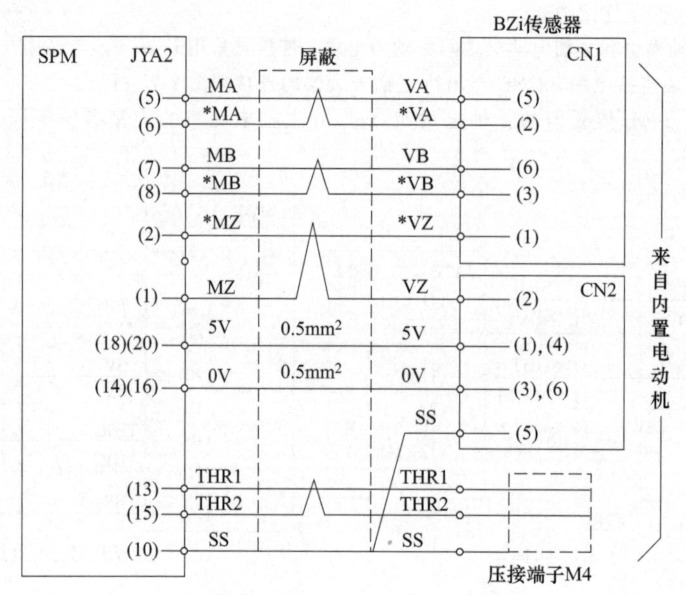

图 2-82　带 BZi 传感器的内置式主轴电动机的连接（K17 电缆）

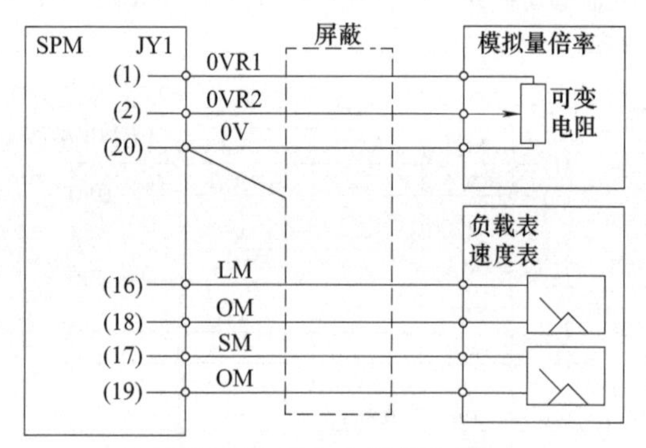

图 2-83　K33 电缆的连接

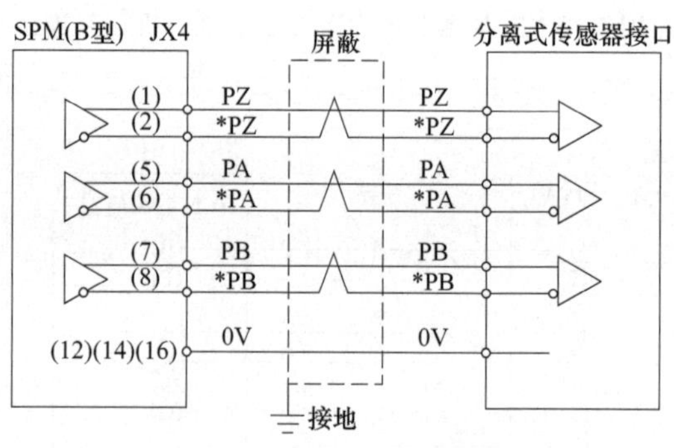

图 2-84　K36 电缆的连接

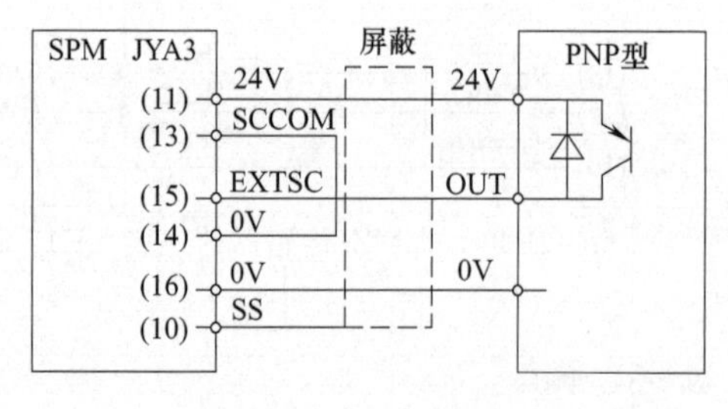

(a) PNP接线

(b) NPN接线

图 2-85　K71 电缆的连接

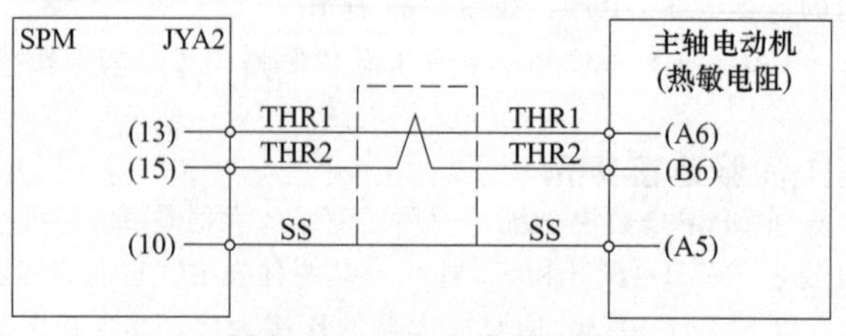

图 2-86　K79 电缆的连接

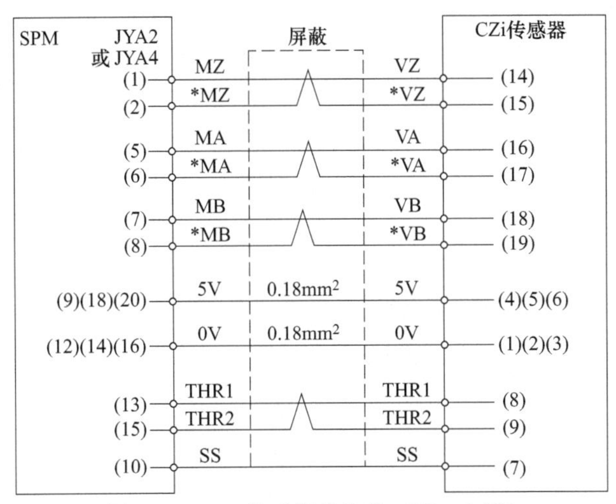

图 2-87 CZi 传感器的连接（K89 电缆）

表 2-8 βis 系列伺服放大器连接

放大器型号	插座号	标记	意义
SVM1-4/20i	CZ7-1	L2/L1 */L3	三相电源输入
	CZ7-2	DCN/DCP	放电电阻
	CZ7-3	V/U */W	电动机动力线
SVM1-40/80i	CZ4	*/L3 L1/L2	三相电源输入
	CZ5	*/V W/U	电动机动力线
	CZ6	R1/RC RE/RC	放电电阻

表 2-9 SVM1-40/80i 伺服放大器接口名称与功能说明

序号	名称	连接电缆	功能
1	CXA19B	BK11	24V 直流电源输入
2	CXA19A	BK6	24V 直流电源输出
3	COP10B	光缆	伺服 FSSBI *I/f*
4	COP10A	光缆	伺服 FSSB *I/f*
5	CZ4	BK2	主电源输入连接器
6	CX29	BK7	主电源 MCC(主接触器)控制信号连接器
7	CX30	BK8	急停信号连接器
8	CXA20	BK5	再生电阻连接器
9	CZ5	BK3	电动机动力电源连接器
10	CZ6	BK4	放电电阻连接器
11	JX5		检测连接器
12	JF1	BK1	脉冲编码器连接器
13	CX5X	BK10	绝对脉冲编码器电池连接端口

① BK1 连接电缆用于伺服电动机编码器的反馈信号连接，对于 αi、αis 系列、β0.4/5000is 系列～β22/2000is 系列伺服电动机信号电缆（K22 电缆）的连接如图 2-76 所示。对于 βi、βis 系列、β0.2/5000is、β0.3/5000is 系列伺服电动机信号电缆的连接如图 2-89 所示。

② 放电电阻连接（BK4、BK5 电缆）如图 2-90 所示。

③ 从一个放大器（βi SVM）的 CXA19A 连接至另一放大器（脚 SVM）的 CXA19B 时，所用的电缆

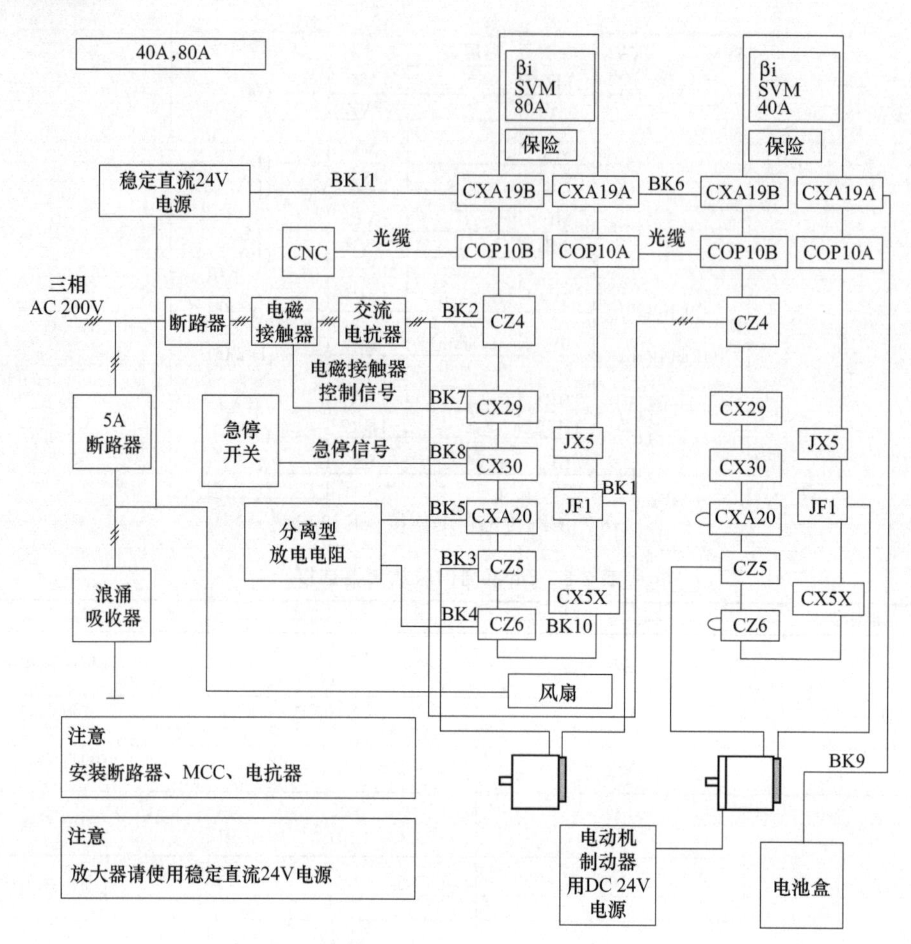

图 2-88　SVM1-40/80i 伺服放大器的连接图

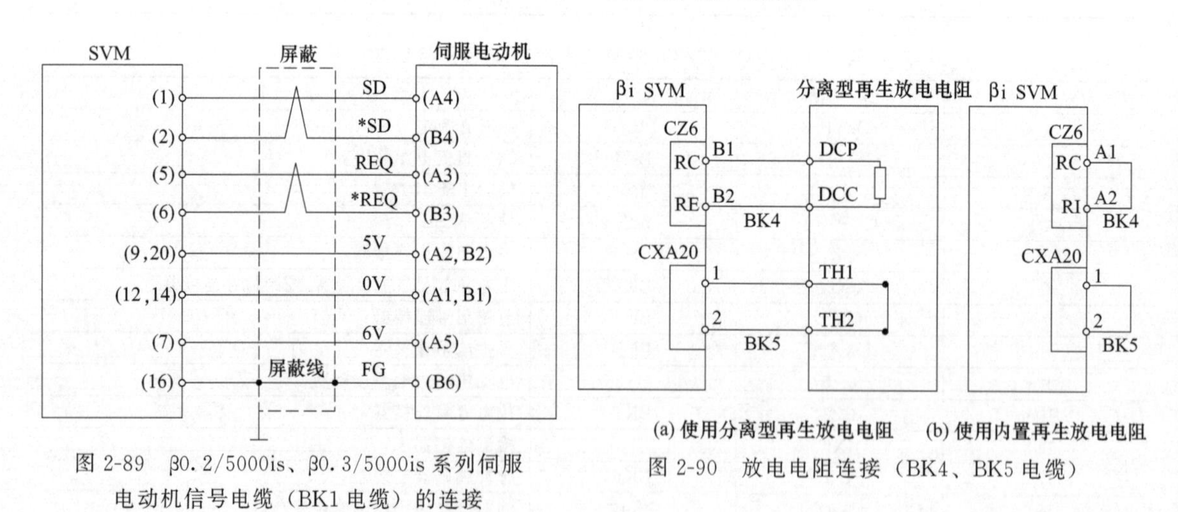

图 2-89　β0.2/5000is、β0.3/5000is 系列伺服电动机信号电缆（BK1 电缆）的连接

图 2-90　放电电阻连接（BK4、BK5 电缆）

（BK6）如图 2-91 所示。有三点需要注意的事项：当连接两个或两个以上的伺服放大器时需注意 ESP（A3）的连接；当使用内置电池（A06B-6093-K001）时，不能连接 BAT（B3）；也不要连接两个及以上的电池到同一 BAT（B3）线。

④ 主电源 MCC（主接触器）控制信号连接电缆如图 2-92 所示。

⑤ 急停信号连接电缆（BK8）如图 2-93 所示，当触点闭合时，伺服电动机可以运动，否则，电动机将处

于急停状态。当连接的放大器超过一个时，除了需连接第一个放大器的 CX30（急停信号）外，其余的放大器 CX30 不要连接。

⑥ BK9 电缆的连接如图 2-94 所示。由于电池需要周期性的维护，因此并非需要电池的型号一定匹配，普通的电池也可使用；一组电池单元最多可以为六轴伺服供电。如果使用内置电池，则无须连接 CXA19A/CXA19B 中的 BAT（B3），区别仅在于使用的是电池盒（A06B-6050-K061）不是电池。

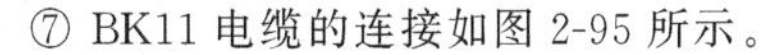

⑦ BK11 电缆的连接如图 2-95 所示。

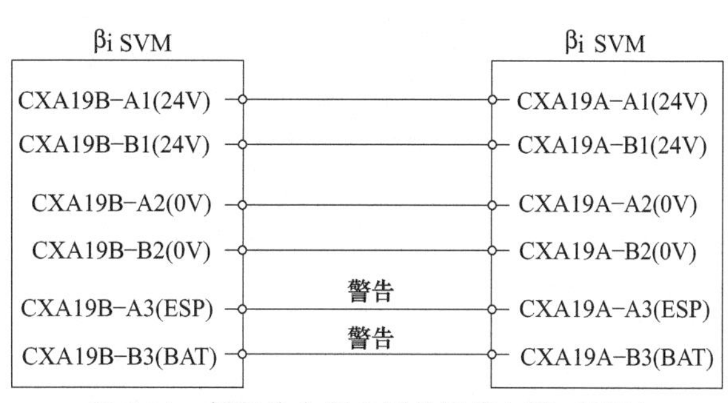

图 2-91　伺服放大器之间的连接电缆（BK6）

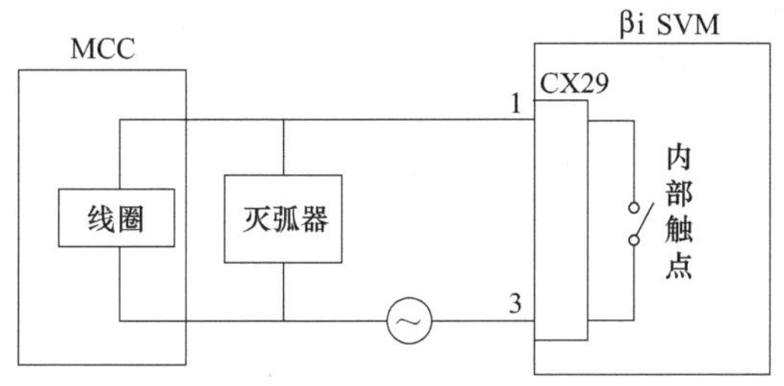

图 2-92　主电源 MCC（主接触器）控制信号连接电缆（BK7）

图 2-93　急停信号连接电缆（BK8）

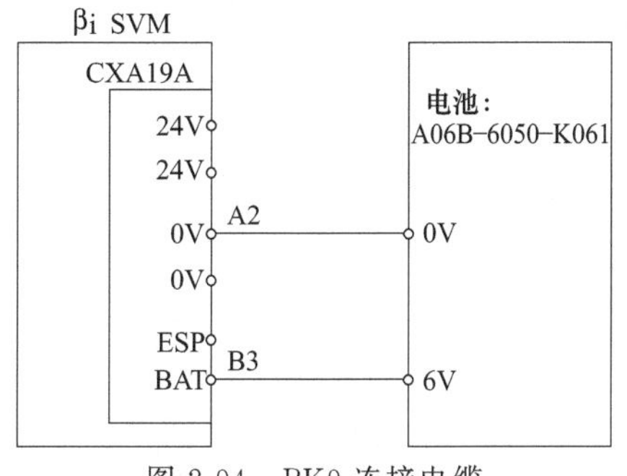

图 2-94　BK9 连接电缆

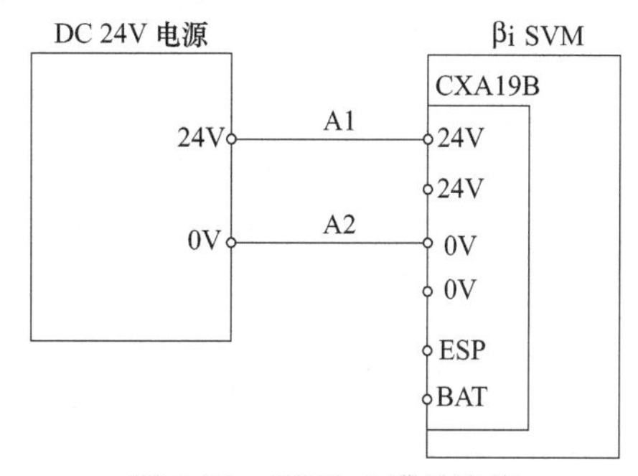

图 2-95　BK11 电缆的连接

(3) FANUC βi SPVM 一体型伺服连接实例

对于 FANUC 0i Mate-C，由于使用的伺服放大器是 βi 主轴放大器与 βis 伺服放大器，因此带主轴的放大器是 SPVM 一体型放大器，连接如图 2-96 所示。连接时的注意事项如下。

① 24V 电源连接 CXA2C（A1 为 24V，A2 为 0V）。

② TB3（SVPM 的右下面）不要接线。

③ 上部的两个冷却风扇要接外部 200V 电源。

④ 三个（或两个）伺服电动机的动力线插头是有区别的，CZ2L 为第一轴，CZ2M 为第二轴，CZ2N 为第三轴，分别对应 *XX*、*XY* 与 *YY*。

⑤ 除了 K69 电缆的连接有区别外，如图 2-97 所示，其余电缆的连接可参照 αi 系列驱动系统的连接电缆说明。

2.2.11　I/O 单元的连接

I/O 单元与机床操作面板、强电分线盘的连接如图 2-98 所示，插头管脚分配如图 2-99 所示。为了简化连接，使用 MIL 规格的扁平电缆连接 I/O 单元与分线盘。

(1) 输入信号的连接

输入信号基本上都属于漏型，接线如图 2-100 所示。

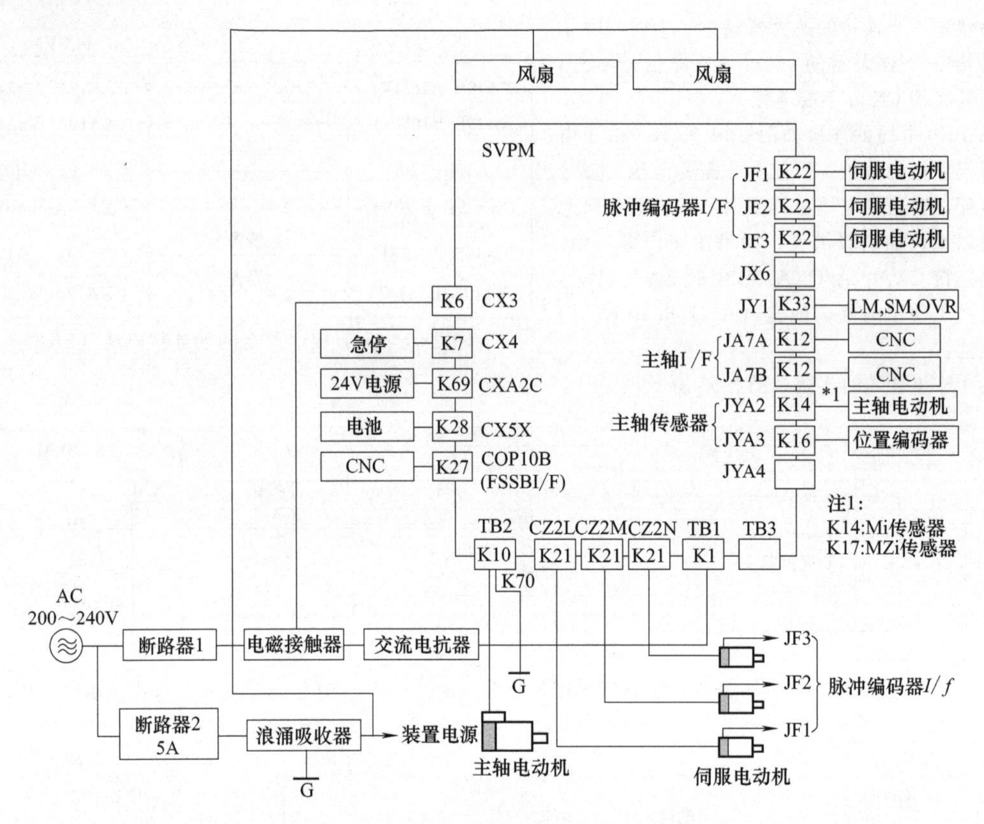

图 2-96　SPVM 一体型放大器的连接

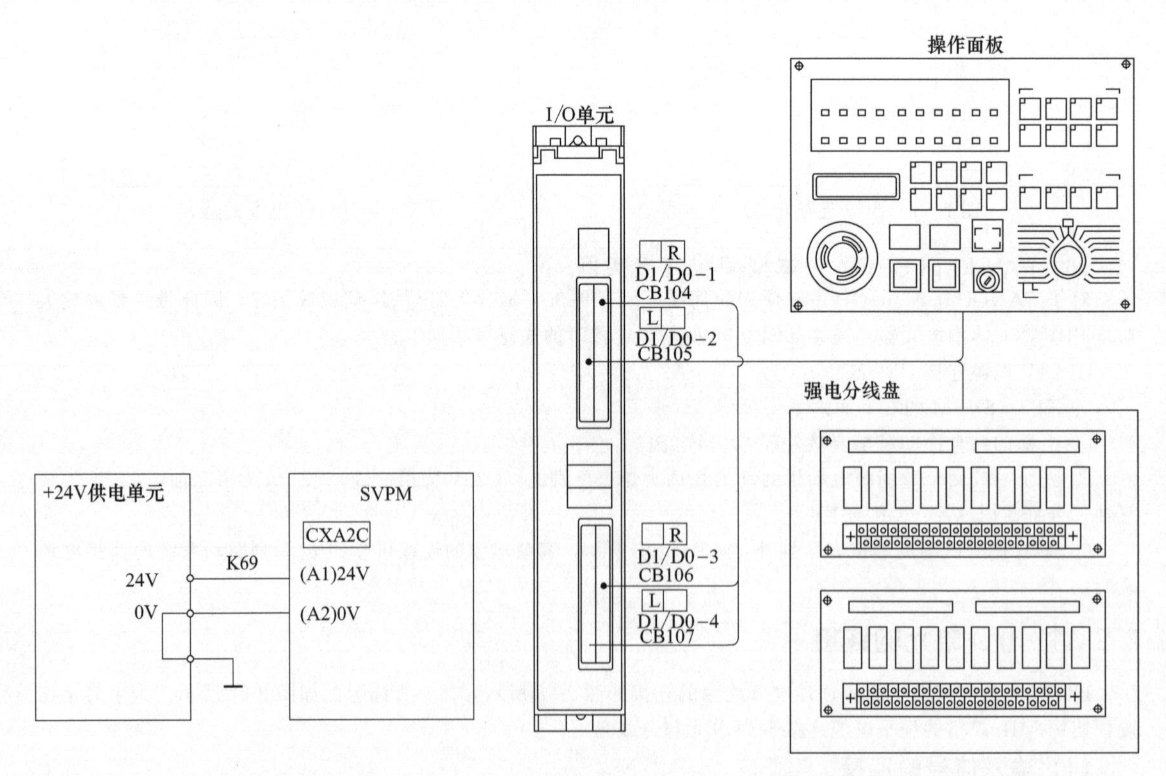

图 2-97　SVPM 装置 K69 电缆的连接

图 2-98　I/O 单元与机床操作面板、强电分线盘的连接

CB104 HIROSE 50PIN

	A	B
01	0V	+24V
02	Xm+0.0	Xm+0.1
03	Xm+0.2	Xm+0.3
04	Xm+0.4	Xm+0.5
05	Xm+0.6	Xm+0.7
06	Xm+1.0	Xm+1.1
07	Xm+1.2	Xm+1.3
08	Xm+1.4	Xm+1.5
09	Xm+1.6	Xm+1.7
10	Xm+2.0	Xm+2.1
11	Xm+2.2	Xm+2.3
12	Xm+2.4	Xm+2.5
13	Xm+2.6	Xm+2.7
14		
15		
16	Yn+0.0	Yn+0.1
17	Yn+0.2	Yn+0.3
18	Yn+0.4	Yn+0.5
19	Yn+0.6	Yn+0.7
20	Yn+1.0	Yn+1.1
21	Yn+1.2	Yn+1.3
22	Yn+1.4	Yn+1.5
23	Yn+1.6	Yn+1.7
24	DOCOM	DOCOM
25	DOCOM	DOCOM

CB105 HIROSE 50PIN

	A	B
01	0V	+24V
02	Xm+3.0	Xm+3.1
03	Xm+3.2	Xm+3.3
04	Xm+3.4	Xm+3.5
05	Xm+3.6	Xm+3.7
06	Xm+8.0	Xm+8.1
07	Xm+8.2	Xm+8.3
08	Xm+8.4	Xm+8.5
09	Xm+8.6	Xm+8.7
10	Xm+9.0	Xm+9.1
11	Xm+9.2	Xm+9.3
12	Xm+9.4	Xm+9.5
13	Xm+9.6	Xm+9.7
14		
15		
16	Yn+2.0	Yn+2.1
17	Yn+2.2	Yn+2.3
18	Yn+2.4	Yn+2.5
19	Yn+2.6	Yn+2.7
20	Yn+3.0	Yn+3.1
21	Yn+3.2	Yn+3.3
22	Yn+3.4	Yn+3.5
23	Yn+3.6	Yn+3.7
24	DOCOM	DOCOM
25	DOCOM	DOCOM

CB106 HIROSE 50PIN

	A	B
01	0V	+24V
02	Xm+4.0	Xm+4.1
03	Xm+4.2	Xm+4.3
04	Xm+4.4	Xm+4.5
05	Xm+4.6	Xm+4.7
06	Xm+5.0	Xm+5.1
07	Xm+5.2	Xm+5.3
08	Xm+5.4	Xm+5.5
09	Xm+5.6	Xm+5.7
10	Xm+6.0	Xm+6.1
11	Xm+6.2	Xm+6.3
12	Xm+6.4	Xm+6.5
13	Xm+6.6	Xm+6.7
14	COM4	
15		
16	Yn+4.0	Yn+4.1
17	Yn+4.2	Yn+4.3
18	Yn+4.4	Yn+4.5
19	Yn+4.6	Yn+4.7
20	Yn+5.0	Yn+5.1
21	Yn+5.2	Yn+5.3
22	Yn+5.4	Yn+5.5
23	Yn+5.6	Yn+5.7
24	DOCOM	DOCOM
25	DOCOM	DOCOM

CB107 HIROSE 50PIN

	A	B
01	0V	+24V
02	Xm+7.0	Xm+7.1
03	Xm+7.2	Xm+7.3
04	Xm+7.4	Xm+7.5
05	Xm+7.6	Xm+7.7
06	Xm+10.0	Xm+10.1
07	Xm+10.2	Xm+10.3
08	Xm+10.4	Xm+10.5
09	Xm+10.6	Xm+10.7
10	Xm+11.0	Xm+11.1
11	Xm+11.2	Xm+11.3
12	Xm+11.4	Xm+11.5
13	Xm+11.6	Xm+11.7
14		
15		
16	Yn+6.0	Yn+6.1
17	Yn+6.2	Yn+6.3
18	Yn+6.4	Yn+6.5
19	Yn+6.6	Yn+6.7
20	Yn+7.0	Yn+7.1
21	Yn+7.2	Yn+7.3
22	Yn+7.4	Yn+7.5
23	Yn+7.6	Yn+7.7
24	DOCOM	DOCOM
25	DOCOM	DOCOM

图 2-99 插头管脚分配图（CB104～CB107）

(2) 输出信号的连接

输出信号属于有源型的，其连接如图 2-101 所示。

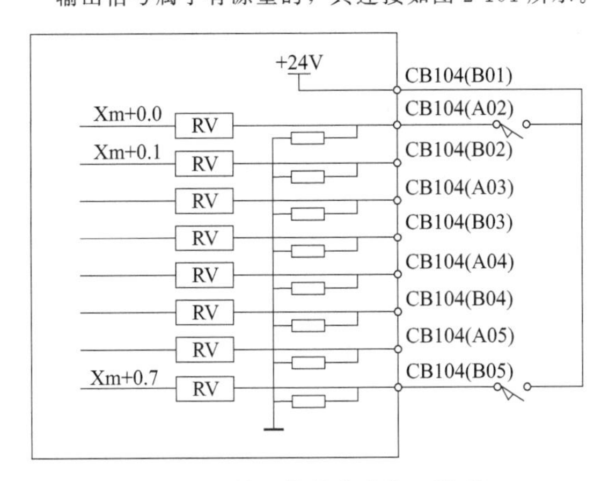

图 2-100 输入信号的连接（漏型）

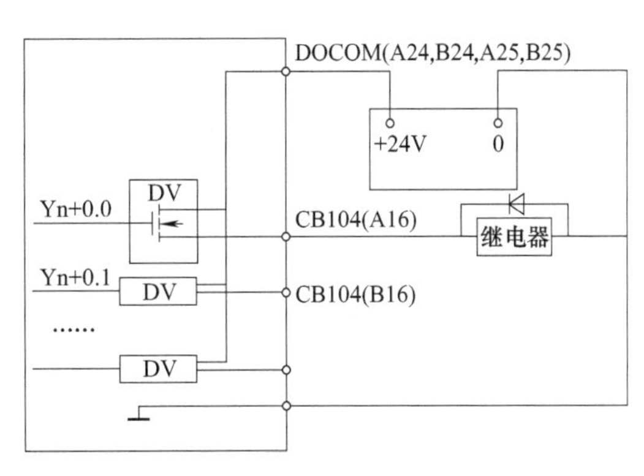

图 2-101 输出信号的连接（有源型）

(3) CRT/MDI 单元

① 视频信号接口 视频信号接口如图 2-102 所示。

② 显示单元电源的连接 不同的显示单元所要求的电源电压不同，图 2-103 与图 2-104 为 9″单色 CRT 与 LCD 的连接图。

③ 连接分离显示单元的软键的电缆 某些分离型显示单元有软键，这些单元有用于软键的扁平电缆。该电缆连接在分离型 MDI 单元的 KM2 插头上（图 2-105）。

④ 显示单元上的 ON/OFF 开关 全键型的 9″CRT/MDI 单元、9″PDP/MDI 单元、7.2″LCD/MDI 单元和 14″CRT/MDI 单元都具有用于接通和关闭控制单元的 ON/OFF 开关。当开关连接到输入单元或电源单元 AI（内装输入单元）时，可通过按 ON/OFF 开关接通或关闭控制单元。图 2-106 与图 2-107 为 14″CRT/MDI 单元连接到输入单元与电源单元的连接图。

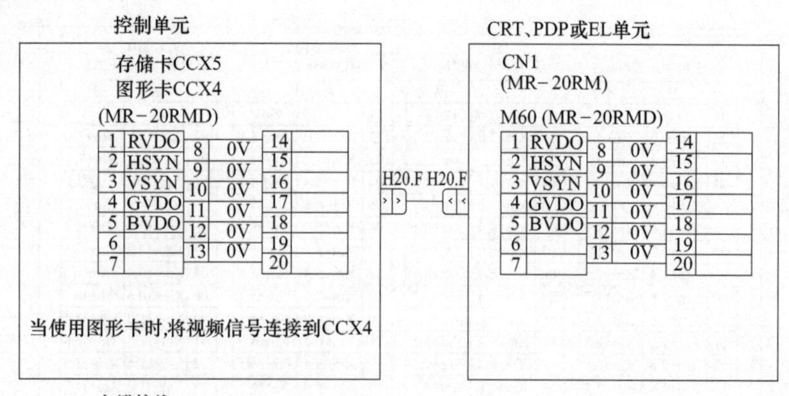

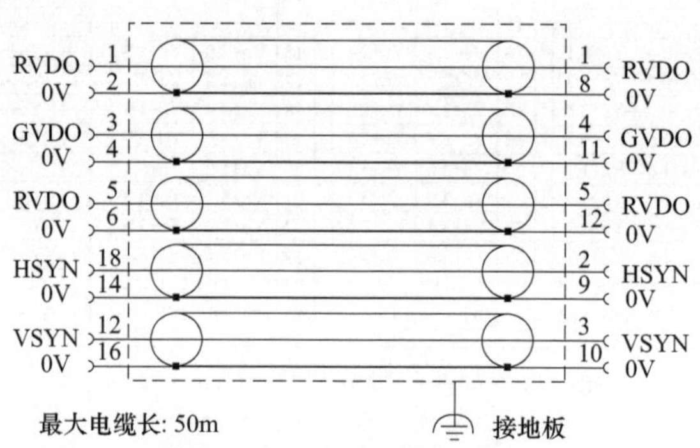

最大电缆长: 50m

推荐电缆材料: A66L-0001-0317同轴电缆

推荐电缆订货号: A02B-0098-K871 (7m)

图 2-102 视频信号接口

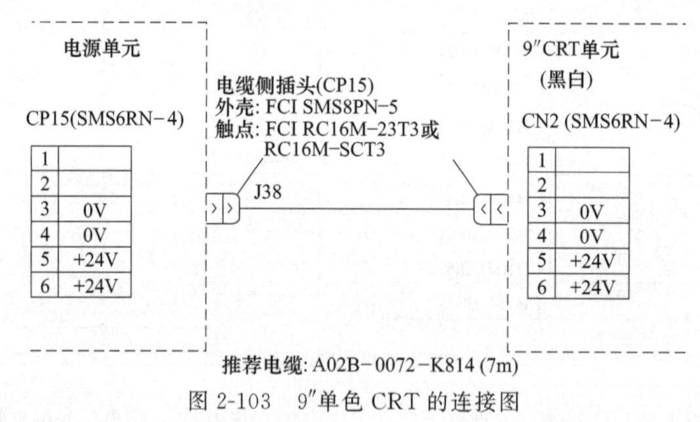

图 2-103 9″单色 CRT 的连接图

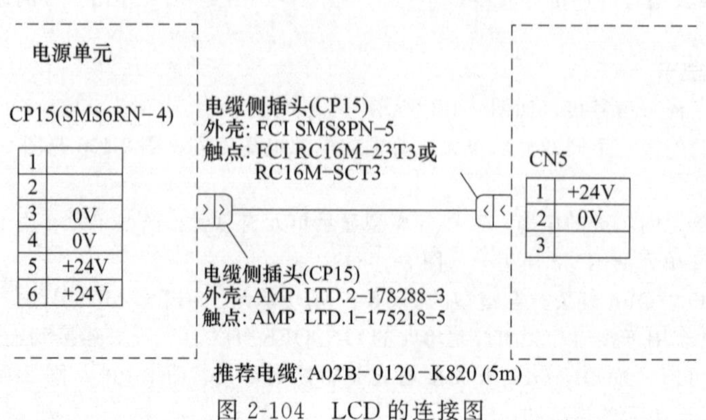

图 2-104 LCD 的连接图

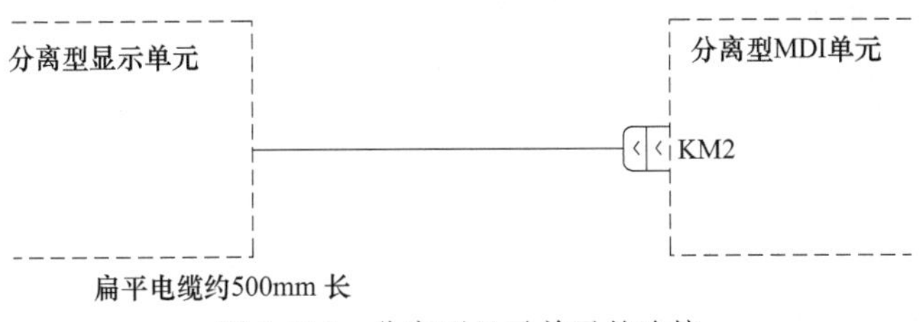

图 2-105　分离型显示单元的连接

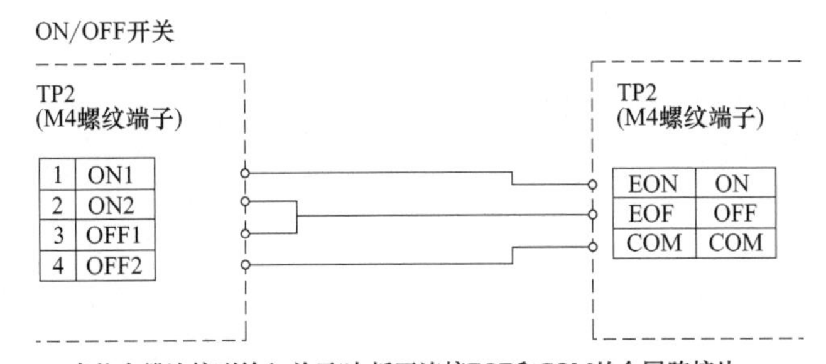

图 2-106　14″CRT/MDI 单元连接到输入单元的连接图

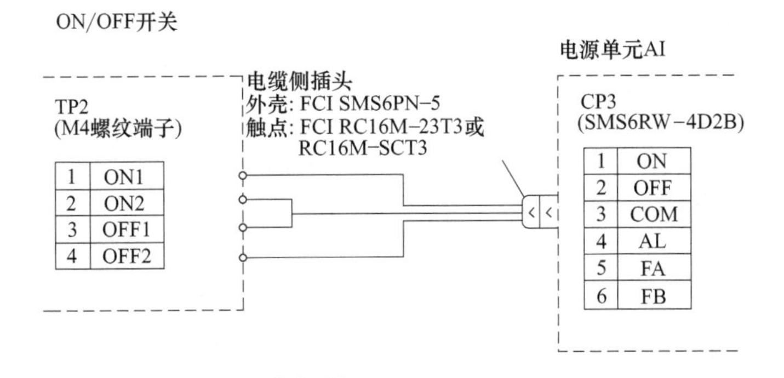

图 2-107　14″CRT/MDI 单元连接到电源单元的连接图

⑤ LCD 的调节　LCD 具有视频信号微调控制器。控制器要能消除 NC 单元与 LCD 之间的轻微偏移。必须在安装或在更换 NC 的显示单元硬件、显示单元或电缆时将控制器调整好以消除故障。调节位置如图 2-108 所示。

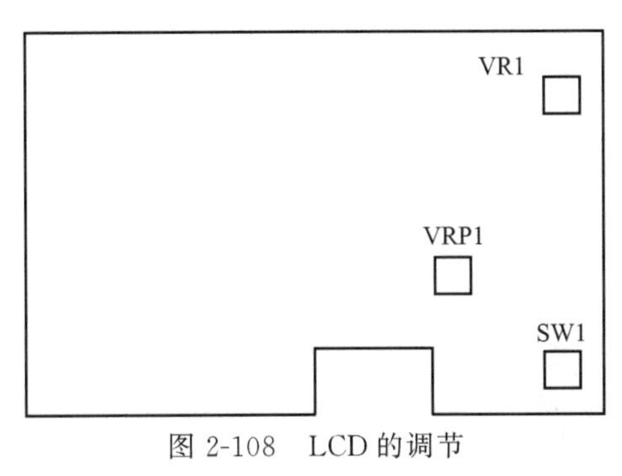

图 2-108　LCD 的调节

触摸板的校正方法如下。

通过位型参数 DCL（No. 3113＃5）进行设定（0：无效。1：有效）。通常将此参数设为“0”。唯在更换面板、执行存储器全部清除操作时才需要对触摸面板进行校正。只有在对触摸板进行校正时才将参数设定为

“1”，校正结束后应将其设定为“0”。校正步骤如下。

- 将触摸面板的定标界面置于有效 [将参数 DCL（No. 3113#5）设定为 1]。
- 按下功能键[SYSTEM]。
- 按继续菜单键[▷]键数次，显示软键 [触摸板]，如图 2-109 所示。
- 按下软键 [触摸板]、[(操作)]，显示软键 [TP 补偿]，如图 2-110 所示。
- 按下软键 [TP 补偿]，出现触摸屏补偿界面。
- 用专用触笔按下补偿点（9 点）。正常按下的情况下，“+”号变为“○”号。当偏离“+”号按下时，出现“偏离了+符号。请重按”这样的提示信息。

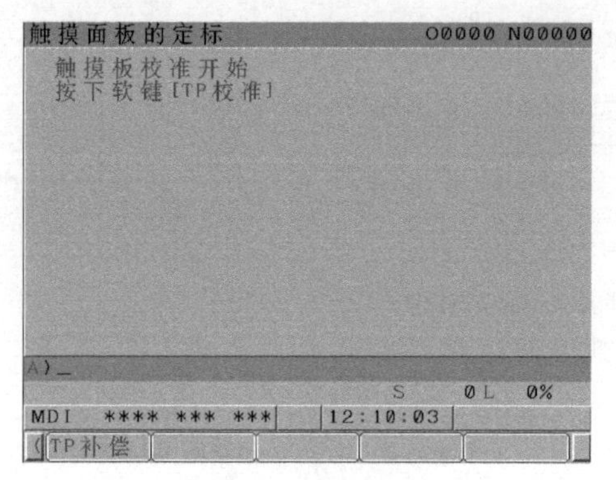

图 2-109 触摸板界面

图 2-110 TP 补偿界面

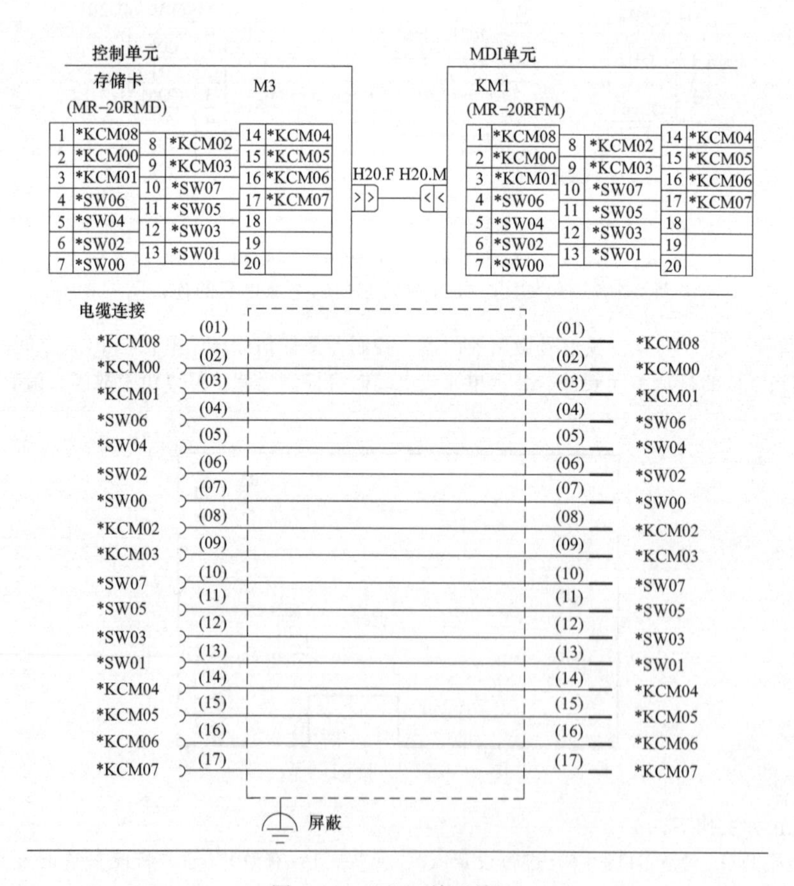

图 2-111 MDI 单元接口

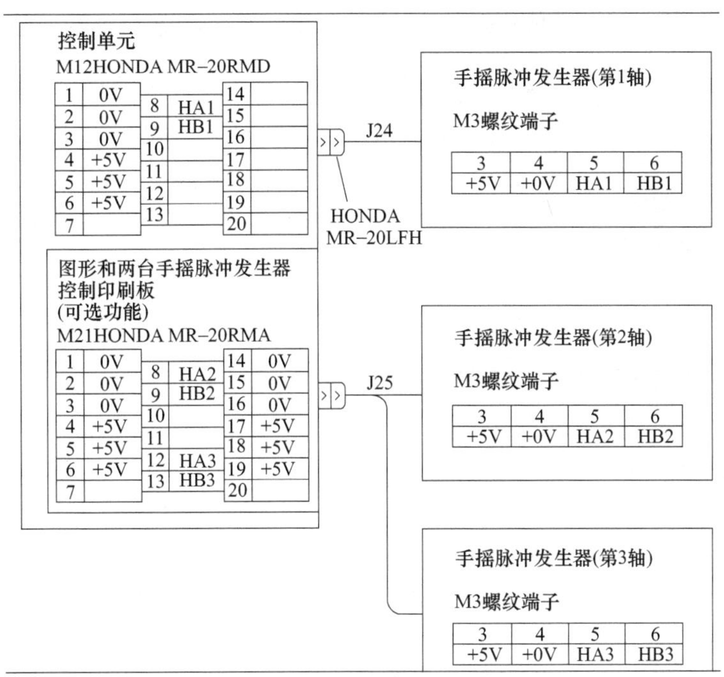

图 2-112 手摇脉冲发生器接口

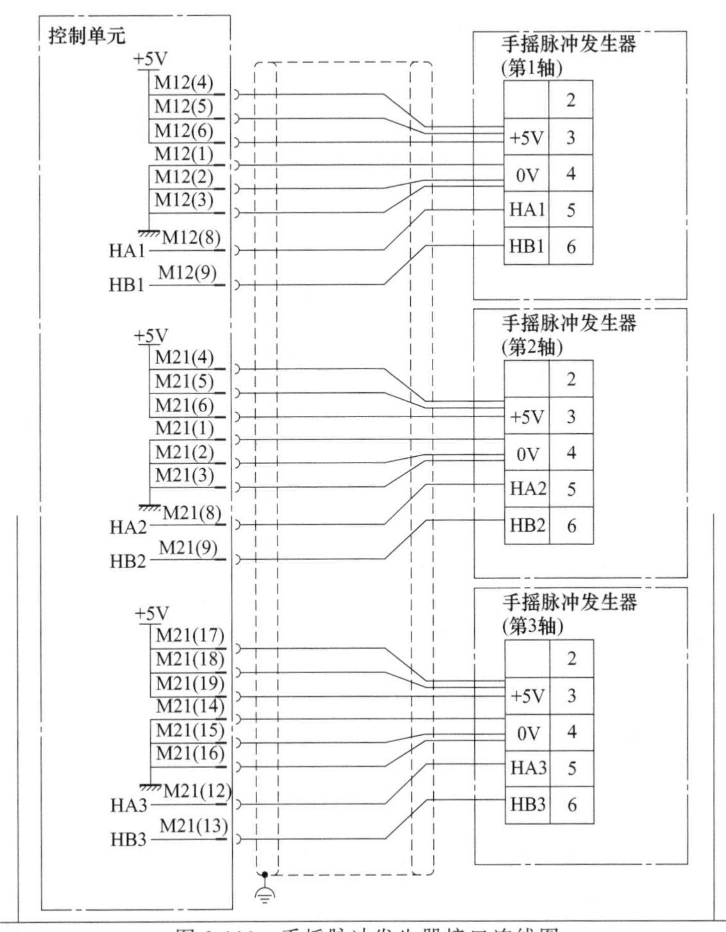

图 2-113 手摇脉冲发生器接口连线图

•在输入补偿点（9点）之后，按下软键，结束校正。中止校正或者重新校正时，按下软键，返回上一界面。在输入9点补偿点之前，按下软键，校正即被中断。

•当正常结束时，出现“定标结束”这样的提示信息。

•校正作业结束时，为了预防错误操作，将触摸屏补偿界面设定为无效［将参数DCL（No.3113#5）设定为0］。

⑥ MDI单元接口　如图2-111所示。

(4) 手摇脉冲发生器接口

手摇脉冲发生器接口及其连线如图2-112与图2-113所示。

2.3　FANUC数控系统的参数设置

2.3.1　参数的分类

(1) 参数分类

FANUC数控系统的参数按照数据的形式大致可分为位型和字型，如表2-10所示。其中位型又分为位型和位轴型等，字型又分为字节型、字节轴型、字型、字轴型、双字型、双字轴型等。位轴型参数允许参数分别设定给各个控制轴。表2-11列出了FANUC 0i数控系统的常用功能参数。

位型参数就是对该参数的0～7这8位单独设置“0”或“1”的数据。位型参数的格式，如图2-114所示。字型参数在参数界面的显示，如图2-115所示。

表2-10　参数的分类

数据类型	数据范围	备注	数据类型	数据范围	备注
位型	0或1		双字型	0～±999999999	有的参数被作为不带符号的数据处理
位机械组型			双字机械组型		
位路径型			双字路径型		
位轴型			双字轴型		
位主轴型			双字主轴型		
字节型	−128～127 0～255	有的参数被作为不带符号的数据处理	实数型		
字节机械组型			实数机械组型		
字节路径型			实数路径型		
字节轴型			实数轴型		
字节主轴型			实数主轴型		
字型	−32768～32767 0～65535	有的参数被作为不带符号的数据处理			
字机械组型					
字路径型					
字轴型					
字主轴型					

表2-11　FANUC 0i数控系统的常用功能参数

参数号	符号	数值	意　义
SETTING参数			
0000#1	ISO	1	数据输出代码为ISO代码
0000#2	INI	0	米制输入
0000#5	SEQ	1	自动插入加工程序顺序号
0002#7	SJZ	1	利用减速挡块进行参考点的返回
0020		0,1	RS-232C串行口1,I/O通道
		2	RS-232C串行口2,I/O通道
通道参数			
0101#0	SB2	0	I/O通道=0时,RS-232C串行口1停止位为1位
		1	I/O通道=0时,RS-232C串行口1停止位为2位

续表

通道参数			
参数号	符号	数值	意　义
0101#3	ASI	1	数据输入代码为 ASCII 码
0101#7	NFD	1	数据输出时，数据前后的同步孔不输出
0102		0	I/O 通道=0 时，I/O 设备为 RS-232C
0103		10	I/O 通道=0 时，RS-232C 的波特率为 4800bit/s
		11	I/O 通道=0 时，RS-232C 的波特率为 9600bit/s
		12	I/O 通道=0 时，RS-232C 的波特率为 19200bit/s
0111#0、0112、0113：I/O 通道=1 时相应的参数设置，取值范围与 0101、0102、0103 相同 0121#0、0122、0123：I/O 通道=2 时相应的参数设置，取值范围与 0101、0102、0103 相同			
轴控制和设定单位参数			
1001#0	INM	0	直线轴的最小移动单位是米制
1002#0	JAX	0	JOG 进给、手动快速进给及手动返回参考点时同时控制轴数为 1 轴
1002#1	DLZ	0	无挡块回零功能无效
1004#1	ISC	0	各轴显示的最小单位
1004#7	IPR	0	各轴显示的最小单位就是最小移动单位
1005#1	DLZX	0	无挡块回零功能无效
1006#0 1006#1	ROTX、ROSX	0、0 1、0	该轴是直线轴 该轴是旋转轴
1006#5	ZMIX	1	该轴回零按负方向
1008#0	ROATX	0	设定旋转轴的循环功能无效
		1	设定旋转轴的循环功能有效
1010		1～3	CNC 控制的最大轴数
1020		88	编程名称：控制轴是 X 轴
		89	编程名称：控制轴是 Y 轴
		90	编程名称：控制轴是 Z 轴
1022		1	基本坐标系中的 X 轴
		2	基本坐标系中的 Y 轴
		3	基本坐标系中的 Z 轴
1023		1～4	设定各轴对应第几号轴（伺服轴号）
坐标系统参数			
1240～1243		0	机械坐标系上第 1～4 轴参考点坐标
1260			旋转轴每一转的移动量
软限位参数			
1300#2	LMS	0	参数 1320、1321 有效
		1	参数 1326、1327 有效
1300#7	BFA	0	超出行程检测后报警
		1	超出行程检测前报警
1320、1321			软限位 1 正、负方向边界值Ⅰ
1326、1327			软限位 1 正、负方向边界值Ⅱ
进给速度参数			
1401#2	JZR	0	不以 JOG 进给速度手动回零
		1	以 JOG 进给速度手动回零
1402#4	JRV	0	手动进给或增量进给，执行每分钟进给
		1	手动进给或增量进给，执行每转进给
1403#3	MIF	0	每分钟进给时，F 指令最小单位为 1mm/min（米制输入，下同）
		1	每分钟进给时，F 指令最小单位为 0.001mm/min
1404#1	DLF	0	进行手动返回参考点时，以快速进给速度（No. 1420）移动到参考点
		1	进行手动返回参考点时，以手动快速进给速度（No. 1424）移动到参考点
1410			空运行速度（单位：mm/min，下同）
1411			接通电源时自动方式下的切削进给速度

续表

进给速度参数			
参数号	符号	数值	意　义
1420			各轴快速移动速度(G00)
1422			最大切削进给速度(所有轴通用)
1423			各轴手动连续进给(JOG)时的速度
1424			各轴手动快速移动速度(快速移动倍率为100%时)
1425			各轴返回参考点时的FL速度
1428			各轴回零速度
1430			各轴最大切削进给速度
伺服参数			
1800#4	RBK	0	切削进给和快速移动不进行反向间隙补偿
		1	切削进给和快速移动分别进行反向间隙补偿
1801#4	CCI	0	切削进给的到位宽度设定在参数1826中
		1	切削进给的到位宽度用参数1801#5(CIN)设定
1801#5	CIN	0	下一程序段是切削进给时,参数1827有效,否则参数1826有效
		1	与下一个程序段无关,切削时参数1827有效,快速移动时1826有效
1815#1	OPTX	0	不使用分离型脉冲编码器
		1	使用分离型脉冲编码器
1815#5	APCX	0	不使用绝对位置检测器
		1	使用绝对位置检测器
1820	CMR	2	指令倍乘比为1
		102	指令倍乘比为1/2,一般用于车床X轴的设置
1821			各轴参考计数器容量,一般为1000×该轴的丝杠螺距(mm)
1825			各轴的伺服环增益,取值范围:1～9999。单位:$0.01s^{-1}$
1826			各轴的到位宽度,取值范围:0～32767。数据单位:检测单位,下同
1827			各轴切削进给的到位宽度,取值范围:0～32767
1828			各轴移动中的最大允许位置偏差量,取值范围:0～99999999
1829			各轴停止时的最大允许位置偏差量,取值范围:0～32767
1850			各轴的栅格偏移量或参考点偏移量,取值范围:0～99999999
1851			各轴的反向间隙补偿量,取值范围:-9999～9999
1852			各轴快速移动时的反向间隙补偿量,取值范围:-9999～9999
1880			异常负载检测报警的时间,取值范围:0～32767。数据单位:ms
1881			检测异常负载时的组号,取值范围:0～4
DI/DO参数			
3002#4	IOV	0	进给倍率信号和快速移动倍率信号使用负逻辑
3003#5	DEC	0	返回参考点减速信号(*DEC1～*DEC4)为0时减速
3004#5	OTH	0	检查超程限位信号
3006	GDC	0	返回参考点减速信号使用X009
3010			选通信号MF、TF、SF的延时时间,取值范围:16～32767。单位:ms
3011			M、S、T完成信号(FIN)的最小宽度,取值范围:16～32767。单位:ms
存储型螺距误差补偿参数			
3605	BDPX	0	双向螺补功能不使用
3620			各轴参考点的螺距误差补偿号码,取值范围:0～1023
3621			各轴负方向最远端的螺距误差补偿点的号码,取值范围:0～1023
3622			各轴正方向最远端的螺距误差补偿点的号码,取值范围:0～1023
3623			各轴的螺距误差补偿倍率,取值范围:0～100
3624			各轴的螺距误差补偿点的间距,取值范围:0～99999999
3625			回转轴的螺距误差补偿的每转移动量,取值范围:0～99999999
主轴控制参数			
3706#6 3706#7	CWM/TCW		主轴与位置编码器的齿轮比,齿轮比=主轴转速,位置编码器转速。齿轮比为1、2、4、8,相应的参数值分别为0/0,1/0,0/1,1/1

续表

主轴控制参数			
参数号	符号	数值	意　义
3730			主轴速度模拟输出的增益调整数据，取值范围：700～1250。单位：0.1%
3731			主轴速度模拟输出的偏置电压的补偿值，取值范围：－1024～1024。单位：V
3735			主轴电动机最低钳制速度，设定值＝(最低钳制速度/最高转速)×4095
3736			主轴电动机最高钳制速度，设定值＝(最高钳制速度/最高转速)×4095
3740			检查主轴速度到达信号的时间，取值范围：0～225。单位：ms
3741～3744			齿轮挡1～4的主轴最高转速，取值范围：0～32767。单位：r/min
手轮进给参数			
7100#1	JHD	0	在JOG方式下手轮进给或手轮进给方式时增量进给无效
		1	在JOG方式下手轮进给或手轮进给方式时增量进给有效
7110		1～3	使用的手轮数
基本功能参数			
8130		2～4	总控制轴数
8131#0	HPG	0	不使用手轮进给
		1	使用手轮进给

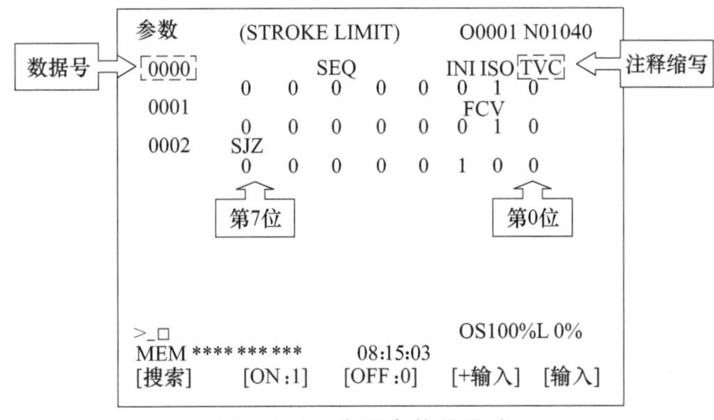

图 2-114　位型参数的格式

(2) 参数分类情况显示界面的调出步骤

① 在MDI键盘上按HELP（FANUC 0i-D是按 SYSTEM 键）键。

② 按PARAM键（图2-116）就能看到如图2-117所示参数类别界面与如图2-118所示的参数数据号的类别界面，共有4页，可通过翻页键进行查看。

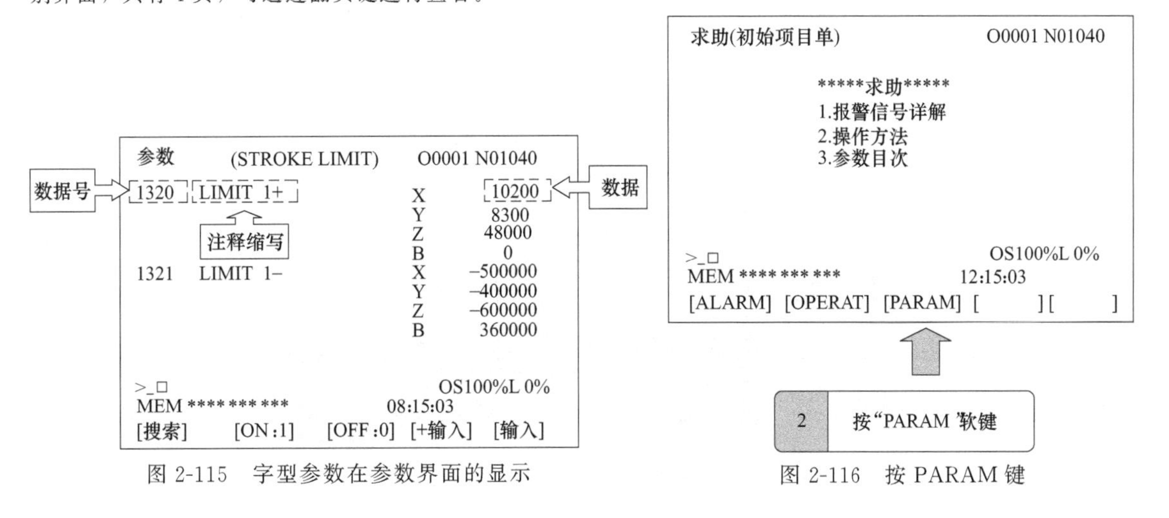

图 2-115　字型参数在参数界面的显示

图 2-116　按 PARAM 键

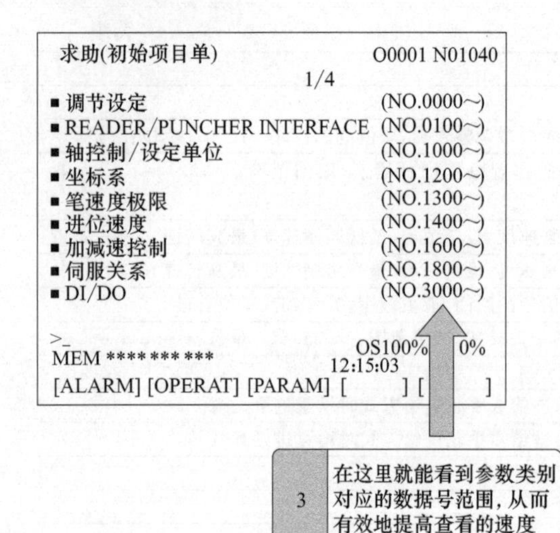

图 2-117 参数类别界面

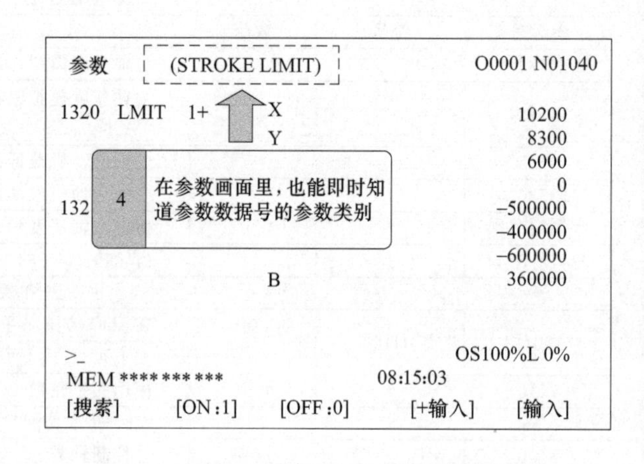

图 2-118 参数数据号的类别界面

2.3.2 参数界面的显示和调出

(1) 参数界面的显示

① 在 MDI 键盘上按［SYSTEM］键，就可能看到如图 2-119 所示参数界面。

② 在 MDI 键盘上按［SYSTEM］键，若出现图 2-120 所示的界面，则按返回键，直到出现如图 2-119 所示界面。

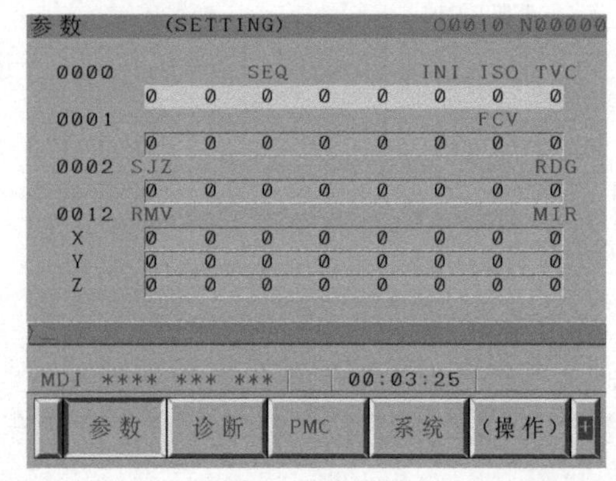

图 2-119 参数界面

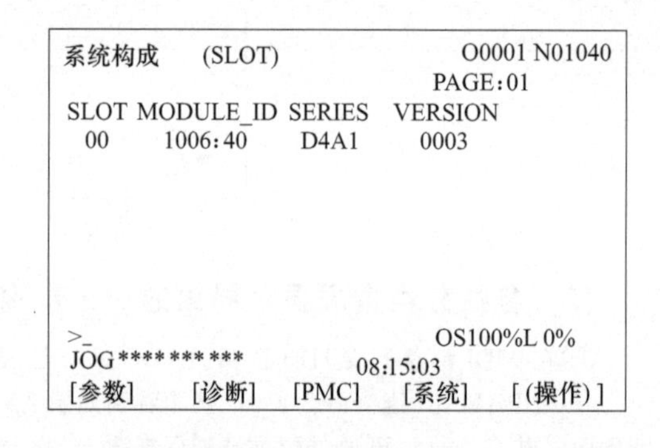

图 2-120 系统构成界面

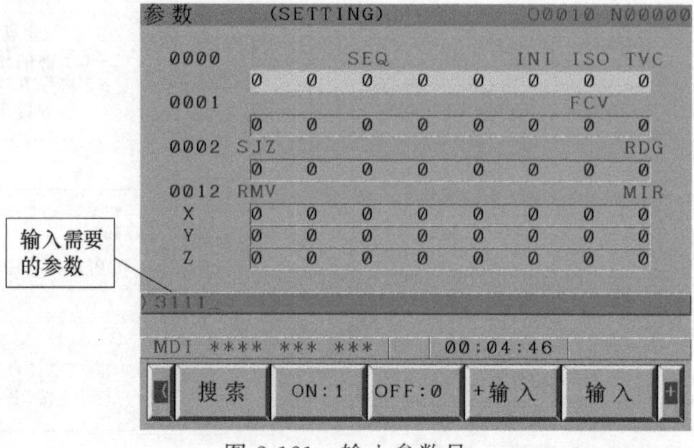

图 2-121 输入参数号

(2) 快速调出参数显示界面

以查找各轴存储式行程，检测正方向边界的坐标值为例加以说明（参数数据号为 3111）。

① 在 MDI 键盘上按［SYSTEM］键。

② 在 MDI 键盘上输入“3111”（图 2-121）。

③ 按搜索键便可调出（图 2-122）。

(3) NC 状态显示

NC 状态显示栏在屏幕中的显示位置，如图 2-123 所示。在 NC 状态显示栏中的信息可分为 8 类，如图 2-124所示。

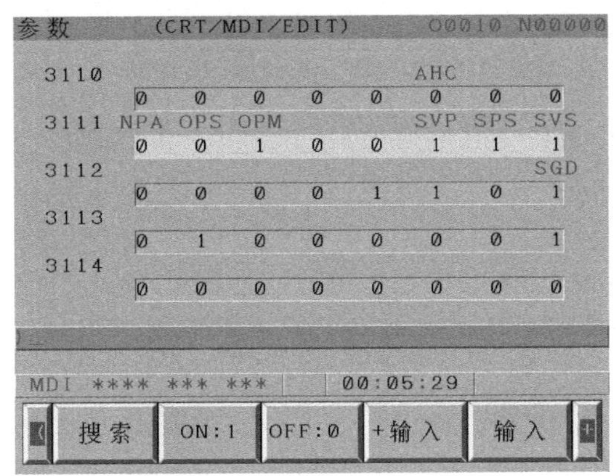

图 2-122　调出参数显示界面

参数　(SETTING)　O0001 N01040
0000　SEQ　INI　ISO　TVC
0　0　0　0　0　0　1　0
0001　FCV
0　0　0　0　0　0　1　0
0002　SJZ
0　0　0　0　0　1　0　0
NC 状态显示栏
>_　OS100%L 0%
MEM**** *** ***　08:15:03
[参数]　[诊断]　[PMC]　[系统]　[(操作)]

图 2-123　NC 状态显示栏在屏幕中的显示位置

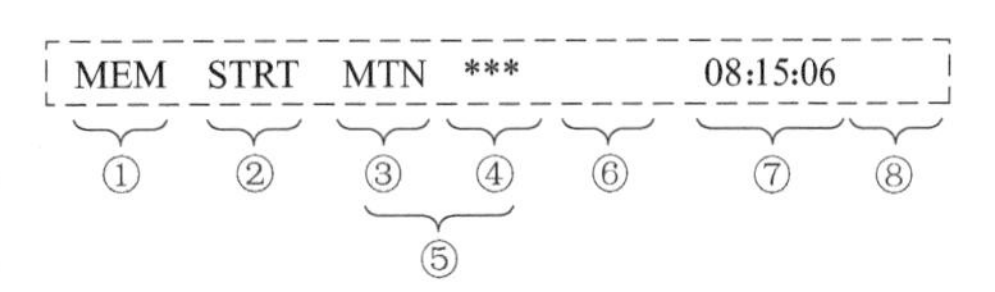

图 2-124　信息分类

2.3.3　参数的设定

在进行参数设定之前，一定要清楚所要设定参数的含义和允许的数据设定范围，否则机床就有被损坏的危险，甚至危及人身安全。

(1) 准备步骤

① 将机床置于 MDI 方式或急停状态。

② 在 MDI 键盘上按设定键。

③ 在 MDI 键盘上按光标键，进入参数写入界面。

④ 在 MDI 键盘上使“参数写入”的设定从“0”改为“1”（如图 2-125 所示）。

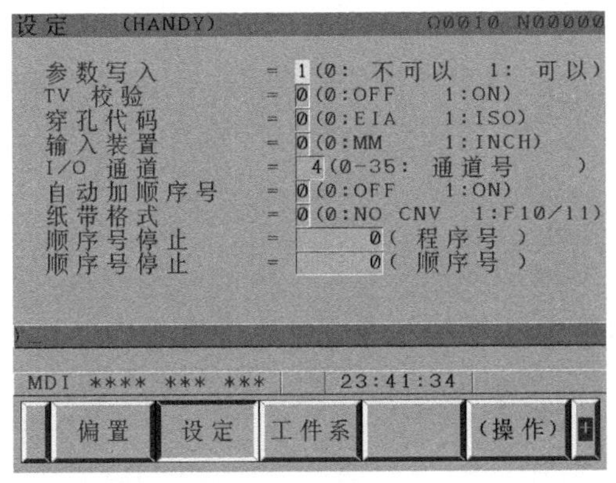

图 2-125　“参数写入”的设定从“0”改为“1”

(2) 位型参数设定

以 0 号参数为例来介绍位型参数的设定。0 号参数是一个位型参数，其 0 位是关于是否进行 TV 检查的设定。当设定为“0”时，不进行 TV 检查；当设定为“1”时，进行 TV 检查。设定步骤如下。

① 调出参数界面（图 2-126）。

② 进行设定（图 2-127）。

(3) 字型参数的设定

以 1320 号参数设定为例，介绍字型参数的修改步骤。现在将 1320 号参数中 X 轴存储式行程检测 1 的正方向边界的坐标值，由原来的 10200 修改为 10170。

将光标移到 1320（图 2-128）字型参数数据输入位置，共有两种最常用的方法。

① 输入“10170”按“输入”键（图 2-129）。

② 输入“−30”按“+输入”键（图 2-130）。

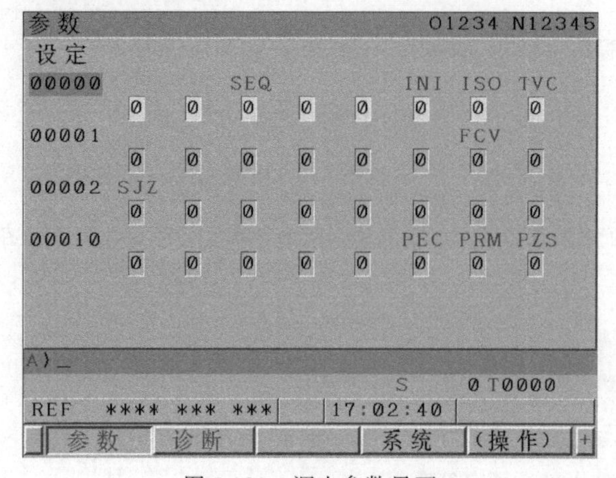

图 2-126 调出参数界面

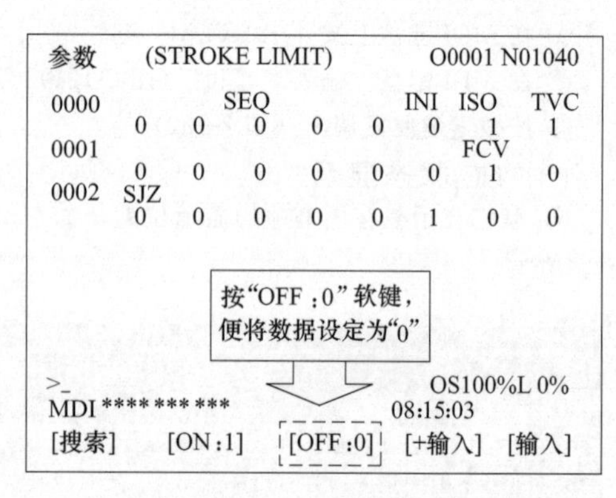

图 2-127 位型参数设定

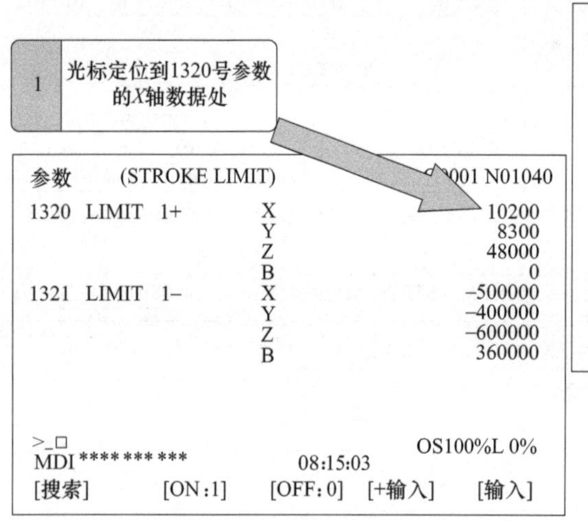

图 2-128 将光标移到 1320 位置

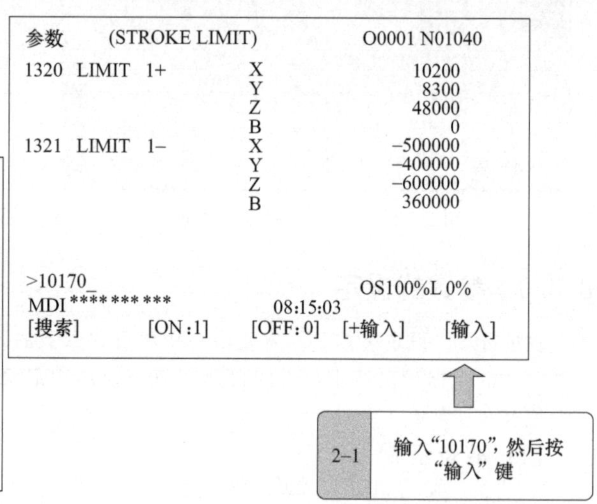

图 2-129 输入“10170”后按“输入”键

有的参数在重新设定完成后会即时起效，而有的参数在重新设定后，并不能立即生效，而且会出现报警“000 需切断电源”，如图 2-131 所示。此时，说明该参数必须在关闭电源后，重新打开电源方可生效。

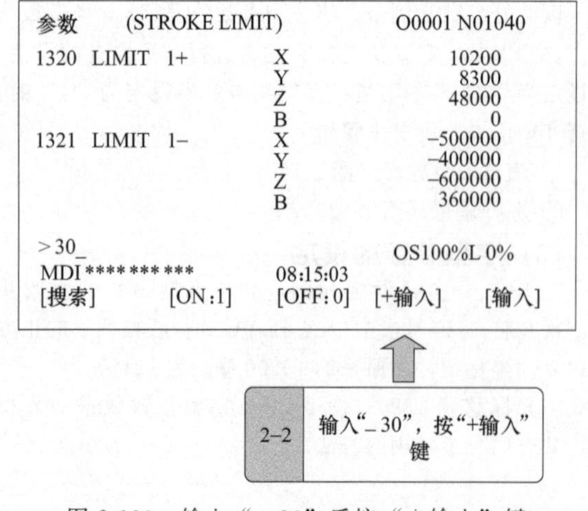

图 2-130 输入“−30”后按“+输入”键

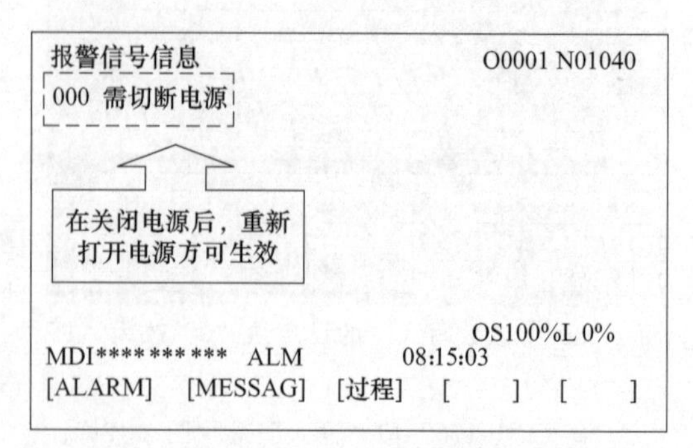

图 2-131 出现“000 需切断电源”报警

在参数设定完成后，最后一步就是将“参数写入”重新设定为“0”，使系统恢复到参数写入为不可的状态，如图 2-125 所示。

2.3.4 输入/输出参数

(1) 参数输出

① 选定 EDIT 方式或设定为紧急停止状态。

② 按功能键数次，或者在按下功能键后，按选择软键［参数］，显示出参数界面，如图 2-132 所示。

③ 按下软键［（操作）］并显示出“操作选择键”后，按下右边的［继续］菜单键，显示出其余的“操作选择键”（含［文件输出］软键）。

④ 按键［文件输出］，软键将会发生如图 2-133 所示变化。

⑤ 软键［样品］用来选择输出非零值的参数，［全部］键用来选择输出全部参数。按下软键［全部］或者［样品］，软键将会发生如图 2-134 所示变化。

⑥ 按下软键［执行］，开始输出参数。在输出参数的过程中，界面下部的状态显示中闪烁显示“OUTPUT”。

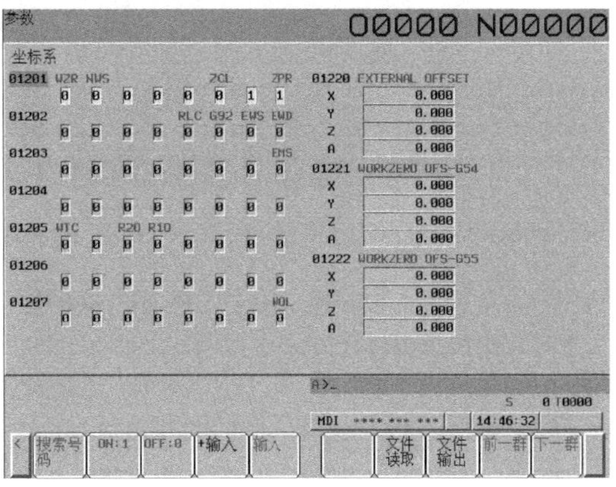

图 2-132 参数界面

⑦ 待参数的输出结束后，“OUTPUT”的闪烁显示将会消失。若需要中断参数的输出时，按下键。

图 2-133 参数输出选择　　图 2-134 参数输出操作界面

(2) 参数输入

① 设定为紧急停止状态。

② 选定为参数可写入状态，如图 2-125 所示。

③ 按功能键数次，或者在按下功能键后，按选择软键［参数］，选择参数界面，如图 2-132 所示。

④ 按下软键［（操作）］并显示出“操作选择键”后，按下右边的［继续］菜单键，显示出其余的“操作选择键”（含［文件读取］软键），如图 2-135 所示。

⑤ 按下软键［文件读取］，软键将会发生如图 2-136 所示变化。

⑥ 按下软键［执行］，开始从 I/O 设备输入参数。在输入参数的过程中，界面下部的状态显示中闪烁显示“INPUT”。若中断参数的输入，可按键。

⑦ 待参数的读入结束后，“INPUT”的闪烁显示将会消失，并发出报警（PW0100），请暂时切断电源。

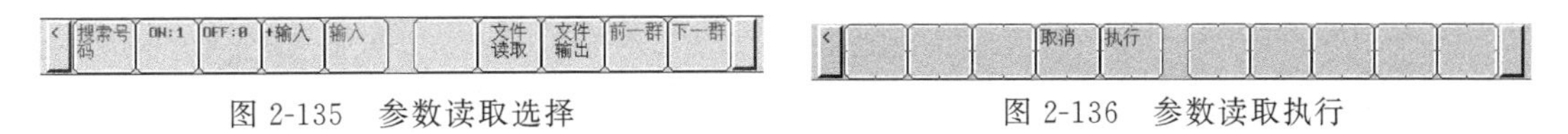

图 2-135 参数读取选择　　图 2-136 参数读取执行

2.4 FANUC 数控系统参数的备份与恢复

存储卡除具有进行 CNC 加工及数据备份功能，FANUC 0i/16/18/21 等系统都支持存储卡通过 BOOT 画面备份数据。常用的存储卡为 CF 卡，如图 2-137 所示。

系统数据被分在两个区存储。FROM 中存放系统软件和机床厂家编写的 PMC 程序以及 P-CODE 程序；

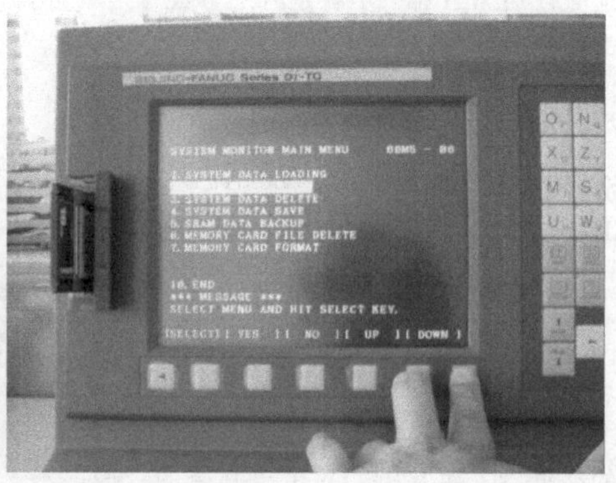

图 2-137　CF 卡

SRAM 中存放的是参数、加工程序、宏变量等数据。通过进入 BOOT 界面可以对这两个区中的数据进行操作。数据存储区如表 2-12 所示。

表 2-12　数据存储区

数据种类	保存处	备注
CNC 参数	SRAM	
PMC 参数		
顺序程序	FROM	
螺距误差补偿量	SRAM	任选，Power Mate i-H 上没有
加工程序		
刀具补偿量		
用户宏变量		FANUC 16i 为任选
宏 P-CODE 程序	FROM	宏执行程序(任选)
宏 P-CODE 变量	SRAM	
C 语言执行程序、应用程序	FROM	C 语言执行程序(任选)
SRAM 变量	SRAM	

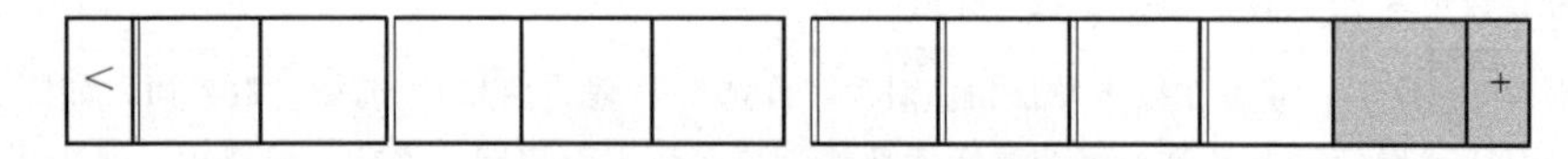

图 2-138　同时按两个软键

SYSTEN MONITOR

2. SYSTEM DATA CHECK
3. SYSTEM DATA DELETE
4. SYSTEM DATA SAVE
5. SYSTEM DATA BACKUP
6. SYSTEM DATA FILE DELETE
7. HENORY CARD FORMAT

10.END
MESSAGE
SELECT MENU AND HIT SELECT KEY

<1 [SEL2] [YES3] [NO4] [UP5] [DOWN6] 7>

图 2-139　启动界面

2.4.1　基本操作

(1) 启动

① 在按右端的软键（NEXT 键）及左边键的同时接通电源（图 2-138）；也可以在按数字键“6”“7”的同时接通电源，系统出现如图 2-139 所示界面。要注意，如图 2-138 所示使用软键启动时，软键部位的数字不显示。

② 按软键或数字键 1～7 进行不同的操作，其内容如表 2-13 所示，不能把软键和数字组合在一起操作。

(2) 格式化

可以进行存储卡的格式化。存储卡第一次使用时或电池没电存储卡的内容被破坏时，需要进行格式化。操作步骤如下。

① 从“SYSTEM MONITOR”主菜单中选择“7. HENORY CARD FORMAT”。

表 2-13 操作表

软　键	数 字 键	操　作
＜	1	在界面不能显示时，返回前一界面
SELECT	2	选择光标位置
YES	3	确认执行
NO	4	确认不执行
UP	5	光标上移
DOWN	6	光标下移
＞	7	在界面不能显示时，移向下一界面

② 系统显示如图 2-140 所示确认界面，按〔YES〕键。

*** MESSAGE ***
MEMORY CARD FORMAT OK ? HIT YES OR NO.

图 2-140 确认界面

③ 格式化时显示如图 2-141 所示信息。

④ 正常结束时，显示如图 2-142 所示信息，按[SELECT] 键。

*** MESSAGE ***
FORMATTING MEMORY CARD.

图 2-141 格式化信息

*** MESSAGE ***
FORMAT COMPLETE. HIT SELECT KEY.

图 2-142 结束信息

2.4.2 把 SRAM 的内容存到存储卡

(1) SRAM DATA BACKUP 界面显示

① 启动，出现启动界面。

② 按软键 [UP] 或 [DOWN]，把光标移到 “5. SRAM DATA BACKUP”。

③ 按软键 [SELECT]，出现如图 2-143 所示的界面。

SRAM DATA BACKUP
[BOARD:MAIN]
1.SRAM BACKUP (SRAM->MEMORY CARD)
2. RESTORE SRAM (MEMORY CARD->SRAM)
END

SRAM SIZE : 1. OMB (BASIC)

*** MESSAGE ***
SELECT MENU AND HIT SELECT KEY

[SELECT] [YES] [NO] [UP] [DOWN]

图 2-143 SRAM DATA BACKUP 界面

(2) 按 UP 或 DOWN 键选择功能

① 要把数据存到存储卡，选择 “SRAM BACKUP”。

② 要把数据恢复到 SRAM，选择 “RESTORE SRAM”。

(3) 数据备份/恢复

① 按软键 [SELECT]。

② 按软键 [YES]（中止处理按 [NO] 键)。

(4) 说明

① 以前常用的存储卡的容量为 512KB，SRAM 的数据也是按 512KB 单位进行分割后进行存储/恢复，现在存储卡的容量大都在 2GB 以上，对于一般的 SRAM 数据就不用分割了。

② 使用绝对脉冲编码器时，将 SRAM 数据恢复后，需要重新设定参考点。

2.4.3 使用 M-CARD 分别备份系统数据

(1) 默认命名

① 首先要将 20＃参数设定为 4，表示通过 M-CARD 进行数据交换（图 2-144)。

② 在编辑方式下选择要传输的相关数据的界面（以参数为例)。

a. 按下软键右侧的 [OPR]（操作)，对数据进行操作（图 2-145)。

b. 按下右侧的扩展键 [?]（图 2-146)。

c. [READ] 表示从 M-CARD 读取数据（图 2-147)，[PUNCH] 表示把数据备份到 M-CARD。

d. [ALL] 表示备份全部参数（图 2-148)，[NON-0] 表示仅备份非零的参数。

e. 执行即可看到 [EXECUTE] 闪烁，参数保存到 M-CAID 中。

参数 (SETTING) O0001 N00018
0020 I/O CHANNEL 4
0021 0
0022 0
0023 0
0024 0
)^ S 0 T0000
EDIT **** *** *** 17:21:37
(NO検索)(接通:1)(断開:0)(+輸入)(輸入)

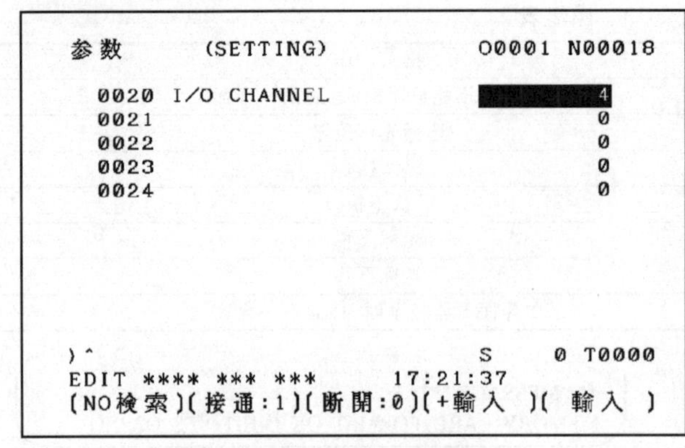

图 2-144 20#参数设定为 4

通过这种方式备份数据，备份的数据以默认的名字存于 M-CARD 中。如备份的系统参数默认的名字为“CNCPARAM”，把 100#3 NCR 设定为 1 可让传出的参数紧凑排列。

(2) 使用 M-CARD 分别备份系统数据（自定义名称）

若要给备份的数据自定义名称，则可以通过［ALL IO］界面进行。

① 按下 MDI 面板上［SYSTEM］键，然后按下显示器下面软键的扩展键［?］数次，出现如图 2-149 所示界面。

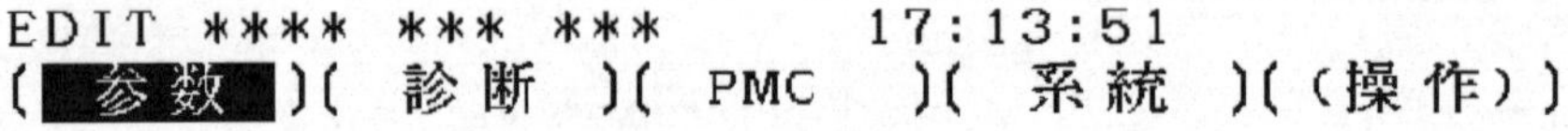

EDIT **** *** *** 17:13:51
(参数)(診断)(PMC)(系統)((操作))

图 2-145 ［OPR］操作

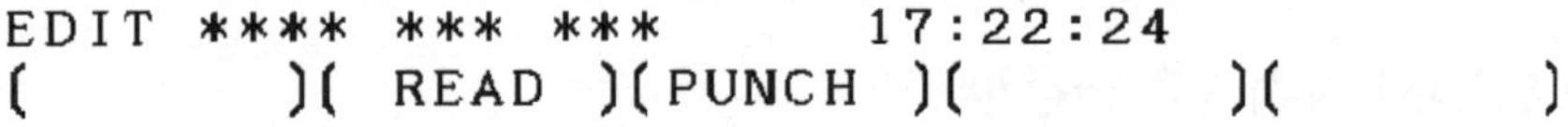

EDIT **** *** *** 17:22:24
( )(READ)(PUNCH)( )( )

图 2-146 按右侧的扩展键［?］操作

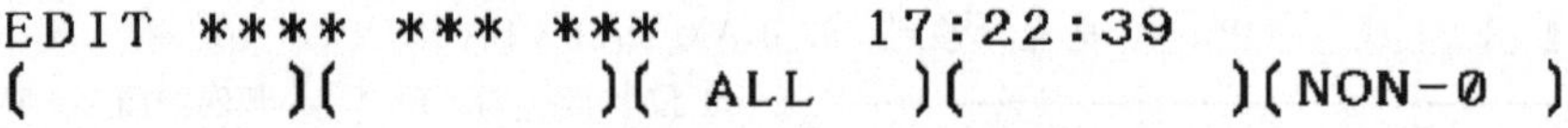

EDIT **** *** *** 17:22:39
( )( )(ALL)( )(NON-0)

图 2-147 从 M-CARD 读取数据

EDIT **** *** *** 17:22:53
( )( )( )(CAN)(EXEC)

图 2-148 备份全部参数

② 按下如图 2-149 所示的［(操作)］键，出现可备份的数据类型，如图 2-150 所示，下面以备份参数为例。

a. 按下图 2-150 中所示的［参数］键。

PARAMETER TUNING O0004 N00004
MENU
1. START UP
AXIS SETTING
FSSB (AMP)
FSSB (AXIS)
SERVO SETTING
MISCELLANY
2. TUNING
SERVO TUNING
SPINDLE TUNING
OS 50% T0000
EDIT **** *** *** 13:56:34
( )(ALL IO)( )( )((操作))

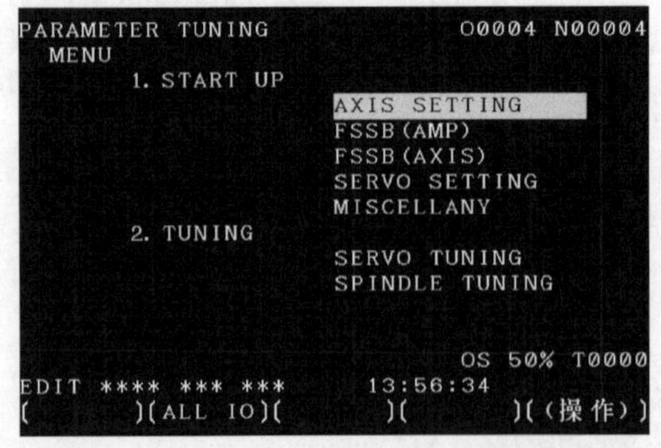

图 2-149 按下显示器下面软键的扩展键［?］显示界面

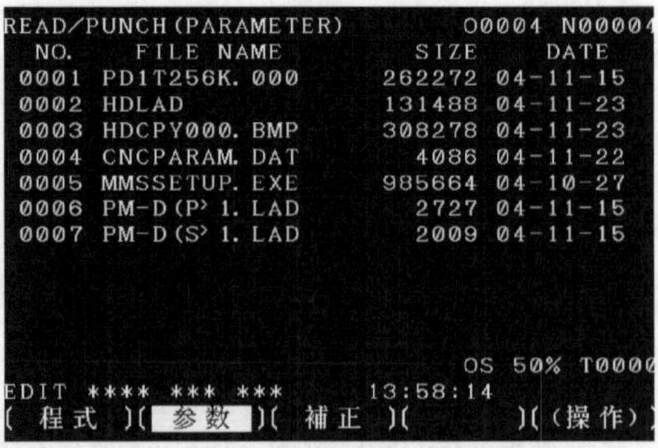

READ/PUNCH (PARAMETER) O0004 N0000
NO. FILE NAME SIZE DATE
0001 PD1T256K. 000 262272 04-11-15
0002 HDLAD 131488 04-11-23
0003 HDCPY000. BMP 308278 04-11-23
0004 CNCPARAM. DAT 4086 04-11-22
0005 MMSSETUP. EXE 985664 04-10-27
0006 PM-D (P> 1. LAD 2727 04-11-15
0007 PM-D (S> 1. LAD 2009 04-11-15
OS 50% T0000
EDIT **** *** *** 13:58:14
(程式)(参数)(補正)( )((操作))

图 2-150 可备份的数据类型

b. 按下图 2-150 中所示的［(操作)］键，出现如图 2-151 所示的可备份的操作类型。

- ［F READ］为在读取参数时按文件名读取 M-CARD 中的数据。
- ［N READ］为在读取参数时按文件号读取 M-CARD 中的数据。
- ［PUNCH］表示传出参数。

• [DELETE] 表示删除 M-CARD 中的数据。

c. 在向 M-CARD 中备份数据时选择图 2-151 中所示的 [PUNCH]，按下该键出现如图 2-152 所示界面。

```
READ/PUNCH(PARAMETER)            O0004 N00004
 NO.    FILE NAME           SIZE    DATE
 0001 PD1T256K.000        262272 04-11-15
 0002 HDLAD               131488 04-11-23
 0003 HDCPY000.BMP        308278 04-11-23
 0004 CNCPARAM.DAT          4086 04-11-22
 0005 MMSSETUP.EXE        985664 04-10-27
 0006 PM-D(P>1.LAD          2727 04-11-15
 0007 PM-D(S>1.LAD          2009 04-11-15

                         OS 50% T0000
EDIT **** *** ***      13:57:33
(F検索 )(F READ)(N READ)(PUNCH )(DELETE)
```

图 2-151 可备份的操作类型

```
READ/PUNCH(PARAMETER)            O0004 N00004
 NO.    FILE NAME           SIZE    DATE
 0001 PD1T256K.000        262272 04-11-15
 0002 HDLAD               131488 04-11-23
 0003 HDCPY000.BMP        308278 04-11-23
 0004 CNCPARAM.DAT          4086 04-11-22
 0005 MMSSETUP.EXE        985664 04-10-27
 0006 PM-D(P>1.LAD          2727 04-11-15
 0007 PM-D(S>1.LAD          2009 04-11-15

PUNCH  FILE NAME=

)HDPRA^                  OS 50% T0000
EDIT **** *** ***      13:59:02
(F名称 )(        )( STOP )( CAN  )( EXEC )
```

图 2-152 按下 [PUNCH] 出现的界面

d. 在图 2-153 所示界面中输入要传出的参数的名字，例如“HDPRA”，按下 [F 名称] 即可给传出的数据定义名称，执行即可。

通过这种方法备份参数可以给参数自定义名字，也可以备份不同机床的多个数据。对于备份系统中的其他数据也是如此。

```
READ/PUNCH(PARAMETER)            O0004 N00004
 NO.    FILE NAME           SIZE    DATE
 0001 PD1T256K.000        262272 04-11-15
 0002 HDLAD               131488 04-11-23
 0003 HDCPY000.BMP        308278 04-11-23
 0004 CNCPARAM.DAT          4086 04-11-22
 0005 HDCPY001.BMP        308278 04-11-23
 0006 HDCPY002.BMP        308278 04-11-23
 0007 MMSSETUP.EXE        985664 04-10-27
 0008 HDCPY003.BMP        308278 04-11-23
 0009 HDPRA                76024 04-11-23
PUNCH  FILE NAME=

)_                       OS 50% T0000
EDIT **** *** ***      14:00:03
(F名称 )(        )( STOP )( CAN  )( EXEC )
```

图 2-153 名称输入界面

(3) 备份系统的全部程序

在程序界面备份系统的全部程序时输入“0-9999”，依次按下 [PUNCH]、[EXEC] 可以把全部程序传出到 M-CARD 中（默认文件名为 PROGRAM. ALL）。设置 3201#6 NPE 可以把备份的全部程序一次性输入到系统中（图 2-154）。

在如图 2-155 所示界面中选择 10 号文件 PROGRAM. ALL，在程序号处输入“0-9999”，可把程序一次性全部传入系统中。

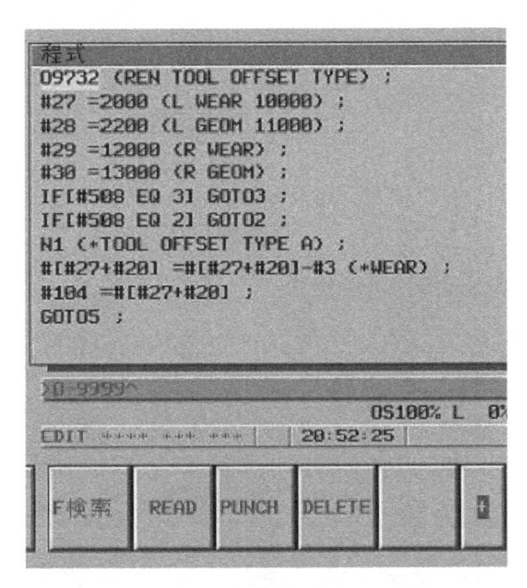

图 2-154 备份全部程序

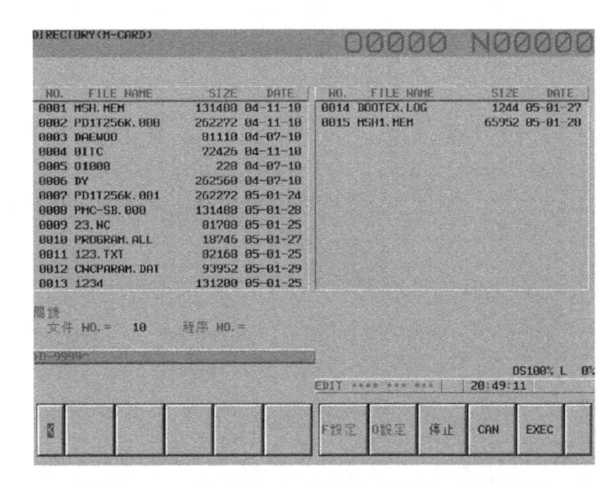

图 2-155 把程序一次性全部传入系统界面

也可给传出的程序自定义名称，其步骤如下。

① 在 ALL IO 界面中选择 PROGRAM 。

② 按 [PUNCH] 键输入要定义的文件名，如“18IPROG”，然后按下 [F 名称]（图 2-156）。

③ 输入要传出的程序范围，如“0-9999”（表示全部程序），然后按下 [O 设定]（图 2-157）。

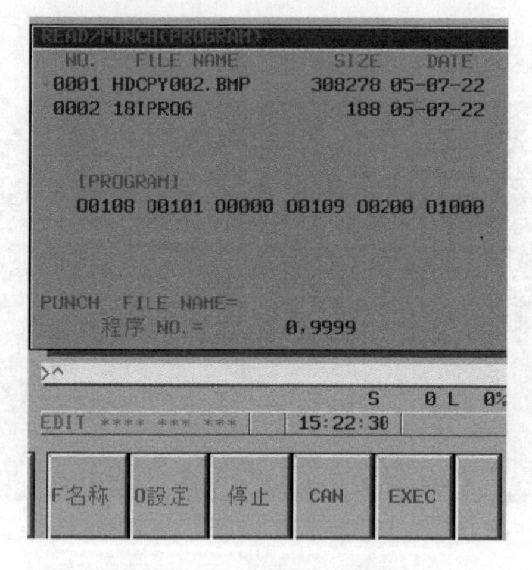

图 2-156 输入文件名

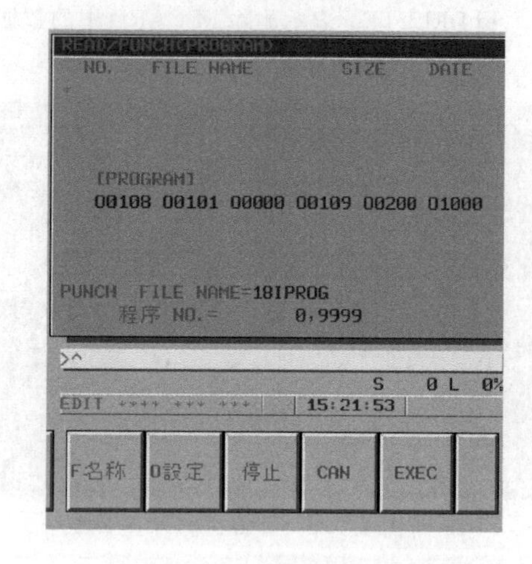

图 2-157 输入程序范围

④ 按下［EXEC］执行即可。

(4) 备份所有 FANUC 文件

FANUC 在 0iD（含 0i MATE D）以后的系统中开发了 NC data output FUNTION（NC 数据输出功能），可以方便地把数据一次性备份到 CF 卡或 U 盘中。

① 数据种类

a. SRAM 数据。

b. 用户文件（用户自己编写的文件，如二次开发文件和 PMC）。

c. TXT 文件（参数、程序等）。

② 参数设定　参数设定如表 2-14 所示。

表 2-14　参数设定

参数号	符号	设定值	含　义
20	I/O CHANNEL	4 或 17	4 表示 CF 卡，17 表示 U 盘
313#0	BOP	1	1 为使用 NC 数据输出功能，不使用设为 0
138#0	MDP	1	当系统为多通道时，设为 1，自动区分多个通道的文件

③ 操作

a. 将系统处于 EDIT 方式。

b. 按下 MDI 键盘上的［SYSTEM］键，再按下软键中的扩展键数次，如图 2-158 所示。

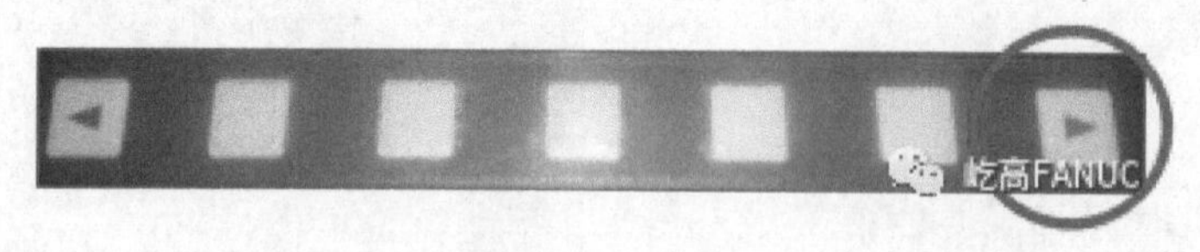

图 2-158　扩展键

出现［所有 IO］（ALL IO），按下扩展键，在该画面下继续按扩展键，出现［全数据］（ALL DT），按下［（操作）］（OPRT）键，出现［F 输出］（FOUTPUT），按下扩展键，若出现图 2-159 所示提示内容，则该操作需要切断电源，因为此种备份先是在系统正常画面进行备份，随后断电在启动的过程中备份 BOOT 中的数据，所示需要在本操作结束后进行断电上电操作，要执行本操作则按下“执行”!

如图 2-160 所示系统执行备份时，可以看到备份文件的内容以及备份的进度。

如图 2-161 所示当在本界面备份结束后，可以看到备份到存储卡中的文件名称，此时系统提示断电再上电，在上电的过程中进行 SRAM 中数据的备份。

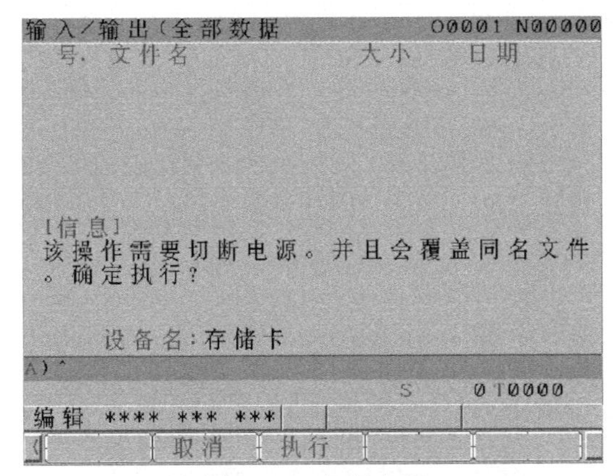

图 2-159 切断电源

图 2-160 备份内容与进度

如图 2-162 所示将系统断电再上电，在系统自检结束后，开始进行 SRAM 数据和用户文件的备份。

系统执行完备份操作之后，进入正常画面，就可以正常操作了。

如图 2-163 所示文件列表即通过数控输入功能导出的文件，其中包含了系统 OPRM 文件、PMC 文件、SRAM 打包文件、ID 信息、操作履历、维护信息、系统配置、程序、PMC 参数、刀具偏置等数据，当然也包括厂家自己开发的文件。

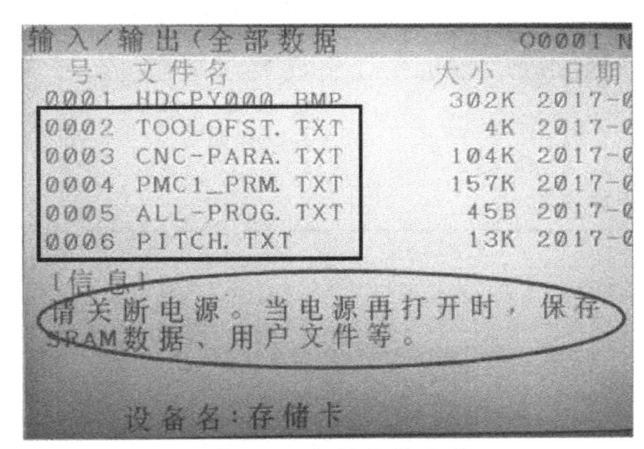

图 2-161 备份文件名称

```
RAM TEST : END
ROM TEST : END (D7F1X)
SERVO RAM TEST : END
LOAD SYSTEM LABEL : END
CHECK SYSTEM LABEL : END
LOAD FILES : END
SRAM DATA BACKUP : SRAM_BAK.001 001A0000/001A0000
USER FILE BACKUP : PMC1.000 00000000/00020000
```

图 2-162 SRAM 数据和用户文件的备份

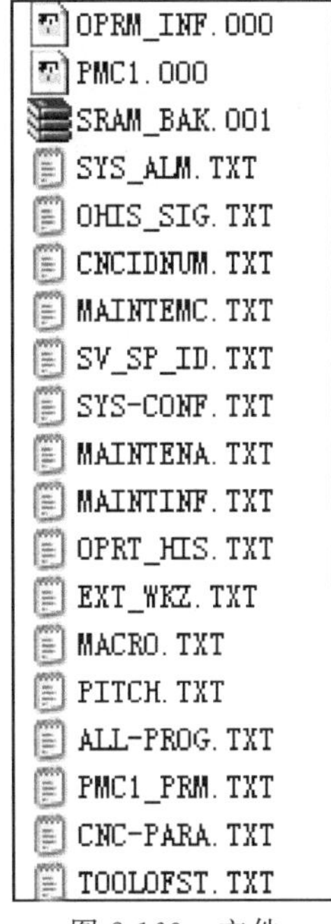

图 2-163 文件

2.4.4 PMC 梯形图及 PMC 参数输入/输出

(1) PMC 梯形图的输出

① 传送到 CNC SRAM

a. 确认输入设备是否准备好（计算机或 CF 卡），如果使用 CF 卡，在 SETTING 界面 I/O 通道一项中设定 I/O=4。如果使用 RS-232C 则根据硬件连接情况设定 I/O=0 或 I/O=1（RS-232C 接口 1）。

b. 计算机侧准备好所需要的程序界面（相应的操作参照所使用的通信软件说明书）。

c. 按下功能键 OFFSET SETTING。

d. 按软键［SETING］，出现SETTING界面。

e. 在SETTING界面中，设置PWE=1。当界面提示“PARAMETER WRITE（PWE）”时输入“1”，出现报警“P/S 100”（表明参数可写）。

f. 按SYSTEM键。

g. 按［PMC］键，出现如图2-164所示PMC界面。

h. 按下最右边▷键，出现如图2-165所示子菜单。

i. 按［I/O］键，出现如图2-166所示界面，图2-166中相关说明如表2-15所示。

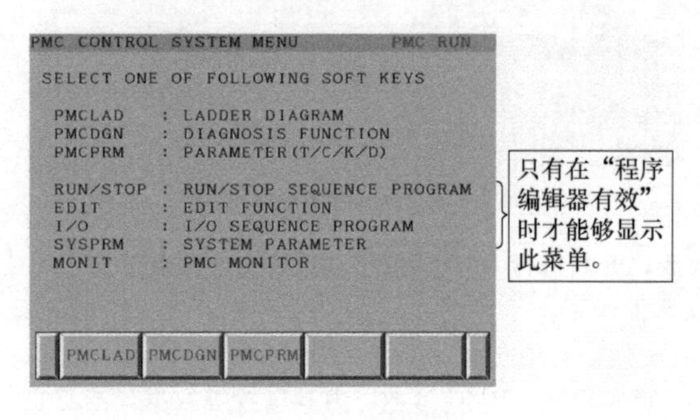

图2-164 PMC界面

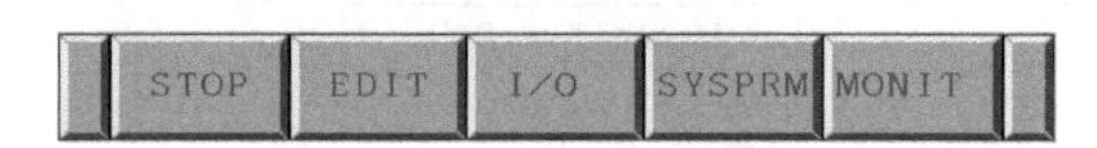

图2-165 子菜单

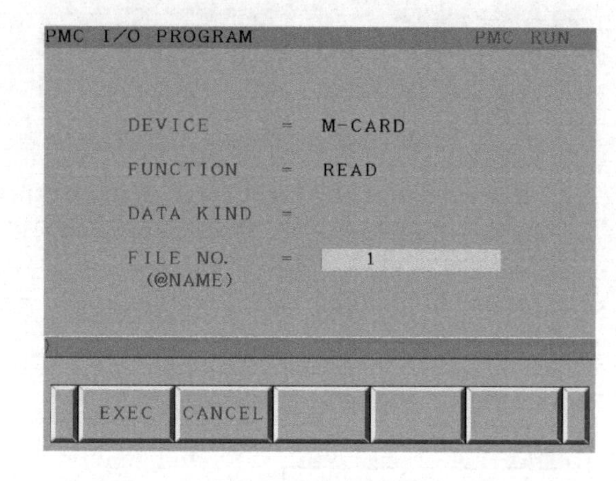

图2-166 I/O界面

表2-15 I/O界面说明

项　目	说　明	备　注
DEVICE	输入/输出装置，包含F-ROM（CNC存储区）、计算机（外设）、Flash卡（外设）等	各种I/O装置对应操作键如图2-167所示。选择“DEVICE=M-CARD”时，从存储卡读入数据，如图2-166所示 选择“DEVICE=OTHERS”时，从计算机接口读入数据，如图2-168所示
FUNCTION	读READ，从外设读数据（输入）。写WRITE，向外设写数据（输出）	
DATA KIND	输入/输出数据种类	LADDER 梯形图 PARAMETER 参数
FILE NO.	文件名	输出梯形图时文件名为@PMC-SB. 000 输出PMC参数时文件名为@PMC-SB. PRM

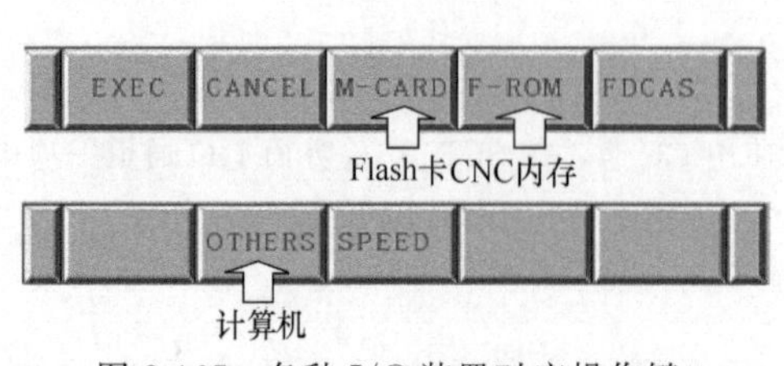

图2-167 各种I/O装置对应操作键

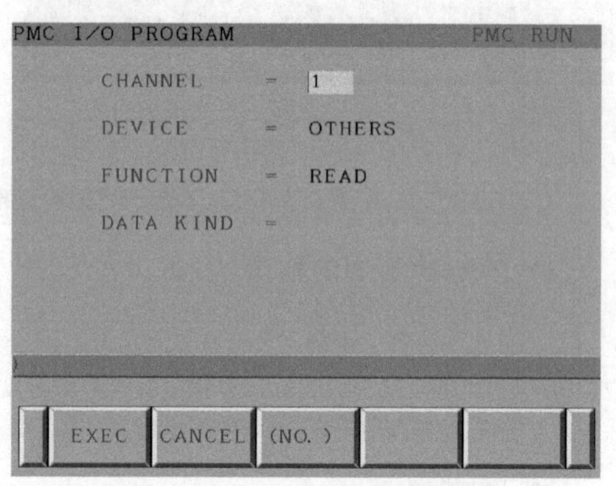

图2-168 从计算机接口读入数据

j. 按［EXEC］键，梯形图和 PMC 参数被传送到 CNC SRAM 中。

② 将 SRAM 中的数据写到 CNC F-ROM 中

a. 首先将 PMC 画面控制参数修改为“WRITE TO F-ROM (EDIT)＝1”（图 2-169）。

b. 重复①中的步骤 f～h 进入如图 2-170 所示界面，并设置“DEVICE＝F-ROM”（CNC 系统内的 F-ROM），“FUNCTION＝WRITE”。

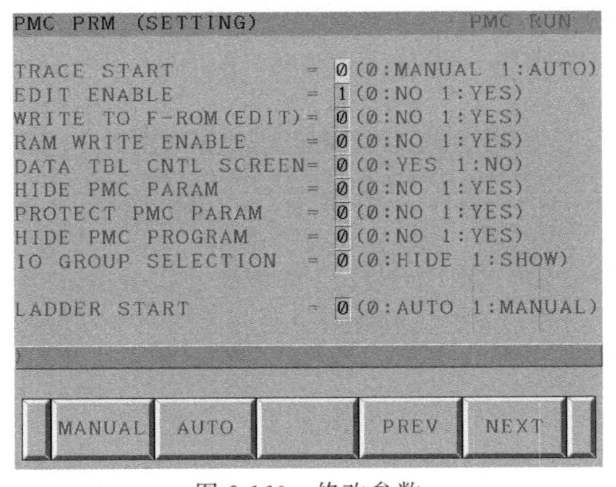

图 2-169 修改参数

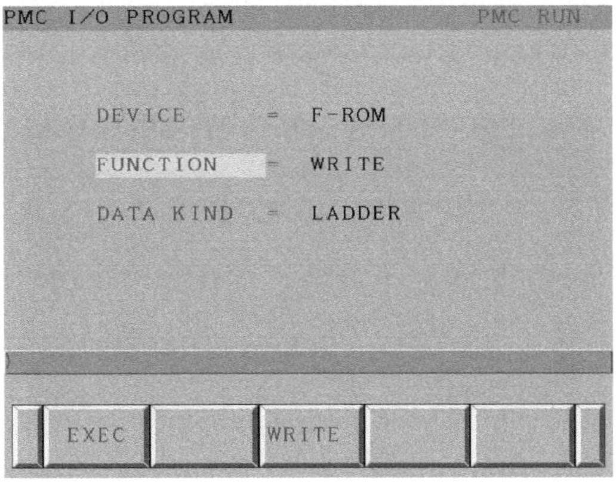

图 2-170 设置

c. 按［EXEC］键，将 SRAM 中的梯形图写入 F-ROM 中。数据正常写入后会出现如图 2-171 所示画面。

注意：

- 如果不执行读入的梯形图（PMC 程序），关电再开电后会丢失掉，所以一定要将 SRAM 中的数据写到 CNC F-ROM 中，将梯形图写入系统的 F-ROM 存储器中。
- 按照上述方式从外设读入 PMC 程序（梯形图）的时候，PMC 参数也一同读入。
- 用 I/O 方式读入梯形图的过程如图 2-172 所示。

图 2-171 完成操作

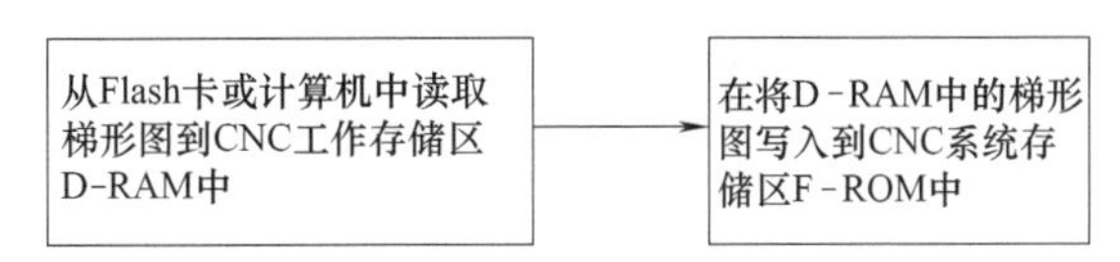

图 2-172 用 I/O 方式读入梯形图的过程

③ PMC 梯形图输出

a. 执行①中的步骤 f～h 的操作。

b. 出现 PMC I/O 画面后，设置“DEVICE＝M-CARD”（将梯形图传送到 CF 卡中，如图 2-173 所示）或“DEVICE＝OTHERS”（将梯形图传送到计算机中，如图 2-174 所示）。

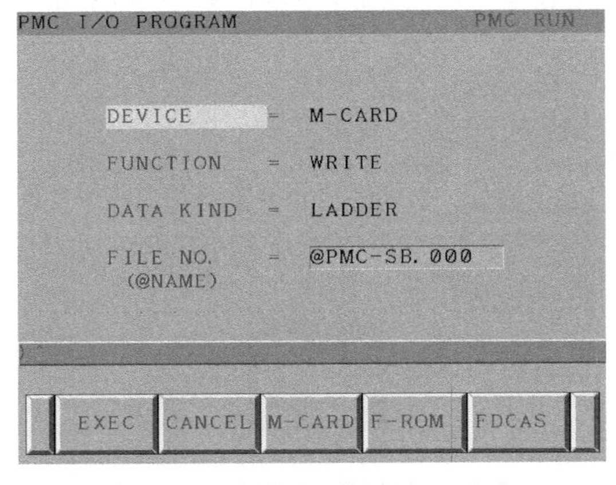

图 2-173 将梯形图传送到 CF 卡中

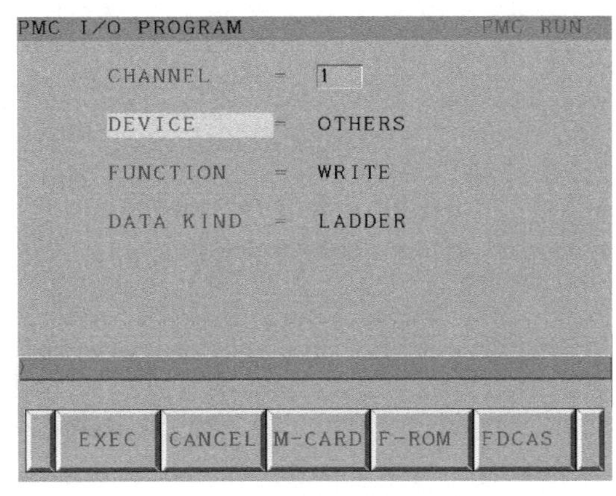

图 2-174 将梯形图传送到计算机中

c. 将 FUNCTION 项选为 WRITE，在 DATA KIND 中选择 LADDER，如图 2-173、图 2-174 所示。

d. 按［EXEC］键，CNC 中的 PMC 程序（梯形图）传送到 CF 卡中或计算机中。

e. 正常结束后会出现如图 2-171 所示画面。

(2) PMC 参数输出

① 执行 PMC 梯形图的输出①中的步骤 f～h 的操作。

② 出现 PMC I/O 画面后，设置“DEVICE＝M-CARD”（将参数传送到 CF 卡中，如图 2-175 所示）或“DEVICE＝OTHERS”（将参数传到计算机中，如图 2-176 所示）。

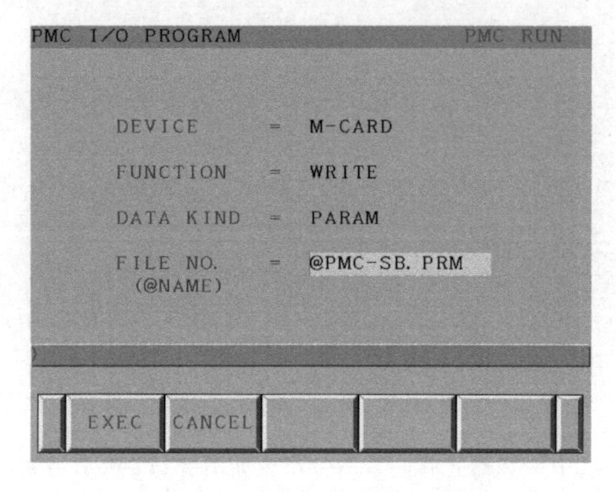

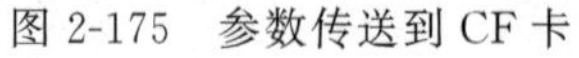

图 2-175　参数传送到 CF 卡

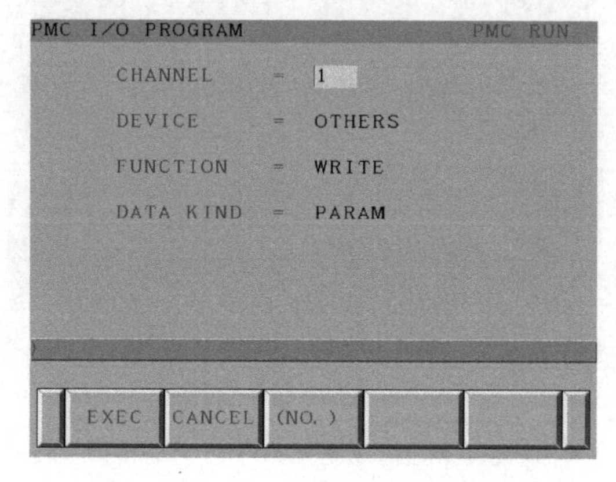

图 2-176　参数传到计算机

③ 将 FUNCTION 项选为 WRITE，在 DATA KIND 中选择 PARAM。

④ 按［EXEC］键，CNC 中的 PMC 参数传送到 CF 卡或计算机中。

⑤ 正常结束后会出现如图 2-171 所示画面。

2.4.5　从 M-CARD 输入参数

从 M-CARD 输入参数时选择 READ。使用这种方法再次备份其他机床相同类型的参数时，之前备份的同类型的数据将被覆盖。

2.5　FANUC 系统参数的其他操作

2.5.1　0i-F 传输功能

0i-F 可实现 CF 卡、USB、PC 的互传（图 2-177），其操作如图 2-178 所示。USB 传输至 CF 卡操作步骤如图 2-179 所示。

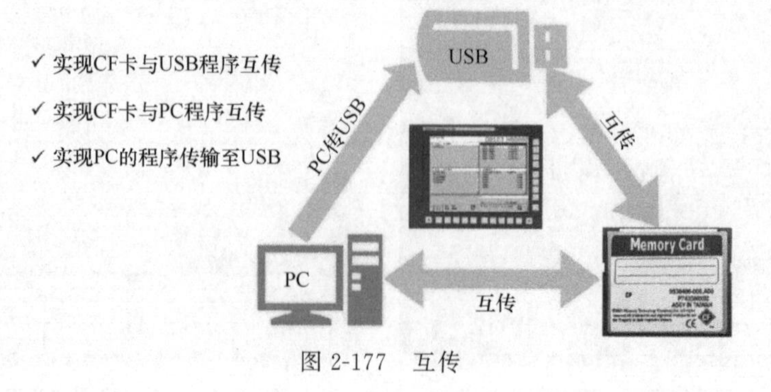

图 2-177　互传

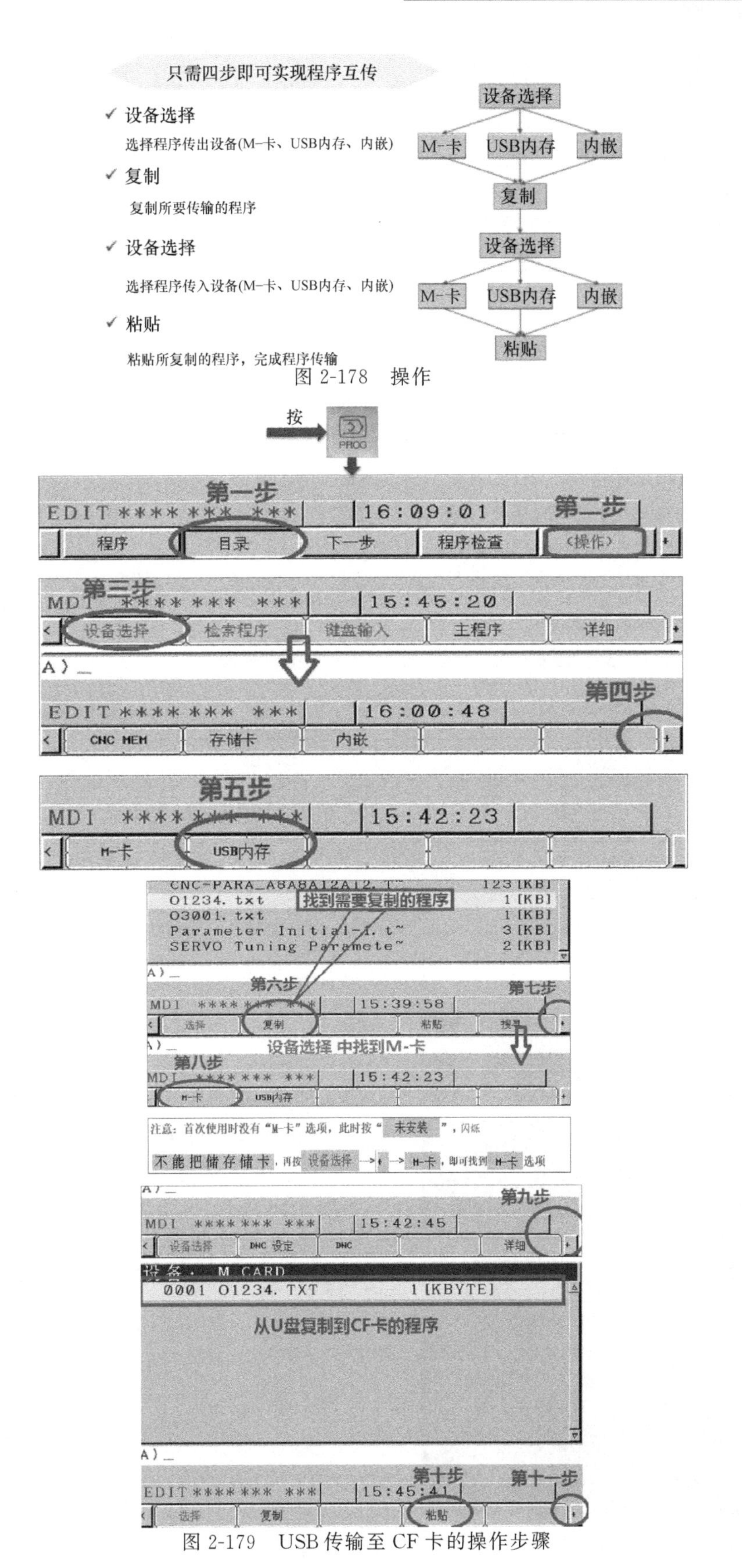

图 2-178　操作

图 2-179　USB 传输至 CF 卡的操作步骤

2.5.2 从旧版0i-F给新版导入数据

(1) 导入参数

导入参数如图2-180～图2-183所示。

(2) 导入PMC程序

导入PMC程序如图2-184～图2-186所示。

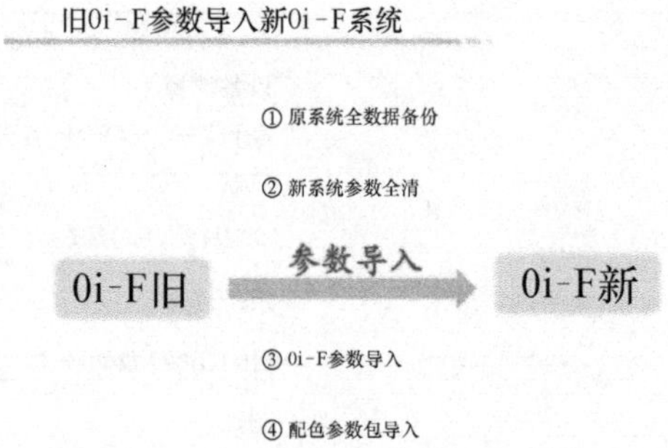

旧0i-F参数导入新0i-F系统

① 原系统全数据备份

② 新系统参数全清

0i-F旧 参数导入 0i-F新

③ 0i-F参数导入

④ 配色参数包导入

图 2-180 操作

2.5.3 0i-F参数的其他操作

(1) 设置五轴

5轴4联动成了标配，其步骤如下。

① 伺服轴轴数的设定 在过去的0i-D系列系统上，当增加4/5轴时，将8130设置为4/5即可，在0i-F上没有了8130这个参数，轴数在参数987中进行设定，如图2-187所示。

全数据备份

首先先确保旧系统所有文件备份，方便后续导入使用

①设定系统参数No.313#0=1

②选择“SYSTEM”键→“+”右扩展若干次→“所有IO”→“操作”→“+”右扩展若干次→“全数据”→“输出”→“操作”→“执行”，即可完成全数据输出，输出完成之后，关机重启后再拔卡

·调试及运行数据备份

存储的信息	存储文件名
刀具补偿数据	TOOLOFST.TXT
所有程序	ALL-FLDR.TXT
系统参数	CNC-PARA.TXT
工件坐标系数据	EXT_WKZ.TXT
用户宏变量数据	MACRO.TXT
螺距误差补偿数据	PITCH.TXT
PMC参数	PMC1_PRM.TXT
系统整体备份	SRAM_BAK.001
系统PMC	PMC1.000

·信息数据备份

存储的信息	存储文件名
数控ID信息	CNCIDNUM.TXT
机械系统名称数据	MAINTEMC.TXT
定期维修数据	MAINTENA.TXT
M-信息	MAINTINF.TXT
操作历史信号数据	OHIS_SIG.TXT
选项功能信息	OPRM_INF.000
机床运行历史数据	OPRT_HIS.TXT
伺服/主轴信息	SV_SP_ID.TXT
系统报警信息	SYS_ALM.TXT
系统配置信息	SYS-CONF.TXT

图 2-181 备份

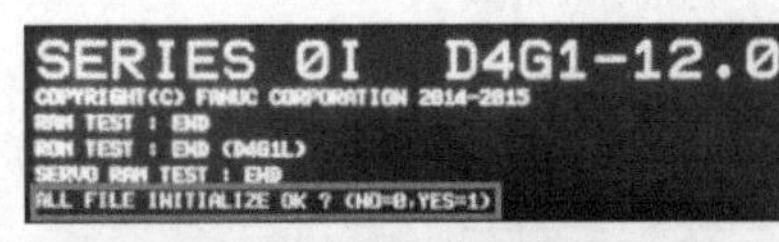

SERIES 0I D4G1-12.0
COPYRIGHT(C) FANUC CORPORATION 2014-2015
RAM TEST : END
ROM TEST : END (D4G1L)
SERVO RAM TEST : END
ALL FILE INITIALIZE OK ? (NO=0,YES=1)1
ALL FILE INITIALIZING : END
ADJUST THE DATE/TIME (2016/04/26 11:25:26) ? (NO=0,YES=1)

SERIES 0I D4G1-12.0
COPYRIGHT(C) FANUC CORPORATION 2014-2015
RAM TEST : END
ROM TEST : END (D4G1L)
SERVO RAM TEST : END
ALL FILE INITIALIZE OK ? (NO=0,YES=1)1
ALL FILE INITIALIZING : END
ADJUST THE DATE/TIME (2016/04/26 11:25:26) ? (NO=0,YES=1)0
LOAD SYSTEM LABEL : END
IPL MENU
0. END IPL
1. DUMP MEMORY
3. CLEAR FILE
4. MEMORY CARD UTILITY
5. SYSTEM ALARM UTILITY
6. FILE SRAM CHECK UTILITY
7. MACRO COMPILER UTILITY
8. SYSTEM SETTING UTILITY
12. BATCH DATA BACKUP/RESTORE
?

新系统参数全清

- 进入IPL画面，选择全清系统

按住MDI面板上的【RESET】+【DELETE】键，开启电源，输入“1”，点击【IPUT】

- 选择不调整时间

输入“0”，点击【INPUT】

- 结束IPL画面，进入系统

输入“0”，点击【INPUT】

图 2-182 全清

新0i-F参数导入

①导入备份参数文件：

按 [SYSTEM] → [▸] → [所有IO] → [参数] → [(操作)] → [F 读取]，输入拷贝的参数文件对应文件号，选择 [F设定] → [执行]，导入参数，断电重启即可。(注：CF卡导入时通道号No.20=4，USB导入时通道号No.20=17)

②导入配色参数包文件：

为保证新系统黑色调科技感及正常使用，需导入配色参数包DARK.txt。导入方法与上述导入参数方法一致

图 2-183　备份

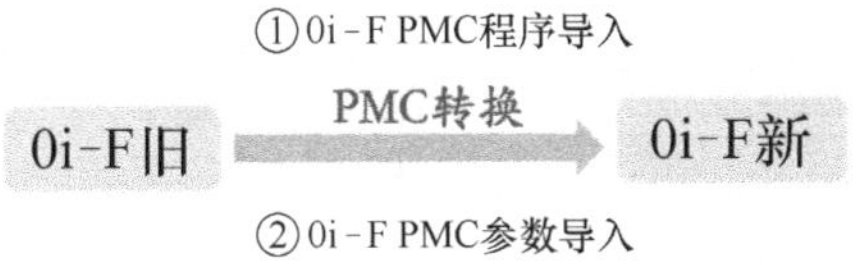

①0i-F PMC程序导入

0i-F旧 —PMC转换→ 0i-F新

②0i-F PMC参数导入

图 2-184　操作

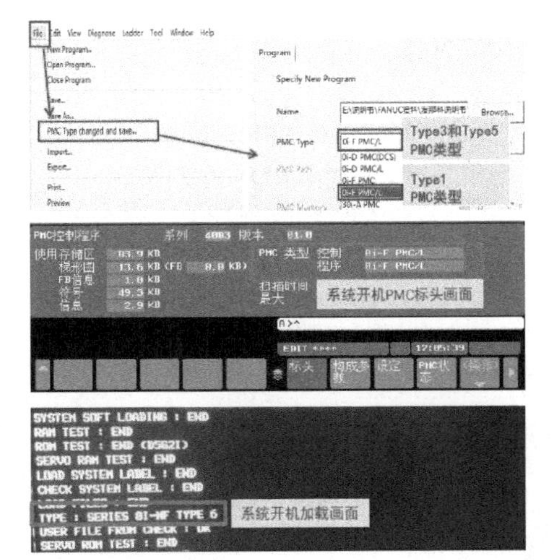

①前提必须保证系统类型一致：

0i-F Type3/5/6为0i-F PMC/L格式

0i-F Type1为0i-F PMC格式

②当系统类型不一致时需要转换：

在ladder 3中打开PMC文件，软件在弹出的对话框中选择梯形图转换后的名称和保存路径以及PMC类型：

若不清楚PMC Type(PMC类型)，可以通过以下方式查看：

按 [SYSTEM] → [▸] → [PMC 配置] → [标头]，进入左图所示系统画面，查看PMC类型(也可在开机画面确认)

软件：LADDER Ⅲ软件

版本要求：必须V7.5及以上版本

图 2-185

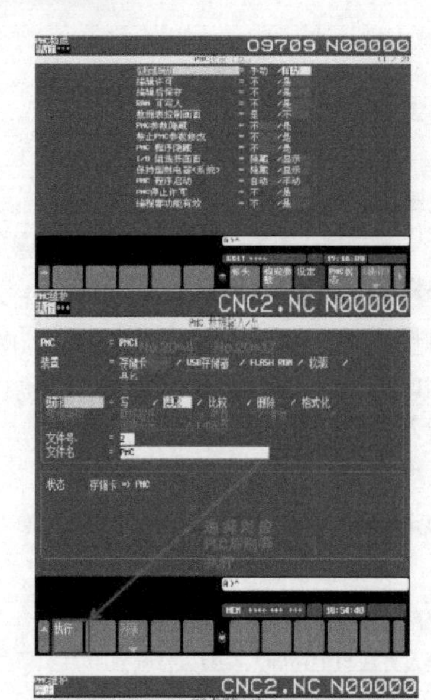

③选择导入文件：

①、②项确认清楚后，将准备好的PMC文件在PMC通道内导入系统，具体操作步骤如下：

a. PMC设定：

防止导入梯形图时提示“该功能不能使用”的报警；按 SYSTEM → + → PMC 配置 → 设定，参照左图进行设置

b. PMC导入：

按 SYSTEM → + → PMC维护 → I/O，参照右左进行设置。选择（操作）→ 列表 → ↓ ↑，移动黄色光标至需导入的PMC处，然后点击 选择 → 执行

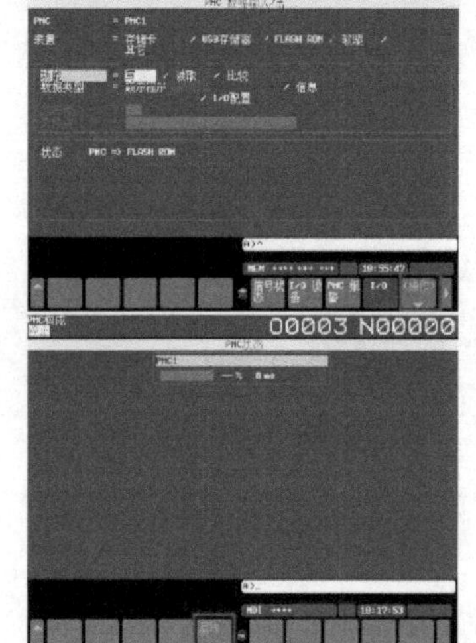

④写入FLASH ROM：

导入梯形图后，再将梯形图写入FLASH ROM中，按左图所示进行操作：

选择“操作”→“执行”即可

⑤启动PMC：

写入之后，需要在“PMC配置”里面找到“PMC状态”，点击“操作”→“启动”，才可以运行 PMC程序

注：如果不写FLASH ROM的话，关机重启后导入的PMC文件会丢失

图 2-185　程序导入

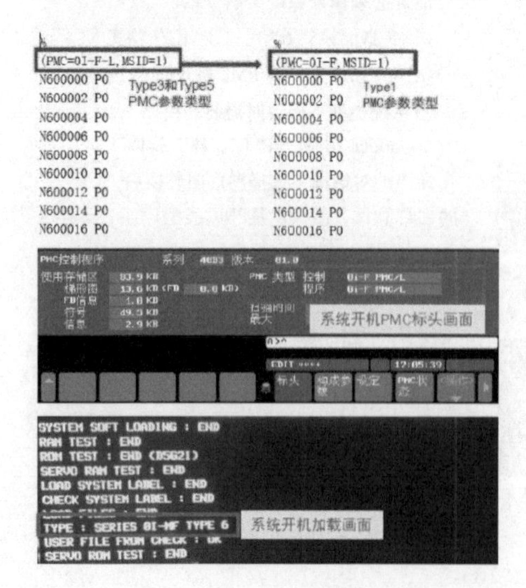

①前提必须保证系统类型一致：

0i-F Type3/5/6为：0i-F-L

0i-F Type1为：0i-F

②当系统类型不一致时需要调整：

打开PMC参数记事本文件，直接在文件头部进行格式修改

若不清楚PMC Type(PMC类型)，可以通过以下方式查看：

按 SYSTEM → + → PMC 配置 → 标头

进入左图所示系统画面，查看PMC类型(同PMC，也可在开机画面确认)

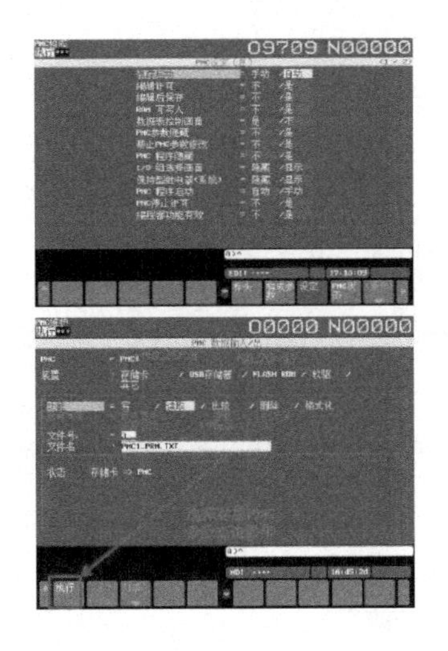

③选择导入文件：

①、②项确认清楚后，将准备好的PMC参数文件导入系统，具体操作步骤如下：

a. PMC设定：

按 → ▸ → PMC 配置 → 设定 ，参照左图进行设置(同PMC导入设定)

b. PMC参数导入：

按 → ▸ → PMC维护 → I/O ，参照左图进行设置。选择 （操作）→ 列表 → ↓ ↑ ，移动黄色光标至需导入的PMC处，然后点击 选择 → 执行 。

图 2-186 导入参数

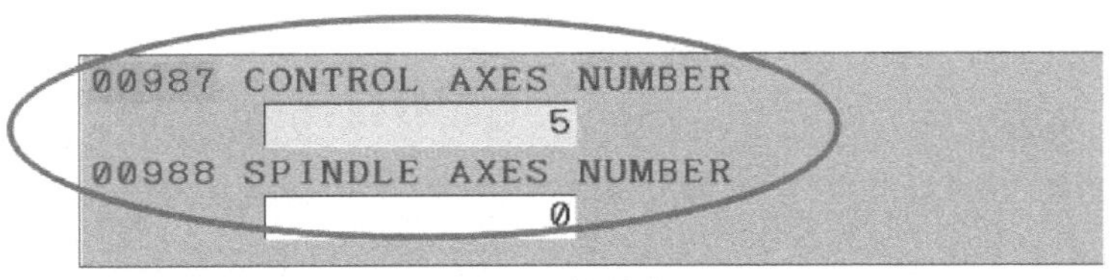

图 2-187 伺服轴轴数的设定

说明：当在 8.4″显示器上，使用 5 轴时，将参数 11350＃4 9DE 设置为 1，可在画面上同时显示 5 个轴。

② 主轴轴数的设定 在 0i-D 系列上通过 3701＃5＃4＃1 来设定使用主轴的数量，在 0i-F 上在 988 中进行设定主轴的数量，如图 2-187 所示。完成后如图 2-188 所示。

(2) 封轴

在使用 βi-B 或 αi-B 驱动时，封轴变得更加简单，无需更改 1023，也无需使用轴脱开功能，硬件上也无需短接插头，直接将相应轴的参数 11802＃4 KSV 设定为 1 即可。如图 2-189 所示。

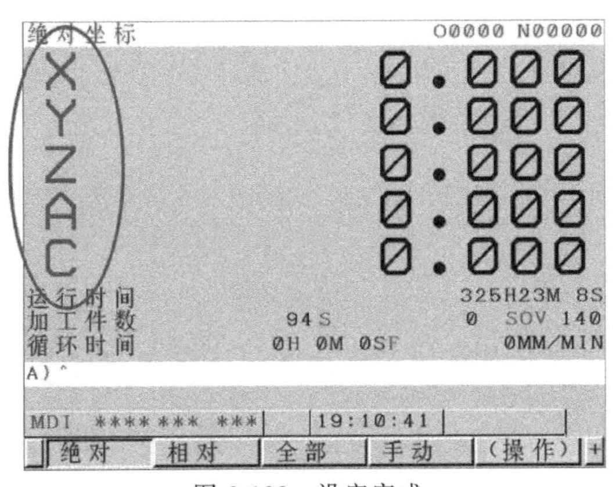

图 2-188 设定完成

11802		RVL		KSV		SWF		CPY
X	0	0	0	1	0	0	0	0
Y	0	0	0	1	0	0	0	0
Z	0	0	0	1	0	0	0	0
A	0	0	0	1	0	0	0	0
C	0	0	0	1	0	0	0	0

图 2-189 封轴

(3) 刀补/刀偏画面

在 8.4″显示器上，刀补/刀偏画面是否分为 2 页显示（默认 0 为分 2 页显示，与以往的操作习惯不同）设置参数 24304＃3 HD8 为 18.4″显示器，一个画面显示刀补和刀偏，如图 2-190 所示。

(4) 螺距误差补偿

螺距误差补偿功能为选择功能，不由参数 8135＃0 决定。诊断号 1186＃7。在使用该功能时，通过设定参数 11350＃5 PAD 来显示补偿画面的各轴参数范围，如图 2-191 所示。

(5) 显示参数组名称

11351＃6 GTD 可以在参数画面看到参数的分组信息，方便修改参数，如图 2-192 所示。

刀偏　O0000 N00000

号.	形状(H)	磨损(H)	形状(D)	磨损(D)
001	0.000	0.000	0.000	0.000
002	0.000	0.000	0.000	0.000
003	0.000	0.000	0.000	0.000
004	0.000	0.000	0.000	0.000
005	0.000	0.000	0.000	0.000
006	0.000	0.000	0.000	0.000
007	0.000	0.000	0.000	0.000
008	0.000	0.000	0.000	0.000

相对坐标　X 0.000　A 0.000
Y 0.000　C 0.000
Z 0.000

A)^

MDI **** *** ***　19:11:59

刀偏　设定　工件坐　(操作)

图 2-190　刀补/刀偏画面设置

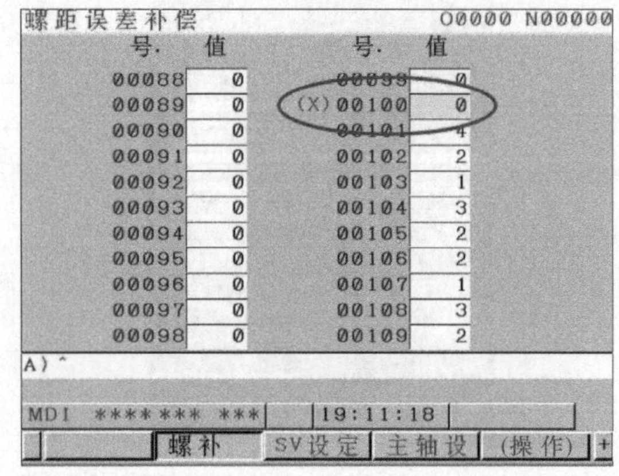

图 2-191　螺距误差补偿显示设置

2.5.4 基于 Excel 的 FANUC 系统参数诊断

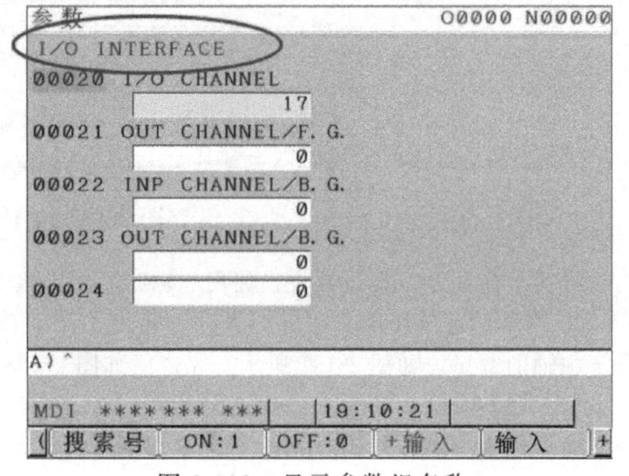

图 2-192　显示参数组名称

(1) 导入 NC 参数

想要诊断 NC 参数，首先是要将 NC 参数的输出文件导入 Excel 中，可以使用“导入数据”功能，选择数据来源是文本即可。

对应程序代码如下：

```
filename2 = Application. GetOpen Filename(“(i5) NC参数文件(文本文件),*.txt”)
If filename2 = False Then Exit Sub
If filename1 = filename2 Then
MsgBox“选择的是同一文件”,vbInformation,“提示”
Exit Sub
End If
i = 1
Dim TextObj
Application. ScreenUpdating = False
Set fs = CreateObject(“Scripting. _FileSystemObject”)
Set TextObj = fs. OpenTextFile (filename2)
Do While Not TextObj. AtEndOfLine
txtline = Trim(TextObj. ReadLine)
If InStr(1, txtline, “:”) > 0 Then
Cells(i, 3) = Mid(txtline, 1, InStr(1, txtline, “:”) -1)
Cells(i, 4) = Mid(txtline, InStr(1, txtline, “:”) + 1, Len(txtline))
Else
Cells(i, 3) = txtline
End If
i = i + 1
Loop
Set fs = Nothing
```

Application. ScreenUpdating = True

Excel 导入 NC 参数文件后部分参数如表 2-16 所示。

表 2-16　Excel 导入 NC 参数文件后部分参数

参数号	释　义
20	通道参数
982	主轴参数
1221	轴参数

(2) 参数诊断

为了更加方便地诊断参数，需要将所有的轴参数、主轴参数和通道参数进行分别提取，放在不同列中，便于分类进行诊断，这里使用 Excel 自有的函数功能即可实现。

首先，提取各轴及通道参数，如提取 X 轴数据为：

=IFERROR(IF(SEARCH("A",A3,1)>1,MID (A3,SEARCH("A1",A3)+3,SEARCH("A2",A3)-3-SEARCH("A1",A3)),""),"")

参数提取后情况如表 2-17 所示。

表 2-17　参数提取后情况

参数号	X 轴	Y 轴	Z 轴	B 轴
20	非轴参数	通道参数	→	4
982	非轴参数	主轴参数	→	1
1221	0.0	0.0	0.0	0.0

将提取的参数进行汇总比较，轴参数分类成 X 轴参数、Y 轴参数、Z 轴参数、四轴参数、主轴参数及通道参数，在这里将通道参数及主轴参数汇总到 B 轴参数列表中。

X 轴参数汇总公式：

IF(A2="","",IF(LOOKUP(A2,Sheet1! C:C,Sheet1! D:D)<>"",LOOKU
P(A2,Sheet1! C:C,Sheet1! D:D),"非轴参数"))

Y 轴参数汇总公式：

=IF(A2="","",IF(LOOKUP(A2,Sheet1! C:C,Sheet1! E:E)<>""
LOOKUP(A2,Sheet1! C:C,Sheet1! E:E),IF(ISNUMBER(MATCH(A2,Sheet7
! D:D,0)),"M 参数",IF(ISNUMBER(MATCH(A2,Sheet7! E:E,0)),"主轴参数","通用参数"))))

Z 轴参数汇总公式：

=IF(A2="","",IF(LOOKUP(A2,Sheet1! C:C,Sheet1! F:F)<>"",LOOKUP
(A2,Sheet1! C:C,Sheet1! F:F),"→"))

四轴、主轴及通道参数汇总公式：

=IF(A2="","",IF(B2="非轴参数",MID(LOOKUP(A2,Sheet1! C:C,Sh
eet1! H:H),2,15),LOOKUP(A2,Sheet1! C:C,Sheet1! G:G)))

参数汇总后情况如表 2-18 所示。

表 2-18　参数汇总后情况

参数号	X 轴	Y 轴	Z 轴	B 轴
20	非轴参数	通道参数	→	4
982	非轴参数	主轴参数	→	1
1221	0.0	0.0	0.0	0.0

在比较参数时遇到如下问题：不同型号的机床电动机不同，意味着参数不同，不可简单进行参数比较，需要将待诊断的 NC 参数文件的电动机参数进行提取、模糊匹配、注入以及再比较。也就是说，通过模糊匹配调出待诊断 NC 参数文件中真实的电动机代码，再从标准库中调出相应的电动机参数注入标准 NC 参数列表中，然后与待诊断 NC 参数文件进行比较，电动机参数一致后，在诊断时受到的干扰就大大减少了。

电动机固有参数就是指电动机的特征参数，绝大部分都是只读参数。根据电动机固有参数的参数值就可以确定电动机的具体型号。伺服轴的参数是100多个，主轴参数是六七十个。

很多时候，电动机代码参数与实际电动机并不一致，所以要利用电动机固有参数进行模糊匹配，匹配度最高的即是真实电动机代码。

由于电动机固有参数有一小部分是可以修改的，所以这里要用到模糊匹配方法找到待诊断的NC参数文件中电动机的真实代码。这里的模糊匹配属于一维模糊匹配，方法简单，是将所有的电动机参数文件汇总，然后逐组进行调用并与待诊断的NC参数文件中电动机固有参数进行比较，然后将匹配率最高的电动机代码返回给标准NC参数文件。

通过模糊匹配的方法获取到待诊断NC参数文件的真实电动机代码，然后再将汇总的电动机参数调用出来注入已经提取到的标准NC参数列表中。这样一来，待诊断NC参数文件与标准NC参数文件电动机方面的参数就是一致的了，如果待诊断的NC参数文件与标准电动机参数不一致，则用紫色对参数进行标注，作为特别提醒予以重点关注。

之后，将有问题的NC参数文件同标准参数文件进行比较，即可找到异常参数，将不同的参数标记成数字255，255是红色的数字代码，然后进行单独提取。如 X 轴参数比较公式：

=IF(B2=F2,"",IF(OR(F2="", F2="无此参数"),IFERROR(IF (VALUE(B2)=0," ",255),""),255))

参数比较后情况如表2-19所示。

表2-19　参数比较后情况

X轴	Y轴	Z轴	B轴	—	—	—	—
非轴参数	通道参数	→	20	—	—	—	—
非轴参数	主轴参数	→	1	—	—	—	255
0.0	0.0	0.0	0.0	—	255	—	—

最后将提取出来的异常参数根据参数重要性进行归类并标示颜色，方便以后在界面上进行标识。颜色标识归类的公式为：

IF(N2=49152,"",IF(ISNUMBER(MATCH(A2,Sheet8! N:N,0)),49152,IF(ISNUMBER(MATCH(A2,Sheet8! O:O0)),65535,IF(ISNUMBER(MATCH(A2Sheet8! P:P,0)),16776960,IF(ISNUMBER(MATCH(A2,Sheet8! Q:Q,0)),16711935,IF(ISNUMBER(MATCH(A2,Sheet8! R:R,0)),255,""))))))

根据参数的重要性将异常参数定义成不同数值，分别为49152、65535、16711935及16776960。再根据不同轴数、不同NC型号建立相应的标准NC参数库，在诊断NC参数文件时就可以进行相应选择并调用与之相同的NC参数进行比较诊断了。

(3) 诊断界面

在Excel的开发选项中提供了VB界面，方便将数据以界面的方式展现出来。在Excel界面下，按Alt+F11，显示VBA编程页面。可以根据实际功能进行页面设计及功能定义。设计功能界面按钮如图2-193所示。

设计好诊断界面后，将Excel中的数据导入到界面中，并根据参数重要性进行颜色上的区分显示如表2-20所示。

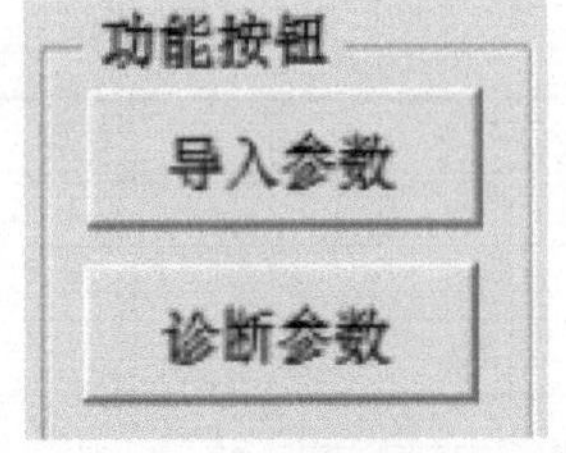

图2-193　设计功能界面按钮

表2-20　区分显示

参数号	X轴	Y轴	Z轴	B轴
20	非轴参数	通道参数	→	20
982	非轴参数	主轴参数	→	1
1221	0.0	0.0	0.0	0.0

由于异常参数的重要性是根据颜色的不同来确定的，所以在查找问题参数时，可以根据颜色来进行，在这里将绿色标识的参数号定义为对机床无影响参数，黄色为优化参数，蓝色为有影响参数，紫色为电动机固

有参数。优先考虑的顺序为紫色、蓝色、黄色，绿色不考虑，如图 2-194 所示。

为更加方便地查找问题，可以对诊断结果进行过滤。当主轴出现问题时，只看主轴部分的异常参数，当伺服轴出现问题时，只看伺服轴部分参数，这样更加方便快捷。为验证 Excel 处理数据所需要的时间，在程序的首行和末行添加上时间功能，显示结果如图 2-195 所示。

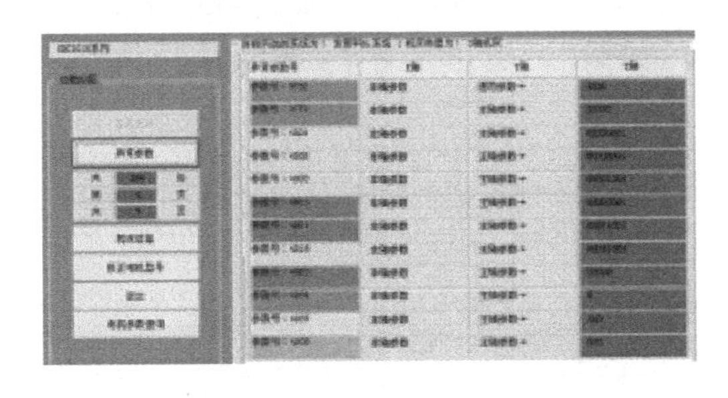

图 2-194　优先颜色顺序

图 2-195　添加时间功能

需要说明的是，由于数控系统的版本和机床制造厂家的设置不同，切莫生搬硬套，应按照机床说明书的具体要求导出数据表格，正确利用 Excel 的自动处理功能来诊断 NC 参数。

【例 2-3】 FANUC 系统参数全清后报警的处理

(1) 上电全清出现的报警

上电时同时按 MDI 面板上[RESET]+[DEL]键。全清后出现的报警如图 2-196 所示。其含义如下。

① 100 参数可写入，参数写保护打开 PWE=1。

② 506/507 硬超程报警，PMC 中没处理硬件超程信号，设定 3004#5OTH=1，可消除。

③ 417 伺服参数设定不正确，检查诊断 352 内容，重设伺服参数。

④ 5136 FSSB 放大器数目少。放大器没有通电或光缆没有连接，放大器之间连接不对，FSSB 设定没完成（如要不带电机调试，把 1023#设为－1，屏蔽电动机，可消除 5136 号报警）。

⑤ 根据需要输入基本功能参数 8130～8135。检查参数 1010 的设置（车床为 2，铣床 3/4）。

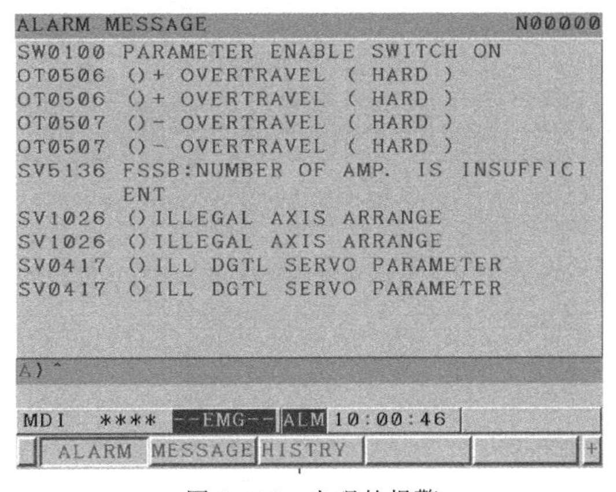

图 2-196　出现的报警

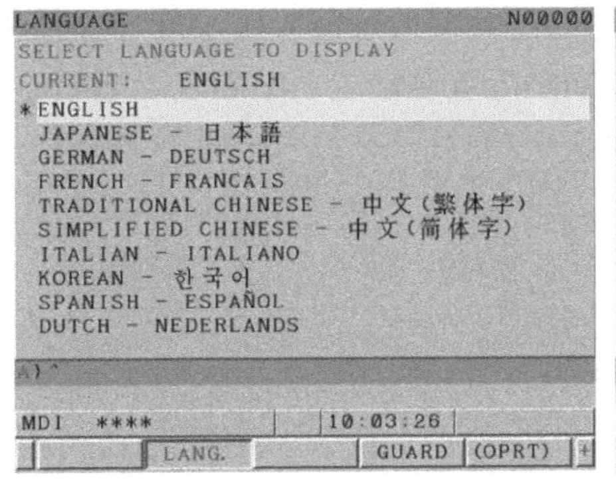

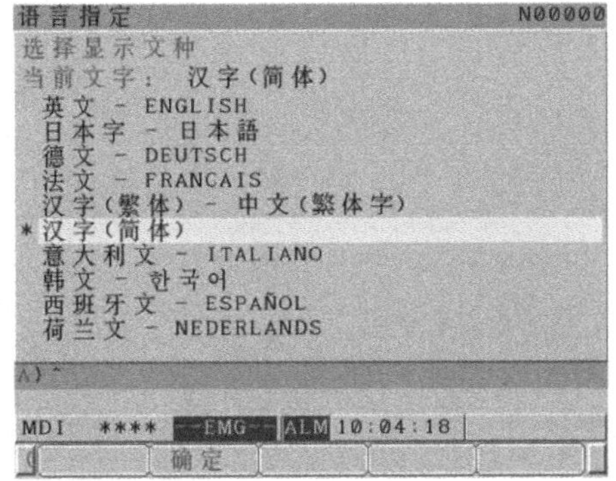

图 2-197　语言切换

(2) 设定

· 进行与轴相关的 CNC 参数初始设定。

· 对于 0i-D 系统，语言切换时无需断电重启，即可生效。

· 如需语言切换，可进行如下操作：[SYSTEM]→[OFS/SET]→右扩展键几次→[LANGUAGE](语种)→用光标选择语言→[OPRT](操作)→[APPLY](确定)。

0i-D 语言切换的参数为 3281，同样也可以通过修改该参数实现语言切换的目的，如图 2-197 所示。

首先连续按［SYSTEM］键 3 次进入参数设定支援画面，如图 2-198 所示。轴设定参数分为五组：基本、主轴、坐标、进给速度及加减速等。其设定步骤如下。

步骤 1：进行基本组的参数标准设定。

按下“PAGE UP/PAGE DOWN”键数次，显示出基本组画面，而后按下软键［GR 初期］，如图 2-199 所示。页面出现“是否设定初始值?”提示单击［执行］。

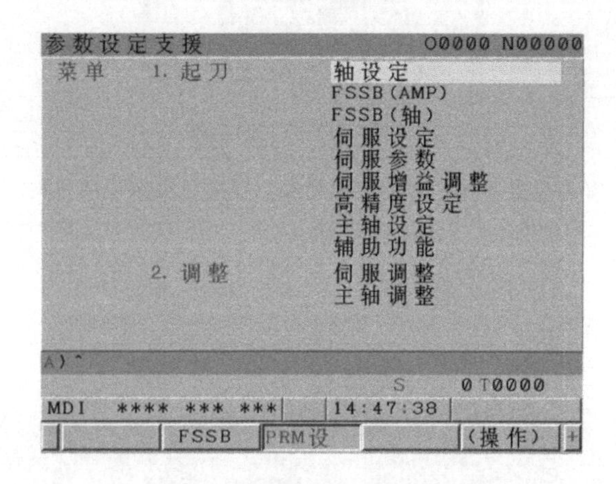

图 2-198 参数设定支援画面

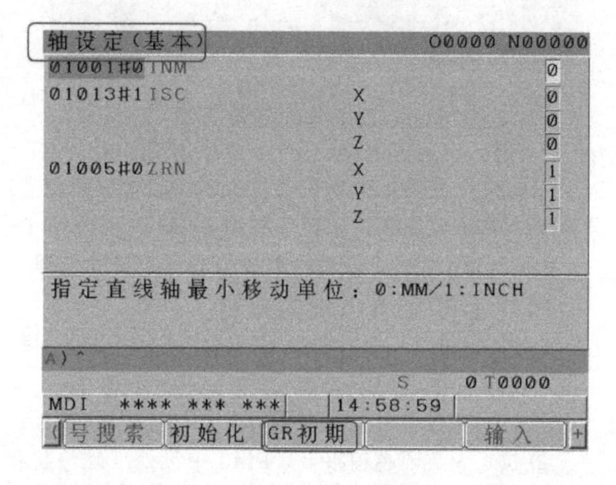

图 2-199 基本组的标准设定

有的参数是没有标准值的，还需要根据配置进行手工设定。如下：

参数号	一般设定值	说明
1001＃0	0	
1013＃1	0	
1005＃1	0	本设备中不用
1006＃0	0	
1006＃3	1	车床 X 轴，直径编程和半径编程
1006＃5	0	本设备中不用
1815＃1	0	
1815＃4	1	
1815＃5	1	使用绝对值编码器
1825	3000	
1826	10	
1828	7000	
1829	500	

步骤 2：主轴组参数设定。

按下［PAGE］键进入主轴组。

① 标准值设定 进行主轴组的参数标准值的设定。

以与基本组的标准值设定相同的步骤进行设定。

② 没有标准值的参数设定

参数号	一般设定值	说明
3716	0	

3717	1
3718	80
3720	4096
3730	1000
3735	0
3736	1400
3741	1400
3772	0
8133#5	1

步骤 3：坐标组设定。

① 标准值设定　进行坐标组的参数标准值的设定。

以与基本组的标准值设定相同的步骤进行设定。

② 没有标准值的参数设定

参数号	一般设定值	说明
1240	0	
1241	0	
1320	99999999	调试时设置
1321	99999999	调试时设置

步骤 4：进给速度组设定。

① 标准值设定　进行进给速度的参数标准值的设定。

与基本组的标准值设定相同的步骤进行设定。

② 没有标准值的参数设定

参数号	一般设定值	说明
1410	1000	
1420	5000	
1421	1000	
1423	1000	
1424	5000	
1425	150	
1428	5000	
1430	3000	

进给控制组无标准参数，需要手工设定。

参数号	一般设定值	说明
1610#0	0	
1610#4	0	
1620	100	
1622	32	
1623	0	
1624	100	
1625	0	

步骤 5：轴还是不能移动，还需要设置（PMC 正确的前提下）如下参数。

参数号	一般设定值	说明
3003#0	1	
3003#2	1	
3004#5	1	
3003#3	1	

第3章 FANUC系统数控机床PMC的装调与维修

3.1 PMC 指令与信号处理

3.1.1 PMC 指令系统

FANUC 公司将其主要用于机床控制的可编程逻辑控制器（PLC）称为可编程机床逻辑控制器（programmable machine controller），简称 PMC。

FANUC 数控系统的 PMC 规格有多种。FANUC 0i 数控系统采用集成化 PMC，其 CPU 集成在数控系统 CPU 模块上，PMC 采用 SA1 或 SB7 两种类型，SA1 是基本配置，SB7 为选择配置。目前，FANUC 0i 系统的 PMC 基本采用 SB7。

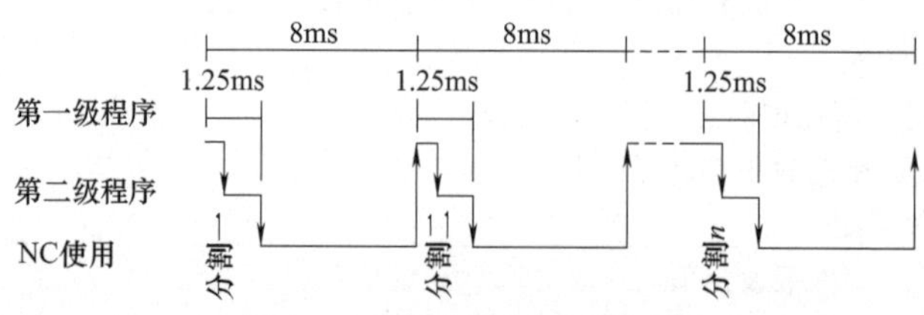

图 3-1　程序扫描过程示意图

一级顺序程序
END1(SUB1)
二级顺序程序
END2(SUB2)
SP1
子程序1
SPE1
SP2
子程序2
SPE2
⋮
SP*n*
子程序*n*
SPE*n*
END

子程序必须在第二级程序指定

顺序程序结束由END指令表示

图 3-2　顺序程序基本架构

在 PMC 程序中，使用的编程语言是梯形图。PMC 程序由第一级程序和第二级程序两部分组成。在 PMC 程序执行时，首先执行位于梯形图开头的第一级程序，然后执行第二级程序。第一级程序每 8ms 执行一次，每 8ms 中的 1.25ms 用来执行一、二级 PMC 程序，剩下的时间用于 NC 程序（图 3-1）。第二级程序会自动分割为 n 份，每 8ms 中的 1.25ms 执行完第一级程序剩下的时间执行一份二级程序，因此二级程序每8n（份）ms 才能执行一次。在第一级程序中，程序越长，二级程序被分割的份数越多，则整个程序的执行时间（包括第二级程序在内）就会被延长，信号的响应就越慢。因此，第一级程序应编得尽可能短，仅处理短脉冲信号，如急停、各轴超程、返回参考点减速、外部减速、跳步、到达测量位置和进给暂停信号等需要实时响应快的信号。

在 PMC 程序中使用结构化编程时，将每一个功能类别的程序分别归类到每一个子程序里，使阅读程序时更易于理解，当出现程序运行错误时，也易于找出原因。子程序只能在第二级程序后指定。图 3-2 所示是由第一级程序、第二级程序、子程序组成的顺序程序基本架构。

SA1/SB7 的基本指令如表 3-1 所示，功能指令如表 3-2 所示。在基本指令和功能指令的执行中，用一个堆栈寄存器暂存逻辑操作的中间结果，堆栈寄存器共有 9 位（如图 3-3 所示），按先进后出、后进先出的原理工作。当前操作结果压入时，堆栈各原状态全部左移一位；相反地，如果取出操作结果时堆栈全部右移一位，最后压入的信号首先恢复读出。

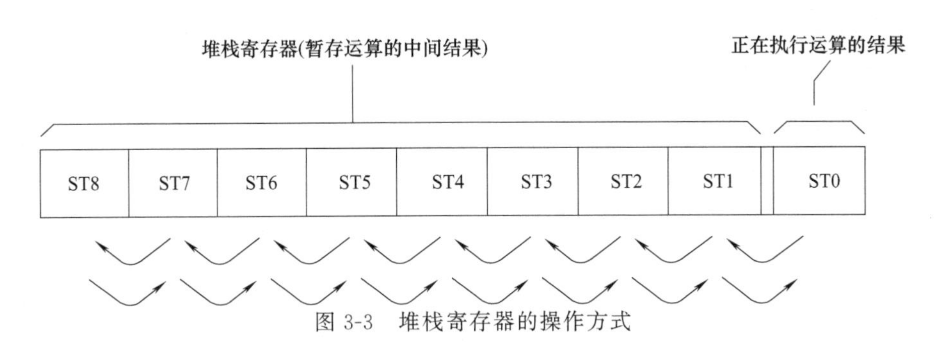

图 3-3 堆栈寄存器的操作方式

表 3-1 SA1/SB7 基本指令

序号	指令		处理内容
	格式 1	格式 2	
1	RD	R	读指令信号的状态，并存入 ST0 中，在一个梯形图开始的节点是常开节点时使用
2	RD. NOT	RN	将信号的“非”状态读出，并存入 ST0 中，在一个梯形图开始的节点是常闭节点时使用
3	WIRT	W	输出运算结果(ST0 的状态)到指定地址
4	WRT. NOT	WN	输出运算结果(ST0 的状态)的“非”状态到指定地址
5	AND	A	将 ST0 的状态与指定地址的信号进行“与”运算后，再存入 ST0 中
6	AND. NOT	AN	将 ST0 的状态与指定地址信号的“非”状态进行“与”运算后，再存入 ST0 中
7	OR	O	将指定地址的信号状态与 ST0 进行“或”运算后，再存入 ST0
8	OR. NOT	OR	将指定地址的信号状态取“非”与 ST0 进行“或”运算后，再存入 ST0
9	RD. STK	RS	堆栈寄存器左移一位，并将指定地址的状态存入 ST0 中
10	RD. NOT. STK	RNS	堆栈寄存器左移一位，并将指定地址的状态取“非”存入 ST0 中
11	AND. STK	AS	将 ST0 与 ST1 的内容进行“与”运算，结果存入 ST0，堆栈寄存器右移一位
12	OR. STK	OS	将 ST0 与 ST1 的内容进行“或”运算，结果存入 ST0，堆栈寄存器右移一位
13	SET	SET	ST0 与指定地址中的信号逻辑“或”后，将结果返回到指定的地址中
14	RST	RST	ST0 的状态取“非”，再与指定地址中的信号逻辑“与”后，将结果返回到指定的地址中

表 3-2 SA1/SB7 型 PMC 功能指令

序号	指令		处理内容	序号	指令		处理内容
	格式 1(梯形图)	格式 2(程序输入)			格式 1(梯形图)	格式 2(程序输入)	
1	END1	SUB1	一级(高级)程序结束	21	DIV	SUB22	除法运算
2	END2	SUB2	二级程序结束	22	NUME	SUB23	定义常数
3	END3	SUB48	三级程序结束	23	TMRB	SUB24	固定定时器处理
4	TMR	SUB3	定时器处理	24	DECB	SUB25	二进制译码
5	DEC	SUB4	译码	25	ROTB	SUB26	二进制旋转处理
6	CTR	SUB5	计数处理	26	CODB	SUB27	二进制代码转换
7	ROT	SUB6	旋转处理	27	MOVOR	SUB28	数据“或”后传输
8	COD	SUB7	代码转换	28	COME	SUB29	公共线控制结束
9	MOVE	SUB8	数据“与”后传输	29	JMPE	SUB30	跳转结束
10	COM	SUB9	公共线控制	30	DCNVE	SUB31	扩散数据转换
11	JMP	SUB10	跳转	31	COMPB	SUB32	二进制数比较
12	PARI	SUB11	奇偶校验	32	SFT	SUB33	寄存器移位
13	DCNV	SUB14	数据转换(二进制与 BCD 转换)	33	DSCHB	SUB34	二进制数据检索
14	COMP	SUB15	比较	34	XMOVEB	SUB35	二进制变址数据传输
15	COIN	SUB16	符合检查	35	ADDB	SUB36	二进制加法
16	DSCH	SUB17	数据检索	36	SUBB	SUB37	二进制减法
17	XMOVE	SUB18	变址数据传输	37	MUIB	SUB38	二进制乘法
18	ADD	SUB19	加法运算	38	DIVB	SUB39	二进制除法
19	SUB	SUB20	减法运算	39	NUMEB	SUB40	定义二进制常数
20	MUI.	SUB21	乘法运算	40	DISPB	SUB41	扩展信息显示

续表

序号	指令		处理内容	序号	指令		处理内容
	格式1(梯形图)	格式2(程序输入)			格式1(梯形图)	格式2(程序输入)	
41	EXIN	SUB42	外部数据输入	58	AND	SUB60	逻辑与
42	MOVB	SUB43	字节数据传输	59	OR	SUB61	逻辑或
43	MOVW	SUB44	字数据传输	60	NOT	SUB62	逻辑非
44	MOVN	SUB45	块数据传输	61	PSGN2	SUB63	位置信号输出 2
45	SPCNT	SUB46	PMC 轴控制	62	END	SUB64	梯形图程序结束
46	MOVD	SUB47	双字传送	63	CALL	SUB65	条件调用子程序
47	DISP	SUB49	文本显示	64	CALLU	SUB66	无条件调用子程序
48	PSGNL	SUB50	位置信号输出	65	JMPB	SUB68	标号 1 跳转
49	WINDR	SUB51	读 CNC 窗口数据	66	LBL	SUB69	标号
50	WINDW	SUB52	写 CNC 窗口数据	67	NOP	SUB70	
51	AXCTL	SUB53	PMC 轴控制	68	SP	SUB71	子程序开始
52	TMRC	SUB54	定时器	69	SPE	SUB72	子程序结束
53	CTRC	SUB55	计数处理	70	JMPC	SUB73	标号 2 跳转
54	CTRB	SUB56	固定计数器	71	MMC3R	SUB88	读 MMC3 窗口数据
55	DIFU	SUB57	上升沿检测	72	MMC3W	SUB89	写 MMC3 窗口数据
56	DIFD	SUB58	下降沿检测	73	MMCWR	SUB98	读 MMC2 窗口数据
57	EOR	SUB59	异或	74	MMCWW	SUB99	写 MMC2 窗口数据

3.1.2 PMC 在 FANUC 系统数控机床中的应用

PMC 的功能是对数控机床进行顺序控制。所谓顺序控制，就是按照事先确定的顺序或逻辑，对控制的每一个阶段依次进行的控制。对数控机床来说，顺序控制是在数控机床运行过程中，以 CNC 内部和机床各行程开关、传感器、按钮、继电器等的开关量信号状态为条件，并按照预先规定的逻辑顺序对诸如主轴的启停与换向，刀具的更换，工件的夹紧与松开，液压、冷却、润滑系统的运行等进行的控制。顺序控制的信息主要是开关量信号。

(1) 数控机床接口

① 接口定义及功能分类　数控机床接口是指数控装置与机床及机床电气设备之间的电气连接部分。接口分为四种类型，如图 3-4 所示。第 1 类是与驱动命令有关的连接电路；第 2 类是与测量系统和测量装置的连接电路；第 3 类是电源及保护电路；第 4 类是开关量信号和代码信号连接电路。第 1、2 类连接电路传送的是控制信息，属于数字控制、伺服控制及检测信号处理，和 PLC 无关。

第 3 类电源及保护电路由数控机床强电线路中的电源控制电路构成。强电线路由电源变压器、控制变压器、各种继电器、保护开关、接触器、功率继电器等连接而成，以便为辅助交流电动机、电磁铁、电磁离合器、电磁阀等大功率执

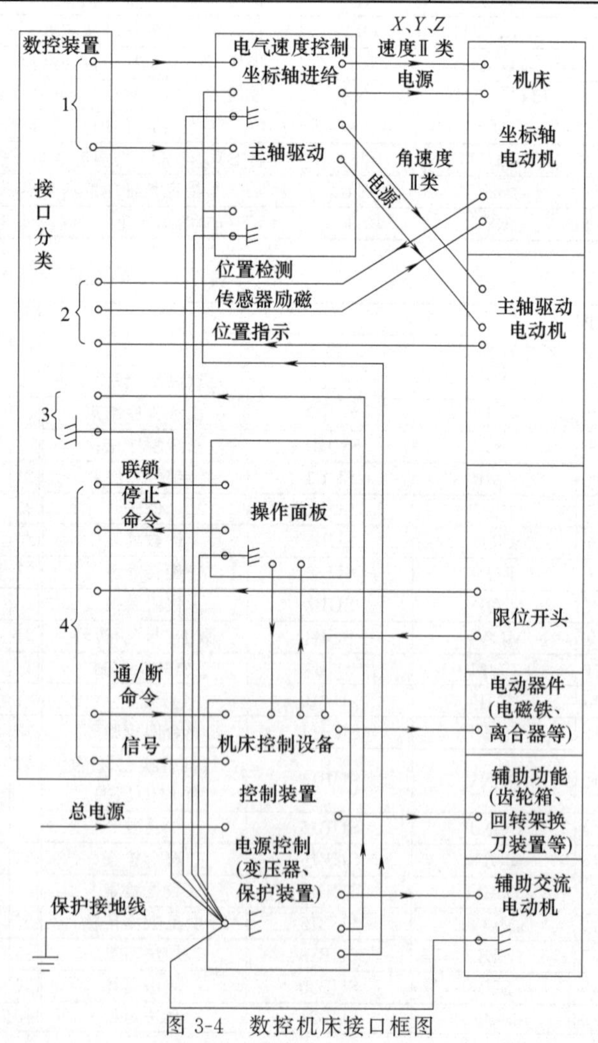

图 3-4　数控机床接口框图

行元件供电。强电线路不能与弱电线路直接连接，必须经中间继电器转换。

第4类开关量和代码信号是数控装置与外部传送的输入、输出控制信号。数控机床不带PLC时，这些信号直接在NC侧和MT侧之间传送。当数控机床带有PLC时，这些信号除少数高速信号外，均需通过PLC。

② 数控机床第4类接口信号分类　第4类信号根据其功能的必要性分为两类：

a. 必需信号。这类信号用来保护人身安全和设备安全，或者是为了操作，如“急停”“进给保持”“循环启动”“NC准备好”等。

b. 任选信号。这类信号指并非任何数控机床都必须有，而是在特定的数控装置和机床配置条件下才需要的信号，如“行程极限”“NC报警”“程序停止”“复位”“M、S、T信号”等。

(2) PMC功能说明

PMC在数控机床上实现的功能主要包括工作方式控制、速度倍率控制、自动运行控制、手动运行控制、主轴控制、机床锁住控制、程序校验控制、硬件超程和急停控制、辅助电动机控制、外部报警和操作信息控制等。现以数控机床的启动锁住与互锁为例来介绍。

启动锁住与互锁信号禁止机床移动。在移动期间输入了这类信号时，刀具移动就会减速并停止。

(3) 信号

① 启动锁住信号　信号名为STLK，对应的CNC侧输入地址为G7.1。该信号为1时，轴移动减速并停止。在自动运行时，遇到含有轴移动指令的程序段以前，可连续执行只含有M、S、T、B及第2辅助功能指令的程序段。遇到含有轴移动指令的程序段后运动停止，且将系统置于自动运行方式，此时STL为1，SPL为0。当STLK信号为0时，运行重新启动，如图3-5所示，其中图3-5（a）仅包含轴移动指令的程序段，图3-5（b）仅包含辅助功能的程序段。

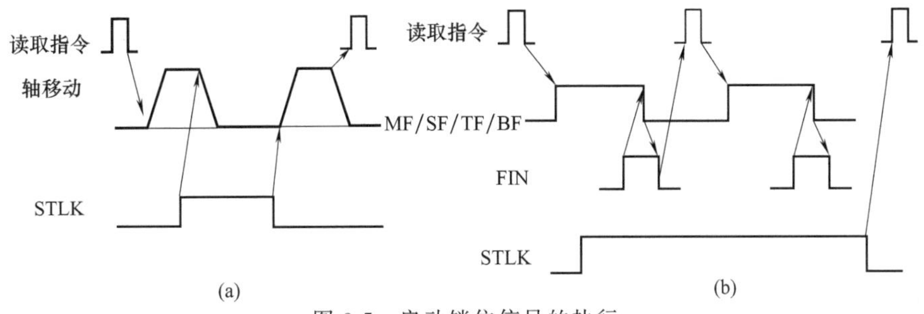

图3-5　启动锁住信号的执行

② 所有轴锁住信号　信号名为＊IT，CNC侧输入地址为G0008.0。＊IT为0时，轴移动减速停止。在自动运行时，遇到包含轴运动指令的程序段前，可连续执行只包含M、S、T或第2辅助功能B指令的程序段。遇到包含轴移动指令的程序段后，系统停止且将系统置于自动运行方式，此时，循环启动信号灯STL为1，进给暂停灯信号SPL为0。＊IT信号变为1时，运行恢复。

③ 各轴互锁信号　信号名为＊IT1～＊IT4，CNC侧输入地址为G0130.0～G0130.3。每一个控制轴都有一个独立的锁住信号，信号名尾端的数字与各控制轴的轴号对应。手动操作时，互锁轴移动被锁住，但其他轴可以运动。如果运动期间轴被互锁，则减速后停止运动，互锁清除后可以重新开始运动。而自动运行时，如果对一个锁住轴发出运动指令，则禁止所有轴运动。如果一个移动中的轴被互锁，则所有轴减速后停止运动，互锁信号清除后，可重新开始运动。各轴互锁、所有轴锁住的PMC梯形图程序如图3-6所示。

④ 各轴各方向互锁信号　M系列时，信号名为＋MIT1～＋MIT4（正方向），－MIT1～－MIT4（负方向）；信号地址分别为G0132.0～G0132.3（正方向），G0134.0～G0134.3（负方向）。T系列时，信号为＋MIT1（X0004.2）、－MIT1（X0004.3）、＋MIT2（X0004.4）、－MIT2（X0004.5）。

轴方向互锁信号为1时，CNC仅对该轴的该方向运动执行互锁。但在自动运行期间，所有轴均停止运动。

⑤ 程序段启动互锁信号　信号名为＊BSL，信号地址为G0008.3。该信号为0时，在自动运行方式中使下一个程序段不能启动。该信号不影响已经启动的程序段，也不影响连续执行，直至其终了程序段。该信号不中断自动运行方式。下个程序段是有效指令段，一旦该信号置1，立即恢复运行。

⑥ 切削段的启动互锁信号　信号名为＊CSL，信号地址为G0008.1。该信号为0时，切削进给程序段启

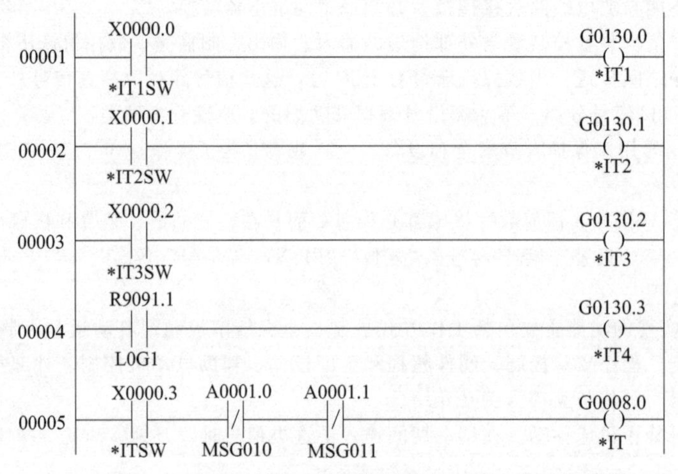

图 3-6 各轴互锁、所有轴锁住的 PMC 梯形图程序

动锁住。该信号不影响已经启动的程序段，也不影响连续执行，直至其终了程序段。该信号不中断自动运行方式。下个程序段是有效指令段，一旦该信号置 1，立即恢复运行。

(4) 参数说明

① 参数 3003

a. 3003.0 (ITL)：所有轴互锁信号是否有效。0 表示有效；1 表示无效。

b. 3003.2 (ITX)：各轴互锁信号是否有效。0 表示有效；1 表示无效。

c. 3003.3 (DIT)：各轴各方向互锁信号是否有效。0 表示有效；1 表示无效。

d. 3003.4 (DAU)：参数 3003.3 (DIT) 为 0 时，各轴各方向互锁信号是否有效。0 表示手动时有效，自动时无效；1 表示手动、自动均有效。

② 参数 3004

a. 3004.0 (BSL)：程序段启动互锁信号 * BSL 及切削段启动互锁信号 * CSL 是否有效。0 表示有效；1 表示无效。

b. 3004.1 (BCY)：用一段指令如固定加工循环执行多个操作时，程序段启动互锁信号 * BSL 何时开始检查。0 表示只在第一循环的开始进行检查；1 表示在每一循环开始进行检查。

3.1.3 PMC 在 FANUC 系统数控机床中的设计

FANUC 数控系统的机床，其 PMC 程序设计有些是机床制造商来完成的，因此，对于同一功能，不同的机床制造商的产品，其程序是不一样的。现以方式选择为例来介绍。

方式选择信号主要包括 MD1、MD2 和 MD4 三个编码信号，可选择 7 种方式，即程序编辑 (EDIT)、存储器运行 (MEM)、手动数据输入 (MDI)、手轮/增量进给 (HANDLE/INC)、手动连续进给 (JOG)、JOG 示教 (TEACH IN JOG)、手轮示教 (TEACHIN HANDLE) 等。

此外，存储器运行 (MEM) 与 DNCI 信号结合可选择 DNC 运行方式。手动连续进给 (JOG) 方式与 ZRN 信号的组合，可选择手动返回参考点方式。通过输出操作方式检测信号来通知当前所选的操作方式。

(1) 方案

自动、编辑、手动数据输入和远程运行等程序类工作方式的控制流程分别如图 3-7～图 3-10 所示。

① 急停解除 PMC 控制　急停解除 PMC 控制主要相关信号如下。

a. X 信号。

* ESP-I：急停输入信号，“0” 时有效。地址：X0008.4。

b. Y 信号。

SVON-C：伺服上电控制信号。地址：Y0003.5。

c. G 信号。

* ESP：急停信号，“0” 时有效。地址：G0008.4。

＊ESPA：急停信号（串行主轴），“0”时有效。地址：G0071.1。

d. R信号。

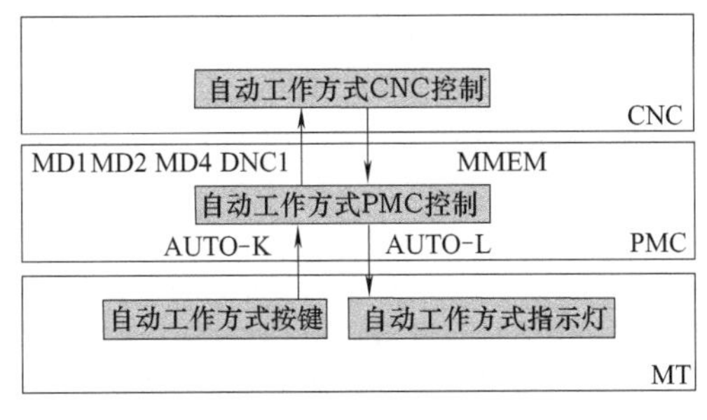

图3-7 自动工作方式控制流程

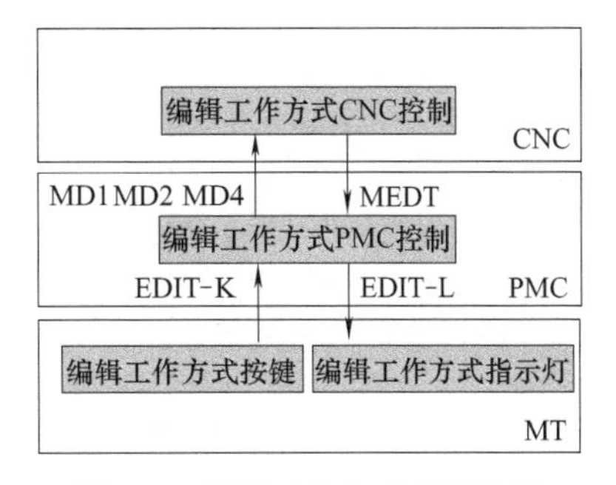

图3-8 编辑工作方式控制流程

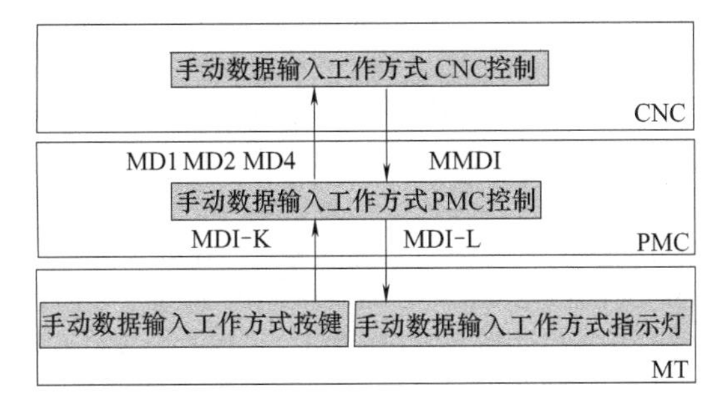

图3-9 手动数据输入工作方式控制流程

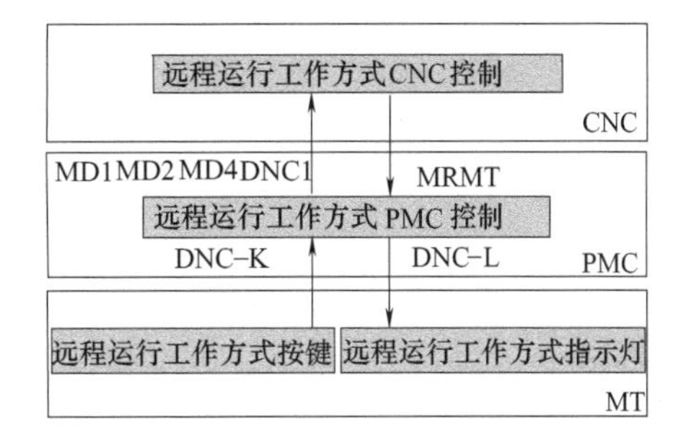

图3-10 远程运行工作方式控制流程

S=1：系统继电器常1信号，地址：R9091.1。

1：内部继电器常1信号。地址：R0100.1。

② 急停解除PMC控制过程　当CNC处于急停状态时，不能进行工作方式的选择，所以首先要进行急停解除PMC控制。

具体控制过程如图3-11所示。

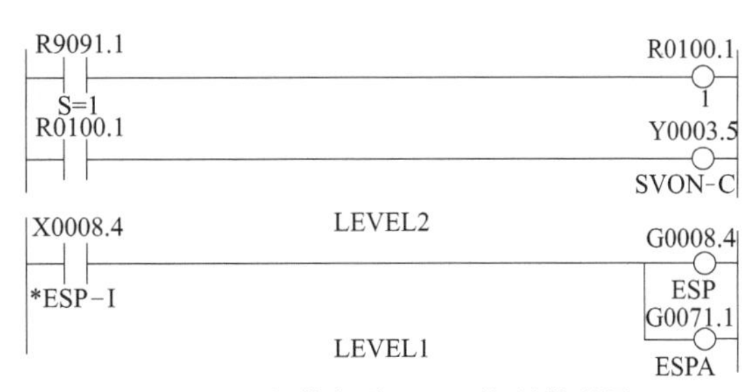

图3-11 急停解除PMC控制梯形图

由于系统继电器常1信号S=1（R9091.1）一直为1，所以内部继电器常1信号（R0100.1）也一直输出有效。

当内部继电器常1信号为1时，伺服上电控制信号SVON-C（Y0003.5）输出有效，伺服将处于上电状态，＊ESP-I信号（X0008.4）将为1，急停输入无效。

当＊ESP-I信号（X0008.4）为1时，急停信号＊ESP（G0008.4）和急停信号（串行主轴）＊ESPA（G0071.1）输出无效，CNC将处于非急停状态。以上控制PMC在第一级程序（LEVEL1）中处理。

③ 自动工作方式PMC控制

a. 自动工作方式PMC控制主要相关信号。

• X信号。

AUTO-K：自动工作方式按键输入信号。地址：X0024.0。

• Y信号。

AUTO-L：自动工作方式指示灯信号。地址：Y0024.0。

• G信号。

MD1：工作方式选择信号1。地址：G0043.0。

MD2：工作方式选择信号 2。地址：G0043.1。

MD4：工作方式选择信号 3。地址：G0043.2。

DNC1：远程运行工作方式选择信号。地址：G0043.5。

• F 信号。

MMEM：CNC 处于自动工作方式确认信号。地址：F0003.5。

• R 信号。

MODE：工作方式转换信号。地址：R0200.0。

AUTO：CNC 处于自动工作方式信号。地址：R0200.1。

b. 自动工作方式 PMC 控制过程如下。

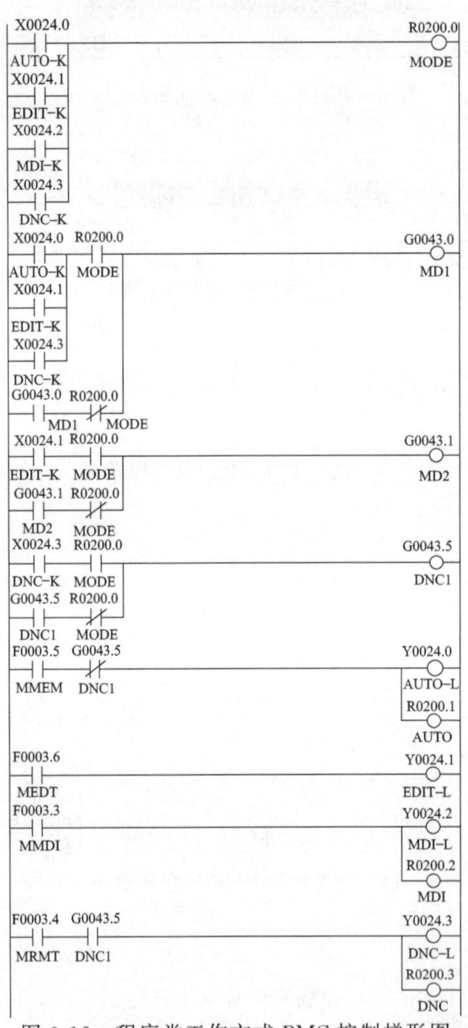

图 3-12 程序类工作方式 PMC 控制梯形图

按下自动工作方式按键，使 CNC 处于自动工作方式，自动工作方式指示灯亮。松开自动工作方式按键，使 CNC 仍处于自动工作方式，自动工作方式指示灯仍亮。具体控制过程如图 3-12 所示。

当按下自动工作方式按键时，AUT0-K 信号（X0024.0）为 1，工作方式转换信号 MODE（R0200.0）输出有效，工作方式选择信号 1 MD1（G0043.0）输出有效，工作方式选择信号 2 MD2（G0043.1）输出无效，工作方式选择信号 3 MD4（G0043.2）输出无效，远程运行工作方式选择信号 DNC1（G0043.5）输出无效。PMC 向 CNC 发出的 MD1、MD2、MD4 和 DNC1 的信号组合为 1000，使 CNC 进入自动工作方式。同时 CNC 向 PMC 回送 CNC 处于自动工作方式确认信号 MMEM（F0003.5），CNC 处于自动工作方式信号 AUTO（R0200.1）输出有效，自动工作方式指示灯信号 AUTO-L（Y0024.0）输出有效，自动工作方式指示灯亮。

当松开自动工作 1 方式按键时，AUTO-K 信号（X0024.0）为 0，工作方式转换信 MODE（R0200.0）输出无效，工作方式选择信号 1 MD1（G0043.0）输出有效，工作方式选择号 2 MD2（G0043.1）输出无效，工作方式选择信号 3 MD4（G0043.2）输出无效，远程运行工作方式选择信号 DNC1（G0043.5）输出无效。PMC 向 CNC 发出的 MD1、MD2、MD4 和 DNC1 的信号组合仍为 1000，使 CNC 仍处于自动工作方式。同时 CNC 仍向 PMC 回送 CNC 处于自动工作方式确认信号 MMEM（F0003.5），CNC 处于自动工作方式信号 AUTO（R0200.1）仍输出有效，自动工作方式指示灯信号 AUTO-L（Y0024.0）仍输出有效，自动工作方式指示灯仍亮。

④ 编辑工作方式 PMC 控制

a. 编辑工作方式 PMC 控制主要相关信号。

• X 信号。

EDIT-K：编辑工作方式按键输入信号。地址：X0024.1。

• Y 信号。

EDIT-L：编辑工作方式指示灯信号。地址：Y0024.1。

• G 信号。

MD1：工作方式选择信号 1。地址：G0043.0。

MD2：工作方式选择信号 2。地址：G0043.1。

MD4：工作方式选择信号 3。地址：G0043.2。

• F 信号。

MEDT：CNC 处于编辑工作方式确认信号。地址：F0003.6。

• R 信号。

MODE：工作方式转换信号。地址：R0200.0。

b. 编辑工作方式 PMC 控制过程如下。

按下编辑工作方式按键，使 CNC 处于编辑工作方式，编辑工作方式指示灯亮。松开编辑工作方式按键，使 CNC 仍处于编辑工作方式，编辑工作方式指示灯仍亮。具体控制过程如图 3-12 所示。

当按下编辑工作方式按键时，EDIT-K 信号（X0024.1）为 1，工作方式转换信号 MODE（R0200.0）输出有效，工作方式选择信号 1 MD1（G0043.0）输出有效，工作方式选择信号 2 MD2（G0043.1）输出有效，工作方式选择信号 3 MD4（G0043.2）输出无效。PMC 向 CNC 发出的 MD1、MD2 和 MD4 信号组合为 110，使 CNC 进入编辑工作方式。同时 CNC 向 PMC 回送 CNC 处于编辑工作方式确认信号 MEDT（F0003.6），编辑工作方式指示灯信号 EDIT-L（Y0024.1）输出有效，编辑工作方式指示灯亮。

当松开编辑工作方式按键时，EDIT-K 信号（X0024.1）为 0，工作方式转换信号 MODE（R0200.0）输出无效，工作方式选择信号 1 MD1（G0043.0）输出有效，工作方式选择信号 2 MD2（G0043.1）输出有效，工作方式选择信号 3 MD4（G0043.2）输出无效。PMC 向 CNC 发出的 MD1、MD2 和 MD4 的信号组合仍为 110，使 CNC 仍处于编辑工作方式。同时 CNC 仍向 PMC 回送 CNC 处于编辑工作方式确认信号 MEDT（F0003.6），编辑工作方式指示灯信号 EDIT-L（Y0024.1）仍输出有效，编辑工作方式指示灯仍亮。

⑤ 手动数据输入工作方式 PMC 控制

a. 手动数据输入工作方式 PMC 控制主要相关信号。

• X 信号。

MDI-K：手动数据输入工作方式按键输入信号。地址：X0024.2。

• Y 信号。

MDI-L：手动数据输入工作方式指示灯信号。地址：Y0024.2。

• G 信号。

MD1：工作方式选择信号 1。地址：G0043.0。

MD2：工作方式选择信号 2。地址：G0043.1。

MD4：工作方式选择信号 3。地址：G0043.2。

• F 信号。

MMDI：CNC 处于手动数据输入工作方式确认信号。地址：F0003.3。

• R 信号。

MODE：工作方式转换信号。地址：R0200.0。

MDI：CNC 处于手动数据输入工作方式信号。地址：R0200.2。

b. 手动数据输入工作方式 PMC 控制过程如下。

按下手动数据输入工作方式按键，使 CNC 处于手动数据输入工作方式，手动数据输入工作方式指示灯亮。松开手动数据输入工作方式按键，使 CNC 仍处于手动数据输入工作方式，手动数据输入工作方式指示灯仍亮。

当按下手动数据输入工作方式按键时，MDI-K 信号（X0024.2）为 1，工作方式转换信号 MODE（R0200.0）输出有效，工作方式选择信号 1 MD1（G0043.0）输出无效，工作方式选择信号 2 MD2（G0043.1）输出无效，工作方式选择信号 3 MD4（G0043.2）输出无效。PMC 向 CNC 发出的 MD1、MD2 和 MD4 信号组合为 000，使 CNC 进入手动数据输入工作方式。同时 CNC 向 PMC 回送 CNC 处于手动数据输入工作方式确认信号 MMDI（F0003.3），CNC 处于手动数据输入工作方式信号 MDI（R0200.2）输出有效，手动数据输入工作方式指示灯信号 MDI-L（Y0024.2）输出有效，手动数据输入工作方式指示灯亮。

当松开手动数据输入工作方式按键时，MDI-K 信号（X0024.2）为 0，工作方式转换信号 MODE（R0200.0）输出无效，工作方式选择信号 1 MD1（G0043.0）输出无效，工作方式选择信号 2 MD2（G0043.1）输出无效，工作方式选择信号 3 MD4（G0043.2）输出无效。PMC 向 CNC 发出的 MD1、MD2 和 MD4 的信号组合仍为 000，使 CNC 仍处于手动数据输入工作方式。同时 CNC 仍向 PMC 回送 CNC 处于手动数据输入工作方式确认信号 MMDI（F0003.3），CNC 处于手动数据输入工作方式信号 MDI（R0200.2）仍输出有效，手动数据输入工作方式指示灯信号 MDI-L（Y0024.2）仍输出有效，手动数据输入工作方式指示灯仍亮。

⑥ 远程运行工作方式 PMC 控制

a. 远程运行工作方式 PMC 控制主要相关信号。

• X 信号。

DNC-K：远程运行工作方式按键输入信号。地址：X0024.3。

• Y 信号。

DNC-L：远程运行工作方式指示灯信号。地址：Y0024.3。

• G 信号。

MD1：工作方式选择信号 1。地址：G0043.0。

MD2：工作方式选择信号 2。地址：G0043.1。

MD4：工作方式选择信号 3。地址：G0043.2。

DNC1：远程运行工作方式选择信号。地址：G0043.5。

• F 信号。

MRMT：CNC 处于远程运行工作方式确认信号。地址：F0003.4。

• R 信号。

MODE：工作方式转换信号。地址：R0200.0。

DNC：CNC 处于远程运行工作方式信号。地址：R0200.3。

b. 远程运行工作方式 PMC 控制过程如下。

按下远程运行工作方式按键，使 CNC 处于远程运行工作方式，远程运行工作方式指示灯亮。松开远程运行工作方式按键，使 CNC 仍处于远程运行工作方式，远程运行工作方式指示灯仍亮。具体控制过程如图3-12所示。

当按下远程运行工作方式按键时，DNC-K 信号（X0024.3）为 1，工作方式转换信号 MODE（R0200.0）输出有效，工作方式选择信号 1 MD1（G0043.0）输出有效，工作方式选择信号 2 MD2（G0043.1）输出无效，工作方式选择信号 3 MD4（G0043.2）输出无效，远程运行工作方式选择信号 DNC1（G0043.5）输出有效。PMC 向 CNC 发出的 MD1、MD2、MD4 和 DNC1 的信号组合为 1001，使 CNC 进入远程运行工作方式。同时 CNC 向 PMC 回送 CNC 处于远程运行工作方式确认信号 MRMT（F0003.4），CNC 处于远程运行工作方式信号 DNC（R0200.3）输出有效，远程运行工作方式指示灯信号 DNC-L（Y0024.3）输出有效，远程运行工作方式指示灯亮。

当松开远程运行工作方式按键时，DNC-K 信号（X0024.3）为 0，工作方式转换信号 MODE（R0200.0）输出无效，工作方式选择信号 1 MD1（G0043.0）输出有效，工作方式选择信号 2 MD2（G0043.1）输出无效，工作方式选择信号 3 MD4（G0043.2）输出无效，远程运行工作方式选择信号 DNC1（G0043.5）输出有效。PMC 向 CNC 发出的 MD1、MD2、MD4 和 DNC1 的信号组合仍为：1001，使 CNC 仍处于远程运行工作方式。同时 CNC 仍向 PMC 回送 CNC 处于远程运行工作方式确认信号 MRMT（F0003.4），CNC 处于远程运行工作方式信号 DNC（R0200.3）输出有效，远程运行工作方式指示灯信号 DNC-L（Y0024.3）仍输出有效，远程运行工作方式指示灯仍亮。

(2) 其他方案

① 工作方式二进制编码 PMC 控制

a. 工作方式二进制编码 PMC 控制主要相关信号。

• X 信号。

AUTO-K：自动工作方式按键输入信号。地址：X0024.0。

EDIT-K：编辑工作方式按键输入信号。地址：X0024.1。

MDI-K：手动数据输入工作方式按键输入信号。地址：X0024.2。

DNC-K：远程运行工作方式按键输入信号。地址：X0024.3。

REF-K：回参考点工作方式按键输入信号。地址：X0026.4。

JOG-K：手动连续进给工作方式按键输入信号。地址：X0026.5。

INC-K：增量进给工作方式按键输入信号。地址：X0026.6。

HND-K：手轮进给工作方式按键输入信号。地址：X0026.7。

• R信号。

工作方式数据表的表内号地址。地址：R0210。

b. 工作方式二进制编码PMC控制主要相关指令。

• DIFD：下降沿检测指令。

功能　该指令的功能是当输入信号出现下降沿时，在此扫描周期中输出信号为1。

格式　格式如图3-13所示。

控制条件　ACT：执行条件。ACT＝0，不执行DIFD指令；ACT＝1，执行DIFD指令。

参数　下降沿号：指定下降沿的序号，范围是1～256。

输出　当输入信号出现下降沿时，在此扫描周期中输出信号为1，否则为0。

• MOVB：单字节数据传送指令。

功能　该指令的功能是把1B的数据从指定的源地址传送到指定的目标地址。

格式　格式如图3-13所示。

控制条件　ACT：执行条件。ACT＝0，不执行MOVB指令；ACT＝1，执行MOVB指令。

参数　源地址：指定传送数据的源地址。目标地址：指定传送数据的目标地址。

c. 工作方式二进制编码PMC控制过程如下。

当按下某一工作方式按键时，工作方式按键信号将输入有效，PMC首先根据工作方式按键的输入信号进行二进制编码，再通过下降沿检测指令DIFD和单字节数据传送指令MOVB将编码之后的值传送到工作方式数据表的表内号地址R0210。

当按下自动工作方式按键时，AUTO-K信号（X0024.0）为1，内部继电器信号R0202.0输出有效，R0202的值为1；同时R0203.1产生一个下降沿，通过执行下降沿检测指令DIFD，R0203.2在此扫描周期输出有效，再通过执行单字节数据传送指令MOVB将R0202的值传送到工作方式数据表的表内号地址R0210。

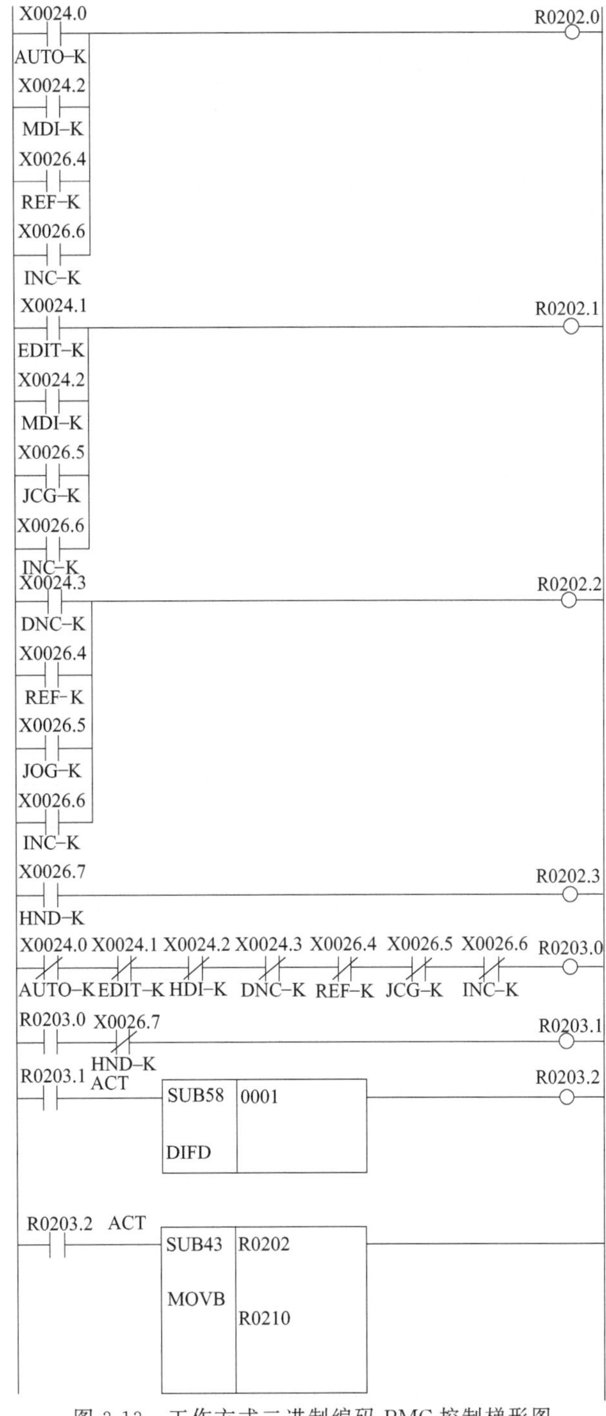

图3-13　工作方式二进制编码PMC控制梯形图

当松开自动工作方式按键时，AUTO-K信号（X0024.0）为0，内部继电器信号R0202.0输出无效，R0202的值为0；同时R0203.1产生一个上升沿，将不执行下降沿检测指令DIFD，R0203.2输出无效，不执行单字节数据传送指令MOVB，工作方式数据表的表内号地址R0210的值保持不变，仍为1。

当按下编辑工作方式按键时，EDIT-K信号（X0024.1）为1，内部继电器信号R0202.1输出有效，

R0202的值为2；同时R0203.1产生一个下降沿，通过执行下降沿检测指令DIFD，R0203.2在此扫描周期输出有效，再通过执行单字节数据传送指令MOVB将R0202的值传送到工作方式数据表的表内号地址R0210。

当松开编辑工作方式按键时，EDIT-K信号（X0024.1）为0，内部继电器信号R0202.1输出无效，R0202的值为0；同时R0203.1产生一个上升沿，将不执行下降沿检测指令DIFD，R0203.2输出无效，不执行单字节数据传送指令MOVB，工作方式数据表的表内号地址R0210的值保持不变，仍为2。

当按下手动数据输入工作方式按键时，MDI-K信号（X0024.2）为1，内部继电器信号R0202.0和R0202.1输出有效，R0202的值为3；同时R0203.1产生一个下降沿，通过执行下降沿检测指令DIFD，R0203.2在此扫描周期输出有效，再通过执行单字节数据传送指令MOVB将R0202的值传送到工作方式数据表的表内号地址R0210。

当松开手动数据输入工作方式按键时，MDI-K信号（X0024.2）为0，内部继电器信号R0202.0和R0202.1输出无效，R0202的值为0；同时R0203.1产生一个上升沿，将不执行下降沿检测指令DIFD，R0203.2输出无效，不执行单字节数据传送指令MOVB，工作方式数据表的表内号地址R0210的值保持不变，仍为3。

当按下远程运行工作方式按键时，DNC-K信号（X0024.3）为1，内部继电器信号R0202.2输出有效，R0202的值为4；同时R0203.1产生一个下降沿，通过执行下降沿检测指令DIFD，R0203.2在此扫描周期输出有效，再通过执行单字节数据传送指令MOVB将R0202的值传送到工作方式数据表的表内号地址R0210。

当松开远程运行工作方式按键时，DNC-K信号（X0024.3）为0，内部继电器信号R0202.2输出无效，R0202的值为0；同时R0203.1产生一个上升沿，将不执行下降沿检测指令DIFD，R0203.2输出无效，不执行单字节数据传送指令MOVB，工作方式数据表的表内号地址R0210的值保持不变，仍为4。

其他工作方式二进制编码具体的PMC控制过程同上所述，转换数据如表3-3所示。

表3-3 工作方式代码转换表

工作方式	工作方式数据表			
	表内号(R0210)		倍率数据(G43)	
	二进制	十进制	十进制	二进制
自动	0001	1	1	00000001
编辑	0010	2	3	00000011
手动数据输入	0011	3	0	00000000
远程运行	0100	4	33	00100001
回参考点	0101	5	133	10000101
手动连续进给	0110	6	5	00000101
增量进给	0111	7	4	00000100
手轮进给	1000	8	4	00000100

② 工作方式代码转换PMC控制

a. 工作方式代码转换PMC控制主要相关信号。

• G信号。

MD1：工作方式选择信号1。地址：G0043.0。

MD2：工作方式选择信号2。地址：G0043.1。

MD4. 工作方式选择信号3。地址：G0043.2。

DNC1：远程运行工作方式选择信号。地址：G0043.5。

ZRN：回参考点工作方式选择信号。地址：G0043.7。

• R信号。

1：内部常1信号。地址：R0100.1。

工作方式数据表的表内号地址：R0210。

b. 工作方式代码转换PMC控制主要相关指令。

CODB：二进制代码转换指令。

• 功能。该指令的功能是把1B的二进制代码数据（0～255）转换成1B、2B或4B的二进制数据。具体功能是把1B二进制数据指定的表内号在数据表中所对应的二进制数据（1B、2B或4B）输出到指定的地址当中。

• 格式。格式如图3-14所示。

• 控制条件。

RST：错误输出复位条件。RST＝0，取消复位，输出不变；RST＝1，错误输出复位。

ACT：执行条件。ACT＝0，不执行CODB指令；ACT＝1，执行CODB指令。

• 参数。数据格式指定：指定数据表中二进制数据的字节数，0001表示指定1B二进制数据；0002表示指定2B二进制数据；0004表示指定4B二进制数据。

• 数据表容量。指定数据表的容量，最多可容纳256个数据。0009表示工作方式数据表的容量为9个数据，表内号范围是0～8。

• 转换数据输入地址。数据表中的数据可以通过指定表内号取出，指定表内号的地址为转换数据输入地址，表内号为1B二进制数据。R0210表示工作方式数据表的表内号地址。

• 转换数据输出地址。指定数据表中的1B、2B或4B的二进制数据转换后的输出地址。G0043表示转换数据输出地址。

• 错误输出。在执行CODB指令时如果出现错误，R0203.3为1，否则为0。

c. 工作方式代码转换PMC控制过程如下。

PMC将工作方式二进制编码转换为工作方式数据表的表内号，并存于R0210之后，再通过执行代码转换指令CODB把表内号所对应的工作方式数据传送到G0043中。具体控制过程如图3-14所示。

当按下自动工作方式按键，经过二进制编码之后，工作方式数据表的表内号地址R0210的值为1，再通过执行代码转换指令CODB把表内号1所对应的工作方式数据1，以8位二进制数据00000001的形式输出到G0043.0～G0043.7中，PMC向CNC发出的MD1、MD2、MD4和DNC1的信号组合为1000，使CNC进入自动工作方式。同时CNC向PMC回送CNC处于自动工作方式确认信号MMEM（F0003.5），CNC处于自动工作方式信号AUTO（R0200.1）输出有效，自动工作方式指示灯信号AUTO-L（Y0024.0）输出有效，自动工作方式指示灯亮。

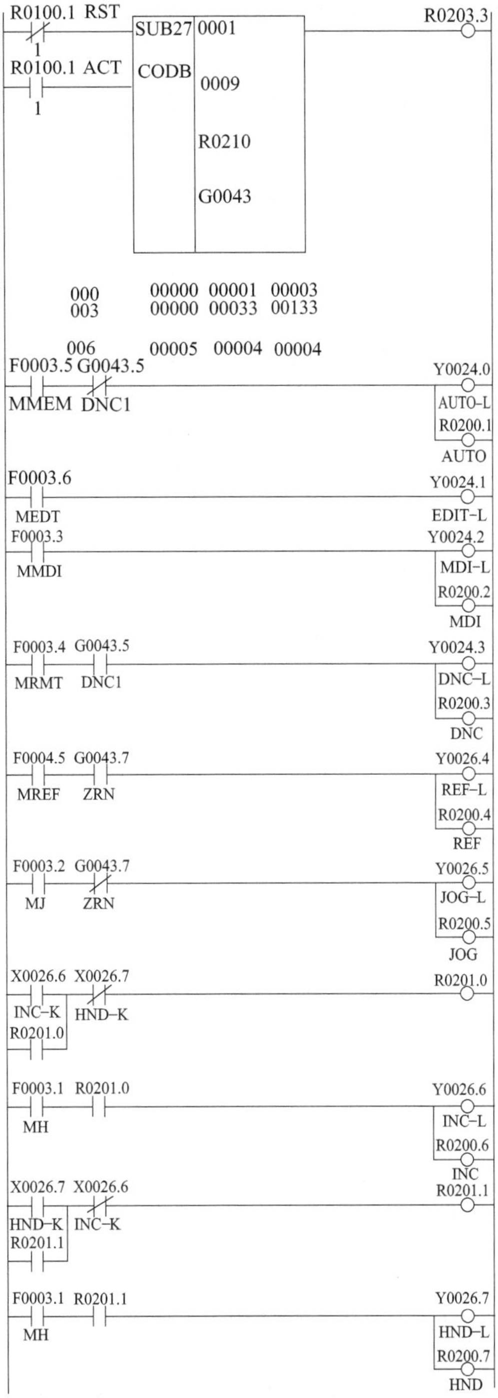

图3-14　工作方式代码转换PMC控制梯形图

当松开自动工作方式按键时，工作方式数据表的表内号地址R0210的值仍为1，仍通过执行代码转换指令CODB把表内号1所对应的工作方式数据1，以8位二进制数据00000001的形式输出到G0043.0～G0043.7中，PMC向CNC发出的MD1、MD2、MD4和DNC1的信号组合仍为1000，使CNC仍处于自动工作方式。同时CNC仍向PMC回送CNC处于自动工作方式确认信号MMEM（F0003.5），CNC处于自动工作方式信号AUTO（R0200.1）仍输出有效，自动工作方式指示灯信号AUTO-L（Y0024.0）仍输出有效，自动工作方式指示灯仍亮。

当按下编辑工作方式按键，经过二进制编码之后，工作方式数据表的表内号地址R0210的值为2，再通过执行代码转换指令CODB把表内号2所对应的工作方式数据3，以8位二进制数据00000011的形式输出到G0043.0～G0043.7中，PMC向CNC发出的MD1、MD2和MD4信号组合为110，使CNC进入编辑工作方式。同时CNC向PMC回送CNC处于编辑工作方式确认信号MEDT（F0003.6），编辑工作方式指示灯信号EDIT-L（Y0024.1）输出有效，编辑工作方式指示灯亮。

当松开编辑工作方式按键时，工作方式数据表的表内号地址R0210的值仍为2，仍通过执行代码转换指令CODB把表内号2所对应的工作方式数据3，以8位二进制数据00000011的形式输出到G0043.0～G0043.7中，PMC向CNC发出的MD1、MD2和MD4的信号组合仍为110，使CNC仍处于编辑工作方式。同时CNC仍向PMC回送CNC处于编辑工作方式确认信号MEDT（F0003.6），编辑工作方式指示灯信号EDIT-L（Y0024.1）仍输出有效，编辑工作方式指示灯仍亮。

当按下手动数据输入工作方式按键，经过二进制编码之后，工作方式数据表的表内号地址R0210的值为3，再通过执行代码转换指令CODB把表内号3所对应的工作方式数据0，以8位二进制数据00000000的形式输出到G0043.0～G0043.7中，PMC向CNC发出的MD1、MD2和MD4信号组合为000，使CNC进入手动数据输入工作方式。同时CNC向PMC回送CNC处于手动数据输入工作方式确认信号MMDI（F0003.3），CNC处于手动数据输入工作方式信号MDI（R0200.2）输出有效，手动数据输入工作方式指示灯信号MDI-L（Y0024.2）输出有效，手动数据输入工作方式指示灯亮。

当松开手动数据输入工作方式按键时，工作方式数据表的表内号地址R0210的值仍为3，仍通过执行代码转换指令CODB把表内号3所对应的工作方式数据0，以8位二进制数据00000000的形式输出到G0043.0～G0043.7中，PMC向CNC发出的MD1、MD2和MD4的信号组合仍为000，使CNC仍处于手动数据输入工作方式。同时CNC仍向PMC回送CNC处于手动数据输入工作方式确认信号MMDI（F0003.3），CNC处于手动数据输入工作方式信号MDI（R0200.2）仍输出有效，手动数据输入工作方式指示灯信号MDI-L（Y0024.2）仍输出有效，手动数据输入工作方式指示灯仍亮。

当按下远程运行输入工作方式按键，经过二进制编码之后，工作方式数据表的表内号地址R0210的值为4，再通过执行代码转换指令CODB把表内号4所对应的工作方式数据33，以8位二进制数据00100001的形式输出到G0043.0～G0043.7中，PMC向CNC发出的MD1、MD2、MD4和DNC1的信号组合为1001，使CNC进入远程运行工作方式。同时CNC向PMC回送CNC处于远程运行工作方式确认信号MRMT（F0003.4），CNC处于远程运行工作方式信号DNC（R0200.3）输出有效，远程运行工作方式指示灯信号DNC-L（Y0024.3）输出有效，远程运行工作方式指示灯亮。

当松开远程运行工作方式按键时，工作方式数据表的表内号地址R0210的值仍为4，仍通过执行代码转换指令CODB把表内号4所对应的工作方式数据33，以8位二进制数据00100001的形式输出到G0043.0～G0043.7中，PMC向CNC发出的MD1、MD2、MD4和DNC1的信号组合仍为1001，使CNC仍处于远程运行工作方式。同时CNC仍向PMC回送CNC处于远程运行工作方式确认信号MRMT（F0003.4），CNC处于远程运行工作方式信号DNC（R0200.3）输出有效，远程运行工作方式指示灯信号DNC-L（Y0024.3）仍输出有效，远程运行工作方式指示灯仍亮。

其他工作方式代码转换具体PMC控制过程同上所述，转换数据如表3-3所示。

3.1.4 PMC接口地址的分配

PMC接口的地址表达形式如图3-15所示。第一位字母表示地址类型，包括机床侧的输入（X）、输出（Y）线圈信号，NC系统部分的输入（F）、输出（G）线圈信号，内部继电器（R），信息显示请求信号（A），计数器（C），保持型继电器（K），数据表（D），定时器（T），标号（L），子程序号（P）等。小数点前的数字表示该地址类型的字节地址，小数点后一位数字表示该字节中具体某一位的位地址，范围为0～7。在功能指令中指定字节单位的地址时，位号就不必给出了。

PMC与CNC系统部分，以及与机床侧辅助电气部分的接口关系，如图3-16所示。其地址如表3-4所示。但不同的数控机床又有所不同。

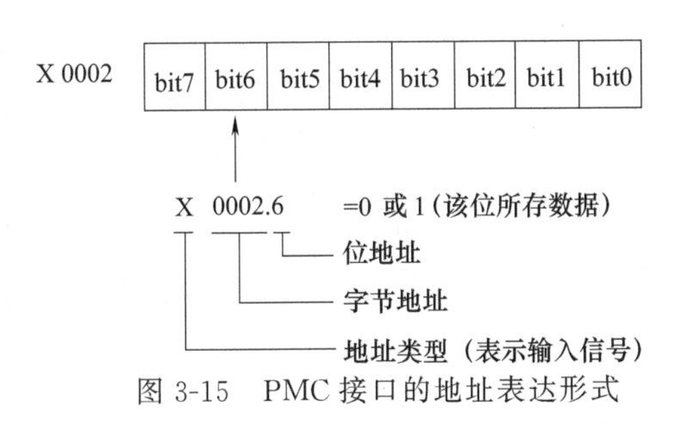

图 3-15 PMC 接口的地址表达形式

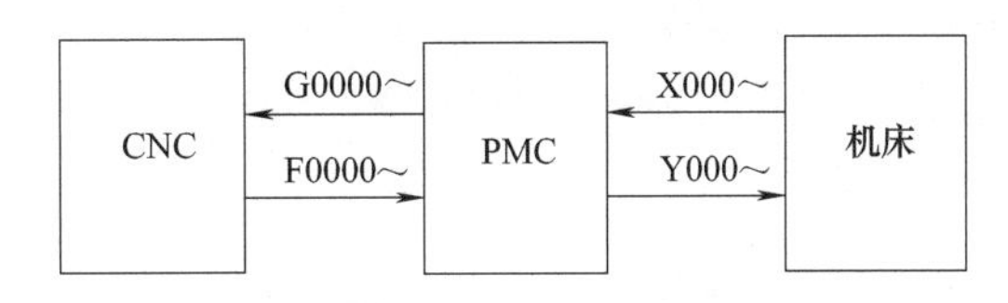

(a) 一个PMC控制一个路径

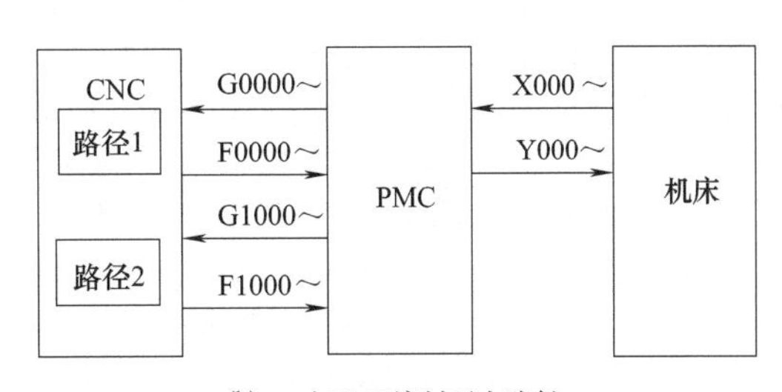

(b) 一个PMC控制两个路径

图 3-16 PMC、CNC 与机床侧的接口关系

表 3-4 PMC 的 SA1/SB7 可编程地址范围

信号类别	字符	地址范围	
		PMC-SA1	PMC-SB7
机床侧输入到 PMC	X	X0.0～X127.7	X0.0～X127.7,X200.0～X327.7,X1000.0～X1127.7
PMC 输出到机床侧	Y	Y0.0～Y127.7	Y0.0～Y127.7,Y200.0～Y327.7,Y1000.0～Y1127.7
从 CNC 输入到 PMC	F	F0.0～F255.7	F0.0 ～ F767.7, F1000.0 ～ F1767.7, F2000.0 ～ F2767.7.F3000.0～F3767.7
PMC 输出到 CNC	G	G0.0～G255.7	G0.0 ～ G767.7,G1000.0 ～ G1767.7,G2000.0 ～ G2767.7,G3000.0～G3767.7
内部继电器	R	R0.0～R999.7	R0.0～R7999.7
特殊内部继电器	R	R9000.0～R9099.7	P0000.0～119499.7
内部继电器扩展	E		E0.0～E7999.7
信息显示请求位	A	A0.0～A24.7	A0.0～A249.7,A9000.0～A9249.7
定时器	T	T0～T79	T0～T499
计数器	C	C0～C79	C0～C99
断电保持型继电器	K		K0.0～K99.7,K900.0～K919.7
断电保持型存储器	D	D0.0～D1859.7	D0.0～D9999.7
子程序号	P		P1～P2000
标号	L		L1～L9999

注：保持型控制继电器不可以作为编程元件使用。

FANUC 数控系统的输入接口的电路形式如图 3-17 所示。连接到输入点的触点电气参数额定值要求电压大于等于 30V，电流大于等于 16mA，断路时的触点泄漏电流小于 1mA，接通时的触点之间的电压降（包括电缆上的压降）小于 2V。

输出接口的电路形式如图 3-18 所示，注意一定不允许采用驱动器并联输出的连接方式。驱动器的最大负载电流小于 200mA，每一个 DOCOM 电源引脚的最大电流小于 0.7A（包括瞬间浪涌电流）。驱动输出时开关管的饱和压降最大为 1.0V（当负载电流为 200mA 时）。输出驱动器的耐压为小于 24V+20%，包括瞬间的浪涌电压。输出驱动器的开关管开路时，其泄漏电流必须小于 100μA。

输出接口所用的外部电源电压规格为 24V+10%，电源电流应大于最大负载电流总和再加上 100mA。接通电源时应先接通外部电源，再接通控制单元的电源，或者是同时接通；切断电源时应先切断控制单元的电源，再切断外部电源，或者同时切断。

F 是 CNC 系统部分侧输入到 PMC 的信号，系统部分就是将伺服电动机和主轴电动机的状态，以及请求相关机床动作的信号（如移动中信号、位置检测信号、系统准备完信号等），反馈到 PMC 中去进行逻辑运算，作为机床动作的条件及进行自诊断的依据。其地址是 F0～F255 和 F1000～F1255（地址号加 1000 是分配给第二系统的）。

G 是由 PMC 侧输出到 NC 系统部分的信号，对系统部分进行控制和信息反馈（如轴互锁信号、M 代码执行完毕信号等）。其地址是从 G0～G255 和 G1000～G1255（地址号加 1000 是分配给第二系统的）。

（1）内部继电器（R）

在梯形图中，经常需要中间继电器作为辅助运算用。内部继电器的地址是从 R0 开始的，R0～R1499 作为通用中间继电器使用，R9000～R9117 作为 PMC 系统程序保留区域，这个区域中的继电器不能用作梯形图中的线圈使用。R9000 作为二进制加法运算（ADDB）、二进制减法运算（SUBB）、二进制乘法运算（MULB）、二进制除法运算（DIVB）和二进制数值大小判别（COMPB）功能指令的运算结果输出用寄存器时，R9000 各位的定义如表 3-5 所示。R9000 作为外部数据输入（EXIN）、读 CNC 窗口数据（WINDR）、写 CNC 窗口数据（WINDW）功能指令的错误输出寄存器时，R9000.0 为指令执行出错。R9000～R9005 是二进制除法运算（DIVB）功能指令的运算结果输出寄存器时，执行 DIVB 功能指令后的余数输出到这些寄存器。R9091 是系统定时器，其各位的定义如表 3-6 所示。

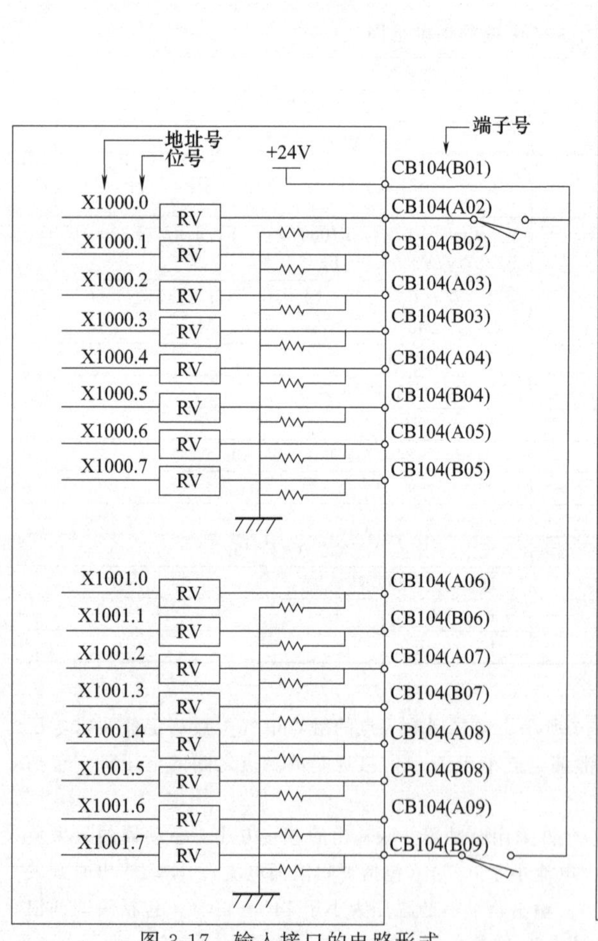

图 3-17　输入接口的电路形式

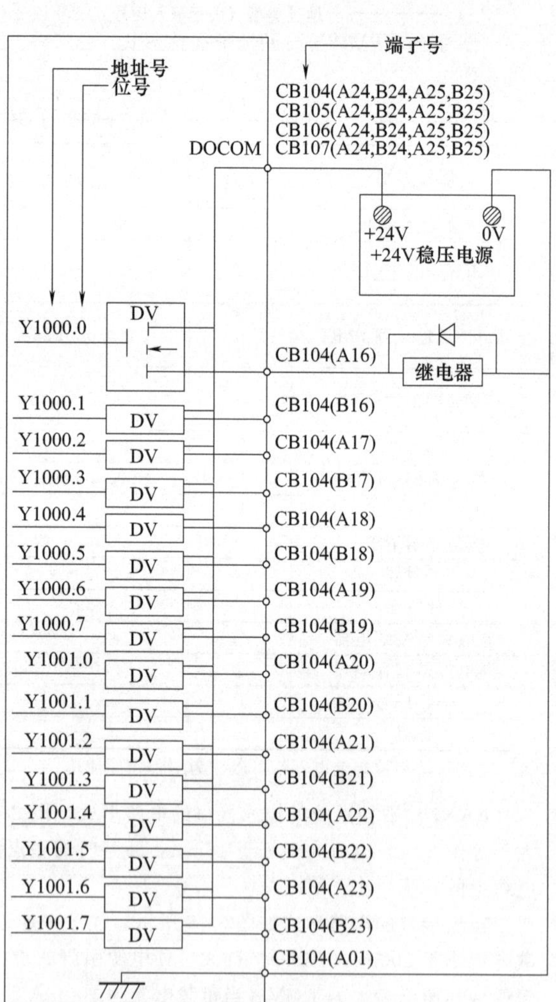

图 3-18　输出接口的电路形式

（2）信息显示请求信号（A）

A 地址用来表示信息显示请示地址，其地址为 A0～A24，共 25 个字节，200 位，共计 200 个信息。

数控机床厂家把不同的机床结构所能预见的异常情况汇总后，自己编写错误代码和报警信息。PMC 通过从机床侧各检测装置反馈回来的信号和系统部分的状态信号，对机床所处的状态经过程序的逻辑运算后进行自诊断，若其发现状态与正常的状态有异时，将机床当时的情况判定为异常，并将对应于该种异常的 A 地址置为 1。当指定的 A 地址被置为 1 后，在报警显示屏幕中相应会出现相关的信息，帮助查找和排除故障。而该故障信息是由机床厂家在编辑 PMC 程序时编写的。如果对机床的机械结构和元件的分布不是很熟悉，当出现机床侧异常的情况，报警显示屏幕上显示的报警信息也未读懂的时候，就可以利用当出现机床侧异常时在屏幕出现的报警信息，和其相对应的 A 地址也会相应地置 1 这一关联关系，查阅相关的梯形图，通过分析梯形图，找出使 A 地址置为 1 的要素，从而定位故障点并将其排除。

表 3-5　R9000 各位的定义

地址	定义	地址	定义
R9000.0	功能指令运算结果为 0	R9000.4	
R9000.1	功能指令运算结果为负值	R9000.5	功能指令运算结果溢出
R9000.2		R9000.6	
R9000.3		R9000.7	

表 3-6　R9091 系统定时器各位的定义

地址	定义	地址	定义
R9091.0	一直断开为 0	R9091.4	—
R9091.1	一直接通为 1	R9091.5	200ms 的周期信号，其中 104ms 为 1，96ms 为 0
R9091.2	—	R9091.6	1s 的周期信号，其中 504ms 为 1，496ms 为 0
R9091.3	—	R9091.7	—

(3) 计数器地址（C）

C 为计数器地址，其地址为 C0～C79，共 80 个字节。该地址用于计数器（CTR）功能指令设定计数值，每 4 个字节组成一个计数器（其中两个字节作保存预置值用，另外两个字节作保存当前值用），也就是说总共可分为 20 个计数器，计数器号从 1～20。这一区域是非易失性存储区域，因此在系统断电时，存储器中的内容也不会丢失。

(4) 保持继电器（K）

K 为保持继电器地址，其地址为 K0～K19，共 20 个字节，160 位。K0～K16 为一般通用地址，K17～K19 为 PMC 系统软件参数设定区域，由 PMC 系统使用。在数控系统运行的过程中，若发生停电，输出继电器和内部继电器全部成为断开状态。当电源再次接通时，输出继电器和内部继电器都不可自动恢复到断电前的状态，所以停电保持用继电器就用于当需要保存停电前的状态，并在再运行时再现该状态的情形。

(5) 数据表地址（D）

D 为数据表地址，其地址为 D0～D1859，共 1860 个字节。在 PMC 程序中，某些时候需要读写大量的数字数据（在这里称为数据表），D 就是用来存储这些数据的非易失性存储器。这一区域是非易失性存储区域，因此在系统断电时，存储器中的内容也不会丢失。

(6) 定时器地址（T）

T 为定时器地址，其地址为 T0～T79，共 80 个字节。该地址用于定时器（TMR）功能指令存储设定时间，每两个字节组成一个定时器，共可分为 40 个定时器，定时器号为 1～40。这一区域是非易失性存储区域，因此在系统断电时，存储器中的内容也不会丢失。

(7) 标记地址（L）

L 为标记地址，从 L1 开始，共有 9999 个标记数，用于指定标号跳转（JMPB、JMPC）功能指令中跳转目标标号。在 PMC 程序中，相同的标号可以出现在不同的 LBL 指令中，只要在主程序和子程序中是唯一的就可以了。

(8) 子程序号（P）

P 为子程序号的标志，从 P1 开始，共有 512 个子程序数，也就是说总共只能定义 512 个子程序。子程序号用于指定条件调用子程序（CALL）和无条件调用子程序（CALLU）功能指令中调用的目标子程序号。在 PMC 程序中，子程序号是唯一的。

3.2 FANUC数控系统中PMC的装调

(1) 梯形图编辑功能（PMC-SB7）

① 梯形图的设置　梯形图编辑设定界面如图3-19所示，包括如表3-7所示设置项。

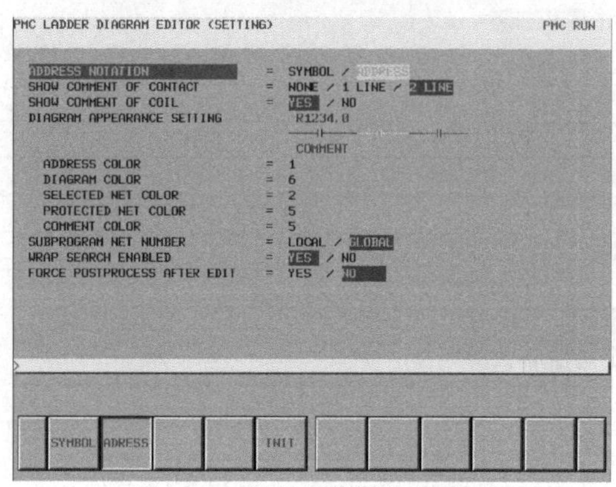

图3-19　梯形图编辑设定界面

在梯形图编辑设定界面中，［INIT］软键初始化所有设定值，所有设置项均被初始化为默认值有效。

② 梯形图的编辑。

a. 梯形图编辑界面。在梯形图编辑界面，可以通过编辑梯形图修改程序状态。在梯形图监控界面中按下［EDIT］软键可以进入梯形图编辑界面，如图3-20所示。在梯形图编辑界面中，可以进行以下操作。

- 删除网格［DELETE］。
- 移动网格［CUT］和［PASTE］。
- 复制网格［COPY］和［PASTE］。
- 修改触点和线圈的地址：“位地址”＋［INPUT］键。
- 修改功能指令的参数：“数值”或“字节地址”＋［INPUT］键。
- 添加新网格［CREATE］。
- 修改网格结构［MODIFY］。
- 使所做修改生效［UPDATE］。
- 放弃修改［RESTORE］。

表3-7　梯形图编辑设定界面的设置项

<table>
<tr><th colspan="2">项目</th><th>默认设置</th><th>说　明</th></tr>
<tr><td colspan="2">地址的表示方法</td><td>地址</td><td>设定程序中是以符号形式还是以地址形式显示每个位地址和字节地址</td></tr>
<tr><td colspan="2">显示触点注释</td><td>两行</td><td>更改每个触点的注释的显示格式</td></tr>
<tr><td colspan="2">显示线圈注释</td><td>YES</td><td>指定是否显示每个线圈的注释</td></tr>
<tr><td rowspan="5">程序外观设置</td><td>地址颜色</td><td>绿色(1)</td><td rowspan="5">改变梯形图的颜色。可以设置梯形图各元件如线、继电器等的颜色</td></tr>
<tr><td>图表颜色</td><td>黑色(6)</td></tr>
<tr><td>选择网格颜色</td><td>黄色(2)</td></tr>
<tr><td>受保护网格颜色</td><td>淡蓝色(5)</td></tr>
<tr><td>注释颜色</td><td>淡蓝色(5)</td></tr>
<tr><td colspan="2">子程序网格号</td><td>GLOBAL</td><td>设置在显示子程序时，是显示仅表示在子程序中网格的“LOCAL”数值还是显示表示整个梯形图程序的“GLOBAL”数值。该设置还会影响在用数值搜索网格时网格数值信息的表示方式</td></tr>
<tr><td colspan="2">循环搜索有效</td><td>YES</td><td>设置当搜索操作到达梯形图程序结尾处时，是否返回梯形图程序起始处并继续进行搜索</td></tr>
<tr><td colspan="2">编辑后强制后台处理</td><td>NO</td><td>设置在编辑梯形图程序后退出梯形图编辑界面时，使梯形图程序运行的后台处理过程始终执行还是仅在修改梯形图程序后才执行</td></tr>
</table>

无论梯形图程序处在运行状态还是停止状态，都可以对梯形图进行编辑。然而，如果准备运行修改过的梯形图，就必须先更新梯形图，更新的方法是退出梯形图编辑界面或按下［UPDATE］软键。

如果编辑后的程序在写入Flash ROM前系统断电，那么修改无效。利用输入/输出界面将顺序程序写入Flash ROM。当K902#0被设为1时，在结束编辑后，会显示一条确认信息，询问是否将顺序程序写入Flash ROM。

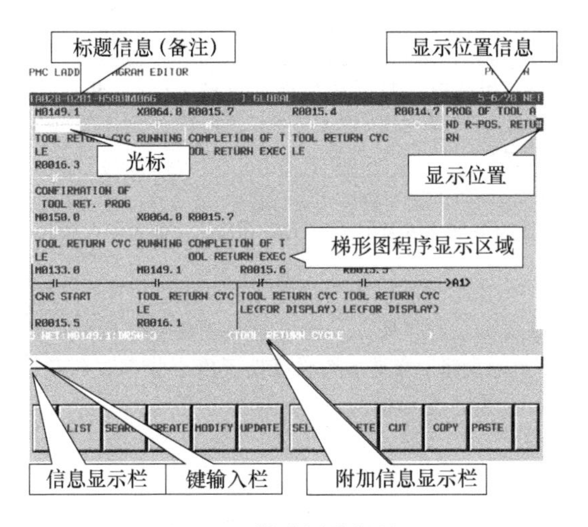

图 3-20 梯形图编辑界面

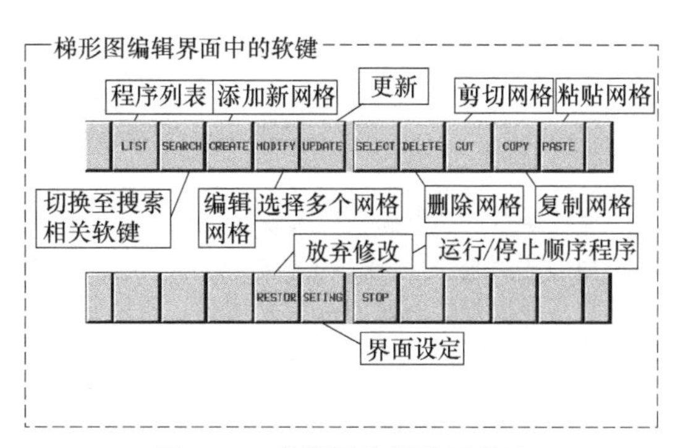

图 3-21 梯形图编辑界面软键

b. 软键操作。梯形图编辑界面软键如图 3-21 所示，其操作如表 3-8 所示。

表 3-8 梯形图编辑界面软键

软键	功能	说　明
[LIST]	切换至程序列表编辑界面	在程序列表编辑界面内,也可以切换在梯形图编辑界面内显示的子程序
[SEARCH]	搜索并切换菜单	按[<]键可以返回主键
[MODIFY]	切换至网格编辑界面	修改所选网格的结构
[CREATE]	创建新网格	按下该键出现网格编辑界面,在光标位置创建新网格
[UPDATE]	修改生效	将当前编辑的梯形图更新为运行的梯形图,所有的修改都可以生效,同时仍保持在编辑界面。如果更新成功,梯形图会开始运行
[SELECT]	选择多个网格	对某些操作例如[DELETE]、[CUT]、[COPY]可选择多个网格。按[SELECT]键可选择一个或多个网格,利用光标移动键和搜索功能选择目标网格。在该模式下,选择的网格以凹进的[SELECT]键标示,所选网格的信息在靠近屏幕底部的附加信息栏里显示
[DELETE]	删除网格	删除所选网格。用[DELETE]删除的网格将消失。如果用[DELETE]删除了不应删除的网格,那么就必须放弃所有的更改,将梯形图程序恢复到没有编辑前的最初状态
[CUT]	剪切网格	剪切所选网格。剪切下的网格从程序中消失,但是被保存在粘贴缓冲区中。粘贴缓冲区中[CUT]操作前的内容被清除。用软键[CUT]和[PASTE]来移动网格
[COPY]	复制网格	将所选网格复制到缓冲区中。程序没有任何改变。粘贴缓冲区中[COPY]操作前的内容被清除。用软键[COPY]和[PASTE]来复制网格
[PASTE]	粘贴网格	在光标位置粘贴被保存在粘贴缓冲区中的经过[CUT]或[COPY]操作的网格。在用软键[SELECT]选择的网格处按下[PASTE]软键将所选网格替换为粘贴缓冲区中的网格。粘贴缓冲区中的内容在 CNC 断电之前一直保留
[RESTORE]	放弃所做修改	将梯形图程序恢复到刚进入梯形图编辑界面时的状态或者是最后一次用[UPDATE]软键更新的状态。当做了错误的修改并且很难纠正该错误时该键非常有用
[SETING]	进行界面设定	在梯形图编辑界面内进入设置界面。在该界面内可以对梯形图编辑界面的设置进行修改。利用[<]软键返回梯形图编辑界面

续表

软键	功能	说　明
[RUN]/[STOP]	运行/停止梯形图程序	控制梯形图程序的执行。用软键[RUN]来使梯形图程序运行，用软键[STOP]来停止梯形图程序。这两个软键均需要得到操作者的确认，当操作者确认要运行或停止梯形图程序时，按下[YES]即可
[<]	退出编辑状态	退出编辑界面，同时将编辑的梯形图程序更新为运行程序，所有修改都可以生效。当梯形图编辑界面处于有效状态并且类似[SYSTEM]的功能键不起作用时，编辑数据被删除

修改运行的梯形图程序或运行/停止梯形图程序时必须特别小心，如果在错误的时间或者当机床处于某种不当的状态时运行/停止了梯形图，机床将可能产生不可预料的后果。当梯形图程序处于停止状态时，安全机构和梯形图程序的监测都没有运行。所以请务必确保在运行/停止梯形图时，“机床处于正确的状态”和“没有任何人靠近机床”。

c. 其他键的操作。

• 光标移动键、翻页键。可以通过光标移动键和翻页键在屏幕上移动光标。当光标位于某继电器或某功能指令的地址参数上时，光标处地址的信息在“附加信息栏”处显示。

• “位地址”＋[Enter]键。更改光标处继电器的位地址。

• “数值”或“字节地址”＋[Enter]键。更改光标处的功能指令参数。但是，有些参数是不能通过该操作更改的。如果发现有该参数不能更改的信息提示，请使用网格编辑界面更改参数。

(2) 网格编辑功能

应用网格编辑功能可以创建新网格，也可以修改已存在的网格。

① 修改已存在的网格　按下[MODIFY]软键进入网格编辑界面，该模式为修改已存在网格的“修改模式”。

② 创建新网格　按下[CREATE]软键进入网格编辑界面，该模式为创建新网格的“创建模式”。在该界面下可以进行如表3-9所示操作。

表 3-9　创建新网格时可进行的操作

项　目	操　作
创建新的触点和线圈	“位地址”＋[—┤ ├—]、[—○—]等
改变触点和线圈的类型	[—┤ ├—]、[—○—]等
创建新的功能指令	[FUNC]
改变功能指令的类型	[FUNC]
删除触点、线圈和功能指令	[———]
绘制/擦除连接线	[———]、[———]、[———↑]
编辑功能指令的数据表	[TABLE]
插入行/列	[INSLIN]、[INSCLM]、[APPCLM]
改变触点和线圈的地址	“位地址”＋[INPUT]
改变功能指令的参数	“数值”或“位地址”＋[INPUT]
放弃修改	[RESTOR]

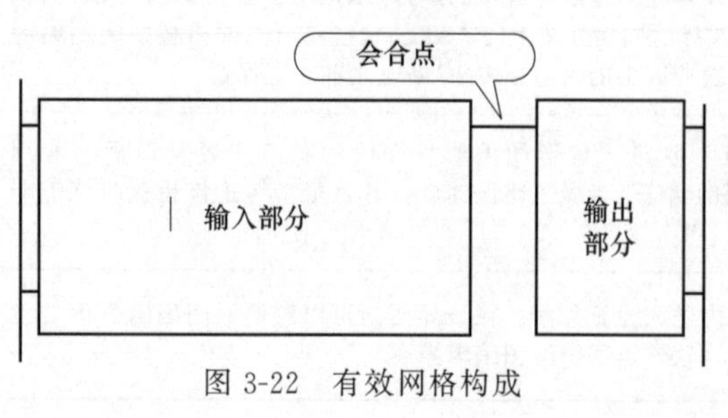

图 3-22　有效网格构成

③ 有效网格构成　有效网格必须有如图3-22所示的结构。输入部分由触点和功能指令组成，输入部分操作的结果必须有会合点。在会合点后是仅由线圈组成的输出部分。会合点是最靠近右边母线的各个连接部分的一个单一结合点。如图3-23所示，输入部分必须至少包括一个继电器或功能指令，而输出部分可以不包括任何东西，如图3-24所示。有效网格还必须满足以下条件。

a. 一个网格中只能有一个功能指令。

b. 功能指令只能位于输入部分的末端（最右端）。

c. 输出部分只能包含线圈。

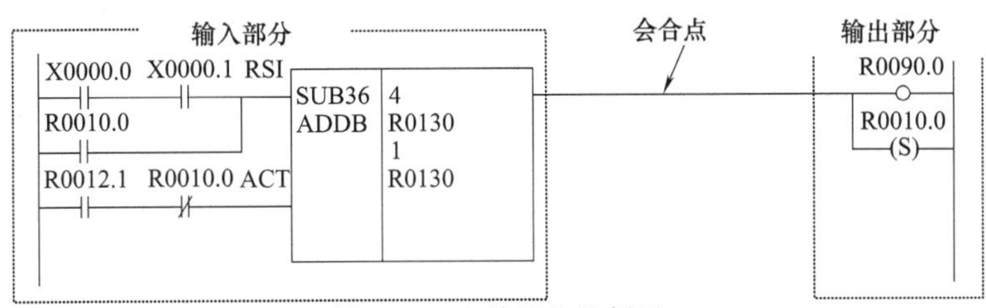

图 3-23 有效网格的例子

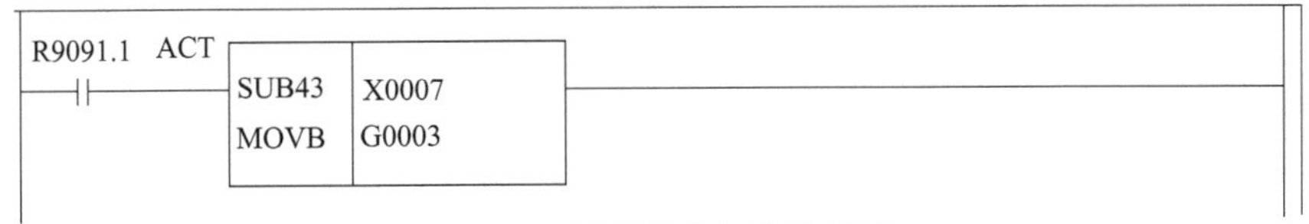

图 3-24 没有输出部分的例子

④ 网格编辑界面的特点 如图 3-25 所示网格编辑界面的特点如下。

a. 基本与梯形图编辑界面相同，只是该界面只显示一个网格，同时也不显示在梯形图编辑界面中界面右边界的位置条。

b. 当前的编辑模式在屏幕右上端显示为“创建模式”或“修改模式”。按下［MODIFY］软键进入网格编辑界面时，为“修改模式”；按下［CREATE］软键进入网格编辑界面时，为“创建模式”。

c. 当前网格号在屏幕顶端右方显示。网格号与之前的梯形图编辑界面中的网格号相同。

d. 当梯形图监控/编辑界面折叠网格的宽度大于屏幕宽度时，网格编辑界面会根据网格宽度在水平方向扩展网格图像。网格扩展宽度超出屏幕宽度时，若将光标移出屏幕则会滚动到该方向的网格图像。网格占用的最大尺寸为 1024 个元素，但是实际可用面积略小于这个尺寸，这是由于不同的内部条件造成不同的内部使用情况所致：“元素”是指单个继电器占据的空间大小。

⑤ 网格编辑界面的操作 如图 3-26 所示网格编辑界面的操作如下。

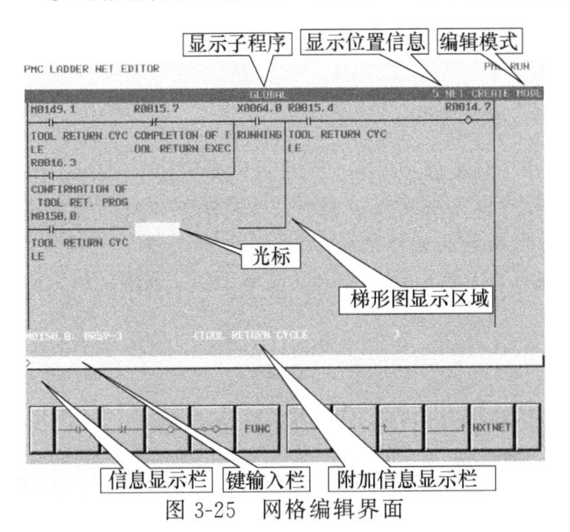

图 3-25 网格编辑界面

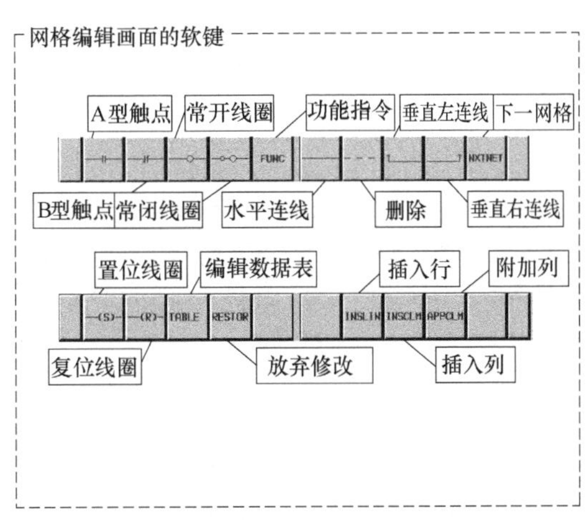

图 3-26 网格编辑界面

a. 软件操作。

• ［—┤├—］，［—┤/├—］，［—○—］，［—⊘—］，［—Ⓢ—］，［—Ⓡ—］：输入和更改继电器，创建继电器（触点和线圈），或者更改已有继电器的类型。当光标位于空位置时按下这些继电器软键中任意一个，将在光标位置创建一个新的键类型的继电器。当输入一个位地址后按下这些软键，那么位地址就作为新创建的继电器的地址。如果没有给出位地址，那么在此之前最后输入的位地址将被自动分配给新创建的继电器。如果此前还没有输入过位地址，那么新创建的继电器就不会有地址。触点可以放在非最右列的任意位置，而线圈只能放在最右列。将光标移到一个已有的继电器上，按下另一种类型的继电器键将会改变光标处的继电器类型。但是不允许将线圈改为触点，也不允许将触点改为线圈。除了该界面只显示一个网格外，其他基本与梯形图编辑界面相同，如图 3-27 所示。

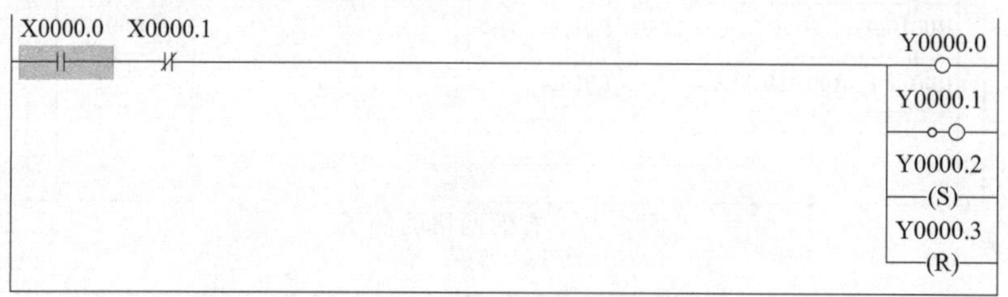

图 3-27　触点和线圈的例子

• ［FUNC］：创建功能指令，或更改已有功能指令的类型。当光标位于空位置时按下［FUNC］软键，将在光标位置创建一个新的功能指令，同时显示功能指令列表，然后输入所选的功能指令类型。如果直接输入一个表示功能指令数值或名字的字符串后按下［FUNC］软键，那么就不显示列表界面。将光标移到一个已有的功能指令上按下［FUNC］软键可以更改光标处的功能指令类型。

• ［——┤］：绘制水平连线或将一个已有的继电器改变为水平连线。

• ［--------┤］：擦除光标位置的继电器和功能指令。

• ［↑______］、［______↑］：绘制光标位置的继电器或水平连线左右两侧的向上垂直连线，或擦除已有的垂直连线。如果光标位置的继电器或水平连线没有向上的垂直连线，那么这两个键显示为实箭头，表示按下软键将绘制连线；如果光标位置的继电器或水平连线有向上的垂直连线，那么这两个键显示为虚箭头（［↑______］，［______↑］），表示按下软键将擦除连线，如图 3-28 所示。

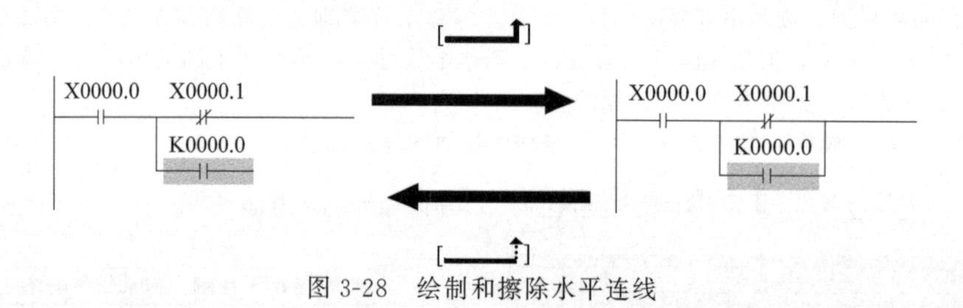

图 3-28　绘制和擦除水平连线

• ［NXTNET］：结束编辑当前网格，进入下一个网格。如果属于在梯形图编辑界面下按下［MODIFY］软键进入网格编辑界面的情况，按下［NXTNET］软键将结束当前网格的编辑，并编辑下一个网格，如图 3-29所示。如果是在梯形图编辑界面下按下［CREATE］软键进入网格编辑界面的情况，按下［NXTNET］软键将结束当前网格的创建，并将其插入梯形图，然后创建一个新的初始为空的网格，该网格将被插入到当前网格的下一处，如图 3-30 所示。

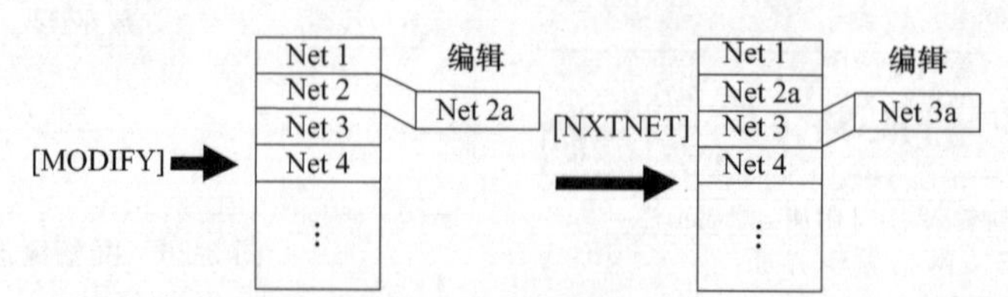

图 3-29　在修改模式下（修改一个已有的网格）按下［NXTNET］软键的情况

• ［TABLE］：进入功能指令数据表编辑界面编辑光标位置的功能指令数据表。该软键仅当光标位置的功能指令包括数据表时出现。

• ［RESTOR］：放弃所有的修改，将网格恢复到开始编辑前的状态。如果在梯形图编辑界面中按下

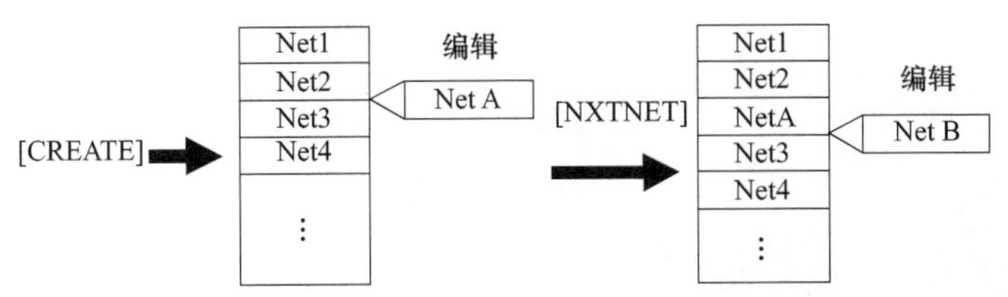

图 3-30 在创建模式下（创建一个新的网格）按下［NXTNET］软键的情况

［CREATE］软键进入网格编辑界面的情况，将会返回到空的网格；如果在梯形图编辑界面中按下［MODIFY］软键进入网格编辑界面的情况，将会返回到该界面修改前的网格。

• ［INSLIN］：在光标位置插入一个空行。光标位置或垂直下方的图形元素都将向下平移一行。在功能指令框的中间进行插入行操作将会在垂直方向扩展指令框，使输入条件之间增加一行空间，如图 3-31 所示。

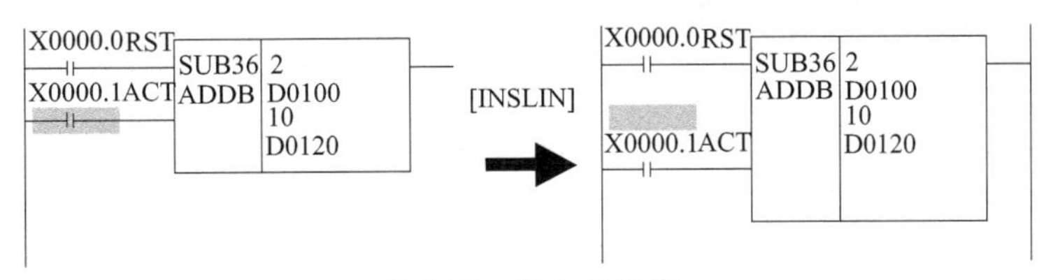

图 3-31 插入行操作

• ［INSCLM］：在光标位置插入一个空列。光标位置或水平右方的图形元素都将向右平移一列。如果没有空间平移元素，将会增加一个新列并且图形区域将向右扩展，如图 3-32 所示。

• ［APPCLM］：在光标位置的右侧插入一个空列。光标水平右方的图形元素都将向右平移一列。如果需要，将会向右方扩展网格，如图 3-33 所示。

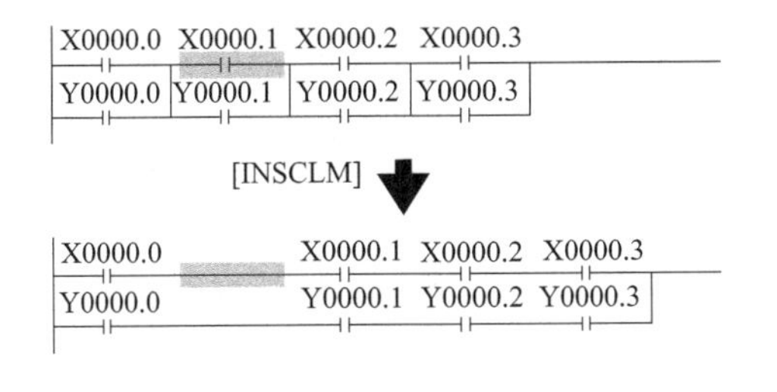

图 3-32 插入列操作

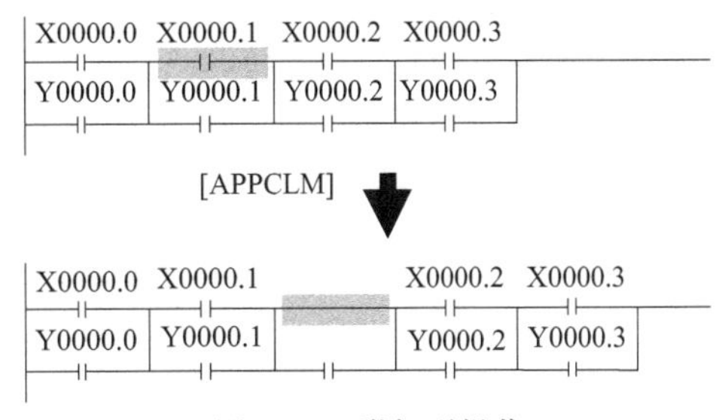

图 3-33 附加列操作

• ［<］：退出编辑界面，分析当前编辑的网格，并将其存入梯形图程序。如果发现网格中有错误，仍旧保留网格编辑界面，同时显示一个错误信息。根据错误类型，光标可以指示错误位置。

b. 使用其他键的操作。

• 光标移动键、翻页键：可以通过光标移动键和翻页键在屏幕上移动光标。当梯形图监控/编辑界面折叠网格的宽度大于屏幕宽度时，网格编辑界面会根据网格宽度在水平方向扩展网格图像。网格扩展宽度超出屏幕宽度时，若将光标移出屏幕则会滚动到该方向的网格图像。网格占用的最大尺寸为 1024 个元素，但是实际可用面积略小于这个尺寸，这是由于不同的内部条件造成不同的内部使用情况所致；“元素”是指单个继电器占据的空间大小。

• “位地址”＋［INPUT］键：更改光标处继电器的位地址。

• “数值”/“字节地址”＋［INPUT］键：更改光标处的功能指令参数。

(3) 功能指令的编辑

① 功能指令列表界面　在网格编辑界面中按下［FUNC］软键进入功能指令列表界面，如图 3-34 所示。在列表界面中可以从列表中所有可用的功能指令中输入一个加以选择。该界面下的操作如表 3-10 所示。

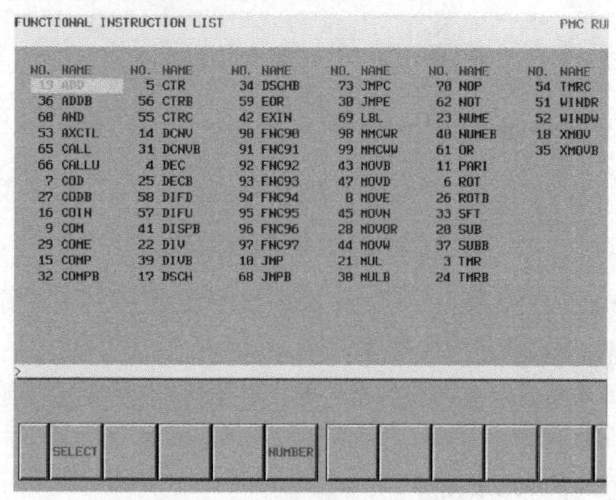

图 3-34　功能指令列表界面

② 功能指令数据表的编辑　在功能指令数据表编辑界面内，可以编辑属于某个功能指令的数据表的内容。在网格编辑界面，当光标位于以下包含数据表的功能指令处时，按下［TABLE］软键就可以进入功能指令数据表编辑界面，如图 3-35 所示。

a. 功能指令 COD（SUB7）。

b. 功能指令 CODB（SUB27）。

功能指令 DISP（SUB49）不能使用，在该界面下，以下编辑操作有效。

• 更改数据表的值："数值"＋［Enter］键。

• 更改数据长度：［BYTE］、［WORD］、［D. WORD］。

只能在功能指令 CODB 的功能指令数据表编辑界面操作这些软键。

表 3-10　功能指令列表界面的操作

功能	软键	说　明
选择功能	［SELECT］	选择光标处的功能指令，并将其插入网格
重新排列功能指令列表	［NUMBER］	按功能指令的标示数字顺序排列功能指令
	［NAME］	按功能指令的名称字母顺序排列功能指令 默认情况下，按功能指令的名称字母顺序排列
退出选择	［<］	退出功能指令选择，并返回网格编辑界面

• 更改数据数量：［COUNT］。

• 初始化所有数据：［INIT］。

（4）程序列表编辑

作为程序列表浏览界面功能的补充，在程序列表编辑界面可以创建新程序和删除程序。在梯形图编辑界面中按软键［LIST］就会出现如图 3-36 或图 3-37 所示界面。可在程序列表编辑界面中进行以下操作。

① 创建新程序：［NEW］。

② 删除程序：［DELETE］。

在程序列表编辑界面中可以选择详细浏览格式或简明浏览格式。默认的浏览格式是详细浏览格式。

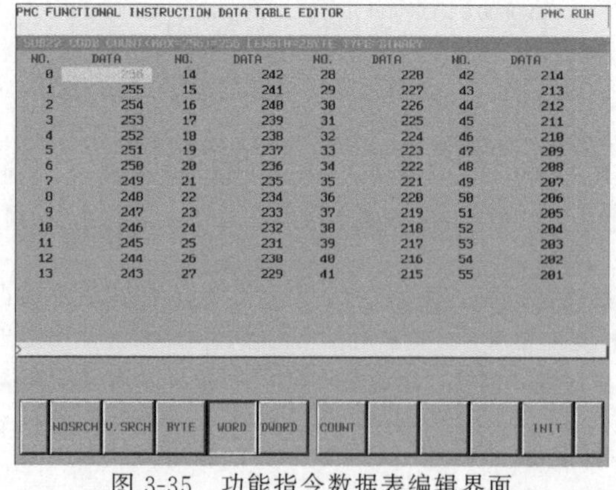

图 3-35　功能指令数据表编辑界面

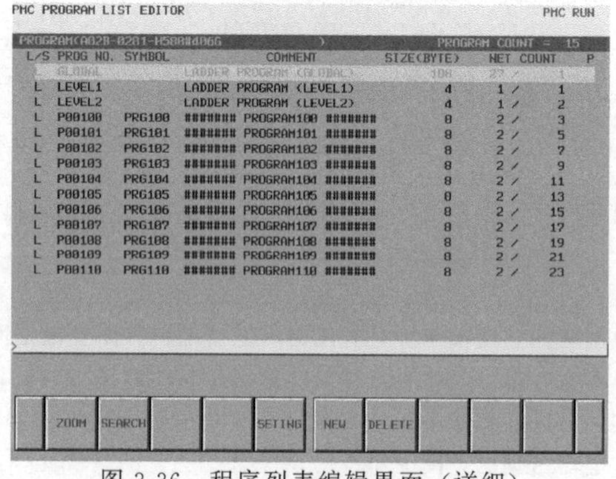

图 3-36　程序列表编辑界面（详细）

① 设定界面　程序列表编辑（设定）界面如图 3-38 所示，其设定如表 3-11 所示。

② 界面操作

a. 显示程序的内容。

b. 查找程序。

c. 界面设定。

d. 添加新程序。

e. 删除程序，如图 3-39 所示，操作方式如表 3-12 所示。

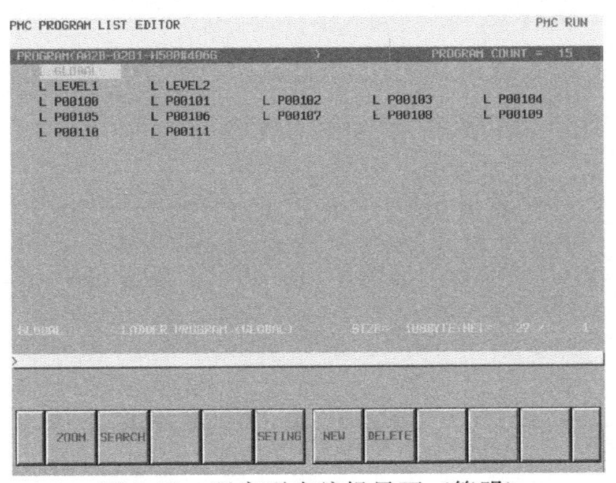

图 3-37 程序列表编辑界面（简明）

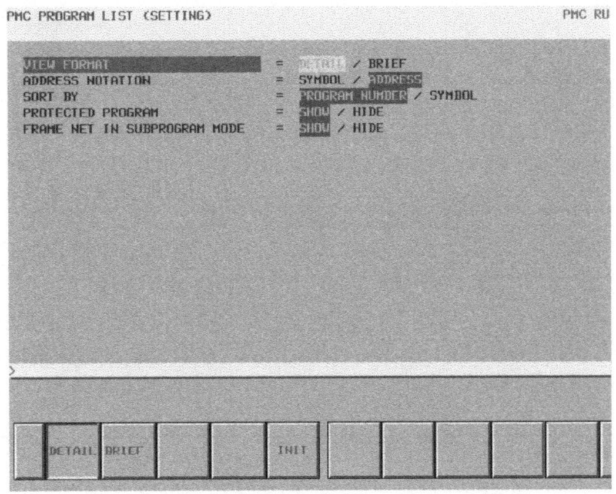

图 3-38 程序列表编辑（设定）界面

表 3-11 程序列表编辑（设定）界面的设定操作

设定	默认	说明
VIEW FORMAT	DETAIL	指定显示程序列表编辑界面在“DETAIL”模式或是在“BRIEF”模式
ADDRESS NOTATION	ADDRESS	指定显示程序编辑界面的每个子程序是地址还是符号
SORT BY	PROGRAM NUMBER	指定在程序列表编辑界面中显示的每个子程序是根据程序号还是符号的顺序排列。当 ADDRESS NOTATION 是 SYMBOL 时，没有符号的程序按照程序号的顺序排在带有符号的程序后面。GLOBAL、LEVEL1、LEVEL2、LEVEL3 不在这些类型指定之内
PROTECTED PROGRAM	SHOW	指定是否显示被保护的程序，在这个设定中的保护程序指的是在程序列表编辑界面中不能被编辑的程序
FRAME NET IN SUBPROGRAM MODE	SHOW	程序结构指在 1、2、3 级程序中的功能指令 END1、2、3 和在子程序中的功能指令 SP 和 SPE。这个设定指定当在程序列表编辑界面中按[ZOOM]软键显示程序的内容时是否显示这些程序结构

(5) 使用 LADDER Ⅲ、存储卡编辑梯形图

① 存储卡格式 PMC 的转换 通过存储卡备份的 PMC 梯形图称为存储卡格式的 PMC。由于其为机器语言格式，不能由计算机的 LADDER Ⅲ直接识别和读取并进行修改和编辑，所以必须进行格式转换。同样，在计算机上编辑好的 PMC 程序也不能直接存储到 M-CARD 上，也必须通过格式转换，才能装载到 CNC 中。

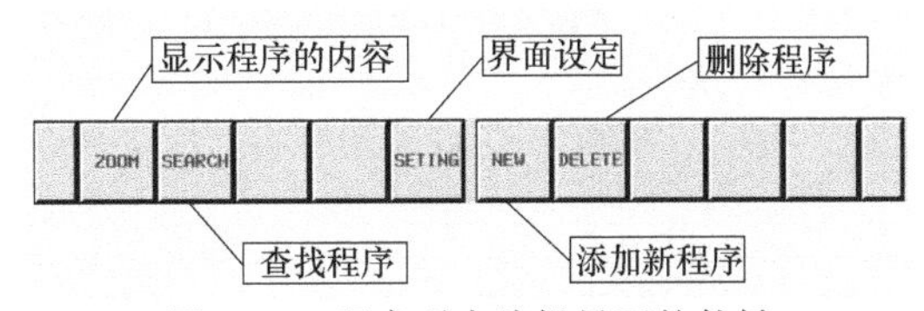

图 3-39 程序列表编辑界面的软键

a. M-CARD 格式（PMC-SA. 000 等）→计算机格式（PMC. LAD）。

• 运行 LADDERⅢ软件，在该软件下新建一个类型与备份的 M-CARD 格式的 PMC 程序类型相同的空文件，如图 3-40 所示。

表 3-12 操作方式

软键	功能	说明
[ZOOM]	显示程序的内容	进入梯形图编辑界面
[SEARCH]	查找程序	在输入程序名或输入符号名后按下[SEARCH]软键，查找对应的字符串所代表的程序并将光标移到相应程序
[SETING]	界面设定	进入程序列表编辑界面的设定界面，在此可改变程序列表编辑界面的设定。要返回程序列表编辑界面，按[<]键

续表

软键	功能	说　明
[NEW]	创建新程序	如果输入程序名或符号并按[NEW]键，首先会检测程序是否存在。如果程序不存在，将会创建新的程序。新创建的程序将自动插入到程序列表中并且光标指向它。下面的梯形图结构将根据创建的新程序的类型而自动创建 LEVEL1：功能指令 END1 LEVEL2：功能指令 END2 LEVEL3：功能指令 END3 Subprogram：功能指令 SP，SPE 如果程序处在可编辑状态，以上操作有效
[DELETE]	删除程序	如果输入空格并且按[DELETE]键，光标所指的程序将被删除。如果输入程序名或符号并按[DELETE]键，首先检查程序是否存在，如果程序存在，该程序将被删除 GLOBAL、LEVEL1 和 LEVEL2 永远存在程序列表里，如果删除这些程序，程序的内容会丢失，但在程序列表里这些程序名不会消失。如果程序处在可编辑状态，以上操作有效

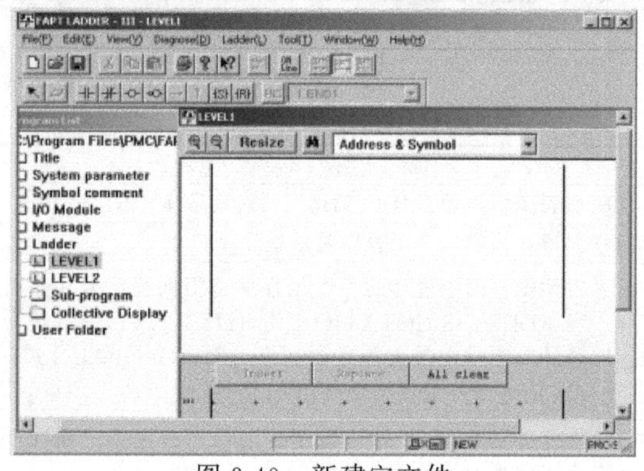

图 3-40　新建空文件

• 选择 File 中的 Import 命令（即导入 M-CARD 格式文件），软件会提示导入的源文件格式，选择 M-CARD 格式，然后再选择需要导入的文件名（找到相应的路径），如图 3-41 所示。执行下一步找到要进行转换的 M-CARD 格式文件，按照软件提示的默认操作一步步执行即可将 M-CARD 格式的 PMC 程序转换成计算可直接识别的 LAD 格式文件，如图 3-42 所示。这样就可以在计算机上进行修改和编辑操作了。

b. 计算机格式（PMC. LAD）→M-CARD 格式。当把计算机格式（PMC. LAD）的 PMC 转换成 M-CARD 格式的文件后，可以将其存储到 M-CARD 上，通过 M-CARD 装载到 CNC 中，而不用通过外部通信工具（例如 RS-232C 或网线）进行传输。

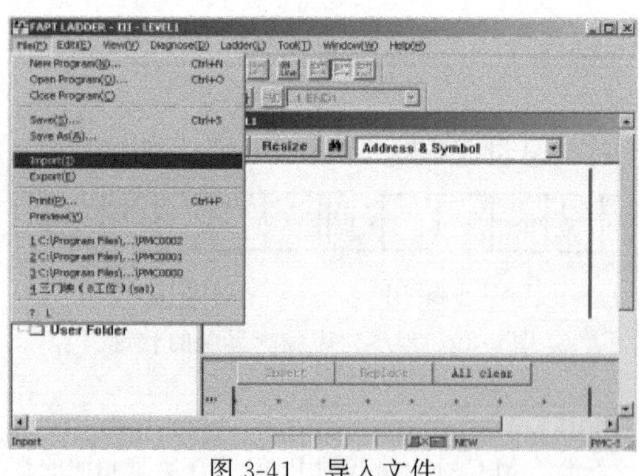

图 3-41　导入文件

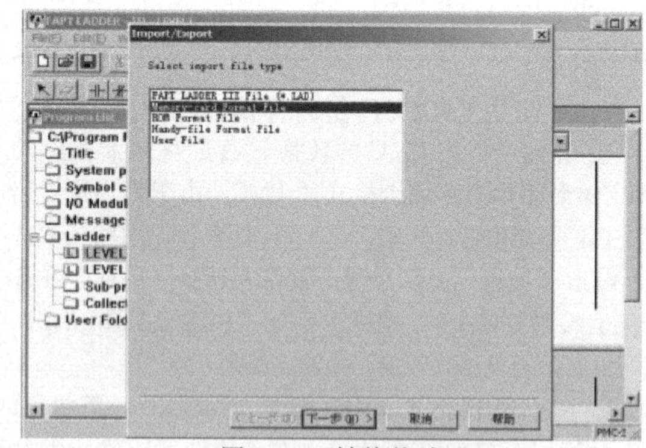

图 3-42　转换格式

• 在 LADDERⅢ软件中打开要转换的 PMC 程序。先在 Tool 中选择 Compile 命令将该程序编译成机器语言，如果没有提示错误，则编译成功，如图 3-43 所示。如果提示有错误，要退出修改后重新编译，然后保存，再选择 File 中的 Export 命令，如图 3-44 所示。如果要在梯形图中加密码，则在编译的选项中单击，再输入两遍密码就可以了。

• 在选择 Export 命令后，软件提示选择输出的文件类型，选择 M-CARD 格式，如图 3-45 所示。确定 M-CARD 格式后，选择下一步指定文件名，按照软件提示的默认操作即可得到转换了格式的 PMC 程序，注意该程序的图标是一个 Windows 图标（即操作系统不能识别的文件格式，只有 FANUC 系统才能识别）。转换好的 PMC 程序即可通过存储卡直接装载到 CNC 中。

② 不同类型的 PMC 文件之间的转换

a. 运行 FANUC“FAPT LADDER-Ⅲ”编程软件。

b. 单击 File 菜单，选择 Open Program 命令，打开一个希望改变 PC 种类的 Windows 版梯形图的文件。

c. 选择工具栏 Tool 中助记符转换项 Mnemonic Convert 命令，则显示 Mnemonic Conversion 页面。其中，Mnemonic File 栏需新建中间文件名，含文件存放路径。Convert Data Kind 栏需选择转换的数据，一般为 ALL。

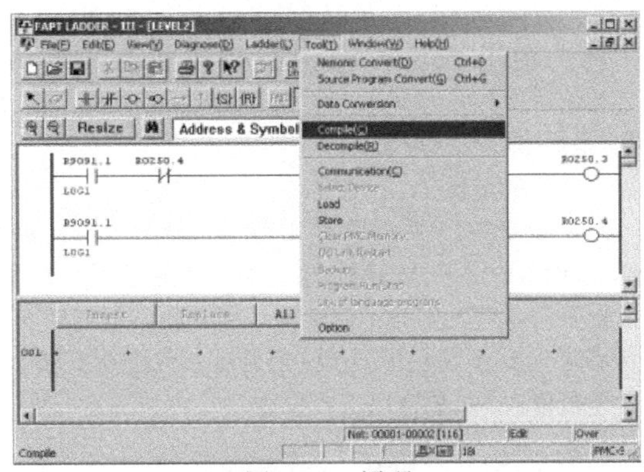

图 3-43 译码

d. 完成以上选项后，单击 OK 确认，然后显示数据转换情况信息，无其他错误后关闭此信息页，再关闭 Mnemonic Conversion 页面。

e. 单击 File 菜单，选择 New Program 命令，新建一个目标 Windows 版的梯形图，同时选择目标 Windows 版梯形图的 PC 种类。

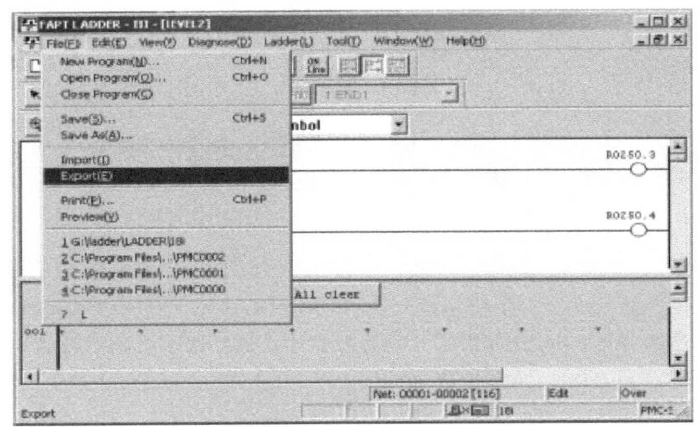

图 3-44 选择 File 中的 Export 命令

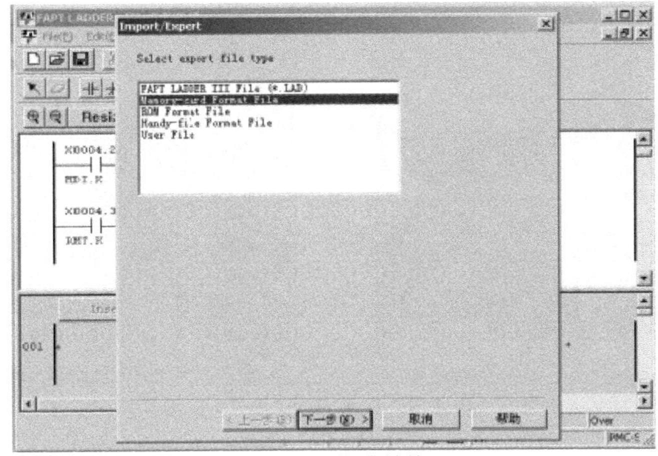

图 3-45 格式转换

f. 选择 Tool 菜单中的 Source Program Convert 命令，则显示 Source Program Conversion 页面。其中，Mnemonic File 栏需选择刚生成的中间文件名，含文件存放路径。

g. 完成后，单击 OK 确认，然后显示数据转换情况信息“All the content of the source program is going to be lost. Do you replace it?”，单击“是”确认，无错误后关闭此信息页，再关闭 Source Program Conversion 页面。

(6) 利用 Ladder Ⅲ进行梯形图在线编辑

利用 FANUC 提供的 PCMCIA 网卡，不仅可以进行 Servo Guide 的调试，还可以利用其网络功能进行 PMC 梯形图的在线编辑。

① NC 端设置

a. 对 PCMCIA 网卡设定 IP 地址。选择方法：依次按［SYSTEM］→右扩展键(多次)→［ETHPRM］→操作（OPR)→［PCMCIA］键，可以看到如图 3-46 所示界面。其中的 IP 地址的设定必须与计算机处的 IP 地址设定一致，其规则为：前三位必须一致，例如图 3-46 中所示的 169.254.205.1，计算机中的 IP 地址的前三位也必须为 169.254.205.；但是最后一位必须不同。子网掩码的设定，计算机和 NC 的设定必须相同，具体的设定数值在 PC 侧可以自动生成。

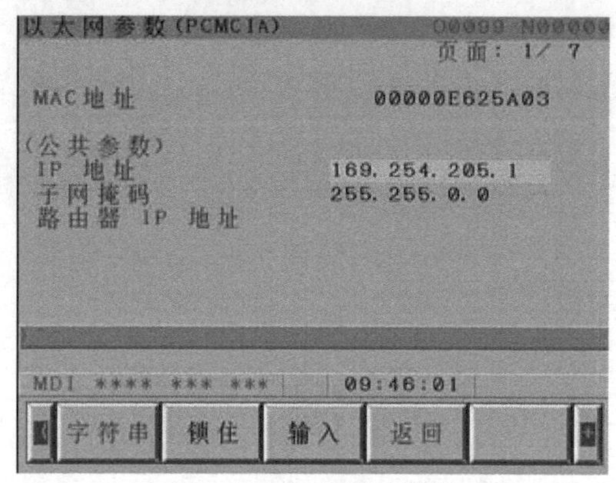

图 3-46 IP 地址的设定

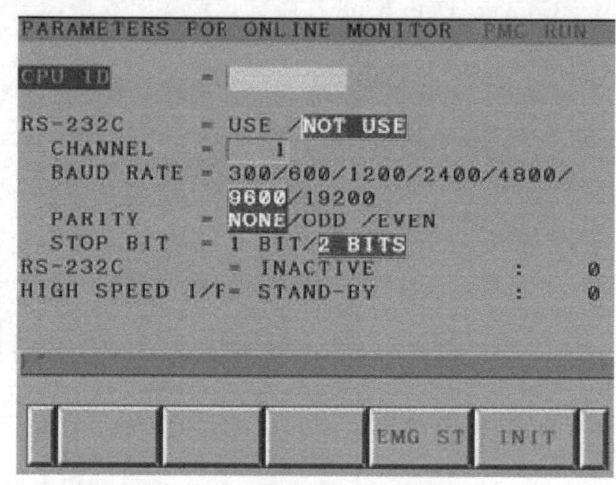

图 3-47 RS-232C 的传输方法

b. 设定 PMC 功能下的 ONLINE 功能。步骤：依次按［SYSTEM］→［PMC］→右扩展键（多次)→［MONIT］→［ONLINE］键。如图 3-47 所示，RS-232C 与 HIGH SPEED I/F 为两种传输方法。采用 PCMCIA 网卡进行传输时，要进行 HIGH SPEED I/F 通信方式的选择。按下下翻页键后，显示如图 3-48 所示界面。选择 HIGH SPEED I/F 为 USE。在没有连通的情况下，HIGH SPEED I/F＝STAND BY。连通后，显示为如图 3-49 所示；红色线标出了连通的确认信号，以及 PC 端的 IP 地址。

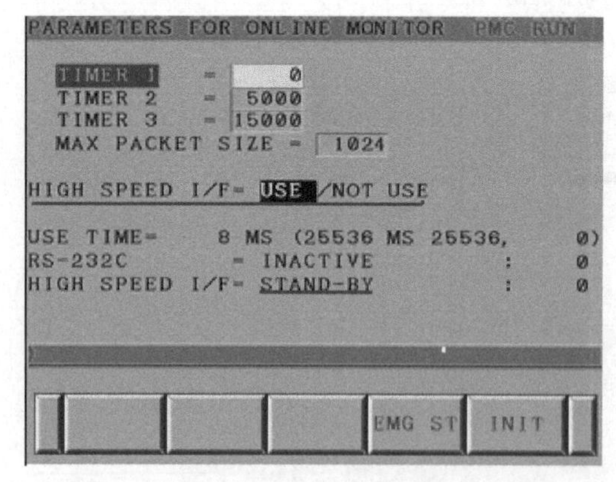

图 3-48 HIGH SPEED I/F 通信方式选择

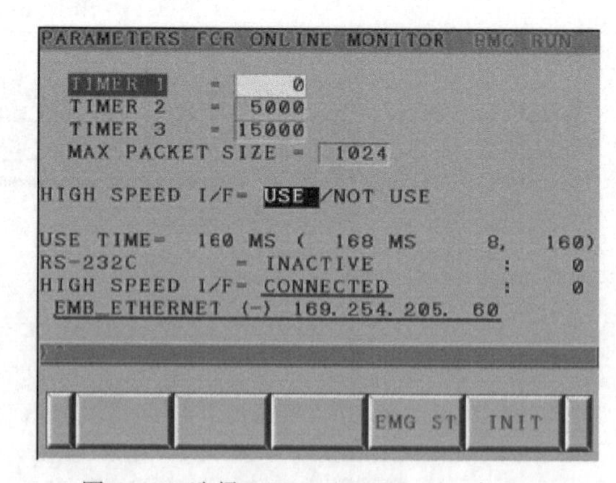

图 3-49 选择 HIGH SPEED I/F 为 USE

② PC 端设置

a. 打开 LADDER Ⅲ软件（Ver. 4.6 以上）。

b. 选择 Tool 菜单中的 Communication 命令。

c. 配置 Network Address 选项卡，如图 3-50 所示。单击 Add Host 后，弹出 Host Setting Dialog 对话框，如图 3-51 所示，在 Host 文本框中输入 NC 端的 IP 地址，将 NC 作为主机。输入完成后，则将该地址显示于

Network Address 中。

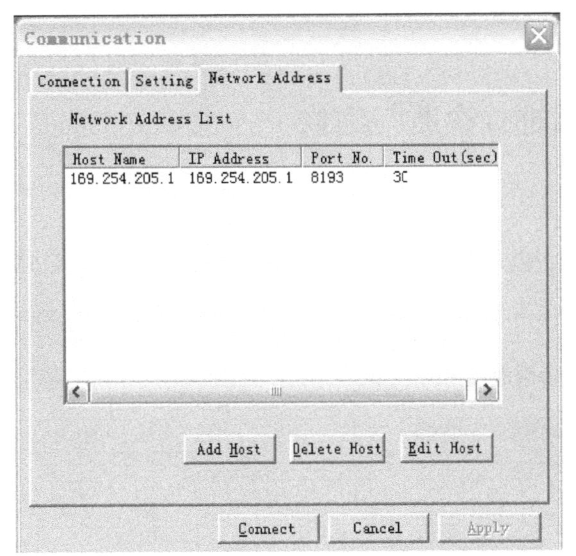

图 3-50 配置 Network Address

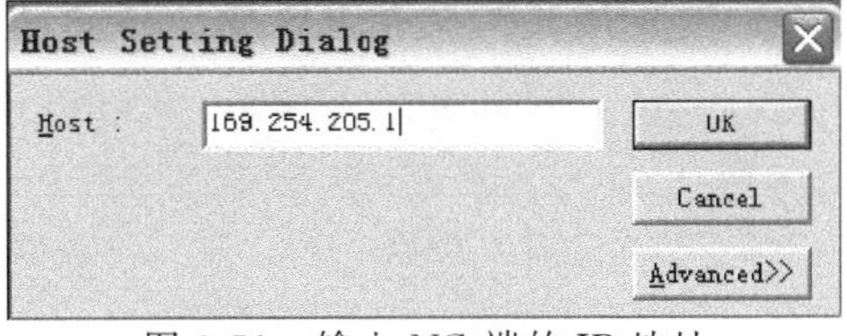

图 3-51 输入 NC 端的 IP 地址

d. 选择端口。在 Communication 对话框中选择 Setting 选项卡。将 Enable device 中的主机 IP 地址（NC 端的 IP 地址）选中，添加到 Use device 中，然后单击 Connect，即可显示与 NC 的连接过程。连接完成后，即可在线显示梯形图的当前状态，同时可以在线监视梯形图的运行状态。选择端口如图 3-52 所示。在此状态下，无法对梯形图进行修改。

③ 利用 PC 端 FANUC LADDER Ⅲ 软件对 NC 的梯形图进行在线修改

a. 选择 LADDER Ⅲ 软件的 Ladder 下拉菜单，如图 3-53 所示。

b. 从图 3-53 中可以看出当前状态为 Monitor，将当前状态改为 Editor 模式，此时就可以对梯形图进行修改了。

c. 修改完毕后，重新将 Ladder Mode 的状态改为 Monitor。此时会弹出对话框，提示“梯形图已经修改，是否将 NC 中的梯形图进行修改”。单击 Yes 后，会再次确认将修改 PC 以及 NC 侧的梯形图是否继续。确认后，即完成在线修改。

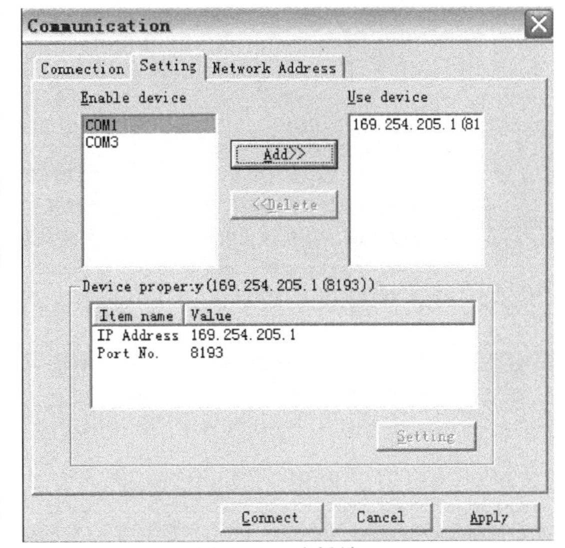

图 3-52 选择端口

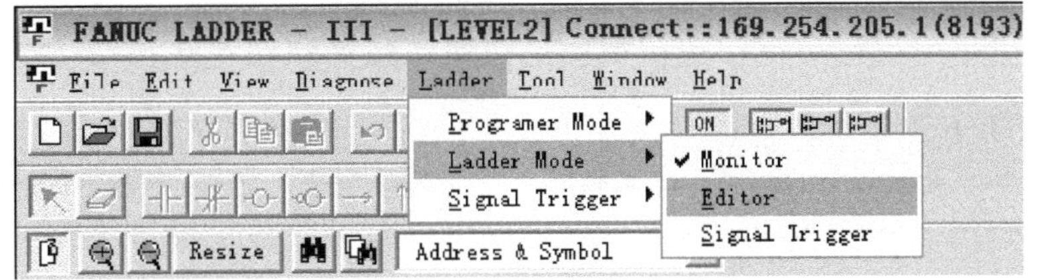

图 3-53 选择 LADDER Ⅲ 软件的 Ladder 下拉菜单

注意：

a. 将 FANUC LADDER Ⅲ 的 Programer Mode 改为 Offline 状态后，需要将修改过的梯形图写入 F-ROM

才能保存在 NC 端。在 NC 端，在 Online 状态下不能对梯形图进行修改。

b. 如果梯形图中设有密码，在计算机侧进行显示的过程中，会提示输入密码。

3.3 利用 PMC 对数控机床的故障进行诊断与维修

3.3.1 PMC 接口诊断画面

作为 I/O（输入/输出）接口状态诊断，可以反映外围开关实时状态、PMC 的信号输出状态，以及 PMC 和 CNC 之间的信号输入输出状态。

(1) 调出画面

① 按 SYSTEM 键→按［PMC］软键，出现图 3-54 所示画面。

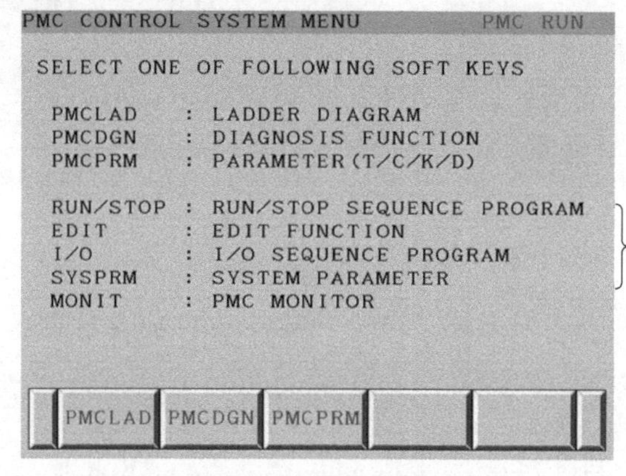

只有在“程序编辑器有效”时才能够显示此菜单

［PMCLAD］软键：PMC 参数的设定和显示画面

［PMCDGN］软键：PMC 输入/输出信号的状态显示画面

［PMCPRM］软键：梯形图的动态显示画面

图 3-54 PMC 画面

② 按［PMCDGN］软键，出现图 3-55 所示画面。

③ 按［STATUS］软键，进入图 3-56 所示 PMC 状态监控画面。

TITLE | STATUS | ALARM | TRACE

图 3-55 PMCDGN 界面

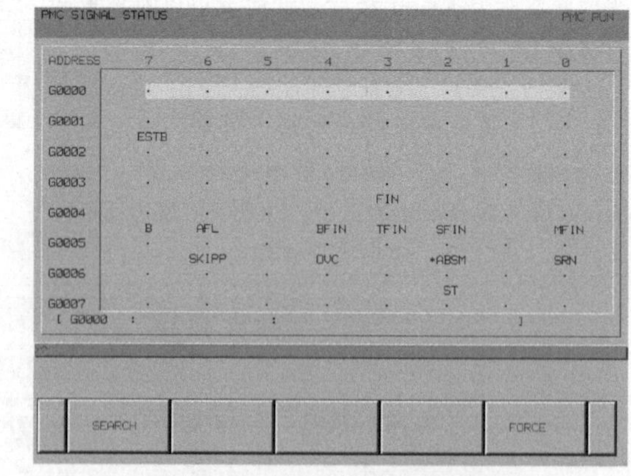

图 3-56 PMC 状态监控画面

(2) 诊断画面地址检索

① 按位检索　诊断信号检索可以通过将被检索地址（字节＋位）如“X15.4”，键入信息输入栏，按［SEARCH］键，也可在信息栏中键入符号“＋X”光标可以直接指到所检索的位置（图 3-57）。

② 按字节检索　将被检索地址所在的字节键入信息栏中，光标直接跳到被检索地址的“行”，如 Y0050，如图 3-58 所示。

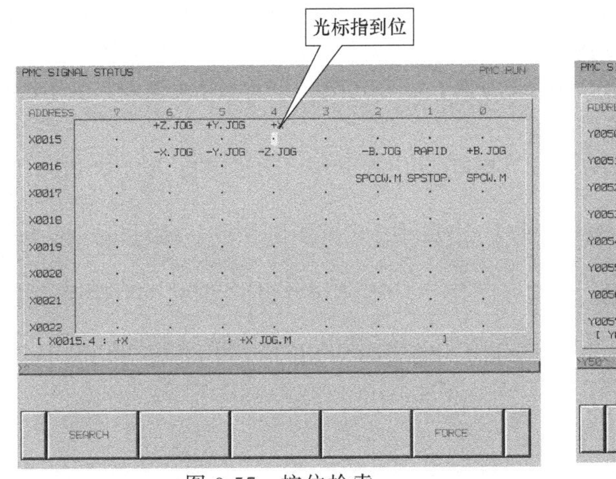

图 3-57　按位检索

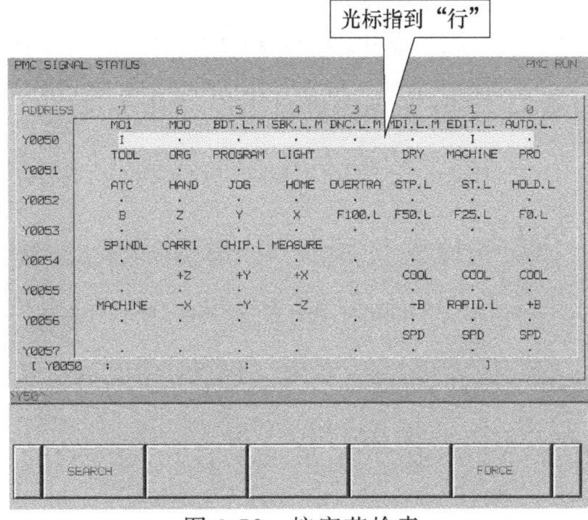

图 3-58　按字节检索

注意：信号触点动作状态表示：“•”表示信号没有激活（常开触点未接通，常闭触点未打开），“I”表示信号已经被激活（常开触点已接通，常闭触点已打开）。如图 3-58 所示地址 Y50.1 和 Y50.7，符号 EDIT. L（编辑方式灯）和 M01（选择停止）被激活，触点状态为“I”，该触点接通。注释符号如果前面有“*”号，表示该地址为“非”信号，也即常闭触点。

(3) FORCE（强制信号输出）功能

该功能有助于我们进行 PMC 接口输出试验，对我们日常维修很有帮助。例如当换刀机械手卡刀时，进退两难，我们通常采用“捅阀”的办法，还原机械手的原始位置。现在我们可以很方便地使用 FORCE 工具，帮助我们“人为地”（甩开 PMC）强制信号输出。

注意：在进行强制信号输出前，需要注意两个问题：

• 强制信号输出的地址，所驱动的外围设备，周边安全状态良好，不会导致人员设备损伤。

• 将 PMC 停止运行，否则 PMC 在连续扫描，刚刚强制，即被 PMC 复位，导致强制无效。

① 停止 PMC 运行

a. 按 SYSTEM 键→按［PMC］软键→按向后翻页键 ▶ 出现图 3-59 所示菜单。

图 3-59　停止 PMC 运行画面

b. 按［STOP］后出现图 3-60 所示的画面，根据提示按［YES］软键。PMC 停止后，在屏幕右上角会出现“PMC STOP”，如图 3-61 所示。

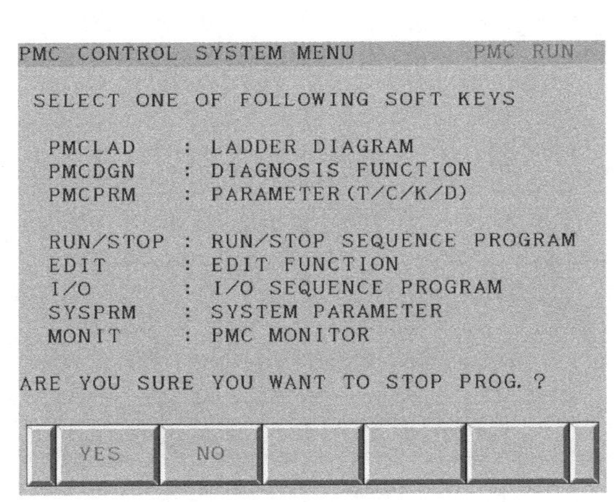

图 3-60　停止 PMC 程序运行确认

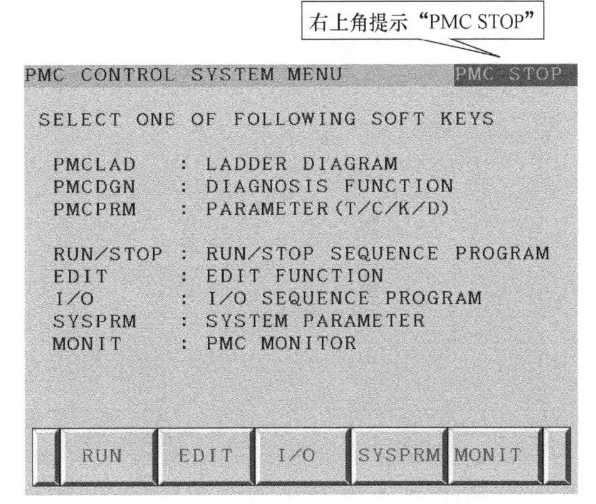

图 3-61　PMC 停止运行完成

② 进入诊断画面

a. 调出图 3-56 所示 PMC 状态监控画面，按［FORCE］软键。检索到需要强制的信号画面（图 3-62），如 Y53.1，F25.L——快速赔率 25%灯。

b. 按［ON］软键，信号强制输出，如图 3-63 所示。

c. 强制输出完成，信号常开点闭合。如果需要该地址断开时，按［OFF］软键即可恢复图 3-61 所示信号状态。

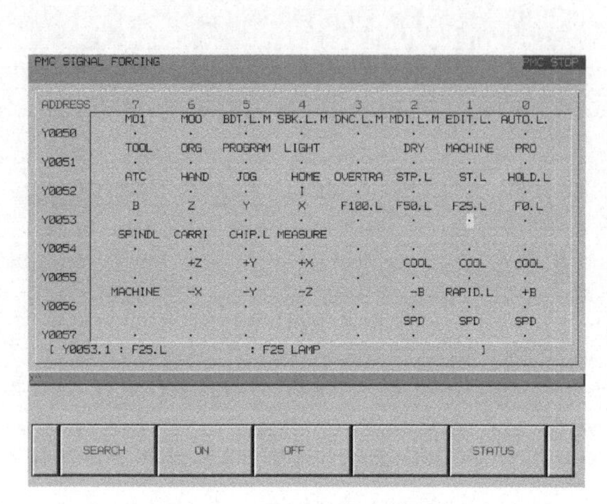

图 3-62 PMC 强制有效操作

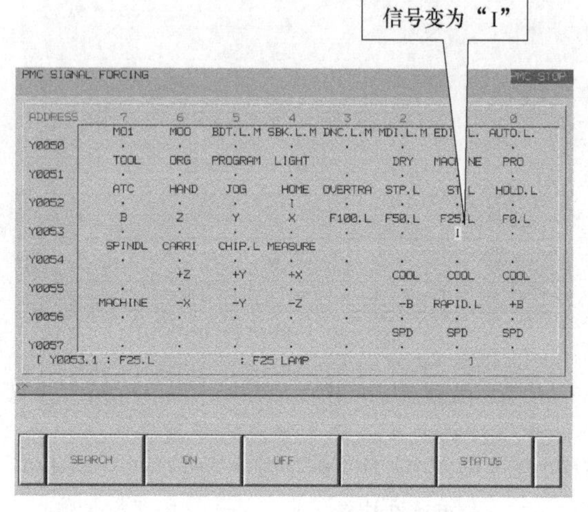

图 3-63 PMC 强制有效完成

RUN	EDIT	I/O	SYSPRM	MONIT

［RUN］软键控制梯形图的运行/停止

［EDIT］软键控制显示梯形图程序的编辑画面

［I/O］软键控制显示 PMC 数据的输入输出画面

［SYSPRM］软键控制显示 PMC 系统参数画面

［MONIT］软键控制显示 PMC 监视设定画面

图 3-64 PMC 调试第 2 页软键菜单

③ 恢复 PMC 运行　按左边的软键 ◀ 直到出现图 3-64 所示画面，按［RUN］，出现图 3-65 所示画面，按［YES］，PMC 恢复运行，如图 3-66 所示。

④ TRACE（信号跟踪）功能　信号跟踪功能相当于一个“接口示波器”，可以实时采样，根据维修人员选择的信号地址，记录一个采样周期内信号的变化和时序。这一功能对于我们维修人员观察一组信号时特别有用，跟踪的信号可以是输出信号，也可以是输入信号，可以是 PMC 与机床之间的信号，也可以是 CNC 与 PMC之间的信号，所以它可以跟踪 X、Y、F、G、R、K 等地址信号的实时状态。

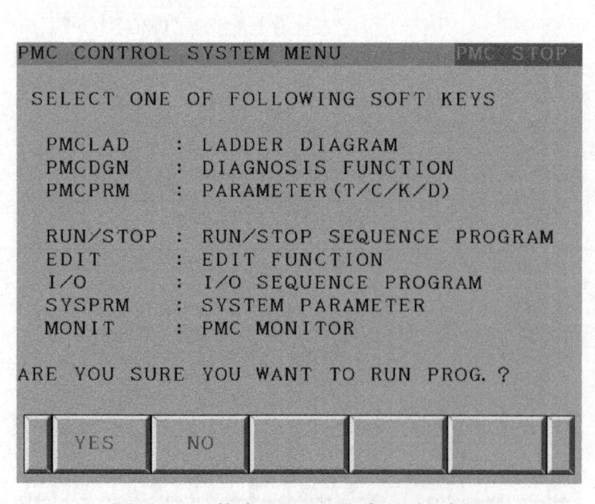

图 3-65 恢复 PMC 程序运行确认

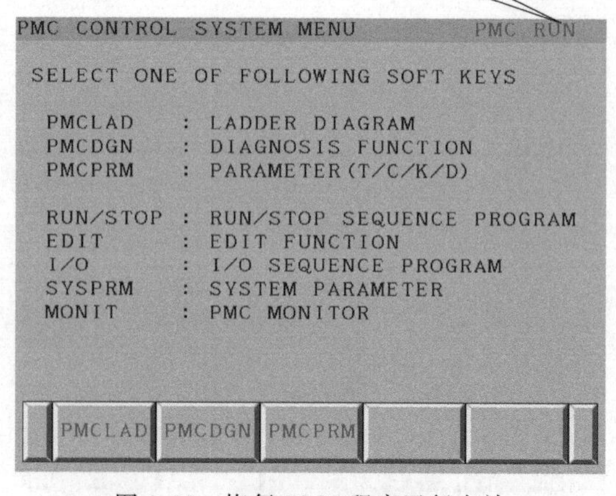

图 3-66 恢复 PMC 程序运行有效

a. 按SYSTEM键→按［PMC］软键，出现图 3-54 所示画面。

b. 按［PMCDGN］软键，出现图 3-55 所示画面。

c. 按［TRACE］，进入图 3-67 所示的 TRACE 画面。

d. 设置 TRACE 参数：按［SETTING］软键，进入图 3-68 所示的设定画面第 1 页，其参数含义如表 3-13 所示。

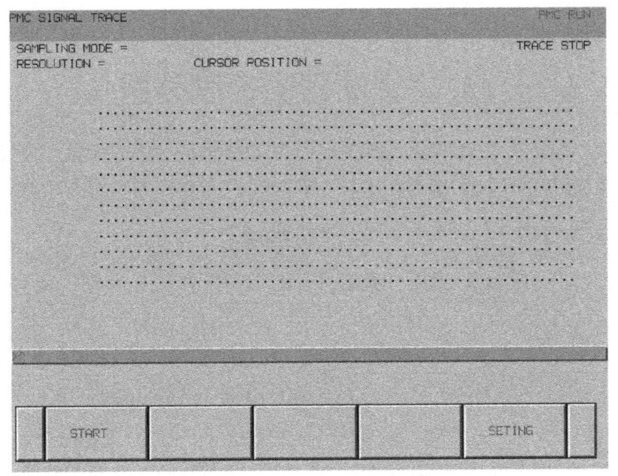

图 3-67　TRACE 画面

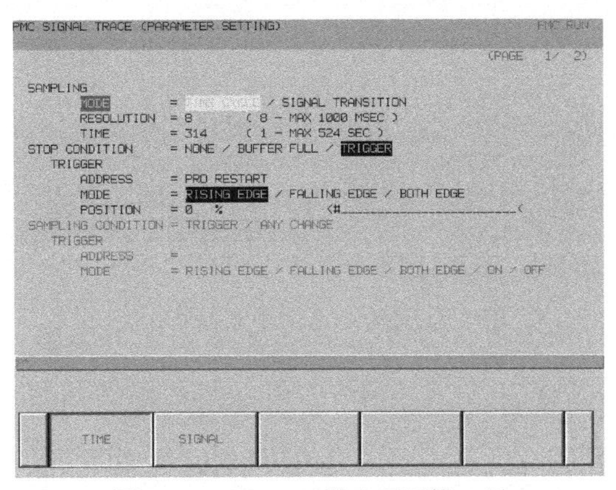

图 3-68　TRACE 设定画面第 1 页

表 3-13　TRACE 参数含义

参　　数	含　　义	备　　注
SAMPLING/MODE	确定一种取样的方式	TIME CYCLE:一个周期内的取样 SIGNAL TRANSITION:基于信号传送取样
SAMPLING/RESOLUTION	设定取样分辨率	
SAMPLING/TIME	设定采样周期	在采样方式中选择“TIME CYCLE”时显示
SAMPLE/FRAME	设定采样次数	在采样方式中选择“SIGNAL TRANSITION”时显示
STOP CONDITION	设定跟踪停止状态	NONE:不自动停止跟踪运行 BUFFER FULL:当取样标志占满内存时自动停止跟踪 TRIGGER:利用触发信号自动停止跟踪
STOP CONDITION/TRIGGER/ADDRESS	设定触发器地址	当“TRGGER”设定为跟踪停止状态时此项目变为可设定。为停止跟踪运行设定一个触发器地址
STOP CONDITION/TRIGGER/MODE	停止跟踪运行设定一个触发器方式	当“TRGGER”设定为跟踪停止状态时此项目变为可设定。为停止跟踪运行设定一个触发器方式 RISING EDGE:在触发信号的上升沿自动停止跟踪操作 FALLING EDGE:在触发信号的下降沿自动停止跟踪操作 BOTH EDGE:在触发信号传送时自动停止跟踪操作
STOP CONDITION/TRIGGER/POSITION	设置停止触发事件的位置	当“TRGGER”设定为跟踪停止状态时此项目变为可设定。通过使用采样时间(或次数)的比率,设置在整个采样时间内(或者次数)在哪里安置一停止触发事件的位置
SAMPLING CONDITION	设定采样状态	当“SIGNAL TRANSITION”设定为跟踪停止状态时此项目变为可设定 TRIGGER :当满足触发状态时执行取样 ANY CHANGE:当采样地址信号发生变化时执行取样
SAMPLING CONDITION/TRIGGER/ADDRESS	设定地址	当“SIGNAL TRANSITION”设定为采样方式且“TRIGGER”被设定为采样状态时,此项目变为可设定。使用触发器采样设定一个地址
SAMPLING CONDITION/TRIGGER/MODE	设定触发器状态方式	当“SIGNAL TRANSITION”设定为采样方式且“TRIGGER”被设定为采样状态时,此项目变为可设定 RISING EDGE:在触发信号的上升沿取样 FALLING EDGE:在触发信号的下降沿上取样 BOTH EDGE :在一种信号变化中取样 ON:当触发信号 ON 时,执行取样 OFF:当触发信号 OFF 时,执行取样

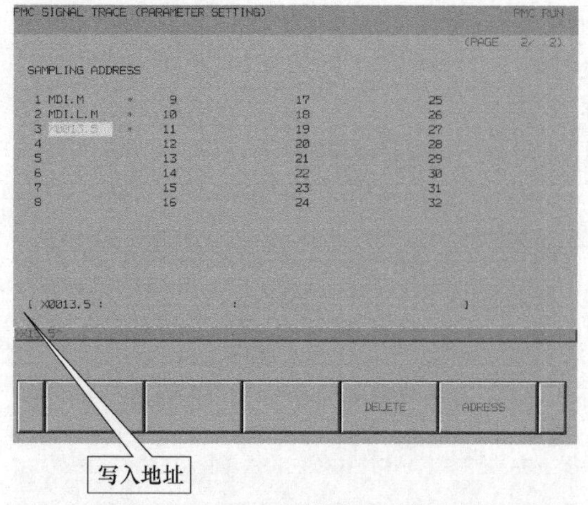

图 3-69 TRACE 设定画面第 2 页

e. 设置被跟踪信号地址：按 MDI 面板上PAGE↓键，进入图 3-69 所示设定画面的第 2 页，设定被跟踪信号地址。

f. 进行跟踪操作：按左边的软件键◀进入图 3-70 所示 TRACE 画面；按［START］软键，开始信号跟踪，信号实时状态如图 3-71 所示。

3.3.2 PMC 诊断画面控制参数

前面介绍的 FANUC PMC 诊断画面的功能，包括梯形图、接口状态诊断、FORCE、TRACE 等功能可以通过下面的设定画面将其限制。

① 按SYSTEM键→按［PMC］软键，出现图 3-54 所示画面。

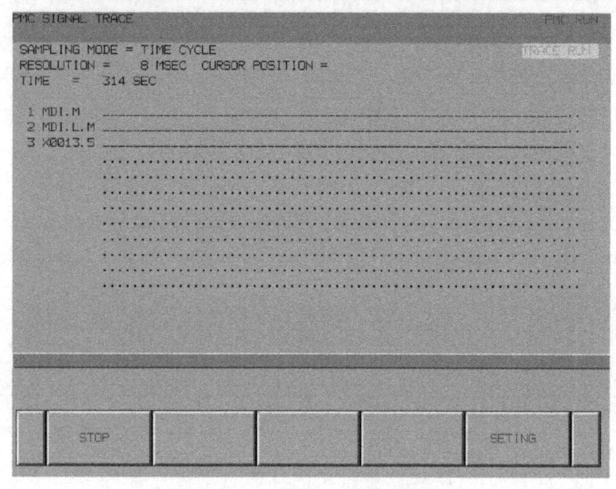

图 3-70 TRACE 准备跟踪

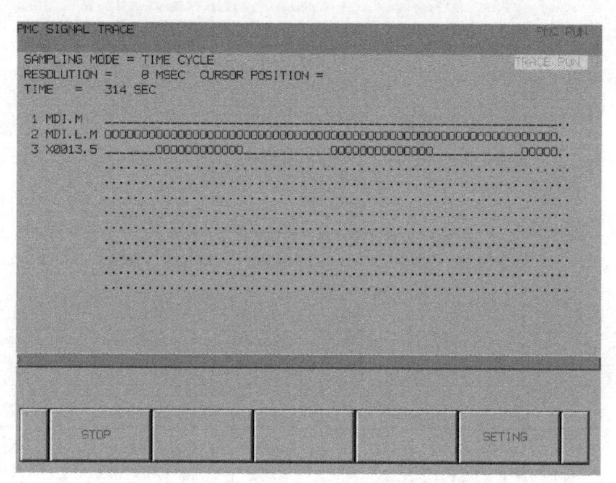

图 3-71 TRACE 实时跟踪画面

② 按［PMCPRM］软键进入图 3-72 所示画面。

③ 按［SETING］软键进入图 3-73 所示画面。按 MDI 面板上PAGE↓键，进入图 3-74 所示的 PMC 参数控制设定第 2 页。

图 3-72 PMCPRM 界面

④ 在 MDI 方式下，将参数开关 PWE=1，通过移动光标，修改图 3-73 和图 3-74 所示两画面中的参数即可，也可设“1”或“0”，也可将光标移动到需要修改项，按［YES］或［NO］。其参数含义见表 3-14。

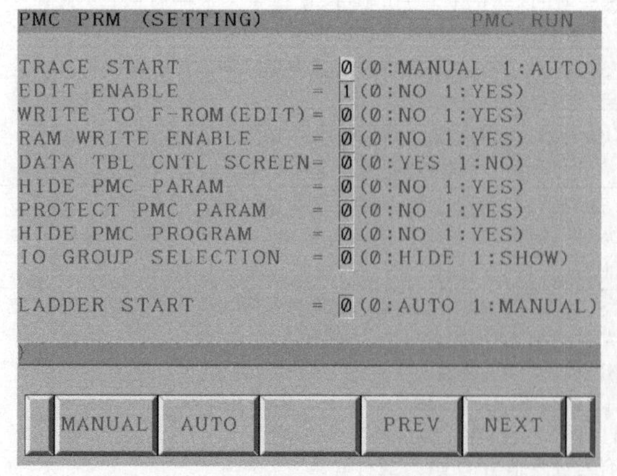

图 3-73 PMC 画面控制参数第 1 页

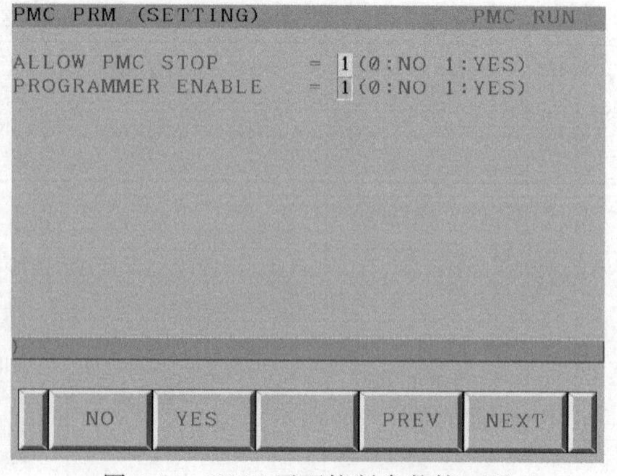

图 3-74 PMC 画面控制参数第 2 页

表 3-14　PMC 诊断画面控制参数含义

参　　数		含　　义
TRACE START	MANUAL(0)	按下[EXEC] 软键执行追踪功能
	AUTO(1)	系统上电后自动执行追踪功能
EDIT ENABLE	NO(0)	禁止编辑 PMC 程序(梯形图)
	YES(1)	允许编辑 PMC 程序(梯形图)
WRITE TO F-ROM	NO(0)	编辑 PMC 程序(梯形图)后不会自动写入 Flash ROM
	YES(1)	编辑 PMC 程序(梯形图)后自动写入 Flash ROM
RAM WRITE ENABLE	NO(0)	禁止强制(FORCE)功能
	YES(1)	允许强制(FORCE)功能
DATA TBL CNTL SCREEN	YES(0)	显示 PMC 数据表管理画面
	NO(1)	不显示 PMC 数据表管理画面
HIDE PMC PARAM	NO(0)	允许显示 PMC 参数(仅当 EDIT ENABLE=0 时有效)
	YES(1)	禁止显示 PMC 参数(仅当 EDIT ENABLE=0 时有效)
PROTECT PMC PARAM	NO(0)	允许修改 PMC 参数(仅当 EDIT ENABLE=0 时有效)
	YES(1)	禁止修改 PMC 参数(仅当 EDIT ENABLE=0 时有效)
HIDE PMC PROGRAM	NO(0)	允许显示梯形图
	YES(1)	禁止显示梯形图
LADDER START	AUTO(0)	系统上电后自动执行顺序程序
	MANUAL(1)	按 [RUN] 软键后执行顺序程序
ALLOW PMC STOP	NO(0)	禁止对 PMC 程序进行 RUN/STOP 操作
	YES(1)	允许对 PMC 程序进行 RUN/STOP 操作
PROGRAMMER ENABLE	NO(0)	禁止内置编程功能
	YES(1)	允许内置编程功能

工作经验：控制 PMC 程序的参数，其真正意义在于既可使调试、维修人员灵活使用内置 PMC 编程器的各项功能，又可保护 PMC 程序不易被修改。

PMC-SB 版本提供了不同的内置编程功能，例如编辑、诊断和调试，这些功能都可以帮助维修人员编辑和调试梯形图，但是对于不了解梯形图和 PMC 界面相关操作的用户，在执行这些功能时可能会导致丧失安全性，如执行 FORCE（信号强制）操作、梯形图修改等操作，会引起机床误动作、梯形图丢失等。因此，合理利用内置编程器的控制参数，对于最终用户粗心的操作将起到很好的保护限制作用。

这部分将所描述的需设定的参数提供给机床的开发者，以使他们能够正确地编辑 PMC 程序或开启、关闭某些内置编辑器，同时也可对“ALLOW PMC STOP（停止梯形图）”“PROGRAMMER ENABLE（梯形图编辑）”或“PROTECT PMC PARAM（保护 PMC 参数）”“WRITE TO F-ROM（F-ROM 写）”等功能进行限制，防止操作者误操作，安全地使用 PMC 其他功能。

3.3.3　FANUC 系统中 PMC 的维修

(1) M-FIN 信号没有完成

① 故障分析　该故障是比较常见的，一般发生在执行 M 代码后，没有完成辅助动作或完成了辅助动作但是没有得到确认，因而产生了 M-FIN 报警。M 代码工作过程如图 3-75 所示。

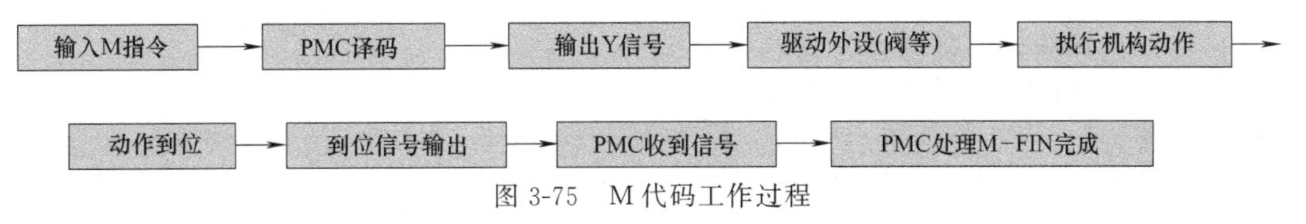

图 3-75　M 代码工作过程

故障原因是 M 指令输出后，没有得到最终的确认信号。一般确认信号是通过到位开关（大多使用接近开关）将 X 信号送到 PMC 的。

X 信号是从外部设备（开关等）输入到 PMC 的，而 Y 信号是从 PMC 输出到外部设备的，而 F 和 G 是 PMC 与 CNC 之间的输入和输出，FANUC 0i 系列 M 代码指令是通过 F10～F13 四个字节从 CNC 送到 PMC

的，而最终完成信号 M-FIN 又是通过地址 G5.0 从 PMC 送到 CNC 的。

② 维修实例　图 3-76 所示是卧式加工中心转台夹紧/松开的工作过程。转台卡紧时，执行 M10，转台夹紧工作流程如图 3-77 所示。由此可见，转台的夹紧若出现了故障与其他故障一样，可以通过 PMC 来检修。

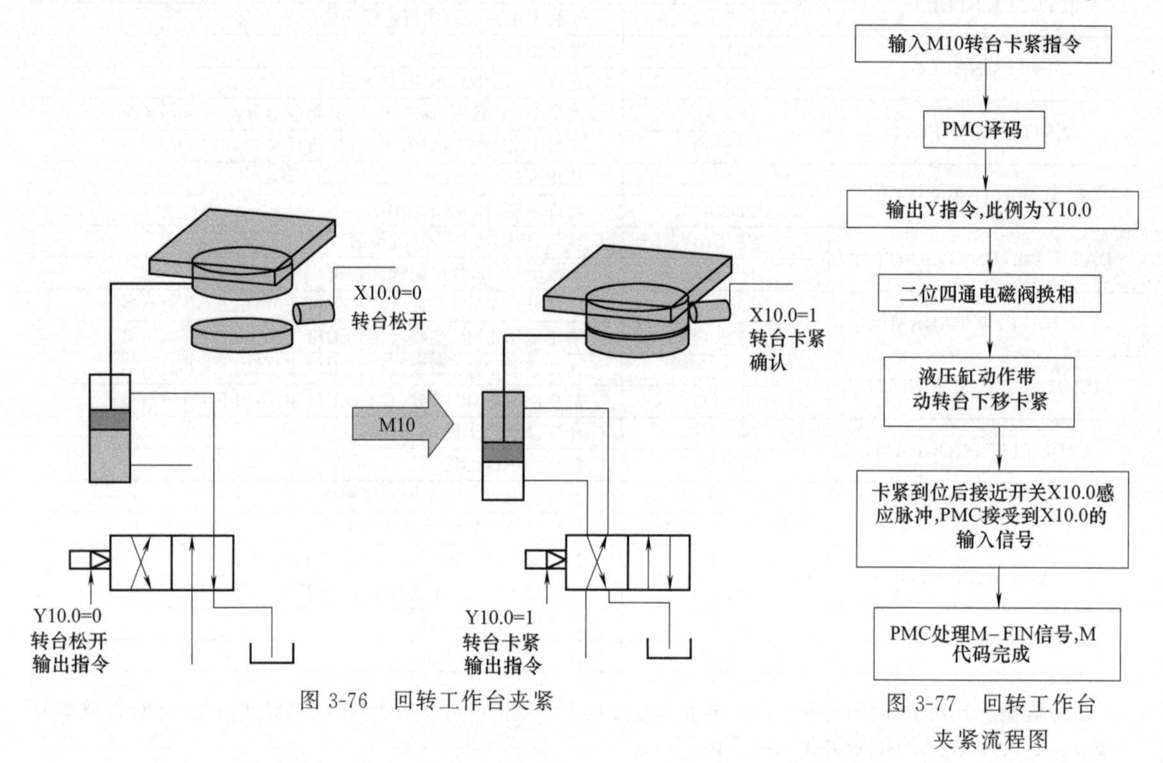

图 3-76　回转工作台夹紧

图 3-77　回转工作台夹紧流程图

如图 3-76 所示，执行 M10 转台卡紧，但是屏幕上 M10 程序段不能完成，几十秒之后出现 PMC 报警，显示 M-FIN 信号没有完成。转台卡紧工作过程如下。

a. 输入 M10 转台卡紧指令。

b. PMC 译码。

c. 输出 Y 指令，此例为 Y10.0。

d. 二位四通电磁阀换相。

e. 液压缸动作，带动转台下移卡紧。

f. 卡紧到位后接近开关 X10.0 感应脉冲，PMC 接收到 X10.0 的输入信号。

g. PMC 处理 M-FIN 信号，M 代码完成。

故障诊断时，检查 G5.0 MFIN 信号是否触发。通过梯形图观察，确实 G5.0 没有触发，并通过梯形图找出原因是 X10.0 没有信号，通过进一步检查，确认 Y10.0 有输出，电磁阀也吸合，转台机械动作也到位。使用金属物体感应接近开关 X10.0 后 PMC 有反应，说明开关本身良好，最后调整开关与挡铁的距离，感应到信号，问题解决。最终原因是接近开关位置偏离，通过调整解决 M-FIN 报警问题。

(2) 按“循环启动”键程序不运行

① 故障分析　该故障一般发生在自动运行（MEM）方式或 MDI 方式下，按动“循环启动”按钮，程序不运行，但没有报警。由于循环启动一旦执行，机床即进入切削状态，所以在 CNC 内部和 PMC 中进行了保护处理，只要有一个环节出错，循环启动就不执行。

所以我们在分析“按‘循环启动’键程序不运行”这一故障时，应该从两个方面分析。

a. CNC 制约循环启动的信号。如图 3-78 所示，数控诊断画面 0～16 任何一位为“1”的时候，机床均不运行。

b. 关于 PMC 制约循环启动的信号有：

• 方式选择信号不正确。

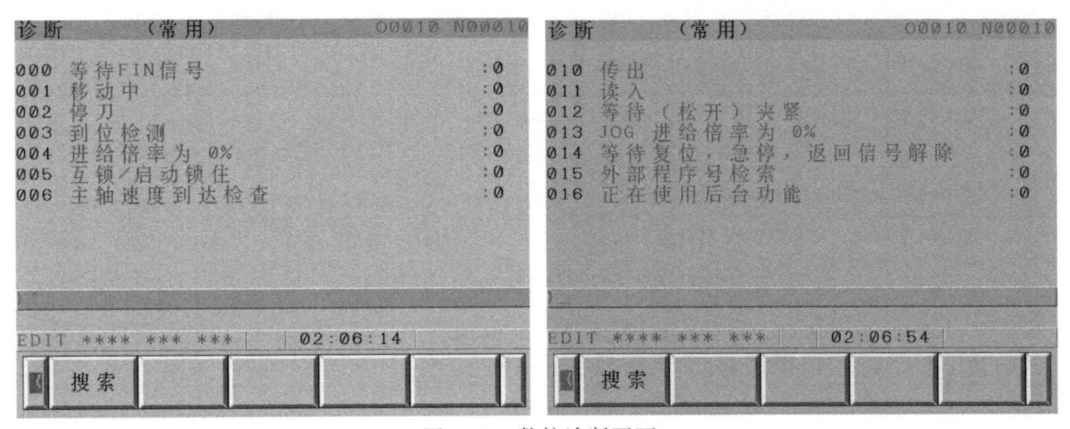

图 3-78 数控诊断画面

进入下面三种方式之一均可进行自动循环加工：

MDI：手动数据输入（MDI）方式。

MEM：存储器运行方式。

RMT：远程运行方式。

在 CRT 画面左下方的 CNC 状态提示信息不是上述三种状态之一，说明方式选择信号错误，利用 PMC 的诊断功能（PMCDGN）可以确认下面的状态信号。

	#7	#6	#5	#4	#3	#2	#1	#0
G0043			DNC1			MD4	MD2	MD1

DNC1	MD4	MD2	MD1	方式选择
0	0	0	0	手动数据输入MDI
0	0	0	1	自动方式MEM
1	0	0	1	远程控制方式DNC1

• 没有输入自动运行启动信号。

按下“自动运行启动”按钮时为“1”，松开此按钮时为“0”，信号从“1”到“0”变化时，启动自动运行，所以利用 PMC 的诊断功能（PMCDGN），确认 G7.2 信号的状态。

	#7	#6	#5	#4	#3	#2	#1	#0
G0007						ST		

注意： G7.2 启动信号是由 PMC 传给 CNC 的，所以在梯形图中 G7.2 之前机床厂会做一些保护或互锁处理。

• 输入了自动运行暂停（进给停止）信号。

若没有按下自动运行暂停按钮，此时 G8.5 ＊SP 为“1”的话说明没有施加进给暂停信号（＊SP 为非信号，其为“0”时激活），系统是正常的，程序可以运行。

我们可以利用 PMC 的诊断功能（PMCDGN），确认信号的状态。

	#7	#6	#5	#4	#3	#2	#1	#0
G0008			*SP					

通过上述分析，我们知道造成循环启动失效的原因主要是方式选择（G43）和循环启动（G7.2）以及进给停止（G8.5）接口信号影响的结果。

② 维修实例 某数控车床，FANUC 18iT 系统，按“循环启动”按钮后程序不运行，无报警，通过

PMC 诊断画面诊断 000～016，未发现异常，该机床梯形图如图 3-79 所示。信号地址见表 3-15。

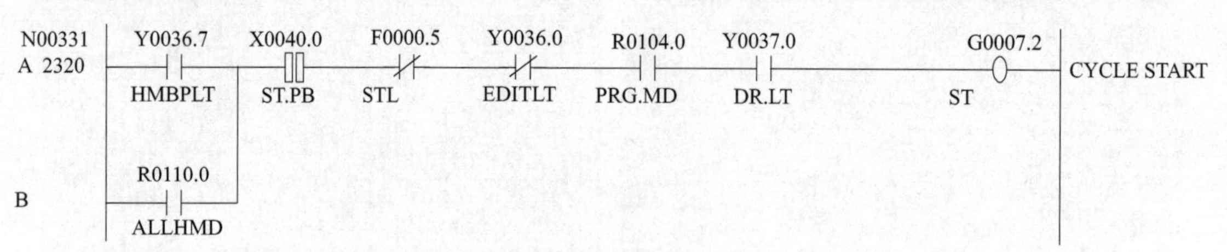

图 3-79 梯形图

表 3-15 信号地址

地　址	信　号	信号内容	备　注
Y0036.7	HMBPLT	零点建立灯(点亮)	
R0110.0	ALLHMD	所有轴回零完成	
X0040.0	ST. PB	“循环启动”按钮	
F0000.5	STL	循环启动灯(点亮)	
Y0036.0	EDITLT	编辑方式灯	
R0104.0	PRG. MD	程序方式(MDI、MEM、DNC1)	
Y0037.0	DR. LT	机床运行灯亮	DRIVERS ON LIGHT

经进一步诊断，发现 Y37.0　DR. LT 没有导通，通过梯形图继续查找，发现液压系统一压力继电器信号无输出，该信号将 Y37.0 截断。

故障排除，清洗压力继电器相关油路，恢复压力继电器信号，循环启动信号被激活，程序正常运行。

第4章 主传动系统的故障诊断与检修

4.1 主传动系统机械结构的组成与维修

主轴部件是机床的一个关键部件，它包括主轴的支承、安装在主轴上的传动零件等。数控车床与数控铣床的主轴部件是有所差异的，表4-1所示是数控铣床的主轴部件。

表4-1 主轴部件及其作用

名称	图示	作用
主轴箱		主轴箱通常由铸铁铸造而成，主要用于安装主轴零件、主轴电动机、主轴润滑系统等
主轴头		下面与立柱的硬轨或线轨连接，内部装有主轴，上面还固定有主轴马达、主轴松刀装置，用于实现Z轴移动、主轴旋转等功能
主轴本体		主传动系统最重要的零件，主轴材料的选择主要根据刚度、载荷特点、耐磨性和热处理变形等因素确定，用于装夹刀具执行零件加工
轴承	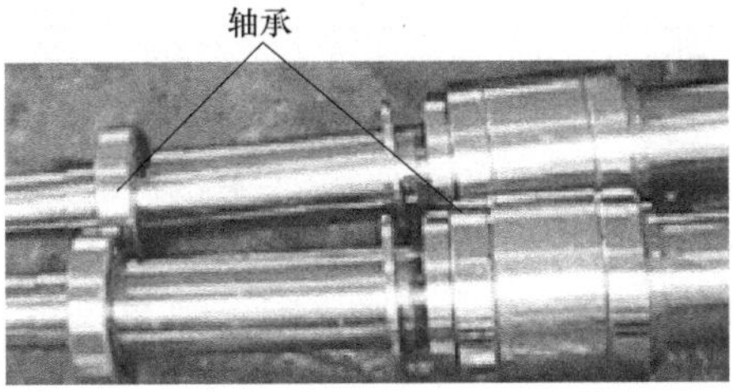 轴承	支承主轴

4.1-1

4.1.1 数控机床的主轴部件

(1) 数控铣床/加工中心的主轴部件

① 主传动系统的结构［二维码 4.1-1］ 如图 4-1 所示为 VMC-15 加工中心的主传动结构，其主传动路线为：交流主电动机（150～7500r/min 无级调速）→1∶1 多楔带传动→主轴。

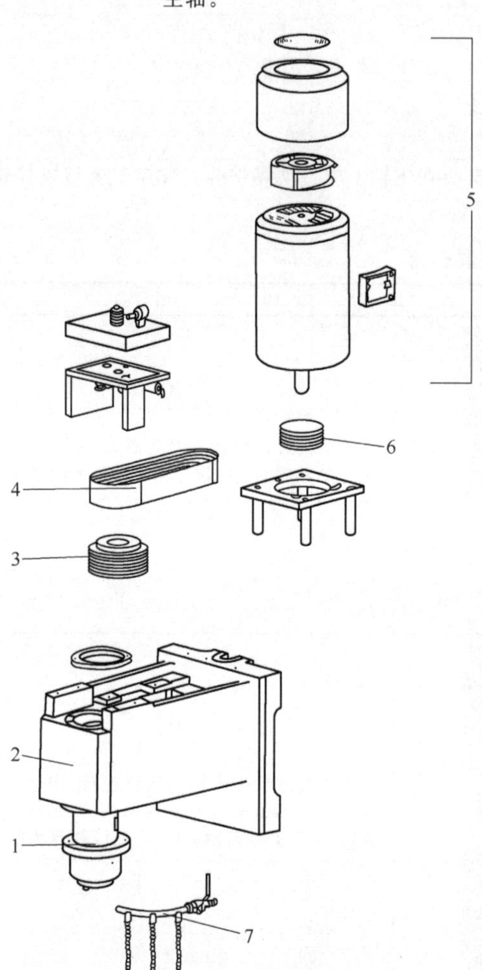

图 4-1 VWC-15 加工中心的主传动系统
1—主轴；2—主轴箱；3,6—带轮；4—多楔带；5—主电动机；7—切削液喷嘴

② 轴箱的结构 TH6350 加工中心的主轴箱如图 4-2 所示。为了增加转速范围和转矩，主传动采用齿轮变速传动方式。主轴转速分为低速区域和高速区域。低速区域传动路线是：交流主轴电动机经弹性联轴器、齿轮 z_1、齿轮 z_2、齿轮 z_3、齿轮 z_4、齿轮 z_5、齿轮 z_6 到主轴。高速区域传动路线是：交流主轴电动机经联轴器及牙嵌离合器、齿轮 z_5、齿轮 z_6 到主轴。变换到高速挡时，由液压活塞推动拨叉向左移动，此时主轴电动机慢速旋转，以利于牙嵌离合器啮合。主轴电动机采用 FANUC 交流主轴电动机，主轴能获得的最大转矩为 490N・m；主轴转速范围为 28～3150r/min，低速区为 28～733r/min，高速区为 733～3150r/min，低速时传动比为 1∶4.75；高速时传动比 1∶1.1。主轴锥孔型号为 ISO 50，主轴结构采用了高精度、高刚性的组合轴承。其前轴承由 3182120 双列短圆柱滚子轴承和 2268120 推力球轴承组成，后轴承采用 46117 推力角接触球轴承，这种主轴结构可保证主轴的高精度。

③ 主轴结构 主轴由如图 4-3 所示元件组成。如图 4-4（a）所示，刀柄采用 7∶24 的大锥度锥柄与主轴锥孔配合，既有利于定心，也为松夹带来了方便。标准拉钉 5 拧紧在刀柄上。放松刀具时，液压油进入液压缸活塞 1 的右端，油压使活塞左移，推动拉杆 2 左移，同时碟形弹簧 3 被压缩，钢球 4 随拉杆一起左移，当钢球移至主轴孔径较大处时，便松开拉钉，机械手即可把刀柄连同拉钉 5 从主轴锥孔中取出。夹紧刀具时，活塞右端无油压，螺旋弹簧使活塞退到最右端，拉杆 2 在碟形弹簧 3 的弹簧力作用下向右移动，钢球 4 被迫收拢，卡紧在拉杆 2 的环槽中。这样，拉杆通过钢球把拉钉向右拉紧，使刀柄外锥面与主轴锥孔内锥面相互压紧，刀具随刀柄一起被夹紧在主轴上。

行程开关 8 和 7 用于发出夹紧和放松刀柄的信号。刀具夹紧机构使用碟形弹簧夹紧、液压放松，可保证在工作中，如果突然停电，刀柄不会自行脱落。

自动清除主轴孔中的切屑和灰尘是换刀操作中的一个不容忽视的问题。为了保持主轴锥孔清洁，常采用压缩空气吹屑。图 4-4（a）所示活塞 1 的心部钻有压缩空气通道，当活塞向左移动时，压缩空气经过活塞由主轴孔内的空气嘴喷出，将锥孔清理干净。为了提高吹屑效率，喷气小孔要有合理的喷射角度，并均匀分布。

用钢球 4 拉紧拉钉 5，这种拉紧方式的缺点是接触应力太大，易将主轴孔和拉钉压出坑来。新式的刀杆已改用弹力卡爪，它由两瓣组成，装在拉杆 2 的左端，如图 4-4（b）所示。卡套 10 与主轴是固定在一起的。卡紧刀具时，拉杆 2 带动弹力卡爪 9 上移，卡爪 9 下端的外周是锥面 *B*，与卡套 10 的锥孔配合，锥面 *B* 使卡爪 9 收拢，卡紧刀杆。松开刀具时，拉杆带动弹力卡爪下移，锥面 *B* 使卡爪 9 放松，使刀杆可以从卡爪 9 中退出。这种卡爪与刀杆的结合面 *A* 与拉力垂直，故卡紧力较大；卡爪与刀杆为面接触，接触应力较小，不易压溃刀杆。目前，采用这种刀杆拉紧机构的加工中心机床逐渐增多。

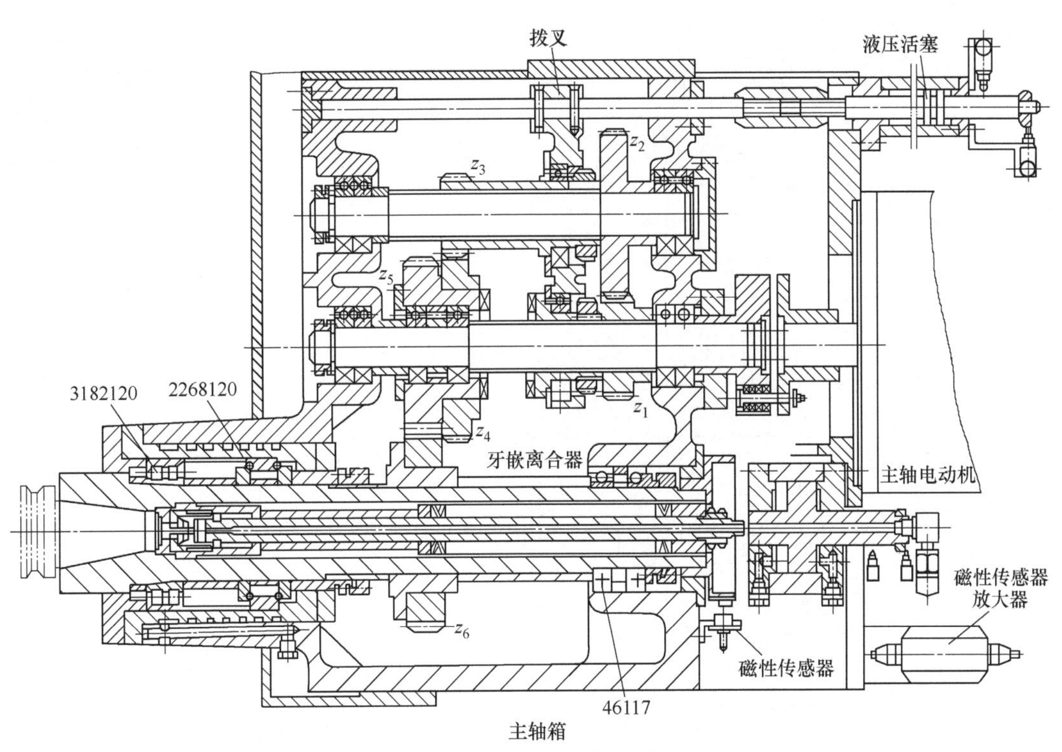

图 4-2 TH6350 主轴箱结构图

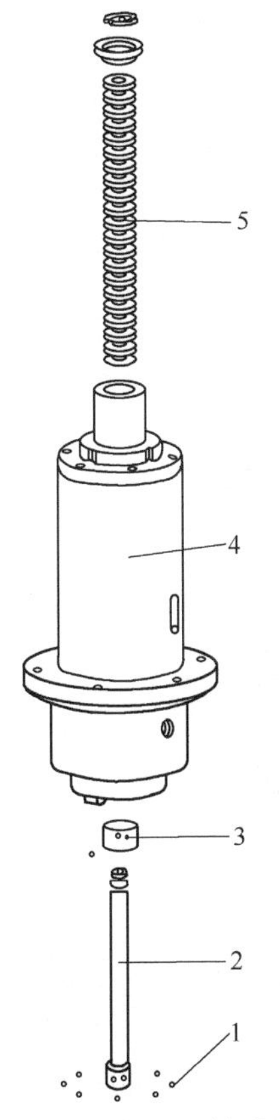

图 4-3 VMC-15 加工中心主轴［二维码 4.1-2］

1—钢球；2—拉杆；3—套筒；4—主轴；5—碟形弹簧

4.1-2

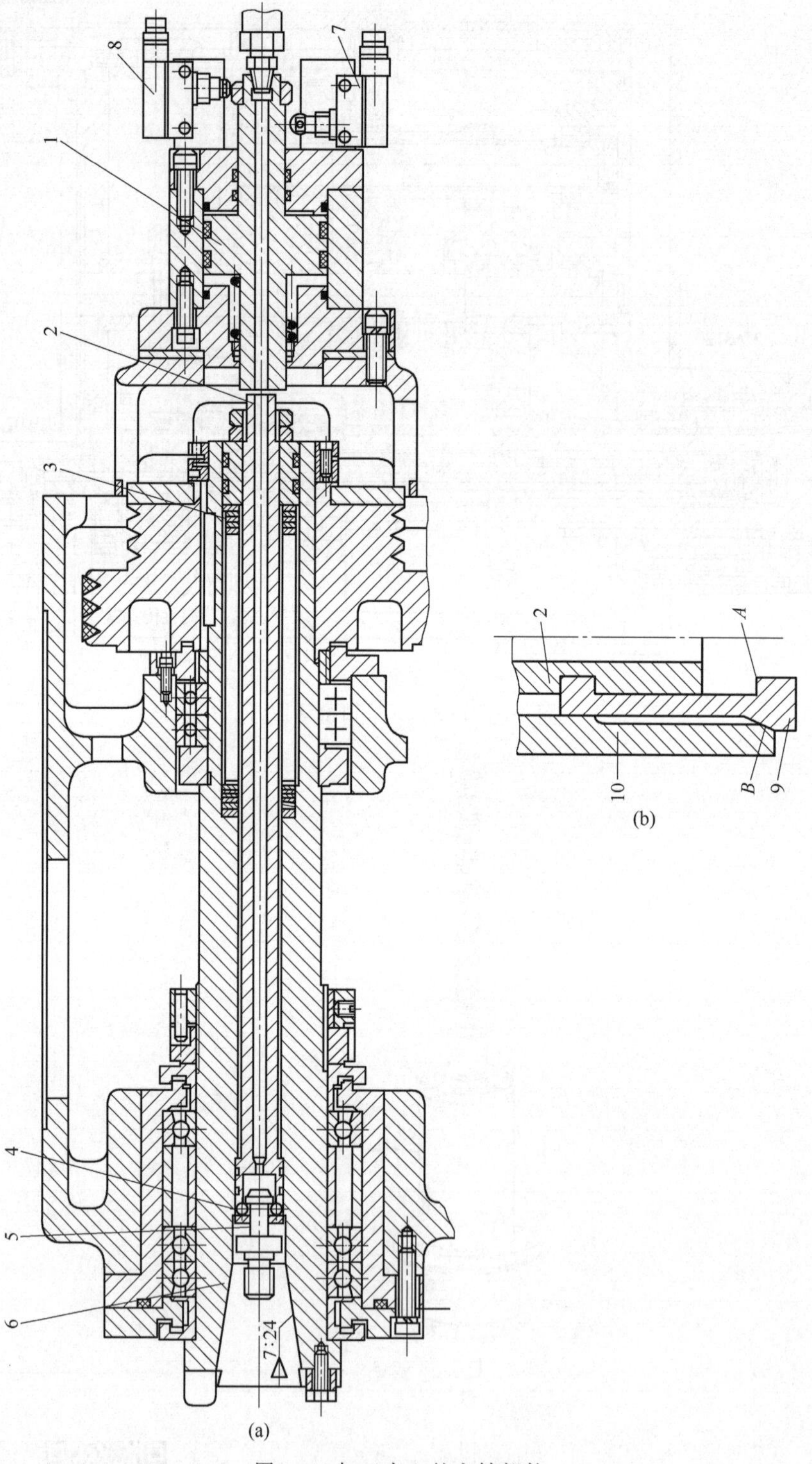

图 4-4　加工中心的主轴部件

1—活塞；2—拉杆；3—碟形弹簧；4—钢球；5—标准拉钉；6—主轴；7,8—行程开关；9—弹力卡爪；10—卡套

④ 刀柄拉紧机构　常用的刀杆尾部的拉紧如图 4-5 所示。图 4-5（a）所示的弹簧夹头结构，它有拉力放大作用，可用较小的液压推力产生较大的拉紧力。图 4-5（b）所示为钢球拉紧结构，图 4-5（c）是弹簧夹头的实物图。

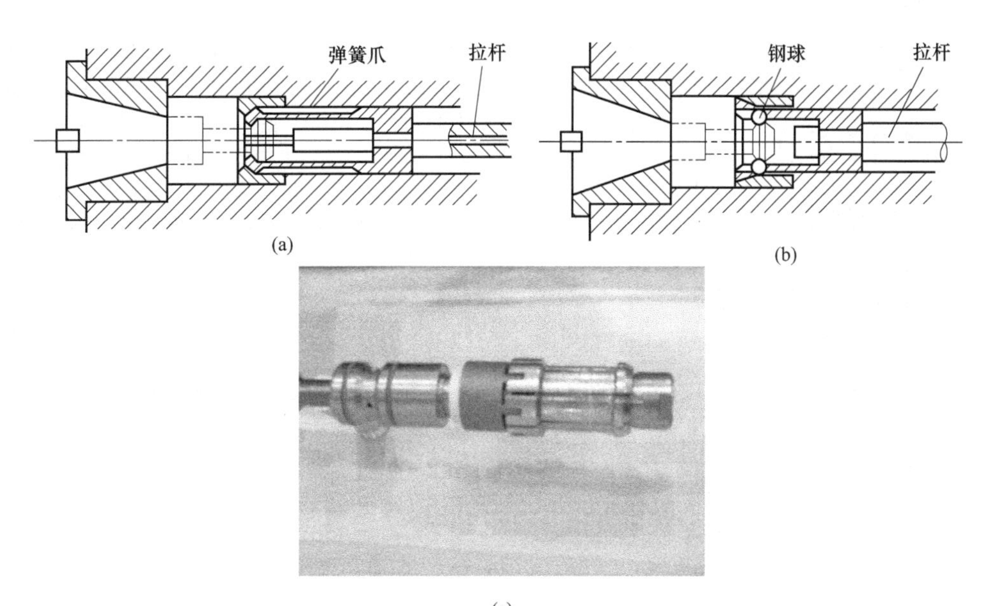

(c)

图 4-5 拉紧机构

⑤ 卸荷装置 图 4-6 所示为一种卸荷装置，液压缸 6 与连接座 3 固定在一起，但是连接座 3 由螺钉 5 通过弹簧 4 压紧在箱体 2 的端面上，连接座 3 与箱孔为滑动配合。当油缸的右端通入高压油使活塞杆 7 向左推压拉杆 8 并压缩碟形弹簧的同时，油缸的右端面也同时承受相同的液压力，故此，整个油缸连同连接座 3 压缩弹簧 4 而向右移动，使连接座 3 上的垫圈 10 的右端面与主轴上的螺母 1 的左端面压紧，因此，松开刀柄时对碟形弹簧的液压力就成了在活塞杆 7、液压缸 6、连接座 3、垫圈 10、螺母 1、碟形弹簧、套环 9、拉杆 8 之间的内力，因而使主轴支承不致承受液压推力。

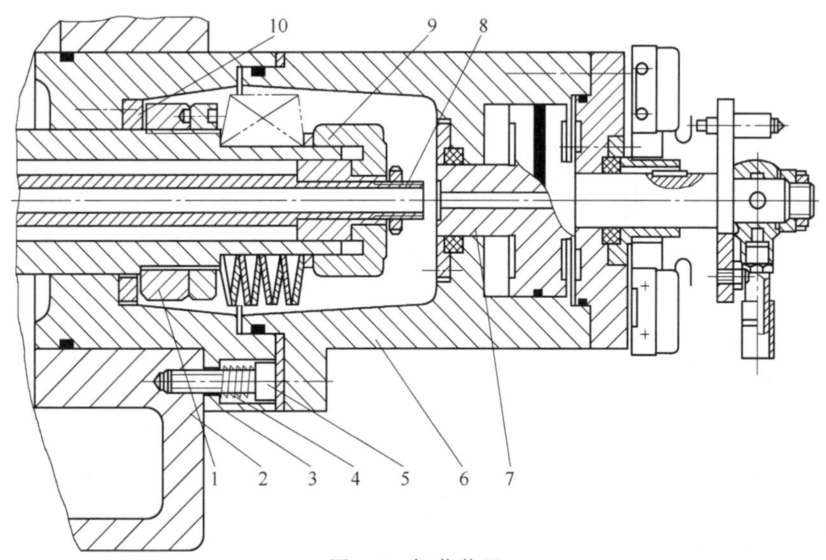

图 4-6 卸荷装置

1—螺母；2—箱体；3—连接座；4—弹簧；5—螺钉；6—液压缸；7—活塞杆；8—拉杆；9—套环；10—垫圈

(2) 数控车床的主轴部件

① 主运动传动 TND360 数控卧式车床传动系统如图 4-7 所示。图 4-7 中所示各传动元件是按照运动传递的先后顺序，以展开图的形式画出来的。该图只表示传动关系，不表示各传动元件的实际尺寸和空间位置。

数控车床主运动传动链的两端部件是主电动机与主轴，它的功用是把动力源（电动机）的运动及动力传递给主轴，使主轴带动工件旋转实现主运动，并满足数控卧式车床主轴变速和换向的要求。

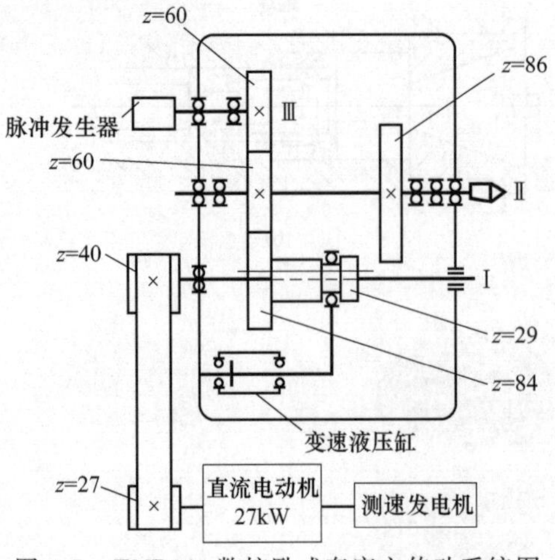

图 4-7　TND360 数控卧式车床主传动系统图

TND360 主运动传动由直流主轴伺服电动机（27kW）的运动经过齿数为 27/48 同步齿形带传动到主轴箱中的轴Ⅰ上。再经轴Ⅰ上双联滑移齿轮，经齿轮副 84/60 或 29/86 传递到轴Ⅱ（即主轴），使主轴获得高（800～3150r/min）、低（7～800r/min）两挡转速范围。在各转速范围内，由主轴伺服电动机驱动实现无级变速。

主轴的运动经过齿轮副 60/60 传递到轴Ⅲ上，由轴Ⅲ经联轴器驱动圆光栅。圆光栅将主轴的转速信号转变为电信号送回数控装置，由数控装置控制实现数控车床上的螺纹切削加工。

② 主轴的结构　数控机床的主轴箱是一个比较复杂的传动部件。表达主轴箱中各传动元件的结构和装配关系时常用展开图。展开图基本上是按传动链传递运动的先后顺序，沿轴心线剖开，并展开在一个平面上的装配图。图 4-8 为 TND360 数控车床的主轴箱展开图。该图是沿轴Ⅰ-Ⅱ-Ⅲ的轴线剖开后展开的。

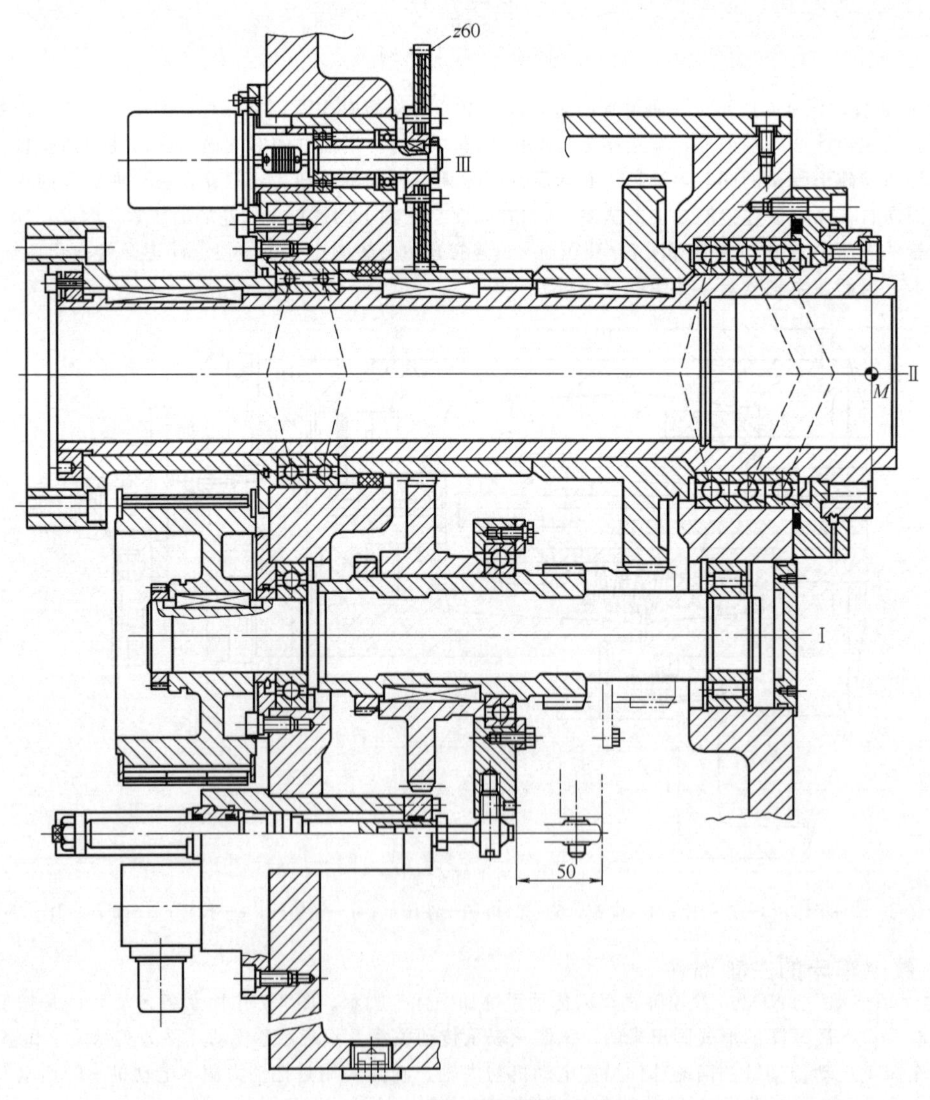

图 4-8　TND360 数控车床的主轴箱展开图

在展开图中通常主要表示：

各种传动元件（轴、齿轮、带传动和离合器等）的传动关系；各传动轴及主轴等有关零件的结构形状、装配关系和尺寸，以及箱体有关部分的轴向尺寸和结构。

要表示清楚主轴箱部件的结构，有时仅有展开图还是不能表示出每个传动元件的空间位置及其他机构（如操作机构、润滑装置等），因此，装配图中有时还需要必要的向视图及其他剖视图来加以说明。

a. 变速轴。变速轴（轴Ⅰ）是花键轴。左端装有齿数为48的同步齿形带轮，接受来自主电动机的运动。轴上花键部分安装有一双联滑移齿轮，齿轮齿数分别为29（模数 $m=2$mm）和84（模数 $m=2.5$mm）。29齿轮工作时，主轴运转在低速区；84齿轮工作时，主轴运转在高速区。双联滑移齿轮为分体组合形式，上面装有拨叉轴承，拨叉轴承隔离齿轮与拨叉的运动。双联滑移齿轮由液压缸带动拨叉驱动，在轴Ⅰ上轴向移动，分别实现齿轮副29/86、84/60的啮合，完成主轴的变速。变速轴靠近带轮的一端是球轴承支承，外圈固定；另一端由长圆柱滚子轴承支承，外圈在箱体上不固定，以提高轴的刚度和降低热变形的影响。

b. 检测轴（轴Ⅱ）。检测轴是阶梯轴，通过两个球轴承支承在轴承套中。它的一端装有齿数为60的齿轮，齿轮的材料为夹布胶木；另一端通过联轴器传动光电脉冲发生器。齿轮与主轴上的齿数为60的齿轮相啮合，将主轴运动传到光电脉冲发生器上。

主轴脉冲发生器的安装，通常采用两种方式：一是同轴安装；二是异轴安装。同轴安装的结构简单，缺点是安装后不能加工伸出车床主轴孔的零件；异轴安装较同轴麻烦一些，需配一对同步齿形带轮和同步齿形带，但却避免了同轴安装的缺点，如图4-9所示。

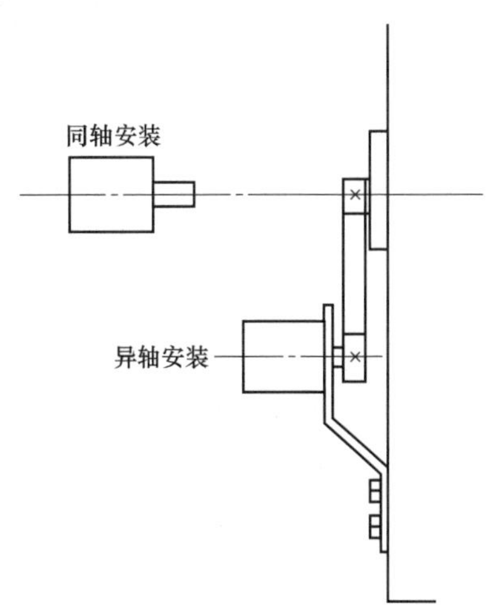

图4-9 主轴脉冲发生器的安装

主轴脉冲发生器与传动轴的连接可分为刚性连接和柔性连接。刚性连接是指常用的轴套连接。此方式对连接件制造精度和安装精度有较高的要求，否则，同轴度误差的影响会引起主轴脉冲发生器产生偏差而造成信号不准，严重时损坏光栅。如图4-10所示，传动箱传动轴上的同步带轮通过同步带与装在主轴上的同步带轮相连。

柔性连接是较为实用的连接方式。常用的软件为波纹管或橡胶管，连接方式见图4-11。采用柔性连接，在实现角位移传递的同时，又能吸收车床主轴的部分振动，从而使得主轴脉冲发生器传动平稳、传递信号准确。

主轴脉冲发生器在选用时应注意主轴脉冲发生器的最高允许转速，在实际应用过程中，机床的主轴转速必须小于此转速，以免损坏脉冲发生器。

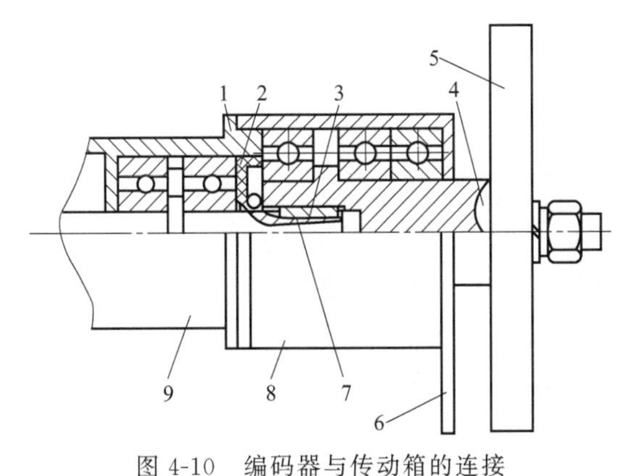

图4-10 编码器与传动箱的连接

1—编码器外壳隔环；2—密封圈；3—键；4—带轮轴；5—带轮；6—安装耳；7—编码器轴；8—传动箱；9—编码器

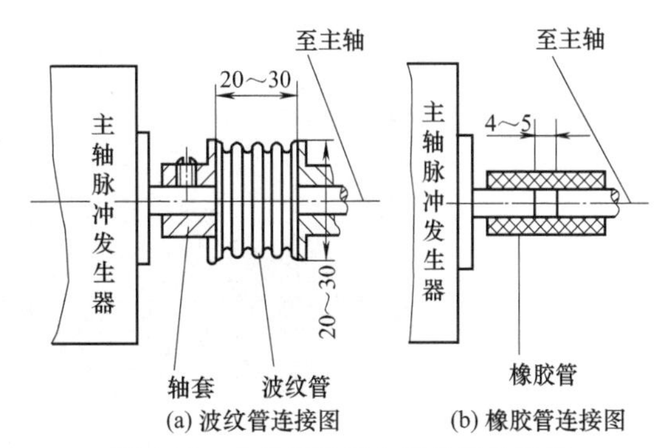

图4-11 主轴脉冲发生器的柔性连接

c. 主轴箱。主轴箱的作用是支承主轴和支承主轴运动的传动系统，主轴箱材料为密烘铸铁。主轴箱使用底部定位面在床身左端定位，并用螺钉紧固。

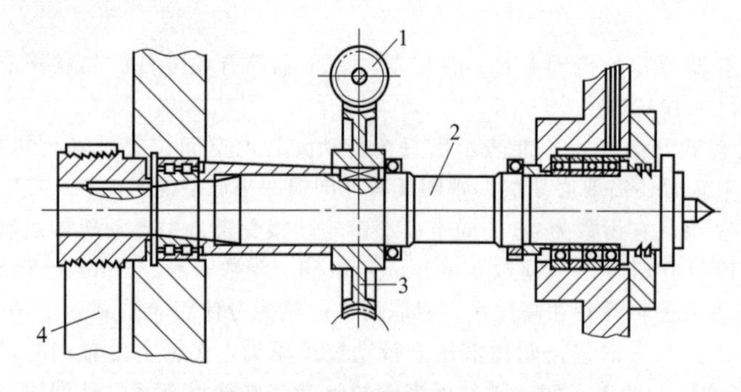

(a) 主轴结构简图

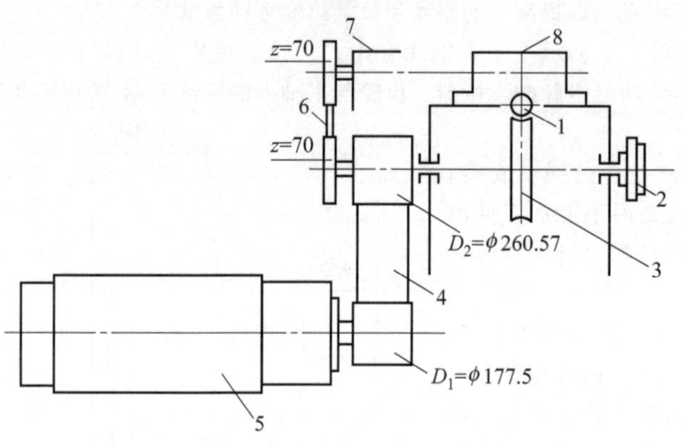

(b) C轴传动及主传动系统示意图

图 4-12　MDC200MS3 车削中心 C 轴传动系统

1—蜗杆（$i=1:32$）；2—主轴；3—蜗轮；4—齿形带；5—主轴电动机；6—同步齿形带；7—脉冲编码器；8—C 轴伺服电机

③ C 轴的传动　图 4-12 为沈阳第一机床厂生产的 MDC200MS3 车削柔性加工单元的主轴传动系统结构和 C 轴传动及主传动系统简图。C 轴分度采用可啮合和脱开的精密蜗轮副结构，它由一个转扭矩为 18.2N·m的伺服电动机驱动蜗杆 1 及主轴上的蜗轮 3，当机床处于铣削和钻削状态时，即主轴需通过 C 轴回转或分度时，蜗杆与蜗轮啮合。该蜗杆蜗轮副由一个可固定的精确调整滑块来调整，以消除啮合间隙。C 轴的分度精度由一个脉冲编码器来保证，分度精度为 0.01°。

(3) 高速主轴结构

高速主轴主要有电主轴、气动主轴、水动主轴等。数控机床常用的高速主轴是电主轴，主要由动力源、主轴、轴承和机架（图 4-13）等几个部分组成。用于大型加工中心的电主轴基本结构如图 4-14 所示。由主轴轴系 1、内装式电动机 2、支撑及其润滑系统 3、冷却系统 4、松拉刀机构 5、轴承自动卸载系统 6、编码器安装调整系统 7 组成。现在高速主轴很多，最常用的是如图 4-15 所示的 HSK 主轴。图 4-16 所示为刀柄的夹紧机构（总体结构与7：24 刀柄松、夹方式相同，即液压缸顶拉杆松刀，碟形弹簧伸展夹紧刀柄），夹紧时，在碟形弹簧的作用下，拉杆 4 上移，带动与其用螺纹连接的拉套 5 上移，拉套 5 接触爪钩 6，爪钩 6 下部钩住刀柄孔内的 30°斜面，产生径向力 F_R 和轴向力 F_A，同时还产生刀柄和主轴端面之间的接触力 F_S；松刀时，在液压缸活塞杆的作用下拉杆 4 带动拉套 5 下移，爪钩下部离开刀柄孔中的 30°斜面，拉套继续下移，将刀柄顶离主轴锥孔；拉杆 4 有通孔，用于输送切削液。

图 4-13　高速主轴

4.1.2　主传动系统机械故障的检修

(1) 主轴部件故障诊断与维修

① 主轴部件常见故障诊断及排除方法见表 4-2。

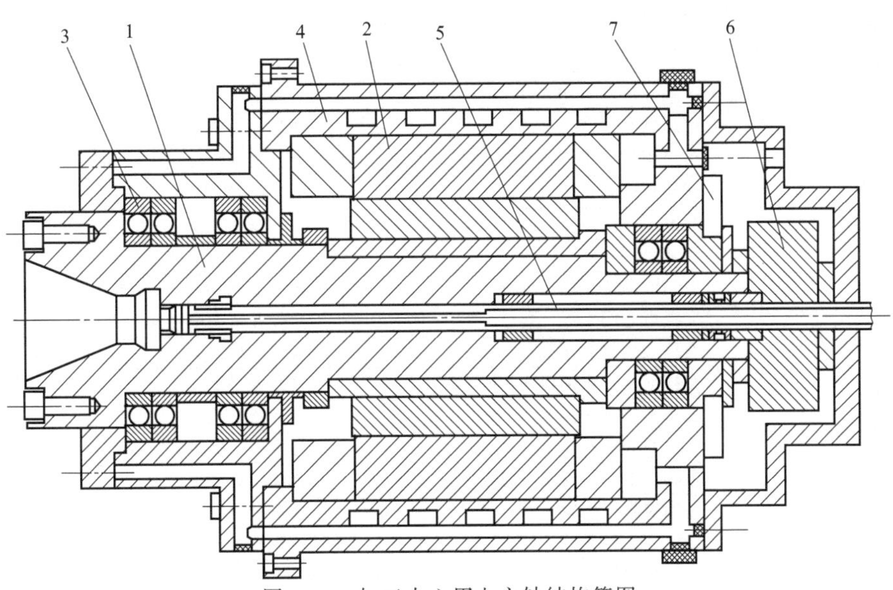

图 4-14　加工中心用电主轴结构简图

1—主轴轴系；2—内装式电动机；3—支撑及其润滑系统；4—冷却系统；5—松拉刀机构；6—轴承自动卸载系统；7—编码器安装调整系统

图 4-15　HSK 主轴

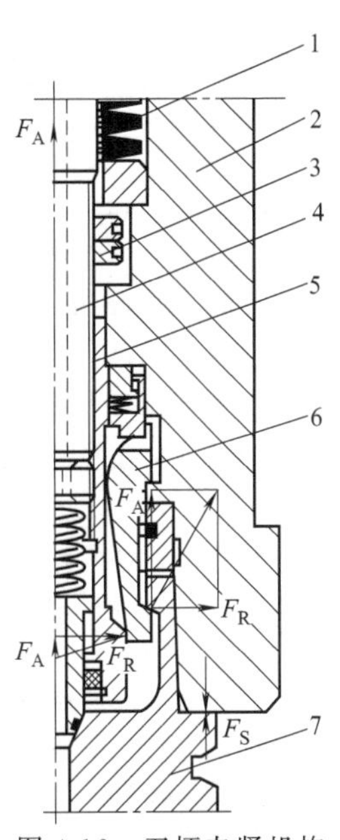

图 4-16　刀柄夹紧机构

1—碟形弹簧；2—主轴；3—调节螺母；4—拉杆；5—拉套；6—爪钩；7—HSK 刀柄

表 4-2　主轴部件常见故障诊断及排除方法

序号	故障现象	故障原因	排除方法
1	切削振动大	主轴箱和床身连接螺钉松动	恢复精度后紧固连接螺钉
		主轴与箱体精度超差	修理主轴或箱体，使其配合精度、位置精度达到要求
		其他因素	检查刀具或切削工艺问题
		如果是车床，可能是转塔刀架运动部位松动或压力不够而未卡紧	调整修理

续表

序号	故障现象	故障原因	排除方法
2	主轴箱噪声大	主轴部件动平衡不好	重新进行动平衡
		齿轮啮合间隙不均或严重损伤	调整间隙或更换齿轮
		传动带长度不够或过松	调整或更换传动带,不能新旧混用
		齿轮精度差	更换齿轮
		润滑不良	调整润滑油量,保持主轴箱的清洁度
3	主轴无变速	压力是否足够	检测并调整工作压力
		变挡液压缸研损或卡死	修去毛刺和研伤,清洗后重装
		变挡电磁阀卡死	检修并清洗电磁阀
		变挡液压缸拨叉脱落	修复或更换
		变挡液压缸窜油或内泄	更换密封圈
		变挡复合开关失灵	更换新开关
4	主轴不转动	保护开关没有压合或失灵	检修压合保护开关或更换
		主轴与电动机连接带过松	调整或更换传动带
		主轴拉杆未拉紧夹持刀具的拉钉	调整主轴拉杆拉钉结构
		卡盘未夹紧工件	调整或修理卡盘
		变挡复合开关损坏	更换复合开关
		变挡电磁阀体内泄漏	更换电磁阀
5	主轴发热	润滑油脏或有杂质	清洗主轴箱,更换新油
		冷却润滑油不足	补充冷却润滑油,调整供油量
6	刀具夹不紧	夹刀碟形弹簧位移量较小或拉刀液压缸动作不到位	调整碟形弹簧行程长度,调整拉刀液压缸行程
		刀具松夹弹簧上的螺母松动	拧紧螺母,使其最大工作载荷为13kN
7	刀具夹紧后不能松开	松刀弹簧压合过紧	拧松螺母,使其最大工作载荷不得超过13kN
		液压缸压力和行程不够	调整液压压力和活塞行程开关位置

② 检修实例如下：

【例 4-1】 主轴出现拉不紧刀的故障排除。

故障现象：VMC型加工中心使用半年后出现主轴拉刀松动，无任何报警信息。

故障分析：调整碟形弹簧与拉刀液压缸行程长度，故障依然存在；进一步检查发现拉钉与刀柄夹头的螺纹连接松动，刀柄夹头随着刀具的插拔发生旋转，后退了约1.5mm；该台机床的拉钉与刀柄夹头间无任何连接防松的措施。

故障处理：将主轴拉钉和刀柄夹头的螺纹连接用螺纹锁固密封胶锁固，并用锁紧螺母紧固，故障消除。

【例 4-2】 松刀动作缓慢的故障排除。

故障现象：TH5840立式加工中心换刀时，主轴松刀动作缓慢。

故障分析：主轴松刀动作缓慢的原因可能是：气动系统压力过低或流量不足；机床主轴拉刀系统有故障，如碟形弹簧破损等；主轴松刀气缸有故障。首先检查气动系统的压力，压力表显示气压为0.6MPa，压力正常；将机床操作转为手动，手动控制主轴松刀，发现系统压力下降明显，气缸的活塞杆缓慢伸出，故判定气缸内部漏气。拆下气缸，打开端盖，压出活塞和活塞环，发现密封环破损，气缸内壁拉毛。

故障处理：更换新的气缸后，故障排除。

【例 4-3】 刀柄和主轴的故障维修。

故障现象：TH5840立式加工中心换刀时，主轴锥孔吹气，把含有铁锈的水分子吹出，并附着在主轴锥孔和刀柄上；刀柄和主轴接触不良。

故障分析：故障产生的原因是压缩空气中含有水分。

故障处理：如采用空气干燥机，使用干燥后的压缩空气，问题即可解决；若受条件限制，没有空气干燥机，也可在主轴锥孔吹气的管路上进行两次分水过滤，设置自动放水装置，并对气路中相关零件进行防锈处理，故障即可排除。

(2) 主传动链的检修

① 主传动链常见故障诊断及排除方法见表4-3。

表 4-3 主传动链常见故障诊断及排除方法

序号	故障现象	故障原因	排除方法
1	主轴在强力切削时停转	电动机与主轴连接的皮带过松	调整皮带张紧力
		皮带表面有油	用汽油清洗后擦干净,再装上
		皮带老化失效	更换新皮带
		摩擦离合器调整过松或磨损	调整摩擦离合器,修磨或更换摩擦离合器
2	主轴噪声	小带轮与大带轮传动平衡情况不佳	重新进行动平衡
		主轴与电动机连接的皮带过紧	调整皮带张紧力
		齿轮啮合间隙不均匀或齿轮损坏	调整齿轮啮合间隙或更换齿轮
3	齿轮损坏	变挡压力过大,齿轮受冲击产生破损	按液压原理图调整到适当的压力和流量
		变挡机构损坏或固定销脱落	修复或更换零件
4	主轴发热	主轴前端盖与主轴箱压盖研伤	修磨主轴前端盖使其压紧主轴前轴承,轴承与后盖有0.02～0.05mm间隙
5	主轴没有润滑油循环或润滑不足	液压泵转向不正确,或间隙过大	改变液压泵转向或修理液压泵
		吸油管没有插入油箱的油面以下	吸油管插入油面以下2/3处
		油管或滤油器堵塞	清除堵塞物
		润滑油压力不足	调整供油压力
6	液压变速时齿轮推不到位	主轴箱内拨叉磨损	选用球墨铸铁做拨叉材料
			在每个垂直滑移齿轮下方安装塔簧作为辅助平衡装置,减轻对拨叉的压力
			活塞的行程与滑移齿轮的定位相协调
			若拨叉磨损,予以更换
7	润滑油泄漏	润滑油量多	调整供油量
		检查各处密封件是否有损坏	更换密封件
		管件损坏	更新管件

② 维修实例如下:

【例 4-4】 一台加工中心，主轴电动机在主轴转速为600r/min时，振动特别大，整个主轴头都在振动；在1500r/min时摆动幅度反而变小，但振动频率变大；在主轴高速旋转时切断电源，电动机在滑行过程中继续振动，证明为非电气故障；将电动机与主轴之间的传动带断开，启动电动机，振动仍然存在。

分析与处理过程:

根据振动频率与转速成正比关系，初步判断为转子偏心或松动。拆开电动机，发现电动机转子轴承挡由于轴承跑内圈的原因磨损了0.02mm以上。考虑到此机床已使用了十几年，对其性能期望值不高，再加上没有现成的转子更换，决定采用喷涂修复轴承挡的方法，同时更换了轴承，取得了良好的效果。

【例 4-5】 某加工中心主轴定位不良，引发换刀过程发生中断。

故障原因分析及排除:

一开始出现此故障时，重新开机后机床工作又正常，随后此故障反复出现。

对机床进行仔细观察，发现故障系主轴在定向后发生位置偏移造成的。主轴在定位后，如用手碰一下，主轴就会产生相反方向的漂移。检查电气单元无任何报警。从机床的说明可知，该机床采用编码器定位；而从故障的现象和可能发生的部位来看，电气部分的可能性比较小。分析为机械连接问题，遂对主轴的各部件的连接进行了检查。在检查到编码器的连接时，发现编码器上连接套的紧定螺钉松动，使连接套后退造成与主轴的连接部分间隙过大，使旋转不同步。将紧定螺钉按要求固定好后，故障消除。

【例 4-6】 主轴发热、旋转精度下降的故障维修。

故障现象：某立式加工中心镗孔精度下降，圆柱度超差，主轴发热，噪声大，但用手拨动主轴转动阻力较小。

故障分析:

通过将主轴部件解体检查，发现故障原因如下：主轴轴承润滑脂内混有粉尘和水分，这是因为该加工中心用的压缩空气无精滤和干燥装置，故气动吹屑时有少量粉尘和水汽窜入主轴轴承润滑脂内，造成润滑不良，导致发热且有噪声；主轴内锥孔定位表面有少许碰伤，锥孔与刀柄锥面配合不良，有微量偏心；前轴承预紧力下降，轴承游隙变大；主轴自动夹紧机构内部分碟形弹簧疲劳失效，刀具未被完全拉紧，有少许窜动。

故障处理：更换前轴承及润滑脂，调整轴承游隙，轴向游隙为0.003mm，径向游隙为±0.002mm；自制简易研具，手工研磨主轴内锥孔定位面，用涂色法检查，保证刀柄与主轴定心锥孔的接触面积大于85%；更换碟形弹簧；将修好的主轴装回主轴箱，用千分表检查径向跳动，近端小于0.006mm，远端150mm处小于0.010mm；试加工，主轴温升和噪声正常，加工精度满足加工工艺要求，故障排除。

【例4-7】 主轴部件的拉杆钢球损坏。

故障现象：某立式加工中心主轴内刀具自动夹紧机构的拉杆钢球和刀柄拉紧螺钉尾部锥面经常损坏。

故障分析：检查发现，主轴松刀动作与机械手拔刀动作不协调，这是因为限位开关挡铁装在气液增压缸的气缸尾部，虽然气缸活塞动作到位，增压缸活塞动作却没有到位，致使机械手在刀柄还没有完全松开的情况下强行拔刀，损坏拉杆钢球及拉紧螺钉。

故障处理：清洗增压油缸，更换密封环，给增压油缸注油，气压调整至0.5～0.8MPa，试用后故障消失。

4.2 变频主轴的故障诊断与维修

4.2.1 变频主轴的连接

以数控车床的连接为例来介绍，无级调速车床由交流变频调速电动机拖动主轴，经过滑移齿轮实现Ⅰ、Ⅱ、Ⅲ、Ⅳ4挡，无级调速具有良好的转矩特性和功率特性，溜板具有快移功能，操作方便灵活。车床主电路如图4-17所示。

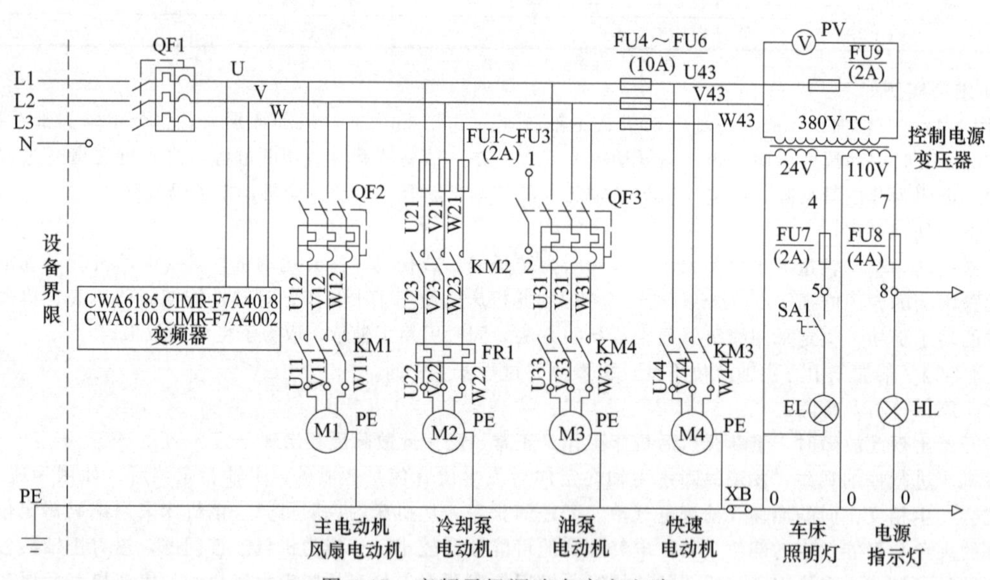

图4-17 变频无级调速车床主电路

4.2.2 主电路控制

控制电路与主电路如图4-18、图4-19所示。机床主电动机采用的是18.5kW变频调速电动机，主电路控制采用变频调速装置、制动单元及制动电阻等先进技术进行控制。要使主轴正转，按SB4或SB5按钮，中间继电器KA1吸合，并通过KA1常开触点16—2进行自锁，同时KA1常开触点22—28接通，向变频器S1正转运行/停止输入信号，同时KA1常开触点10—12闭合，接通KM1接触器，风扇电动机与主电动机M1同时运转。如需停止只需按停止按钮SB9或SB10，KA4中间继电器吸合，其常开触点27—28断开，停止输入信号，电动机M1停止运转。

如需主轴反转，按启动按钮 SB6（或 SB7），中间继电器 KA2 吸合，通过中间继电器 KA2 常开触点 23—28 闭合，给变频器 S2 输入反向信号，同时风机接触器由于 KA2 的吸合，10—12 的常开触点闭合，KM1 接触器通电吸合，使其与主电动机一起运转（风机正向运转没有换向）。如需停车，只需按 SB9 或 SB10，这时主机将和风机同时切断，停止运行。

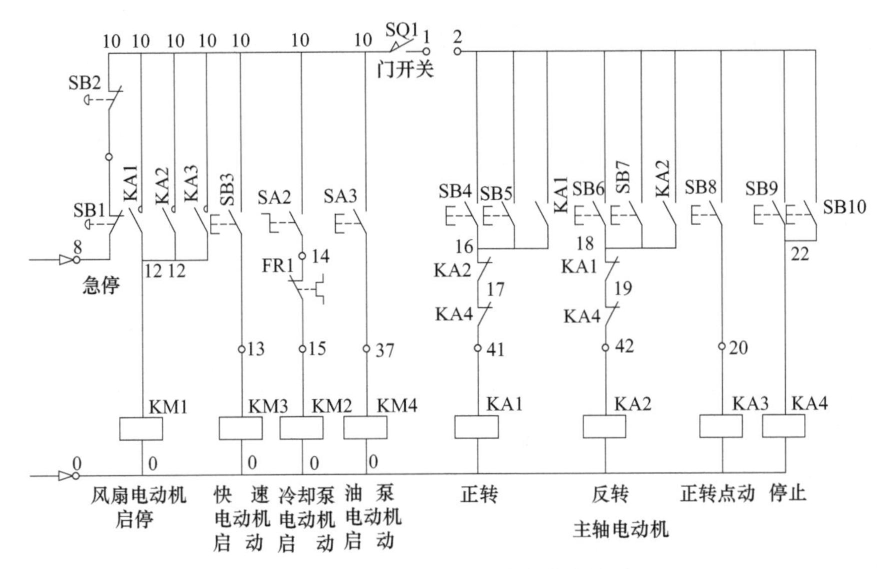

图 4-18 变频无级调速车床控制电路

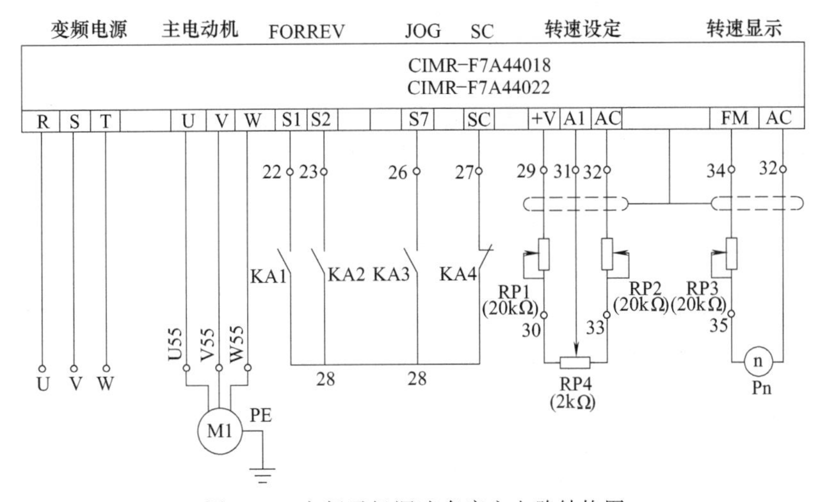

图 4-19 变频无级调速车床主电路结构图

如需点动，要按下 SB8 按钮，中间继电器 KA3 接通，其常开触点 26—28 接通，给变频器输入信号，电动机和风机同时向正点方向运转，放开 SB8，电动机停止运转。

如需改变主轴运转速度，可调节电位器选择所需速度，电位器 RP4（2kΩ）一端与变频器的＋V（29）、A1（31）、AC（32）的端子相接，以便输入信号改变转速。另外，变频器还与转速表连接，以显示电动机转速。进给箱上装有快移电动机，可纵向横向快速移动，由接触器 KM3 控制。

为了保证对工件的冷却，机床上装有冷却泵，电动机 M2 由接触器 KM2 控制。油泵电动机 M3 由接触器 KM4 控制。电气装置由三相交流电供电，接地良好。电源接入断路器 QF1 上端，交流控制电路为 AC 110V，指示灯 AC 110V，照明灯 AC 24V，它们的供给电压均由控制变压器二次绕组提供，一次侧由 380V 电源供给。

4.2.3 变频主轴的故障诊断与维修

(1) 变频电动机故障排除和判断

电动机发生故障时，可按照如表 4-4 所示的项目进行检查和排除。

表 4-4 变频电动机常见故障和排除方法

项次	故障名称		检查方法	改善措施
1	绝缘电阻过低	单纯性原因	将电动机与变频电源的连接脱开，分别检查是电动机绝缘故障还是电源系统故障	如果是电动机绝缘故障，应将其脱开机械负荷，然后通入低电压堵住转子运行 1h(运行时注意电流不得超过电动机铭牌规定电流)使其绝缘电阻回升至安全值
		环境性原因	如电动机的绝缘电阻经常偏低，应检查电动机的安放环境是否潮湿，或有其他有损绝缘的原因存在	如确定是环境问题，应向制造商咨询，电动机应提高防护等级
2	电动机异常发热		电动机电流超出铭牌规定参数	检查负荷系统，使电流正常
			电动机通风道被堵住	排除通风道异物
3	电动机不能启动或运行	绕组匝间短路	用匝间绝缘测试仪测量(2000V)	送厂家维修
		绕组高压击穿	用高压测试仪测量检测(1800V,1min)	送厂家维修
		电动机两相运行	用万用表测量三相电阻	如断相则电动机已损坏
		电气连接错误	检查电气连接	确认连接正确
		电源电压过低	用万用表测量三相电压	恢复电压指定值
		负荷或惯量过大	观察变频器电流是否超标或加、减速失效	将变频器容量放大或加、减速时间放长
		加减速时间太短		
		变频器容量不够		消除机械负荷故障
		负荷故障		调整变频器参数
		变频器参数设置不当		
4	电动机有异常噪声	机械异常摩擦	可听见明显机械摩擦声	送厂家维修
		轴承损坏	仔细倾听，可听见轴承滚珠运转不顺畅	更换轴承
		电磁噪声	运转时有尖锐啸叫声，突然停车后消失	提高变频器开关频率
5	电动机振动异常	电动机机械变形，精度失准	测量电动机轴伸径向圆跳动和轴向圆跳动	送厂家维修
		电动机底座连接不牢固	复核基准平板的刚度	重新用刚度足够的基板支撑
			用扭力扳手确认螺钉是否锁紧	均匀拧紧螺钉
		轴部连接有松脱	检查轴部连接螺纹及配合公差	锁紧螺纹，调整配合使其精准

(2) 运动中过电流

这里所说的过电流是指除电压过低和电动机过载以外引起的过电流，发生在变频器处因过电流而跳闸。变频器的过电流跳闸分运行过程中跳闸和升、降速过程中跳闸两种。

① 运行过程中出现过电流跳闸的主要原因是变频器输出侧短路或接地，故障特点为具有很大的冲击电流，但大多数变频器能够进行保护性跳闸，变频器一般不会损坏，由于保护性跳闸过于迅速，难以观察电流大小。

判断与处理方法为：如果经过检查确认变频器本身未损坏，则可重新启动，为了便于判断可在输入侧接入一电压表。

重新启动时电位器从“0”开始缓慢旋转，同时注意观察电压表，如果变频器的输出频率刚上升就立即跳闸，这时电压表的指针瞬间回到“0”，该现象说明变频器的输出端已经短路或接地，这时应立即将变频器输出端的接线脱开，再启动电位器，使频率上升。如果仍然跳闸说明变频器内部短路，如不跳闸则应重新检查外部线路，如变频器和电动机之间的线路，以及电动机本身的绕组。

② 负载过重跳闸。其故障特点表现为频率上升到一定值就因过电流而跳闸。

判断与处理方法为：在这种情况下就进行机电分离，判断是否因机械故障而受卡。如果是则应处理机械部分故障。如果机械并无故障，则是电动机因负载过重而带不动，这时首先考虑通过增加电动机的转矩及改变电动机给定频率来改善，如果电动机仍带不动，则可以通过增加传动速比减轻电动机的负荷。本机床Ⅰ、Ⅱ、Ⅲ、Ⅳ挡变速都可与电动机配合改变传动比，如果传动比增大后，仍然不能启动或点动，或车床无法改变传动比，则应增大电动机容量。

③ 轻载跳闸。对于波动较大的负载常常发生这种情况，为了能够在重载时电动机能带得动，必须增大 U/f（f 为频率），但在轻载或空载时，电动机的磁路将严重饱和，因而出现尖锋励磁电流而跳闸，也就是在进给量大时电动机运转正常，而当工件切削面小时就出现蜂鸣声（因为铸造工件厚度不一样，有深有浅）而跳闸。对这类负载最好采用矢量控制方式，如无矢量控制，则力争将 U/f 调到既能带动负载，轻载时又不跳闸的状态。如果不可能，应更换变频器加大变频器的容量。

U/f 的预置与负载不匹配，如果电动机拖动二次方式负载时（开始切削进给量过大）可将速度预置得高些，然后适当调低 U/f 频率（减速），就可避免跳闸。

④ 升速或降速过程中跳闸。这是由于升速或降速过快引起的跳闸，可采取以下措施。

a. 延长升速或降速时间，慢慢变速，由慢到快。首先了解生产工艺是否允许延长升、降速度的时间，如果允许则可延长。

b. 增大电流上限值。如果不允许延长升、降速度的时间，则可在升、降速自行处理（防失速）功能中将原来预置的上限电流允许值增大，调节 RP1 和 RP2 电阻值，放宽调节范围，放在较大 U/f 上，也可用其他方法和措施。考虑适当增加传动比，改变挡位，减小拖动系统的飞轮力矩，使电动机更容易启动、升速或降速。如果以上几种方法都不行，则应考虑增加变频器容量。

(3) 过电流跳闸

电动机能够运行，但运行电流超过额定值，称为过电流跳闸。过电流跳闸除机械负载过重外，三相电压不平衡也会引起运行电流过大，导致过电流跳闸。除此之外，也有因变频器内部电流检测部分的故障而造成的误动作跳闸。这时应检查电动机是否发热，如果电动机的温升不高，首先应检查变频器过载保护的过电流继电器预置是否合理。如果变频器尚有余量，则可放宽过载保护的预置值 RP1 和 RP2，调大电流值。如果不能放宽过电流保护预置值，就加大容量，更换变频器（一般厂商已设定好了）。

电动机的温度过高，可通过减轻负载、改变传动比来调节。首先检查电动机侧三相电压是否平衡；再检查变频器输出端三相电压是否平衡，如果不平衡则问题就在变频器内部或进线电源处；进一步检查三相进线电源 R、S、T，如果平衡，则应检查变频器的逆变模块及驱动电路，如果变频器输出端的电压平衡，则问题就出现在变频器和电动机的连线上；如果一切正常，这时应了解跳闸时的工作频率，如果工作频率较低又未用矢量控制，则应首先降低 U/f，如果降低后仍然带不动负载则说明预置的 U/f 过高，可通过降低 U/f 来减少电流。经过以上检查均未找到原因时，就检查是否是误动作引起跳闸。

在轻载或空载的情况下，将电流表测量的变频器的输出电流与显示屏上显示的运行值进行比较，看是否基本相符。如果显示电流读数大于实际测量电流，则说明内部的电流测量部分误差较大，过电流跳闸是误动作，应检查变频器内部。

(4) 过热跳闸

变频器内部温度传感器通常是用来测量逆变模块（三相整流桥）的温度。如果变频器的运行处于电流正常、通风良好的情况下，其逆变模块是不应过热的。因此当变频器过热跳闸时，应从通风方面找原因，加大通风量，如果风量正常，则应对变频器控制柜内增加风量，特别是夏天更要注意通风。

(5) 过电压与欠电压跳闸

过电压跳闸也可分为运行中跳闸和升、降速中跳闸。

运行中跳闸原因可能是电源电压过高，则应改变或降低变频器输入电压，干扰过电压。如变电所内部补偿电容的投入或切出，周围大型设备启动与停止、雷电等都可引起过电压。一般这种过电压时间较短，通过重新合闸就可解决。运行中跳闸原因还可能是误动作，即变频器内部的电压检测部分发生故障，这可以通过测量变频器的直流电压来判断。如果直流电压是正常的，则说明过电压跳闸是误动作，应检查变频器的电压检测部分。

在升、降速过程中过电压跳闸，可采取延长升、降速时间的方法。下面是在生产工艺允许的情况下首先考虑的措施。

① 增加电压上限值，即增加降速自处理（防失速）功能中预置的上限电压，但直流电的上限不宜调整过高，不得超过 700V。

② 加强能耗制动环节。

③ 如果既不允许延长降速时间，又不能增加上限电压，则应考虑适量加大能耗制动电流，如果原来配置能耗制动阻值过大，则应减小制动阻值以增加制动电流。

④ 限流环节故障，即整流桥与滤波电容之间的限流电阻与晶闸管发生故障。

⑤ 限流电阻断路，滤波电容不能够得到充电，造成欠电压跳闸。

⑥ 晶闸管不导通，在这种情况下限流电阻将一直串联在电路中，导致欠电压跳闸。

4.3 伺服主轴的故障诊断与维修

4.3.1 FANUC主轴驱动系统的简单分类

FANUC 主轴驱动系统的简单分类如表 4-5 所示。

表 4-5 FANUC 主轴驱动系统的简单分类

序号	名称	特点	所配系统型号
1	直流可控硅主轴伺服单元	型号特征为 A06B-6041-H×××，主回路由 12 个可控硅组成正反两组可逆整流回路，200V 三相交流电输入，六路可控硅全波整流，接触器，三只保险，电流检测器。控制电路板（板号为：A20B-0008-0371～0377）的作用是接受系统的速度指令（0～10V 模拟电压）和正反转指令，以及电动机的速度反馈信号，给主回路提供 12 路触发脉冲。报警指示有 4 个红色二极管显示各自的意义	配早期系统，如 3、6、5、7、330C、200C、2000C 等
2	交流模拟主轴伺服单元	型号特征为 A06B-6044-H×××，主回路有整流桥将三相 185V 交流电变成 300V 直流，再由六路大功率晶体管的导通和截止宽度来调整输出到交流主轴电动机的电压，以达到调节电动机速度的目的。还有两路开关晶体管和三个可控硅组成回馈制动电路，有三个保险、接触器、放电二极管、放电电阻等。控制电路板作用原理与上述基本相同（板号为：A20B-0009-0531～0535 或 A20B-1000-0070 ～0071 ）。报警指示有 4 个红色二极管分别代表 8，4，2，1 编码，共组成 15 个报警号	较早期系统，如 3、6、7、0A 等
3	交流数字主轴伺服单元	型号特征为 A06B-6055-H×××，主回路与交流模拟主轴伺服单元相同，其他结构相似。控制板的作用原理与上述基本相似（板号为 A20B-1001-0120），但是所有信号都转换为数字量处理。有 5 位的数码管显示电动机速度、报警号，可进行参数的显示和设定	较早期系统，如 3、6、0A、10/11/12、15E、15A、0E、0B 等
4	交流 S 系列数字主轴伺服单元	型号特征为 A06B-6059-H×××，主回路为印制板结构，其他元件由螺钉固定在印制板上，这样便于维修，拆卸较为方便，不会造成接线错误。以后的主轴伺服单元都是此结构。原理与交流模拟主轴伺服单元相似，有一个驱动模块和一个放电模块（H001～003 没有放电模块，只有放电电阻）。控制板与交流数字的基本相似（板号为 A20B-1003-0010 或 A20B-1003-0100），数码管显示电动机速度及报警号，可进行参数的设定，还可以设定检测波形方式等	0 系列、16/18A、16/18E、15E、10/11/12 等
5	交流 S 系列串行主轴伺服单元	型号特征为 A06B-6059-H×××，原理同 S 系列数字主轴伺服单元，主回路与 S 系列数字主轴伺服单元相同，控制板的接口为光缆串行接口（板号为 A20B-1100-××××），数码管显示电动机速度及报警号，可进行参数的设定，还可以设定检测波形方式和单独运行方式	0 系列、16/18A、16/18E、15E、10/11/12 等
6	交流串行主轴伺服单元	型号特征为 A06B-6064-H×××，与交流 S 系列串行主轴伺服单元基本相同。体积有所减小	0C、16/18B、15B 等，市场不常见
7	交流 α 系列主轴伺服单元	将伺服系统分成三个模块：PSM（电源模块），SPM（主轴模块）和 SVM（伺服模块）。必须与 PSM 一起使用 型号特征为：α 系列为 A06B-6078-H××× 或 A06B-6088-H××× 或 A06B-6102-H×××，αC 系列为 A06B-6082-H×××。主回路体积明显减小，将原来的金属框架式改为黄色塑料外壳的封闭式，从外面看不到电路板，维修时需打开外壳，主回路无整流桥，有一个 IPM 或三个晶体管模块，一个主控板和一个接口板，或一个插到主控板上的驱动板。电源模块与主轴模块结构基本相同。αC 系列主轴单元无电动机速度反馈信号电源模块将 200V 交流电整流为 300V 直流电和 24V 直流给后面的 SPM 和 SVM 使用，以及完成回馈制动任务	0C、0D、16/18C、15B、i 系列

续表

序号	名称	特　　点	所配系统型号
8	交流 αi 系列主轴放大器	将伺服系统分成三个模块：PSMi（电源模块），SPMi（主轴模块）和 SVMi（伺服模块）。必须与 PSM 一起使用 型号特征为：αi 系列为 A06B-6111-H×××PSMI 或 A06B-6111-H×××。有一个 IPM 或三个晶体管模块，一个主控板和一个接口板，或一个插到主控板上的驱动板。电源模块与主轴模块结构基本相同 电源模块将 200V 交流电整流为 300V 直流电和 24V 直流给后面的 SPMi 和 SVMi	i-B，i-C 系列 0i-B/C 偶尔有
9	交流 βi 系列主轴放大器	SVPM：A06B-6134-H×××。将电源、伺服放大器、主轴放大器集成到一个模块上，减小体积，减少接线。三个部分的接口板为一个，控制板也是一个，主回路的功率模块为 5 个（三个伺服轴）或 4 个（两个伺服轴）	0i MATE-B/C 系列

4.3.2 主轴速度控制

PMC 主轴控制是由数控机床生产厂家设计的，不同的生产厂家其控制过程是不同的，现以某生产厂家的产品为例来介绍。

(1) 准备就绪 PMC 控制

① 准备就绪 PMC 控制主要相关信号

a. G 信号。

MRDYA：CNC 准备就绪信号（串行主轴）。地址：G0070.7。

b. F 信号。

MA：CNC 准备就绪信号。地址：F0001.7。

② 准备就绪 PMC 控制过程　当串行主轴不知道 CNC 准备就绪时，不能进行主轴控制，所以要进行准备就绪 PMC 控制。

准备就绪 PMC 控制过程如图 4-20 所示。当 MA 信号（F0001.7）为 1，即 CNC 准备就绪时，CNC 准备就绪（串行主轴）信号 MRDYA（G0070.7）输出有效。

(2) 主轴停止解除 PMC 控制

① 主轴停止解除 PMC 控制主要相关信号

a. G 信号。

*SSTP：主轴停止信号，“0”时有效。地址：G0029.6。

b. R 信号。

1：内部常 1 信号。地址：R0100.1。

② 主轴停止解除 PMC 控制过程　当主轴处于停止状态时，不能进行主轴控制，所以要进行主轴停止解除 PMC 控制。主轴停止解除 PMC 控制过程如图 4-21 所示。当内部常 1 信号为 1 时，主轴停止信号 *SSTP（G0029.6）输出无效，主轴处于停止解除状态。

图 4-20　准备就绪 PMC 控制梯形图　　图 4-21　主轴停止解除 PMC 控制梯形图

(3) M 指令译码 PMC 控制

① M 指令译码 PMC 控制主要相关信号

a. F 信号。

DEN：系统分配结束信号。地址：F0001.3。

MF：M 指令选通信号。地址：F0007.0。

b. R 信号。

DM03：M03 译码信号。地址：R0250.3。

DM04：M04 译码信号。地址：R0250.4。

DM05：M05 译码信号。地址：R0250.5。

M03：M03 代码信号。地址：R0260.3。

M04：M04 代码信号。地址：R0260.4。

M05：M05 代码信号。地址：R0260.5。

② M 指令译码 PMC 控制主要相关指令　DECB：二进制译码指令。

a. 功能。

该指令的功能是对 1B、2B 或 4B 的二进制代码数据译码，当所指定的 8 位连续数据之一与代码数据相同时，对应的输出数据位为 1。该指令主要用于 M 代码和 T 代码的译码，一个 DECB 指令可译 8 个连续 M 代码或 8 个连续 T 代码。

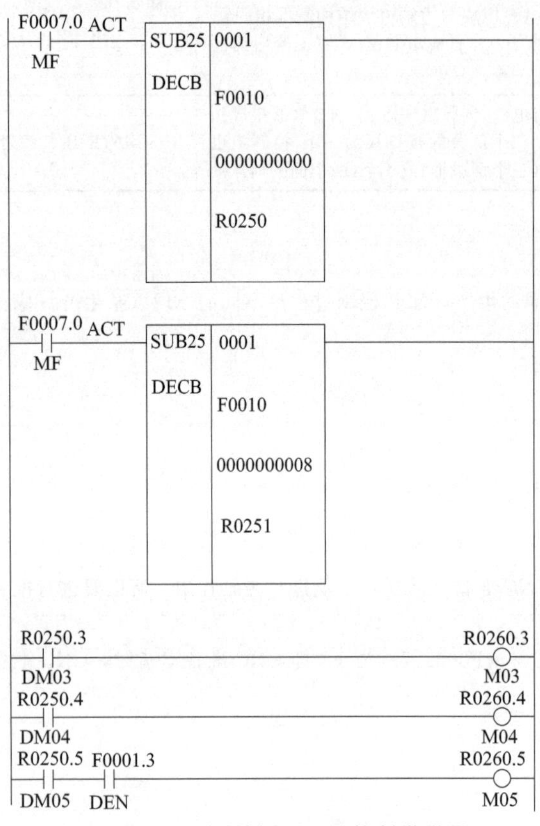

图 4-22　M 代码译码 PMC 控制梯形图

b. 格式。

DECB 指令的应用格式如图 4-22 所示。

c. 控制条件。

ACT：执行条件。ACT＝0，不执行 DECB 指令；ACT=1，执行 DECB 指令。

d. 参数。

数据格式指定：指定二进制代码数据的字节数，0001 表示指定 1B 二进制代码数据；0002 表示指定 2B 二进制代码数据；0004 表示指定 4B 二进制代码数据。

代码数据地址：指定代码数据的地址，F0010 表示 M 代码数据的地址。

译码指定数据：指定要译码的 8 个连续数据的第一位，0000000000 要译码的 8 个连续数据的第一位为 0；0000000008 要译码的 8 个连续数据的第一位为 8。

译码结果地址：指定一个输出译码结果的地址。R0250 表示输出译码结果的地址。

③ M 指令译码 PMC 控制过程　数控机床在执行数控加工程序中的两位 M 指令时，CNC 将首先以二进制代码形式把 M 代码信号输出到 PMC 特定的代码寄存器 F0010 中，然后经过 M 代码延时时间 TMF（由系统参数设定，标准设定时间为 16ms）后发出 M 指令选通信号，PMC 通过二进制译码指令 DECB 来实现 M 指令的译码控制，把 F0010 中的 M 代码信号转换成具有特定功能含义的某内部继电器为 1，从而识别相应的代码类型，进行相应的辅助功能控制。

M 代码译码 PMC 控制过程如图 4-22 所示。若正在执行数控加工程序中的 M03 指令时，CNC 将首先以二进制代码形式把 M 代码信号输出到 PMC 的 F0010 中。当 MF 信号（F0007.0）为 1，即 CNC 发出 M 指令选通信号时，PMC 执行二进制译码指令 DECB，此时 F0010 中的内容为二进制 M 代码 00000011，M03 译码信号 DM03（R0250.3）将为 1，M03 代码信号 M03（R0260.3）输出有效，PMC 可以利用该信号进行主轴的正转控制。同理，当 F0010 中的内容为二进制 M 代码 00000100，即正在执行 M04 指令时，M04 译码信号 DM04（R0250.4）为 1，M04 代码信号 M04（R0260.4）输出有效，PMC 可以利用该信号进行主轴的反转控制；当 F0010 中的内容为二进制 M 代码 00000101，即正在执行 M05 指令时，M05 译码信号 DM05（R0250.5）为 1，同时若系统分配结束信号 DEN（F0001.3）为 1，即若移动指令和 M05 指令在同一程序段中，保证执行完移动指令后再执行 M05 指令时，M05 代码信号 M05（R0260.5）输出有效，PMC 可以利用该信号进行主轴的停止控制。

(4) 主轴正反转 M 指令 PMC 控制

① 主轴正反转 M 指令 PMC 控制主要相关信号

a. X 信号。

JIND-I：紧刀状态输入信号。地址：X0003.0。

b. Y 信号。

SONGD-C：松刀命令信号。地址：Y0002.7。

SPCW-L：主轴正转指示灯信号。地址：Y0031.0。

SPCCW-L：主轴反转指示灯信号。地址：Y0031.2。

c. G 信号。

SRVA：串行主轴反转命令信号。地址：G0070.4。

SFRA：串行主轴正转命令信号。地址：G0070.5。

d. F 信号。

MA：CNC 准备就绪信号。地址：F0001.7。

ALMA：串行主轴报警信号。地址：F0045.0。

e. R 信号。

M03：M03 代码信号。地址：R0260.3。

M04：M04 代码信号。地址：R0260.4。

SPON：主轴启动条件满足信号。地址：R0270.0。

SPOFF：主轴停止条件满足信号。地址：R0270.2。

SPCCW：主轴反转条件满足信号。地址：R0270.4。

SPCW：主轴正转条件满足信号。地址：R0270.5。

② 主轴正反转 M 指令 PMC 控制过程

a. 主轴启动条件满足 PMC 控制。

当同时满足下列条件时，才能符合主轴启动条件。

• CNC 准备就绪。

• 串行主轴不处于报警状态。

• 主轴无松刀输出且处于紧刀状态。

• 主轴停止条件不满足。

主轴启动条件满足 PMC 控制过程如图 4-23 所示。MA 信号（F0001.7）为 1，即 CNC 准备就绪；ALMA 信号（F0045.0）为 0，即串行主轴不处于报警状态；SONGD-C 信号（Y0002.7）为 0，同时 JIND-I 信号（X0003.0）为 1，即主轴无松刀输出且处于紧刀状态；主轴停止条件满足信号 SPOFF（R0270.2）为 0，即主轴停止条件不满足时，主轴启动条件满足信号 SPON（R0270.0）输出有效，满足主轴启动条件。

b. 主轴正转 M03 指令 PMC 控制。

当同时满足下列条件时，才能符合主轴正转条件，使主轴正转。

• 在 CNC 处于自动、远程运行和手动数据输入任一工作方式时，执行 M03 指令。

• 满足主轴启动条件。

• 不满足主轴反转条件。

主轴正转 M03 指令 PMC 控制过程如图 4-23所示。当 AUTO 信号（R0200.1）、MDI 信号（R0200.2）和 DNC 信号（R0200.3）任一信号为 1 时，M03 代码信号（R0260.3）为 1，即在 CNC 处于自动、远程运行和手动数据输入任一工作方式时，执行 M03 指令；SPON 信号

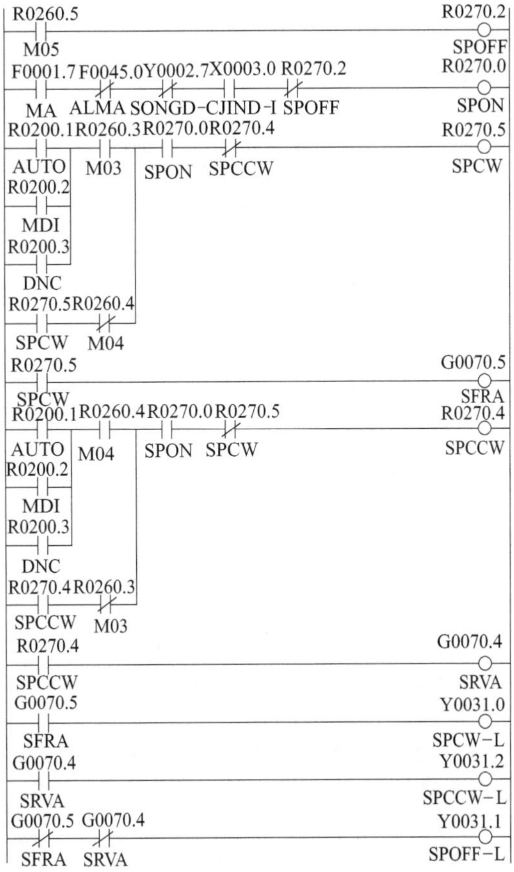

R0260.5 M05 — R0270.2 SPOFF
F0001.7 MA　F0045.0 ALMA　Y0002.7 SONGD-C　X0003.0 JIND-I　R0270.2 SPOFF — R0270.0 SPON
R0200.1 AUTO　R0200.2 MDI　R0200.3 DNC　R0260.3 M03　R0270.5 SPCW　R0260.4 M04　R0270.0 SPON　R0270.4 SPCCW — R0270.5 SPCW
R0270.5 SPCW — G0070.5 SFRA
R0200.1 AUTO　R0200.2 MDI　R0200.3 DNC　R0260.4 M04　R0270.4 SPCCW　R0260.3 M03　R0270.0 SPON　R0270.5 SPCW — R0270.4 SPCCW
R0270.4 SPCCW — G0070.4 SRVA
G0070.5 SFRA — Y0031.0 SPCW-L
G0070.4 SRVA — Y0031.2 SPCCW-L
G0070.5 SFRA　G0070.4 SRVA — Y0031.1 SPOFF-L

图 4-23　主轴正、反转和停止 M 指令 PMC 控制梯形图

(R0270.0) 为1，即满足主轴启动条件；SPCCW 信号 (R0270.4) 为 0，即不满足主轴反转条件时，SPCW 信号 (R0270.5) 输出有效并自锁，满足主轴正转条件。

当 SPCW 信号 (R0270.5) 为 1，即满足主轴正转条件时，串行主轴正转命令信号 SFRA (G0070.5) 输出有效，PMC 通过 CNC 的串行主轴接口 JA7A (JA41) 向主轴放大器发出串行主轴正转命令，使主轴开始正转。同时主轴正转指示灯信号 SPCW-L (Y0031.0) 输出有效，主轴正转指示灯亮。

c. 主轴反转 M04 指令 PMC 控制。

当同时满足下列条件时，才能符合主轴反转条件，使主轴反转。

• 在 CNC 处于自动、远程运行和手动数据输入任一工作方式时，执行 M04 指令。

• 满足主轴启动条件。

• 不满足主轴正转条件。

主轴反转 M04 指令 PMC 控制过程如图 4-23 所示。当 AUTO 信号 (R0200.1)、MDI 信号 (R0200.2) 和 DNC 信号 (R0200.3) 任一信号为 1 时，M04 代码信号 (R0260.4) 为 1，即在 CNC 处于自动、远程运行和手动数据输入任一工作方式时，执行 M04 指令；SPON 信号 (R0270.0) 为 1，即满足主轴启动条件；SPCW 信号 (R0270.5) 为 0，即不满足主轴正转条件时，SPCCW 信号 (R0270.4) 输出有效并自锁，满足主轴反转条件。

当 SPCCW 信号 (R0270.4) 为 1，即满足主轴反转条件时，串行主轴反转命令信号 SRVA (G0070.4) 输出有效，PMC 通过 CNC 的串行主轴接口 JA7A (JA41) 向主轴放大器发出串行主轴反转命令，使主轴开始反转。同时主轴反转指示灯信号 SPCCW-L (Y0031.2) 输出有效，主轴反转指示灯亮。

(5) 主轴停止 M05 指令 PMC 控制

① 主轴停止 M05 指令 PMC 控制主要相关信号

a. X 信号。

SPOFF-L：主轴停止指示灯信号。地址：Y0031.1。

b. R 信号。

M05：M05 代码信号。地址：R0260.5。

SPOFF：主轴停止条件满足信号。地址：R0270.2。

② 主轴停止 M05 指令 PMC 控制过程

a. 主轴停止条件满足 PMC 控制。

当执行 M05 指令时，将满足主轴停止条件。

主轴停止条件满足 PMC 控制过程如图 4-23 所示。当 M05 代码信号 M05 (R0260.5) 为 1，即执行 M05 指令时，SPOFF 信号 (R0270.2) 输出有效，满足主轴停止条件。

b. 主轴停止 PMC 控制。

主轴停止 PMC 控制过程如图 4-23 所示。当 SPOFF 信号 (R0270.2) 为 1，即满足主轴停止条件时，主轴启动条件满足信号 SPON (R0270.0) 输出无效，不满足主轴启动条件。

当主轴正在正转时，若 SPON (R0270.0) 为 0，即不满足主轴启动条件，SPCW 信号 (R0270.5) 输出无效，不满足主轴正转条件，串行主轴正转命令信号 SFRA (G0070.5) 输出无效，停止向主轴放大器发出串行主轴正转命令，主轴将停止，同时主轴停止指示灯信号 SPOFF-L (Y0031.1) 输出有效，主轴停止指示灯亮。

当主轴正在反转时，若 SPON (R0270.0) 为 0，即不满足主轴启动条件，SPCCW 信号 (R0270.4) 输出无效，不满足主轴反转条件，串行主轴反转命令信号 SRVA (G0070.4) 输出无效，停止向主轴放大器发出串行主轴反转命令，主轴将停止，同时主轴停止指示灯信号 SPOFF-L (Y0031.1) 输出有效，主轴停止指示灯亮。

(6) 主轴 M 指令执行结束 PMC 控制

① 主轴 M 指令执行结束 PMC 控制主要相关信号

a. G 信号。

FIN：结束信号。地址：G0004.3。

b. F 信号。

MF：M 指令选通信号。地址：F0007.0。

SSTA：串行主轴零速度信号。地址：F0045.1。

SARA：串行主轴速度到达信号。地址：F0045.3。

c. R信号。

M03：M03代码信号。地址：R0260.3。

M04：M04代码信号。地址：R0260.4。

M05：M05代码信号。地址：R0260.5。

SPCCW：主轴反转条件满足信号。地址：R0270.4。

SPCW：主轴正转条件满足信号。地址：R0270.5。

M03-FIN：M03指令执行结束条件满足信号。地址：R0280.3。

M04-FIN：M04指令执行结束条件满足信号。地址：R0280.4。

M05-FIN：M05指令执行结束条件满足信号。地址：R0280.5。

M0-15F：M00～M15任一指令执行结束条件满足信号。地址：R0290.0。

M16-31F：M16～M31任一指令执行结束条件满足信号。地址：R0290.1。

M-FIN：M指令执行结束条件满足信号。地址：R0300.0。

② M指令执行结束PMC控制主要相关指令

COIN：判别一致指令。

a. 功能。

该指令用于检查基准数据和比较数据是否一致。

b. 格式。

COIN指令的应用格式如图4-24所示。

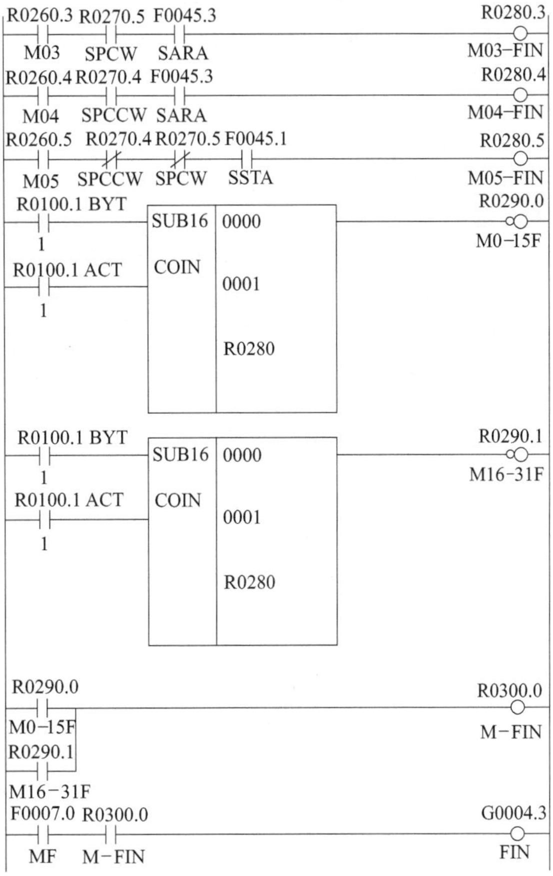

图4-24 主轴M指令执行结束PMC控制梯形图

c. 控制条件。

BYT：指定数据大小。BYT=0，检查的数据（基准数据和比较数据）大小为两位BCD码；BYT=1，检查的数据（基准数据和比较数据）大小为4位BCD码。

ACT：执行条件。ACT=0，不执行COIN指令；ACT=1，执行COIN指令。

d. 参数。

基准数据格式：指定基准数据的格式，0000表示基准数据的格式为一个常数；0001表示基准数据的格式为一个数据地址。

基准数据：指定基准数据，可以为一个常数或一个数据地址。

比较数据地址：指定比较数据的地址。R0280表示比较数据的地址。

e. 比较结果输出。

在执行COIN指令时如果基准数据等于比较数据，R0300.0为1，否则为0。

③ 主轴M指令执行结束PMC控制过程

a. M03指令执行结束条件满足PMC控制。

当满足下列条件时，才能符合M03指令执行结束条件。

• 正在执行M03指令。

• 满足主轴正转条件。

• PMC通过CNC的串行主轴接口JA7A（JA41）接收到来自于主轴放大器的主轴速度到达信号。

M03指令执行结束条件满足PMC控制过程，如图4-24所示。M03代码信号（R0260.3）为1，即正在执行 M03 指令；SPCW 信号（R0270.5）为 1，即满足主轴正转条件；SARA 信号（F0045.3）为 1，即 PMC 通过 CNC 的串行主轴接口 JA7A（JA41）接收到来自于主轴放大器的主轴速度到达信号时，M03-FIN 信号（R0280.3）输出有效，满足 M03 指令执行结束条件。

b. M04 指令执行结束条件满足 PMC 控制。

当满足下列条件时，才能符合 M04 指令执行结束条件。

• 正在执行 M04 指令。

• 满足主轴反转条件。

• PMC 通过 CNC 的串行主轴接口 JA7A（JA41）接收到来自于主轴放大器的主轴速度到达信号。

M04 指令执行结束条件满足 PMC 控制过程，如图 4-24 所示。M04 代码信号（R0260.4）为 1，即正在执行 M04 指令；SPCCW 信号（R0270.4）为 1，即满足主轴反转条件；SARA 信号（F0045.3）为 1，即 PMC 通过 CNC 的串行主轴接口 JA7A（JA41）接收到来自于主轴放大器的主轴速度到达信号时，M04-FIN 信号（R0280.4）输出有效，满足 M04 指令执行结束条件。

c. M05 指令执行结束条件满足 PMC 控制。

当同时满足下列条件时，才能符合 M05 指令执行结束条件。

• 正在执行 M05 指令。

• 不满足主轴正转条件。

• 不满足主轴反转条件。

• PMC 通过 CNC 的串行主轴接口 JA7A（JA41）接收到来自于主轴放大器的主轴零速度信号。

M05 指令执行结束条件满足 PMC 控制过程，如图 4-24 所示。M05 信号（R0260.5）为 1，即正在执行 M05 指令；SPCCW 信号（R0270.4）为 0，即不满足主轴反转条件；SPCW 信号（R0270.5）为 0，即不满足主轴正转条件；SSTA 信号（F0045.1）为 1，即 PMC 通过 CNC 的串行主轴接口 JA7A（JA41）接收到来自于主轴放大器的零速度信号时，M05-FIN 信号（R0280.5）输出有效，满足 M05 指令执行结束条件。

d. 主轴 M 指令执行结束 PMC 控制。

当某一 M 指令满足该指令的执行结束条件时，对应的 FIN 信号将为 1，PMC 通过执行判别一致指令 COIN，先使某一内部继电器信号输出有效，再根据该信号向 CNC 发出有效的结束信号 FIN（G0004.3）。

主轴 M 指令执行结束 PMC 控制过程如图 4-24 所示。当 M03-FIN 信号（R0280.3）、M04-FIN 信号（R0280.4）、M05-FIN 信号（R0280.5）任一信号为 1，即满足相应 M 指令执行结束条件时，PMC 将执行判别一致指令 COIN，此时 R0280 中的内容不为 0，M00～M15 任一指令执行结束条件满足信号 M0-15F（R0290.0）将为 1，M 指令执行结束条件满足信号 M-FIN（R0300.0）输出有效。

当 M-FIN 信号（R0300.0）为 1，同时 MF 信号（F0007.0）为 1 时，结束信号 FIN（G0004.3）输出有效。

当 CNC 接收到结束信号 FIN 后，经过结束延时时间 TFIN（由系统参数＃3011 设定，标准设定时间为 16ms）后，先切断 M 指令选通信号 MF，再切断结束信号 FIN，然后切断 M 代码输出信号，相应 M 指令就执行结束，CNC 将读取下一条指令继续执行。

4.3.3 主轴连接

α 系列伺服由电源模块（PSM：power supply module）、主轴放大器模块（SPM：spindle amplifier module）和伺服放大器模块（SVM：servo amplifier module）三部分组成。如图 4-25 所示，FANUC α 系列交流伺服电动机出台以后，主轴和进给伺服系统的结构发生了很大的变化，其主要特点是：

① 主轴伺服单元和进给伺服单元由一个电源模块统一供电。由三相电源变压器副边输出的线电压为 200V 的电源（R、S、T）经总电源断路器 BK1、主接触器 MCC 和扼流圈 L 加到电源模块上，电源模块的输出端（P、N）为主轴伺服放大器模块和进给伺服放大器模块提供直流 200V 电源。

② 紧急停机控制开关接到电源模块的＋24V 和 ESP 端子后，再由其相应的输出端接到主轴和进给伺服放大器模块，同时控制紧急停机状态。

③ 从 NC 发出的主轴控制信号和返回信号经光缆传送到主轴伺服放大器模块。

④ 控制电源模块的输入电源的主接触器 MCC 安装在模块外部。

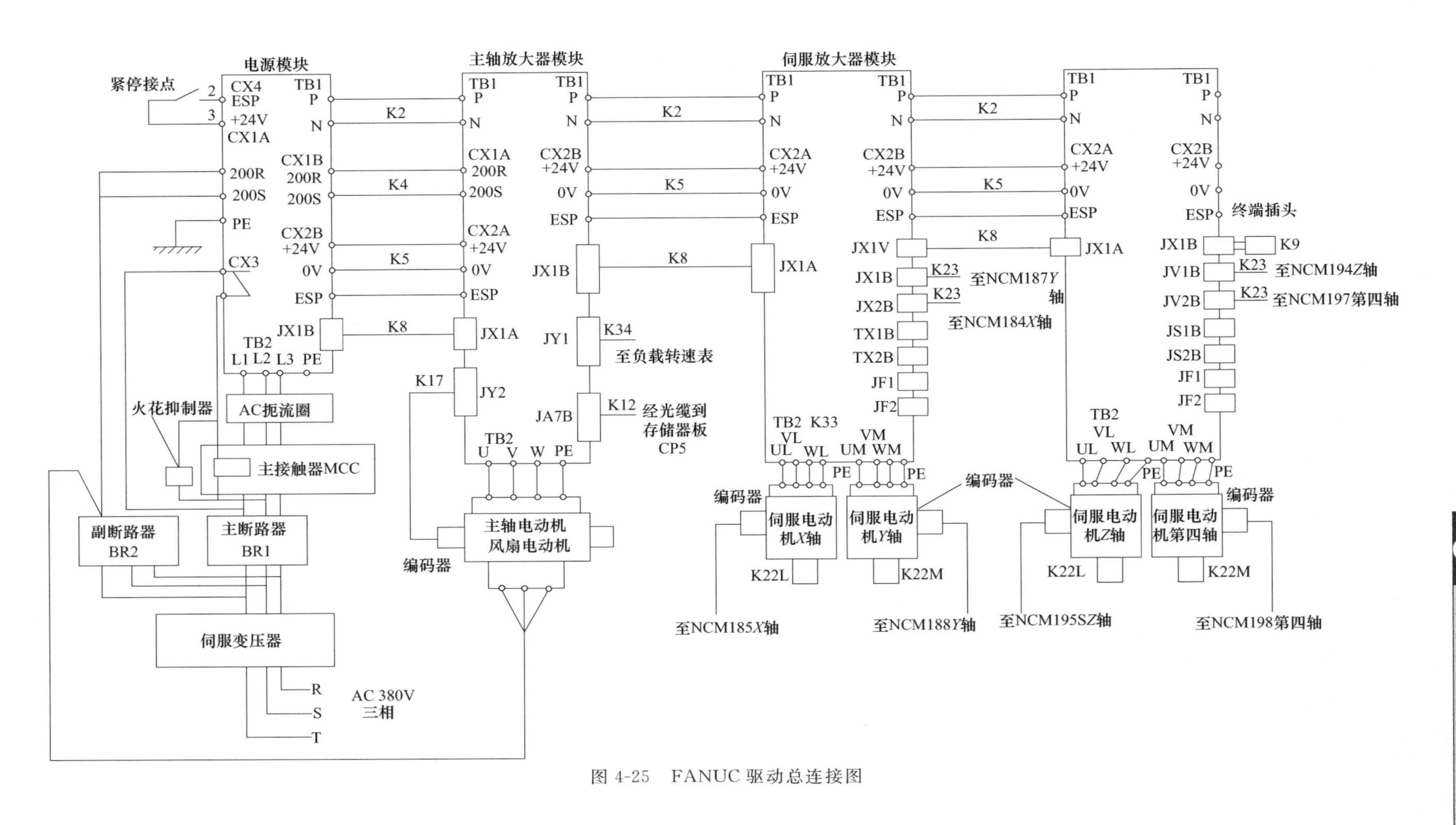

图 4-25 FANUC 驱动总连接图

(1) 模块介绍

① PSM（电源模块） PSM是为主轴和伺服提供逆变直流电源的模块，三相200V输入经PSM处理后，向直流母排输送DC300V电压供主轴和伺服放大器用。另外PSM模块中有输入保护电路，通过外部急停信号或内部继电器控制MCC主接触器，起到输入保护作用。图4-26为连接图，图4-27是其实装图。与SVM及SPM的连接如图4-28及图4-29所示。

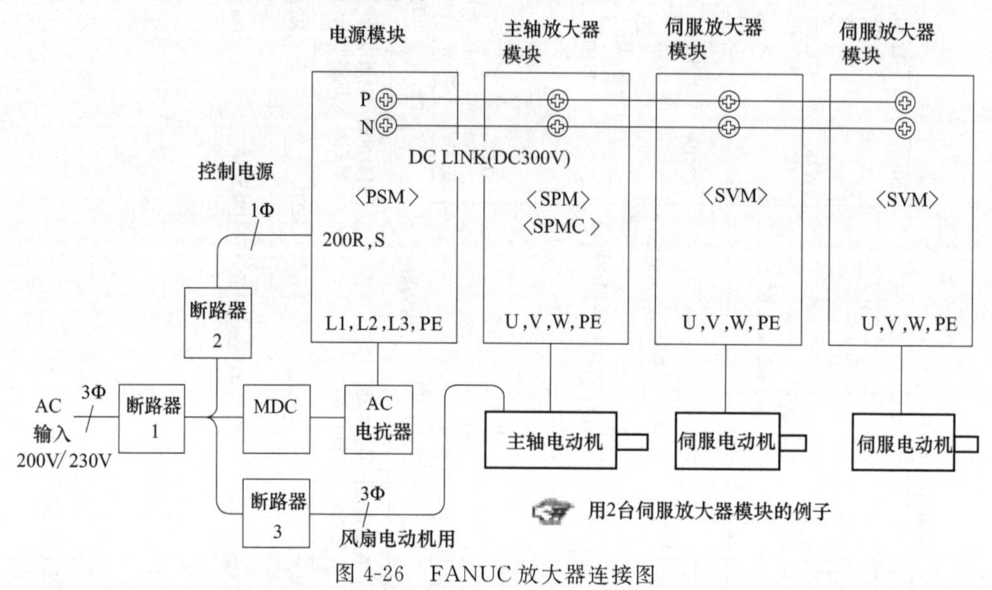

图4-26 FANUC放大器连接图

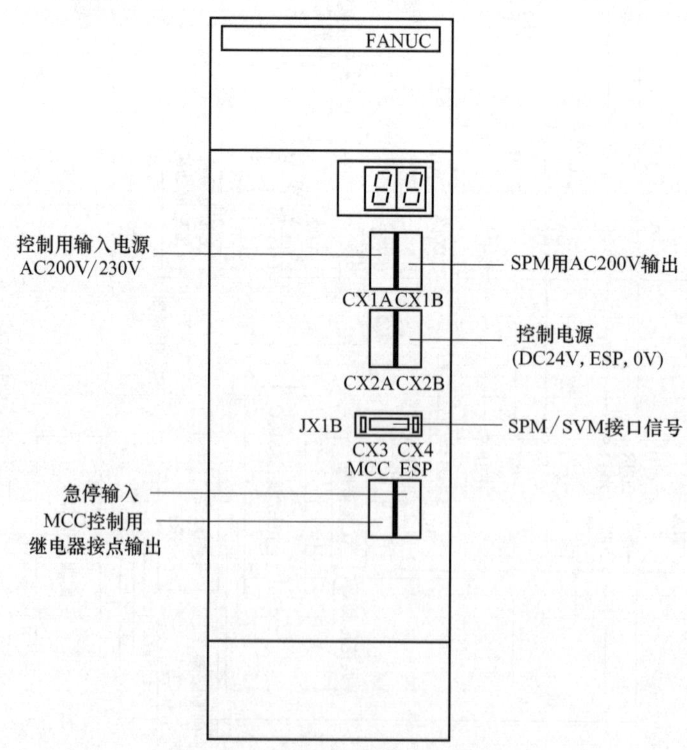

图4-27 PSM（电源模块）实装图

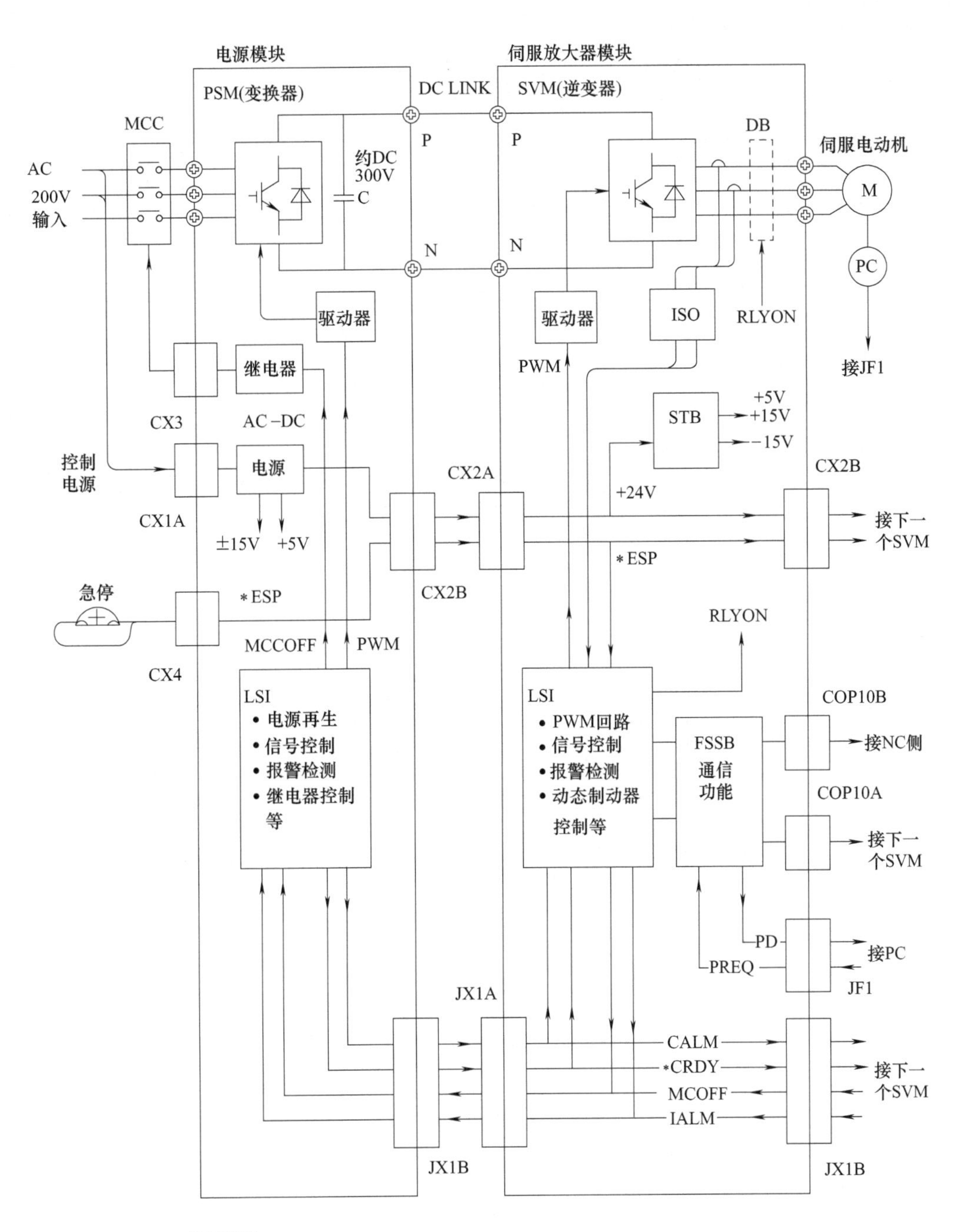

信号说明：

MCCOFF：MCC断开

• PWM：脉宽调制信号

• DB：动态制动器回路

• ISO：绝缘放大器回路

• STB：稳压电源回路

• CALM：变换器报警

• *CRDY：变换器准备就绪

• MCOFF：MCC断开

• IALM：逆变器报警

• PD：位置数据信号

• PREQ：数据请求信号

• FSSB：Fanuc Serial Servo Bus——FANUC伺服串行伺服总线

图 4-28　PSM 与 SVM 的连接

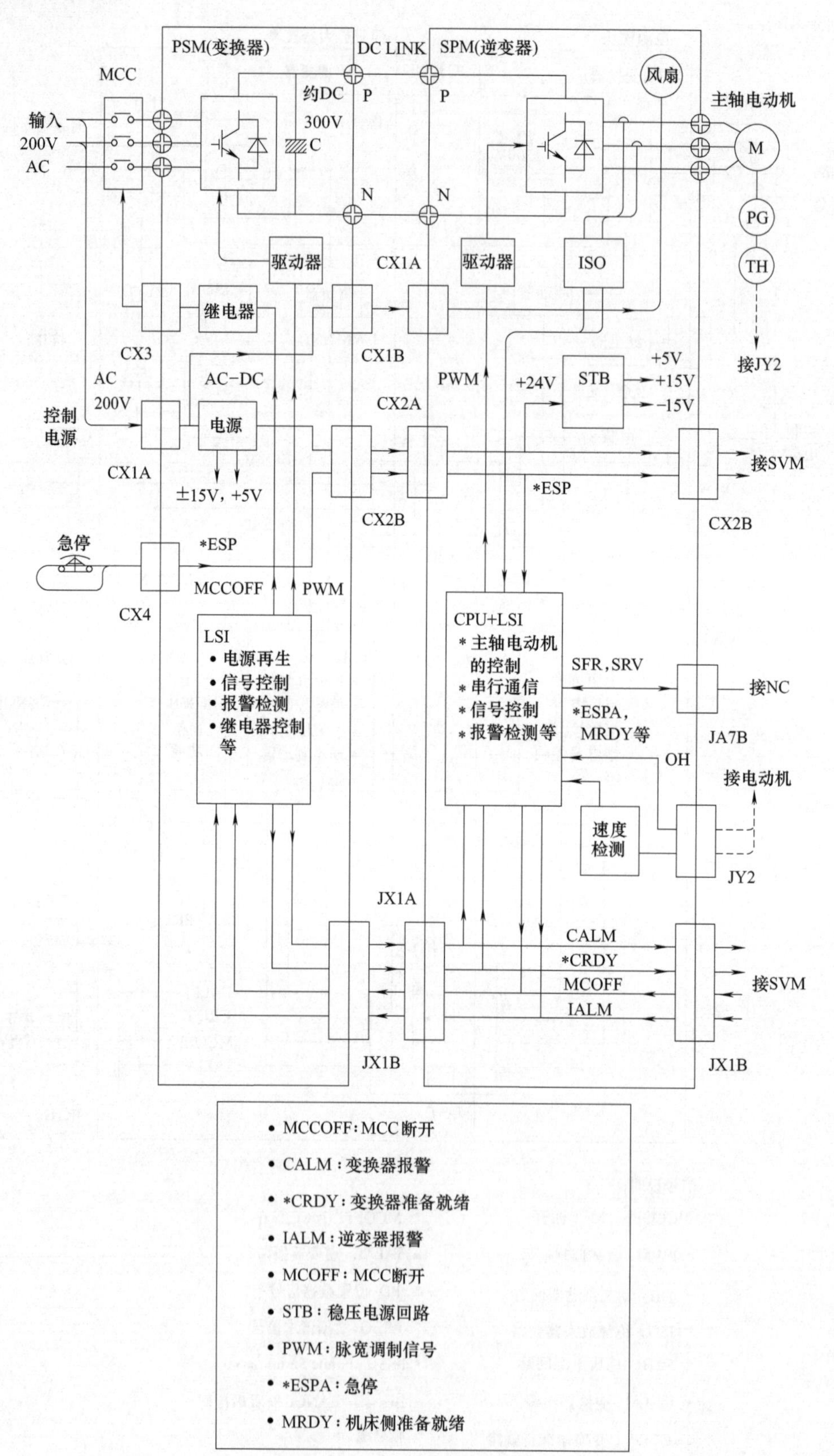

图 4-29 PSM 与 SPM 的连接

② SPM（主轴放大器模块） SPM接收CNC数控系统发出的串行主轴指令，该指令格式是FANUC公司主轴产品通信协议，所以又被称为FANUC数字主轴，与其他公司产品没有兼容性。该主轴放大器经过变频调速控制向FANUC主轴电动机输出动力电。该放大器JY2和JY4接口分别接收主轴速度反馈信号和主轴位置编码器信号，其实装图如图4-30所示。

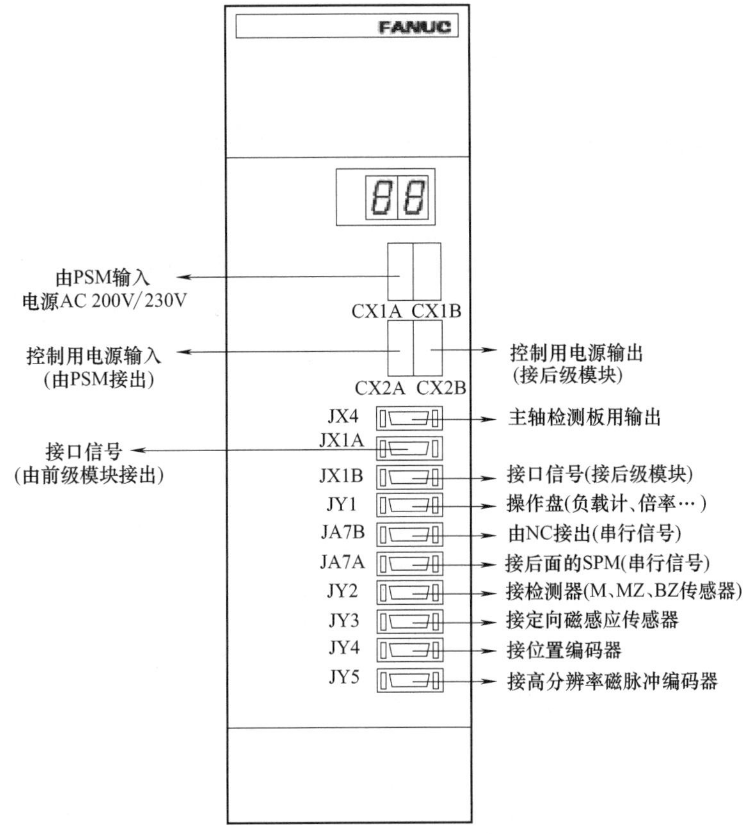

图4-30 SPM（主轴放大器）实装图

③ SVM（伺服放大器模块） SVM接收通过FSSB输入的CNC轴控制指令，驱动伺服电动机按照指令运转，同时JFn接口接收伺服电动机编码器反馈信号，并将位置信息通过FSSB光缆再转输到CNC中，FANUC SVM模块最多可以驱动三个伺服电动机，其实装图如图4-31所示。

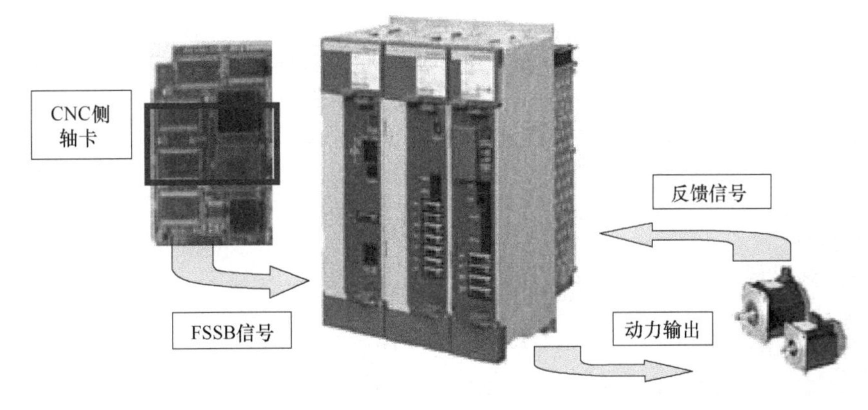

图4-31

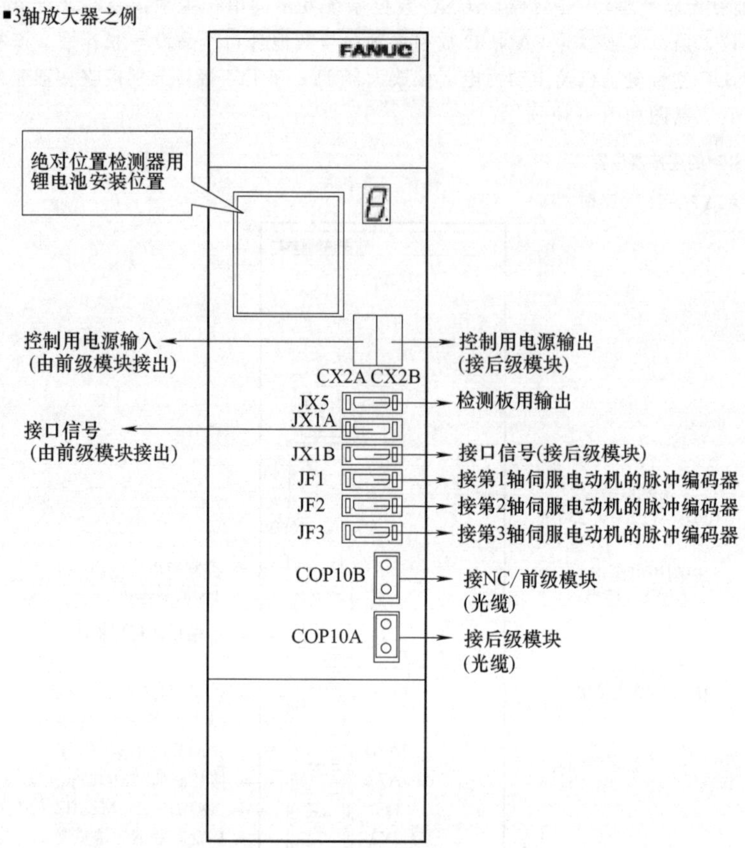

图 4-31　SVM（伺服放大器）实装图

(2) PSM-SPM-SVM 间的主要信号说明

① 逆变器报警信号（IALM）　这是把 SVM（伺服放大器模块）或 SPM（主轴放大器模块）中之一检测到的报警通知 PSM（电源模块）的信号。逆变器的作用是 DC-AC 变换。

② MCC 断开信号（MCOFF）　从 NC 侧到 SVM，根据 * MCON 信号和送到 SPM 的急停信号（* ESPA 至连接器 CX2A）的条件，当 SPM 或 SVM 停止时，由本信号通知 PSM。PSM 接到本信号后，即接通内部的 MCCOFF 信号，断开输入端的 MCC（电磁开关）。MCC 利用本信号接通或断开 PSM 输入的三相电源。

③ 变换器（电源模块）准备就绪信号（* CRDY）　PSM 的输入接上三相 200V 动力电源，经过一定时间后，内部主电源（DC LINK 直流环——约 300V）启动。PSM 通过本信号，将其准备就绪通知 SPM（主轴模块）和 SVM（伺服放大器模块）模块。但是，当 PSM 内检测到报警，或从 SPM 和 SVM 接收到 IALM、MCOFF 信号时，将立即切断本信号。变换器即电源模块作用：将 AC 200V 变换为 DC 300V。

④ 变换器报警信号（CALM）　该信号作用是：当在 PSM（电源模块）检测到报警信号后，通知 SPM（主轴模块）和 SVM（伺服放大器模块）模块，停止电动机转动。

(3) 驱动部分上电顺序

系统利用 PSM-SPM-SVM 间的部分信号进行保护上电和断电。如图 4-32 所示，其上电过程是：

① 当控制电源两相 200V 接入。

② 急停信号释放。

③ 如果没有 MCC 断开信号 MCOFF（变为 0）。

④ 外部 MCC 接触器吸合。

⑤ 三相 200V 动力电源接入。

⑥ 变换器就绪信号 * CRDY 发出（* 表示“非”信号，所以 * CRDY=0）。

⑦ 如果伺服放大器准备就绪，发出 * DRDY 信号（digital servo ready——DRDY，* 表示“非”信号，

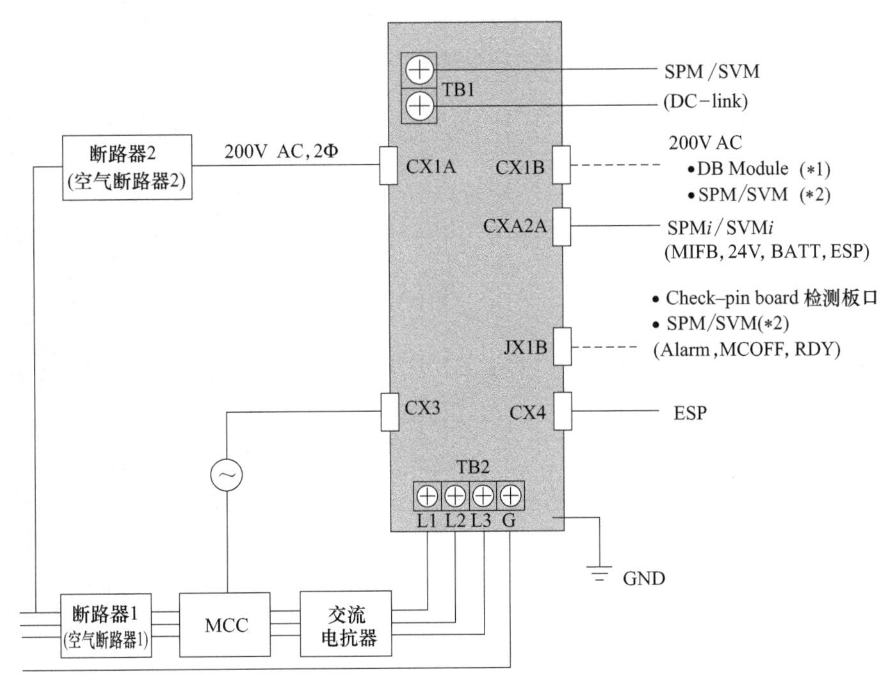

图 4-32　PSM 外围保护上电顺序

所以 * DRDY＝0）。

⑧ SA（servo already——伺服准备好）信号发出，完成一个上电周期。

放大器上电顺序图见图 4-33，由于报警而引起的断电过程在时序图中也做了表达。

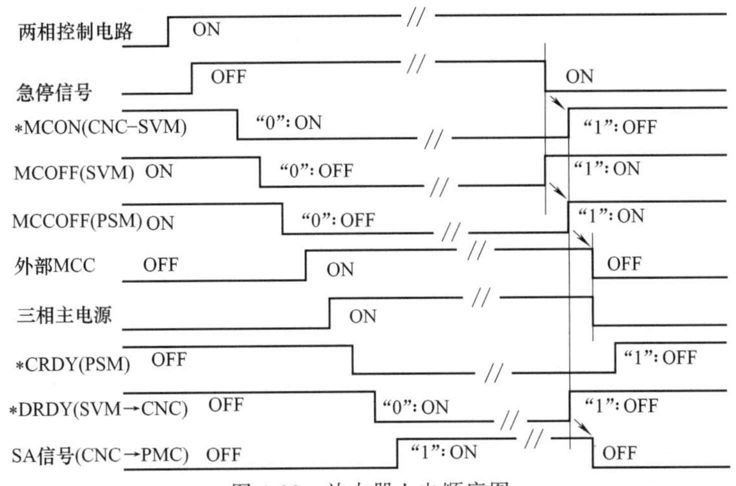

图 4-33　放大器上电顺序图

注意：伺服系统的工作大多是以“软件”的方式完成的，图 4-34 所示为 FANUC0i 系列总线结构，主 CPU 管理整个控制系统，系统软件和伺服软件装载在 F-ROM 中，请注意此时 F-ROM 中装载的伺服数据是 FANUC 所有电动机型号规格的伺服数据，但是具体到某一台机床的某一个轴时，它需要的伺服数据是唯一的——仅符合这个电动机规格的伺服参数，例如某机床 X 轴电动机为 αi12/3000，Y 轴和 Z 轴电动机为 αi22/2000，X 轴通道与 Y 轴和 Z 轴通道所需的伺服数据应该是不同的，所以 FANUC 系统加载伺服数据的过程是：①在第一次调试时，确定各伺服通道的电动机规格，将相应的伺服数据写入 S-RAM 中，这个过程被称之为“伺服参数初始化”；②之后的每次上电时，由 S-RAM 向 D-RAM（工作存储区）写入相应的伺服数据，工作时进行实时运算。

软件是以S-RAM和D-RAM为载体，而主轴驱动器内部有自己的运算电路（运算是以DSP为核心）和E^2-ROM，如图4-35所示，主轴控制主要由放大器内部完成的。

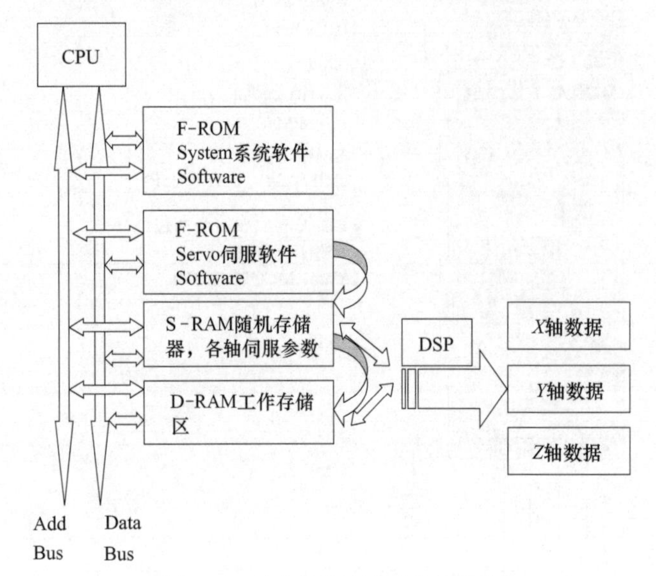

图4-34 FANUC0i系列总线结构

图4-35 主轴运算电路

(4) 数控机床的主轴连接实例

如图4-36所示为某加工中心的强电连接，如图4-37所示为某加工中心的主轴连接。

4.3.4 主轴信息界面

CNC首次启动时，自动地从各连接设备读出并记录ID信息。从下一次起，对首次记录的信息和当前读出的ID信息进行比较，由此就可以监视所连接的设备变更情况［当记录与实际情况不一致时，显示出表示警告的标记（*）］。可以对存储的ID信息进行编辑。由此，就可以显示不具备ID信息的设备的ID信息［但是，与实际情况不一致时，显示出表示警告的标记（*）］。

(1) 参数设置

参数结构如图4-38所示。

输入类型：参数输入。

数据类型：位路径型。

#0 IDW：是否禁止对伺服或主轴的信息界面进行编辑。

0：禁止；1：允许。

#2 SPI：是否显示主轴信息界面。

0：予以显示；1：不予显示。

(2) 显示主轴信息

① 按下功能键[SYSTEM]，再按下软键［系统］。

② 按下软键［主轴信息］，显示如图4-39所示界面。

说明：

a. 主轴信息被保存在F-ROM中。

b. 界面所显示的ID信息与实际ID信息不一致的项目，在项目的左侧显示出“*”。此功能在即使因为需要修理等正当的理由而进行更换的情况下，也会检测该更换并显示出“*”标记。要擦除“*”标记的显示，请参阅编辑操作，按照下列步骤更新已被登录的数据。

- 可进行编辑［参数IDW（No. 13112#0）=1］。
- 在编辑界面，将光标移动到希望擦除“*”标记的项目。
- 通过软键［读取ID］→［输入］→［保存］进行操作。

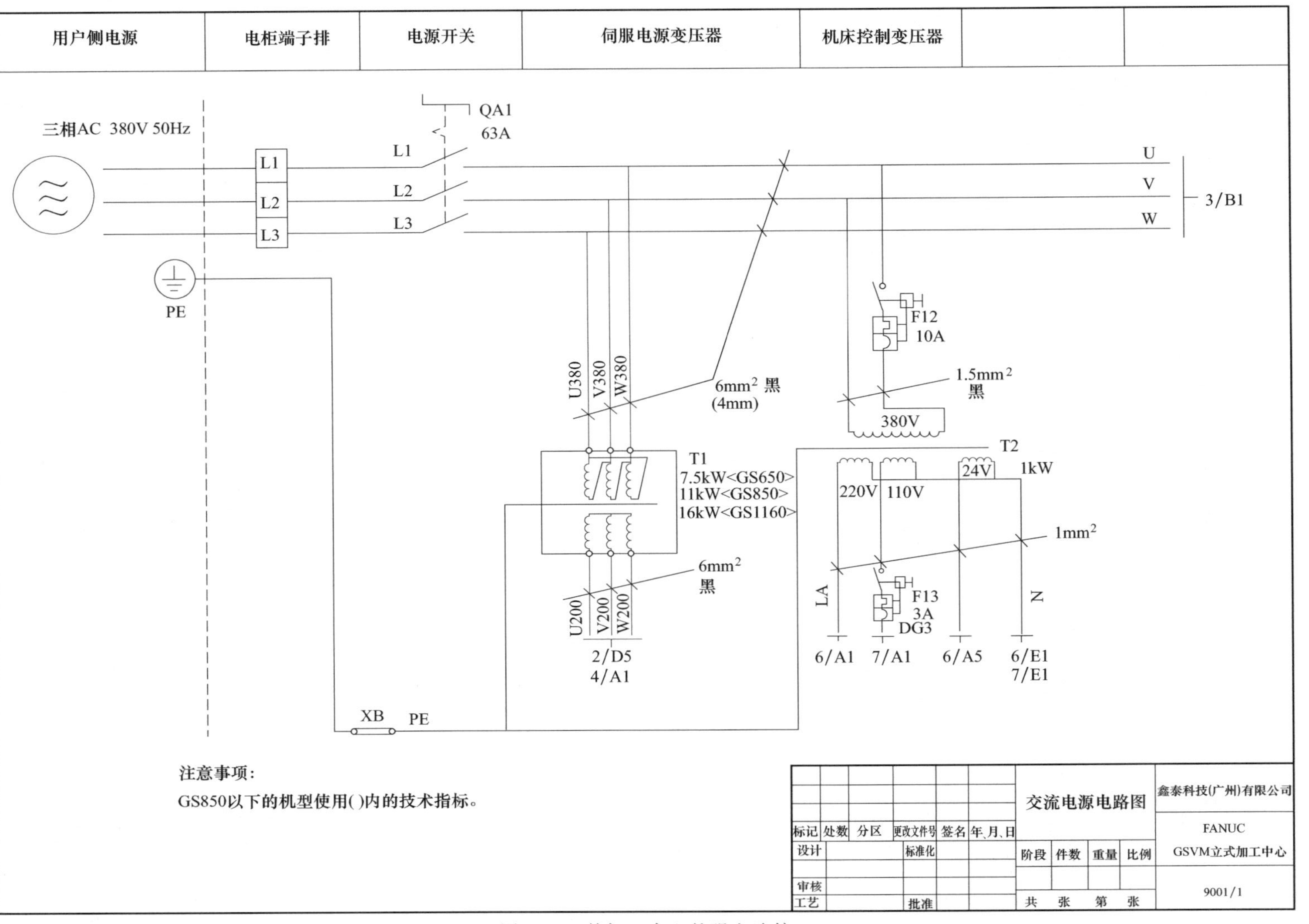

图 4-36 某加工中心的强电连接

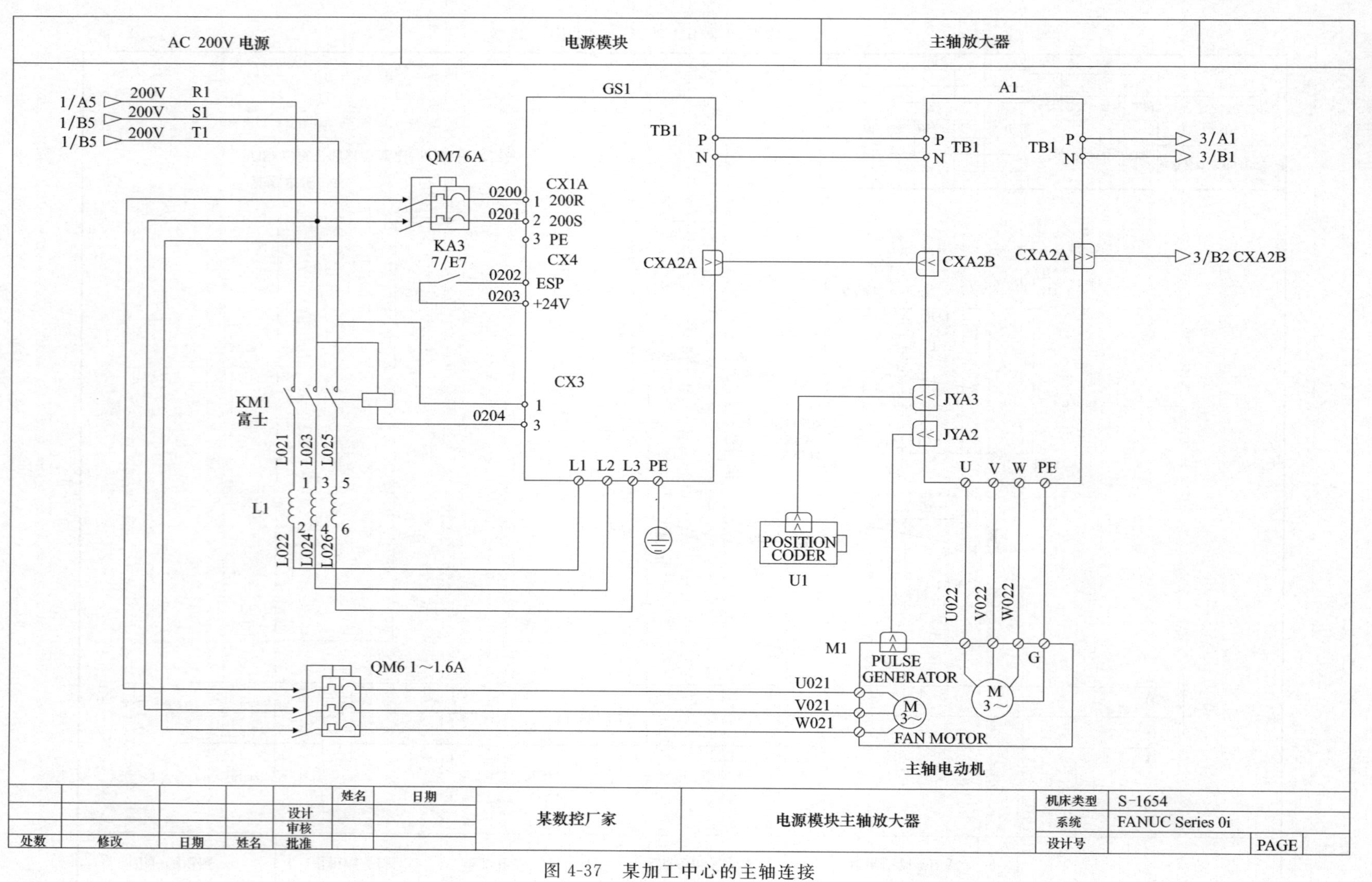

图 4-37 某加工中心的主轴连接

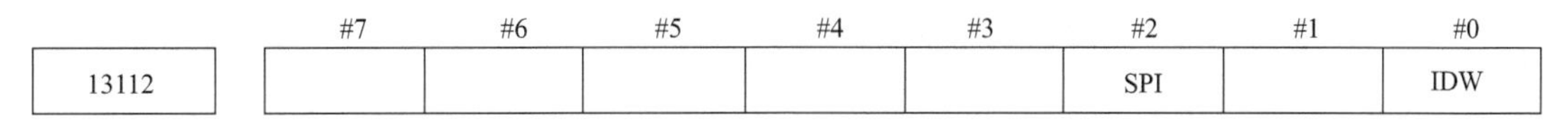

图 4-38　参数结构

(3) 信息界面的编辑

① 定参数 IDW（No. 13112＃0）＝1。

② 按下机床操作面板上的 MDI 开关。

③ 按照“显示主轴信息”的步骤显示如图 4-40 所示界面，操作如表 4-6 所示。

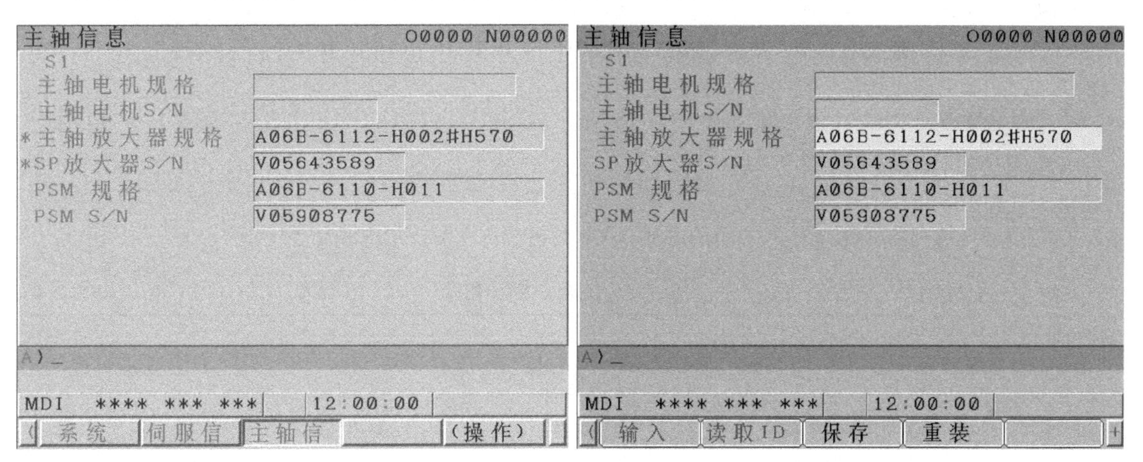

图 4-39　主轴信息　　　　图 4-40　主轴信息界面的编辑

④ 用光标键[↑] [↓]，移动界面上的光标。

表 4-6　主轴信息界面的编辑操作

方式	按键操作	用　　处
参照方式：参数 IDW（No. 13112＃0）＝0 的情形	翻页键	上下滚动画面
编辑方式：参数 IDW＝1 的情形	[输入]	将所选中的光标位置的 ID 信息改变为输入缓冲区上的字符串
	[取消]	擦除输入缓冲区的字符串
	[读取 ID]	将所选中的光标位置的连接设备具有的 ID 信息传输到输入缓冲区。只有左侧显示“*”的项目有效
	[保存]	将在主轴信息界面上改变的 ID 信息保存在 F-ROM 中
	[重装]	取消在主轴信息界面上改变的 ID 信息，由 F-ROM 上重新加载
	翻页键	上下滚动界面
	光标键	上下滚动 ID 信息的选择

注：所显示的 ID 信息与实际 ID 信息不一致的项目，在下列项目的左侧显示出“*”。

4.3.5　主轴设定调整

(1) 显示方法

① 确认参数的设定。参数结构如图 4-41 所示。

输入类型：设定输入。

数据类型：位路径型。

	#7	#6	#5	#4	#3	#2	#1	#0
3111							SPS	

图 4-41 参数结构

＃1 SPS：是否显示主轴调整画面。

•0：不予显示；1：予以显示。

② 按功能键SYSTEM，出现参数等界面。

③ 按下“继续”菜单键▷。

④ 按下软键［主轴设定］时，出现主轴设定调整界面，如图 4-42 所示，调整如表 4-7 所示。

⑤ 也可以通过软键选择。

a.［SP 设定］：主轴设定界面。

b.［SP 调整］：主轴调整界面。

c.［SP 监测］：主轴监控器界面。

⑥ 可以选择通过翻页键PAGE⇧ PAGE⇩显示的主轴（仅限连接有多个串行主轴的情形）。

表 4-7 主轴设定调整

项目	调整			
齿轮选择	显示	离合器/齿轮信号		说明
		CTH1n	CTH2n	
	1	0	0	显示机床一侧的齿轮选择状态
	2	0	1	
	3	1	0	
	4	1	1	
主轴	选择	主轴	说明	
	S11	第 1 主轴	选择属于相对于那个主轴的 S23 数据	
	S21	第 2 主轴		
	S31	第 3 主轴		
参数	选择	S11	S21	S31
	齿轮比（HIGH）	4056	4056	4056
	齿轮比（MEDIUMIGH）	4057	4057	4057
	齿轮比（MEDIUMLOW）	4058	4058	4058
	齿轮比（LOW）	4059	4059	4059
	主轴最高速度（齿轮 1）	3741	3741	3741
	主轴最高速度（齿轮 2）	3742	3742	3742
	主轴最高速度（齿轮 3）	3743	3743	3743
	主轴最高速度（齿轮 4）	3744	3744	3744
	电动机最高速度	4020	4020	4020
	C 轴最高速度	4021	4021	4021

（2）主轴参数的调整

主轴调整界面如图 4-43 所示，调整方式如表 4-8 所示。

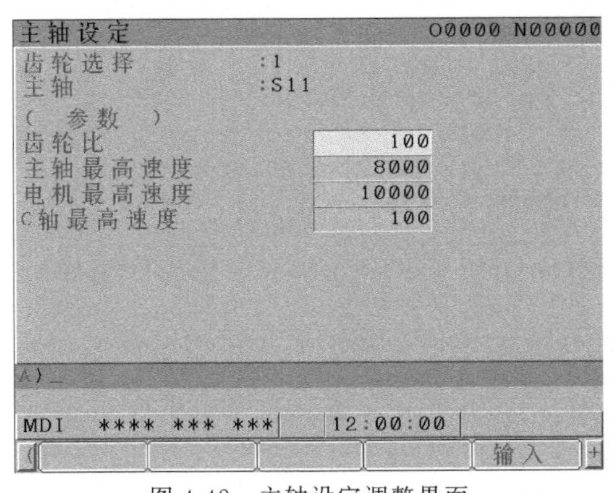

图 4-42 主轴设定调整界面

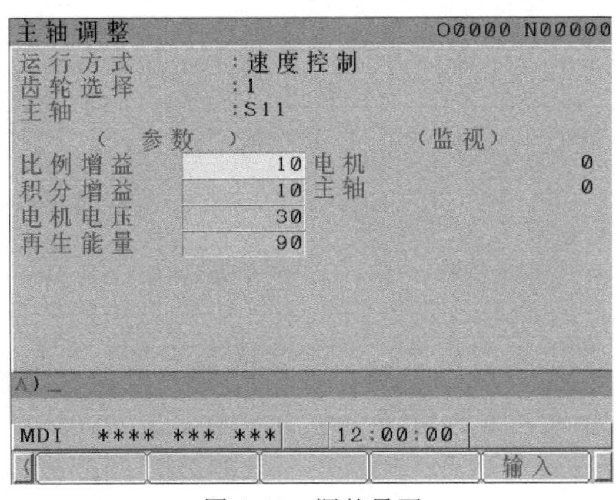

图 4-43 调整界面

表 4-8 主轴调整方式

运行方式	速度控制	主轴定向	同步控制	刚性攻螺纹	主轴恒线速控制	主轴定位控制(T 系列)
参数显示	比例增益 积分增益 电动机电压 再生能量	比例增益 积分增益 位置环增益 电动机电压 定向增益(%) 停止点 参考点偏移	比例增益 积分增益 位置环增益 电动机电压 加减速时间常数(%) 参考点偏移	比例增益 积分增益 位置环增益 电动机电压 回零增益(%) 参考点偏移	比例增益 积分增益 位置环增益 电动机电压 回零增益(%) 参考点偏移	比例增益 积分增益 位置环增益 电动机电压 回零增益(%) 参考点偏移
监控器显示	电动机 主轴	电动机 主轴 位置误差 S	电动机 主轴 位置误差 S1 位置误差 S2 同步偏差	电动机 主轴 位置误差 S 位置误差 Z 同步偏差	电动机 主轴 位置误差 S	电动机 进给速度 位置误差 S

(3) 标准参数的自动设定

可以自动设定有关电动机的（每一种型号）标准参数。参数结构如图 4-44 所示。

① 在紧急停止状态下将电源置于 ON。

② 将参数 LDSP（No. 4019＃7）设定为“1”，设定方式如下。

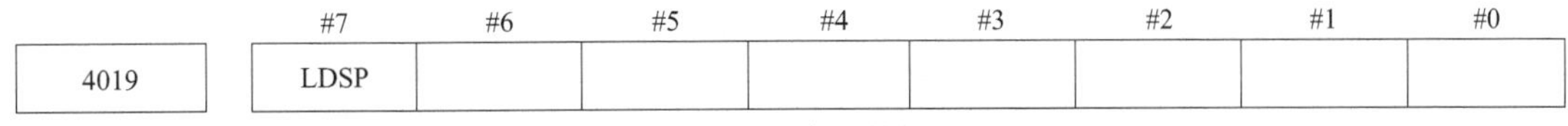

	#7	#6	#5	#4	#3	#2	#1	#0
4019	LDSP							

图 4-44 参数结构

输入类型：参数输入。

数据类型：位主轴型。

＃7 LDSP：是否进行串行接口主轴的参数自动设定。0：不进行自动设定；1：进行自动设定。

3：设定电动机型号。设定方式如图 4-45 所示。

4133	电动机型号代码

图 4-45 电动机型号设定

4.3.6 主轴监控

主轴监控界面如图 4-46 所示。

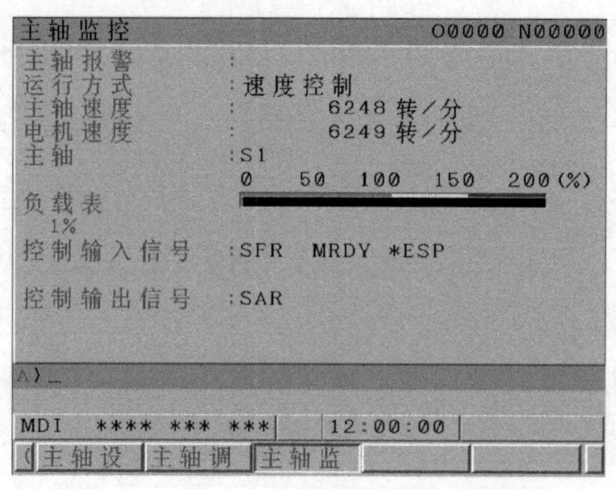

图 4-46 主轴监控界面

主轴监控界面中主要有如下内容。

(1) 主轴报警

如图 4-47 所示为主轴报警信号。

1：电动机过热	42：尚未检测位置编码器一转信号	77：轴号判定不一致
2：速度偏差过大	43：差速控制用位置编码器信号断线	78：安全参数判定不一致
3：DC 链路熔丝熔断	46：螺纹切削用位置传感器一转信号错误检测	79：初始测试动作异常
4：输入熔丝熔断	47：位置编码器信号异常	80：通信目的地主轴放大器异常
6：温度传感器断线	49：差速方式速度换算值溢出	81：电动机传感器一转信号错误检测
7：超速	50：主轴同步控制的速度指令计算值过大	82：尚未检测出电动机传感器一转信号
9：主回路过载	51：变频器 DC 链路过电压	83：电动机传感器信号异常
11：DC 链路过电压	52：ITP 信号的异常Ⅰ	84：主轴传感器断线
12：DC 链路过电流	53：ITP 信号的异常Ⅱ	85：主轴传感器一转信号错误检测
13：CPU 内部数据存储器异常	54：过载电流报警	86：尚未检测出主轴传感器一转信号
15：输出切换报警	55：动力线的切换状态异常	87：主轴传感器信号异常
16：RAM 异常	56：内部冷却风扇停止	88：散热器冷却风扇停止
18：和数校验错误	57：变频器减速电力过大	89：SSM 异常
19：U 相电流偏置过大	58：变频器主回路过载	110：放大器间通信异常
20：V 相电流偏置过大	59：变频器冷却风扇停止	111：变频器控制电源低电压
21：位置传感器极性的错误设定	61：半侧和全侧位置返回误差报警	112：变频器再生电流过大
24：传输数据异常或停止	65：磁极确定动作时的移动量异常	113：变频器冷却器散热风扇停止
27：位置编码器断线	66：主轴放大器间通信报警	120：通信数据报警
29：短暂过载	67：FSC/EGB 方式中参考点返回指令异常	121：通信数据报警
30：输入部过电流	69：安全速度超过	122：通信数据报警
31：电动机受到限制	70：轴数据异常	126：主轴速度超过
32：用于传输的 RAM 异常	71：安全参数异常	128：主轴同步控制时速度偏差过大报警
33：DC 链路充电异常	72：电动机速度判定不一致	129：主轴同步控制时位置误差过大报警
34：参数设定异常	73：电动机传感器断线	130：转矩串联时速度极性异常
36：错误计数器溢出	74：CPU 测试报警	135：安全速度零监视异常
37：速度检测器错误设定	75：CRC 测试报警	136：安全速度零监视判定不一致
41：位置编码器一转信号错误检测	76：安全功能没有执行	137：设备通信异常

图 4-47 主轴报警信号

(2) 控制输入信号

控制输入信号为如图 4-48 所示信号中，最多显示 10 个处在 ON 的信号。

(3) 控制输出信号

控制输出信号为如图 4-49 所示信号中，显示 ON 的信号。

TLML：转矩限制信号（低）	*ESP：紧急停止（负逻辑）
TLMH：转矩限制信号（高）	SOCN：软启动/停止
CTH1：齿轮信号 1	RSL：输出切换请求信号
CTH2：齿轮信号 2	RCH：动力线状态确认信号
SRV：主轴反转信号	LNDX：定向停止位置变更
SFR：主轴正转信号	ROTA：定向停止位置旋转方向
ORCM：定向指令	NRRO：定向停止位置快捷
MRDY：机床准备就绪信号	INTG：速度积分控制信号
ARST：报警复位信号	DEFM：差速方式指令

图 4-48 控制输入信号

ALM：报警信号	LDT2：负载检测信号 2
SST：速度零信号	TLM5：转矩限制中信号
SDT：速度检测信号	ORAR：定向结束信号
SAR：速度到达信号	RCHP：输出切换信号
LDT1：负载检测信号 1	RCFN：输出切换结束信号

图 4-49 控制输出信号

4.3.7 主轴常见故障的排除

(1) 主轴驱动常见故障及其排除方法

主轴驱动常见故障及其排除方法如表 4-9～表 4-16 所示。

表 4-9 直流可控硅主轴伺服单元

序号	故障现象	原　因	解决方法
1	过速或失速报警（LED1 红灯点亮）	检测到直流主轴电动机的速度太高或检测不到电动机速度	①仔细检查直流主轴电动机的测速发电机是否有电压输出 ②检查电动机的励磁电压是否正常，停止时是 13.8V，电流为 2.8A；启动时电压为 32V，电流为 6.8A ③检查控制板上＋15V 是否正常 ④检查接线是否有错误，包括动力线 A、H，励磁线 J、K ⑤控制板设定错误，检查是否有维修人员改过短路棒或电位器的设定 ⑥控制板故障，更换控制板，或送 FANUC 公司修理
2	过电流或失磁报警（LED2 点亮）	电流检测器检测到电动机的电流太高或控制板检测到电动机没有励磁电流	①检查是否机械卡住，用手盘主轴，应该非常灵活 ②检查直流主轴电动机的线圈电阻是否正常，换向器是否太脏，如果太脏，可用干燥的压缩空气吹干净 ③检查动力线 A、H 是否连接牢固 ④检查励磁线 J、K 是否连接牢固 ⑤检查主回路上的 12 个可控硅是否有短路的，如果有，更换（注意，一般坏的不止一个，正负之间阻值正常为无穷大） ⑥检查控制板上 CH21（励磁电压指令）是否有电压（停止时是 2.8V，启动时电压为 6.8V），如果无，则更换元件 IC16 ⑦检查控制板上 CH22（同步脉冲）是否有波形，如果无，更换元件 HY21（A-OS02/4） ⑧更换控制板上元件 HY7/8/9，A-OS04（管脚 11 如果无脉冲，则该 A-OS04 坏） ⑨检查控制板上＋15V 是否正常 ⑩检查控制板上元件 HY10/11/12 的 12、13、14、15 管脚是否有脉冲，如果无，则更换该元件 A-OS03 ⑪检查控制板上元件 HY15、16、17、18 的管脚 9、10、12、13、15、16 间是否有脉冲，如果没有脉冲或脉冲幅值不够，则更换相应元件 A-TC02 及 HY13/14 的 A-DV05

续表

序号	故障现象	原　因	解决方法
3	过热或过载报警(LED4 点亮)	①直流主轴电动机热继电器动作 ②伺服单元内部热继电器动作	①用手抚摸直流主轴电动机的表面,是否很热,如果很热,停机,冷却后开机再看有无报警 ②负载太大,查机械负载或切削量是否太大 ③观察是否一开机就有报警,如果是,则查控制板 CN2 是否没有插好,检查电动机的热保护开关是否断开,以及单元的热保护开关 TH 是否断开
4	电动机速度达到 1160r/min 以上就不能再上升了	1160r/min 为电动机的调速方式转换点,速度为 0～1160r/min 时,励磁电流为 6.8A 恒定,电动机主线圈电压在 0～220V 间变化;电动机速度大于 1160r/min 时,则电动机主线圈电压为 220V 恒定,励磁电流从 6.8A 减小	①检查电动机励磁电压是否正常 ②基本上是控制板的励磁回路故障,可更换 IC15、IC16、IC17 试一下 ③更换控制板
5	熔丝熔断	主回路短路或绝缘不良,或控制板故障引起主回路电流过大,在减速时由于板上的厚膜电路故障引起相间短路	①检查直流伺服电动机的绝缘或主回路的绝缘,如果绝缘电阻小于 1MΩ,则更换相应部件 ②用万用表检查所有主回路 12 个可控硅是否有短路,更换相应坏的可控硅 ③如果在烧保险的同时有过电流报警,可按上述过电流报警 ④用万用表检查输入电压是否太高,不能超过 250V ⑤更换主控制板
6	电动机不转	系统发出指令后,主轴伺服单元或直流主轴电动机不执行,或由于控制板检测到电流偏差值过大,所以等待此偏差值变小	①观察给指令后伺服单元出现什么报警,如果是伺服有 OVC,则有可能机械卡死 ②如果伺服无任何报警,此时应检查各接线或连接插头是否正常,包括电动机动力线、电动机励磁线、CN1 插头、R/S/T 三相输入线、CN2 插头以及控制板与单元的连接。如果都正常,则更换控制板检查 ③检查直流主轴电动机的炭刷是否正常,是否接触不好,如果不好或磨损严重,更换炭刷 ④检查电动机励磁回路或主回路是否有电阻值,如果没有阻值或阻值很大,更换电动机 ⑤检查控制板上的 CH6 是否有电压,正常在电动机禁止时是没有电压的,如果有一接近 15V 的电压,则电流反馈回路故障,更换主回路的电流检测器和控制板上的 IC12
7	主轴准停不停止,出现超时报警(机床厂设置的报警)	主轴单元没有接收到编码器信号或磁性传感器信号,或系统没有接收到准停完成信号	①如果是用编码器方式定向,检查编码器信号(在准停板上有 PA,*PA,PB,*PB,SC,*SC),正常为方波,如果异常,检查反馈线或编码器是否有损坏,若有则更换 ②如果信号都没有变化,但高低电位正常(如果 PA 高,*PA 为低),则检查连接主轴编码器的皮带是否脱落或断开 ③如果是用磁性编码器方式定向,在主轴旋转时,观察准停板上的绿色指示灯是否交替点亮,如果没有变化,更换磁性传感器 ④如果主轴已经停在准停位,但仍然有报警,则准停板未发出准停完成信号,可能是准停板上的继电器坏了,更换

表 4-10 交流模拟主轴驱动单元

序号	故障现象	原　因	解决方法
1	过热报警(LED1点亮)	交流主轴电动机的过热开关断开	①检查CN1插头是否连接不牢 ②是否主轴电动机负载太大,电动机太热,等温度降低后再开机看是否还有报警 ③拔下控制板CN2插头,用万用表测量插脚2、3之间的阻值,正常应为短路,如果开路,则是电动机或反馈线断线,检查电动机的热保护开关或反馈线 ④如果CN1的2、3之间正常,则更换控制板上的HY2(RV05)厚膜电路(FANUC有售)
2	速度误差过大报警(LED2点亮)	主轴电动机的实际速度与指令速度的误差值超过允许值,一般是启动时电动机没有转动或速度上不去	①不启动主轴,用手盘主轴使主轴电动机快速转动起来,估计电动机的实际速度是多少,让另外一人用示波器检测主轴控制板上TSA波形,看是否与实际变化一致,一般情况有100～300mV,如果基本不变,则是电动机速度传感器或速度反馈回路故障,用示波器测控制板上的PA、PB端子的波形,正常为直流2.5V,有0.5V的正弦波动,如果不是,则拆下主轴电动机的速度传感器(在电动机后部,拆下风扇和风扇下面的盖,即可看见一块小的印制板带一个白色的圆形传感头),如果传感头上有磨损,则更换(FANUC有售,根据电动机型号可查到传感器的型号,如电动机型号最后4位为B100,则传感器的型号为A860-0854-V320),注意调整传感器与测速齿轮之间的间隙,应为0.1～0.15mm,可用10元人民币置于其间感觉很灵活,对折后置于其间感觉很紧即可 ②如果PA、PB波形正常,而LED显示速度不正常,再测PSA、PSB,应为方波,如果不是,调整电位器RV18或RV19,直到PSA、PAB变为方波 ③如果速度显示正常,则查电动机或动力线是否正常,动力线可用万用表或兆欧表测量出,电动机如果有问题,一般会发出过电流报警而不会发出此报警 ④电动机动力线相序是否接错。如果不对,则在启动时主轴来回转几下后发出此报警 ⑤查主回路接触器是否吸合,如果没有吸合,则测量接触器的线圈有无200V交流电压,如果无,则控制板有故障,如果有电压,则更换接触器,如果正常吸合,可测量晶体管的+、-两端是否有直流300V,如果没有,则可能是接触器或整流桥有故障 ⑥检查板上设定是否正确:S1(一般短路)、S2(一般短路)、S4(如果开路,则ME3或ME5至少有一个有D/A转换器,可更换试一下,如果没有,则S4短路) ⑦检查控制板上的-15V是否正常,如果异常,则检查板上的电源回路 ⑧用示波器或万用表测量控制板上的IR、IS和IW的值,在静态时应为0,如果有值或有波形,则需要更换板上的隔离放大器ISA1、ISA2(A76L-0300-0035/T)或MH21A、MH21B(1458运放) ⑨主轴单元,可互换控制板或整套单元,但必须测量接触器的线圈和晶体管模块确认不要有短路,否则会将另一控制板烧坏。这样会很快判断出是单元还是控制板还是电动机故障
3	直流侧保险烧断报警(LED2,LED1点亮)	三相200V交流电经整流桥整流到直流300V,经过一个保险后给晶体管模块,控制板检测此保险两端的电压,如果太大,则产生此报警	①用万用表检查主轴伺服单元的直流保险是否断开,如果是断路,更换后再查后面的大电容和晶体管模块,如果有短路的,必须解决后才能通电 ②检查主控制板与单元的连接插座是否紧 ③检查控制板上的D50、R214,更换主控制板上的光偶PJ14

续表

序号	故障现象	原　因	解决方法
4	缺相(LED4点亮)	主轴三相交流200V如果有一路没有，控制板就可检测到并发出4号报警	①用万用表检查三相交流200V是否正常 ②用万用表检查三个输入保险是否有烧断，如果断开，更换，且必须检查主回路有无其他短路的地方，一般是后面的晶体管模块有短路引起烧保险。同时检查控制板的驱动回路波形(见"直流侧异常电流"的处理) ③如果三相保险及电压都正常，检查控制板与单元的连接插座是否接触好 ④测量控制板上的双二极管DB1～DB6，如果有短路的或断路的，更换；如果都正常，更换光耦PH8～PC14 ⑤更换主控制板或送修
5	控制电源保险烧断(LED4，LED1点亮)	控制板检测到直流电源异常，包括＋24V、＋5V、＋15V、－15V	①检查控制板上的AF1、AF2、AF3是否烧断，若烧断则更换，如果还烧坏，则查电源回路的二极管、三极管、电容、T1、T2有无短路，如果有则更换 ②如果不能排除故障，将控制板送修
6	过速度报警(LED4、2点亮，或LED1～4点亮)	控制板检测到来自模拟量的过速度或来自数字量的过速度	①该报警都是由控制板检测到的报警，如果一上电就有此报警，更换主控制板或送修 ②如果是给速度指令后，有飞车现象后才发生的报警，则先解决飞车故障
7	＋24V高电压(LED8点亮)	控制板检测到直流电源＋24V电压过高，一般为控制板故障	更换控制板或将控制板送修，此现象不常见，但肯定是控制板的问题
8	单元过载(LED8、1点亮)	控制板检测到晶体管散热器的温度过高，或检测回路故障	①观察是否和时间有关，如果是长时间开机后出现，而停机一段时间后再开无报警，则是电动机负载太大，应检查机械负载或电动机以及观察是否切削量太大 ②用万用表测量控制板的插座CN5的6、7脚应该是短路的，如果开路，检查单元上的热控开关是否坏了；如果是短路的，则更换控制板上的HY3(RV05) ③控制板上可能有断线，可检查与CN5的6、7脚连线到HY3的14脚
9	＋15V低电压报警(LED8、2点亮)	控制板检测到直流电源＋15V电压太低或没有电压，一般为控制板故障	①控制板故障，用万用表检查电源回路的Q21(7815)是否异常，如果是则更换 ②检查电容C45等是否有短路，如果是则更换 ③控制板检测回路故障，更换控制板或送修
10	直流侧高电压报警(LED8、2、1点亮)	控制板检测到直流电源＋300V电压太高或检测回路故障，一般为控制板故障	①用万用表检查主回路直流电压300V是否正常 ②更换控制板或送修

续表

序号	故障现象	原因	解决方法
11	直流侧异常电流(LED8、4点亮)	此故障出现最多，一般为主回路晶体管烧坏	①用万用表检查每个晶体管的导通压降(CE、BE、BC间，每个之间比较，应一致)，如果有异常的(如有短路)，更换 ②更换完晶体管后，要测量输出波形，方法如下：将CN5的5脚插针拔下，正常上电，系统给指令"M03S5"(如果主轴单元LED2点亮则减小S值)，用示波器检查CN7的2—3、5—6、8—9、11—12波形，CN6的3—4、6—7、9—10、12—13波形，正常为前6路是上下跳动，后2路是负脉冲，幅值为+1.3V、-2.0V左右，如果有一路异常，则查相应的驱动回路的二极管、三极管、光耦、保险等，更换后再测量波形。直到都正常后才能安上CN5的5脚插针 ③注意，以上情况不要与其他单元互换控制板，以免引起交叉故障，因为如果晶体管烧坏了，则会互相影响，坏板烧好单元，坏单元烧好板 ④如果晶体管都是好的，也要先测量波形，波形如果都正常，则看是否一给指令就报警，如果是，则更换隔离放大器ISA1、ISA2(A76L-0300-0035/T) ⑤检查主轴电动机或动力线是否有问题，包括速度反馈传感器(方法同LED2点亮)，将电动机动力线拆下，如果还有同样报警，则是单元故障，如果报警消失，则可能是电动机或动力线的问题
12	CPU报警(LED8、4、1点亮)	控制板检测到CPU故障	①检查控制板上的各个元器件是否插好，可重新插好再检查 ②更换控制板或送修
13	ROM报警(LED8、4、2点亮)	控制板检测到ROM安装有问题	①检查控制板上的ROM(MD25，2732)是否安装或没有插好。拔下重新插好 ②更换ROM(或先与其他板上的互换) ③更换控制板或送修
14	控制板无显示	控制板无工作电压或没有工作	①用万用表测量控制板的端子19A-CT、19B-CT的交流电压，正常应为19V左右，如果没有，检查单元的小变压器或F4保险，如果查到有坏的则更换 ②如果电压正确，再测量板上的+5V，如果没有电压，检查AF1、AF2、AF3，如果烧坏，则更换
15	主轴不转，无任何报警显示	主轴单元没有吸合，或系统指令(*ESP，MRDY，正反转)信号异常	①检查主轴单元主接触器是否吸合，如果没有吸合，则查急停输入，或MRDY(机械准备好信号)或短路棒S1设定错误 ②如果吸合，则在系统给指令后，查正反转信号是否发出[CN1的45或46与14之间有一个应为0V，如果都是24V或都是0V，则外部有问题，如果正常，则更换控制板上的HY1(RV05)] ③用万用表测量板上的端子DA2，如果没有电压，则外部有问题，查系统到CN1插座的31脚 ④如果控制板上的ME3或ME5有D/A转换器芯片，而DA1端子上无电压，则更换D/A转换器。如果DA1有电压，而DA2无电压，则S4设定错误，修改S4设定 ⑤测量运放ME8A的7脚，如果没有电压而ME8B的1脚有电压，则是外部倍率电位器坏或短路棒S2设定错误，更换或修改

表 4-11　交流数字主轴驱动单元

序号	故障现象	原　因	解 决 方 法
1	过热报警(LED 显示 AL-01)	交流主轴电动机的过热开关断开	①检查 CN1 插头是否连接不牢 ②是否主轴电动机负载太大,电动机太热,等温度降低后再开机看是否还有报警 ③拔下控制板 CN2 插头,用万用表测量插脚 2、3 之间的阻值,正常应为短路,如果开路,则是电动机或反馈线断线,检查电动机的热保护开关或反馈线 ④如果 CN1 的 2、3 之间正常,则更换控制板上的 HY4(RV05)厚膜电路(FANUC 公司有售)
2	速度误差过大报警(LED 显示 AL-02)	主轴电动机的实际速度与指令速度的误差值超过允许值,一般是启动时电动机没有转动或速度上不去	①不启动主轴,用手盘主轴使主轴电动机快速转动起来,估计电动机的实际速度是多少,让另外一人观察主轴控制板上 LED 显示值,看是否基本一致,一般情况有 100～200r/min,如果只有 1～2r/min 或 10r/min 以下,则是电动机速度传感器或速度反馈回路故障,用示波器测控制板上的 PA、PB 端子的波形,正常为直流 2.5V,有 0.5V 的正弦波动,如果不是,拆下主轴电动机的速度传感器(在电动机后部,拆下风扇和风扇下面的盖,即可看见一块小的印制板带一个白色的圆形传感头),如果传感头上有磨损,则其损坏,应更换(FANUC 有售,根据电动机型号可查到传感器的型号,如电动机型号最后 4 位为 B100,则传感器的型号为 A860-0854-V320),注意调整传感器与测速齿轮之间的间隙,应为 0.1～0.15mm,用 10 元人民币置于其间感觉很灵活,对折后置于其间感觉很紧即可 ②如果 PA、PB 波形正常,而 LED 显示速度不正常,再测 PAP、PBP,应为方波,如果不是,则更换控制板或修理 ③如果速度显示正常,则查电动机或动力线是否正常,动力线可用万用表或兆欧表测量出,电动机如果有问题,一般会发出过电流报警而不会发出此报警 ④检查电动机动力线相序是否接错,如果接错,在启动时主轴来回转几下后发出此报警 ⑤查主回路接触器是否吸合,如果没有吸合,则测量接触器的线圈有无 200V 交流电压,如果无,则控制板有故障,如果有电压,则更换接触器,如果正常吸合,可测量晶体管的＋、－两端是否有直流 300V,如果没有,则可能是接触器或整流桥有故障 ⑥检查控制板上的－15V 是否正常,如果异常,检查板上的电源回路 ⑦用示波器或万用表测量控制板上的 IR、IS 和 IW 的值,在静态时应为 0,如果有值或有波形,则需要更换板上的隔离放大器 IS2(A76L-0300-0077) ⑧如果有条件(即车间里有相同的交流主轴单元),可互换控制板或整套单元,但必须测量接触器的线圈和晶体管模块没有短路,否则会将另一控制板烧坏。这样会很快判断出是单元或控制板或电动机故障
3	直流侧保险烧断报警(LED 显示 AL-03)	三相 200V 交流电经整流桥整流到直流 300V,经过一个保险后给晶体管模块;控制板检测此保险两端的电压,如果太大,则产生此报警	①用万用表检查主轴伺服单元的直流保险是否断开,如果是断路,更换后再查后面的大电容和晶体管模块;如果有短路的,必须解决后才能通电 ②检查主控制板与单元的连接插座是否紧 ③更换主控制板上的光耦 PH14

续表

序号	故障现象	原　因	解决方法
4	缺相（LED 显示 AL-04）	主轴三相交流 200V 如果有一路没有，控制板就可检测到并发出 04 号报警	①用万用表检查三相交流 200V 是否正常 ②用万用表检查三个输入保险是否有烧断，如果断开，须更换。且必须检查主回路有无其他短路的地方，一般是后面的晶体管模块有短路引起烧保险。同时检查控制板的驱动回路波形 ③如果三相保险及电压都正常，检查控制板与单元的连接插座是否接触好 ④测量控制板上的双二极管 DBG1～DBG6，如果有短路的或断路的，更换；如果都正常，更换光偶 PC6～PC11 ⑤更换主控制板或送修
5	过速度报警（AL-06或 AL-07）	控制单元检测到速度太高。一般为控制板故障	更换控制板或将控制板送修，此现象不常见，且自己很难查到准确故障点，但能肯定是控制板的问题
6	＋24V 高电压（AL-08）	控制板检测到直流电源＋24V（电压过高），一般为控制板故障	更换控制板或将控制板送修，此现象不常见，但肯定是控制板的问题
7	过载报警（AL-09）	控制板检测到晶体管散热器的温度过高，或检测回路故障	①观察是否和时间有关，如果是长时间开机后出现，而停机一段时间后再开无报警，则是电动机负载太大，应检查机械负载或电动机，或切削量太大 ②用万用表测量控制板的插座 CN5 的 6、7 脚应该是短路的，如果开路，检查单元上的热控开关是否坏了；如果是短路的，则更换控制板上的 HY4（RV05） ③控制板上可能有断线，可检查与 CN5 的 6、7 脚连线
8	＋15V 低电压报警（AL-10）	控制板检测到直流电源＋15V（电压太低或没有电压），一般为控制板故障	①控制板故障，用万用表检查电源回路的 Q7：（7815）是否异常，如果是则更换。如果＋15V—0V 间电阻为零，更换电容 CP31～37/45 ②控制板检测回路故障，更换控制板或送修
9	直流侧高电压报警（AL-11）	控制板检测到直流电源＋300V 电压太高或检测回路故障，一般为控制板故障	①用万用表检查主回路直流电压 300V 是否正常 ②用万用表检查控制板上的 VDC，正常为 3V 直流，如果过高，则更换 IS1（隔离放大器 A76L-0300-0035/T）或 MG16（1458）。如果 VDC 正常，更换 MG17
10	直流侧过电流报警（AL-12）	此故障出现最多，一般为主回路晶体管烧坏	①用万用表检查每个晶体管的导通压降（CE、BE、BC 间，每个之间比较，应一致），如果有异常的（如有短路），更换 ②更换完晶体管后，要测量输出波形，方法如下：将 CN5 的 5 脚插针拔下，正常上电，系统给指令"M03"S5（如果主轴单元有 AL-02 则减小 S 值），用示波器检查 CN7 的 2—3、5—6、8—9、11—12 波形，CN6 的 3—4、6—7、9—10、12—13 波形，正常为前 6 路是上下跳动，后 2 路是负脉冲，幅值为＋1.3V、－2.0V 左右，如果有一路异常，则查相应的驱动回路的二极管、三极管、光偶、保险等，更换后再测量波形。直到都正常后才能安上 CN5 的 5 脚插针 ③注意，以上情况不要与其他单元互换控制板，以免引起交叉故障，因为如果晶体管烧坏了，则会互相影响，坏板烧好单元，坏单元烧好板 ④如果晶体管都是好的，也要先测量波形，波形如果都正常，则看是否一给指令就报警，如果是，则更换隔离放大器 IS2（A76L-0300-0077） ⑤检查主轴电动机或动力线是否有问题，包括速度反馈传感器（方法同 AL-02），将电动机动力线拆下，如果还有同样报警，则是单元故障，如果报警消失，则可能是电动机或动力线的问题

续表

序号	故障现象	原　因	解决方法
11	CPU报警(AL-13)	控制板检测到CPU故障	①检查控制板上的各个元器件是否插好,可重新插好再检查 ②更换控制板或送修
12	ROM报警(AL-14)	控制板检测到ROM安装有问题	①检查控制板上的ROM(MD25,2732)是否安装或没有插好。拔下重新插好 ②更换ROM(或先与其他板上的互换) ③更换控制板或送修
13	选择板报警(AL-15)	控制板检测到附加选择板异常	如果有选择板,拔掉选择板,如果还有报警,更换主控制板,否则更换选择板
14	RAM报警(AL-16)	控制板检测到NVRAM(保存参数的RAM,断电保护型)	①将控制板上的S1放到TEST位置,S2放到SET位置(有些板没有该端子,就不用设定),开机,LED显示11111~FFFFF依次轮换变化,按MODE和UP,LED变化到FC-22,按SET 4s以上,直到显示"GOOD"放开,关机,S1、S2还原,重新开机 ②更换MC35(NVRAM:MBM2212) ③更换主控板或送修
15	RAM检查报警(AL-17)	RAM异常或控制板故障	①将控制板上的S1放到TEST位置,S2放到SET位置(有些板没有该端子,就不用设定),开机,LED显示11111~FFFFF依次轮换变化,按MODE和UP,LED变化到"FC-22",按SET 4s以上,直到显示"GOOD"放开,关机,S1、S2还原,重新开机 ②如果仍然有此报警,更换MC35(NVRAM:MBM2212)或主控板
16	ROM数检查报警(AL-18)	控制板检测到ROM数目不对	①检查控制板上的ROM是否没有插好,重新插好,如果还有报警,更换两个ROM ②更换主控制板或送修
17	U相电流偏置异常报警(AL-19)	U相电流反馈值异常,一般为控制板故障或电流检测电阻断开	①用万用表测量控制板的CN5的1、2插脚的阻值(不要拆下控制板),正常应为小于1Ω,如果阻值很大,则U相电流检测电阻坏了,更换 ②如果阻值正常,上电测量端子IU的电压,正常应该为0或几毫伏,如果超过1V,则更换IS2(A76L-0300-0077)或MH23B(运放1458) ③用万用表测量板上−15V电压是否正常,如果异常,检查直流电源回路
18	V相电流偏置异常报警(AL-20)	V相电流反馈值异常,一般为控制板故障或电流检测电阻断开	①用万用表测量控制板的CN5的3、4插脚的阻值(不要拆下控制板),正常应为小于1Ω,如果阻值很大,则V相电流检测电阻坏了,更换 ②如果阻值正常,上电测量端子IV的电压,正常应该为0或几毫伏,如果超过1V,则更换IS2(A76L-0300-0077)或MH23B(运放1458) ③用万用表测量板上−15V电压是否正常,如果异常,检查直流电源回路
19	指令电压偏置异常报警(AL-21)	速度指令电压偏置异常,基本可判断为控制板故障	①上电,用万用表测量端子VCMD(速度指令电压)值,如果有值或数值很大,更换MB11、MB10(运放1458)或MB8(开关电路HI201) ②将控制板送修

续表

序号	故障现象	原　因	解决方法
20	速度反馈偏置异常报警(AL-22)	速度反馈电压偏置异常,基本可判断为控制板或电动机速度传感器故障	①按序号2的①项检查速度传感器是否正常,异常则更换 ②更换控制板或送修
21	速度与指令电压偏置异常报警(AL-23)	一般发生在上电瞬间,基本可判断为控制板或电动机速度传感器故障	①按序号2的①项检查速度传感器是否正常,异常则更换 ②用万用表检查端子ER电压,如果很大,而VCMD和TSA都很小,更换MD9(运放1458) ③更换控制板或送修
22	控制板无显示	控制板无工作电压或没有工作	①用万用表测量控制板的端子19A-CT、19B-CT的交流电压,正常应为19V左右,如果没有,检查单元的小变压器或F4保险,如果查到有坏的就更换 ②如果电压正确,再测量板上的+5V,如果没有,检查AF1,如果烧坏,更换
23	控制板显示A	主控制板故障,或ROM故障	①检查是否安装ROM(两片),或ROM安装不好,或ROM坏 ②控制板坏,更换主控板
24	一通电就烧保险或检测电阻R1或R2	接触器还未吸合就烧元件,应该与控制板及电动机无关,应查单元主回路	①检查主回路的大电容阻值,如果有短路,则更换 ②检查整流桥是否有短路 ③检查接触器的触点是否正常
25	主轴不转,无任何报警显示	主轴单元没有吸合,或系统指令(*ESP、MRDY、正反转)信号异常	①检查主轴单元主接触器是否吸合,如果没有吸合,则查急停输入或MRDY(机械准备好信号),或参数F01设定错误 ②如果吸合,则在系统给指令后,查正反转信号是否发出。CN1的45或46与14之间有一个应为0V,如果都是24V或都是0V,则外部有问题,如果正常,则更换控制板上的HY6(RV05) ③用万用表测量板上的端子DA2,如果没有电压,则外部有问题,查系统到CN1插座的31脚是否断开 ④如果控制板上的MA11或MA13有DA转换器芯片,而DA1端子上无电压,则更换DA转换器。如果DA1有电压,而DA2无电压,则参数F04设定错误或MB9芯片坏,修改参数或更换芯片 ⑤测量运放MB10的7脚,如果没有电压而1脚有电压,则是外部倍率电位器坏或参数F02设定错误,修改或更换

表4-12　α系列电源模块PSM

序号	故障现象	原　因	解决方法
1	PSM显示— —,系统显示401,各轴显示DRDY OFF报警	系统开机自检后,如果没有急停和报警,则发出*MCON信号给所有SVM,SVM接收到该信号后,接通主接触器,电源单元吸合,LED显示由— —变为00,将准备好信号送给伺服单元,伺服单元再接通继电器,继电器吸合后,将*DRDY信号送回系统,如果系统在规定时间内没有接收到*DRDY信号,则发出此报警,同时断开各轴的*MCON信号	①检查SVM是否有故障 ②检查PSM的*ESP是否断开,正常情况是短路的。如果开路,查外部*ESP电气回路 ③用万用表检查MCC进线的三相200V(也有380V的高压类型的)是否有缺相 ④检查MCC的触点和线圈是否有故障 ⑤观察MCC是否吸合后马上断开,如果根本没有吸合,再仔细听PSM的小继电器是否有一下响声,如果有,则证明PSM本身是好的。更换继电器,或检查MCC输出线以及MCC的交流电源 ⑥检查PSM、SPM、SVM之间的连接线是否连接错误或连接不牢固 ⑦更换电源单元控制板。如果手头没有,则将PSM送FANUC修理或更换

续表

序号	故障现象	原 因	解 决 方 法
2	PSM5.5 或 PSM11 的 LED 显示 01 报警	电源模块检测到 IPM 模块故障	①用万用表检查主回路的 IPM 模块的 U、V、W 对＋、－的导通压降，如果有异常，更换 IPM 模块 ②如果更换 IPM 模块后还有报警，将 SPM 单元送 FANUC 修理
3	PSM15、PSM26、PAM-30 的 LED 显示 01 报警	检测到主回路电流异常	①用万用表检查主回路的 U、V、W 对＋、－的导通压降，如果有异常，更换 IGBT 模块。同时更换驱动板 A20B-2902-0390，并检查主回路底板上的 6 组驱动电阻，6.2Ω 和 10kΩ，如果有阻值不对的，更换 ②如果三个 IGBT 模块都是好的，检查给电源模块供电的接触器 MCC 的触点或线圈是否正常，如果不正常则须更换 ③检查 SPM 的控制板有一继电器（在 MCC 插座的侧面）很容易烧坏，如果坏了须更换，如果烧得严重，更换控制板
4	PSM 显示 02 报警	控制板检测到内部冷却风扇（24V）异常	①观察风扇是否转或是否有风，如果不转或风力很小，拆下观察是否扇叶上较脏，用汽油或酒精清洗 ②如果清洗后装上还有报警，更换风扇 ③检查风扇的插座电源 24V 是否正常。红线＋24V，黑线 0V，黄线报警线拔下有 5V，如果电压不对，更换控制板
5	PSM 显示 03 报警	PSM 过载	①关机等候一段时间后，看是否还有报警，如果报警消失，则可能机械负载太大，检查主轴或伺服机械负载或切削量是否过大 ②拆下外壳和控制板，用万用表测量底板上连接 OH 的两螺钉之间的电阻应为短路。如果开路，更换热控开关 ③检查控制板与底板之间的连接是否有松动 ④更换控制板
6	PSM 显示 04 报警	控制板检测到直流侧低电压报警	①检查主轴模块（PSM）或伺服模块（SVM）是否有短路故障 ②检查三个 IGBT 导通压降是否正常，如果有异常的则应更换，并更换驱动板和坏的驱动电阻 ③检查检测电路，如果检测电阻烧断或光耦异常，更换
7	PSM 显示 05 报警	主回路的直流侧放电回路异常	①主回路的放电模块故障，须更换 ②放电控制回路故障，更换 PSM
8	PSM 显示 06 报警	输入电源回路缺相报警	①用万用表检查电源输入三相交流是否有缺相 ②将电源模块送修
9	PSM 显示 07 报警	控制板检测到直流侧高电压报警。一般发生在主轴电动机减速时，此时 SPM 上显示 11（ALM 灯点亮）	①电源模块的功能是为后面的 SPM、SVM 提供电源和回馈制动作用，当 PSM 检测到需要执行回馈制动时，却不能执行或没有执行，就会出现此报警 ②只可能是 PSM 故障，或三相输入线接触不好，检查三相输入电压是否平衡，各接线端子或接触器、空气开关是否接触牢固 ③将电源模块送修
10	PSM 显示 08 报警	控制回路硬件故障	①更换控制回路 ②如果是小电源模块，可能是主回路电路板故障
11	PSM 的 LED 无显示	控制侧板的电源回路故障	①检查输入交流 200V 是否正常，如果没有，检查输入回路 ②如果 200V 正常，则更换电源控制侧板

表 4-13 α系列电源模块 PSMR

序号	故障现象	原　因	解决方法
1	PSMR 显示— —，系统显示 401，各轴显示 DRDY OFF 报警	系统开机自检后，如果没有急停和报警，则发出 *MCON 信号给所有 SVM，SVM 接收到该信号后，接通主接触器，电源单元吸合，LED 显示由— —变为 00，将准备好的信号送给伺服单元，伺服单元再接通继电器，继电器吸合后，将 *DRDY 信号送回系统，如果系统在规定时间内没有接收到 * DRDY 信号，则发出此报警，同时断开各轴的 * MCON 信号	①检查 SVM 是否有故障 ②检查 PSM 的 * ESP 是否断开，正常情况是短路的。如果开路，查外部 * ESP 电气回路 ③用万用表检查 MCC 进线的三相 200V(也有 380V 的高压类型的)是否有缺相 ④检查 MCC 的触点和线圈是否有故障 ⑤观察 MCC 是否吸合后马上断开，如果根本没有吸合，再仔细听 PSM 的小继电器是否有一下响声，如果有，则证明 PSM 本身是好的，更换继电器，或检查 MCC 输出线以及 MCC 的交流电源 ⑥检查 PSM、SPM、SVM 之间的连接线是否连接错误或连接不牢固 ⑦更换电源单元控制板。如果手头没有，则将 PSMR 送修或更换
2	PSMR 显示 02 报警	控制板检测到内部冷却风扇(24V)异常	①观察风扇是否转，或是否有风，如果不转或风力很小，拆下观察是否扇叶上较脏，用汽油或酒精清洗 ②如果清洗后装上还有报警，更换风扇 ③检查风扇的插座电源 24V 是否正常。红线＋24V，黑线 0V，黄线报警线拔下有 5V，如果电压不对，更换控制板
3	PSMR 显示 04 报警	控制板检测到直流侧低电压报警	①检查主轴模块(PSM)或伺服模块(SVM)是否有短路故障 ②检查三个 IGBT 导通压降是否正常，如果有异常则更换，并更换驱动板和坏的驱动电阻 ③检查低电压检测回路的检测电阻和光耦，如果异常则应更换
4	PSMR 显示 05 报警	主回路的直流侧放电回路异常	①主回路的放电模块故障，更换 ②放电控制回路故障，更换 PSMR
5	PSMR 显示 06 报警	控制回路的＋24V、＋15V低电压	①检查控制侧板上的保险是否烧坏，若是，更换 ②将 PSMR 上的插头除 200V 电源外全部拔掉，如果报警消失，则查 SPM 或 SVM ③更换控制侧板
6	PSMR 显示 07 报警	控制板检测到直流侧高电压报警。一般发生在主轴电动机减速时，此时 SPM 上显示 11(ALM 红灯点亮)	①电源模块的功能是为后面的 SPM、SVM 提供电源和回馈制动作用，当 PSM 检测到需要执行回馈制动时，却不能执行或没有执行，就会出现此报警 ②只可能是 PSM 故障，或三相输入线接触不好，检查三相输入电压是否平衡，各接线端子或接触器、空气开关是否接触牢固 ③将电源模块送修
7	PSMR 显示 08 报警	放电异常报警	①观察如果是在加工过程中出现，关机停一段时间后再开，如果报警消失，则是频繁启动停止造成放电量太多，可修改加工程序，或减少切削量 ②主回路的放电模块故障，更换 ③放电控制回路故障，更换 PSMR

表 4-14　α 系列主轴模块 SPM 报警

序号	故障现象	原　因	解 决 方 法
1	SPM 显示 A、A0 或 A1 报警	控制板检测到 ROM 或 RAM 或 CPU 故障，不能进行正常工作	①检查控制板(将 SPM 外壳拆下，即可拆下控制板)上的 ROM 芯片是否没有插好，或没有 ROM，重新插好或购买更换 ②检查控制板的左上角两个大集成芯片的管脚是否有腐蚀，因为 PSM 的冷却风扇正对此芯片，热空气经过后冷却成水汽，使大片子的管脚被腐蚀有锈，购买新的控制板更换
2	SPM 显示 01 (ALM 红灯点亮)	电动机过热报警	①关机等候一段时间后，看是否还有报警，如果报警消失，则可能机械负载太大，检查主轴机械负载或切削量是否过大 ②检查 SPM 的 JY2 插座上的连接器是否没有或没有插好 ③用万用表检查电动机过热保护开关之间的电阻应为短路。如果开路，更换热控开关
3	SPM 显示 02 (ALM 红灯点亮)	主轴电动机的速度与指令速度相差较大	①不启动主轴，用手盘主轴使主轴电动机快速转动起来，估计电动机的实际速度是多少，让另外一人观察系统的主轴监视界面上的电动机速度显示值，看是否基本一致，一般情况有 100～200r/min，如果只有 1～2r/min 或 10r/min 以下，则是电动机速度传感器或速度反馈回路故障，拆下主轴电动机的速度传感器(在电动机后部，拆下风扇和风扇下面的盖，即可看见一块小的印制板带一个白色的圆形传感头)，如果传感头上有磨损，则坏了，应更换(FANUC 有售，根据电动机型号可查到传感器的型号，如电动机型号最后 4 位为 B100，则传感器的型号为 A860-0854-V320)，注意调整传感器与测速齿轮之间的间隙，应为0.1～0.15mm，用 10 元人民币置于其间感觉很灵活，对折后置于其间感觉很紧即可 ②如果速度显示正常，则查电动机或动力线是否正常，动力线可用万用表或兆欧表测量出 ③电动机动力线相序是否接错。如果不对，在启动时主轴来回转几下后出此报警。可将 U、V 对调 ④如果有条件(即车间里有相同的交流主轴单元)，可互换控制板或整套单元，但必须测量晶体管模块没有短路，否则会将另一控制板烧坏。这样会很快判断出是单元或控制板或电动机故障
4	SPM 的 LED 上显示 03(ALM 红灯点亮)	直流大保险烧断	①观察 SPM 上的直流侧红色指示灯是否点亮，如果没有点亮，则是直流短接片没有接好(如 4 个螺钉一定不能只上 2 个，并且要拧紧)，或电源单元故障 ②拆下主轴单元模块的外壳，用万用表测量直流大保险，如果不通，更换保险。但可能后面电路有短路造成烧保险，必须先解决引起短路烧保险的问题，才能通电测量后面的 IGBT 或 IPM 是否有短路，如果有，则更换，且需更换驱动模块和驱动电阻 ③可能是报警检测电路出故障，须查相应电路，或送修
5	SPM的LED上显示04(ALM红灯点亮)	电源输入回路缺相	①用万用表检查电源输入三相交流是否有缺相 ②将主轴模块送修
6	SPM的LED上显示07(ALM红灯点亮)	主轴电动机超速报警	①如果一开机就有报警，则控制板的检测回路有故障，更换控制板 ②如果运行过程中出现该报警，关机重新开机，如果还是同样故障，更换主轴单元 ③如果重新开机后出现别的报警，按别的报警解决方法解决

续表

序号	故障现象	原　因	解决方法
7	SPM的LED上显示09(ALM红灯点亮)	主轴模块晶体管回路过载报警	①观察是否和时间有关,如果是长时间开机后出现,而停机一段时间后再开无报警,则是电动机负载太大;应检查机械负载或电动机,或切削量是否太大 ②用万用表测量控制底板的OH1、OH2之间应该是短路的,如果开路,检查单元上的热控开关是否坏了,如果是短路的,则是控制底板断线或控制侧板与底板连接器接触不好,重新插好,或更换控制板
8	SPM的LED上显示11(ALM红灯点亮)	直流侧电源电压太高。PSM上会有07AL	检查电源模块或三相输入电源线是否接触不好
9	SPM的LED上显示12(ALM红灯点亮)	直流电源回路电流异常,或IPM模块异常报警	①观察是一给指令就报警,还是给指令后转一下才报警,还是高速报警。如果是后两者,检查主轴电动机或动力线是否有短路或绝缘异常 ②拆下IGBT或IPM模块,测量是否有短路的,如果有,更换。如果没有短路,再检查各PN节的导通压降是否正常,如果是IPM模块异常,即使用万用表测量各点都正常,也要更换 ③更换IGBT后,要同时更换驱动模块(A20B-2902-0390),并且用万用表测量控制底板上的6组驱动电阻,每组两个,6.2Ω和10kΩ,如果烧断,更换
10	SPM的LED上显示13(ALM红灯点亮)	CPU内部数据存储出错,此报警很少出现	更换SPM的控制侧板
11	SPM的LED上显示19或20(ALM红灯点亮)	U相或V相电流检测器偏置过大,一般发生在开机时	①如果有相同的两个主轴模块,可互换控制侧板,判断是控制侧板故障或控制底板故障 ②将SPM送修
12	SPM的LED上显示24(ALM红灯点亮)	与系统的串行传输数据异常	①如果是系统已关机,则是正常报警,再开机,报警会消失 ②如果重新开机后不能消失,则可能是连接电缆或光缆故障,或系统或控制侧板接口故障,更换相应的元件
13	SPM的LED上显示27(ALM红灯点亮)	编码器信号断线报警	①检查编码器是否异常,用示波器测量编码器的输出波形PA、*PA、PB、*PB、PZ、*PZ是否正常,如果有一路没有,更换编码器 ②用万用表测量反馈线是否有断线,如果有,更换编码器反馈线 ③更换SPM控制侧板
14	SPM的LED上显示30(ALM红灯点亮)	IPM过电流(SPM5.5、SPM11),PSM过电流报警(01ALM)	①对于SPM5.5、SPM11(IPM结构,无驱动板),更换IPM模块 ②对于PSM15.30,检查电源模块故障
15	SPM的LED上显示31(ALM红灯点亮)	主轴电动机速度检测器异常或电动机没有按给定的速度旋转	①如果一开机就有报警,则更换控制侧板 ②不启动主轴,用手盘主轴使主轴电动机快速转动,让另外一人观察系统的主轴监视界面上的电动机速度显示值,看是否基本一致,一般情况有100~200r/min,如果只有1~2r/min或10r/min以下,则是电动机速度传感器或速度反馈回路故障,更换速度传感器 ③如果速度显示正常,则查电动机或动力线是否正常,动力线可用万用表或兆欧表测量出 ④检查电动机动力线相序是否接错。如果接错,在启动时主轴来回转几下后出此报警。可将U、V对调 ⑤检查动力线是否连接可靠,如果是高速或加速或加负载时才发出报警,则可能是动力线接触不好或动力线太细,更换动力线 ⑥如果有条件(即车间里有两相同的交流主轴模块),可互换控制板或整套单元

续表

序号	故障现象	原　因	解决方法
16	SPM 的 LED 上显示 32（ALM 红灯点亮）	控制侧板的大片子内部的 RAM 异常	更换控制侧板
17	SPM 的 LED 上显示 33（ALM 红灯点亮）	直流侧放电回路异常	①检查电源模块是否有异常 ②控制侧板故障，更换
18	SPM 的 LED 上显示 34（ALM 红灯点亮）	参数设定错误报警	①检查电动机代码参数是否正确（0 系统 6633，16/18 系统 4133），如果正确，查是否在修改上述电动机代码后没有初始化（6519＃7/4019＃7 改为 1，关机再开），正确设定并执行初始化 ②更换控制侧板
19	SPM 的 LED 上显示 51（ALM 红灯点亮）	直流侧低电压报警	①检查电源模块上是否有 04（ALM），如果有，检查 PSM 故障 ②如果 PSM 上没有报警，则检查报警回路（控制底板或控制侧板）是否异常
20	SPM 的 LED 上显示 56（ALM 红灯点亮）	内部风扇异常	①观察风扇是否转或是否有风，如果不转或风力很小，拆下观察是否扇叶上较脏，用汽油或酒精清洗 ②如果清洗后装上还有报警，更换风扇 ③检查风扇的插座电源 24V 是否正常。红线＋24V，黑线 0V，黄线报警线拔下有 5V，如果电压不对，更换控制板
21	SPM 的 LED 上显示 62（ALM 红灯点亮）	电动机速度指令溢出报警	①检查速度指令是否太大，超出允许值，修改加工程序 ②更换控制侧板
22	SPM 的 LED 上显示 66（ALM 红灯点亮）	各放大器间通信异常报警	①检查 SPM、PSM、SVM 之间的连接线是否有错误 ②更换控制侧板
23	SPM 的 LED 上显示 73（ALM 红灯点亮）	速度检测信号幅值不够	①检查系统有关主轴速度反馈检测器的参数是否有错误，重新正确设定 ②检查速度传感器是否异常，更换 ③更换控制侧板
24	SPM 的 LED 上显示 74、75、78（ALM 红灯点亮）	控制侧板检测到 CPU、CRC 等异常	更换控制侧板
25	给指令后，主轴不转，无报警信息	SPM 没有接收到速度指令信号或旋转条件不满足	①观察 SPM 上的 LED 显示，如果是 00，则表示已经有正反转和急停信号，检查 PMC 的主轴部分 ②如果 SPM 的 LED 显示— —，表示条件不满足，检查主轴诊断界面的输入信号，＊ESP、SFR/SRV、SSTP、MRDY 是否都有，如果没有，检查 PMC 相应的地址
26	车床 G01 不动，无任何报警	系统没有接收到编码器信号或进给条件不满足	①观察 G00 是否正常，如果正常而 G01 是每转进给，改为每分钟进给（G98）。如果还不转，检查系统诊断界面（0 系统是 700 号诊断），可能是没有接收到主轴速度到达信号或进给倍率为 0 ②如果每分钟进给（G98）正常，而每转进给没有，则是编码器坏，或编码器反馈线或接口电路坏，更换相应部分
27	主轴准停不停止，出现超时报警（机床厂设置的报警）	主轴单元没有接收到编码器信号或系统没有接收到定向完成信号	①用手转动主轴，或使主轴以一定速度旋转，在主轴诊断界面上观察主轴速度是否正常，如果没有显示，更换位置编码器或编码器反馈线 ②检查位置编码器的皮带是否松或断开 ③如果显示正常，更换主轴模块控制侧板

续表

序号	故障现象	原　　因	解决方法
28	主轴旋转时机械噪声大	主轴机械摩擦或主轴电动机故障	①观察主轴诊断界面，如果电动机速度稳定，而电动机负载有变化，则可能是主轴机械摩擦，可能主轴轴承坏了 ②如果速度和负载都稳定，则可能是电动机的轴承坏了，更换电动机轴承或送修电动机 ③如果速度和负载都有变化(低速时)，可能是主轴模块的驱动部分坏了，将SPM送修 ④主轴参数未进行初始化，或初始化时电动机代码不对
29	LED无显示	控制板无电源或没有工作	①观察LED左侧的IPL绿灯是否点亮，如果不亮，测量输入的+24V电源是否有，如果有，更换控制侧板；如果没有，检查电源模块的+24V回路 ②如果IPL绿灯点亮而LED无显示，更换控制侧板 ③如果系统能正常工作而无报警，则是LED显示器接触不好或损坏，更换

表4-15　α系列主轴模块SPM错误

序号	故障现象	原　因	解决方法
1	SPM的LED上显示01ERR	急停或机械准备好(MRDY)没有输入，却输入了正/反/定向信号	①检查主轴诊断界面状态信号、* ESP、MRDY是否都有，如果没有，查PMC信号 ②参数(6501#0/4001#0)设定错误，改为0再试
2	SPM的LED上显示18ERR	用主轴编码器方式定向时，却没有设定编码器连接	①检查是编码器方式或其他方式定向，如果是编码器方式，检查参数6503#0/4003#0，应该设定为0 ②检查参数6501#2/4001#2(主轴使用位置编码器信号)，应该设定为1

注：LED左侧有三个指示灯——绿（PIL）、红（ALM）、黄（ERR），当LED上出现数字、左侧黄色ERR灯点亮时表示有错误。

表4-16　常见主传动报警及其处理

报警号	内　　容	说　　明
56	冷却风扇故障	内部冷却风扇停止时输出警告信号。此时主轴将继续运行，应根据需要，利用PMC进行适当处理 在输出警告信号后的大约1min内发出报警
88	变频器散热扇停转	散热器冷却风扇停止时输出警告信号。此时主轴将继续运行，应根据需要，利用PMC进行适当处理 主回路过热时就发出报警
04	变频器主电源缺相	主电源缺相时就输出警告信号。此时主轴将继续运行，应根据需要，利用PMC进行适当处理 输出警告信号后，*i*PS在大约1min后发出报警；*i*PSR则在大约5s后发出报警
58	变频器过载	共同电源(PS)的主回路过载时就输出警告信号。此时主轴将继续运行，应根据需要，利用PMC进行适当处理 在输出警告信号后的大约1min内发出报警
59	变频器冷却风扇故障	共同电源(PS)的冷却风扇停止时就输出警告信号。此时主轴将继续运行，应根据需要，利用PMC进行适当处理 在输出警告信号后的大约1min内发出报警
113	变频器散热扇停转	共同电源(PS)的散热器冷却风扇停止时就输出警告信号。此时主轴将继续运行，应根据需要，利用PMC进行适当处理 共同电源(PS)主回路过热时就发出报警
01	电动机过热	电动机温度超过告警检测水平(通过参数设定)时，输出告警信号。此时主轴将继续运行，应根据需要，利用PMC进行适当处理 电动机温度达到过热检测水平时，发出报警
06	温度传感器异常	有可能是因为切削液侵入主轴电动机内而导致绝缘电阻下降。请清除切削液。需要采取防止切削液侵入的对策。绝缘老化继续时，最终还是需要更换电动机

(2) 704号报警（主轴速度波动检测报警）的处理

因负载引起主轴速度变化异常时出现此报警。处理方式如图 4-50 所示。

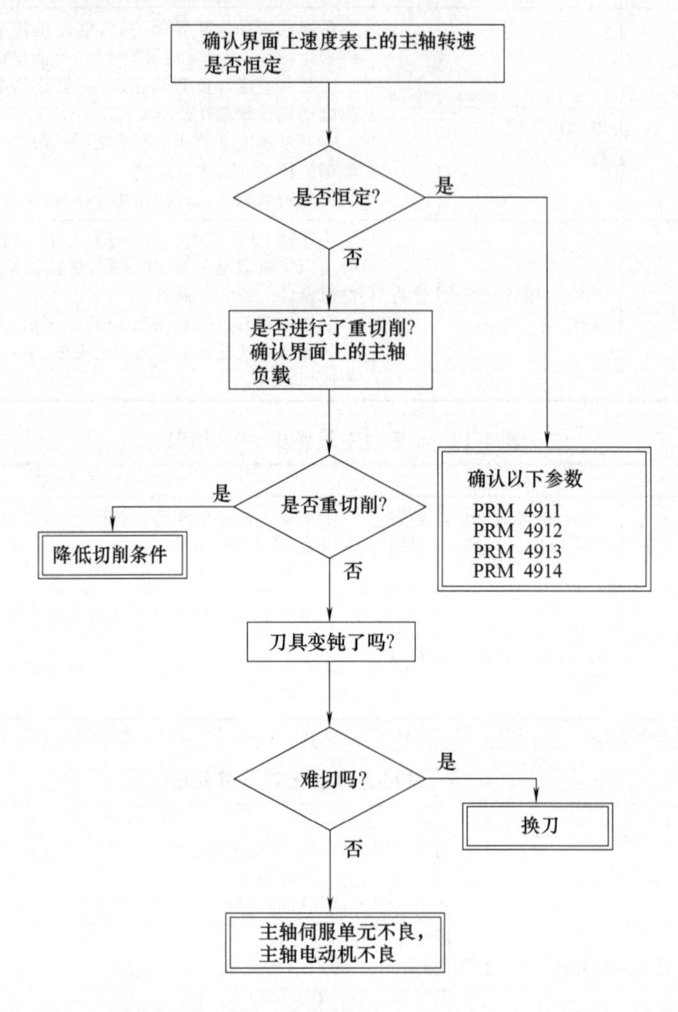

说明：

参数 No. 4911：视为到达主轴指令转速的转速比率。

参数 No. 4912：视为主轴速度波动检测不报警的主轴波动率。

参数 No. 4913：视为主轴速度波动检测不报警的主轴波动转速。

参数 No. 4914：指令转速变化后到开始检测主轴速度波动时的时间。

图 4-50　主轴速度波动检测报警的处理方法

(3) 749报警（串行主轴通信错误）的处理

主板和串行主轴间电缆连接不良的原因可能有以下几点。

① 存储器或主轴模块不良。

② 主板和主轴放大器模块间电缆断线或松开。

③ 主轴放大器模块不良。

(4) 750号报警（主轴串行链启动不良）的处理

在使用串行主轴的系统中，通电时主轴放大器没有达到正常的启动状态时，发生此报警。本报警不是在系统（含主轴控制单元）已启动后发生的，肯定是在电源接通时系统启动之前发生的。

① 原因

a. 串行主轴电缆（JA7A—JA7B）接触不良，或主轴放大器的电源 OFF 了。

b. 主轴放大器显示器的不是SU-01或AL-24的报警状态，CNC的电源已接通时，主要是在串行主轴运转期间、CNC电源关断时发生此报警。关掉主轴放大器的电源后，再启动。

c. 第2主轴为上述两种状态时使用了第2主轴并按如下方式设定了参数。

3701号参数的第4位为［1］时，连接了两个串行主轴。

用诊断号0409确认故障的详细内容，如图4-51所示。

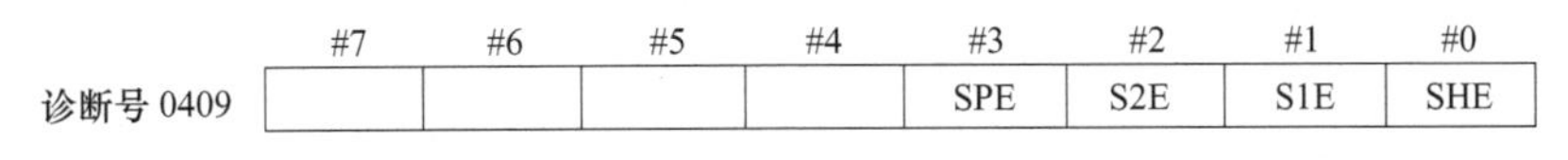

图4-51 诊断号0409

SPE 0：在主轴串行控制中，串行主轴参数满足主轴放大器的启动条件。

1：在主轴串行控制中，串行主轴参数不满足主轴放大器的启动条件。

S2E 0：在主轴串行控制启动中，第2主轴正常。

1：在主轴串行控制启动中，第2主轴方面检测出异常。

S1E 0：在主轴串行控制启动中，第1主轴正常。

1：在主轴串行控制启动中，第1主轴方面检测出异常。

SHE 0：CNC的存储器或主轴模块正常。

1：CNC的存储器或主轴模块正常检测出异常。

② 处理

a. #3（SPE）1：在主轴串行控制中，串行主轴参数不满足主轴放大器可启动条件→再次确认4000多号参数的设定（特别应注意更改了标准参数的设定值时）。

b. #2（S2E）1：串行主轴控制启动中，在第2主轴方面检测出了异常→确认在机械、电气方面是否已连接好了，再次确认第2主轴的参数设定、连接状态→如果上述的设定、连接是正常的，应考虑存储器或主轴模块或主轴放大器本身不良。

c. #1（S1E）1：在串行主轴控制启动中，检测出了第1主轴异常时，若在以下项目上没有异常，则更换单元→确认在机械、电气方面是否连接好了，并再次确认第1主轴参数设定、连接状态→如果上述的设定连接正常，应考虑存储器或主轴模块或主轴放大器本身的不良。

d. #0（SHE）1：当检测出CNC的串行通信异常时，要更换存储器或主轴模块。

(5) 主轴速度误差过大报警

① 报警 主轴速度误差过大报警在屏幕上的显示内容为“7102 SPN 1：EX SPEED ERROR”，同时在主轴模块上七段显示管显示“02”报警。

主轴速度误差过大报警的检出，是反映实际检测到的主轴电动机速度与M03或M04中给定的速度指令值相差过大。这个报警也是FANUC系统常见的报警之一，主要引起原因是主轴速度反馈装置或外围负载的问题。下面我们从主轴速度检测入手，分析报警产生的原因与解决方案。

② 工作原理 FANUC主轴的连接可以根据不同的硬件选配，产生多种组合，如：单一电动机速度反馈装置（用于数控铣床）、速度反馈装置+磁传感器定位（多用于立式加工中心等，磁传感器定位用于机械手换刀或镗孔准停）、速度反馈装置+分离位置编码器（数控车床或加工中心，可进行车削螺纹或刚性攻螺纹）、采用内置高分辨磁编码器等（用于内装式主轴或Cs轴控制等）。图4-52所示为由主轴电动机速度反馈装置+分离编码器的结构，这也是目前比较常见的结构。

此种结构需要注意的是：主轴电动机反馈和机械主轴位置编码器反馈是两路不同的通道，电动机速度反馈通过JY2进入主轴模块，编码器反馈从JY4输入到主轴模块。

FANUC速度反馈装置的结构如图4-52中照片所示，它由一个小模数的测速齿轮与一个磁传感器组成，测速齿轮与电动机轴同心，当主轴旋转时，齿面高低的变化感应磁传感器输出一个正弦波，其频率反映主轴速度的快慢。

那么磁传感器输出正弦波信号的质量，决定了速度反馈质量的好坏。我们在查找主轴速度报警时，应该重点检查这一环节。

③ 故障原因 通过我们日常维修统计记录，引起主轴速度反馈不良的主要原因有：

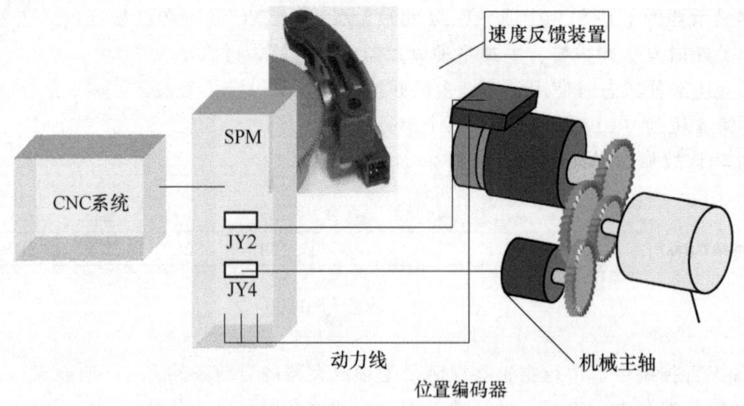

图 4-52 主轴电动机速度反馈装置＋分离编码器

a. 磁传感器老化，退磁。

b. 反馈电缆屏蔽处理不良，受外部信号干扰，产生杂波。

c. 主轴后轴承磨损，小模数齿轮跳动超过允许值。

d. 主轴模块接口电路损坏。

e. 主轴机械部分故障，机械负载过重。

④ 维修实例

【例 4-8】 卧式加工中心，FANUC18i M 系统，程序在 G00 方式可以运行，当执行到 G01 时机床进给轴不移动，但在 JOG、REF、手轮方式下均可移动机床。

从上述情况看好像没有头绪，有点无从下手的感觉，因为机床坐标轴可以移动，说明伺服放大器、电动机、反馈装置等硬件应该没有问题。仅在 G01 时机床进给轴不移动，对于铣床或加工中心来说，系统提供了一个制约功能，当主轴速度没有达到指令转速时，限制 G01 方式下进给。但是 G00 运行、JOG、REF 以及手轮方式不受此限制。

故障现象比较符合上述情况，由于主轴速度没有到达指令转速而限制机床在 G01 方式下运行。

将 3708 设为“0”（3708 参数的含义是：是否检测主轴速度到达信号），一般为实现安全互锁，将 3708 设为“1”（即检测主轴速度到达信号）。现将它设为“0”。再执行程序，程序完全可以运行，包括含有 G01 的程序段。但是此时机床并没有修好，仍然存在隐患。只是可以判断，速度反馈信号不正常，速度反馈值与 S 指令值误差较大。

根据维修经验，结合前面所叙述的速度反馈结构，打开主轴后盖，检查速度反馈装置。

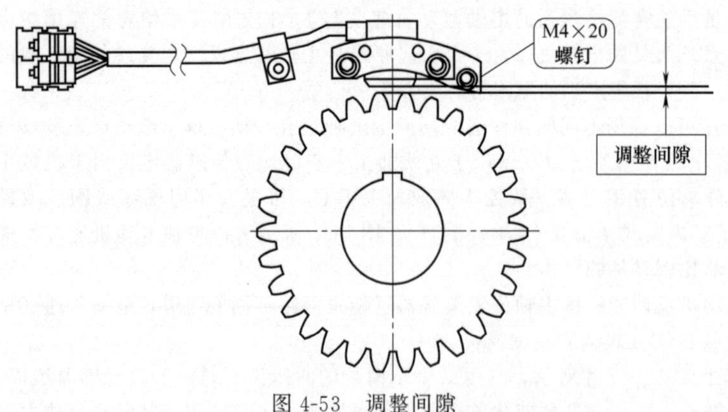

图 4-53 调整间隙

由于器件原因以及现场条件差异，磁传感器使用一个较长的周期后，电气特性会有所改变，例如外界强磁场、强电场的干扰，导致磁传感器参数降低，这个时候我们就需要适当的调整磁传感器与测速齿轮的间隙，通常是减小它们之间的间隙。标准间隙量应该在 0.5mm 左右，但是如果磁开关参数降低，数值还可减少。如图 4-53 所示，松开 M4×20 螺钉，调整间隙，直到主轴放大器能够正常接收到速度反馈信号。

调整后，问题解决。

注意： 当机床采用图 4-52 的结构时，即电动机速度反馈从电动机尾部的磁传感器输出，模拟反馈信号进入主轴放大器端子 JY2。机械主轴反馈脉冲从位置编码器输出，脉冲信号进入主轴放大器端子 JY4。此时 CRT 或 LCD 显示器所显示的主轴转速，应该是位置编码器输出的机械主轴的转速，也就是从 JY4 读到的信息。所以容易产生一种假象，主轴实际转速显示良好，为什么怀疑速度反馈呢？实际上主轴电机的速度反馈我们没有“注意”到。

【例 4-9】 某数控车，FANUC 0TD 控制系统，FANUC α 系列串行主轴，M03 指令发出后出现主轴速度误差过大报警，主轴模块上的七段显示管“02”号报警，机床无法工作。

现场工程技术人员先后更换了主轴模块、反馈电缆，最终判断是主轴电动机速度反馈问题，但是更换磁传感器备件后，原故障依旧没有解决。后将主轴电机运至北京，经专业技术人员检查发现电气系统及器件良好，但是主轴尾部端跳动在 0.3mm 以上（正常情况应该在 0.01～0.02mm 以下），导致齿面与传感器之间的间隙波动太大，无法有效调整和固定磁传感器位置，引发速度误差报警，具体检查方法参见图 4-54。

进一步诊断，发现主轴电动机后轴承座径向尺寸被磨大，已经无法固定轴承外圈，只得订购后轴承座备件，以备更换。

后了解到，这一问题的出现是由于钳工更换主轴三角皮带后张力调得过大，导致后轴承座损坏。

【例 4-10】 机床规格为 ϕ160mm 卧式镗铣床，GE-FANUC16i M 控制系统，使用 FANUC α 系列串行主轴，加工过程中主轴声音异常，翻到主轴监控画面发现主轴过载（参见图 4-55），之后显示器出现 401 报警，同时主轴模块出现“02”报警，关电再开电后 401 报警自行消除，主轴模块“02”报警消除，但是重新启动主轴仍出现上述报警。

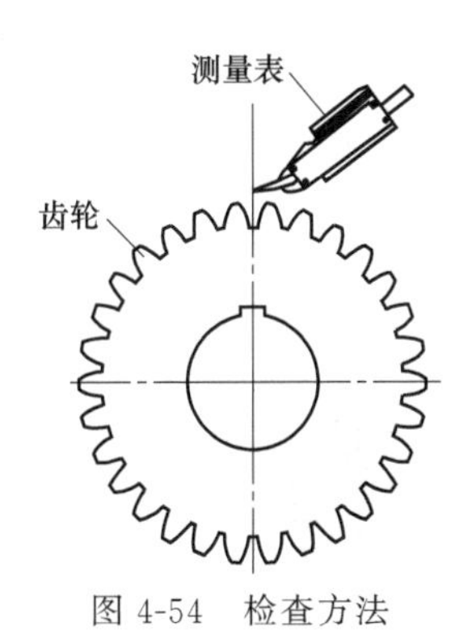

图 4-54 检查方法

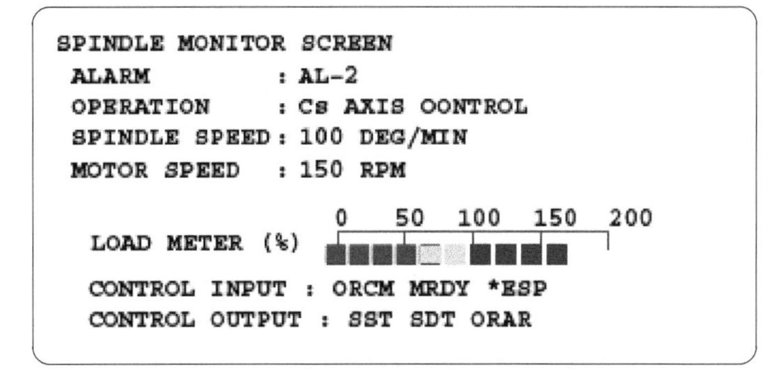

图 4-55 主轴监控画面

对于 FANUC 驱动，无论是伺服还是主轴发生故障，均会导致驱动部分 MCC 跳掉，出于自保护措施，无论是主轴还是伺服，驱动部分的任何异常，均会导致 MCC 断开，并同时出现 401 报警。其实 401 报警仅说明驱动用动力电源已经断开，至于是什么原因引起的，需要我们进一步观察到底是哪个驱动模块出现问题。如果在 401 报警发生后，关电再开电仍然不能够消除报警，说明很有可能是硬件出了问题。

此例驱动部分关电再开电后能够自行消除报警，说明在电气方面硬件没有太大问题。应该重点观察外围负载，用手转动主轴上的刀柄，丝毫不动，借助工具在正常力矩的范围下仍然不能转动刀柄，初步判断主轴机械部分卡死，通过进一步诊断，发现松拉刀用的气液转换缸不能松开到位，与主轴松拉刀顶杆“粘住”（图 4-56），导致主轴力矩过大。

解除机械故障后，机床运行正常。

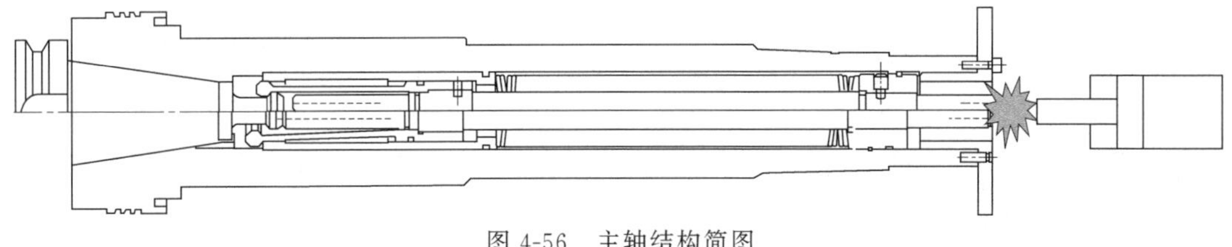

图 4-56 主轴结构简图

4.4 主轴准停装置装调与维修

主轴准停功能（spindle specified position stop），即当主轴停止时，控制其停于固定的位置，这是自动换刀所必需的功能。在自动换刀的数控镗铣加工中心上，切削扭矩通常是通过刀杆的端面键来传递的。这就要求主轴具有准确定位于圆周上特定角度的功能，如图 4-57 所示。当加工阶梯孔或精镗孔后退刀时，为防止刀具与小阶梯孔碰撞或拉毛已精加工的孔表面，必须先让刀后再退刀，而要让刀，刀具必须具有准停功能，如图 4-58 所示。主轴准停可分为机械准停与电气准停，它们的控制过程是一样的（图 4-59）。

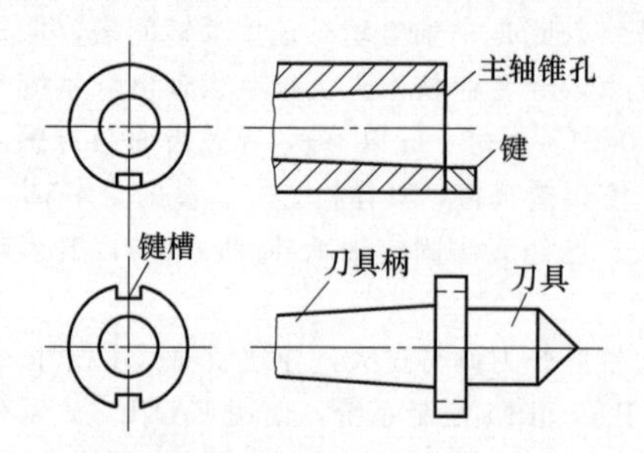

图 4-57　主轴准停示意图

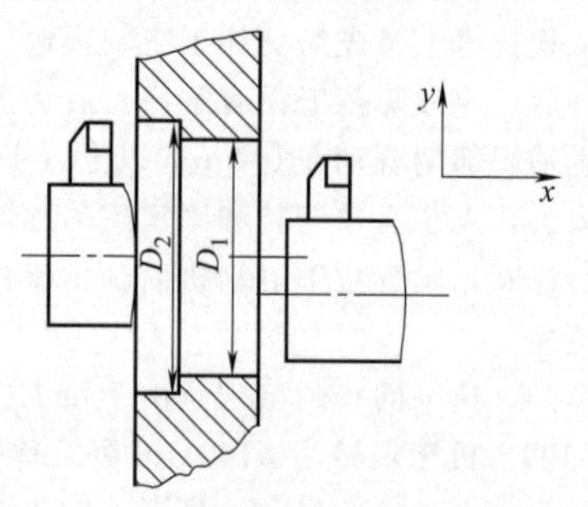

图 4-58　主轴准停镗背孔示意图

4.4.1　主轴准停装置

(1) 机械准停

① 端面螺旋凸轮准停装置　如图 4-60 所示为典型的端面螺旋凸轮准停装置。在主轴 1 上固定有一个定位滚子 2，主轴上空套有一个双向端面凸轮 3，该凸轮和液压缸 5 中活塞杆 4 相连接，当活塞带动凸轮 3 向下移动时（不转动），通过拨动定位滚子 2 并带动主轴转动，当定位滚子落入端面凸轮的 V 形槽内，便完成了主轴准停。因为是双向端面凸轮，所以能从两个方向拨动主轴转动以实现准停。这种双向端面凸轮准停机构，动作迅速可靠，但是凸轮制造较复杂。

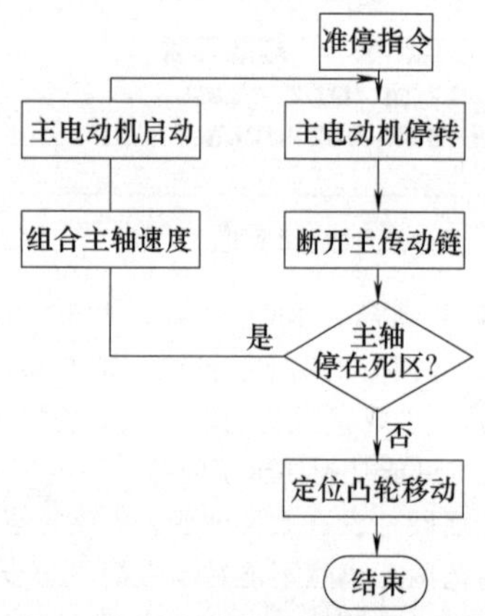

图 4-59　主轴准停控制

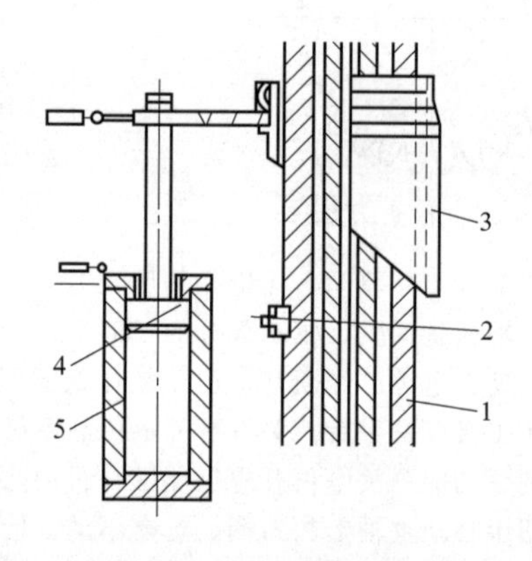

图 4-60　凸轮准停装置

1—主轴；2—定位滚子；3—凸轮；
4—活塞杆；5—液压缸

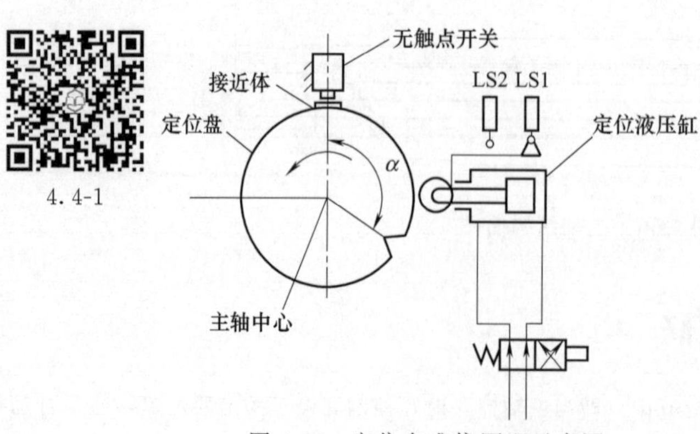

图 4-61　定位盘准停原理示意图

② V 形槽定位盘准停装置（二维码 4.4-1）　如图 4-61 所示是 V 形槽轮定位盘准停机构。当执行准停指令时，首先发出降速信号，主轴箱自动改变传动路线，使主轴以设定的低速运转。延时数秒钟后，接通无触点开关，当定位盘上的感应片（接近体）对准无触点开关时，发出准停信号，立即使主轴电动机停转并断开主轴传动链，此时主轴电动机与主传动件依惯性继续空转。再经短暂延时，接通压力油，定位液压缸动作，活塞带动定位滚子

压紧定位盘的外表面，当主轴带动定位盘慢速旋转至V形槽对准定位滚子时，滚子进入槽内，使主轴准确停止。同时限位开关LS2信号有效，表明主轴准停动作完成。这里LS1为准停释放信号。采用这种准停方式时，必须要有一定的逻辑互锁，即当LS2信号有效后，才能进行换刀等动作；而只有当LS1信号有效后，才能启动主轴电动机正常运转。

(2) 电气准停控制

目前国内外中高档数控系统均采用电气准停控制，电气准停有如下三种方式。

① 磁传感器主轴准停（**二维码4.4-2**） 磁传感器主轴准停控制由主轴驱动自身完成。当执行M19时，数控系统只需发出准停信号ORT，主轴驱动完成准停后会向数控系统回答完成信号ORE，然后数控系统再进行下面的工作。其基本结构如图4-62所示。

4.4-2

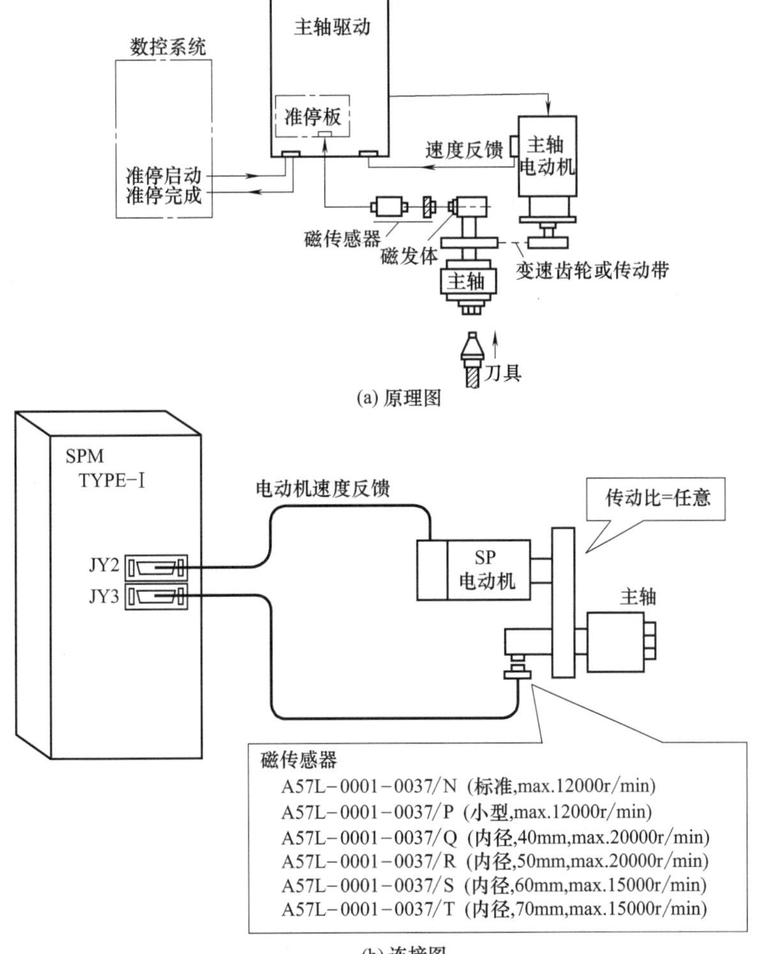

(a) 原理图

(b) 连接图

图4-62 磁传感器准停控制系统构成

由于采用了磁传感器，因此应避免将产生磁场的元件如电磁线圈、电磁阀等与磁发体和磁传感器安装在一起。另外，磁发体（通常安装在主轴旋转部件上）与磁传感器（固定不动）的安装是有严格要求的，应按说明书要求的精度安装。

采用磁传感器准停时，接收到数控系统发来的准停信号ORT，主轴立即加速或减速至某一准停速度（可在主轴驱动装置中设定）。主轴到达准停速度且准停位置到达时（即磁发体与磁传感器对准），主轴即减速至某一爬行速度（可在主轴驱动装置中设定），然后当磁传感器信号出现时，主轴驱动立即进入磁传感器作为反馈元件的闭环控制，目标位置即为准停位置。准停完成后，主轴驱动装置输出准停完成ORE信号给数控系统，从而可进行自动换刀（ATC）或其他动作。磁发体与磁传感器在主轴上的位置示意如图4-63所示，准停控制时序如图

4-64 所示。其在主轴上的安装位置如图 4-65 所示。磁发体安装在主轴后端，磁传感器安装在主轴箱上，其安装位置决定了主轴的准停点，磁发体和磁传感器之间的间隙为 1.5mm±0.5mm。

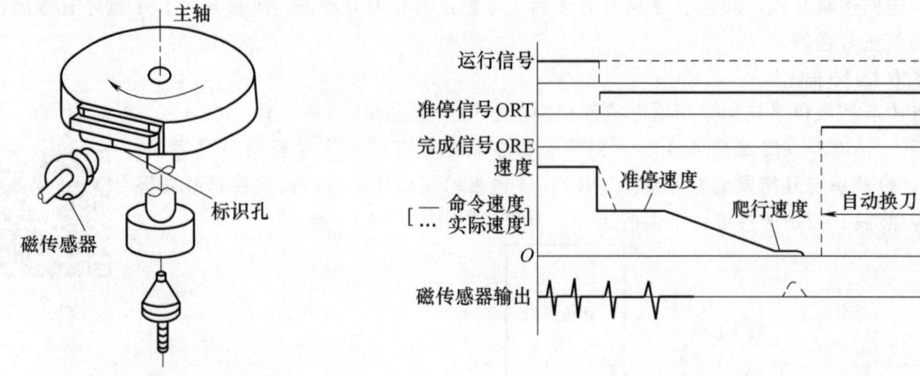

图 4-63　磁发体与磁传感器在主轴上的位置示意图

图 4-64　磁传感器准停控制时序图

② 编码器型主轴准停　这种准停控制也是完全由主轴驱动完成的，CNC 只需发出准停命令 ORT 即可，主轴驱动完成准停后回答准停完成 ORE 信号。

如图 4-66 所示为编码器主轴准停控制结构。可采用主轴电动机内置安装的编码器信号（来自主轴驱动装置），

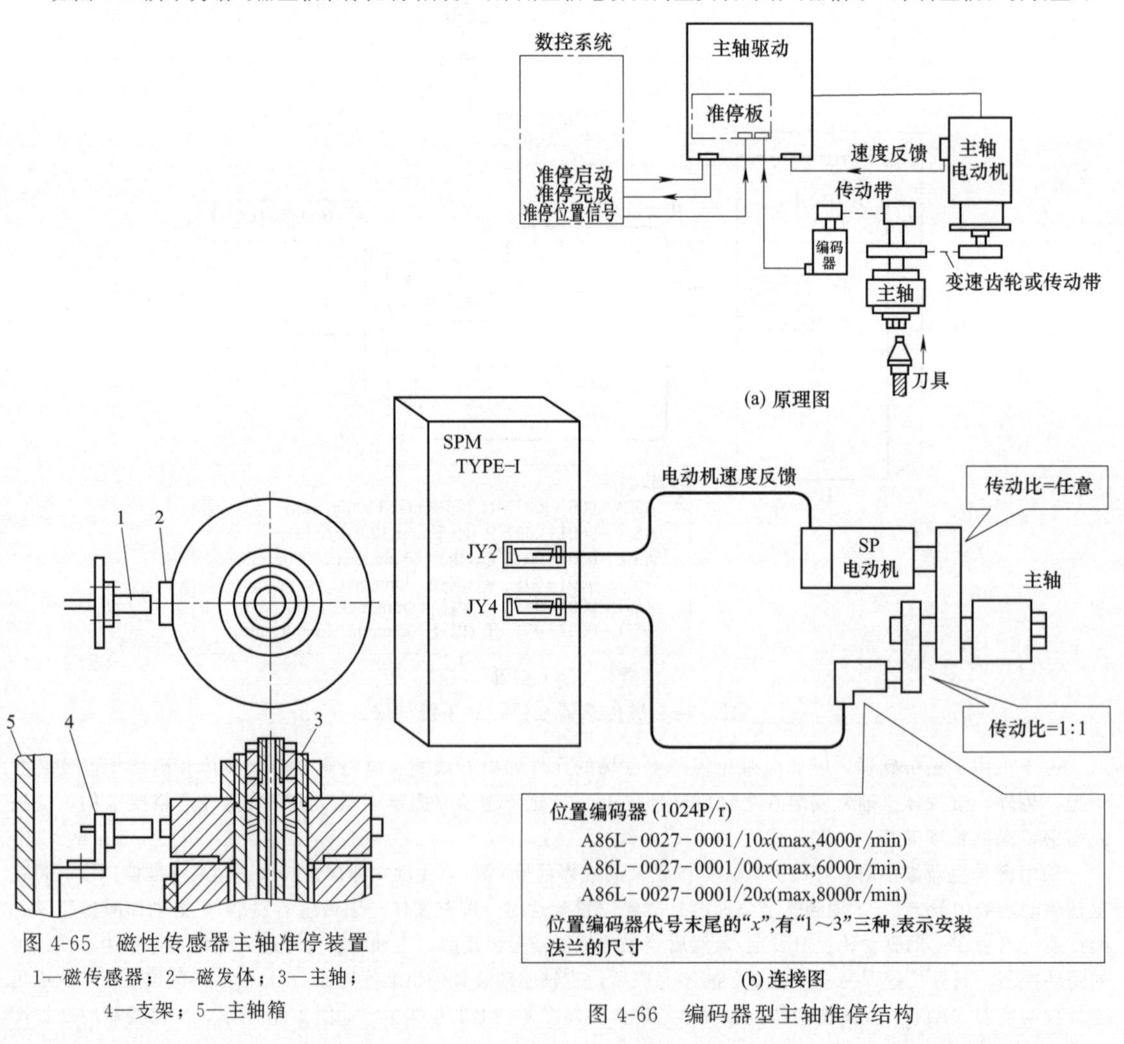

图 4-65　磁性传感器主轴准停装置

1—磁传感器；2—磁发体；3—主轴；4—支架；5—主轴箱

图 4-66　编码器型主轴准停结构

也可在主轴上直接安装另一个编码器。采用前一种方式要注意传动链对主轴准停精度的影响。主轴驱动装置内部可自动转换，使主轴驱动处于速度控制或位置控制状态。采用编码器准停，准停角度可由外部开关量随意设定，这一点与磁传感器准停不同，磁传感器准停的角度无法随意指定，要想调整准停位置，只有调整磁发体与磁传感器的相对位置。编码器准停控制时序图如图 4-67 所示，其步骤与磁传感器类似。

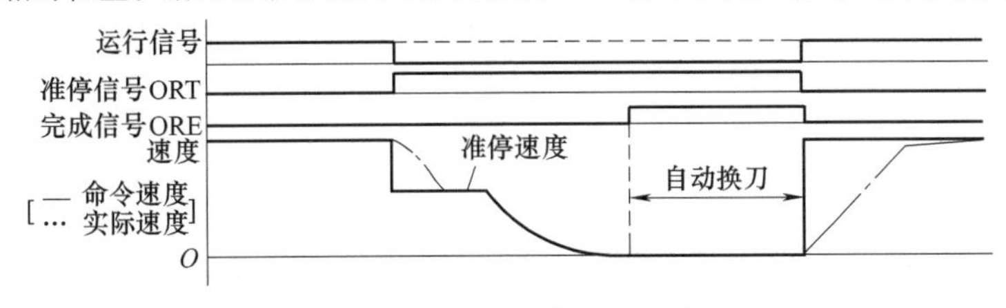

图 4-67　编码器准停控制时序图

③ 数控系统控制准停　这种准停控制方式是由数控系统完成的，采用这种准停控制方式需注意如下问题。

a. 数控系统须具有主轴闭环控制的功能。

b. 主轴驱动装置应有进入伺服状态的功能。通常为避免冲击，主轴驱动都具有软启动等功能。但这会对主轴位置闭环控制产生不利影响。此时位置增益过低则准停精度和刚度（克服外界扰动的能力）不能满足要求，而过高则会产生严重的定位振荡现象。因此必须使主轴驱动进入伺服状态，此时特性与进给伺服装置相近，才可进行位置控制。

c. 通常为方便起见，均采用电动机轴端编码器信号反馈给数控系统，这时主轴传动链精度可能对准停精度产生影响。

数控系统控制主轴准停结构如图 4-68 所示。

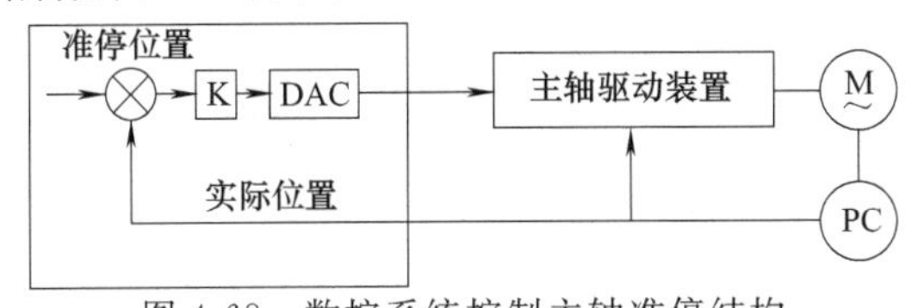

图 4-68　数控系统控制主轴准停结构

采用数控系统控制主轴准停的角度由数控系统内部设定，因此准停角度可更方便地设定。准停步骤如下。

例如：M03 S1000　　主轴以 1000r/min 正转

M19　　主轴准停于默认位置

M19 S100　　主轴准停至 100°处

S1000　　主轴再次以 1000r/min 正转

M19 S200　　主轴准停至 200°处

d. 无论采用何种准停方案（特别对磁传感器主轴准停方式），当需在主轴上安装元件时，应注意动平衡问题。因为数控机床主轴精度很高，转速也很高，因此对动平衡要求严格。一般对中速以下的主轴来说，有一点不平衡还不至于有太大的问题，但当主轴高速旋转时，这一不平衡量可能会引起主轴振动。为适应主轴高速化的需要，国外已开发出整环式磁传感器主轴准停装置，由于磁发体是整环，动平衡性好。

4.4.2　主轴准停的连接与参数设置

(1) 主轴准停的连接

各种形式的连接类似，如图 4-69 所示为 SPM 的连接器位置（TYPE-Ⅲ时），图 4-70 和图 4-71 为采用内装传感器的连接图。

(2) 参数设置

SOR：主轴定向停止信号（输入）＜G029.5＞，该信号用于机械方法使主轴定位时，控制主轴电动机执行定位并插定位销。当 * SSTP 置“0”，且该信号为“1”时，把参数设定的恒转速指令输送给主轴放大器以使主轴电动机进行恒转速回转，并将使能信号 ENB 置“1”；* SSTP 信号为“1”时，本信号无效。

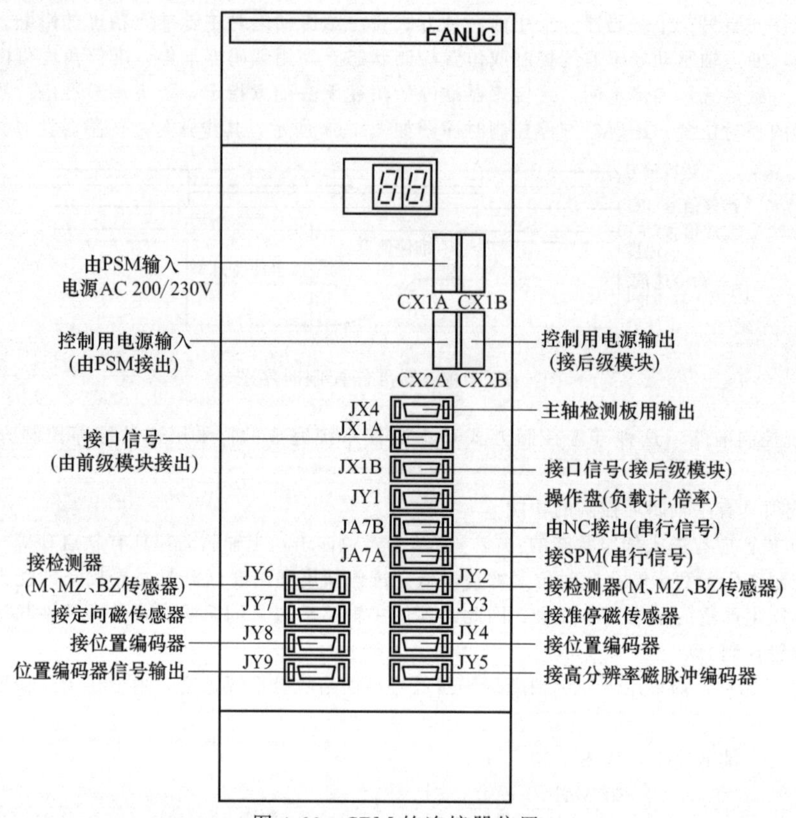

图 4-69　SPM 的连接器位置

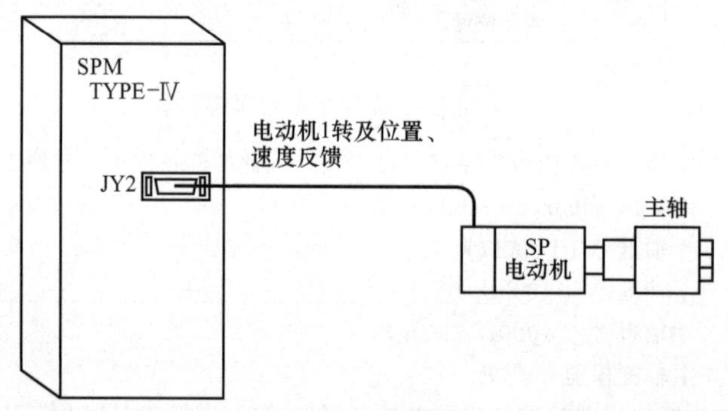

图 4-70　电动机与主轴直接连接或按 1∶1 连接时的连接图

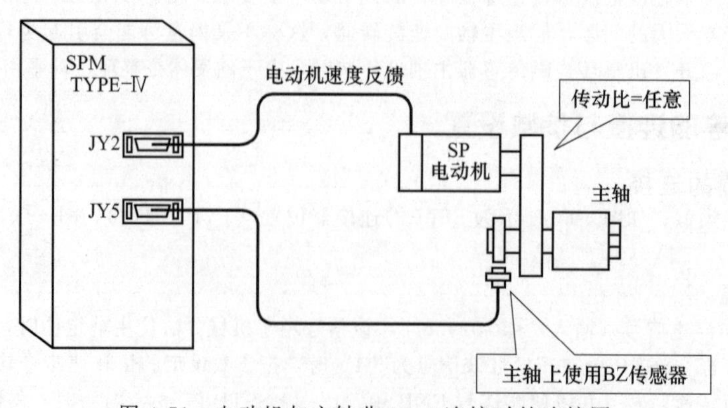

图 4-71　电动机与主轴非 1∶1 连接时的连接图

另外，M 系列系统可用该信号进行主轴换挡，如图 4-72 所示为参数 3705#1 的设定。

PARAM		#7	#6	#5	#4	#3	#2	#1	#0
	3705							GST	

#1 (GST)

0:用SOR信号进行主轴准停停止。
1:用SOR信号进行传动比换挡。

PARAM		#7	#6	#5	#4	#3	#2	#1	#0
	3706			ORM					

#5 (ORM)

0:主轴准停停止时的指令为“+”。
1:主轴准停停止时的指令为“–”。

PARAM		
	3732	准停停止时或传动比换挡时的主轴电动机转速

设定主轴准停时的主轴转速,或主轴传动比换挡时的主轴电动机转速。

图 4-72　参数设置

4.4.3　主轴准停装置维护与故障诊断

(1) 主轴准停装置维护

对于主轴准停装置的维护，主要包括以下几个方面。

① 经常检查插件和电缆有无损坏，使它们保持接触良好。

② 保持磁传感器上的固定螺栓和连接器上的螺钉紧固。

③ 保持编码器上连接套的螺钉紧固，保证编码器连接套与主轴连接部分的合理间隙。

④ 保证传感器的合理安装位置。

(2) 主轴准停装置故障诊断

主轴发生准停错误时大都无报警，只能在换刀过程中发生中断时才会被发现。发生主轴准停方面的故障应根据机床的具体结构进行分析处理，先检查电气部分，如确认正常后再考虑机械部分。机械部分结构简单，最主要的是连接。主轴准停装置常见故障如表 4-17 所示。

表 4-17　主轴准停装置常见故障

序号	故障现象	故障原因	排除方法
1	主轴不准停	传感器或编码器损坏	更换传感器或编码器
		传感器或编码器连接套上的紧定螺钉松动	紧固传感器或编码器的紧定螺钉
		插接件和电缆损坏或接触不良	更换或使之接触良好
2	主轴准停位置不准	重装后传感器或编码器位置不准	调整元件位置或对机床参数进行调整
		编码器与主轴的连接部分间隙过大使旋转不同步	调整间隙到指定值

4.5　重力轴的装调

机床重力轴控制分为机床不断电系统急停时的重力轴控制、机床断电有后备电源时的重力轴控制、机床断电无后备电源时的重力轴控制。现以机床断电无后备电源时 αi 系列伺服重力轴防掉落的控制方法为例介绍。

如图 4-73 所示，要防止重力轴在机床断电时掉落，必须在关断电动机的励磁前使用制动器抱住电动机轴。图 4-74 为时序图。一般采取在检测到断电后制动器尽快动作与在关断电动机的励磁前使用制动器抱住电动机轴两种措施。

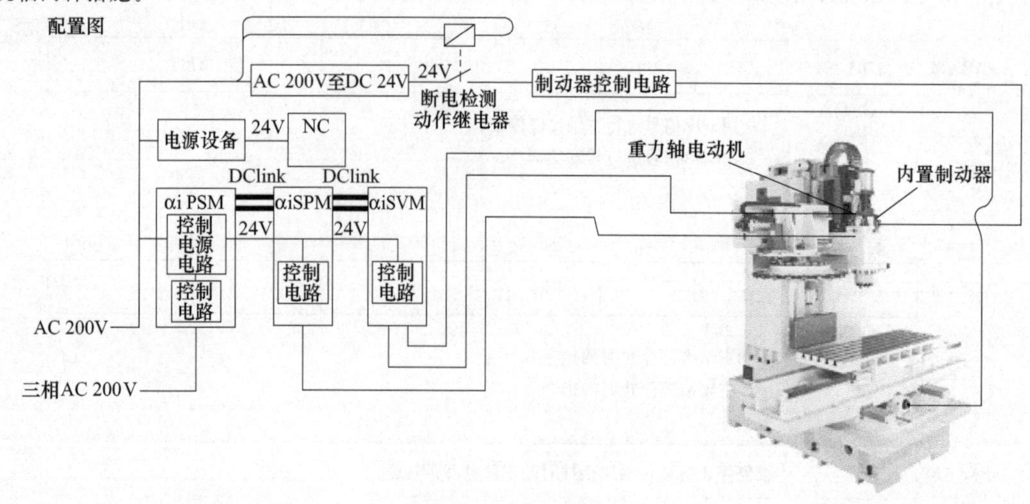

图 4-73　重力轴控制

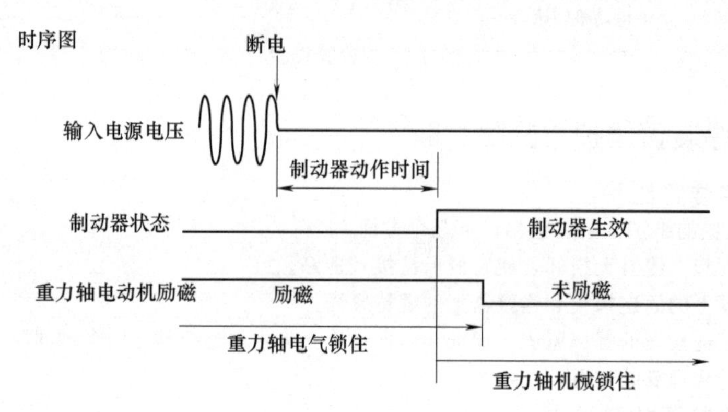

图 4-74　时序图

4.5.1　调整步骤

(1) 配置可以在断电时迅速动作的制动器控制电路

如图 4-75 所示，连接断电检测回路动作继电器到制动器控制回路的 DC 24V 侧，这样可以在检测到断电时迅速动作。连接断电检测回路动作继电器的线圈到输入电源，在断电时切断制动器控制回路。断电检测回路动作，继电器输出端子必须连接在制动器控制回路的 DC 24V 侧，如果接在制动器控制回路的 AC 侧，制动器的动作时间会延迟。图 4-76 为从检测到断电到制动器抱住重力轴的时序图。制动器动作时间是继电器复位时间和制动器响应时间的总和。

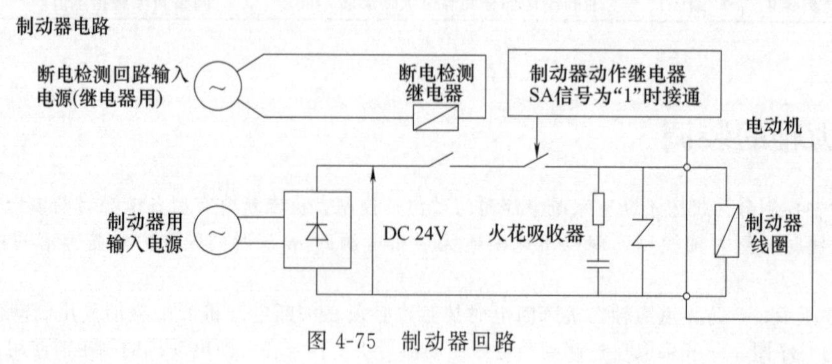

图 4-75　制动器回路

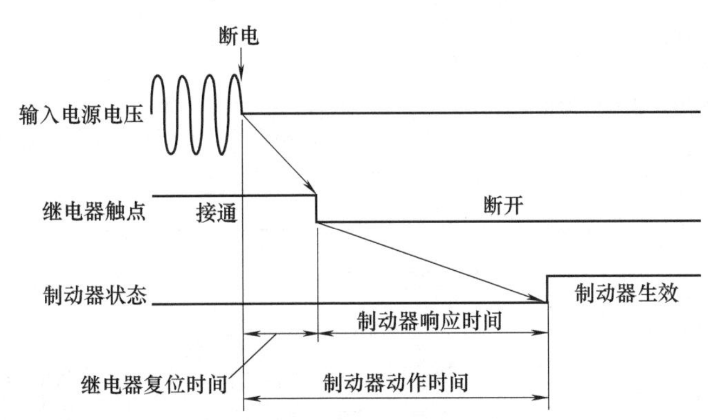

继电器复位时间：从切断继电器线圈的输入电压到继电器触点断开的时间。
制动器响应时间：从切断制动器线圈的输入电压到制动器生效的时间。
制动器动作时间：从断电开始到制动器生效的时间。

图 4-76　时序图

(2) 在用制动器抱紧电动机轴前保持电动机的励磁

控制电源断电时的维持时间中，为了防止重力轴掉落，如图 4-77 所示，需要断电时 NC 和放大器的控制电源的维持时间长于制动器的动作时间。

① NC 的控制电源维持时间　与提供 DC 24V 控制电源的外部电源设备的负载率（实际负载电流和额定电流的比值）有关。负载率越小，维持时间越长。图 4-78 为外部电源供电图，图 4-79 为时序图。

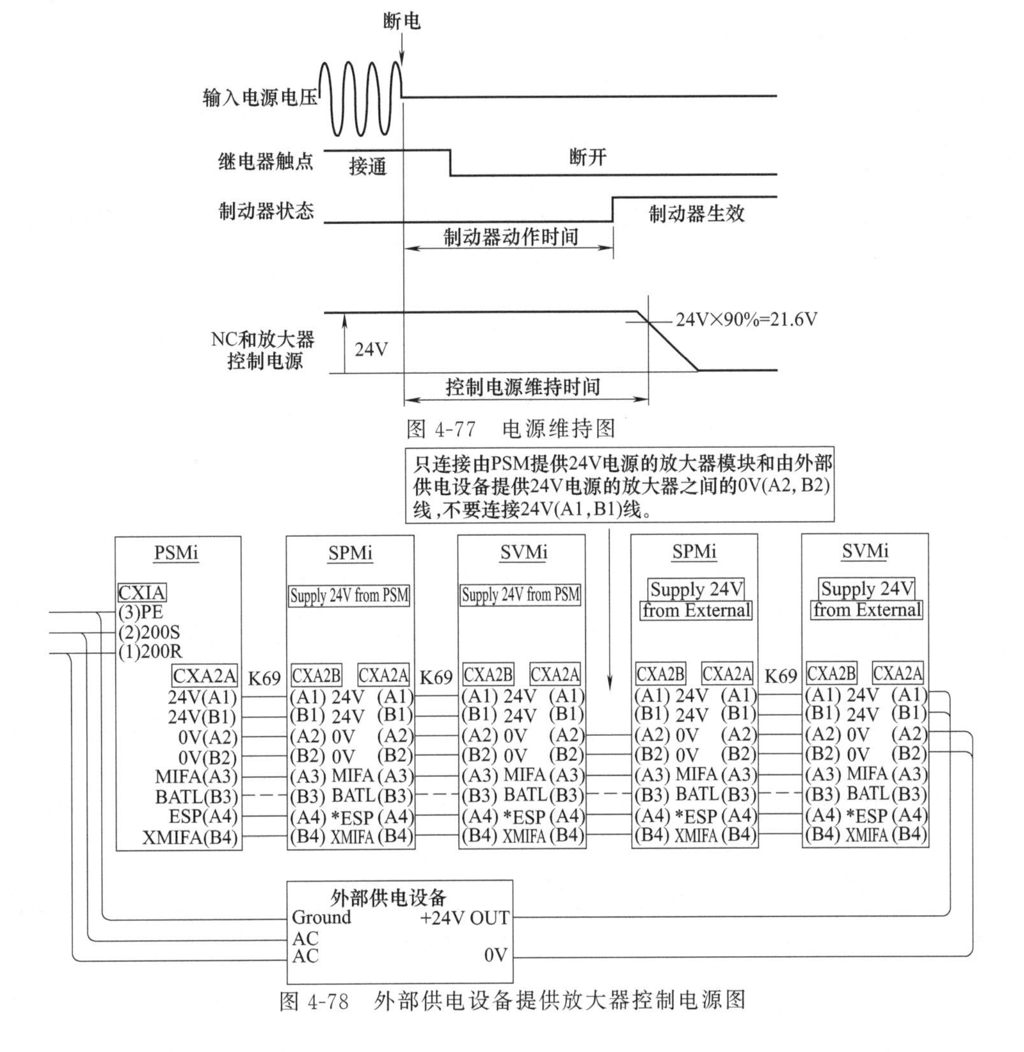

图 4-77　电源维持图

图 4-78　外部供电设备提供放大器控制电源图

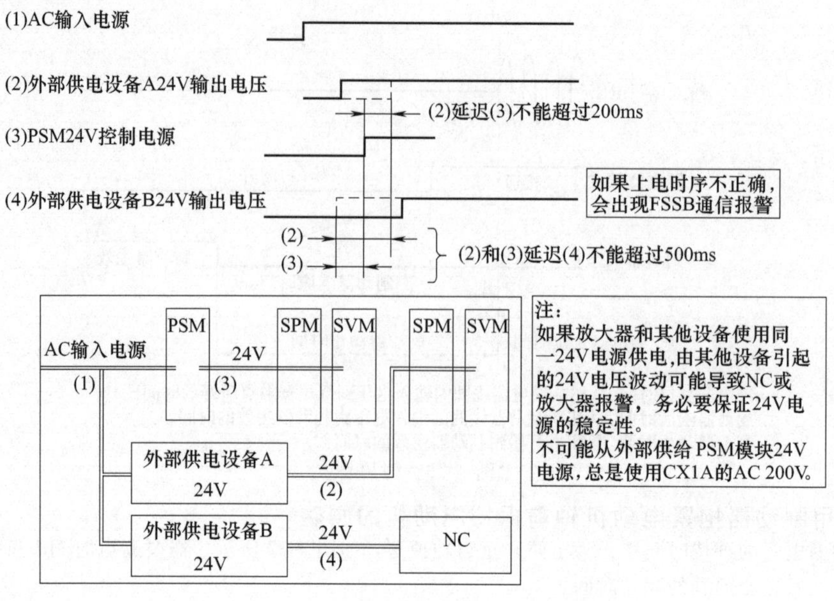

图 4-79　时序图

说明：

• 在重切削时断电可能会无法防止重力轴掉落，因为在制动器生效前可能会出现 DC 环低电压报警。如果要在重切削时防止重力轴掉落，需要后备电源模块和子模块 C。

• 即使有效地采取了重力轴防掉落措施，由于制动器存在机械间隙，重力轴仍会掉落一定距离（10mm/r 时为 20μm）。这时可以采取“急停时重力轴抬升功能”在断电时将重力轴抬升一定距离后再抱紧轴以抵消制动器间隙的影响。

• 在断电时如果输入电压是逐步下降的，制动器控制回路的继电器关断动作可能会延迟，从而无法有效地防止重力轴掉落。采取触点动作电压尽可能高的继电器。

• 如果电源缺相，而断电检测继电器又未连接该相，此时也无法有效地防止重力轴掉落。

② 放大器的控制电源维持时间　与连接到 PSM 模块的 SPM 模块和 SVM 模块的数量有关。按表 4-18 可粗略计算出该时间表。表中常数 N 是连接到 PSM 模块的 SPM 模块和 SVM 模块的常数 n（表 4-19）的总和。

举例：假定连接到 PSM 模块的 SPM 模块和 SVM 模块为 SPM-22i（一块），SVM1-360i（一块），SVM1-160i（一块），SVM2-80/80i（一块）。

根据表 4-19 得：

$$N=1\times1+1.5\times1+1\times1+1.5\times1=5$$

查表 4-18 得 40ms。

表 4-18　放大器控制电源维持时间和常数 N

放大器控制电源维持时间/ms	N	放大器控制电源维持时间/ms	N
20	8	50	4
30	6.5	60	3
40	5	70	2

注：假定输入电压为 AC 200V。

按上述方法所得时间只是一个理论近似值，因此需要在机床上实际确认 NC 和放大器的控制电源维持时间。如果放大器的控制电源维持时间小于制动器的动作时间，可以采取以下措施。

表 4-19　SPM 和 SVM 常数 n

放大器型号		n
SPM	SPM-2.2i～30i、5.5HVi～45HVi	1
	SPM-45i/55i、75HVi、100HVi	1.5

续表

放大器型号		n
SVM1	SVM1-20i～160i、10HVi～80HVi	1
	SVM1-360i 、180HVi	1.5
	SVM1-360HVi	2
SVM2	所有型号	1.5
SVM3	所有型号	2

• 对部分放大器的控制电源采取外部设备供电的方式，这样可以减小 PSM 控制电源的负载率。

• 使用 UPS 延长 NC 和放大器的控制电源维持时间。

③ 相关参数设定　设定制动器控制相关参数（表 4-20）。

表 4-20　设定制动器控制相关参数

CNC	参数号			
	BRKC	制动器控制定时器	ESPTM1	ESPTM0
FS15i	No. 1883＃6	No. 1976	No. 1750＃6	No. 1750＃5
FS16i/18i/21i/0i FS30i/31i/32i	No. 2005＃6	No. 2083	No. 2210＃6	No. 2210＃5
设定值(举例)	1	100	0	1

(3) 拆卸重力轴电动机的注意事项

① 主轴下面加木方支撑。

② 如果能够通电运行，在手轮方式下将重力轴落到木方上。

③ 松开联轴器螺钉，使重力轴处于自然释放状态。

④ 确认电动机已经和主轴传动链脱开后，松开电动机螺钉，拆掉电动机。

4.5.2 控制电路

控制电路如图 4-80 所示。

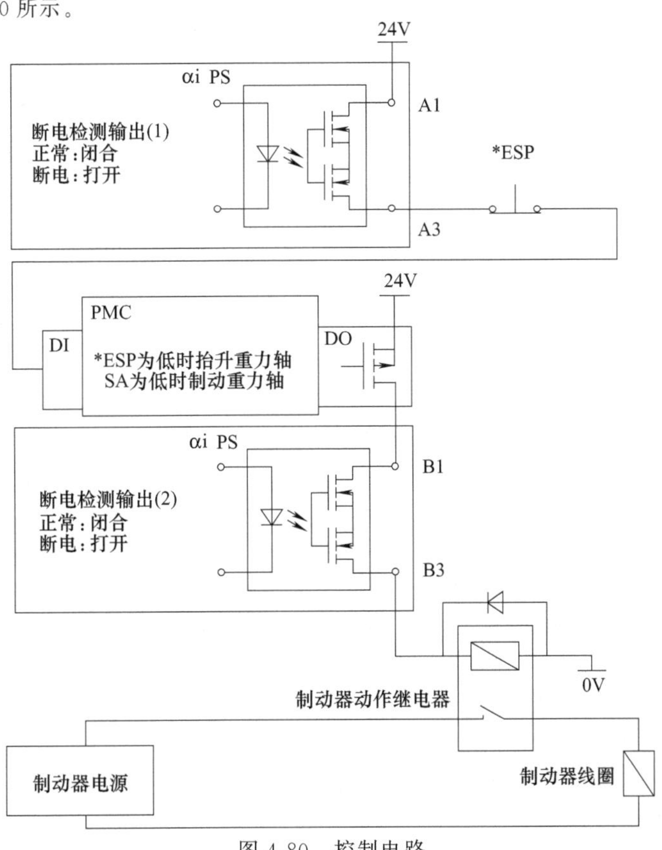

图 4-80　控制电路

4.5.3 检测与验收

(1) 升级版 αi PS 电源模块的应用

使用升级版 αi PS 电源模块的内置断电检测功能输出信号，可以快速制动重力轴以防止断电时的掉落。如图 4-81 所示对下述部分进行断电检测。

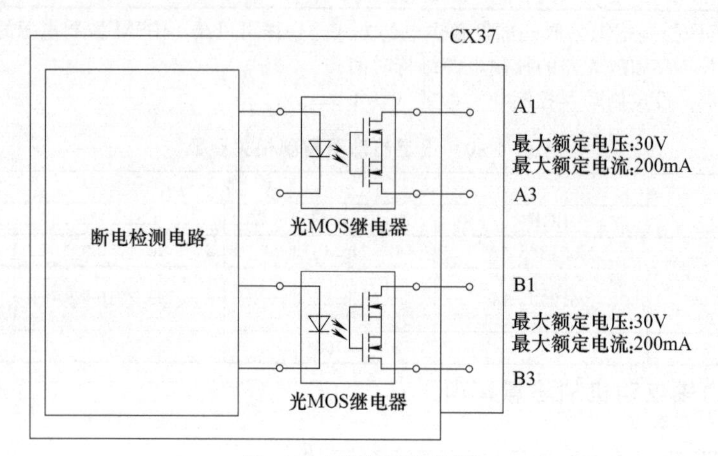

图 4-81 进行断电检测

a. 主电路 L1、L2、L3 的三相输入。

b. DC Link 部分。

c. αi PS 电源模块的控制电源。

① 断电检测（图 4-82）

a. 断电检测信号通常闭合，断电时打开。

b. 从断电发生到断电检测信号打开有 10ms 的延迟。

c. 从电源正常到断电检测信号闭合有 15ms 的延迟。

d. 当出现某些报警时，断电检测信号同断电时一样打开。

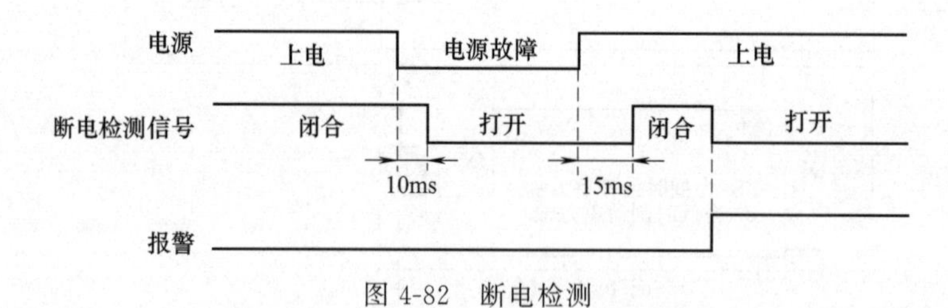

图 4-82 断电检测

② 通电检测（图 4-83）

a. 在升级版 αi PS 电源模块控制电源通电 1.5s 后断电检测信号输出状态为闭合。在 αi PS 电源模块处于准备就绪状态（LED 状态为“0”）后断电检测功能有效。

b. 在电源模块处于未准备就绪状态（LED 状态为“1”）时断电检测信号保持闭合。

(2) 验收

① 保持重力轴停止，记录其绝对位置。

② 关断机床主开关。

③ 重新启动机床，检查重力轴的绝对坐标以确认防止重力轴掉落的效果。图 4-84 是正常执行重力轴防掉落功能的相关波形图。

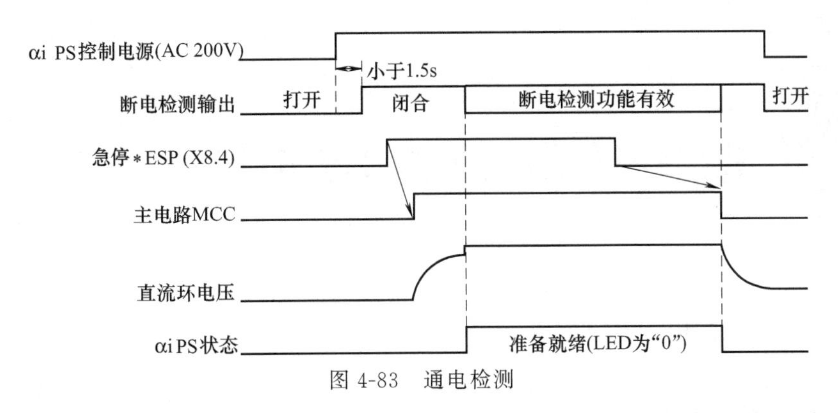

图 4-83　通电检测

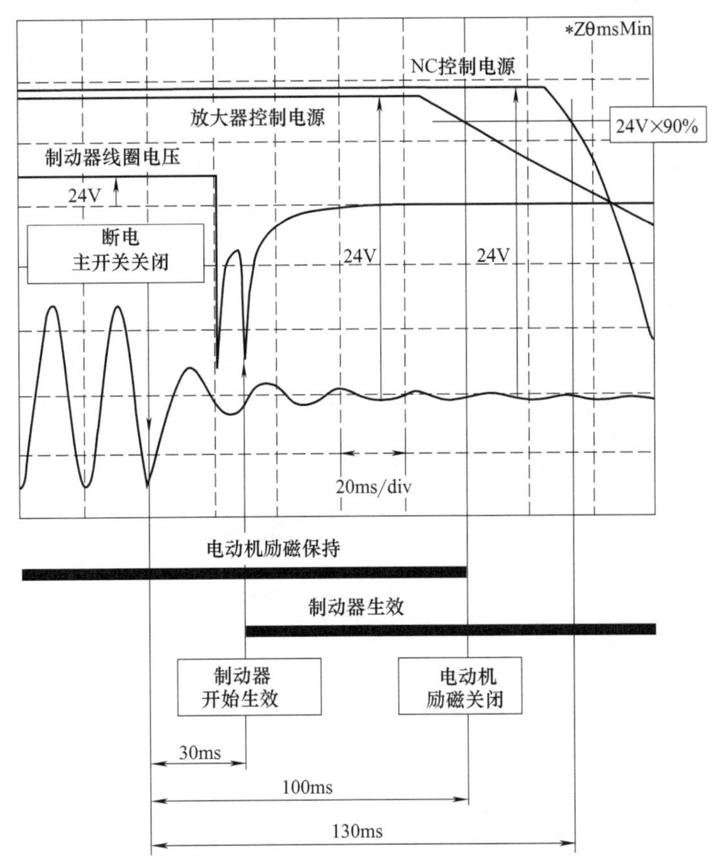

图 4-84　正常执行重力轴防掉落功能的相关波形图

第5章 进给传动系统的结构与维修

5.1 进给系统的机械组成

5.1.1 进给传动的组成

图5-1所示为某加工中心的 X、Y 轴进给传动系统，如图5-2所示为其 Z 轴进给传动系统。其传动路线为：X、Y、Z 交流伺服电动机→联轴器→滚珠丝杠（$X/Y/Z$）→工作台 X/Y 进给、主轴 Z 向进给。X、Y、Z 轴的进给分别由工作台、床鞍、主轴箱的移动来实现。X、Y、Z 轴方向的导轨均采用直线滚动导轨，其床身、工作台、床鞍、主轴箱均采用高性能、最优化整体铸铁结构，内部均布置适当的网状肋板、肋条，具有足够的刚性、抗振性，能保证良好的切削性能。

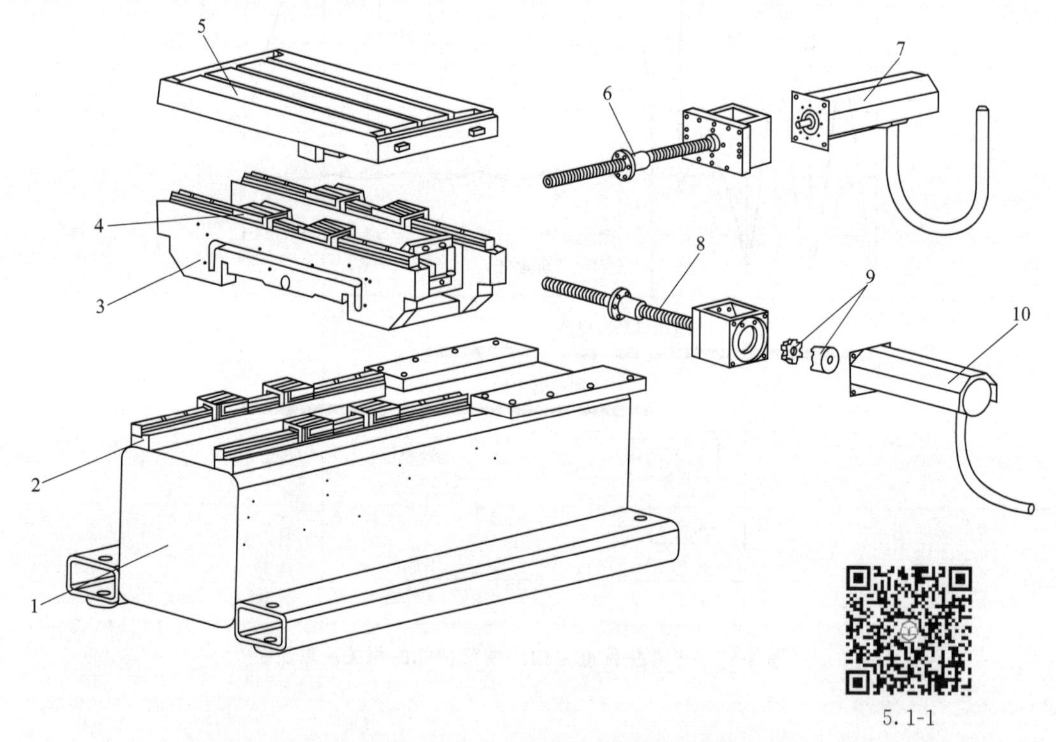

图5-1 某加工中心的 X、Y 轴进给传动系统［二维码5.1-1］

1—床身；2—Y 轴直线滚动导轨；3—床鞍；4—X 轴直线滚动导轨；5—工作台；6—Y 轴滚珠丝杠；7—Y 轴伺服电动机；8—X 轴滚珠丝杠；9—联轴器；10—X 轴伺服电动机

X、Y、Z 轴的支承导轨均采用滑块式直线滚动导轨，使导轨的摩擦为滚动摩擦，大大降低摩擦因数。适当预紧可提高导轨刚性，具有精度高、响应速度快、无爬行现象等特点。这种导轨均为线接触（滚动体为滚柱、滚针）或点接触（滚动体为滚珠），总体刚性差，抗振性弱，在大型机床上较少采用。X、Y、Z 轴进给传动采用滚珠丝杠副结构，它具有传动平稳、效率高、无爬行、无反向间隙等特点。加工中心采用轴伺服电动机通过联轴器直接与滚珠丝杠副连接，这样可减少中间环节引起的误差，保证了传动精度。

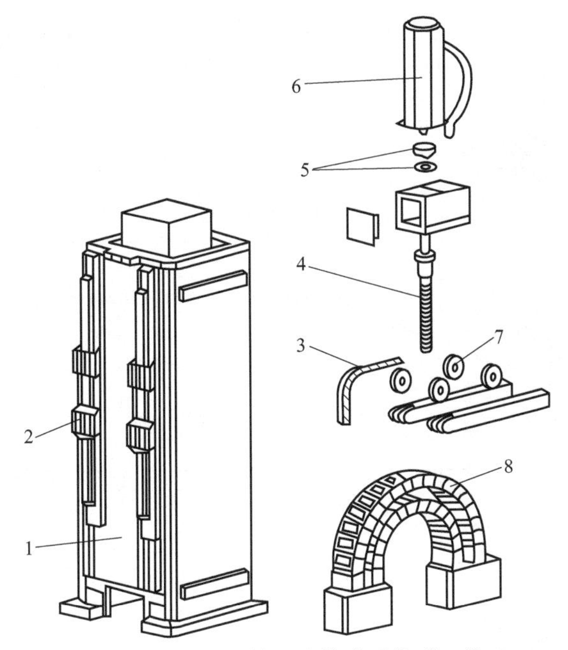

5.1-2

图 5-2 某加工中心的 Z 轴进给传动系统［**二维码 5.1-2**］

1—立柱；2—Z 轴直线滚动导轨；3—链条；4—Z 轴滚珠丝杠；
5—联轴器；6—Z 轴伺服电动机；7—链轮；8—导管防护套

机床的 Z 向进给靠主轴箱的上、下移动来实现，这样可以增加 Z 向进给的刚性，便于强力切削。主轴则通过主轴箱前端套筒法兰直接与主轴箱固定，刚性高且便于维修、保养。另外，为使主轴箱作 Z 向进给时运动平稳，主轴箱体通过链条、链轮连接配重块，再则由于滚珠丝杠无自锁功能，为防止主轴箱体的垂向下落，Z 向伺服电动机内部带有制动装置。数控机床进给传动典型元件的作用或要求如表 5-1 所示。

表 5-1 进给传动典型元件的作用或要求

名称	图示	作用或要求
导轨		机床导轨的作用是支承和引导运动部件沿一定的轨道进行运动 导轨是机床基本结构要素之一。在数控机床上,对导轨的要求则更高。如高速进给时不振动;低速进给时不爬行;有高的灵敏度;能在重负载下,长期连续工作;耐磨性高;精度保持性好等要求都是数控机床的导轨所必须满足的

续表

名称	图示	作用或要求
丝杠	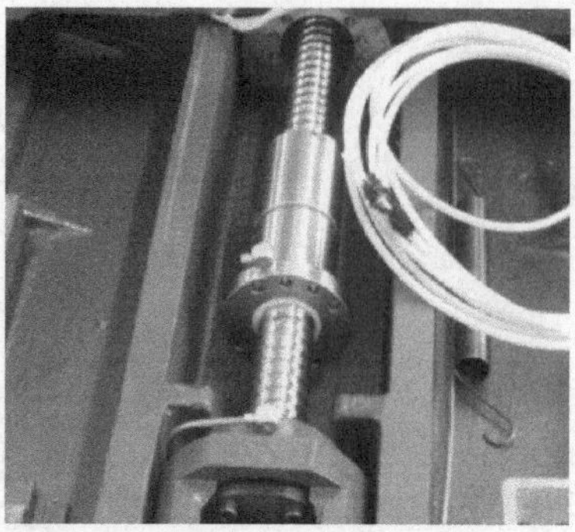	丝杠螺母的副作用是直线运动与回转运动运动相互转换 数控机床上对丝杠的要求：传动效率高；传动灵敏，摩擦力小，动静摩擦力之差小，能保证运动平稳，不易产生低速爬行现象；轴向运动精度高，施加预紧力后，可消除轴向间隙，反向时无空行程
轴承		主要用于安装、支撑丝杠，使其能够转动，在丝杠的两端均要安装
丝杠支架		该支架内安装了轴承，在基座的两端均安装了一个，主要用于安装滚珠丝杠，传动工作台
联轴器		联轴器是伺服电动机与丝杠之间的连接元件，电动机的转动通过联轴器传给丝杠，使丝杠转动，移动工作台

续表

名称	图示	作用或要求
伺服电动机		伺服电动机是使工作台移动的动力元件，传动系统中传动元件的动力均由伺服电动机产生，每根丝杠都装有一个伺服电动机
润滑系统		润滑系统可视为传动系统的“血液”。可减少阻力和摩擦磨损，避免低速爬行，降低高速时的温升，并且可防止导轨面、滚珠丝杠副锈蚀。常用的润滑剂有润滑油和润滑脂，导轨主要用润滑油，丝杠主要用润滑脂

5.1.2 数控机床用联轴器

(1) 弹性联轴器

在数控机床上常用的联轴器为图5-3所示的弹性联轴器。弹簧片7分别用螺钉和球面垫圈与两边的联轴套相连，通过弹簧片传递转矩。弹簧片每片厚0.25mm，材料为不锈钢。两端的位置偏差由弹簧片的变形抵消。由于利用了锥环的胀紧原理，可以较好地实现无键、无隙连接，因此挠性联轴器通常又称为无键锥环联轴器，它是安全联轴器的一种。锥环形状如图5-4所示。

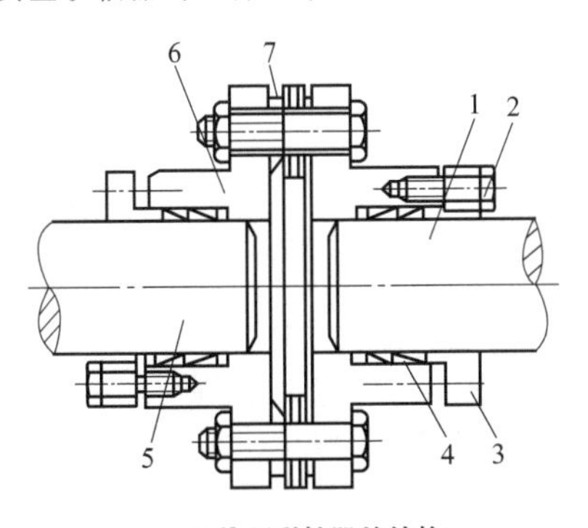

(a) 锥环联轴器的结构

(b) 锥环联轴器的实物

图5-3 弹性（无键锥环）联轴器

1—丝杠；2—螺钉；3—端盖；4—锥环；5—电动机轴；6—联轴器；7—弹簧片

(2) 安全联轴器

图5-5所示为TND360数控车床的纵向滑板的传动系统，由纵向直流伺服电动机，经安全联轴器直接驱动滚珠丝杠螺母副，传动纵向滑板，使其沿床身上的纵向导轨运动。直流伺服电动机由尾部的旋转变压器和测速发电机进行位置反馈和速度反馈，纵向进给的最小脉冲当量是0.001mm。这样构成的伺服系统为半闭环伺服系统。

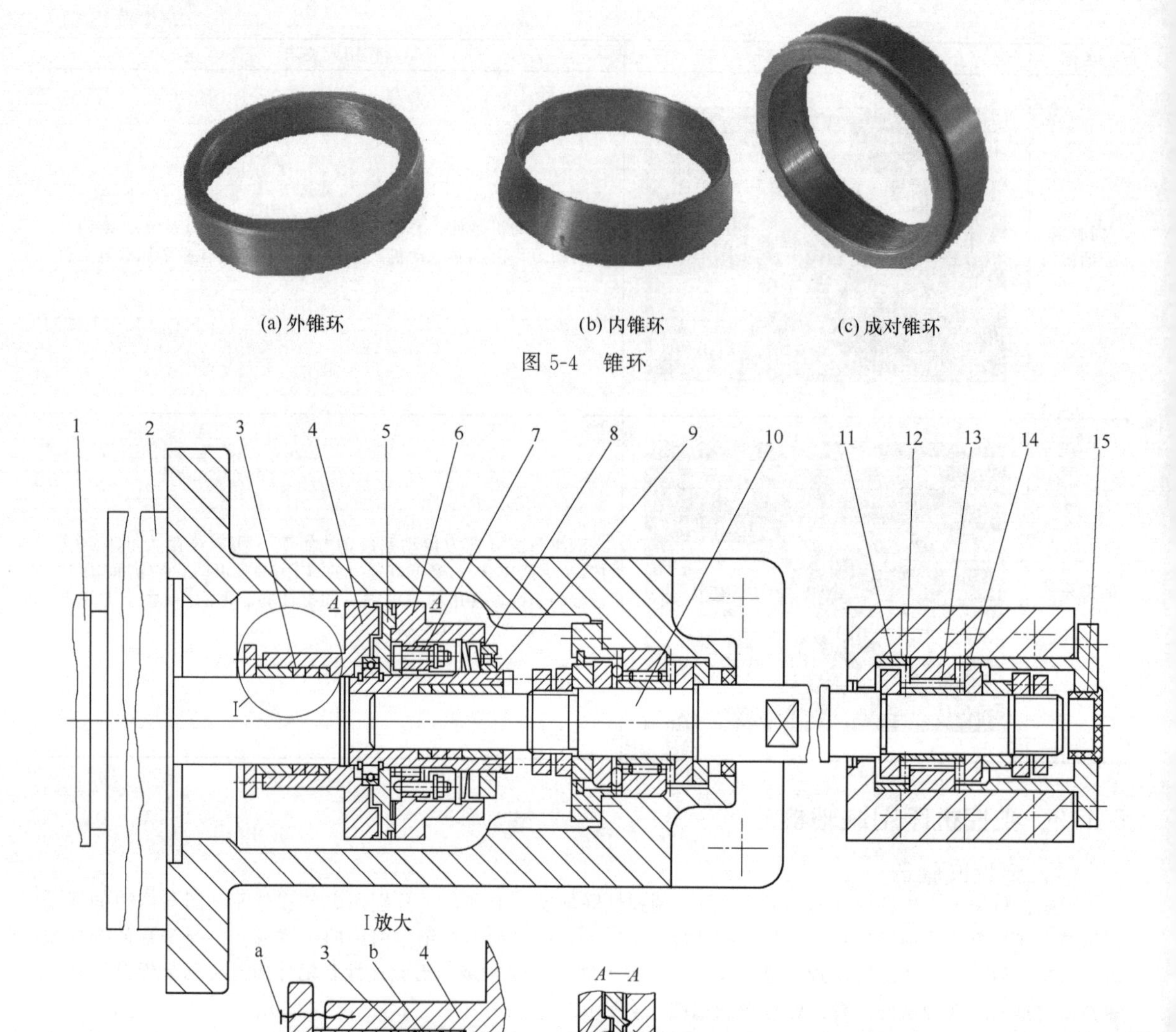

(a) 外锥环　　(b) 内锥环　　(c) 成对锥环

图 5-4　锥环

图 5-5　纵向滑板的传动系统

1—旋转变压器和测速发电机；2—直流伺服电动机；3—锥环；4,6—半联轴器；5—滑块；
7—钢片；8—碟形弹簧；9—套；10—滚珠丝杠；11—垫圈；12～14—滚针轴承；15—堵头

安全联轴器与电动机轴、滚珠丝杠相连时，采用了无键锥环连接。其放大图见图 5-5 中Ⅰ，无键锥环是相互配合的锥环，拧紧螺钉，紧压环压紧锥环，使内环的内孔收缩、外环的外圆胀大，靠摩擦力连接轴和孔，锥环的对数可根据所传递的扭矩进行选择。这种结构不需要开键槽，避免了传动间隙。安全联轴器的结构如图 5-5 所示，由件 4～件 9 组成。件 4 与件 5 之间由矩形齿相连，件 5 与件 6 之间由三角形齿相连（参见 A—A 剖视图）。件 6 上用螺栓装有一组钢片 7，钢片 7 的形状像摩擦离合器的内片，中心部分是花键孔。件 7 与件 9 的外圆上的花键部分相配合，件 6 的转动能通过件 7 件至件 9，并且件 6 和件 7 一起能沿件 9 作轴向相对移动。件 9 通过无键锥环与滚珠丝杠相连。碟形弹簧组件 8 使件 6 紧紧地靠在件 5 上。如果进给力过大，则件 5、件 6 之间的三角形齿产生的轴向力超过了碟形弹簧件 8 的弹力，使件 6 右移，无触点磁开关发出监控信号给数控装置，使机床停机，直到消除过载因素后才能继续运动。

5.1.3　消除间隙的齿轮传动结构

在数控设备的进给驱动系统中，考虑到惯量、转矩或脉冲当量的要求，有时要在电动机与丝杠之间加入齿轮传动副，而齿轮等传动副存在的间隙，会使进给运动反向滞后于指令信号，造成反向死区而影响其传动精度和系统的稳定性。因此，为了提高进给系统的传动精度，必须消除齿轮副的间隙。下面介绍几种实践中常用的齿轮间隙消除结构形式。

(1) 直齿圆柱齿轮传动副

① 偏心套调整法　图 5-6 所示为偏心套消隙结构。电动机 1 通过偏心套 2 安装到机床壳体上，通过转动偏心套 2，就可以调整两齿轮的中心距，从而消除齿侧的间隙。[二维码 5.1-3]

② 锥度齿轮调整法　图 5-7 所示为用带有锥度的齿轮来消除间隙的结构。在加工齿轮 1 和 2 时，将假想的分度圆柱面改变成带有小锥度的圆锥面，使其齿厚在齿轮的轴向稍有变化。调整时，只要改变垫片 3 的厚度就能调整两个齿轮的轴向相对位置，从而消除齿侧间隙。[二维码 5.1-4]

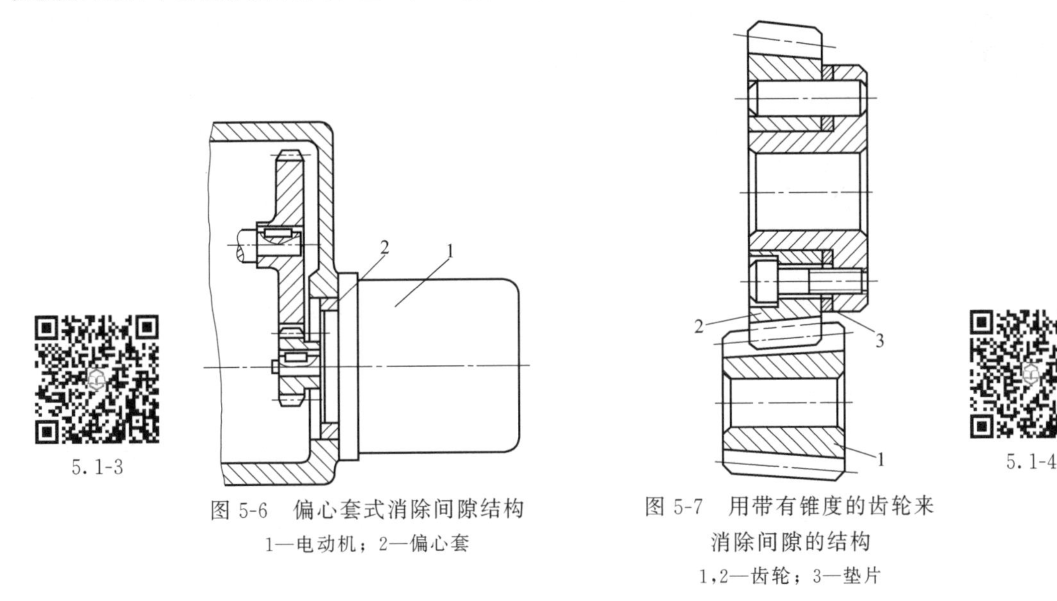

图 5-6　偏心套式消除间隙结构
1—电动机；2—偏心套

图 5-7　用带有锥度的齿轮来消除间隙的结构
1,2—齿轮；3—垫片

以上两种方法的特点是结构简单，能传递较大转矩，传动刚度较好，但齿侧间隙调整后不能自动补偿，又称为刚性调整法。

③ 双片齿轮错齿调整法　图 5-8 (a) 所示是双片齿轮周向可调弹簧错齿消隙结构。两个相同齿数的薄片齿轮 1 和 2 与另一个宽齿轮啮合，两薄片齿轮可相对回转。在两个薄片齿轮 1 和 2 的端面均匀分布着四个螺孔，分别装上凸耳 3 和 8。齿轮 1 的端面还有另外四个通孔，凸耳 8 可以在其中穿过，弹簧 4 的两端分别钩在凸耳 3 和调节螺钉 7 上。通过螺母 5 调节弹簧 4 的拉力，调节完后用螺母 6 锁紧。弹簧的拉力使薄片齿轮错

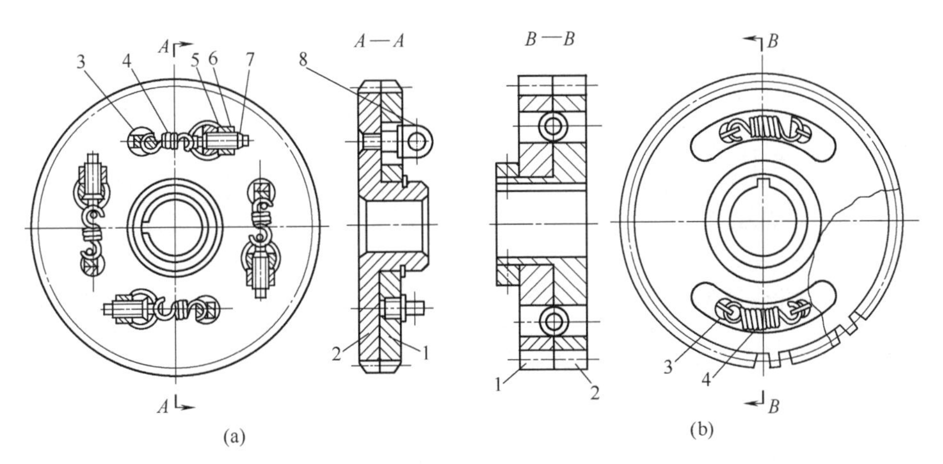

图 5-8　双片齿轮周向弹簧错齿消隙结构
1,2—薄片齿轮；3,8—凸耳或短柱；4—弹簧；5,6—螺母；7—螺钉

位，即两个薄片齿轮的左右齿面分别贴在宽齿轮齿槽的左右齿面上，从而消除了齿侧间隙。

图 5-8（b）所示是另一种双片齿轮周向弹簧错齿消隙结构，两薄片齿轮 1 和 2 套装在一起，每片齿轮各开有两条周向通槽，在齿轮的端面上装有短柱 3，用来安装弹簧 4。装配时使弹簧 4 具有足够的拉力，使两个薄片齿轮的左右面分别与宽齿轮的左右面贴紧，以消除齿侧间隙。

双片齿轮错齿法调整间隙，在齿轮传动时，由于正向和反向旋转分别只有一片齿轮承受转矩，因此承载能力受到限制，并有弹簧的拉力要足以克服最大转矩，否则起不到消隙作用。这种方法也称为柔性调整法，适用于负荷不大的传动装置中。这种结构装配好后齿侧间隙自动消除（补偿），可始终保持无间隙啮合，是一种常用的无间隙齿轮传动结构。

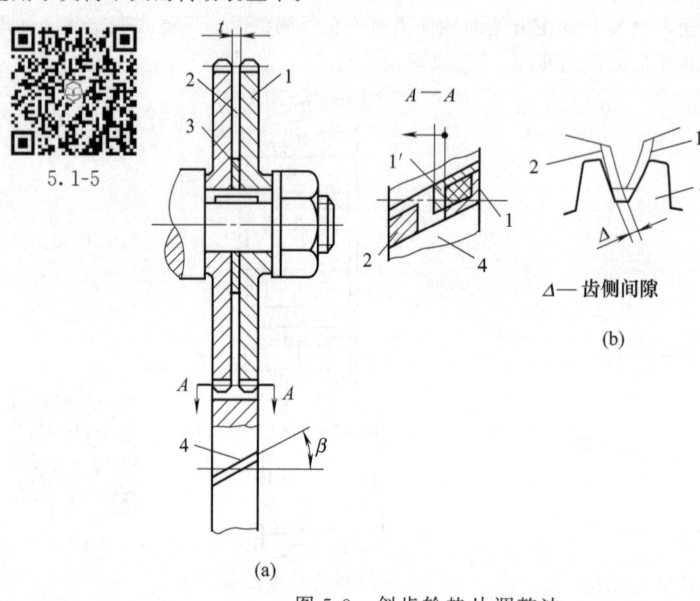

图 5-9　斜齿轮垫片调整法

1,2—薄片齿轮；3—垫片；4—宽齿轮

(2) 斜齿圆柱齿轮传动副

① 轴向垫片调整法［**二维码 5.1-5**］　图 5-9 所示为斜齿轮垫片调整法，其原理与错齿调整法相同。薄片齿轮 1 和 2 的齿形拼装在一起加工，装配时在两薄片齿轮间装入已知厚度为 t 的垫片 3，这样它的螺旋便错开了，使两薄片齿轮分别与宽齿轮 4 的左、右齿面贴紧，消除了间隙。垫片 3 的厚度 t 与齿侧间隙 Δ 的关系可用下式表示：

$$t=\Delta\cot\beta$$

式中　β——螺旋角。

垫片厚度一般由测试法确定，往往要经几次修磨才能调整好。这种结构的齿轮承载能力较小，且不能自动补偿消除间隙。

5.1-6

② 轴向压簧调整法［**二维码 5.1-6**］　图 5-10 所示是斜齿轮轴向压簧错齿消隙结构。该结构消隙原理与轴向垫片调整法相似，所不同的是利用齿轮 2 右面的弹簧压力使两个薄片齿轮的左右齿面分别与宽齿轮的左右齿面贴紧，以消除齿侧间隙。图 5-10（a）所示结构采用的是压簧，图 5-10（b）所示结构采用的是碟形弹簧。

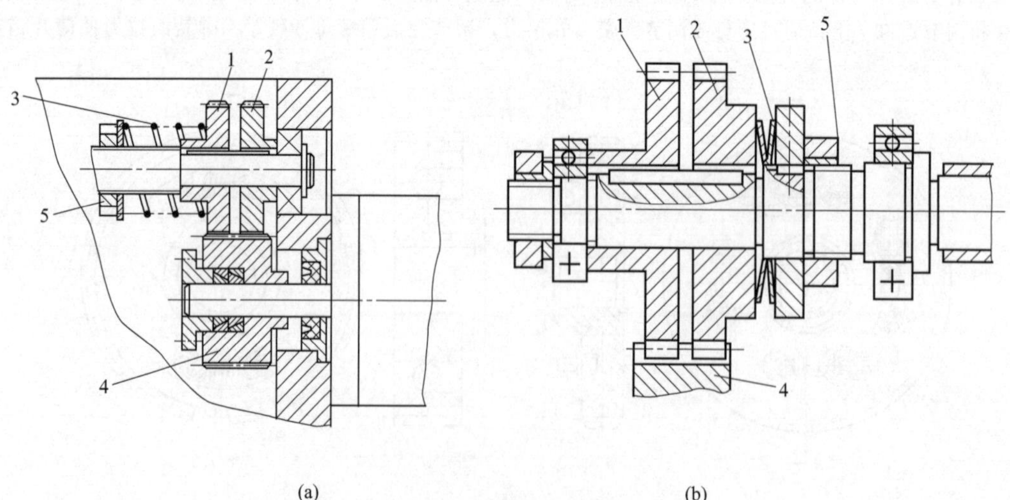

图 5-10　斜齿轮轴向压簧错齿消隙结构

1，2—薄片斜齿轮；3—弹簧；4—宽齿轮；5—螺母

弹簧3的压力可利用螺母5来调整，压力的大小要调整合适，压力过大会加快齿轮磨损，压力过小达不到消隙作用。这种结构齿轮间隙能自动消除，始终保持无间隙的啮合，但它只适于负载较小的场合，并且这种结构轴向尺寸较大。

(3) 锥齿轮传动副

锥齿轮同圆柱齿轮一样可用上述类似的方法来消除齿侧间隙。

① 轴向压簧调整法［二维码5.1-7］ 图5-11所示为轴向压簧调整法。其具有两个啮合着的锥齿轮1和2。其中在装锥齿轮1的传动轴5上装有压簧3，锥齿轮1在弹簧力的作用下可稍作轴向移动，从而消除间隙。弹簧力的大小由螺母4调节。

5.1-7

② 周向弹簧调整法 图5-12所示为周向弹簧调整法。将一对啮合锥齿轮中的一个齿轮做成大小两片1和2，在大片上制有三个圆弧槽，而在小片的端面上制有三个凸爪6，凸爪6伸入大片的圆弧槽中。弹簧4一端顶在凸爪6上，而另一端顶在镶块3上，为了安装的方便，用螺钉5将大小片齿圈相对固定，安装完毕之后将螺钉卸去，利用弹簧力使大小片锥齿轮稍微错开，从而达到消除间隙的目的。

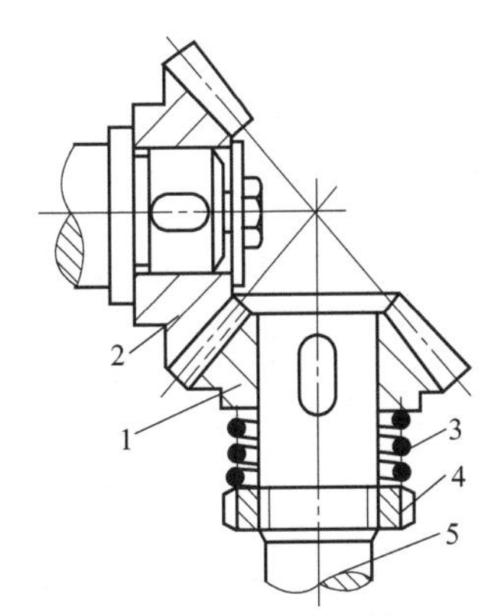

图5-11 锥齿轮轴向压簧调整法

1，2—锥齿轮；3—压簧；4—螺母；5—传动轴

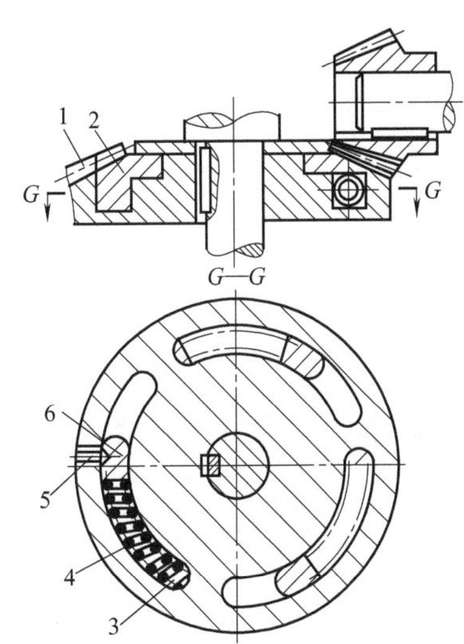

图5-12 锥齿轮周向弹簧调整法

1,2—锥齿轮；3—镶块；4—弹簧；5—螺钉；6—凸爪

5.1.4 进给传动装置

5.1-8

(1) 滚珠丝杠螺母副［二维码5.1-8］

现在数控机床上常用滚珠丝杠螺母副作为传动元件，滚珠丝杠螺母副是一种在丝杠和螺母间装有滚珠作为中间元件的丝杠副，其结构原理如图5-13所示。在丝杠3和螺母1上都有半圆弧形的螺旋槽，当它们套装在一起时便形成了滚珠的螺旋滚道。螺母上有滚珠回路管道4，将几圈螺旋滚道的两端连接起来构成封闭的循环滚道，并在滚道内装满滚珠2。当丝杠3旋转时，滚珠2在滚道内沿滚道循环转动即自转，迫使螺母（或丝杠）轴向移动。

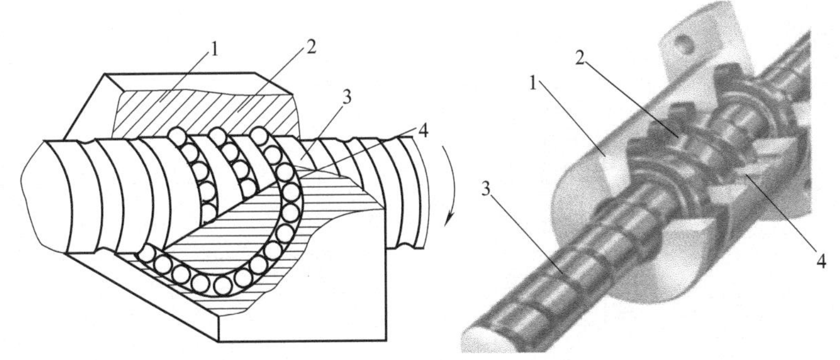

图5-13 滚珠丝杠螺母副的结构原理

1—螺母；2—滚珠；3—丝杠；4—滚珠回路管道

① 滚珠丝杠螺母副的种类［二维码 5.1-9］ 滚珠丝杠螺母副从问世至今，其结构有十几种之多，通过多年的改进，现国际上流行的结构有图 5-14 所示的四种。

5.1-9

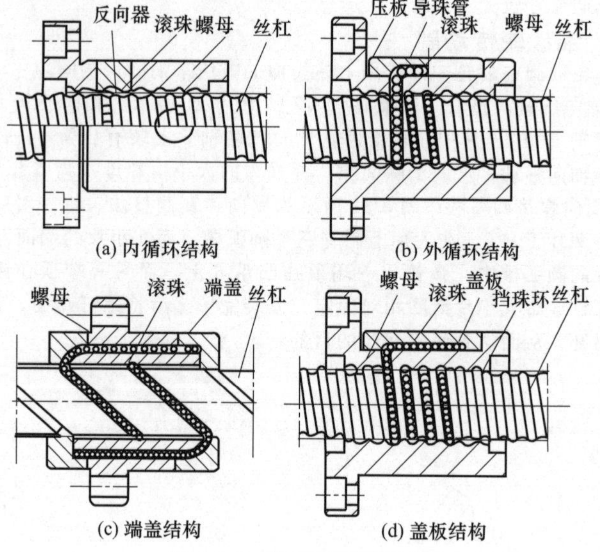

图 5-14　滚珠丝杠的结构

② 滚珠丝杠螺母副间隙的调整　为了保证滚珠丝杠反向传动精度和轴向刚度，必须消除滚珠丝杠螺母副轴向间隙。消除间隙的方法常采用双螺母结构，利用两个螺母的相对轴向位移，使两个滚珠螺母中的滚珠分别贴紧在螺旋滚道的两个相反的侧面上，用这种方法预紧消除轴向间隙时，应注意预紧力不宜过大（小于 1/3 最大轴向载荷），预紧力过大会使空载力矩增加，从而降低传动效率，缩短使用寿命。

a. 双螺母消隙。常用的双螺母丝杠消除间隙方法有：

• 垫片调隙式。如图 5-15 所示，调整垫片厚度使左右两螺母产生轴向位移，即可消除间隙和产生预紧力。这种方法结构简单，刚性好，但调整不便，滚道有磨损时不能随时消除间隙和进行预紧。

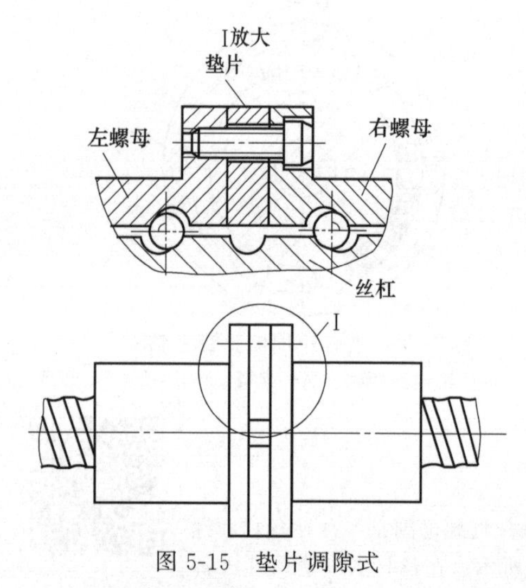

图 5-15　垫片调隙式

• 螺纹调整式。如图 5-16 所示，螺母 1 的一端有凸缘，螺母 7 外端制有螺纹，调整时只要旋动圆螺母 6，即可消除轴向间隙并可达到产生预紧力的目的［二维码 5.1-10］。

5.1-10

图 5-16　螺纹调整式的滚珠丝杠螺母副

1，7—螺母；2—反向器；3—钢球；4—螺杆；5—垫圈；6—圆螺母

• 齿差调隙式。如图5-17所示，在两个螺母的凸缘上各制有圆柱外齿轮，分别与固紧在套筒两端的内齿圈相啮合，其齿数分别为z_1和z_2，并相差一个齿。调整时，先取下内齿圈，让两个螺母相对于套筒同方向都转动一个齿，然后再插入内齿圈，则两个螺母便产生相对角位移，其轴向位移量$S=(1/z_1-1/z_2)P_n$。例如，$z_1=80$，$z_2=81$，滚珠丝杠的导程为$P_n=6$mm时，$S=6/6480\approx0.001$（mm），这种调整方法能精确调整预紧量，调整方便、可靠，但结构尺寸较大，多用于高精度的传动。

b. 单螺母消隙。

• 单螺母变螺距预加负荷。如图5-18所示，它是在滚珠螺母体内的两列循环珠链之间，使内螺母滚道在轴向产生一个ΔL_0的螺距突变量，从而使两列滚珠在轴向错位实现预紧。这种调隙方法结构简单，但负荷量须预先设定且不能改变。

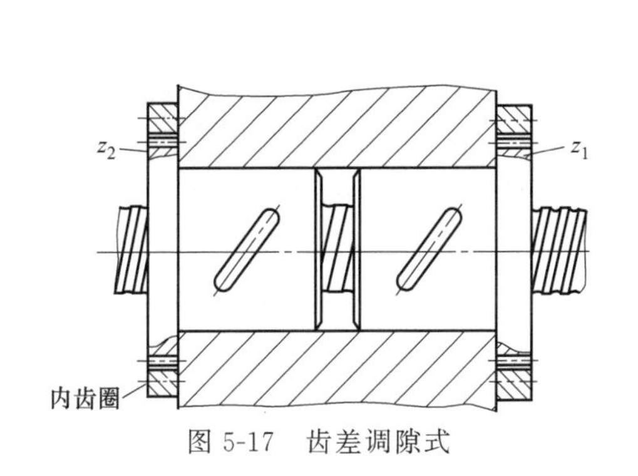

图5-17 齿差调隙式

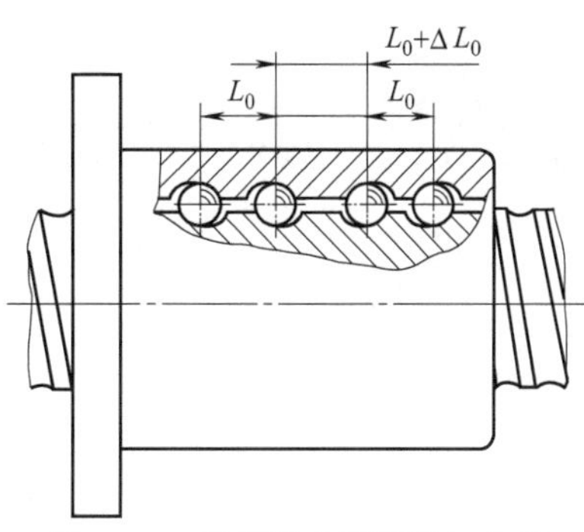

图5-18 单螺母变螺距预加负荷

• 单螺母螺钉预紧。如图5-19所示，螺母的专业生产工作完成精磨之后，沿径向开一薄槽，通过内六角调整螺钉实现间隙的调整和预紧。该专利技术成功地解决了开槽后滚珠在螺母中良好的通过性。单螺母结构不仅具有很好的性价比，而且间隙的调整和预紧极为方便。

• 单螺母增大滚珠直径预紧方式。该方式使用单螺母加大滚珠直径产生预紧，磨损后不可恢复，如图5-20所示。

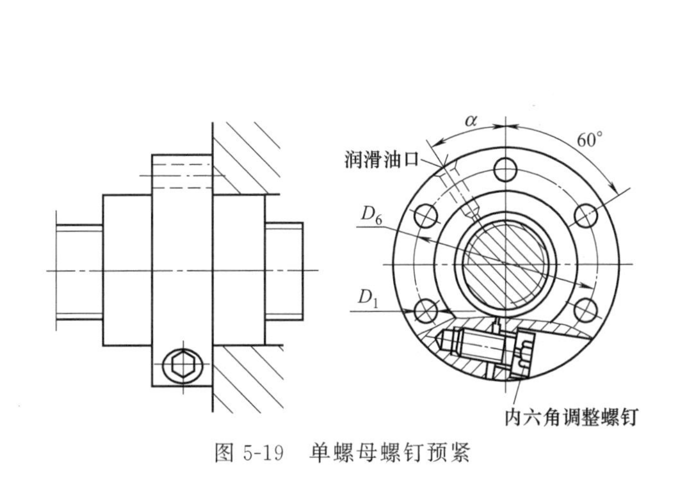

图5-19 单螺母螺钉预紧

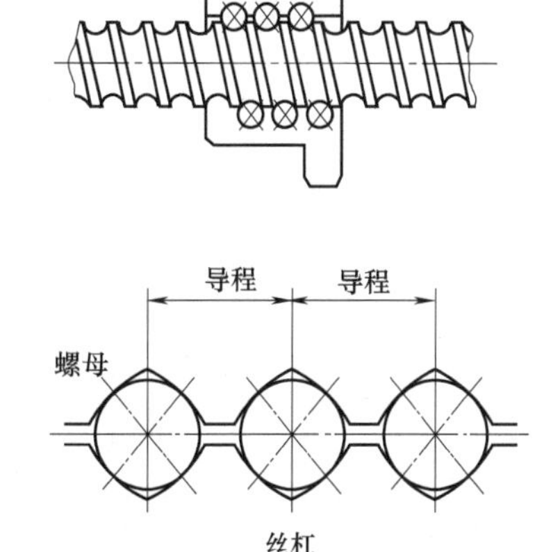

图5-20 单螺母增大滚珠直径预紧

③ 滚珠丝杠的支承 滚珠丝杠常用推力轴承支座，以提高轴向刚度（当滚珠丝杠的轴向负载很小时，也可用角接触球轴承支座），滚珠丝杠在机床上的安装支承方式有图5-21所示的几种。近来出现一种滚珠丝杠专用轴承，其结构如图5-22所示。这是一种能够承受很大轴向力的特殊角接触球轴承，与一般角接触球轴承相比，接触角增大到60°，增加了滚珠的数目并相应减小滚珠的直径。产品成对出售，而且在出厂时已经选配好内外环的厚度，装配调试时只要用螺母和端盖将内环和外环压紧，就能获得出厂时已经调整好的预紧力，使用极为方便。

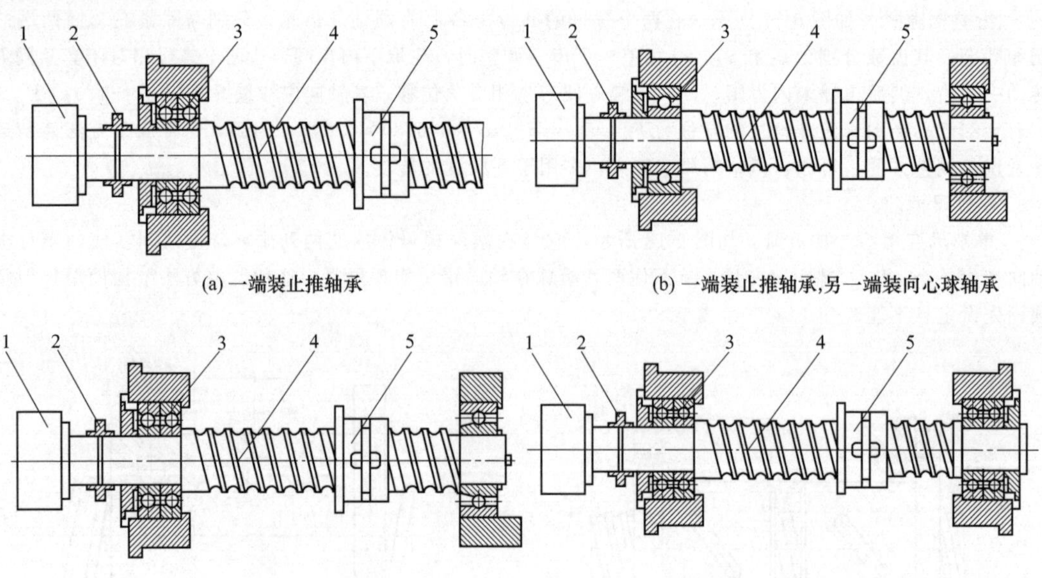

图 5-21 滚珠丝杠在机床上的安装支承方式

1—电动机；2—弹性联轴器；3—轴承；4—滚珠丝杠；5—滚珠丝杠螺母

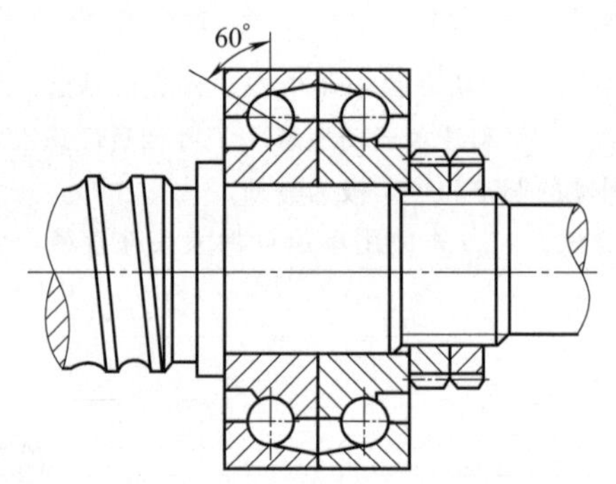

图 5-22 接触角为 60°的角接触球轴承

④ 滚珠丝杠副的故障诊断（表 5-2）

表 5-2 滚珠丝杠副故障诊断

序号	故障现象	故障原因	排除方法
1	加工件粗糙值高	导轨的润滑油不足,致使溜板爬行	加润滑油,排除润滑故障
		滚珠丝杠有局部拉毛或研损	更换或修理丝杠
		丝杠轴承损坏,运动不平稳	更换损坏轴承
		伺服电动机未调整好,增益过大	调整伺服电动机控制系统
2	反向误差大,加工精度不稳定	丝杠轴联轴器锥套松动	重新紧固并用百分表反复测试
		丝杠轴滑板配合压板过紧或过松	重新调整或修研,用 0.03mm 塞尺塞不入为合格
		丝杠轴滑板配合楔铁过紧或过松	重新调整或修研,使接触率达 70%以上,用 0.03mm 塞尺塞不入为合格
		滚珠丝杠预紧力过紧或过松	调整预紧力。检查轴向窜动值,使其误差不大于 0.015mm
		滚珠丝杠螺母端面与结合面不垂直,结合过松	修理、调整或加垫处理
		丝杠支座轴承预紧力过紧或过松	修理调整

续表

序号	故障现象	故障原因	排除方法
2	反向误差大，加工精度不稳定	滚珠丝杠制造误差大或轴向窜动	用控制系统自动补偿功能消除间隙，用仪器测量并调整丝杠窜动
		润滑油不足或没有	调节至各导轨面均有润滑油
		其他机械干涉	排除干涉部位
3	滚珠丝杠在运转中转矩过大	两滑板配合压板过紧或研损	重新调整或修研压板，使0.04mm塞尺塞不入为合格
		滚珠丝杠螺母反向器损坏，滚珠丝杠卡死或轴端螺母预紧力过大	修复或更换丝杠并精心调整
		丝杠研损	更换
		伺服电动机与滚珠丝杠连接不同轴	调整同轴度并紧固连接座
		无润滑油	调整润滑油路
		超程开关失灵造成机械故障	检查故障并排除
		伺服电动机过热报警	检查故障并排除
4	丝杠螺母润滑不良	分油器是否分油	检查定量分油器
		油管是否堵塞	清除污物使油管畅通
5	滚珠丝杠副噪声	滚珠丝杠轴承压盖压合不良	调整压盖，使其压紧轴承
		滚珠丝杠润滑不良	检查分油器和油路，使润滑油充足
		滚珠产生破损	更换滚珠
		电动机与丝杠联轴器松动	拧紧联轴器锁紧螺钉
6	滚珠丝杠不灵活	轴向预加载荷太大	调整轴向间隙和预加载荷
		丝杠与导轨不平行	调整丝杠支座位置，使丝杠与导轨平行
		螺母轴线与导轨不平行	调整螺母座的位置
		丝杠弯曲变形	校直丝杠

【例5-1】 位置偏差过大的故障排除。

故障现象：某卧式加工中心出现ALM421报警，即Y轴移动中的位置偏差量大于设定值而报警。

分析及处理过程：

该加工中心使用FANUC 0M数控系统，采用闭环控制。伺服电动机和滚珠丝杠通过联轴器直接连接。根据该机床控制原理及机床传动连接方式，初步判断出现ALM421报警的原因是Y轴联轴器不良。

对Y轴传动系统进行检查，发现联轴器中的胀紧套与丝杠连接松动，紧定Y轴传动系统中所有的紧定螺钉后，故障消除。

【例5-2】 加工尺寸不稳定的故障排除。

故障现象：某加工中心运行九个月后，发生Z轴方向加工尺寸不稳定，尺寸超差且无规律，CRT及伺服放大器无任何报警显示。

分析及处理过程：

该加工中心采用三菱M3系统，交流伺服电动机与滚珠丝杠通过联轴器直接连接。根据故障现象分析故障原因可能是联轴器连接螺钉松动，导致联轴器与滚珠丝杠或伺服电动机间产生滑动。

对Z轴联轴器连接进行检查，发现联轴器的6只紧定螺钉都出现松动。紧固螺钉后，故障排除。

【例5-3】 丝杠窜动引起的故障维修。

故障现象：TH6380卧式加工中心，启动液压后，手动运行Y轴时，液压自动中断，CRT显示报警，驱动失效，其他各轴正常。

分析及处理过程：

该故障涉及电气、机械、液压等部分，任一环节有问题均可导致驱动失效。故障检查的顺序大致如下：

伺服驱动装置→电动机及测量器件→电动机与丝杠连接部分→液压平衡装置→开口螺母和滚珠丝杠→轴承→其他机械部分。

a. 检查驱动装置外部接线及内部元器件的状态良好，电动机与测量系统正常；

b. 拆下Y轴液压抱闸后情况同前，将电动机与丝杠的同步传动带脱离，手摇Y轴丝杠，发现丝杠上下窜动；

c. 拆开滚珠丝杠上轴承座发现其正常；

d. 拆开滚珠丝杠下轴承座后发现轴向推力轴承的紧固螺母松动，导致滚珠丝杠上下窜动。

由于滚珠丝杠上下窜动，造成伺服电动机转动带动丝杠空转约一圈。在数控系统中，当NC指令发出后，测量系统应有反馈信号，若间隙的距离超过了数控系统所规定的范围，即电动机空走若干个脉冲后光栅尺无任何反馈信号，则数控系统必报警，导致驱动失效，机床不能运行。拧好紧固螺母，滚珠丝杠不再窜动，则故障排除。

(2) 齿轮齿条传动

在大型数控机床（如大型数控龙门铣床）中，工作台的行程很大。因此，它的进给运动不宜采用滚珠丝杠副实现（滚珠丝杠只能应用在≤6m的传动中），因太长的丝杠易于下垂，将影响到它的螺距精度及工作性能，此外，其扭转刚度也相应下降，故常用齿轮齿条传动。当驱动负载小时，可采用双薄片齿轮错齿调整法，分别与齿条齿槽左、右侧贴紧，而消除齿侧隙。图5-23是预加负载双齿轮-齿条无间隙传动机构示意图。进给电动机经两对减速齿轮传递到轴3，轴3上有两个螺旋方向相反的斜齿轮5和7，分别经两级减速传至与床身齿条2相啮合的两个小齿轮1。轴3端部有加载弹簧6，调整螺母，可使轴3上下移动。由于轴3上两个齿轮的螺旋方向相反，因而两个与床身齿条啮合的小齿轮1产生相反方向的微量转动，以改变间隙。当螺母将轴3往上调时，将间隙调小和预紧力加大，反之则将间隙调大和预紧力减小。

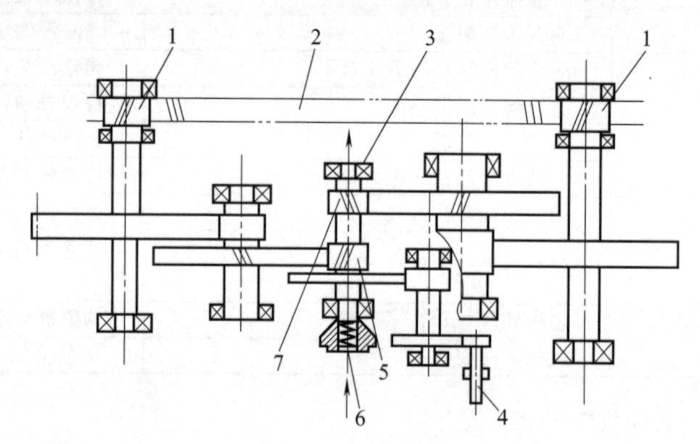

图5-23 预加负载双齿轮-齿条无间隙传动机构示意图

1—双齿轮；2—齿条；3—调整轴；4—进给电动机轴；5—右旋齿轮；6—加载弹簧；7—左旋齿轮

(3) 双导程蜗杆-蜗轮副

数控机床上当要实现回转进给运动或大降速比的传动要求时，常采用双导程蜗杆-蜗轮。所以双导程蜗杆又称变齿厚蜗杆，故可用轴向移动蜗杆的方法来消除或调整蜗轮-蜗杆副之间的啮合间隙。

双导程蜗杆齿的左、右两侧面具有不同的导程，而同一侧的导程则是相等的。因此，该蜗杆的齿厚从蜗杆的一端向另一端均匀地逐渐增厚或减薄。

双导程蜗杆如图5-24所示，图中$t_{左}$、$t_{右}$分别为蜗杆齿左侧面、右侧面导程；s为齿厚；c为槽宽。$s_1=t_{左}-c$，$s_2=t_{右}-c$。若$t_{右}>t_{左}$，则$s_2>s_1$，同理$s_3>s_2$……

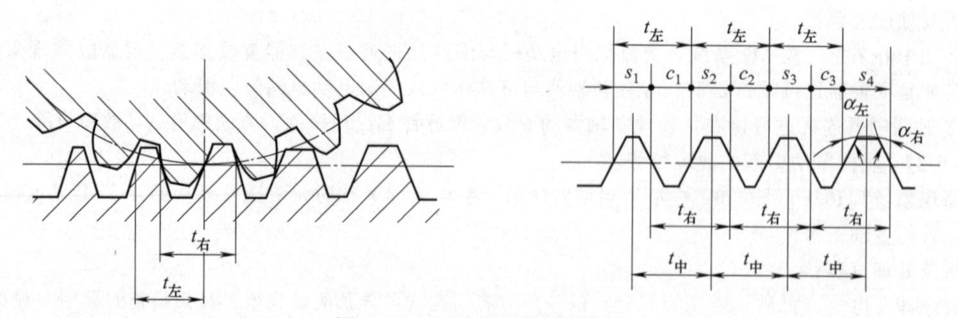

图5-24 双导程蜗杆-蜗轮副

(4) 静压蜗杆-蜗轮条传动

蜗杆-蜗轮条机构是丝杠螺母机构的一种特殊形式。如图5-25所示，蜗杆可看作长度很短的丝杠，其长径比很小；蜗轮条则可以看作一个很长的螺母沿轴向剖开后的一部分，其包容角常在90°～120°之间。

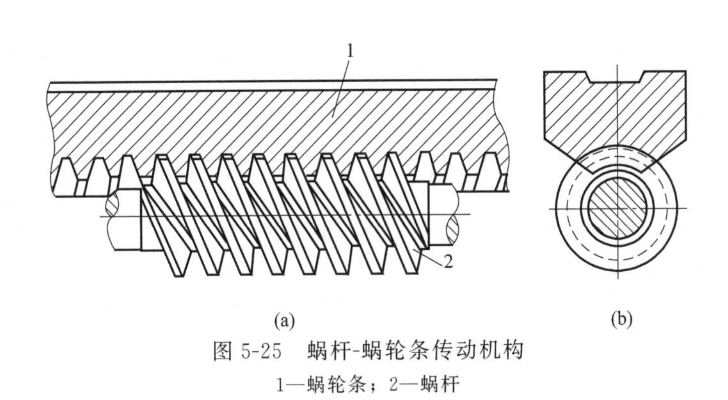

图 5-25 蜗杆-蜗轮条传动机构

1—蜗轮条；2—蜗杆

(5) 直线电动机系统

直线电动机是指可以直接产生直线运动的电动机，可作为进给驱动系统，如图 5-26 所示。

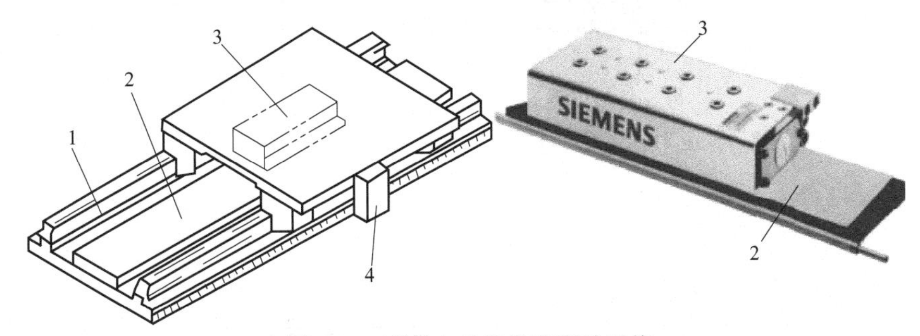

图 5-26 直线电动机进给驱动系统

1—导轨；2—次级部件；3—初级部件；4—检测系统

5.1.5 数控机床用导轨

5.1-11

(1) 数控机床常用导轨

① 塑料导轨

a. 贴塑导轨［二维码 5.1-11］。贴塑导轨摩擦因数低，摩擦因数在 0.03～0.05 范围内，且耐磨性、减振性、工艺性均好，广泛应用于中小型数控机床，如图 5-27 所示。

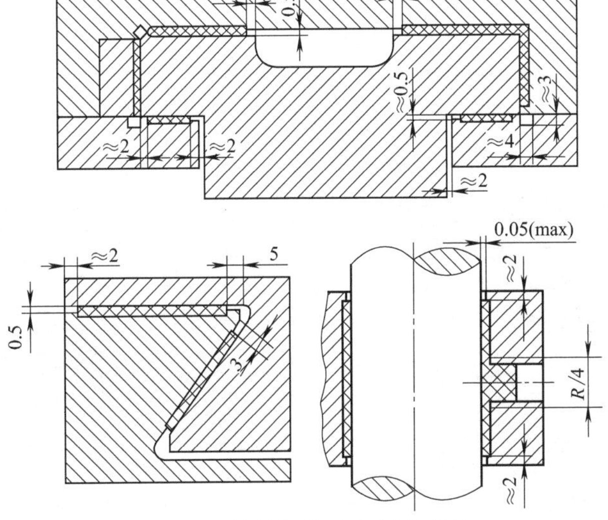

图 5-27 镶粘塑料-金属导轨结构

b. 注塑导轨。注塑导轨又称为涂塑导轨。其抗磨涂层是环氧型耐磨导轨涂层，其材料是以环氧树脂和二硫化钼为基体，加入增塑剂，混合成膏状为一组分、固化剂为一组分的双组分塑料涂层。这种导轨有良好的可加工性，有良好的摩擦特性和耐磨性，其抗压强度比聚四氟乙烯导轨软带要高，特别是可在调整好固定导轨和运动导轨间的相对位置精度后注入塑料，可节省很多工时，适用于大型和重型机床。

② 滚动导轨　滚动导轨分为直线滚动导轨、圆弧滚动导轨、圆形滚动导轨。直线滚动导轨品种很多，有整体型和分离型。整体型滚动导轨常用的有滚动导轨块，如图 5-28 所示，滚动体为滚柱或滚针，其有单列和双列之分；直线滚动导轨副如图 5-29 所示，图 5-29（a）所示滚动体为滚珠，图 5-29（b）所示滚动体为滚柱。分离型滚动导轨有 V 字形和平板形，其应用如图 5-30 所示，滚动体有滚柱、滚针和滚珠。为提高抗振性，有时装有抗振阻尼滑座，如图 5-31 所示。

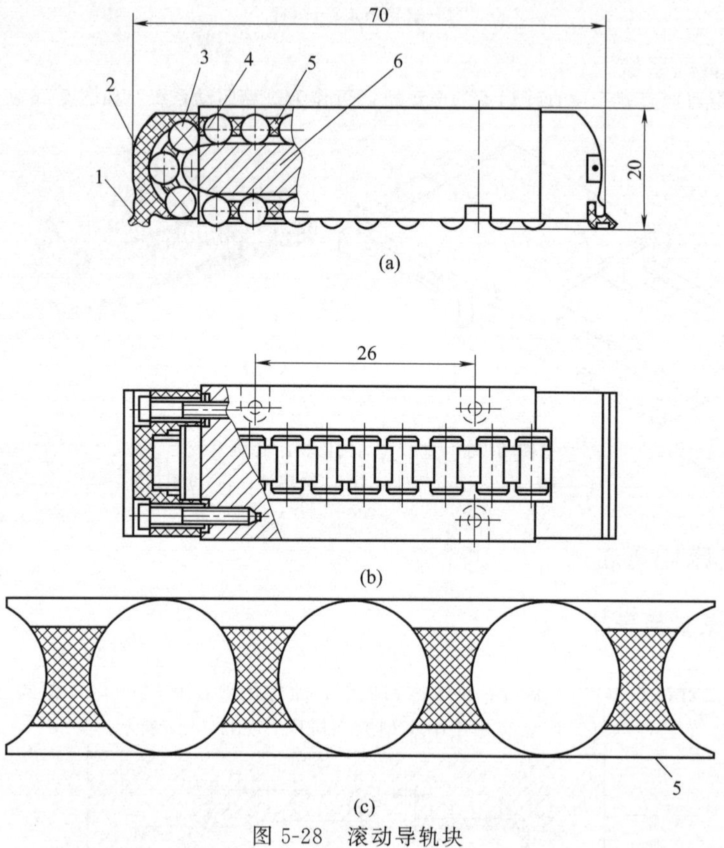

图 5-28　滚动导轨块

1—防护板；2—端盖；3—滚柱；4—导向片；5—保持器；6—本体

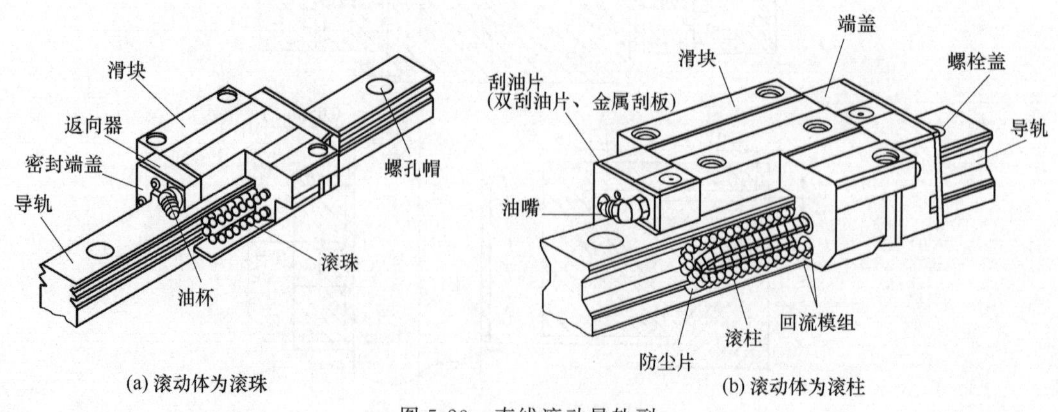

图 5-29　直线滚动导轨副

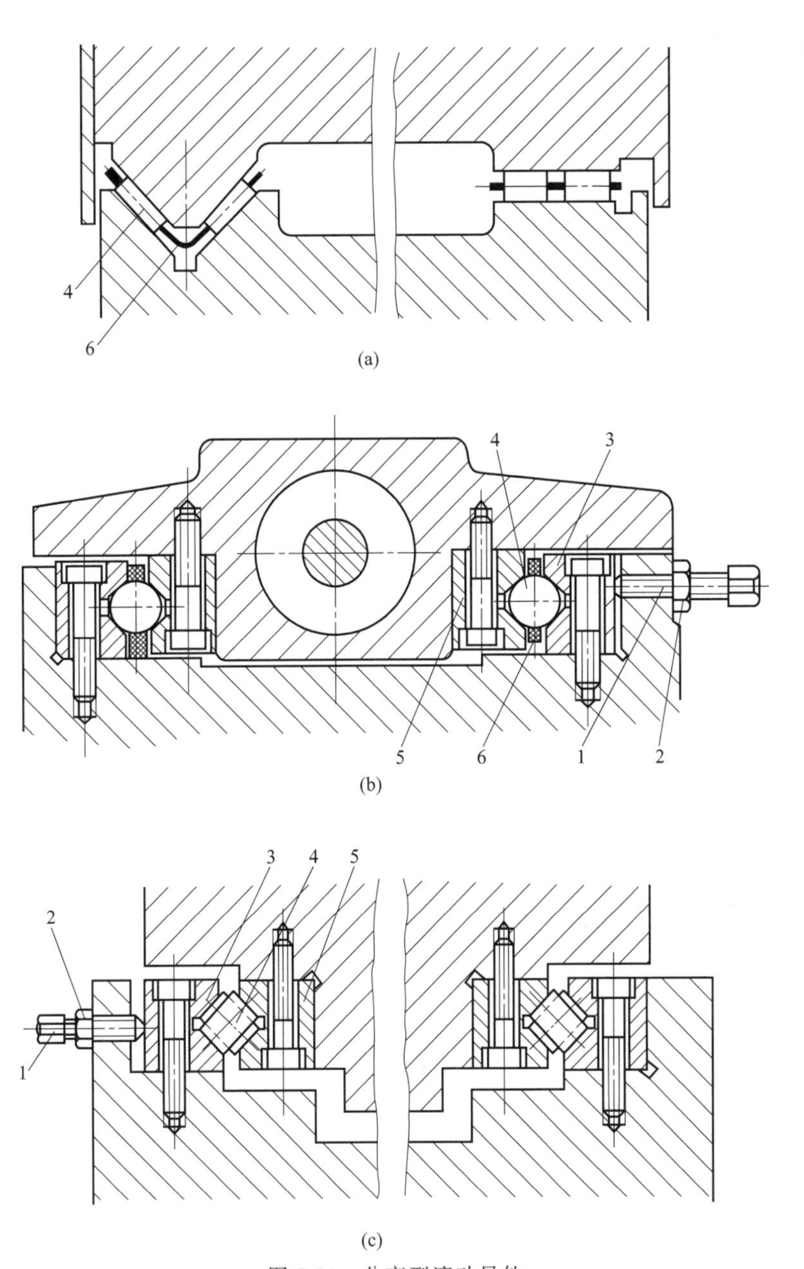

图 5-30 分离型滚动导轨

1—调节螺钉；2—锁紧螺母；3—镶钢导轨；4—滚动体；5—镶钢导轨；6—保持架

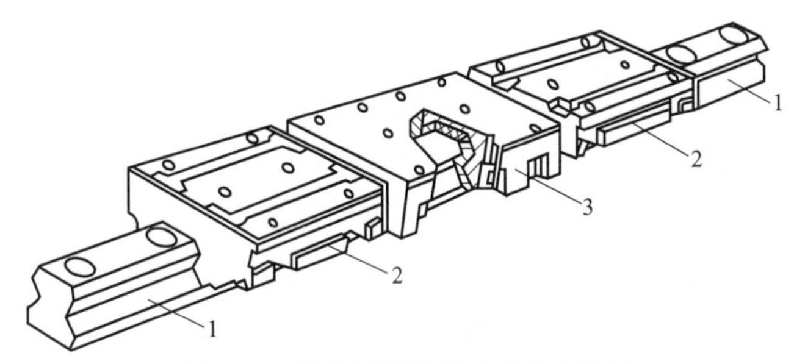

图 5-31 带阻尼器的滚动直线导轨副

1—导轨条；2—循环滚柱滑座；3—抗振阻尼滑座

(2) 导轨的故障排除

① 导轨的故障诊断见表5-3。

表5-3 导轨故障诊断

序号	故障现象	故障原因	排除方法
1	导轨研伤	机床经长期使用,地基与床身水平有变化,使导轨局部单位面积负荷过大	定期进行床身导轨的水平调整,或修复导轨精度
		长期加工短工件或承受过分集中的负荷,使导轨局部磨损严重	注意合理分布短工件的安装位置,避免负荷过分集中
		导轨润滑不良	调整导轨润滑油量,保证润滑油压力
		导轨材质不佳	采用电镀加热自冷淬火对导轨进行处理,导轨上增加锌铝铜合金板,以改善摩擦情况
		刮研质量不符合要求	提高刮研修复的质量
		机床维护不良,导轨里落入脏物	加强机床保养,保护好导轨防护装置
2	导轨上移动部件运动不良或不能移动	导轨面研伤	用180#砂布修磨机床导轨面上的研伤
		导轨压板研伤	卸下压板调整压板与导轨间隙
		导轨镶条与导轨间隙太小,调得太紧	松开镶条止退螺钉,调整镶条螺栓,使运动部件运动灵活,保证0.03m塞尺不得塞入,然后锁紧止退螺钉
3	加工面在接刀处不平	导轨直线度超差	调整或修刮导轨,允差为0.015mm/500mm
		工作台塞铁松动或塞铁弯度太大	调整塞铁间隙,塞铁弯度在自然状态下小于0.05mm/全长
		机床水平度差,使导轨发生弯曲	调整机床安装水平,保证平行度、垂直度在0.02mm/1000mm之内

② 排除实例如下:

【例5-4】 行程终端产生明显的机械振动故障排除。

故障现象:某加工中心运行时,工作台 X 轴方向位移接近行程终端过程中产生明显的机械振动故障,故障发生时系统不报警。

分析及处理过程:

因故障发生时系统不报警,但故障明显,故通过交换法检查,确定故障部位应在 X 轴伺服电动机与丝杠传动链一侧;为区别电动机故障,可拆卸电动机与滚珠丝杠之间的弹性联轴器,单独通电检查电动机。检查结果表明,电动机运转时无振动现象,显然故障部位在机械传动部分。脱开弹性联轴器,用扳手转动滚珠丝杠进行手感检查;通过手感检查,发现工作台 X 轴方向位移接近行程终端时阻力明显增加。拆下工作台检查,发现滚珠丝杠与导轨不平行,故而引起机械转动过程中的振动现象。经过认真修理、调整后,重新装好,故障排除。

【例5-5】 机床定位精度不合格的故障排除。

故障现象:某加工中心运行时,工作台 Y 轴方向位移接近行程终端过程中丝杠反向间隙明显增大,机床定位精度不合格。

分析及处理过程:

故障部位明显在轴伺服电动机与丝杠传动链一侧;拆卸电动机与滚珠丝杠之间的弹性联轴器,用扳手转动滚珠丝杠进行手感检查。通过手感检查,发现工作台轴方向位移接近行程终端时阻力明显增加。拆下工作台检查,发现 Y 轴导轨平行度严重超差,故而引起机械转动过程中阻力明显增加,滚珠丝杠弹性变形,反向间隙增大,机床定位精度不合格。经过认真修理、调整后,重新装好,故障排除。

【例5-6】 移动过程中产生机械干涉的故障排除。

故障现象:某加工中心采用直线滚动导轨,安装后用扳手转动滚珠丝杠进行手感检查,发现工作台 X 轴方向移动过程中产生明显的机械干涉故障,运动阻力很大。

分析及处理过程:

故障明显在机械结构部分。拆下工作台,首先检查滚珠丝杠与导轨的平行度,检查合格。再检查两条直线导轨的平行度，发现导轨平行度严重超差。拆下两条直线导轨，检查中滑板上直线导轨的安装基面的平行度，检查合格。再检查直线导轨，发现一条直线导轨的安装基面与其滚道的平行度严重超差（0.5mm）。更换合格的直线导轨，重新装好后，故障排除。

5.1.6 数控机床常用检测元件

(1) 数控机床常用检测装置

常用的位置检测装置如图5-32所示。

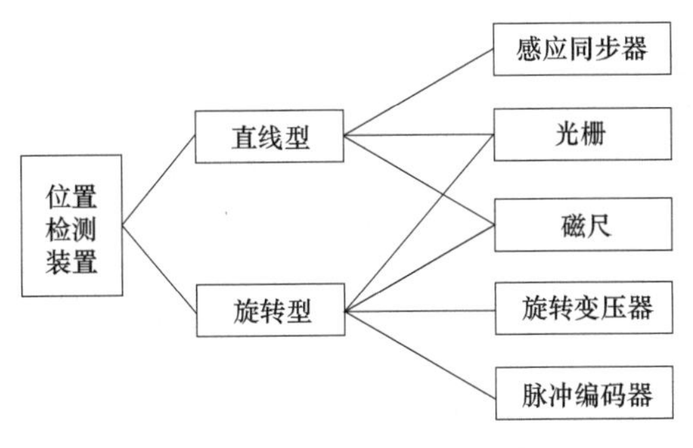

图5-32 常用的位置检测装置

① 光栅［二维码5.1-12］［二维码5.1-13］ 根据光线在光栅中是反射还是透射分为反射光栅和透射光栅；根据光栅形状可分为直线光栅（图5-33）和圆光栅（图5-34），直线光栅用于检测直线位移，圆光栅用于检测角位移；此外，还有增量式光栅和绝对式光栅之分。

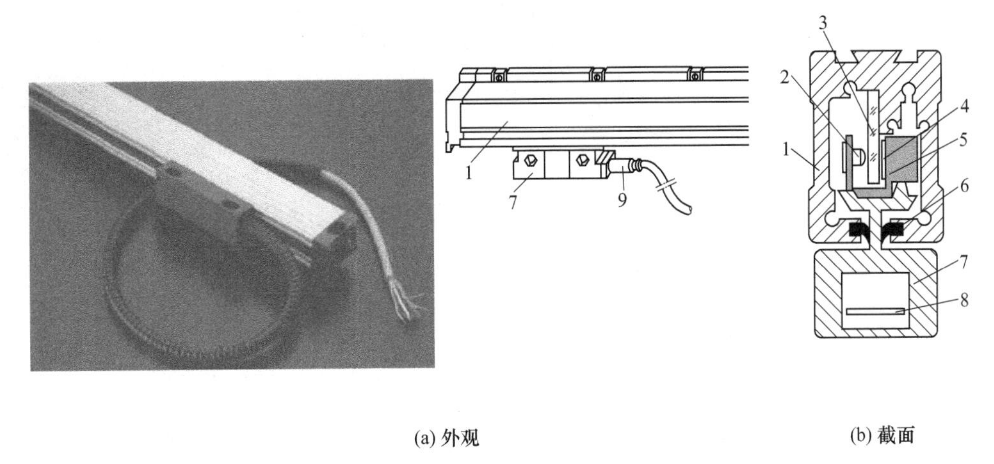

(a) 外观 (b) 截面

图5-33 直线光栅外观及截面示意图

1—尺身（铝外壳）；2—带聚光透镜的LED；3—标尺光栅；4—指示光栅；5—游标（装有光敏器件）；6—密封唇；7—读数头；8—电子线路；9—信号电缆

② 光电脉冲编码器 光电脉冲编码器有绝对式［二维码5.1-14］和增量式两种。增量式脉冲编码器是一种旋转式脉冲发生器，能把机械转角转变成电脉冲，是数控机床上使用广泛的位置检测装置，其工作示意图如图5-35所示。图5-36所示为光电脉冲编码器的结构。光电脉冲编码器是数控机床上使用广泛的位置检测装置。编码器的输出信号有：两个相位信号输出，用于辨向；一个零标志信号（又称一转信号），用于机床回参考点的控制。另外还有+5V电源和接地端。

③ 旋转变压器 从转子感应电压的输出方式来看，旋转变压器可分为有刷［图5-37（a）］和无刷［图5-37（b）］两种类型。

④ 感应同步器 感应同步器是一种电磁式高精度位移检测装置，由定尺和滑尺两部分组成，如图5-38（a）所示。

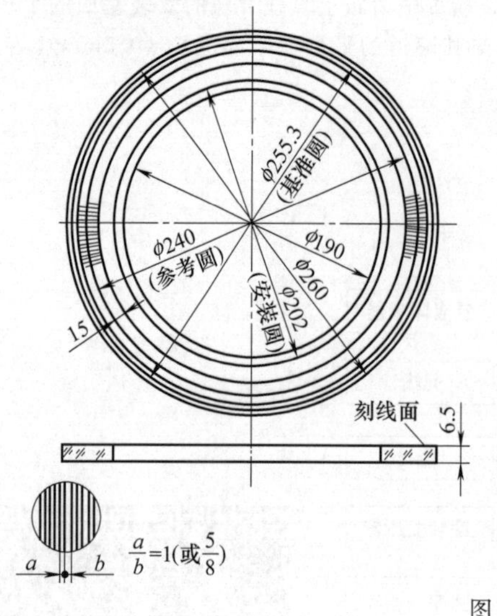

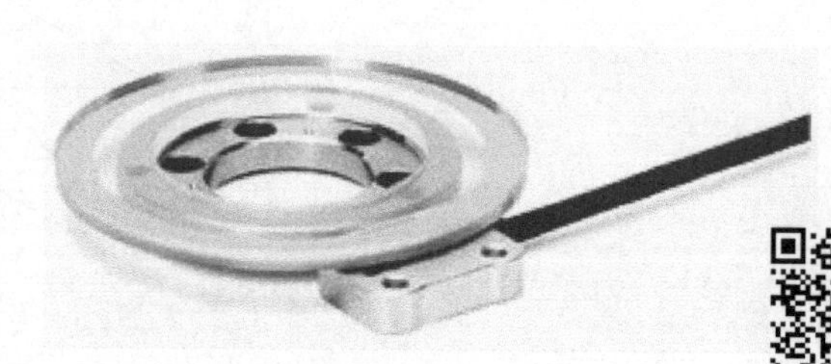

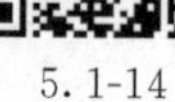
5.1-14

图 5-34　圆光栅

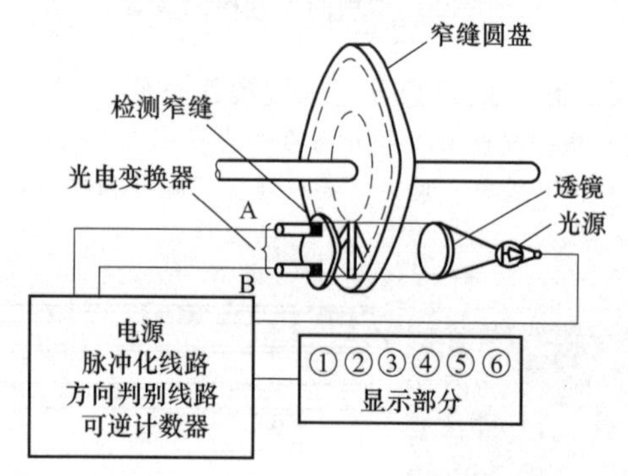

5.1-15

图 5-35　脉冲编码器工作示意图［二维码 5.1-15］

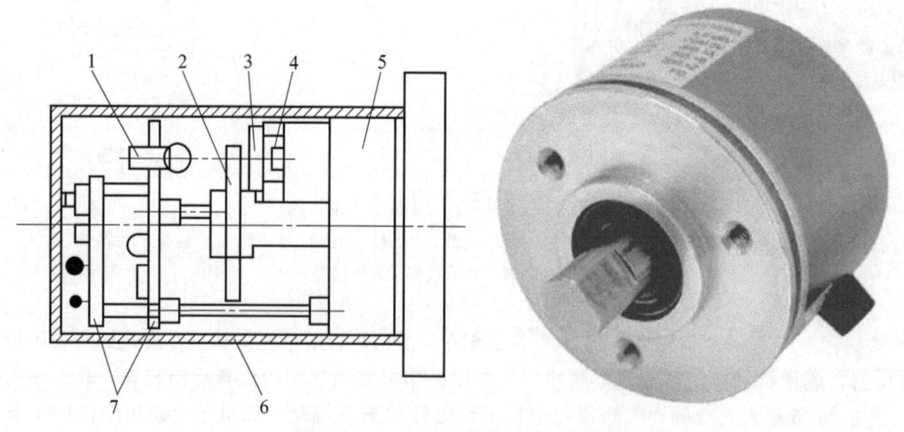

图 5-36　光电脉冲编码器的结构

1—光源；2—圆光栅；3—指示光栅；4—光电池组；5—机械部件；6—护罩；7—印制电路板

⑤ 磁尺　如图 5-39 所示，磁尺由磁性标尺、磁头和检测电路三部分组成。磁性标尺是在非导磁材料的基体上，覆盖上一层 10～30μm 厚的高导磁材料，形成一层均匀有规则的磁性膜，再用录磁磁头在尺上记录相等节距的周期性磁化信号。

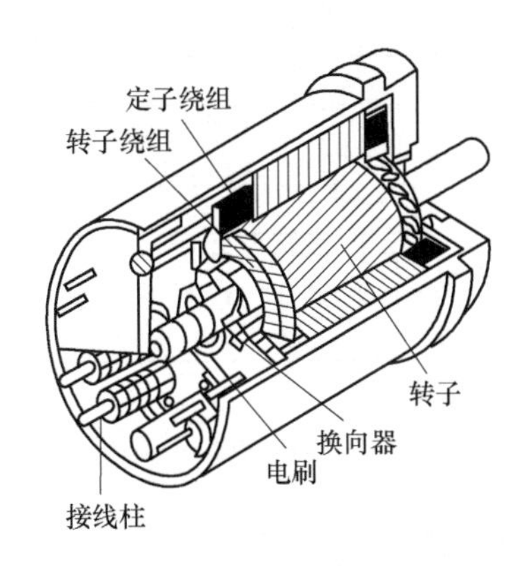

(a) 有刷式旋转变压器结构图

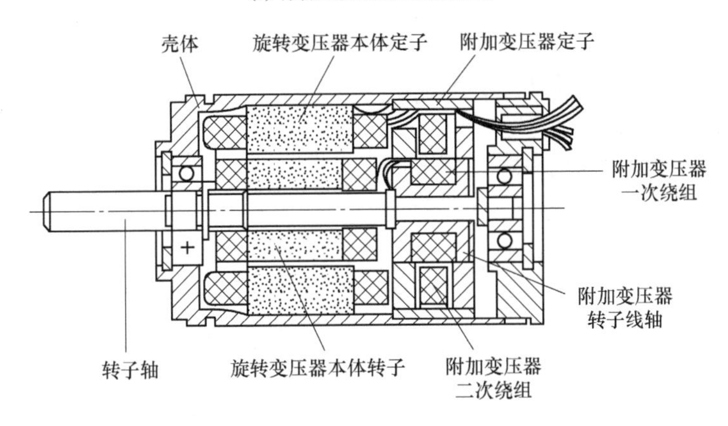

(b) 无刷式旋转变压器结构图

图 5-37 旋转变压器结构示意图

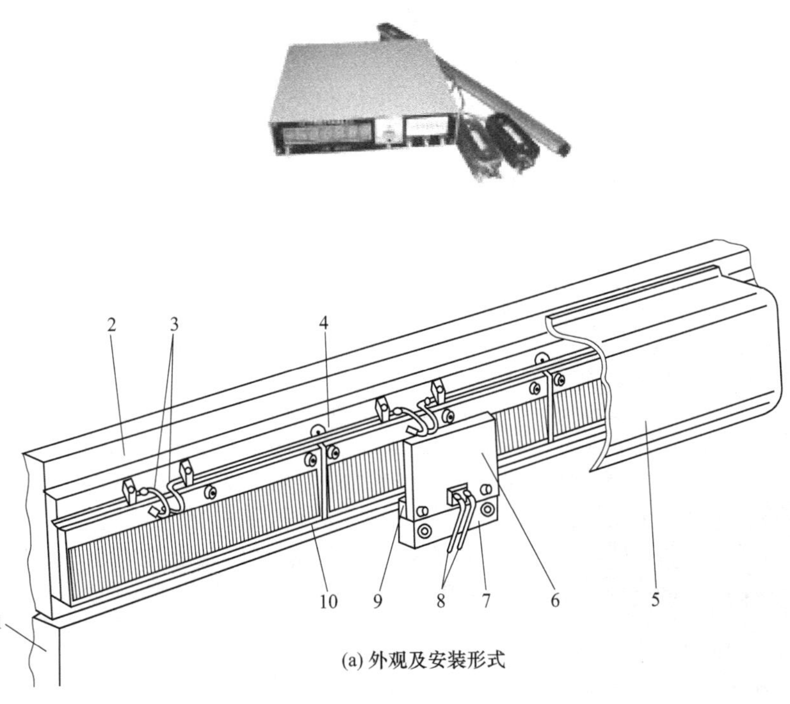

(a) 外观及安装形式

图 5-38

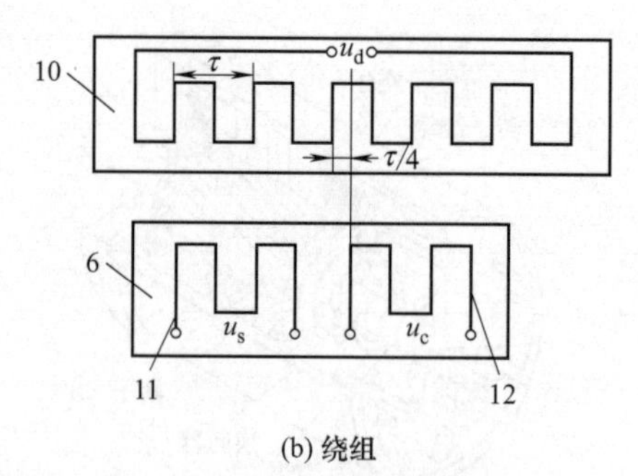

(b) 绕组

图 5-38　感应同步器结构示意图

1—固定部件（床身）；2—运动部件（工作台或刀架）；3—定尺绕组引线；4—定尺座；5—防护罩；6—滑尺；7—滑尺座；8—滑尺绕组引线；9—调整垫；10—定尺；11—正弦励磁绕组；12—余弦励磁绕组

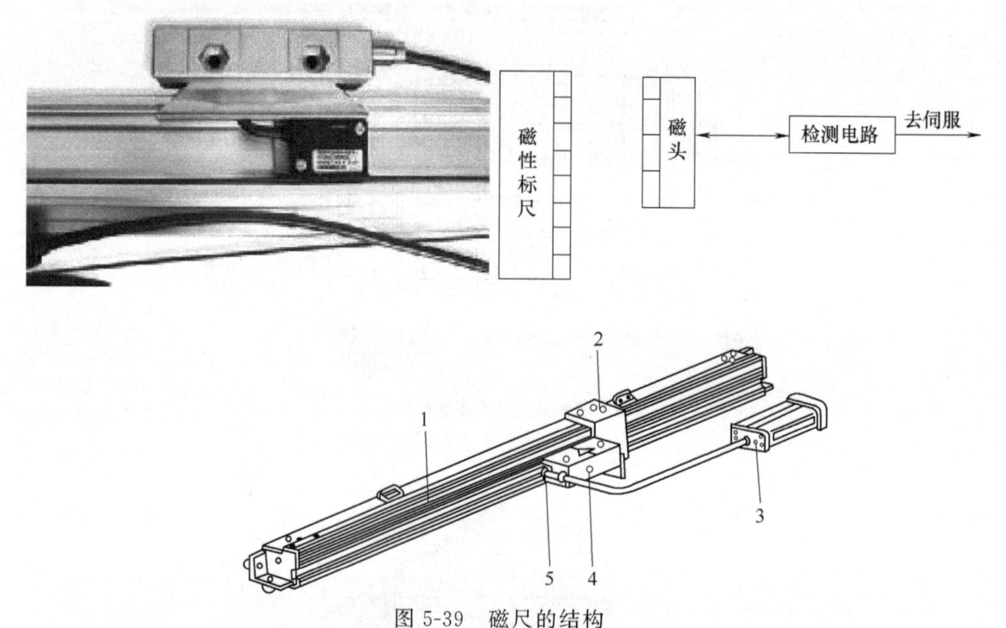

图 5-39　磁尺的结构

1—安装导轨；2—滑块；3—磁头放大器；4—磁头架；5—可拆插头

⑥ 测速发电机　测速发电机是一种旋转式速度检测元件，可将输入的机械转速变为电压信号输出。测速发电机检测伺服电动机的实际转速，转换为电压信号后反馈到速度控制单元中，与给定电压进行比较，发出速度控制信号，调节伺服电动机的转速（图 5-40）。为了准确反映伺服电动机的转速，就要求测速发电机的输出电压与转速严格成正比。

图 5-40　测速发电机

⑦ 磁阻位移测量装置　磁阻位移测量装置是近年来发展起来的一种新型位移传感器，它是利用磁敏电阻随磁场强度大小的变化而引起阻值的改变来实现位移测量的。图 5-41 为磁阻位移测量示意图。

(2) 检测系统的故障诊断与排除实例

【例 5-7】 故障现象：某配套 FANUC 11M 系统的卧式加工中心，在 X 轴回参考点时，CNC 显示 PS200 报警。

分析及处理过程：

机床同前，检查该机床回参考点减速动作正确，系统与回参考点有关的全部参数设定无误，初步判定故障是由于“零脉冲”不良

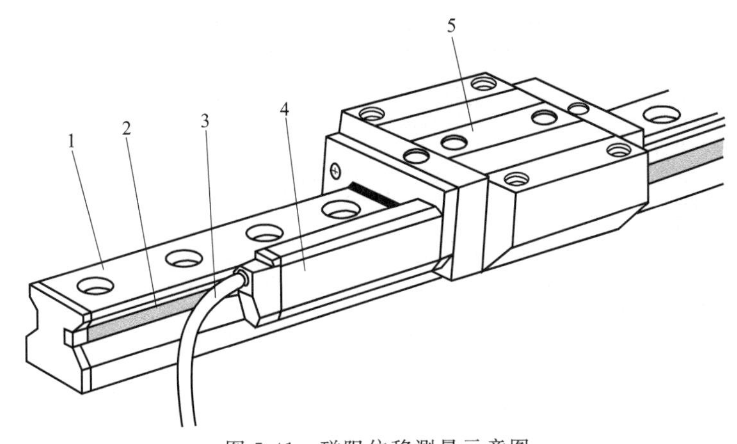

图 5-41　磁阻位移测量示意图

1—直线滚动导轨；2—磁性标尺；3—信号电缆；4—检测头；5—滑块

引起的。

由于机床使用了 HEIDENHA IN 光栅，通过更换 EXE601 前置放大器，故障仍然不变，因此确认故障是由光栅尺不良引起的。

拆下光栅尺检查，发现该光栅尺由于使用时间较长，内部光栅尺已被污染，重新清洗处理，经测试确认光栅输出信号恢复后，重新安装光栅尺，故障排除，机床恢复正常。

【例 5-8】 测速发电机异常，轴进给时振动。

故障现象：X 轴在静止时不振动，在运动中出现较强振动，伴有振动噪声；而且振动频率与运动速度有关，运动速度快振动频率高，运动速度慢则振动频率低。

故障分析：

数控机床型号是 MC1210 卧式加工中心，配置 FANUC 6ME 数控系统。由于振动和位移速度直接相关，所以故障应该在反馈环节或执行环节。首先，检查 X 轴伺服电动机，发现换向器表面积有较多的炭粉，使用干燥的压缩空气进行清理，故障并未消除。然后，检查同轴安装的测速发电机，换向器表面也有很多炭粉，清理后故障依旧。最后，用数字万用表测量测速发电机相对换向片之间的电阻值，发现有一对极片间的电阻值比其他各对极片间的电阻值大很多，说明测速发电机绕组内部有缺陷。

故障处理：从 FANUC 公司购买了一个新的测速发电机，换上后恢复正常。

【例 5-9】 TH5632-4 立式加工中心，FANUC 6ME 系统，测速发电机连接松动，进给轴工作时速度不稳。

故障现象：该机 X 坐标轴在运动时速度不稳，当停止指令发出后，在指令停止的位置左右出现较大幅度的振荡，有时振动几次后可稳定下来，有时一直停不下来，必须关机才消除；振荡频率较低，没有异常声音出现。

故障分析：

从现象上看故障当属伺服环路的增益过高所致，结合振荡频率很低、X 轴可见明显的振荡位移来分析，问题极可能出在时间常数较大的位置环或速度环增益方面。首先检查位置环增益设置正常，将 X 轴伺服放大器上的速度环增益电位器调至最低，降低速度环增益，观察故障现象。开机后故障未消除，判断故障可能来自伺服执行部件及反馈元件。拆开伺服电动机，对测速发电机和电动机换向器用压缩空气进行清理，故障仍没有消除。检查测速发电机绕组情况，发现测速发电机转子部件与电动机轴之间的连接松动（测速机转子铁芯与伺服电动机轴之间的连接是用胶粘接在一起的）。由于制造上存在缺陷，在频繁的正反向运动及加速、减速冲击下，连接部分脱开，测速发电机转子和电动机转动轴之间出现相对运动，导致 X 轴进给时速度不稳。

故障处理：认真清洗连接表面后，用 101 胶重新粘接，故障消除。

5.2　FANUC 进给驱动的安装与调整

FANUC 进给伺服系统的特点如表 5-4 所示，现以 FANUC 交流进给驱动的安装与调整为例来介绍。

表 5-4 FANUC 进给伺服系统的分类与特点

序号	名称	特点简介	所配系统型号
1	直流可控硅伺服单元	只有单轴结构，型号为 A06B-6045-H×××。主回路由两个可控硅模块组成(国产的为 6 只可控硅)，120V 三相交流电输入，6 路可控硅全波整流，接触器，三只保险 控制电路板有两种——带电源和不带电源，其作用是接收系统的速度指令(0.10V 模拟电压)和速度反馈信号，给主回路提供 6 路触发脉冲	早期系统，如 5、7、330C、200C、2000C 等。市场上已不常见
2	直流 PWM 伺服单元	有单轴或双轴两种，型号为 A06B-6047-H×××，主回路有整流桥将三相 185V 交流电变成 300V 直流，再由 4 路大功率晶体管的导通和截止宽度来调整输出到直流伺服电动机的电压，以达到调节电动机的速度，有两个无保险断路器、接触器、放电二极管、放电电阻等 控制电路板作用原理与上述基本相同	较早期系统，如 3、6、0A 等。市场上较常见
3	交流模拟伺服单元	有单轴、双轴或三轴结构，型号为 A06B-6050 H×××，主回路比直流 PWM 伺服多一组大功率晶体管模块，其他结构相似，控制板的作用原理与上述基本相同	较早期系统，如 3、6、0A、10/11/12、15E、15A、0E、0B 等，市场上较常见
4	交流 S 系列 1 伺服单元	有单轴、双轴或三轴结构，型号为 A06B-6057-H×××，主回路与交流模拟伺服相似，控制板有较大改变，它只接受系统的 6 路脉冲，将其放大，送到主回路的晶体管的基级。主回路将电动机的 U，V 两相电流转换为电压信号经控制板送给系统	0 系列，16/18A、16/18E、15E、10/11/12 等。市场上较常见
5	交流 S 系列 2 伺服单元	有单轴、双轴或三轴结构，型号为 A06B-6058-H×××，原理同 S 系列，主回路有所改变，将接线改为螺钉固定到印制板上，这样便于维修，拆卸较为方便，不会造成接线错误 控制板可与上述通用	0 系列、16/18A、16/18E、15E、10/11/12 等。市场上较常见
6	交流 C 系列伺服单元	有单轴、双轴结构，型号为 A06B-6066-H×××，主回路体积明显减小，将原来的金属框架式改为黄色塑料外壳的封闭式，从外面看不到电路板，维修时需打开外壳，主回路有一个整流桥、一个 IPM 或晶体管模块、一个驱动板、一个报警检测板、一个接口板、一个焊接到主板上的电源板，需要外接 100V 交流电源提供接触器电源	0C、16/18B、15B 等。市场上不常见
7	交流 α 系列伺服单元 SVU，SVUC	有单轴、双轴或三轴结构，型号为 SVU：A06B-6089-H×××；SVUC：A06B-6090-H×××。可替代 C 系列伺服，结构、外形与 C 系列相似，电路板有接口板和主控制板，电源、驱动和报警检测电路都集成在主控制板上，无 100V 交流输入 常用于不配备 FANUC 交流主轴电动机系统的机床上，如数控车床、数控铣床、数控磨床等	0C、0D、16/18C、15B、I 系列。市场上常见
8	交流 α 系列伺服单元 SVM	有单轴、双轴或三轴结构，型号为 SVM：A06B-6079-H×××。将伺服系统分成三个模块：PSMi(电源模块)、SPMi(主轴模块)和 SVM(伺服模块) 电源模块将 200V 交流电整流为 300V 直流和 24V 直流给后面的 SPM 和 SVM 使用，以及完成回馈制动任务。SVM 不能单独工作，必须与 PSM 一起使用。 其结构为：一块接口板、一块主控制板、一个 IPM 模块(智能晶体管模块)，无接触器和整流桥	0C、0D、16/18C、15B、i 系列。市场上常见
9	交流 αi 系列伺服单元 SVM	有单轴、双轴或三轴结构，型号为 SVM：A06B-6114-H×××。将伺服系统分成三个模块：PSM(电源模块)、SPM(主轴模块)和 SVM(伺服模块) 电源模块将 200V 交流电整流为 300V 直流和 24V 直流给后面的 SPM 和 SVM 使用，以及完成回馈制动任务。SVM 不能单独工作，必须与 PSM 一起使用，而 SVU 以及前面的交、直流伺服单元都可单独使用。 其结构为：一块接口板、一块主控制板、一个 IPM 模块(智能晶体管模块)，无接触器和整流桥	15/16/18/2i/0i-B 系列，0i-C 系列
10	交流 β 系列伺服单元	单轴，型号为 A06B-6093-H×××，有两种：一种是 I/O Link 形式控制，控制刀库、刀塔或机械手，有 LED 显示报警号；另一种为伺服轴，由轴控制板控制，只有报警红灯点亮，无报警号，可在系统的伺服诊断界面查到具体的报警号。外部电源有三相交流 200V、直流 24V、外部急停、外接放电电阻及其过热线，这些插头很容易插错，一旦插错一个，就会将它烧坏。 只有接口板和控制板两块	0C、0D、16/18C、15B、i 系列。市场上常见。 多用于小型数控机床或刀库、机械手等的定位
11	交流 βi 系列伺服单元	有单轴、双轴或三轴结构，型号为 SVPM：A06B-6134-H30X(三轴)/H20X(两轴)； SVU：A06B-6130-H00X(只有单轴)	15/16/18/21/0i-B 系列、0i-C 系列、0i-MATE-B/C 系列

5.2.1 数字伺服参数的初始设定

(1) 调出方法

① 在紧急停止状态下将电源至于 ON。

② 设定用于显示伺服设定界面、伺服调整界面的参数 3111，如图 5-42 所示。输入类型为设定输入；数据类型为位路径型。其中，#0 位 SVS 表示是否显示伺服设定界面、伺服调整界面：0 为不予显示；1 为予以显示。

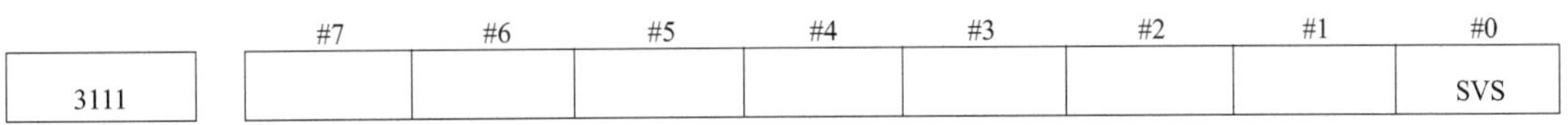

图 5-42 参数 3111

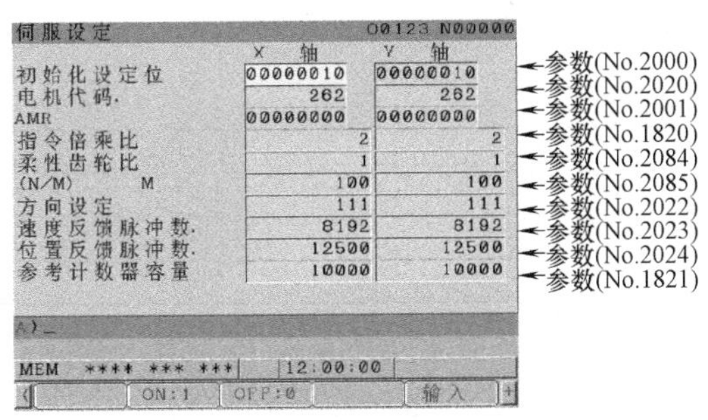

图 5-43 伺服参数的设定界面

③ 暂时将电源置于 OFF，然后再将其置于 ON。

④ 按下功能键[SYSTEM]、功能菜单键[▷]、软键［SV 设定］。显示如图 5-43 所示伺服参数的设定界面。

⑤ 利用光标翻页键，输入初始设定所需的数据。

⑥ 设定完毕后将电源置于 OFF，然后再将其置于 ON。

(2) 设定方法

① 初始化设定。初始化设定如图 5-44 所示，其内容如表 5-5 所示。

	#7	#6	#5	#4	#3	#2	#1	#0
2000							DGPR	PLC0

图 5-44 初始化设定

表 5-5 初始化设定内容

参数	位数	内容	设定	说 明
2000	0	PLC0	0	原样使用参数(No. 2023、No. 2024)的值
			1	使参数(No. 2023、No. 2024)的值再增大 10 倍
	1	DGPR	0	进行数字伺服参数的初始化设定
			1	不进行数字伺服参数的初始化设定

② 电动机代码。根据电动机型号、图号（A06B-××××-B×××的中间 4 位数字）的不同，输入不同的伺服电动机代码。如电动机型号为 αi S2/5000，电动机图号为 0212，则输入电动机代码为 262。

③ 任意 AMR 功能。设定“00000000”，设定方法如图 5-45 所示。

	#7	#6	#5	#4	#3	#2	#1	#0	
2001	AMR7	AMR6	AMR5	AMR4	AMR3	AMR2	AMR1	AMR0	轴形

图 5-45 任意 AMR 功能设定

④ 指令倍乘比。设定方式如图 5-46 所示。

图 5-46 指令倍乘比设定

a. CMR 由 1/2 变为 1/27 时 ：设定值＝1/CMR＋100。

b. CMR 由 1 变为 48 时：设定值＝2×CMR。

⑤ 暂时将电源置于 OFF，然后再将其置于 ON。

⑥ 进给齿轮（F·FG）n/m 的设定。设定方法如图 5-47 所示（αi 脉冲编码器和半闭环的设定）。n、$m \leqslant 32767$，$\frac{n}{m}=\frac{\text{电动机每转一周所需的位置反馈脉冲数}}{1000000}$。

2084	柔性进给齿轮的n
2085	柔性进给齿轮的m

图 5-47　F·FG 设定方法

说明：

a. F·FG 的分子、分母（n、m）其最大设定值（约分后）均为 32767。

b. αi 脉冲编码器与分辨率无关，在设定 F·FG 时，电动机每转动一圈作为 100 万脉冲处理。

c. 齿轮齿条等电动机每转动一圈所需的脉冲数中含有圆周率 π 时，假定 π=355/113。

【例 5-10】 在半闭环中检测出 1μm 时，F·FG 的设定如表 5-6 所示。

表 5-6　F·FG 的设定

滚珠丝杠的导程/mm	所需的位置反馈脉冲数/(脉冲/r)	F·FG
10	10000	1/100
20	20000	2/100 或 1/50
30	30000	3/100

⑦ 方向设定。111：正向（从脉冲编码器一侧看沿顺时针方向旋转）；−111：反向（从脉冲编码器一侧看沿逆时针方向旋转）。设定方法如图 5-48 所示。

2022	电动机旋转方向

图 5-48　方向设定

⑧ 速度反馈脉冲数、位置反馈脉冲数。一般设定指令单位：1/0.1μm；初始化设定位：bit0=0；速度反馈脉冲数：8192。位置反馈脉冲数的设定如下。

a. 半闭环的情形：设定为 12500。

b. 全闭环的情形：在位置反馈脉冲数中设定电动机转动一圈时从外置检测器反馈的脉冲数（位置反馈脉冲数的计算，与柔性进给齿轮无关）。

【例 5-11】 在使用导程为 10mm 的滚珠丝杠（直接连接）、具有 1 脉冲 0.5μm 的分辨率的外置检测器的情形下电动机每转动一圈，来自外置检测器的反馈脉冲数为：10/0.0005=20000。因此，位置反馈脉冲数为 20000。

c. 位置反馈脉冲数的设定大于 32767 时。FS0i-C 中，需要根据指令单位改变初始化设定位的 bit0（高分辨率位），但是，FS0i-D 中指令单位与初始设定位的＃0 之间不存在相互依存关系。即使如 FS0i-C 一样地改变初始化设定位的 bit0 也没有问题，也可以使用位置反馈脉冲变换系数。

位置反馈脉冲变换系数将会使设定更加简单。使用位置反馈脉冲变换系数，以两个参数的乘积设定位置反馈脉冲数。设定方式如图 5-49 所示。

2024	位置反馈脉冲数
2185	位置反馈脉冲数变换系数

图 5-49　位置反馈脉冲数设定

【例 5-12】 使用最小分辨率为 0.1μm 的光栅尺，电动机每转动一圈的移动距离为 16mm 。

由于 N_s=电动机每转动一圈的移动距离（mm）/检测器的最小分辨率（mm）=16mm/0.0001mm=160000(>32767)=10000×16，所以进行如下设定：

A(参数 No. 2024)=10000

B(参数 No. 2185)=16

电动机的检测器为 αi 脉冲编码器的情形（速度反馈脉冲数=8192），尽可能为变换系数选择 2 的乘方值

(2，4，8…)(软件内部中所使用的位置增益值将更加准确)。

⑨ 参考计数器的设定，如图5-50所示。

1821	每个轴的参考计数器容量(0～999999999)

图5-50 参数计数器的设定

a. 半闭环的情形。参考计数器＝电动机每转动一圈所需的位置反馈脉冲数或其整数分之一。旋转轴上电动机和工作台的旋转比不是整数时，需要设定参考计数器的容量，以使参考计数器＝0的点(栅格零点)相对于工作台总是出现在相同位置。

【例5-13】 检测单位＝1μm、滚珠丝杠的导程＝20mm、减速比＝1/17的系统。

• 以分数设定参考计数器容量的方法。电动机每转动一圈所需的位置反馈脉冲数＝20000/17；设定分子＝20000，分母＝17。设定方法如图5-51所示。分母的参数在伺服设定界面上不予显示，需要从参数界面进行设定。

1821	每个轴的参考计数器容量(分子)(0～999999999)
2179	每个轴的参考计数器容量(分母)(0～32767)

图5-51 分数设定

• 改变检测单位的方法。电动机每转动一圈所需的位置反馈脉冲数＝20000/17，使表5-7中的参数都增大17倍，将检测单位改变为1/17μm。

表5-7 参数改变

参数	变更方法	参数	变更方法
F·FG	可在伺服设定界面上变更	移动时位置偏差量限界值	No.1828
指令倍乘比	可在伺服设定界面上变更	停止时位置偏差量限界值	No.1829
参考计数器	可在伺服设定界面上变更	反间隙量	No.1851，No.1852
到位宽度	No.1826，No.1827		

因为检测单位由1μm改变为1/17μm，所以需要将用检测单位设定的参数全都增大17倍。

b. 全闭环的情形。参考计数器＝Z相(参考点)的间隔/检测单位或者其整数分之一。

5.2.2 FSSB数据的显示和设定界面

将CNC和多个伺服放大器之间用一根光纤电缆连接起来的高速串行伺服总线(fanuc serial servo bus，FSSB)，可以设定界面输入轴和放大器的关系等数据，进行轴设定的自动计算，若参数DFS(No.14476#0)＝0，则自动设定参数(No.1023，1905，1936～1937，14340～14349，14376～14391)，若参数DFS(No.14476#0)＝1，则自动设定参数(No.1023，1905，1910～1919，1936～1937)。

(1) 显示步骤

① 按下功能键[SYSTEM]。

② 按“继续”菜单键[▷]数次，显示软键[FSSB]。

③ 按下软键[FSSB]，切换到放大器设定界面(或者以前所选的FSSB设定界面)，显示如图5-52所示软键。

图5-52 软键

a. 放大器设定界面。放大器设定界面上，将各从控装置的信息分为放大器和外置检测器接口单元予以显示，如图5-53和图5-54所示。通过翻页键[PAGE↑]、[PAGE↓]切换界面。显示信息如表5-8所示。

放大器设定　　　　　　　　O0000 N00000

号.	放大	系列	单元	电流	轴	名称
1-01	A1-L	αi	SVM	20A	01	X
1-02	A1-M	αi	SVM	20A	02	Y
1-03	A1-N	αi	SVM	20A	03	Z
1-04	A2-L	αi	SVM	20A	04	B
1-05	A2-M	αi	SVM	20A	05	C

A)_

MDI　**** *** ***　　12:00:00

放大器　轴　维修　　（操作）

图 5-53　放大器设定界面（一）

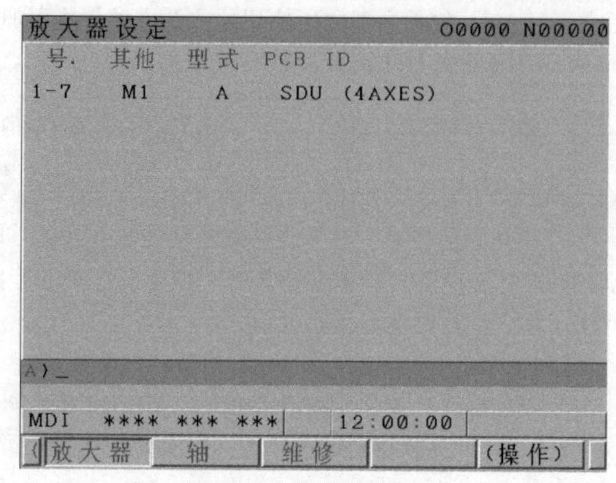

图 5-54　放大器设定界面（二）

表 5-8　显示信息

信息	内容	说　明
号	从控装置号	由 FSSB 连接的从控装置，从最靠近 CNC 侧起编号，每个 FSSB 线路最多显示 10 个从控装置（对放大器最多显示 8 个，对外置检测器接口单元最多显示 2 个）。放大器设定界面中的从控装置号中，表示 FSSB1 行的 1 后面带有“-”，而后连接的从控装置的编号从靠近 CNC 的一侧按照顺序显示
放大	放大器类型	在表示放大器开头字符的“A”后面，从靠近 CNC 一侧数起显示表示第几台放大器的数字和表示放大器中第几轴的字母（L：第 1 轴；M：第 2 轴；N：第 3 轴）
轴	控制轴号	若参数 DFS（No. 14476＃0）＝0，则显示在参数（No. 14340～14349）中所设定的值上加 1 的轴号；若参数 DFS（No. 14476＃0）＝1，则显示在参数（No. 1910～1919）所设定的值上加 1 的轴号。所设定的值处在数据范围外时，显示“0”
名称	控制轴名称	显示对应于控制轴号的参数（No. 1020）的轴名称。控制轴号为“0”时，显示“-”
系列	伺服放大器系列	
单元	伺服放大器单元的种类	
电流	最大电流值	
其他		在表示外置检测器接口单元的开头字母“M”之后，显示从靠近 CNC 一侧数起的表示第几台外置检测器接口单元的数字
型式	外置检测器接口单元的型式	以字母予以显示
PCB ID		以 4 位十六进制数显示外置检测器接口单元的 ID。此外，若是外置检测器模块（8 轴），“SDU (8AXES)”显示在外置检测器接口单元的 ID 之后；若是外置检测器模块（4 轴），“SDU(4AXES)”显示在外置检测器接口单元的 ID 之后

b. 轴设定界面。在轴设定界面上显示轴信息。轴设定界面上显示如表 5-9 所示项目。

表 5-9　显示项目

信息		内　容	说　明
轴设定界面	轴	控制轴号	按照 NC 的控制轴顺序显示
	名称	控制轴名称	
	放大器	连接在每个轴上的放大器类型	
	M1	外置检测器接口单元 1	显示保持在 SRAM 上的用于外置检测器接口单元 1、2 的连接器号
	M2	外置检测器接口单元 2	
	轴专有	伺服 HRV3 控制轴上以一个 DSP 进行控制的轴数有限制时，显示可由保持在 SRAM 上的一个 DSP 进行控制可能的轴数。“0”表示没有限制	
	Cs	Cs 轮廓控制轴	显示保持在 SRAM 上的值。在 Cs 轮廓控制轴上显示主轴号
	双电	显示保持在 SRAM 上的值	对于进行串联控制时的主控轴和从控轴，显示奇数和偶数连续的编号

续表

信息		内　　容	说　　明
放大器维护界面	轴	控制轴号	
	名称	控制轴名称	
	放大器	连接在每个轴上的放大器类型	
	系列	连接在每个轴上的伺服放大器类型	
	单元	连接在每个轴上的伺服放大器单元的种类	
	轴	连接在每个轴上的伺服放大器最大轴数	
	电流	连接在每个轴上的放大器的最大电流值	
	版本	连接在每个轴上的放大器的单元版本	
	测试	连接在每个轴上的放大器的测试口	
	维护号	连接在每个轴上的放大器的改造图号	

c. 放大器维护界面。在放大器维护界面上显示伺服放大器的维护信息。放大器维护界面有图5-55和图5-56所示的两个界面，通过翻页键、进行切换，显示如表5-9所示项目。

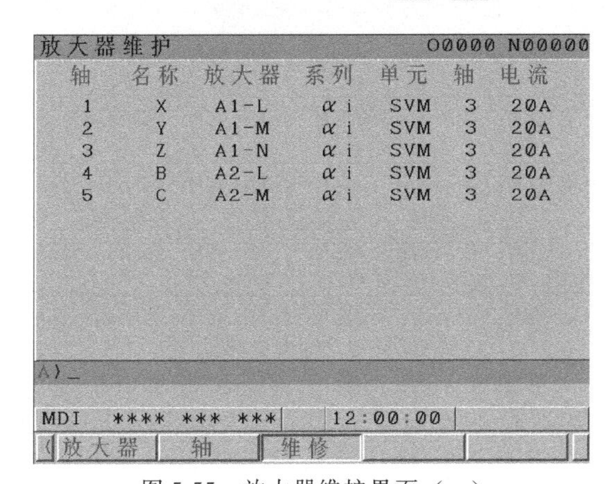

图5-55　放大器维护界面（一）

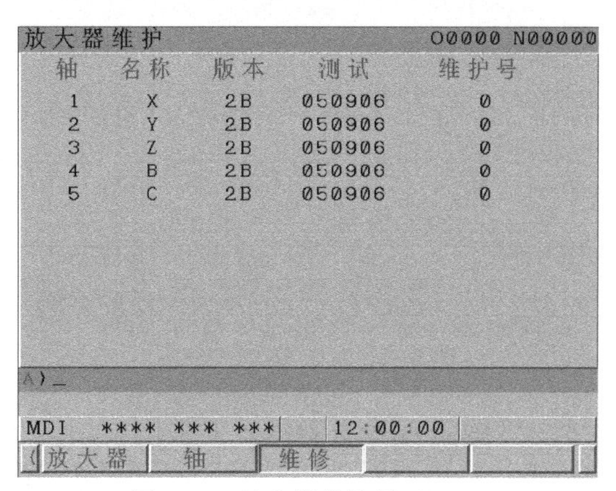

图5-56　放大器维护界面（二）

(2) 设定

在FSSB设定界面（放大器维护界面除外）上，按下软键［（操作）］时，显示如图5-57所示软键。输入数据时，设定为MDI方式或者紧急停止状态，使光标移动到输入项目位置，输入后按下软键［输入］（或者按下MDI面板上的键）。输入后按下软键［设定］时，若设定值有误，则发出报警；设定值正确的情况下，若参数DFS（No.14476＃0）＝0，则在参数（No.1023，1905，1936～1937，14340～14349，14376～14391）中进行设定，若参数DFS（No.14476＃0）＝1，则在参数（No.1023，1905，1910～1919，1936～1937）中进行设定。在输入错误值时，若希望返回到参数中所设定的值，则按下软键［读入］。此外，通电时读出设定在参数中的值，并予以显示。

图5-57　软键

注意：

• 有关在FSSB设定界面输入并进行设定的参数，请勿在参数界面上通过直接MDI输入来进行设定，或者通过G10输入进行设定，必须在FSSB设定界面上进行设定。

• 按下软键［设定］而有报警发出的情况下，重新输入，或者按下软键［读入］来解除报警。即使按下RESET（复位）键也无法解除报警。

① 放大器设定界面，如图5-58所示。轴表示控制轴号，在最大控制轴数的范围内输入控制轴号。当输入了范围外的值时，发出报警“格式错误”。输入后按下软键［设定］并在参数中进行设定时，如输入重复的控制轴号或输入了“0”时，发出报警“数据超限”，不会被设定到参数。

② 轴设定界面，如图 5-59 所示。轴设定界面上可以设定如下项目。

a. M1、M2：用于外置检测器接口单元 1、2 的连接器号，对于使用各外置检测器接口单元的轴，以 1～8（外置检测器接口单元的最大连接器数范围内）输入该连接器号。不使用各外置检测器接口单元时，输入“0”。在尚未连接各外置检测器接口单元的情况下，输入了超出范围的值时，发出报警“非法数据”。在已经连接各外置检测器接口单元的情况下，输入了超出范围的值时，出现报警“数据超限”。

b. 轴专有：以伺服 HRV3 控制轴限制一个 DSP 的控制轴数时，设定可以用一个 DSP 进行控制的轴数。伺服 HRV3 控制轴设定值为 3；在 Cs 轮廓控制轴以外的轴中设定相同值。输入了“0”“1”“3”以外的值时，发出报警“数据超限”。

c. Cs：Cs 轮廓控制轴，输入主轴号（1，2）。输入了 0～2 以外的值时，发出报警“数据超限”。

d. 双电［EGB（T 系列）有效时为 M/S］。对进行串联控制和 EGB（T 系列）的轴，在 1～控制轴数的范围内输入奇数、偶数连续的号码。输入了超出范围的值时，发出报警“数据超限”。

放大器设定　O0000 N00000

号.	放大	系列	单元	电流	轴	名称
1-01	A1-L	αi	SVM	20A	01	X
1-02	A1-M	αi	SVM	20A	02	Y
1-03	A1-N	αi	SVM	20A	03	Z
1-04	A2-L	αi	SVM	20A	04	B
1-05	A2-M	αi	SVM	20A	05	C

A)_
MDI **** *** *** 12:00:00
设定 读入 输入

图 5-58　放大器设定界面

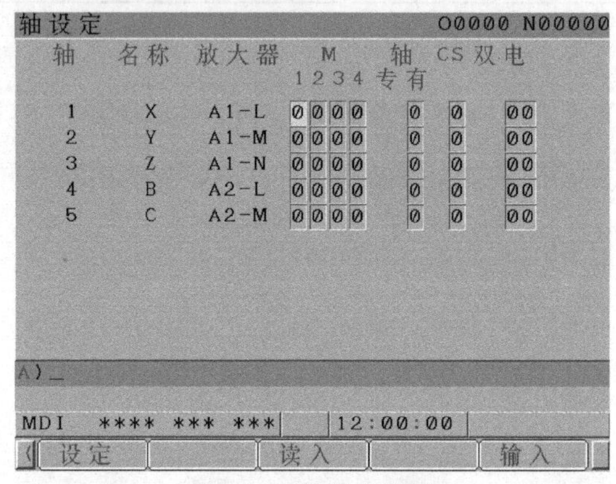

图 5-59　轴设定界面

5.2.3　伺服调整界面

(1) 参数的设定

设定显示伺服调整界面的参数，如图 5-60 所示。

输入类型：设定输入。

数据类型：位路径型。

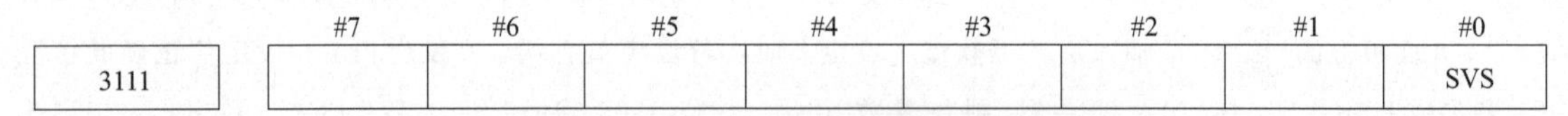

	#7	#6	#5	#4	#3	#2	#1	#0
3111								SVS

图 5-60　设定显示伺服调整界面的参数

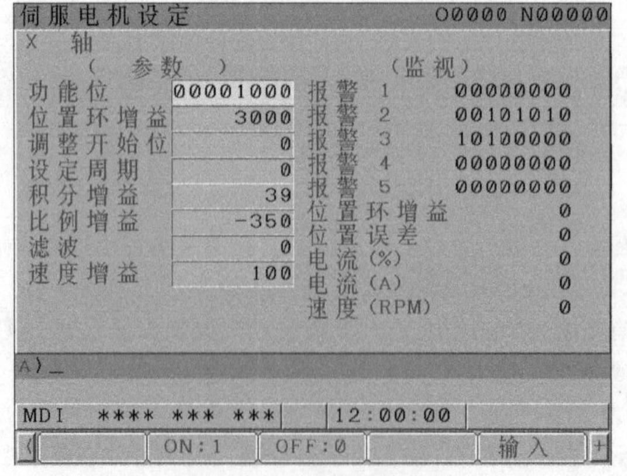

图 5-61　伺服调整界面

#0 SVS：是否显示伺服设定界面、伺服调整界面。

0：不予显示；1：予以显示。

(2) 显示伺服调整界面

① 按下功能键[SYSTEM]、功能菜单键[▷]、软键［SV 设定］。

② 按下软键［SV 调整］，选择伺服调整界面，如图 5-61 所示。说明如表 5-10 所示。

表 5-10 伺服调整界面的说明

项 目	说 明	项 目	说 明
功能位	参数(No. 2003)	报警 2	诊断号 201
位置环增益	参数(No. 1825)	报警 3	诊断号 202
调整开始位	0	报警 4	诊断号 203
设定周期	0	报警 5	诊断号 204
积分增益	参数(No. 2043)	位置环增益	实际环路增益
比例增益	参数(No. 2044)	位置误差	实际位置误差值(诊断号 300)
滤波	参数(No. 2067)	电流(A)	以 A(峰值)为单位表示实际电流
速度增益	设定值$=\frac{(参数\ No.2021)+256}{256}\times100$	电流(%)	以相对于电动机额定值的百分比表示电流值
报警 1	诊断号 200，报警 1～5 信息如表 5-11 所示	速度(RPM)	表示电动机实际转速

表 5-11 报警 1～5 信息

报警号	#7	#6	#5	#4	#3	#2	#1	#0
报警 1	OVL	LVA	OVC	HCA	HVA	DCA	FBA	OFA
报警 2	ALD			EXP				
报警 3		CSA	BLA	PHA	RCA	BZA	CKA	SPH
报警 4	DTE	CRC	STB	PRM				
报警 5		OFS	MCC	LDM	PMS	FAN	DAL	ABF

5.2.4 αi 伺服信息界面

在 αi 伺服系统中，获取由各连接设备输出的 ID 信息，输出到 CNC 界面上。具有 ID 信息的设备主要有伺服电动机、脉冲编码器、伺服放大器模块和电源模块等。CNC 首次启动时，自动地从各连接设备读出并记录 ID 信息。从下一次起，对首次记录的信息和当前读出的 ID 信息进行比较，由此就可以监视所连接的设备变更情况［当记录与实际情况不一致时，显示表示警告的标记（＊）］。可以对存储的 ID 信息进行编辑。由此，就可以显示不具备 ID 信息的设备的 ID 信息［但是，与实际情况不一致时，显示表示警告的标记（＊）］。

(1) 参数设置（表 5-12）

表 5-12 参数设置

	#7	#6	#5	#4	#3	#2	#1	#0
13112							SVI	IDW

输入类型	参数输入	参数	说明	设 置	
参数输入	位路径型	IDW	对伺服或主轴的信息界面进行编辑	0	禁止
				1	不禁止
		SVI	是否显示伺服信息界面	0	予以显示
				1	不予显示

(2) 显示伺服信息界面

① 按下功能键[SYSTEM]，按下软键［系统］。

② 按下软键［伺服］时，出现如图5-62所示界面。伺服信息被保存在F-ROM中。画面所显示的ID信息与实际ID信息不一致的项目，在下列项目的左侧显示“＊”。此功能在即使因为需要修理等正当的理由而进行更换的情况，也会检测该更换并显示“＊”标记。擦除“＊”标记的步骤如下。

a. 可进行编辑［参数IDW(No. 13112＃0)＝1］。

b. 在编辑界面，将光标移动到希望擦除“＊”标记的项目。

c. 通过软键［读取ID］→［输入］→［保存］进行操作。

(3) 编辑伺服信息界面

① 设定参数IDW（No. 13112＃0)＝1。

② 按下机床操作面板上的MDI开关。

③ 按照“显示伺服信息界面”的步骤显示如图5-63所示界面。

④ 通过光标键[↑] [↓]移动界面上的光标。按键操作如表5-13所示。

表5-13 按键操作

按键操作		用途
翻页键		上下滚动界面
软键	［输入］	将所选中的光标位置的ID信息改变为键入缓冲区内的字符串
	［取消］	擦除键入缓冲区的字符串
	［读取ID］	将所选中的光标位置的连接设备具有的ID信息传输到键入缓冲区。只有左侧显示“＊”的项目有效
	［保存］	将在伺服信息界面上改变的ID信息保存在F-ROM中
	［重装］	取消在伺服信息界面上改变的ID信息，由F-ROM重新加载
光标键		上下滚动ID信息的选择

图5-62 显示伺服信息界面

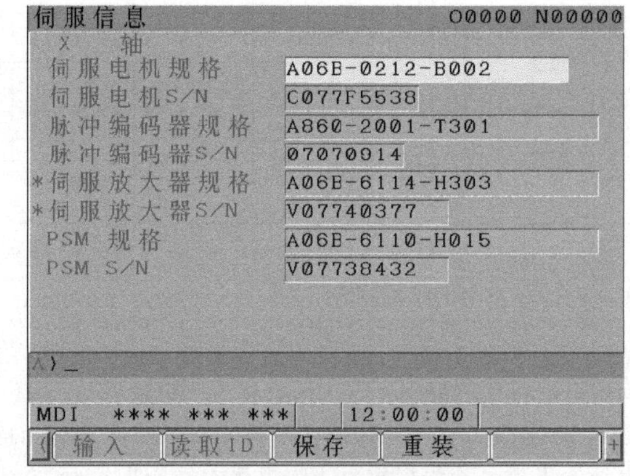

图5-63 编辑伺服信息界面

5.3 FANUC进给系统的故障诊断与维修

5.3.1 伺服驱动的连接与控制

(1) 伺服驱动的连接

① 交流模拟伺服驱动的连接。FANUC交流模拟伺服驱动器采用了可独立安装的结构形式，元器件均为正面布置，所有的连接、接线端子均布置于正面，便于安装与调试。驱动器可以分为“单轴”型、“双轴一体”型与“三轴一体”型三种基本结构，其中“单轴”型为常用结构。

控制单元的元器件布置与外观如图5-64所示。单元正面分为上下两层：第一层（上层）为速度控制板，安装有速度、电流调节控制回路与大功率晶体管的驱动电路等；第二层（下层）为主回路二极管整流电路DS、三组输出大功率逆变驱动管TM1～TM3、直流母线电压调节斩波管Q1、断路器NFB1、接触器MCC、能耗制动电阻RM、直流主回路电流检测电阻等高压、大功率元器件。交流模拟伺服驱动的总体连接如图

5-65所示，图中各连接端的作用如表5-14所示。

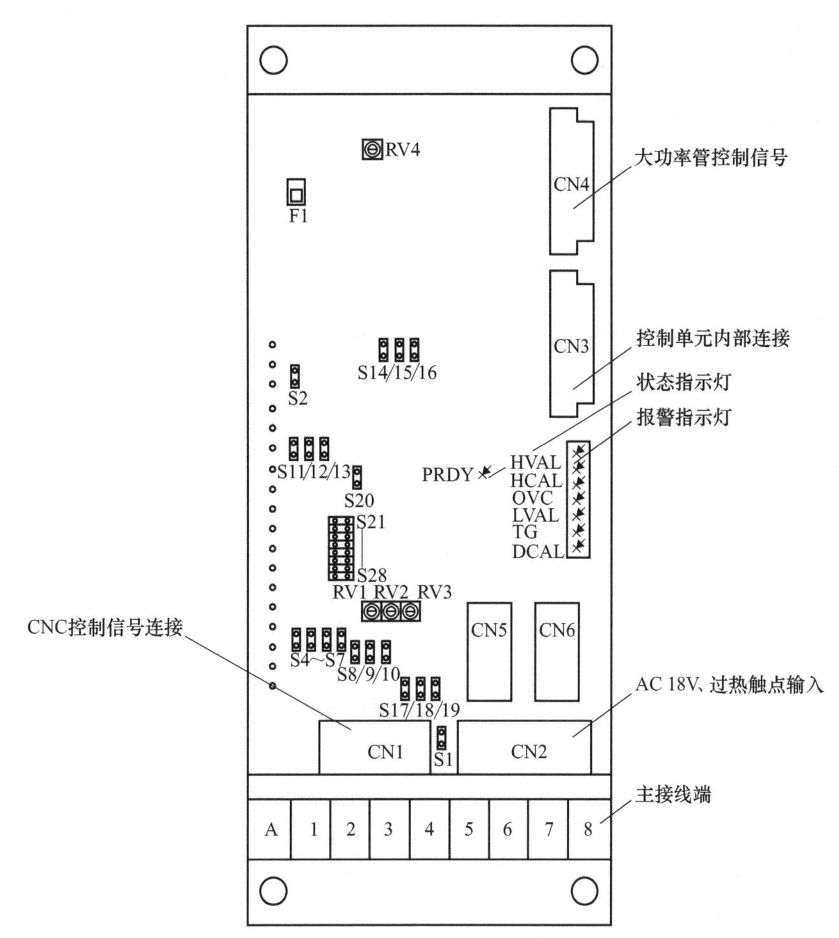

图5-64 交流模拟伺服驱动器（单轴型）示意图

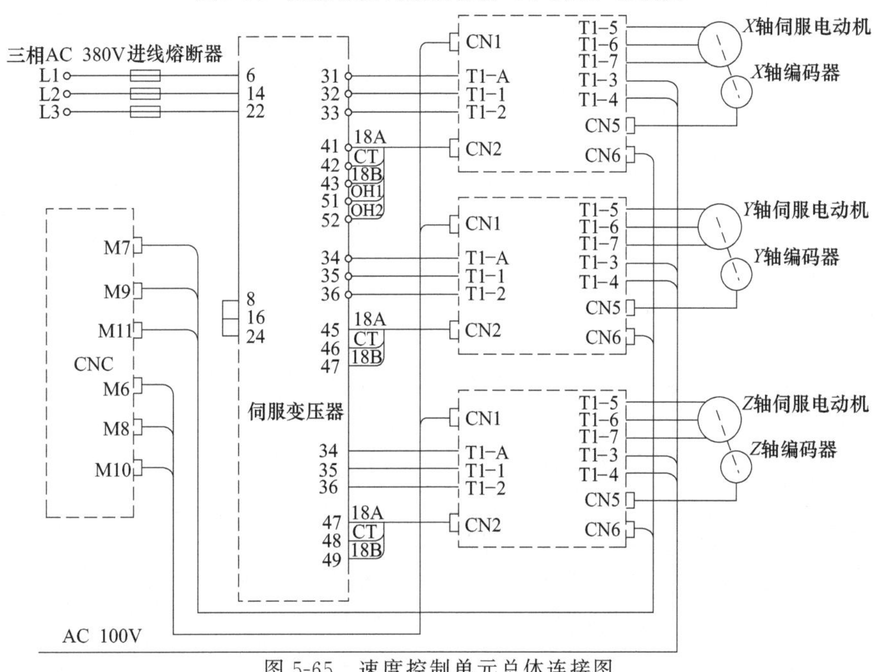

图5-65 速度控制单元总体连接图

② S系列数字伺服的结构与连接。在α系列交流伺服电动机出台之前，FANUC系统配用S系列交流伺服电动机。常用的S系列交流伺服放大器的电源电压为200V/230V，分为一轴型、二轴型和三轴型三种。AC 200V/230V电源由专用的伺服变压器供给，AC 100V制动电源由NC电源变压器供给。

表5-14　速度控制单元连接端的作用

连接端	连接脚	作　用
主回路连接端T1	A/1/2	用于连接速度控制单元的三相电源进线(对于常用规格AC0～30型，输入为三相交流AC 185V)
	3/4	用于连接速度控制单元主接触器(MCC)的AC 100V控制电源输入
	5/6/7	用于连接交流伺服电动机的电枢
控制信号连接器CN1	表5-15	CN1用于连接速度控制单元的速度给定电压、速度反馈电压、“速度控制使能”信号、“位置控制准备好”信号等输入信号，以及“速度控制单元准备好”、过载等输出信号 CN1通常与CNC主板的M6、M8、M10、M22连接器相连。以X轴为例，CN1与M6的连接关系如图5-66所示
控制电压连接器CN2		CN2用于连接来自伺服变压器速度控制单元的控制回路的电源输入(AC 18V)与变压器过热触点输入
控制信号连接器CN3		CN3为速度控制单元内部控制信号连接器，用于连接主回路与控制板间的断路器状态检测、电流检测、MCC的100V控制电压、斩波管Q1的控制信号等
逆变管控制信号连接器CN4		CN4用于连接速度控制单元内部的三组输出大功率逆变管TM1～TM3的控制信号
电动机编码器连接器CN5	表5-16	CN5用于速度控制单元与伺服电动机间的编码器连接，它包括编码器的三相脉冲输出、转子位置检测、电动机的过热触点等，信号的详细连接如图5-67所示
编码器位置反馈连接器CN6		CN6用于速度控制单元与CNC间的位置编码器信号连接，从速度控制单元到CNC，它是CNC的位置反馈信号，信号具体连接如图5-68所示

表5-15　控制信号的含义

信　号	含　义
PRDY1/2	来自CNC的“位置控制准备好”触点输入信号。在速度控制单元中，它为主接触器MCC的通/断控制信号，当CNC的位置控制部分准备好后，PRDY1/2触点闭合，速度控制单元的主接触器MCC接通
ENBL1/2	来自CNC的速度控制单元“速度控制使能”触点输入信号。ENBL1/2触点闭合，速度控制单元的PWM主回路开始工作，对电动机进行励磁
OVL1/2	发送给CNC的速度控制单元“过载”触点输出信号。当速度控制单元过载，电动机、驱动器、再生放电单元过热时，OVL1/2触点断开
VRDY1/2	速度控制单元的“速度控制单元准备好”触点输出信号。当速度控制单元主接触器MCC接通且正常工作时，触点闭合
VCM/CE	来自CNC的速度给定模拟量输入信号。输入电压范围为0～±12V，实际工作电压大小与配套的驱动器有关，对于常用规格通常为7V，对应于电动机2000r/min

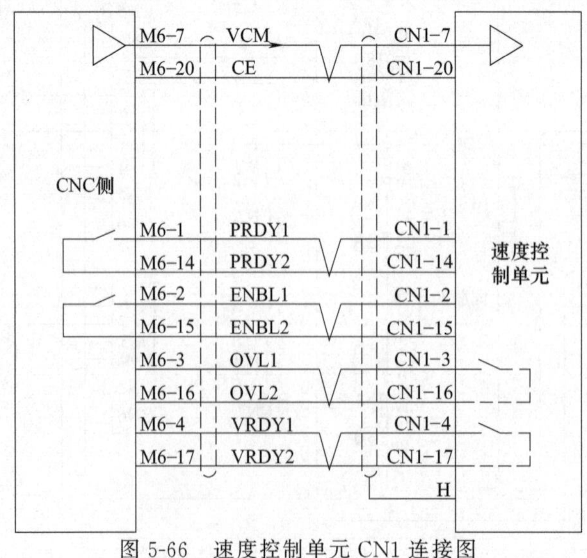

图5-66　速度控制单元CN1连接图

图 5-67 电动机编码器连接图

表 5-16 电动机编码器连接器 CN5 各信号的含义

信 号	含 义	信 号	含 义
PCA/＊PCA/PCB/＊PCB	编码器的 A/B 相脉冲输入信号	OHA/OHB	伺服电动机的过热触点输入
PCZ/＊PCZ	编码器的零位脉冲输入信号	0V/5V	编码器电源
C1/C2/C4/C8	转子位置检测信号		

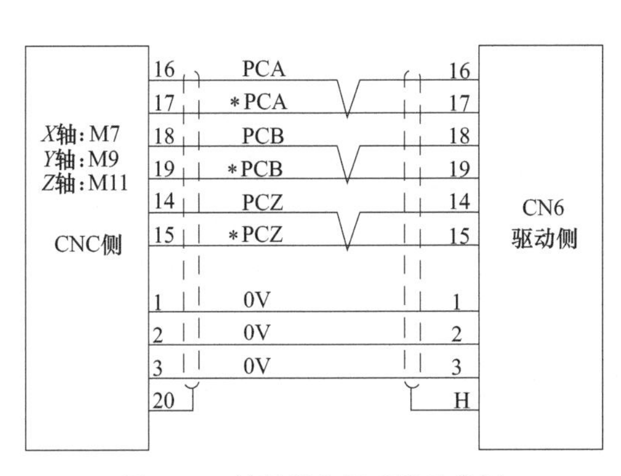

图 5-68 编码器位置反馈连接图

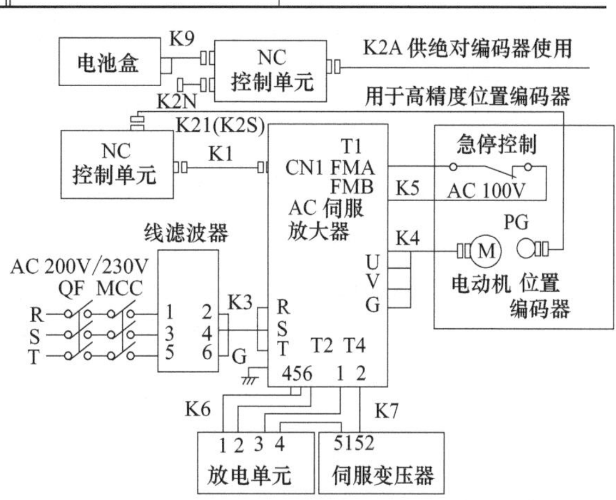

图 5-69 S 系列伺服系统的连接方法（一轴型）

如图 5-69～图 5-71 所示为三种伺服单元的基本配置和连接方法。图中所示电缆 K1 为 NC 到伺服单元的指令电缆，K2S 为脉冲编码器的位置反馈电缆，K3 为 AC 200V/230V 电源输入线，K4 为伺服电动机的动力线电缆，K5 为伺服单元的 AC 100V 制动电源电缆，K6 为伺服单元到放电单元的电缆，K7 为伺服单元到放电单元和伺服变压器的温度接点电缆。图 5-69～图 5-71 中的 QF 和 MCC 分别为伺服单元的电源输入断路器和主接触器，用于控制伺服单元电源的通和断。

伺服单元的接线端 T2-4 和 T2-5 之间有一个短路片，如果使用外接型放电单元，则应将它取下，并将伺服单元印制电路板上的短路棒 S2 设置到 H 位置，反之则设置到 L 位置。伺服单元的连接端 T4-1 和 T4-2 为放电单元和伺服变压器的温度接点串联后的输入点，上述两个接点断开时将产生过热报警。如果使用这对接点，应将伺服单元印制电路板上的短路棒 S1 设置到 L 位置。

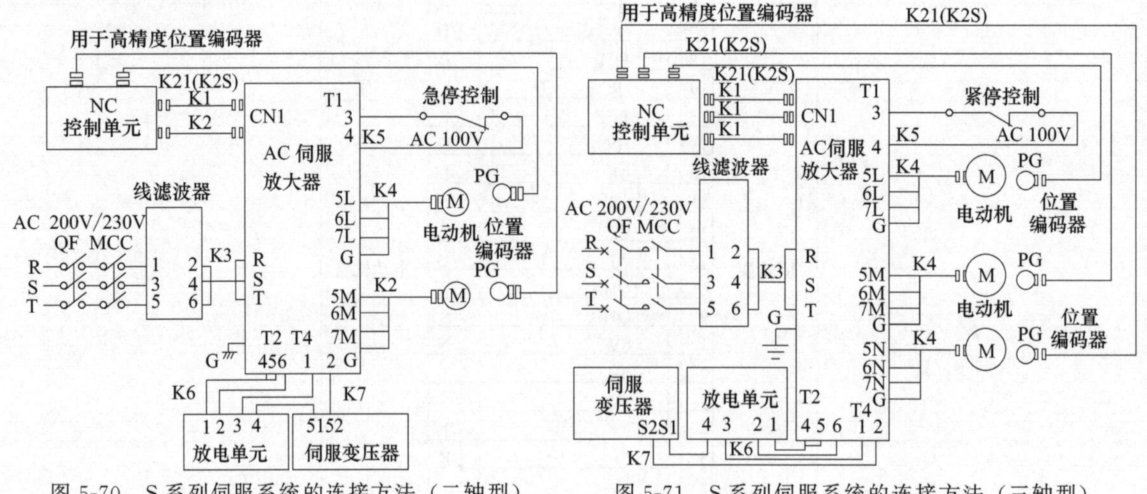

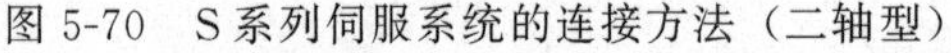

图 5-70　S系列伺服系统的连接方法（二轴型）　　图 5-71　S系列伺服系统的连接方法（三轴型）

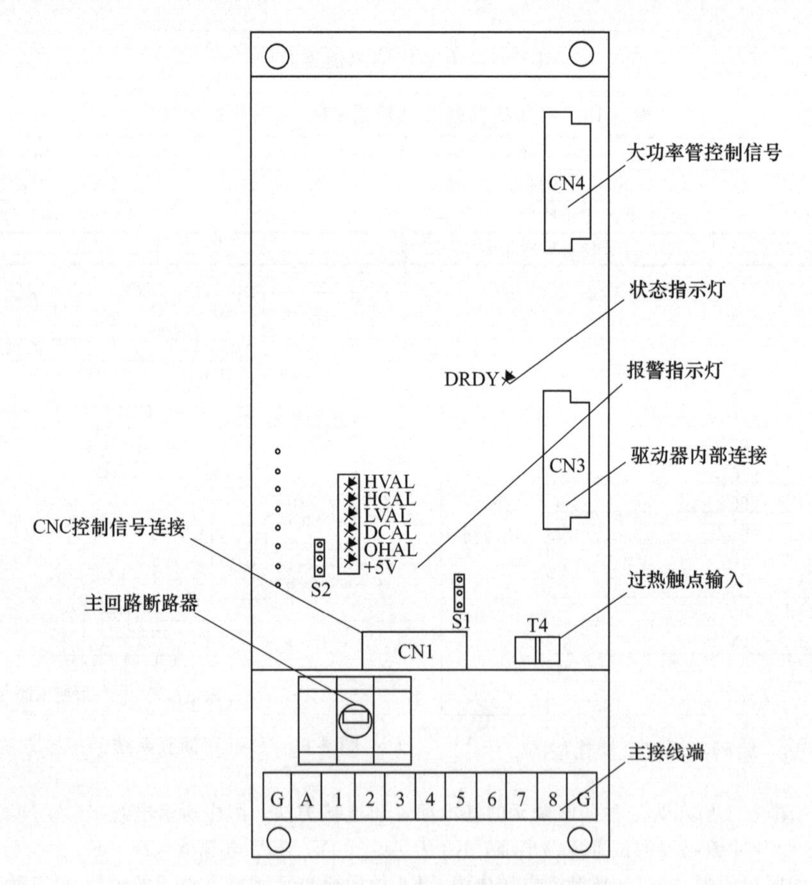

图 5-72　单轴 S 系列数字伺服示意图

在二轴型或三轴型伺服单元中，插座 CN1L、CN1M、CN1N 可分别用电缆 K1 和数控系统的轴控制板上的指令信号插座相连，而伺服单元中的动力线端子 T1-5L/6L/7L 和 T1-5M/6M/7M 以及 T1-5N/6N/7N 则应分别接到相应的伺服电动机，从伺服电动机的脉冲编码器返回的电缆也应一一对应地接到数控系统的轴控制板上的反馈信号插座（即 L、M、N 分别表示同一个轴）。

S系列交流数字伺服驱动器的结构与交流模拟伺服驱动器类似，驱动器采用了可独立安装的结构形式，元器件均为正面布置，所有的连接、接线端子均布置于正面，方便了安装与调试。不同规格的驱动器，元器件布置与外观有较大差别，维修时应参照机床的实际情况确定，对于常用的单轴驱动器（0S～30S）结构，如图5-72所示。

驱动器正面分为上下两层：第一层（上层）为控制板，用于安装速度、电流调节控制回路与大功率晶体管的驱动电路等；第二层（下层）为主回路二极管整流电路DS、三组输出大功率逆变驱动管TM1～TM3、直流母线电压调节斩波管Q1、主断路器NFB1、主接触器MCC、能耗制动电阻RM、直流主回路电流检测电阻等高压、大功率元器件。

交流数字伺服驱动的总体连接如图5-73所示。图中各连接端的作用如表5-17所示。

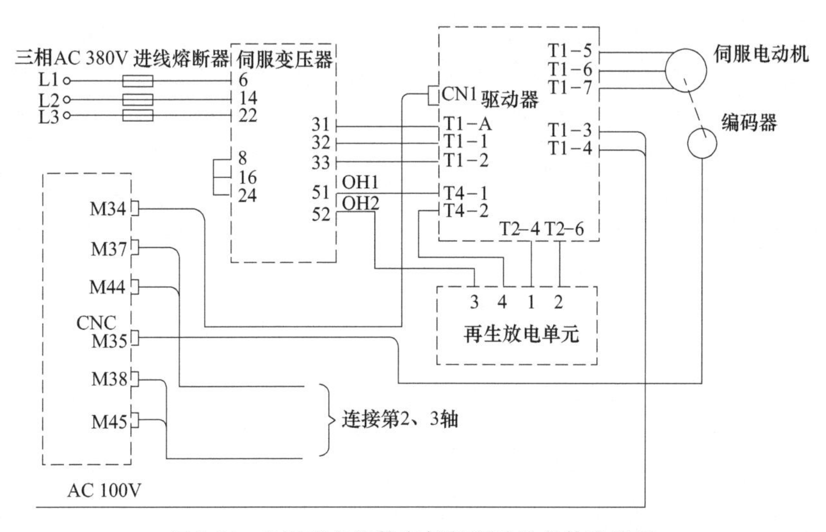

图5-73 S系列交流数字伺服驱动的总体连接图

表5-17 交流数字伺服驱动各连接端的作用

连接端	连接脚	作 用
主回路连接端T1	A/1/2	用于连接速度控制单元的三相电源进线，输入电压可以为三相交流AC 185V(A06B-6057-H×××)或AC 200V(A06B-6058-H×××)
	3/4	用于控制单元主接触器(MCC)的AC 100V控制电源输入
	5/6/7	用于连接交流伺服电动机的电枢；对于双轴或者三轴驱动器，分别以L、M、N加以区分
控制信号连接器CN1	表5-18	CN1用于连接PWM控制信号、电流检测信号、控制单元准备好信号等。CN1通常与CNC主板的M34、M37、M44、M47连接器相连。以X轴为例，CN1与M34的连接关系如图5-74所示
再生放电单元连接端T2		T2位于第二层板的上方，用于连接外部再生放电单元
控制信号连接器CN3		CN3是速度控制单元内部控制信号连接器。用于连接主回路与控制板间的断路器状态检测、电流检测、MCC的100V控制电压、斩波管Q1的控制信号等
逆变管控制信号连接器CN4		CN4用于连接速度控制单元内部的三组输出大功率逆变管TM1～TM3的控制信号
过热触点连接端T4		T4用于连接来自伺服变压器与再生放电单元的过热触点输入
编码器位置反馈连接CN6	表5-19	在数字伺服中，伺服电动机的编码器信号直接与CNC的M35、M38、M45、M48等连接器相连，无须经过驱动器。编码器信号包括三相脉冲输出、转子位置检测、电动机的过热触点等，信号的详细连接如图5-75所示

表 5-18　控制信号含义

信　号	含　义
＊MCDN/GND	为来自主接触器 MCC 的通/断控制信号，控制驱动器的主接触器 MCC 接通
DRDY	驱动器的"准备好"触点输出信号。当驱动器的主接触器 MCC 接通且驱动器正常工作时，触点闭合
＊PWMA～F/COMA～F	来自 CNC 的 PWM 控制信号
IS、IR	电流检测信号

表 5-19　编码器位置反馈信号的含义

信　号	含　义	信　号	含　义
PCA/＊PCA/PCB/＊PCB	编码器的 A/B 相脉冲输入信号	OHA/OHB	伺服电动机的过热触点输入
PCZ/＊PCZ	编码器的零位脉冲输入信号	0V/5V	编码器电源
C1/C2/C4/C8	转子位置检测信号		

图 5-74　驱动器 CN1 连接图

图 5-75　位置编码器连接图

③ α 系列独立型（SVU）数字伺服驱动的连接。α 系列交流数字伺服驱动器有采用公用电源模块（SVM 型）和电源与驱动器一体化（SVU 型）两大类产品。

SVU 型的外形与 C 系列交流伺服驱动器相同，各驱动器可以独立安装，有单轴型（A06B-6089-H1××）、双轴型（A06B-6089-H2××）两种基本结构。如图 5-76 所示为常用的单轴型驱动器外观；α 系列交流数字伺服驱动的总体连接如图 5-77 所示。图中各连接端的作用如表 5-20 所示。

需要注意的是：当使用 α 系列数字伺服时，FS0 的轴控制板规格也需要随之改变，对应的轴控制板连接器编号也有所不同。

表 5-20　α 系列独立型（SVU）数字伺服驱动各连接端的作用

连接端	连接脚	作　用
主回路连接端 T1	1/2/3/4	用于驱动器的三相电源进线，输入电压为三相交流 AC 200V，其中 1 为接地线
	9/10/11 (20/21/22)	用于连接交流伺服电动机的电枢。对于双轴驱动器，分别以 L、M 加以区分
	13/14	用于连接驱动器 AC 200V 控制电源
	15/16	用于连接来自伺服变压器与再生放电单元的过热触点输入
	17/18/19	用于连接外部再生放电单元
	24/25	用于连接风机（中小规格驱动器一般不使用）

（续）

连接端	连接脚	作　　用
控制信号连接器JV1B		JV1B用于连接PWM控制信号、电流检测信号、控制单元准备好信号等。JV1B通常与CNC轴控制板的M184、M187、M194、M197连接器相连。以*X*轴为例，JV1B与M184的连接关系如图5-78所示。图中各信号的含义与S系列数字伺服相同
编码器位置反馈连接	表5-21	在数字伺服中，伺服电动机的编码器信号直接与CNC的α系列数字伺服轴控制板的M185、M188、M195、M198等连接器相连，无须经过驱动器。α系列数字伺服使用的串行编码器，信号的详细连接如图5-79所示
主接触器控制输出连接器CX3		CX3可以用于驱动器主回路进线AC 200V电源的主接触器的控制，在α系列驱动器上，通常驱动器的控制电源（T1-13/14端）应事先加入，当驱动器正常后，通过CX3的输出控制主回路接触器接通
急停信号输入连接器CX4		CX4可以用于驱动器的急停控制，当急停生效时，主回路进线AC 200V电源的主接触器断开，切断主回路电源
控制信号连接器JS1B		当驱动器与FS20/21/16B/18B等系统配套时，由于接口规格的不同（B型接口），驱动器与CNC间的PWM控制信号、电流检测信号、控制单元准备好等，需要通过JS1B连接。在FS0C中不使用本接口
编码器位置反馈连接器JF1		当驱动器与FS20/21/16B/18B等系统配套时，此连接器用于连接电动机内置式编码器。在FS0C中不使用本接口
绝对编码器电源连接器JA4		当驱动器与FS20/21/16B/18B等系统配套时，此连接器用于连接绝对编码器电源。在FS0C中，使用绝对编码器，需要通过“中间单元”进行，因此不使用本接口

在双轴驱动器上，在主接线端子上，相应增加电动机电枢连接端20/21/22：在控制信号上，应增加控制信号连接器JV2B、JS2B、编码器位置反馈连接器JF2等，用于连接第2轴。各连接器的要求与信号与单轴相同。

表5-21　编码器位置反馈信号含义

信　　号	含　　义
SD/＊SD/REQ/＊REQ	串行编码器的位置检测输入信号
0V/5V	编码器电源
0V/＋6V	绝对编码器电源（仅在使用绝对编码器时使用）

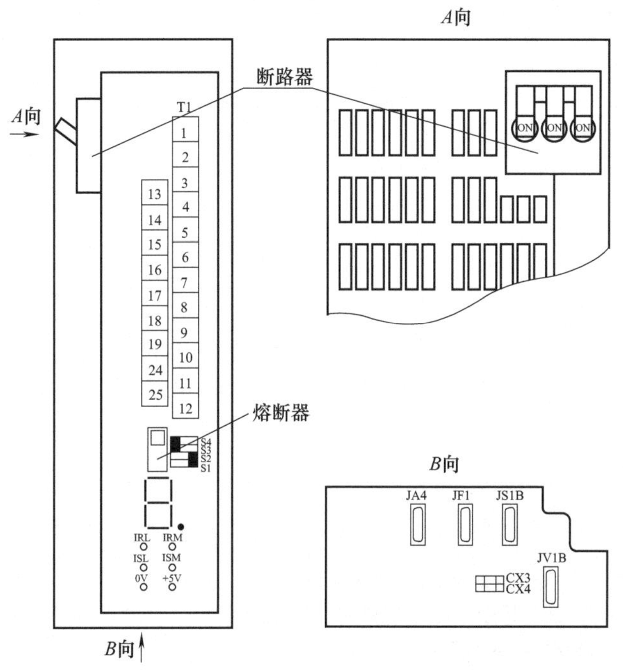

图5-76　单轴α系列数字伺服（SVU）结构示意图

④ α系列公用电源型（SVM）数字伺服驱动的连接。α系列公用电源型驱动装置采用的是模块化结构，伺服驱动与主轴驱动公用电源模块，模块与模块、驱动器与CNC间通过I/O Link总线连接。如图5-80所示为带有一个电源模块、一个主轴模块与一个双轴伺服驱动模块的α系列驱动装置结构。当系统需要增加驱动模块时，可以依次向右并联增加，同时扩大电源模块的容量。

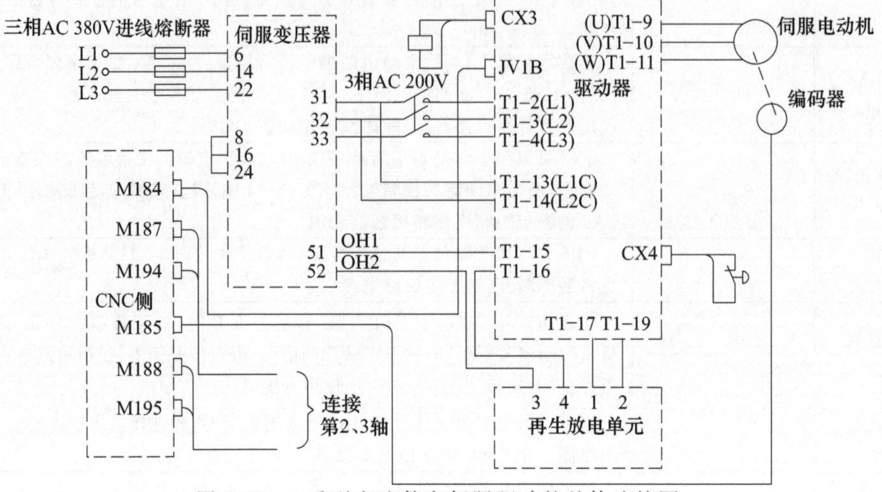

图5-77　α系列交流数字伺服驱动的总体连接图

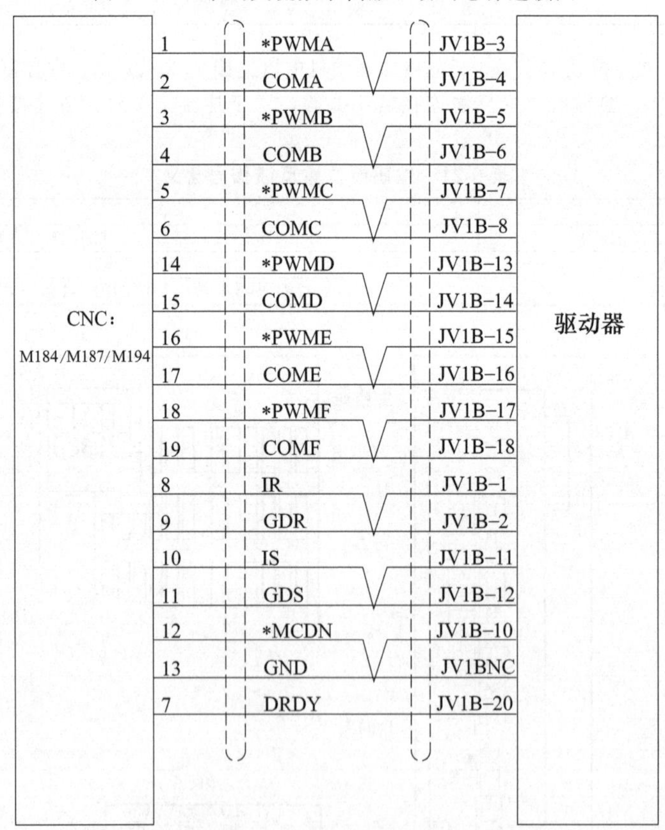

图5-78　α系列驱动器JV1B连接图

在α系列驱动装置中，模块应按照规定的次序排列，由左向右依次为电源模块（PSM）、主轴驱动模块（SPM）、伺服驱动模块（SVM）。其中，电源模块通常固定为一个，容量可以根据需要选择，主轴与伺服驱动模块可以安装多个。各组成模块共用直流母线，但有独立的7段数码管与指示灯显示工作状态。

如图5-80所示的α系列驱动装置，常用的总体连接如图5-81所示。当驱动器发生故障或者在进行驱动器维修、更换后，必须按照以下的连接要求检查驱动器的连接。图 5-80、图 5-81 中各连接端的连接脚及要求如表 5-22 所示。

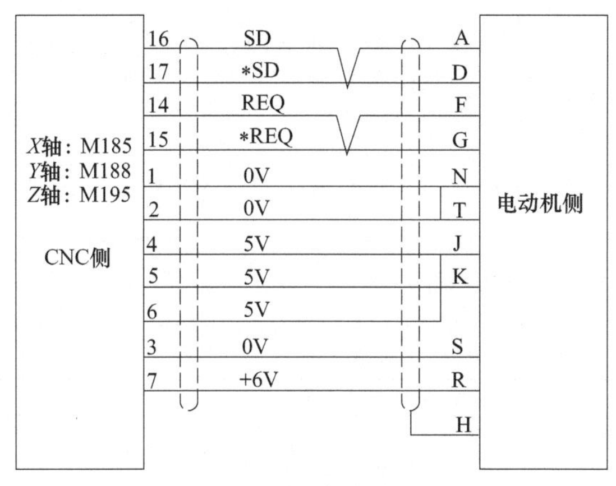

图 5-79 α 系列数字伺服编码器连接图

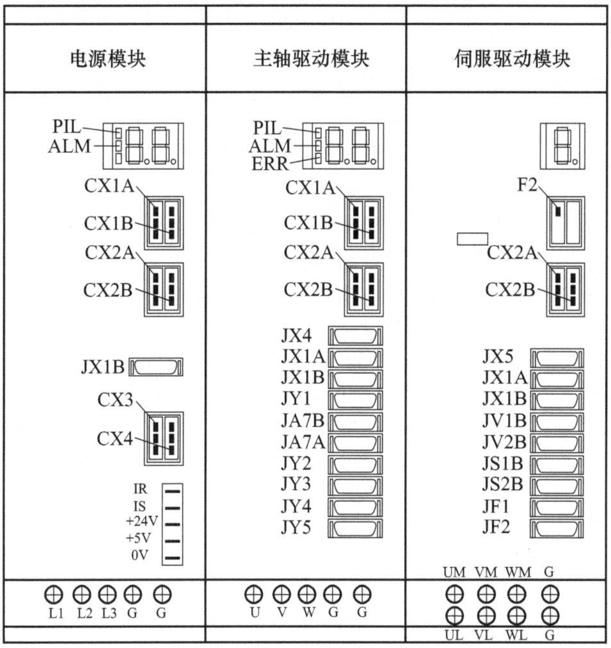

电源模块	主轴驱动模块	伺服驱动模块
PIL, ALM, CX1A, CX1B, CX2A, CX2B, JX1B, CX3, CX4, IR, IS, +24V, +5V, 0V	PIL, ALM, ERR, CX1A, CX1B, CX2A, CX2B, JX4, JX1A, JX1B, JY1, JA7B, JA7A, JY2, JY3, JY4, JY5	F2, CX2A, CX2B, JX5, JX1A, JX1B, JV1B, JV2B, JS1B, JS2B, JF1, JF2
L1 L2 L3 G G	U V W G G	UM VM WM G / UL VL WL G

图 5-80 α 系列驱动装置结构图

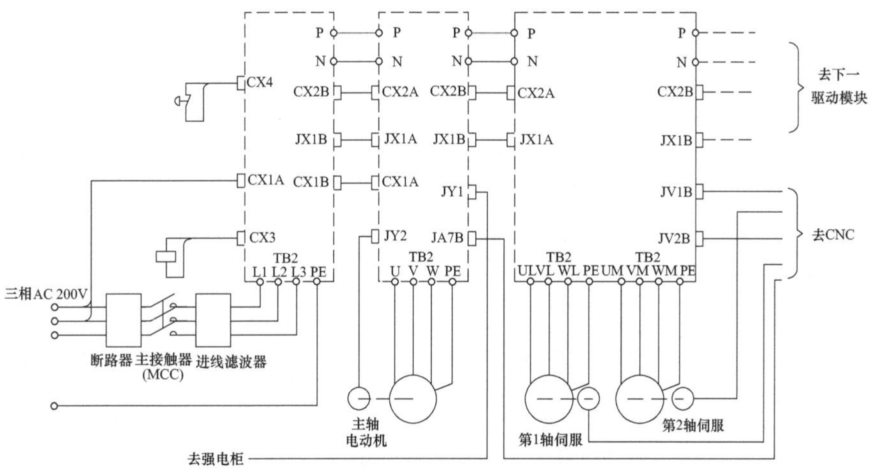

图 5-81 SVM 驱动装置的总体连接图

表 5-22 α系列公用电源型（SVM）数字伺服驱动各连接端的连接脚及要求

连接端	连接脚	要　求
电源模块PSM	TB2-L1/L2/L3/PE	驱动器电源进线。电源电压的要求为：三相 AC 200V/230V－15%～AC 200V/230V＋10%。在采用高电压驱动α系列时，可以直接与三相 AC 380～460V 的电网连接，而不需要采用主轴变压器进行降压处理。但是在这种情况下，进线滤波器是必需的；同时，必须根据不同的电源模块规格，利用规定的连接线可靠接地
	TB1-P/N	驱动器直流母线，所有的驱动器组成模块都必须通过规定的连接母线进行并联连接
	CX1A(1/2)	驱动器 200V 控制电源输入
	CX1B(1/2)	提供给下一驱动模块的 200V 控制电源输出。维修时必须注意：电源模块的控制电源必须从 CX1A 输入，从 CX1B 输出。切不可以从 CX1B 输入，否则可能会损坏驱动器内部熔断器
	CX4(2/3)	外部急停信号触点输入
	CX2B(1/2/3)	驱动器内部急停信号连接端，它与下一驱动模块的 CX2A 互相连接
	CX3(1/3)	用于接通驱动器电源输入回路主接触器 MCC 的触点输出，触点输出驱动能力为 AC 250W、2A
	JX1B	驱动器内部控制信号连接总线，它与下一驱动模块的 JX1A 相连，内部信号连接如图 5-82 所示
伺服驱动模块 SVM	TB2-U/V/W/PE	连接伺服电动机电枢，第 1 轴、第 2 轴用 L、M 区别
	CX2A/CX2B(1/2/3)	驱动器内部急停信号连接端。CX2A 与上单元(一般为电源模块或主轴模块)的 CX2B 互相连接；CX2B 与下一驱动模块的 CX2A 互相连接
	JX1A/JX1B	驱动器内部控制信号连接总线。JX1A 与上单元(一般为电源模块或主轴模块)的 JX1B 互相连接；JX1B 与下一驱动模块的 JX1A 互相连接
	JX5	驱动器检测板连接器，供维修用
	控制信号连接 JV1B/JV2B	用于连接第 1 轴与第 2 轴的 PWM 控制信号、电流检测信号、控制单元准备好信号等。JV1B/JV2B 通常与 CNC 轴控制板的 M184、M187、M194、M197 连接器相连
	编码器位置反馈连接	在 SVM 数字伺服中，伺服电动机的编码器信号直接与 CNC 的α系列数字伺服轴控制板的 M185、M188、M195、M198 等连接器相连，无须经过驱动器
	控制信号连接 JS1B/JS2B	当驱动器与 FS20/21/16B/18B 等系统配套时，由于接口规格的不同(B 型接口)，驱动器与 CNC 间的 PWM 控制信号、电流检测信号、控制单元准备好信号等，需要通过 JS1B/JS2B 连接。在 FS0C 中不使用本接口
	编码器位置反馈连接 JF1/JF2	当驱动器与 FS20/21/16B/18B 等系统配套时，此连接器用于连接电动机内置式编码器。在 FS0C 中不使用本接口

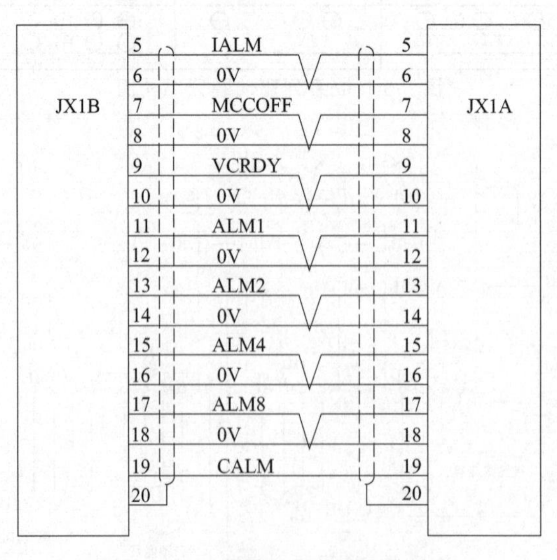

图 5-82 驱动器控制信号总线连接

⑤ 具体机床的连接。具体机床的连接如图 5-83 所示。

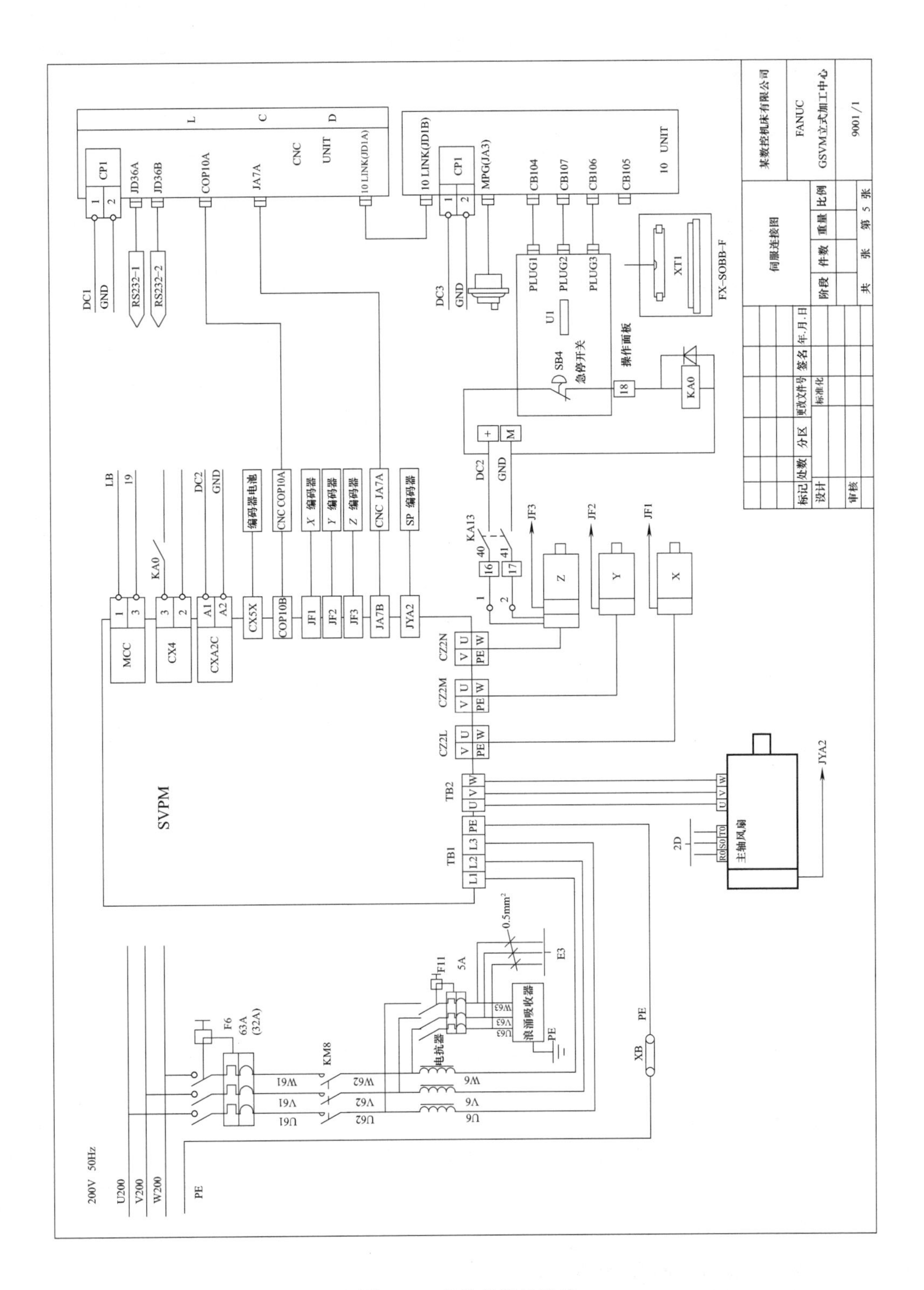

图 5-83 具体机床的连接

(2) 伺服驱动有关的控制

① 第1级控制。第1级程序因为每次扫描都要执行，所以程序设计应尽量短，以减少每次占用的时间，为第2级程序多留些时间，从而提高整体程序的运行效率。因此，第1级程序只编程那些急需处理的高速信号，如急停信号、进给暂停信号、机床报警、Z轴抱闸、轴互锁、伺服跟踪信号等。VMC-2立式加工中心的第1级控制梯形图（0i，R）如图5-84所示。

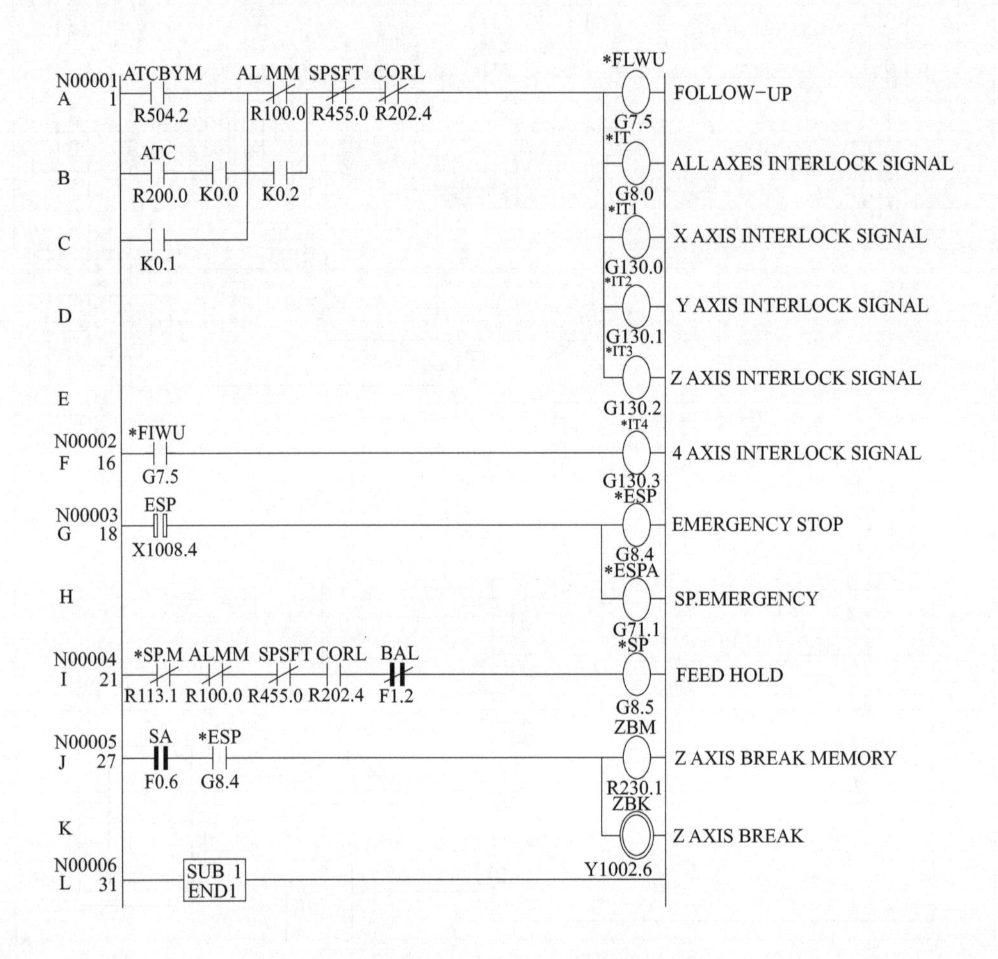

图5-84　第1级控制梯形图

② 快速进给倍率的控制。VMC-1立式加工中心快速进给倍率梯形图用带灯单键F0（X0107.0）、F25（%）（X0107.1）、F50（50%）（X0107.2）、F100（%）（X0107.3）选择快速进给倍率0、25%、50%、100%，梯形图如图5-85所示。

③ 循环启动、进给暂停的控制。这两个键是互斥的，但在NC内部联锁，因此编程相对简单些。进给暂停信号＊SP在第1级程序中处理，下面仅为第2级程序。VMC-2立式加工中心循环启动、进给暂停控制梯形图如图5-86所示。

5.3.2 FANUC进给伺服系统的故障与排除

(1) FANUC进给伺服系统的常见共性故障诊断与排除

FANUC进给伺服系统的常见共性故障诊断与排除如表5-23～表5-30所示。

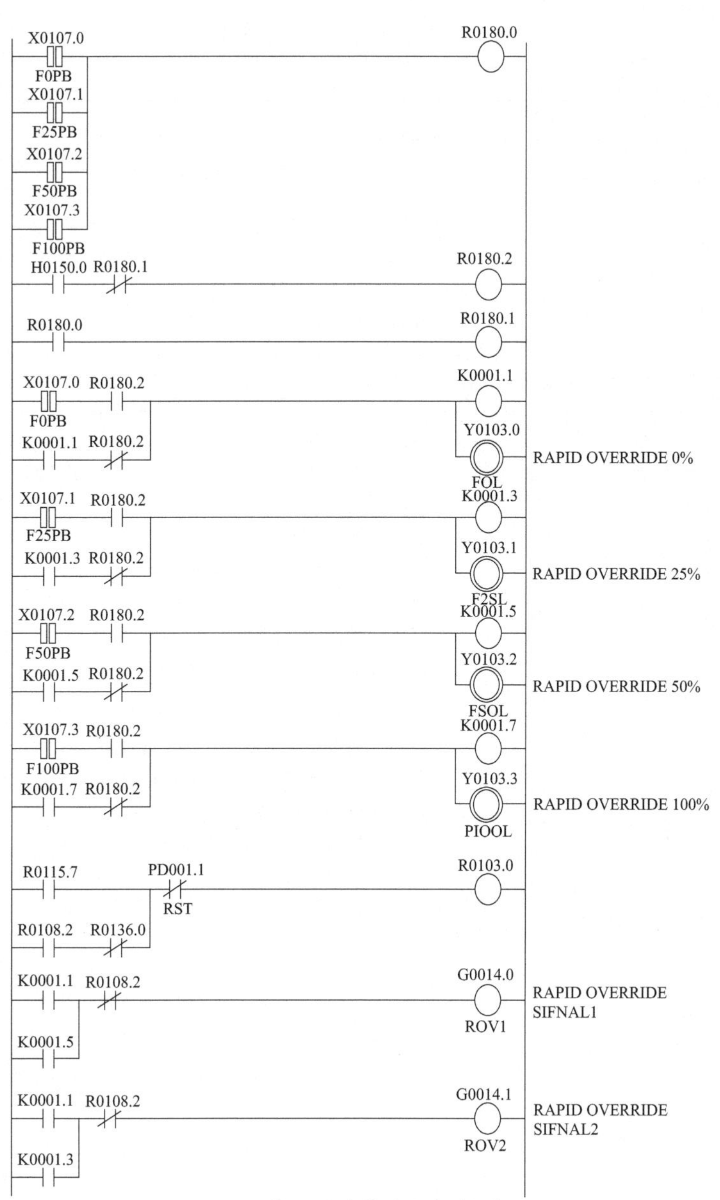

图 5-85 快速进给倍率的控制梯形图

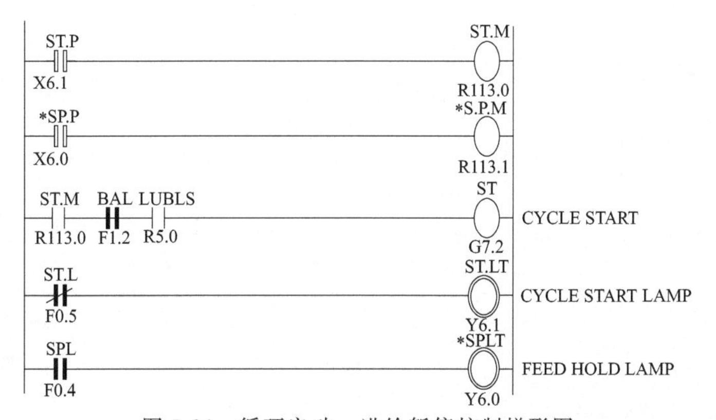

图 5-86 循环启动、进给暂停控制梯形图

表 5-23　直流可控硅伺服单元

序号	故障现象	原因	解决方法
1	过电流报警（OVC 红灯点亮）	输出到伺服电动机的电流由一个电流检测器 CDI 检测，转换成电压信号，由控制板判断是否过电流，因此，从控制板的触发电路、检测电路，到主回路，再到电动机，都有可能是故障点	①可通过互换控制板来初步判断是否为主回路或是控制板故障（与其他轴互换，所有轴的控制板都可互换），一般是控制板的可能性大 ②另外，可检查是上电就报警还是速度高了报警。如果上电就报警，则有可能是主回路可控硅烧了，这可通过万用表测可控硅是否导通来判断，正常的可控硅两端电阻无穷大，如果导通就坏了。如果是高速报警而低速正常则可能是控制板或电动机有问题，这也可通过交换伺服单元来判别 ③如果是控制电路板坏了，则必须将它送到 FANUC 维修点进行修理或购买新品，因为板上易坏的 IC 在市面上可能买不到
2	伺服电动机振动	电动机移动时速度不平稳会产生振动和噪声	①伺服电动机换向器的槽中有炭粉，或炭刷需更换 ②用示波器测控制板上 CH11-CH3 波形，正常为 6 个均匀的正弦波，如果少一个就不正常，可能是控制板上驱动回路或主回路可控硅坏了，通过互换控制板可判断 ③调整控制板上的 RV7 试一试
3	过热报警	伺服电动机、伺服变压器或伺服单元过热开关断开	①伺服电动机过热，或伺服电动机热保护开关坏 ②伺服变压器过热，或伺服变压器热保护开关坏 ③伺服单元过热，或伺服单元热保护开关坏 ④查以上各部件的过热连接线是否断线
4	不能准备好，系统报警显示 401 或 403（伺服 VRDYOFF）	系统开机自检后，如果没有急停和报警，则发出 PRDY 信号给伺服单元，伺服单元接收到该信号后，接通主接触器，送回 VRDY 信号，如果系统在规定时间内没有接收到 VRDY 信号，则发出此报警，同时断开各轴的 PRDY 信号，因此，上述所有通路都可能是故障点	①检查各个插头是否接触不良，包括控制板与主回路的连接 ②查外部交流电压是否都正常，包括：三相 120V 输入（端子 A、1、2）、单相 100V（端子 3、4）。查控制板上各直流电压是否正常，如果有异常，则为带电源板故障，再查该板上的保险是否都正常 ③仔细观察接触器是吸合后再断开，还是根本就不吸合。如果是吸合后再断开，则可能是接触器的触点不好，更换接触器。如果有一个没有吸合，则该单元的接触器线圈不好或控制板不好，可通过测接触器的线圈电阻来判断 ④查 CN2 的 4、5 端子是否导通，这是外部过热信号，通常是短路的，如果没有接线，则短路棒 S2L 必须短路，查主回路的热继电器是否跳开 ⑤如果以上都正常，则为 CN1 指令线或系统板故障
5	TG 报警（TG 红灯点亮）	失速或暴走，即电动机的速度不按指令走，从指令到速度反馈回路，都有可能出故障	①可通过互换单元来初步判断是控制单元还是电动机故障，一般是控制单元的可能性大 ②另外可查看是上电就报警还是速度高了报警。如果上电就报警，则有可能是主回路可控硅坏了。如果是高速报警而低速正常则可能是控制板或电动机有问题，这也可通过交换伺服单元来判别 ③观察是一直报警还是偶尔出现报警，如果是一直报警则是单元或控制板故障，否则可能是电动机有问题
6	飞车（一开机电动机速度很快上升，因系统超差报警而停止）	系统未给指令到伺服单元，而电动机自行行走。该故障是由正反馈或无速度反馈信号引起的，所以应查伺服输出、速度反馈等回路	①检查三相输入电压是否有缺相，或保险是否有一烧断 ②查外部接线是否都正常，包括：三相 120V 输入（端子 A、1、2）相序 U、V、W 是否正确，输出到电动机的＋、－（端子 5、6、7、8）是否接反，CN1 插头是否有松动 ③查电动机速度反馈是否正常，包括：是否接反、是否断线、是否无反馈 ④交换控制电路板，如果故障随控制板转移，则是电路板故障 ⑤系统的速度检测和转换回路故障
7	系统出现 VRDYON 报警	系统在 PRDY 信号还未发出就已经检测到 VRDY 信号，即伺服单元比系统早准备好，系统认为这样为异常	①查主回路接触器的触点是否接触不好，或 CN1 接线是否错误 ②查是否有维修人员将系统指令口封上

续表

序号	故障现象	原因	解决方法
8	电动机不转	系统发出指令后，伺服单元或伺服电动机不执行，或由于系统检测到伺服偏差值过大，所以等待此偏差值变小	①观察给指令后系统或伺服出现什么报警，如果是伺服有OVC，则有可能电动机制动器没有打开或机械卡死 ②如果伺服无任何报警，则系统会出现超差报警，此时应检查各接线或连接插头是否正常，包括电动机动力线、CN1插头、A/1/2三相输入线、CN2插头以及控制板与单元的连接。如果都正常，则更换控制板检查 ③检查伺服电动机是否正常 ④查系统伺服误差诊断界面，是否有一个较大的数值(10～20左右，正常值应小于5)，如果是，则调整控制板上的RV2(OFFSET)直到该数变为0左右

表5-24 直流PWM伺服单元

序号	故障现象	原因	解决方法
1	TG报警(TG红灯点亮)	失速或暴走，即电动机的速度不按指令走，所以，从指令到速度反馈一路都有可能出故障	①单轴可互换单元，双轴可将各轴指令线和动力线互换，来初步判断是控制单元还是电动机故障，一般是单元的可能性大 ②如果上电就报警，则有可能是主回路晶体管坏了。可用万用表测量并自行更换晶体管模块，如果是高速报警而低速正常则可能是控制板或电动机有问题，这也可通过交换伺服单元来判别 ③观察是一直报警还是偶尔报警，如果是一直报警则是单元或是控制板故障，否则可能是电动机故障
2	飞车(一开机电动机速度很快上升，因系统超差报警而停止)	系统未给伺服单元指令，而电动机自行行走。该故障是由正反馈或无速度反馈信号引起的，所以应查伺服输出、速度反馈等回路	①检查三相输入电压是否缺相 ②查外部接线是否都正常，包括：三相120V输入(端子A,1,2)，输出到电动机的＋、－(端子5、6、7、8)是否接反，CN1插头是否有松动 ③查电动机速度反馈是否正常，包括：是否接反、是否短线、是否无反馈 ④交换控制电路板，如果故障随控制板转移，则是电路板故障
3	断路器跳开(BRK灯点亮)	主回路的两个无保险断路器检测到电流异常、跳开或检测回路有故障	①查主回路电源输入端的两个无保险断路器是否跳开，正常应为ON(绿色) ②如果合不上，则主回路有短路的地方，应仔细检查主回路的整流桥、大电容、晶体管模块等 ③控制板报警回路故障
4	电动机不转	系统发出指令后，伺服单元或伺服电动机不执行，或由于系统检测到伺服偏差值过大，所以等待此偏差值变小	①检查给指令后系统或伺服出现报警，如果是伺服有OVC报警，则有可能电动机制动器没有打开或机械卡死 ②如果伺服无任何报警，则系统会发出超差报警，此时应检查各接线或连接插头是否正常，包括电动机动力线、CN1插头、A/1/2三相输入线、CN2插头以及控制板与单元的连接。如果都正常，则更换控制板检查 ③检查伺服电动机是否正常 ④查系统伺服误差诊断界面，是否有一个较大的数值(10～20左右，正常值应小于5)，如果是，则调整控制板上的RV2(OFFSET)直到该数变为0左右
5	过热报警(OH灯点亮)	伺服电动机、伺服变压器、伺服单元和放电单元的热保护开关断开	①伺服电动机过热，或伺服电动机热保护开关坏 ②伺服变压器或放电单元过热，或者伺服变压器或放电单元热保护开关坏，如果未接变压器或放电单元过热线，则印制板上S20(OH)短路 ③伺服单元过热，或伺服单元热保护开关坏 ④查以上各部件的过热连接线是否断线
6	异常电流报警(HCAL红灯点亮)	伺服单元的185V交流经过整流变为直流300V，直流侧有一检测电阻检测直流电流，如果后面有短路，则立即产生该报警	①如果是一直出现，可用万用表测量主回路晶体管模块是否短路，自行更换晶体管模块，如果未短路，则与其他轴互换控制板，如果随控制板转移，则修理控制板 ②如果是高速报警而低速正常则可能是控制板或电动机有问题，这也可通过交换伺服单元来判别 ③观察是一直报警还是偶尔报警，如果是一直报警则是单元或是控制板故障，否则可能是电动机故障
7	高电压报警(HVAL红灯点亮)	伺服控制板检测到主回路或控制回路电压过高，一般情况是检测回路出故障	①检查三相185V输入电压是否正常 ②查CN2的1、2、3交流±18V是否都正常 ③交换控制电路板，如果故障随控制板转移，则是电路板故障

续表

序号	故障现象	原　因	解决方法
8	伺服电动机振动	电动机移动时速度不平稳会产生振动和噪声	①伺服电动机换向器的槽中有炭粉，或炭刷需更换 ②控制电路板S1、S2设定与其他好板比较是否错误 ③控制电路板RV1设定是否正确
9	低电压报警(LVAL红灯点亮)	伺服控制板检测到主回路或控制回路电压过低，或检测回路故障	①检查三相185V输入电压是否太低 ②查CN2的1、2、3交流±18V是否都正常 ③检查主回路的晶体管、二极管、电容等是否有异常 ④交换控制电路板，如果故障随控制板转移，则是电路板故障
10	放电异常报警(DCAL红灯点亮)	放电回路(放电三极管、放电电阻、放电驱动回路)异常，经常是由短路引起的	①检查主回路的晶体管、放电三极管、二极管、电容等是否有异常 ②如果有外接放电电阻，检查其阻值是否正常 ③检查伺服电动机是否正常 ④交换控制电路板，如果故障随控制板转移，则是电路板故障
11	不能准备好系统，报警显示伺服VRDYOFF	系统开机自检后，如果没有急停和报警，则发出PRDY信号给伺服单元，伺服单元接收到该信号后，接通主接触器，送回VRDY信号，如果系统在规定时间内没有接收到VRDY信号，则发出此报警，同时断开各轴的PRDY信号，因此，上述所有通路都有可能是故障点	①检查各个插头是否接触不良，包括控制板与主回路的连接 ②查外部交流电压是否都正常，包括：三相185V输入(端子A、1、2)、单相100V(端子3、4) ③查控制板上各直流电压是否正常，如果有异常，则为电源板故障，再查该板上的保险是否都正常 ④仔细观察接触器是吸合后再断开，还是根本就不吸合。如果是吸合后再断开，则可能是接触器的触点不好，更换接触器，如果有一个没有吸合，则该单元的接触器线圈不好或控制板不好，可通过测接触器的线圈电阻来判断 ⑤如果以上都正常，则为CN1指令线或系统板故障
12	系统出现VRDY ON报警	系统在PRDY信号还未发出时就已经检测到VRDY信号，即伺服单元比系统早准备好，系统认为这样为异常	①查主回路接触器的触点是否接触不好，或是CN1接线错误 ②查是否有维修人员将系统指令口封上或指令口有故障

表5-25　交流模拟伺服单元

序号	故障现象	原　因	解决方法
1	TG报警(TG红灯点亮)	失速或暴走，即电动机的速度不按指令走，所以，从指令到速度反馈一路，都有可能出故障	①单轴可互换单元，双轴可将各轴指令线和动力线互换，来初步判断是否为控制单元还是电动机故障，一般是单元的可能性大 ②如果上电就报警，则有可能是主回路晶体管坏了。可用万用表测量并自行更换晶体管模块，如果是高速报警而低速正常则可能是控制板或电动机有问题，这也可通过交换伺服单元来判别 ③更换隔离放大器A76L-0300-0077 ④观察是一直报警还是偶尔报警，如果是一直报警则是单元或是控制板故障，否则可能是电动机故障
2	飞车(一开机电动机速度很快上升，因系统超差报警而停止)	系统未给伺服单元指令，而电动机自行行走。该故障是由正反馈或无速度反馈信号引起的，所以应查伺服输出、速度反馈等回路	①检查三相输入电压是否有缺相 ②查外部接线是否都正常，包括：三相185V输入(端子A、1、2)，输出到电动机的U、V、W、G(端子5、6、7、8)是否接反，CN1插头是否有松动 ③查电动机速度反馈是否正常，包括：是否接反、是否短线、是否无反馈 ④交换控制电路板，如果故障随控制板转移，则是电路板故障
3	断路器跳开(BRK灯点亮)	主回路的两个无保险断路器检测到电流异常、跳开，或检测回路有故障	①查主回路电源输入端的两个无保险断路器是否跳开，正常应为ON(绿色) ②如果合不上，则主回路有短路的地方，应仔细检查主回路的整流桥、大电容、晶体管模块等 ③控制板报警回路故障

续表

序号	故障现象	原　因	解 决 方 法
4	电动机不转	系统发出指令后，伺服单元或伺服电动机不执行，或由于系统检测到伺服偏差值过大，所以等待此偏差值变小	①给指令后系统或伺服出现报警，如果是伺服有OVC报警，则有可能电动机制动器没有打开或机械卡死 ②如果伺服无任何报警，则系统会出超差报警，此时应检查各接线或连接插头是否正常，包括电动机动力线、CN1插头、A/1/2三相输入线、CN2插头以及控制板与单元的连接。如果都正常，则更换控制板检查 ③检查伺服电动机是否正常 ④查系统伺服误差诊断界面，是否有一个较大的数值(10～20左右，正常值应小于5)，如果是，则调整控制板上的RV2(OFFSET)直到该数变为0左右
5	过热报警(OH灯点亮)	伺服电动机、伺服变压器、伺服单元和放电单元的热保护开关断开	①交流伺服电动机过热，或伺服电动机热保护开关坏 ②伺服变压器或放电单元过热，或者伺服变压器或放电单元热保护开关坏，如果未接变压器或放电单元过热线，则印制板上S20(OH)应短路 ③伺服单元过热，或伺服单元热保护开关坏 ④查以上各部件的过热连接线是否断线
6	异常电流报警(HCAL红灯点亮)	伺服单元的185V交流经过整流变为直流300V，直流侧有一检测电阻检测直流电流，如果后面有短路，则立即产生该报警	①如果是一直出现，可用万用表测量主回路晶体管模块是否短路，自行更换晶体管模块，如果未短路，则与其他轴互换控制板，如果随控制板转移，则修理控制板 ②如果是高速报警而低速正常则可能是控制板或电动机有问题，这也可通过交换伺服单元来判别 ③观察是一直报警还是偶尔报警，如果是一直报警则是单元或是控制板故障，否则可能是电动机故障
7	高电压报警(HVAL红灯点亮)	伺服控制板检测到主回路或控制回路电压过高，一般情况是检测回路出故障	①检查三相185V输入电压是否正常 ②查CN2的1、2、3交流±18V是否都正常 ③交换控制电路板，如果故障随控制板转移，则是电路板故障
8	低电压报警(LVAL红灯点亮)	伺服控制板检测到主回路或控制回路电压过低，或检测回路故障	①检查三相180V输入电压是否太低 ②查CN2的1、2、3交流±18V是否都正常 ③检查主回路的晶体管、二极管、电容等是否有异常 ④交换控制电路板，如果故障随控制板转移，则是电路板故障
9	放电异常报警(DCAL红灯点亮)	放电回路(放电三极管、放电电阻、放电驱动回路)异常，经常是由短路引起的	①检查主回路的晶体管、放电三极管、二极管、电容等是否有异常 ②如果有外接放电电阻，检查其阻值是否正常 ③检查伺服电动机是否正常 ④交换控制电路板，如果故障随控制板转移，则是电路板故障
10	不能准备好系统，报警显示伺服VRDYOFF	系统开机自检后，如果没有急停和报警，则发出PRDY信号给伺服单元，伺服单元接收到该信号后，接通主接触器，送回VRDY信号，如果系统在规定时间内没有接收到VRDY信号，则发出此报警，同时断开各轴的PRDY信号，因此，上述所有通路都是故障点	①检查各个插头是否接触不良，包括控制板与主回路的连接 ②查外部交流电压是否都正常，包括：三相185V输入(端子A、1、2)、单相100V(端子3、4) ③查控制板上各直流电压是否正常，如果有异常，则为带电源板故障，再查该板上的保险是否都正常 ④仔细观察接触器是吸合后再断开，还是根本就不吸合。如果是吸合后再断开，则可能是接触器的触点不好，更换接触器，如果有一个没有吸合，则该单元的接触器线圈不好或控制板不好，可通过测接触器的线圈电阻来判断 ⑤如果以上都正常，则为CN1指令线或系统板故障
11	系统出现VRDYON报警	系统在PRDY信号还未发出时就已经检测到VRDY信号。即伺服单元比系统早准备好，系统认为这样为异常	①查主回路接触器的触点是否接触不好，或是CN1接线错误 ②查是否有维修人员将系统指令口封上或指令口有故障

表 5-26 交流 S 系列（含 1、2）

序号	故障现象	原因	解决方法
1	异常电流报警(HC 红灯点亮)	伺服单元的 185V 或 200V 交流经过整流变为直流 300V，直流侧有一检测电阻检测直流电流，如果后面有短路，引起瞬间过电流，则立即产生该报警	①如果是一直出现，可用万用表测量主回路晶体管模块是否短路，如果是晶体管有短路，则一般情况下，控制板的驱动回路也会有故障，此时如果更换新模块，还会烧坏，所以最好是将整个单元送到 FANUC 公司修理 ②如果晶体管是好的，则可能是控制板或是主回路的能耗制动回路(继电器或整流二极管)故障，可互换控制板来判别 ③如果是高速报警而低速正常则可能是控制板或电动机或动力线有问题，这也可通过交换伺服单元来判别 ④观察是一直报警还是偶尔报警，如果是一直报警则是单元或是控制板故障，否则可能是电动机故障 ⑤如果通过检测和互换判断伺服单元和电动机及动力线都无故障，则是指令线或系统的轴控制板故障
2	电动机不转	系统发出指令后，伺服单元或伺服电动机不执行，或由于系统检测到伺服偏差值过大，所以等待此偏差值变小	①给指令后系统或伺服出现报警，如果是伺服有 OVC 报警，则有可能电动机制动器没有打开或机械卡死 ②如果伺服无任何报警，则系统会出超差报警，此时应检查各接线或连接插头是否正常，包括电动机动力线、CN1 插头、A/1/2 三相输入线、CN2 插头以及控制板与单元的连接。如果都正常，则更换控制板检查 ③查主回路接线是否正常，两个电阻及二极管、三极管是否有断路的地方 ④检查伺服电动机是否正常
3	过热报警(OH 灯点亮)	伺服电动机、伺服变压器、伺服单元和放电单元的热保护开关断开	①伺服变压器或放电单元过热，或者伺服变压器或放电单元热保护开关坏，如果未接变压器或放电单元过热线，则印制板上 S1(OH)应短路 ②伺服单元过热，或伺服单元热保护开关坏 ③查以上各部件的过热连接线是否断线
4	低电压报警(LV 灯点亮)	伺服控制板检测到主回路或控制回路电压过低，或检测回路故障	①检查三相 185V 或 200V 输入电压是否太低 ②检查主回路输入端的断路器是否断开，如果合不上，则后面有短路 ③查 CN2 的 1、2、3 交流±18V 是否都正常(S 系列 2 无 CN2) ④检查主回路的晶体管、二极管、电容等是否有异常 ⑤交换控制电路板，如果故障随控制板转移，则是电路板故障
5	高电压报警(HV 红灯点亮)	伺服控制板检测到主回路或控制回路电压过高，一般情况是检测回路出故障	①检查三相 185V 或 200V 输入电压是否正常 ②查 CN2 的 1、2、3 交流±18V 是否都正常(S 系列 2 无 CN2) ③交换控制电路板，如果故障随控制板转移，则是电路板故障
6	放电异常报警(DC 红灯点亮)	放电回路(放电三极管、放电电阻、放电驱动回路)异常，经常是由短路引起的	①检查主回路的晶体管、放电三极管、二极管、电容等是否有异常 ②如果有外接放电电阻，检查其阻值是否正常 ③检查伺服电动机是否正常 ④交换控制电路板，如果故障随控制板转移，则是电路板故障
7	不能准备好系统，报警显示伺服 VRDYOFF	系统开机自检后，如果没有急停和报警，则发出 * MCON 信号给所有轴伺服单元，伺服单元接收到该信号后，接通主接触器，送回 * DRDY 信号。如果系统在规定时间内没有接收到 VRDY 信号，则发出此报警，同时断开各轴的 * MCON 信号，因此，上述所有通路都有可能是故障点	①检查各个插头是否接触不良，包括控制板与主回路的连接 ②查外部交流电压是否都正常，包括：三相 185V 输入(端子 A、1、2)、单相 100V (端子 3、4) ③查控制板上各直流电压是否正常，如果有异常，则为带电源板故障，再查该板上的保险是否都正常 ④仔细观察接触器是吸合后再断开(主回路有多个接触器，只要有一个不吸合就产生该报警)，还是根本就不吸合。如果是吸合后再断开，则可能是接触器的触点不好，更换接触器；如果有一个没有吸合，则该单元的接触器线圈不好或控制板不好，可通过测接触器的线圈电阻来判断 ⑤如果以上都正常，则为 CN1 指令线或系统轴控制板故障

续表

序号	故障现象	原　　因	解 决 方 法
8	系统出现 VRDYON 报警	系统在＊MCON 信号还未发出时就已经检测到＊DRDY 信号。即伺服单元比系统早准备好，系统认为这样为异常	①查主回路接触器的触点是否接触不好，或是 CN1 接线错误 ②查是否有维修人员将系统指令口封上或指令口有问题
9	系统出现 OVC 报警	由于伺服电动机的 U、V 相电流由伺服单元检测，送到系统的轴控制板处理，因此伺服单元上无报警显示，主要检查电动机和伺服单元	①检查电动机线圈是否烧坏，用绝缘表测绝缘，应为无穷大，如果电阻很小则电动机坏 ②检查电动机动力线是否绝缘不好 ③检查主回路的晶体管模块是否不良 ④检查控制板的驱动回路或检测回路是否有故障 ⑤检查是否伺服电动机与伺服单元不匹配，或电动机代码设定错误 ⑥检查是否是系统轴控制板故障，可通过交换相同型号的轴通路来判断，即将指令线和电动机动力线同时互换

表 5-27　交流 C 系列、α 系列 SVU、SVUC 伺服单元

序号	故障现象	原　　因	解 决 方 法
1	高电压报警（显示 1）	控制板检测到主回路直流侧高电压，可能输入电压太高，或检测回路故障	①检查三相交流 200V 是否太高 ②查整流桥是否正常 ③更换报警检测模板（插在大板上） ④将整个伺服单元送 FANUC 公司修理
2	低电压报警（显示 2）	控制板上 ＋5V、＋24V、＋15V、－15V 至少有一个电压低	①检查控制板上的保险是否烧坏 ②用万用表测量各电压是否正常，如果有异常，更换电源板（C 系列）或将伺服单元送 FANUC 公司修理
3	直流低电压报警（显示 3）	直流 300V 太低，一般发生在伺服单元吸合的瞬间，用万用表查不到	①检查伺服单元左上角的开关是否在 ON 位置 ②查主回路的整流桥、晶体管模块、大电容、白色检测电阻、接触器是否都正常 ③检查外部放电电阻及其热开关是否正常 ④检查各个接线是否松动 ⑤更换报警检测模板
4	放电回路异常（显示 4）	放电回路（放电三极管、放电电阻、放电驱动回路）异常，经常是由短路引起的	①检查主回路的 IPM 模块、放电三极管、放电电阻、二极管、电容等是否有异常 ②如果有外接放电电阻，检查其阻值是否正常 ③检查伺服电动机是否正常
5	放电回路过热（显示 5）	内部放电电阻、外部放电电阻或变压器的热保护开关跳开	①查内部放电电阻上的热保护开关是否断开（与放电电阻捆在一起） ②查外部放电单元的热开关是否断开 ③查变压器的热保护开关是否断开 ④如果无外接放电电阻或变压器热开关，检查 RC-R1 和 TH1-TH2 是否短接（应短接）
6	动态制动回路故障（显示 7）	由于动态制动需要接触器动作执行，当触点不好时会发生此报警	①更换接触器（输出用接触器，一般与其他的不在一起） ②检查系统与伺服单元的连线是否正确
7	过电流（8，9，B）	直流侧过电流（8—L 轴，9—M 轴，B—两轴）。一般情况，B 出现很少，因为两轴同时坏的可能性很小	①检查 IPM 模块是否烧坏，此类报警多数都是由模块短路引起的，用万用表二极管挡测 U、V、W 对＋、－的导通压降，如果为 0 则模块烧坏，可先拆开外壳，然后将固定模块的螺钉拆下，更换模块 ②C 系列的有驱动小板（DRV）也要更换且多数是小板故障 ③如果是一上电就有报警号，则与其他单元互换接口板，如果故障转移，则接口板坏 ④与其他单元互换控制板，如果故障转移，则更换控制板或将控制板送 FANUC 公司维修 ⑤拆下电动机动力线再试（如果是重力轴，必须首先在机床侧做好保护措施，防止该轴下滑），如果报警消失，则可能是电动机或动力线故障 ⑥将单元的指令线和电动机的动力线与其他轴互换，如果电动机反馈线是接到单元的（伺服 β 型接法）也要对换，如果报警号不变，则是单元外的故障，可用绝缘表查电动机、动力线，用万用表查反馈线、指令线、轴控制板 ⑦检查系统的伺服参数设定是否有误

续表

序号	故障现象	原　因	解决方法
8	IPM报警(8.,9.,B)	注意8或9的右下角有一小点,表示为IPM模块(智能模块,可自行判别是否有异常电流)送到伺服单元的报警	①SVU1-20(H102)型号伺服单元可能是内部风扇坏了,更换风扇,但其他型号的无内部风扇 ②如果一直出现,更换IPM模块或小接口板,此故障情况一般用万用表不能测出 ③如果与时间有关,当停机一段时间再开时报警消失,则可能是IPM太热,检查是否负载太大 ④将单元的指令线和电动机的动力线与其他轴互换,如果电动机反馈线是接到单元的(伺服β型接法)也要对换,如果报警号不变,则是单元外的故障,可用绝缘表查电动机、动力线,用万用表查反馈线、指令线、轴控制板 ⑤检查*ESP接线是否有误,如果拔掉该插头后报警消失,则此接线不正确(出现在机床安装或搬迁时) ⑥当出现该报警时,以上方法都不能查出,且没有与该单元或轴相同的轴(如车床的X、Z轴一般都不一样大),不能完全互换,则在互换时,先不接电动机动力线,如果还没有结果,可接上动力线将系统的两轴伺服参数对调后再判断
9	系统出现过电流(OVC)报警	由于伺服电动机的U、V相电流由伺服单元检测,送到系统的轴控制板处理,因此伺服单元上无报警显示,主要检查电动机和伺服单元	①检查电动机线圈是否烧坏,用绝缘表测绝缘,应为无穷大 ②检查电动机动力线是否绝缘不好 ③检查主回路的晶体管模块是否不良 ④检查控制板的驱动回路或检测回路是否有故障 ⑤检查是否伺服电动机与伺服单元不匹配,或电动机代码设定错误 ⑥检查是否是系统轴控制板故障,可通过交换相同型号的轴通路来判断,即将指令线和电动机动力线同时互换
10	不能准备好系统,报警显示伺服VRDYOFF(如0系统为401或403报警,16/18/01为401报警)	系统开机自检后,如果没有急停和报警,则发出*MCON信号给所有轴伺服单元,伺服单元接收到该信号后,接通主控制继电器,送回*DRDY信号,如果系统在规定时间内没有接收到VRDY信号,则发出此报警,同时断开各轴的*MCON信号,因此,上述所有通路都是故障点	①检查各个插头是否接触不良,包括控制板与主回路的连接 ②查LED是否有显示,如果没有显示,则是板上无电或电源回路坏 ③查外部交流电压是否都正常,包括:三相200V输入(端子R、S、T)、单相100V(C系列有端子100A、100B) ④查控制板上各直流电压是否正常,如果有异常,则检查板上的保险及板上的电源回路有无烧坏的地方,如果不能自己修好,可送FANUC公司修理 ⑤仔细观察LED是否吸合(显示变0)后再断开(显示变为一),还是根本就不吸合(显示一直是一不变)。如果是吸合后再断开,则可能是继电器的触点不好,更换继电器,如果是木工机械或粉尘较大的工作环境,基本可判断是继电器的触点不好。如果根本就不吸合,则是该单元的继电器线圈不好或控制板不好或有断线,可通过测继电器的线圈电阻来判断。如果是双轴,则只要有一轴不好就不吸合 ⑥观察所有伺服单元的LED上是否有其他报警号,如果有,则先排除这些报警 ⑦如果是双轴伺服单元,则检查另一轴是否未接或接触不好或伺服参数封上了(0系统为8×09#0,16/18/01为2009#0) ⑧检查*ESP是否异常,将*ESP插头拔下,用万用表测量两端应短路。如果为开路,则为急停回路有故障 ⑨检查R1、RC及TOH1、TOH2回路是否断开。正常都应该短接或短路 ⑩检查端子设定是否正确。S1-ON:TYPEB。OFF:TYPEA(TYPEA为电动机的编码器反馈接到系统的轴控制板上,TYPEB为电动机的编码器反馈接到伺服单元上)。S2-ON:SVUC。OFF:SVU、S3、S4-ON。ON为内藏式放电单元,其他为不同类型的放电单元 ⑪如果以上都正常,则为CN1指令线或系统轴控制板故障

表5-28 交流α系列SVM伺服单元

序号	故障现象	原因	解决方法
1	风扇报警(显示1ALM)	风扇过热,或风扇太脏或坏	①观察风扇是否有风(在伺服单元的上方),如果没风或不转,则拆下观察扇叶是否有较多油污,用汽油或酒精清洗后再装上,如果还不行,则更换风扇 ②更换小接口板 ③拆下控制板,用万用表测量由风扇插座处到CN1(连接小接口板)的线路是否有断线
2	DC LINK 低电压报警(显示2ALM)	伺服单元检测到直流300V电压太低,是整流电压或外部交流输入电压太低,或报警检测回路故障	①测量三相交流电压是否正常(因为直流侧由于有报警,MCC已断开,只能从MCC前测量) ②测量MCC触点是否接触不良 ③检查主控制板上的检测电阻是否烧断 ④更换伺服单元
3	电源单元低电压报警(显示5ALM)	伺服单元检测到电源单元电压太低,是控制电源电压太低或检测回路故障	①测量电源单元的三相交流电压是否正常(因为直流侧有报警,MCC已断开,只能从MCC前测量) ②测量MCC触点是否接触不良 ③检查主控制板上的检测电阻是否烧断 ④更换电源单元或伺服单元
4	异常电流报警(显示8,9,A,B,C,D,E)	伺服单元检测到有异常电流,可能是主回路有短路,或驱动控制回路异常,或检测回路故障。8—L轴,9—M轴,A—N轴,B—L,M两轴,C—L,N两轴,D—M、N两轴,E—L、M、N三轴	①检查IPM模块是否烧坏,此类报警多数都是由模块短路引起的,用万用表二极管挡测对应的轴U、V、W对+、-的导通压降,如果为0则模块烧坏,可先拆开外壳,然后将固定模块的螺钉拆下,更换模块 ②如果是一上电就有报警号,则与其他单元互换接口板,如果故障转移,则接口板坏 ③与其他单元互换控制板,如果故障转移,则更换控制板或将控制板送FANUC公司维修 ④拆下电动机动力线再试(如果是重力轴,要首先在机床侧做好保护措施,防止该轴下滑),如果报警消失,则可能是电动机或动力线故障 ⑤将单元的指令线和电动机的动力线与其他轴互换,如果电动机反馈线是接到单元的(伺服β型接法),也要对换。如果报警号不变,则是单元外的故障,可用绝缘表查电动机、动力线。用万用表查反馈线、指令线、轴控制板是否有断线 ⑥检查系统的伺服参数设定是否有误 ⑦如果与时间有关,当停机一段时间再开时报警消失,则可能是IPM太热,检查是否负载太大 ⑧当出现该报警时,以上方法都不能查出,且没有与该单元或轴相同的轴(如车床的X、Z轴不一样大),不能完全互换,这时,先不接电动机动力线,如果还没有结果,可接上动力线将系统的两轴伺服参数对调后再判断
5	IPM报警(8.、9.、A,B,C,D,E)	注意8或9等的右下角有一小圆点,8—L轴,9—M轴,A—N轴,B—L,M两轴,C—L,N两轴,D—M、N两轴,E—L、M、N三轴,表示为IPM模块(智能模块,可自行判别是否有异常电流)送到伺服单元的报警	①如果一直出现,更换IPM模块或小接口板,此故障情况一般用万用表不能测出 ②如果与时间有关,当停机一段时间再开时报警消失,则可能是IPM太热,检查是否负载太大 ③将单元的指令线和电动机的动力线与其他轴互换,如果电动机反馈线是接到单元的(伺服β型接法),也要对换。如果报警号不变,则是单元外的故障,可用绝缘表查电动机、动力线。用万用表查反馈线、指令线是否断线。轴控制板交换检查 ④当出现该报警时,以上方法都不能查出,且没有与该单元或轴相同的轴(如车床的X、Z轴不一样大),不能完全互换,这时,先不接电动机动力线,如果还没有结果,可接上动力线将系统的两轴伺服参数对调后再判断

续表

序号	故障现象	原　因	解决方法
6	不能准备好系统，报警显示伺服 VRDYOFF (0,16/18/01 为 401)	系统开机自检后，如果没有急停和报警，则发出 * MCON 信号给所有轴伺服单元，伺服单元接收到该信号后，接通主接触器，电源单元吸合，LED 显示由— —变为 00，将准备好信号送给伺服单元，伺服单元再接通继电器，继电器吸合后，将 * DRDY信号送回系统，如果系统在规定时间内没有接收到 * DRDY信号，则发出此报警，同时断开各轴的 * MCON 信号，因此，上述所有通路都是故障点	①检查各个插头是否接触不良，包括控制板与主回路的连接以及电源单元与伺服单元、主轴单元的连接 ②查 LED 是否有显示，如果没有显示，则是板上不能通电或电源回路坏。检查电源单元输出到该单元的 24V 是否正常，检查控制板上的电源回路是否烧坏。如果自己不能修好，将该单元送 FANUC 公司修理 ③查外部交流电压是否都正常，包括：电源单元三相 200V 输入(端子 R、S、T)、单相 200V 输入 ④查控制板上各直流电压是否正常，如果有异常，则检查板上的保险及板上的电源回路有无烧坏的地方，如果不能自己修好，可送 FANUC 公司修理 ⑤仔细观察电源单元 LED 是否吸合(变 00)后再断开(显示变为— —)，还是根本就不吸合(显示一直是— —不变)。如果是吸合后再断开，则可能是电源单元故障。如果根本就不吸合，则可能是接线问题或接线有断线或电源单元有问题，仔细检查各单元之间的连线 ⑥检查电源单元的急停 * ESP 和 * MCC 回路(如果这两回路有问题则 LED 显示也是— —不变)，* ESP应为短路，* MCC 应与接触器的线圈串联接到交流电源上 ⑦仔细观察单元的 LED 显示在变 00(吸合)后所有伺服单元显示的—是否变为 0，还是一直是—不变(根本就不吸合)。如果是双轴或三轴，则只要有一轴不好就不吸合。如果有一个轴一直不吸合，则可判断为该伺服单元的故障，检查该单元的继电器并更换，如果更换继电器还不能解决，则更换伺服单元的接口板 ⑧观察所有伺服单元的 LED 上是否有其他报警号，如果有，则先排除这些报警 ⑨如果是双轴伺服单元，则检查另一轴是否未接或接触不好或伺服参数封上了(0 系统为 8×09＃0，16/18/01 为 2009＃0) ⑩检查 S1、S2 设定是否正确。S1、S2 设定如下：S1 为 TYPEA，S2 为 TYPEB ⑪如果以上都正常，则为 CN1 指令线或系统轴控制板故障

表 5-29　交流 β 系列伺服单元（普通型）

序号	故障现象	原　因	查找方法
1	过电压报警(HV，由系统的诊断查出)	伺服单元检测到输入电压过高	①检查三相交流 200V 输入电压是否正常 ②如果连接有外部放电单元，检查该单元连接是否正确(DCP，DCN，DCOH) ③用万用表测量外部放电电阻的阻值是否和标明的一致，如果相差较多(超过 20%)，则更换新的放电单元 ④更换伺服放大器
2	直流电压过低报警(LVDC)	伺服单元检测到直流侧(三相 200V 整流到直流 300V)电压过低或无电压	①检查输入侧的断路器是否动作，可测量断路器的输出端是否有电压 ②用万用表测量输入电压是否确实太低，如果低于 170V，检查变压器或输入电缆线 ③检查外部电磁接触器连接是否正确 ④更换伺服放大器

续表

序号	故障现象	原　因	查找方法
3	放电过热报警(DCOH)	伺服放大器检测到放电电路的热保护开关断开	①检查是否连接有外部放电单元，如果没有，则连接器CX11-6必须短接 ②观察如果不是一开机就有此报警，而是加工到一定时间后才报警，关机等一段时间后再开无报警，则检查是否机械侧故障或有频繁加减速，修改加工程序或进行机械检修 ③用万用表检查连接器的CX11-6两端是否短路，如果开路，则更换放电单元或连接线 ④检查是否伺服放大器的内部过热检测电路故障，若是则更换伺服放大器
4	过热报警(OH)	伺服放大器检测到主回路过热	①关机一段时间后再开机，如果没有报警产生，则可能机械负载太大或伺服电动机故障，检修机械或更换伺服电动机 ②如果还有报警，检查IPM模块的散热器上的热保护开关是否断开，若是则更换 ③更换伺服放大器
5	风扇报警(FAL)	伺服放大器检测到内部冷却风扇故障	①观察内部风扇是否没有转，如果不转，则拆下观察是否很脏，用汽油或酒精清洗干净后再装上 ②如果更换风扇后还有报警，则更换伺服放大器
6	过电流报警(HC)	检测到直流侧异常电流	①检查伺服参数设定是否正确，如果在正常加工过程中突然出现而没有人动过参数，则不用检查 ②拆下电动机动力线，再上电检查，如果还有报警产生，则更换伺服放大器。如果没有报警产生，则将电动机和动力线与其他轴互换，可判断是否为电动机故障或动力线故障 ③如果互换电动机后还有同样的报警产生，则将伺服放大器互换，如果故障随放大器转移，则更换放大器，如果不转移，则是指令线或轴控制板故障
7	系统401(或403-0系统的第3、4轴)报警	系统开机自检后，如果没有急停和报警，则发出 * MCON信号给所有轴伺服单元，伺服单元接收到该信号后，接通主继电器，送回 * DRDY信号，如果系统在规定时间内没有接收到VRDY信号，则发出此报警，同时断开各轴的 * MCON信号，因此，上述所有通路都是故障点	①检查各个插头是否接触不良，包括指令线和反馈线 ②查LED是否有显示，如果没有显示，则是板上不能通电或电源回路坏，检查外部24V是否正常 ③查外部交流电压是否都正常，包括：三相200V输入(连接器CX11-1)、24V直流(连接器CX11-4) ④查控制板上各直流电压是否正常，如果有异常，则检查板上的保险及板上的电源回路有无烧坏的地方，如果不能自己修好，则更换放大器或送FANUC公司修理 ⑤仔细观察REAY绿灯是否变亮后(吸合)再灭，还是根本就不吸合(一直不亮)。如果是吸合后再断开，则可能是继电器的触点不好，更换继电器；如果是木工机械或粉尘较大的工作环境，则基本可判断是继电器的触点不好。如果根本就不吸合，则该单元的继电器线圈不好或控制板不好或有断线，可通过测继电器的线圈电阻来判断 ⑥观察所有伺服单元的ALM上是否点亮，如果有，则先排除此报警 ⑦检查J5X(* ESP)是否异常，将该插头拔下，用万用表测量插脚17和20之间应短路。如果为开路，则为急停回路有故障 ⑧检查CX11-6热控回路是否断开。正常都应该短接或短路 ⑨如果以上都正常，则为CN1指令线或系统轴控制板故障 ⑩检查系统是否有其他报警，如电动机反馈报警，如果有，先排除此报警

表 5-30　交流β系列伺服单元（I/O Link 型）

序号	故障现象	原　因	解决方法
1	串行编码器通信错误报警（LED 显示 5，系统的 PMM 界面显示 300/301/302 报警）	单元检测到电动机编码器断线或通信不良	①检查电动机的编码器反馈线与放大器的连接是否正确，是否牢固 ②如果反馈线正常，则更换伺服电动机（因为电动机的编码器与电动机是一体，不能拆开），如果是α电动机，则更换编码器 ③如果是偶尔出现，则可能是干扰引起的，检查电动机反馈线的屏蔽线是否完好
2	编码器脉冲计数错误报警（LED 显示 6，系统的 PMM 界面显示 303/304/305/308 报警）	伺服电动机的串行编码器在运行中脉冲丢失，或不计数	①关机再开，如果还有相同报警，则更换电动机（如果是α电动机则更换编码器）或反馈电缆线 ②如果重新开机后报警消失，则必须重新返回参考点后再运行其他指令 ③如果系统的 PMM 是 308 报警，则可能是干扰引起的，关机再开
3	伺服放大器过热（LED 显示 3，系统的 PMM 界面显示 306 报警）	伺服放大器的热保护断开	①关机一段时间后，再开机，如果没有报警产生，则可能机械负载太大或伺服电动机故障，检修机械或更换伺服电动机 ②如果还有报警，检查 IPM 模块的散热器上的热保护开关是否断开 ③更换伺服放大器
4	LED 显示 11，系统的 PMM 显示 319 报警	当伺服电动机是绝对编码器时，电动机在第一次通电时没有旋转超过一转。一般发生在更换过伺服放大器、电动机、编码器或动过反馈线的情况下	①在开机的情况下想办法使电动机旋转超过一转。机床设计时，基本都有解决此问题的操作方法 ②如果不能排除，则按以下方法处理：如果传动部分没有制动装置，则将急停按下，用手盘动刀盘或该轴，使此电动机旋转超过一转，关机再开，报警消失。如果有制动装置，应先使制动装置松开，制动装置不在电动机上可将电动机拆下，操作完后再安装上即可
5	电池低电压报警（LED 显示 1 或 2，系统 PMM 显示 350 或 351 报警）	绝对编码器电池电压太低，需更换	①检查伺服放大器上的电池是否电压不够，更换电池 ②执行回参考点操作，可参照机床厂家的说明书，如果没有说明书，可按如下方法操作：首先将 319 报警消除（按上述方法），使机械走到应该到的参考点的位置，设定系统的 PMM 参数 11 的 7 位为 1，关机再开，此报警消失
6	伺服电动机过热报警（LED 显示 4，系统的 PMM 界面显示 400 报警）	伺服放大器的热保护断开	①关机一段时间后，再开机，如果没有报警产生，则可能机械负载太大或伺服电动机故障，检修机械或更换伺服电动机 ②如果还有报警，检查伺服电动机上的热保护开关是否断开或反馈线断线 ③更换伺服放大器
7	冷却风扇过热报警（LED 显示 o，系统 PMM403 报警）	伺服放大器检测到电动机负载太大（硬件检测）	①检查电动机的机械负载是否太高 ②检查电动机是否转动不灵活（有机械摩擦）
8	放电单元过热报警（LED 显示 J，系统显示 404 报警）	伺服放大器检测到放电电路热保护断开	①检查是否连接有外部放电单元，如果没有，则连接器 CX11-6 必须短接 ②观察如果不是一开机就有此报警，而是加工到一定时间后才报警，关机等一段时间后再开无报警，则检查是否机械侧故障或有频繁加减速，修改加工程序或进行机械检修 ③用万用表检查连接器的 CX11-6 两端是否短路，如果开路，则更换放电单元或连接线 ④检查是否伺服放大器的内部过热检测电路故障，若是则更换伺服放大器

续表

序号	故障现象	原　因	解 决 方 法
9	LED显示n(405)	参考点返回异常报警	按正确的方法重新进行参考点返回操作
10	LED显示r(PMM显示410,411)	静止或移动过程中伺服位置误差值太大,超出了允许的范围	①检查PMM参数110(静止误差允许值)以及182(移动时的误差允许值)是否与出厂时的一致 ②如果是一开机就有报警,或给指令电动机根本没有旋转,则可能是伺服放大器或电动机故障,检查电动机或动力线的绝缘,以及各个连接线是否有松动
11	过电流报警(LED显示c,系统的PMM显示412报警)	检测到主回路有异常电流	①检查PMM参数设定是否正确:30(为电动机代码),70~72,78,79,84~90。如果在正常加工过程中突然出现,而没有人动过参数,则不用检查 ②拆下电动机动力线,再上电检查,如果还有报警产生,则更换伺服放大器,如果没有报警产生,则用兆欧表检查电动机的三相或动力线与地线之间的绝缘电阻,如果绝缘异常,则更换电动机或动力线 ③如果电动机绝缘和三相电阻正常,则更换编码器或伺服放大器
12	系统的PMM显示401报警,放大器显示1	系统开机自检后,如果没有急停和报警,则发出 * MCON信号给此伺服放大器,伺服放大器接收到该信号后,接通主继电器,送回 * DRDY信号,如果系统在规定时间内没有接收到VRDY信号,则发出此报警,因此,上述所有通路都是故障点	①检查各个插头是否接触不良,包括指令线和反馈线 ②查LED是否有显示,如果没有显示,则是板上未通电或电源回路坏。检查外部24V是否正常 ③查外部交流电压是否都正常,包括:三相200V输入(连接器CX11-1)、24V直流(连接器CX11-4) ④查控制板上各直流电压是否正常,如果有异常,检查板上的保险及板上的电源回路有无烧坏的地方,如果不能自己修好,则更换放大器或送FANUC公司修理 ⑤仔细观察REAY绿灯是否变亮后(吸合)又灭,还是一直不亮(根本就不吸合)。如果是吸合后再断开,则可能是继电器的触点不好,更换继电器;如果是木工机械或粉尘较大的工作环境,则基本可判断是继电器的触点不好。如果根本就不吸合,则该单元的继电器线圈不好或控制板不好或有断线,可通过测继电器的线圈电阻来判断 ⑥观察伺服单元上是否还有别的报警,如果有,则先排除此报警 ⑦检查J5X(* ESP)是否异常,将该插头拔下,用万用表测量插脚17和20之间应短路。如果为开路,则为急停回路有故障 ⑧检查CX11-6热控回路是否断开。正常都应该短接或短路 ⑨如果以上都正常,则为CN1指令线或系统I/O Link故障 ⑩检查系统是否有其他报警,如电动机反馈报警,如果有,先排除此报警
13	直流侧高电压报警(LED显示Y,PMM显示413报警)	伺服单元检测到输入电压过高	①检查三相交流200V输入电压是否正常 ②如果连接有外部放电单元,检查该单元连接是否正确(DCP,DCN,DCOH) ③用万用表测量外部放电电阻的阻值是否和上面标明一致,如果相差较多(超过20%),则更换新的放电单元 ④更换伺服放大器

续表

序号	故障现象	原　　因	解 决 方 法
14	直流侧低电压报警(LED显示P,PMM显示414报警)	伺服单元检测到直流侧300V电压过低或无电压	①检查输入侧的断路器是否动作,可测量断路器的输出端是否有电压 ②用万用表测量输入电压是否确实太低,如果低于170V,检查变压器或输入电缆线 ③检查外部电磁接触器连接是否正确 ④更换伺服放大器
15	参数设定错误(LED显示A,PMM显示417报警)	PMM参数设定错误一般发生在更换伺服放大器或电池后,重新设定参数时没有正确设定	检查以下参数的设定是否正确:30(电动机代码),31(电动机正方向),106(电动机每转脉冲数),180(参考计数器容量)。按原始参数表正确设定,或与机床厂家联系
16	LED显示— — —,PMM显示418	系统和伺服放大器检测到输出点(DO)故障	更换伺服放大器
17	风扇报警(LED显示,PMM显示425报警)	伺服放大器检测到内部冷却风扇故障	①观察内部风扇是否没有转,如果不转,则拆下观察是否很脏,用汽油或酒精洗净后再装上 ②检查风扇电源线是否正确连接 ③更换风扇,如果更换风扇后还有报警,则更换伺服放大器

(2) 系统CRT上有报警的故障

FANUC数字伺服出现故障时，通常情况下系统CRT上可以显示相应的报警号，对于大部分报警，其含义与模拟伺服相同；少数报警有所区别，对于FANUC 0系统来说，这些报警的处理如图5-87～图5-97所示。报警内容如表5-31所示。

表5-31　FANUC 0系统CRT的报警内容

报　警　号		报警内容说明
400号报警(过载)		伺服放大器或伺服电动机过载;伺服放大器的短接棒S1,L——使用外部热控开关,H——不使用外部热控开关;诊断号730(第1轴)～737(第8轴);ALDF信号,0——伺服放大器过载,1——伺服电动机过载
401号报警(伺服系统准备完毕信号断开)		数控系统向伺服单元发出位置环准备完毕信号,但伺服单元没有发回伺服系统准备完毕信号
4×0号和4×1号报警(位置偏差量过大),×为1～8(相应于第1～8轴)		NC指令位置与机床实际位置的误差大于参数的设定值 4×0:停止时的位置偏差量过大 4×1:运动时的位置偏差量过大 诊断号800～803:第1～4轴的位置偏差值 参数504～507:第1～4轴运动时的允许位置偏差 参数593～596:第1～4轴停止时的允许位置偏差 参数517:所有轴公用的位置环增益系数 参数512～515:第1～4轴的位置环增益系数 参数518～521:第1～4轴的快速进给速度 参数004～007:第1～4轴的反馈倍率DMR 参数100～103:第1～4轴的指令倍率CMR 参数522～525:第1～4轴的快速加减速时间常数 参数601～604. 第1～4轴的手动加减速时间常数 参数529(635):第1～4轴的切削加减速时间常数 (529为指数型,635为直线型/插补后)
4×4号报警(与伺服放大器和伺服电动机有关的各种报警)	DC	直流母线过电压报警
	OVC	在防止电动机过热的电流监视电路中,电流的累计值超过规定的电平
	HV	伺服放大器中出现过压报警
	LV	伺服放大器中出现欠压报警
	HC	伺服放大器中出现不正常的电流
报警号4×6(编码器断线报警)		编码器断线报警
报警号700(NC过热)		数控系统过热

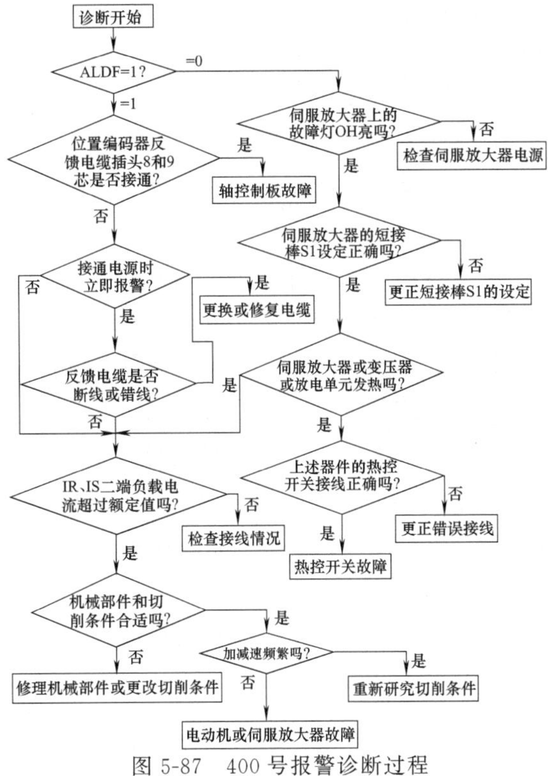

图 5-87　400 号报警诊断过程

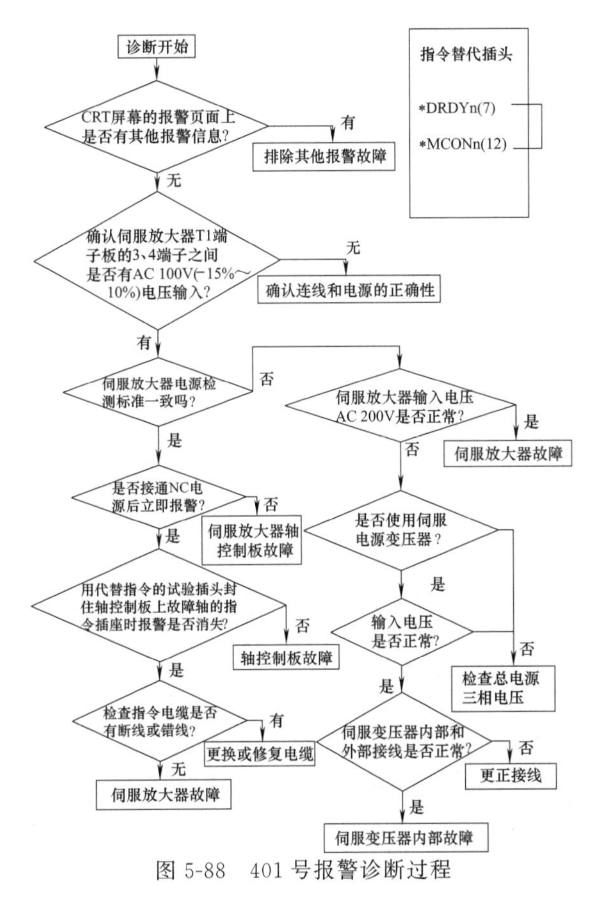

图 5-88　401 号报警诊断过程

① 400 号报警：过载，如图 5-87 所示。

② 401 号报警：伺服系统准备完毕信号断开，如图 5-88 所示。

③ 4×0 号和 4×1 号报警：位置偏差量过大，如图 5-89 所示。

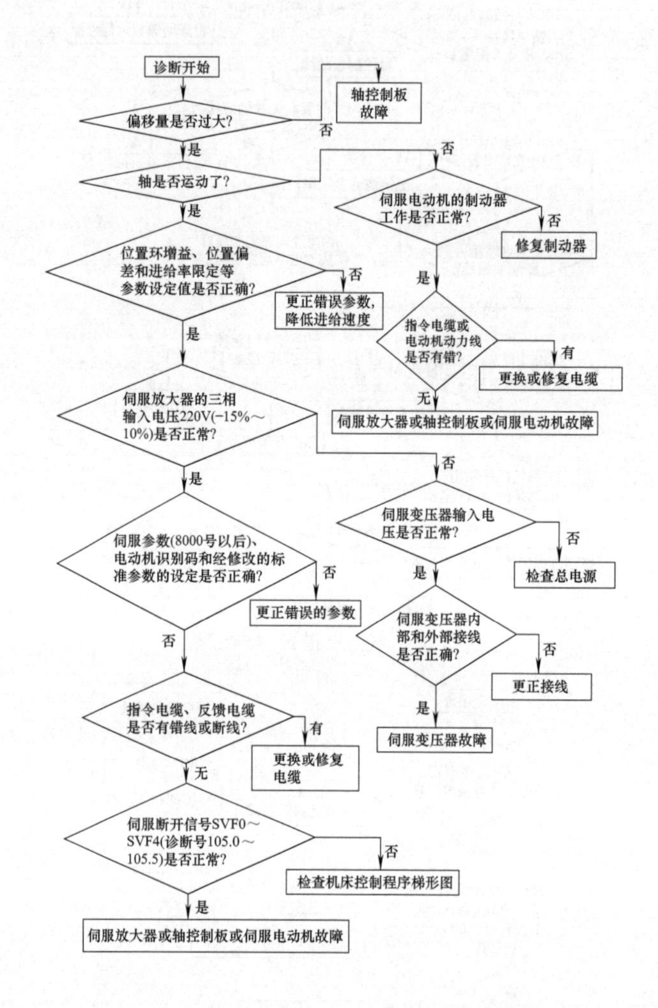

图 5-89　4×0 号和 4×1 号报警诊断过程

④ 4×4 号报警：如图 5-90 所示。

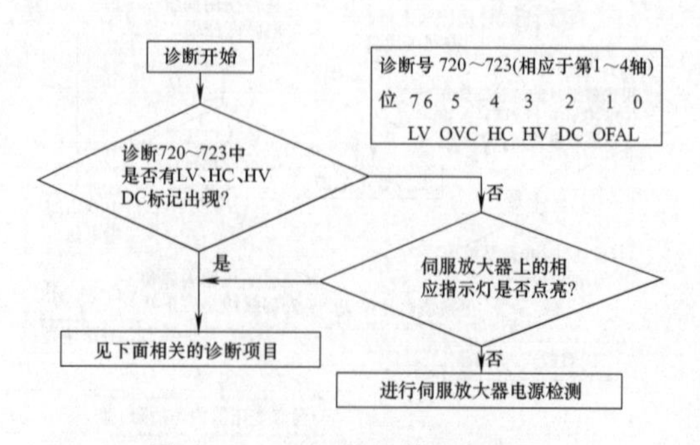

图 5-90　4×4 号报警诊断过程

a. DC 报警，如图 5-91 所示。

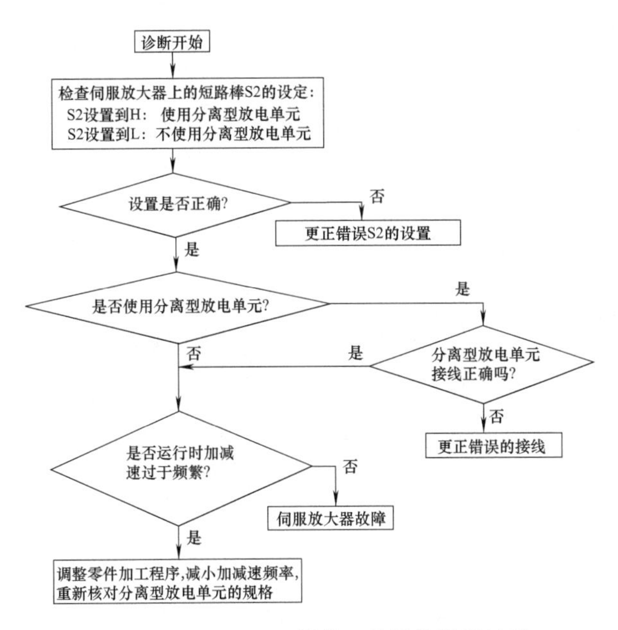

图 5-91 4×4（DC 报警）号报警诊断过程

b. OVC 报警，如图 5-92 所示。

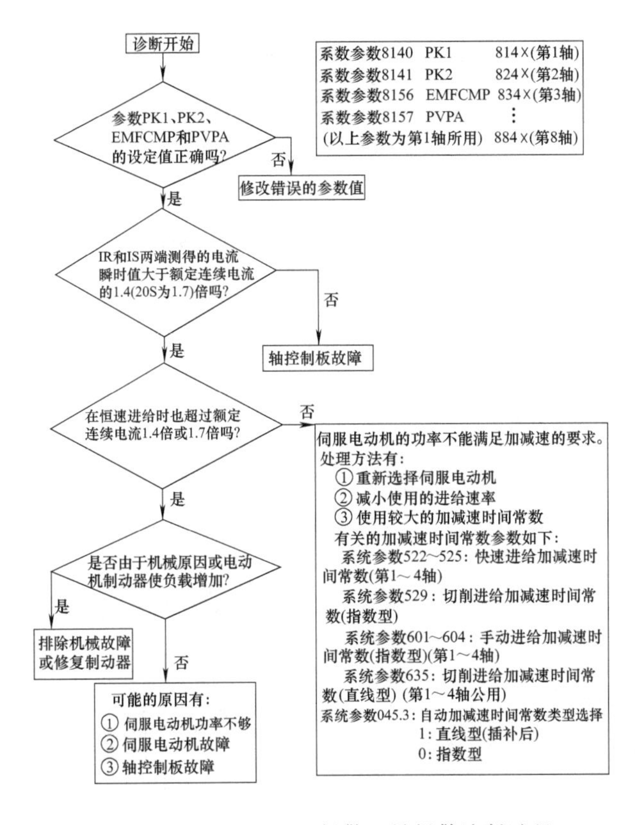

图 5-92 4×4（OVC 报警）号报警诊断过程

c. HV报警，如图5-93所示。

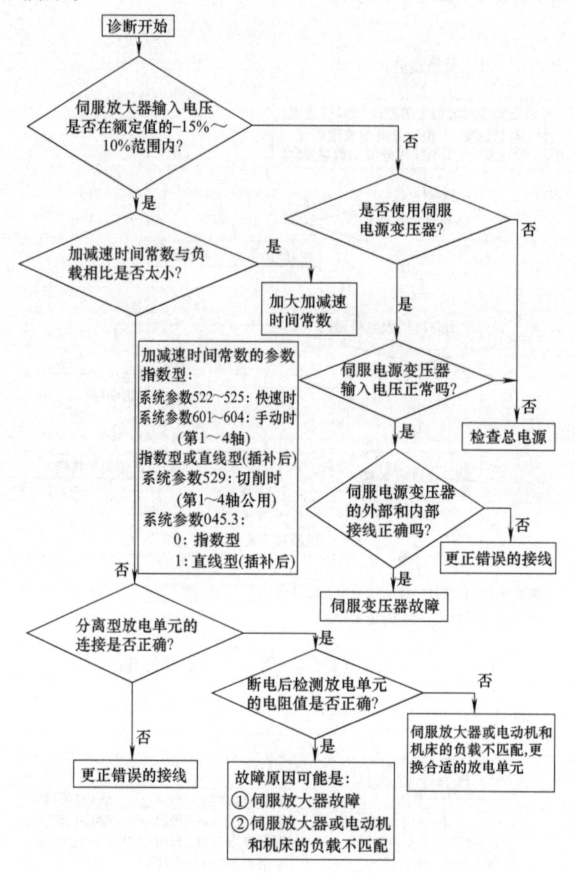

图5-93　4×4（HV报警）号报警诊断过程

d. LV报警，如图5-94所示。

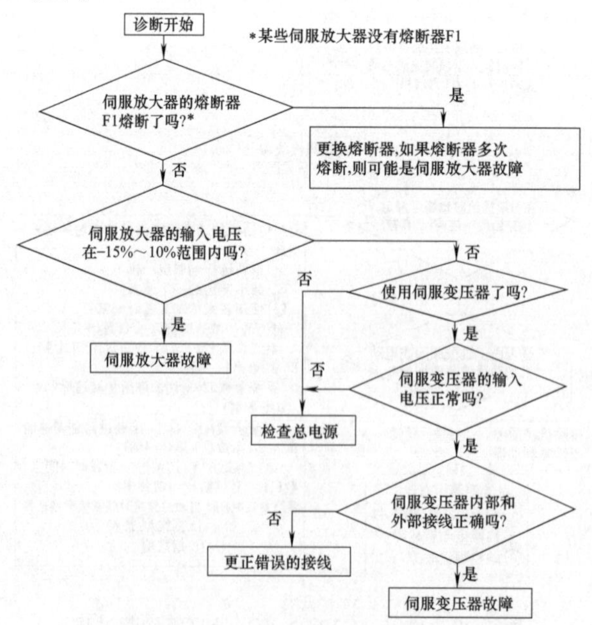

图5-94　4×4（LV报警）号报警诊断过程

e. HC 报警，如图 5-95 所示。

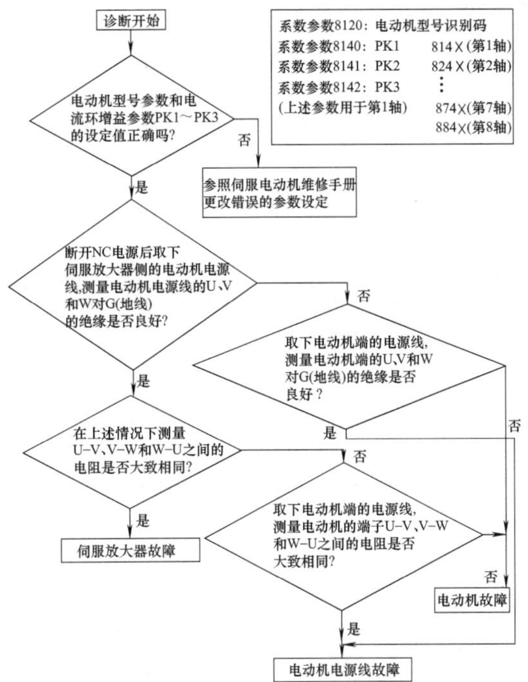

图 5-95　4×4（HC 报警）号报警诊断过程

⑤ 4×6 号报警：编码器断线报警，如图 5-96 所示。

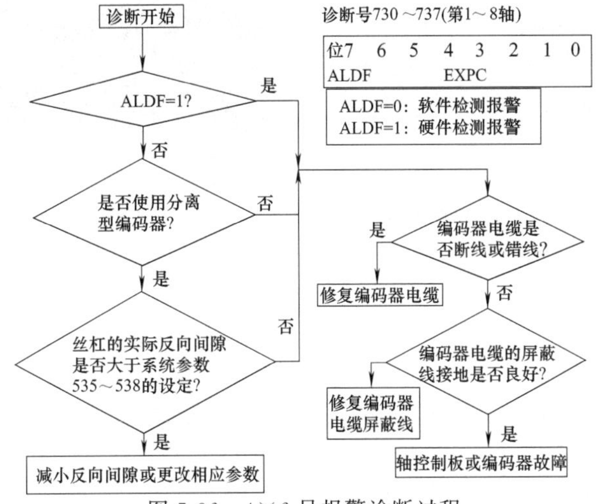

图 5-96　4×6 号报警诊断过程

⑥ 700 号报警：NC 过热，如图 5-97 所示。

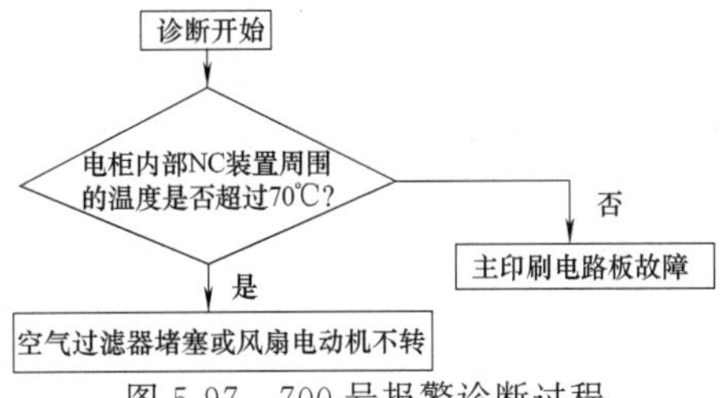

图 5-97　700 号报警诊断过程

5.3.3 FANUC交流进给伺服系统的故障与排除

(1) 数字伺服波形诊断画面

① 设定参数 3112#0=1（伺服波形功能使用完之后，一定要还原为 0），关机再开。

注意：FANUC 0i 系列加工轨迹/实体显示功能与伺服波形显示功能不能同时使用，当开通伺服波形显示功能后，加工轨迹不再显示。

② 按SYSTEM键，再按右翻页▶，直到出现图 5-98 所示子菜单。

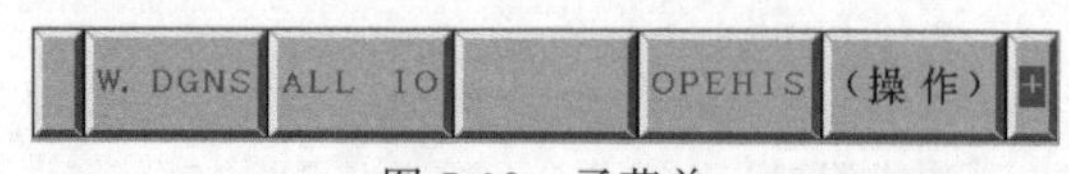

图 5-98 子菜单

③ 按［W. DGNS］软键，出现图 5-99 所示画面。按照右面参数含义提示信息输入需要的值，其中“N”代表第几轴，例如设置参数表明第一通道显示第 2 轴（Y 轴）的移动指令波形，第二通道显示第 2 轴的位置偏差。共有 3 页相关参数，按照提示逐一填写参数。

④ 按［W. GRPH］软键，出现伺服波形画面准备，移动被检测的轴（例如第 2 轴 Y 轴）。如图 5-100 所示，按［开始］软键，到达设定采样时间（此例为 3000ms）后，显示该轴移动波形，该功能用于检查“指令位移”与“实际位移（反馈脉冲）”的差，非常直观。

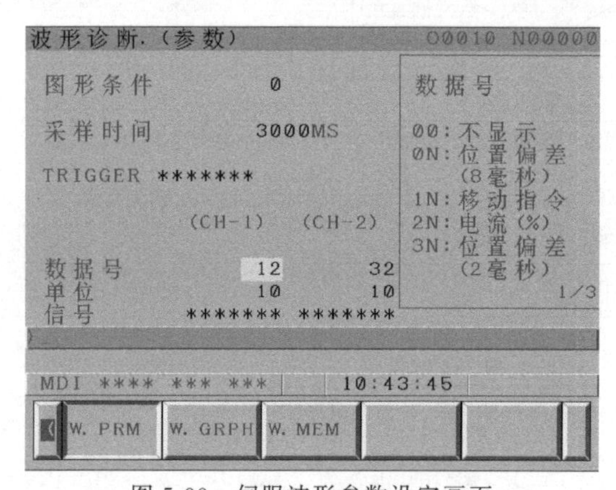

图 5-99 伺服波形参数设定画面

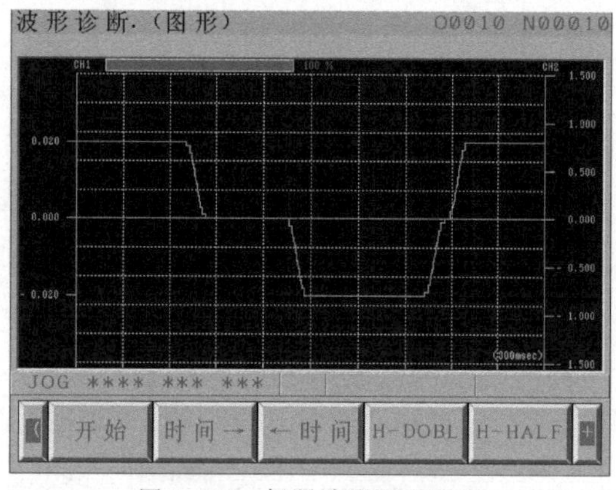

图 5-100 伺服波形显示画面

(2) 全闭环改半闭环

在日常的数控机床维修时，将控制方式从全闭环改为半闭环，是判断光栅尺故障最有效的手段，修改过程如下。

① 设定参数 1815# b1（OPTx）=0 使用内置编码器作为位置反馈（半闭环方式）。

② 在伺服画面修改 N/M 参数，根据丝杠螺距等计算 N/M。对于 10mm 螺距的直连丝杠 N/M=1/100。

③ 将位置脉冲数改为 12500（对于最小检测单位=0.001）。

④ 正确计算参考计数器容量，对于 10mm 直连丝杠，参考计数器容量设为 10000。

工作经验 在修改之前应将原全闭环伺服参数记录下来，以便正确恢复。

(3) 误差过大与伺服报警（410/411 报警）

410 报警是伺服轴停止时误差计数器读出的实际误差值大于参数 1829 中的限定值，如图 5-101（a）所示；411 报警是伺服轴在运动过程中误差计数器读出的实际误差值大于参数 1828 中的极限值，如图 5-101（b）所示。

① 工作原理 误差计数器的读数过程如图 5-102 所示，伺服环的工作过程是一个“动态平衡”的过程。

a. 系统没有移动指令。

情况 1：机床比较稳定，伺服轴没有任何移动。

指令脉冲=0→反馈脉冲数=0→误差值=0→VCMD=0→电动机静止。

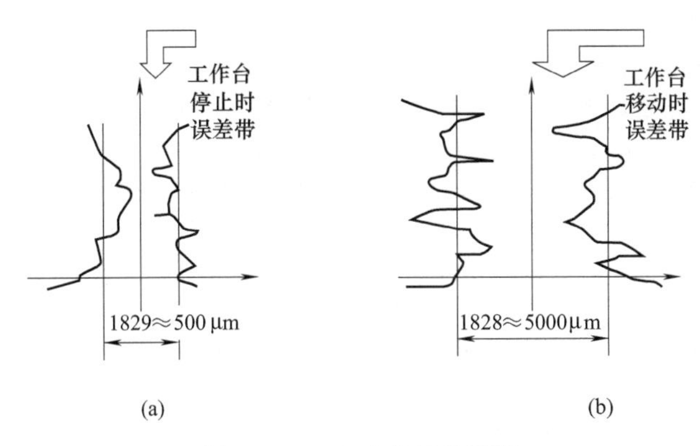

图 5-101 410#/411#报警

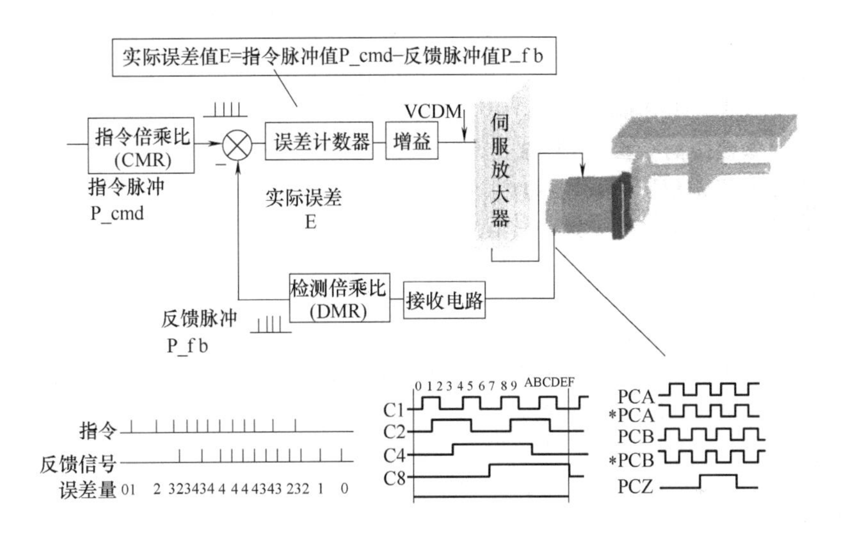

图 5-102 误差计数器的读数过程

情况 2：机床受外界影响（如振动、重力等），伺服轴移动。

指令脉冲=0→反馈脉冲数≠0→误差值≠0→VCMD≠0→电机调整→直到指令脉冲=0→反馈脉冲数=0→误差值=0→VCMD=0 →电动机静止。

b. 系统有移动指令。

• 初始状态到机床待启动。

指令脉冲=10000→反馈脉冲数=0→误差值=10000→VCMD 输出指令电压→电动机启动。

• 电动机运行。

指令脉冲=10000→反馈脉冲数=6888→误差值=3112→VCMD 输出指令电压→电动机继续转动。

• 定位完成

指令脉冲数=0→反馈脉冲数=0→误差值=0→VCMD=0→电动机停止。

② 故障原因　当伺服使能接通时，或者轴定位完成时，都要进行上述的调整。当上面的调整失败后，就会出现 410 报警——停止时的误差过大。

当伺服轴执行插补指令时，指令值随时分配脉冲，反馈值随时读入脉冲，误差计数器随时计算实际误差值。若指令值、反馈值其中之一不能够正常工作，均会导致误差计数器数值过大，即产生 411 报警（移动中误差过大）。导致故障的原因如下。

• 编码器损坏。

• 光栅尺脏或损坏。

- 光栅尺放大器故障。
- 反馈电缆损坏，断线、破皮等。
- 伺服放大器故障，包括驱动晶体管击穿、驱动电路故障、动力电缆断线虚接等。
- 伺服电动机损坏，包括电动机进油、进水，电动机匝间短路等。
- 机械过载，包括导轨严重缺油，导轨损伤、丝杠损坏、丝杠两端轴承损坏，联轴器松动或损坏。

③ 维修实例

【例 5-14】 牧野 Professonal-3 立式加工中心（全闭环），低速运行时无报警，但是无论在哪种方式下高速移动 *X* 轴时（包括 JOG 方式、自动方式、回参考点方式）均出现 411 报警。

a. 设定参数 1815＃ b2（OPTx）＝0（半闭环控制）。

b. 进入伺服参数设定界面，参见图 5-43。

c. 将“初始化设定位”（英文“INITIAL SET BITS”）改为“00000000”。

d. 将“位置反馈脉冲数.”（英文“POSITION PULSE NO.”）改为“12500”。

e. 计算 N/M 值。

f. 关电，再开电，参数修改完成。

之后先用手轮移动 *X* 轴，当确认半闭环运行正常后用 JOG 方式从慢速到高速进行试验，结果 *X* 轴运行正常。

由此得出半闭环运行正常结论；全闭环高速运行时 411 报警，充分证明全闭环测量系统故障。

后打开光栅尺护罩，发现尺面上有油膜，清除尺面油污，重新安装光栅尺并恢复原参数，包括设定参数 1815＃ b2＝1，恢复修改过的伺服参数 N/M 等，机床修复。

【例 5-15】 某数控车床 FANUC 0i-TB 数控系统（半闭环控制），*Z* 轴移动时 411＃报警。

首先通过伺服调整画面（参见图 5-61）观察 *Z* 轴移动时误差值。

通过观察，发现 *Z* 轴低速移动时“位置偏差”数值可随着轴的移动而变化，而 *Z* 轴高速移动时，“位置偏差”数值尚未来得及调整完就出现 411 报警。这种现象是比较典型的指令与反馈不谐调，有可能是反馈丢失脉冲，也有可能是负载过重而引起的误差过大。

由于是半闭环控制，所以反馈装置就是电动机后面的脉冲编码器，该机床使用 FANUC 0i-TB 数控系统，并且 *X* 和 *Z* 轴均配置 αi 系列数字伺服电机，所以编码器互换性好。

a. 首先更换了两个轴的脉冲编码器。但是更换以后故障依旧，初步排除编码器问题。

b. 通过查线、测量，确认反馈电缆及连接也无问题。

c. 将电动机与机床脱离，将电动机从联轴器中卸下，通电旋转电动机，无报警。排除了数控系统和伺服电动机有问题。

d. 机械时用手扳丝杠，发现丝杠很沉，明显超过正常值，说明进给轴传动链机械故障，通过钳工检修，修复 *Z* 轴机械问题，重新安装 *Z* 轴电动机，机床工作正常。

【例 5-16】 某立式数控铣床 FANUC 0i-MC 数控系统（半闭环），*Y* 轴解除急停开关后数秒钟随即产生 410＃报警。

a. 首先观察伺服运转（SV-TURN）画面。发现松开急停开关后“位置偏差”数值快速加大，并出现报警，此时机床攒动一下并停止。

b. 先按下紧急停止开关，用手或借助工具使电动机转动。此时，伺服 TURN 画面中的“位置偏差”也跟着变化，基本排除脉冲编码器及反馈环节的问题。

c. 经过仔细观察发现，通电时间不长，电动机温升可达 60～70℃。通过摇表测量，发现电动机线圈对地短路，更换电动机后，机床工作正常。

5.4 数控机床有关参考点的安装与调整

FANUC 0i 系列数控系统可以通过三种方式实现回参考点：增量方式回参考点、绝对方式回参考点、距离编码回参考点。

5.4.1 增量方式回参考点

所谓增量方式回参考点，就是采用增量式编码器，工作台快速接近，经减速挡块减速后低速寻找栅格零点作为机床参考点。

(1) FANUC 系统实现回参考点的条件

① 回参考点（ZRN）方式有效——对应 PMC 地址 G43.7=1，同时 G43.0（MD1）和 G43.2（MD4）同时=1。

② 轴选择（±J×）有效——对应 PMC 地址 G100～G102=1。

③ 减速开关触发（*DECx）——对应 PMC 地址 X9.0～X9.3 或 G196.0～3 从 1 到 0 再到 1。

④ 栅格零点被读入，找到参考点。

⑤ 参考点建立，CNC 向 PMC 发出完成信号 ZP4 内部地址 F094，ZRF1 内部地址 F120。

其动作过程和时序图如图 5-103 所示。

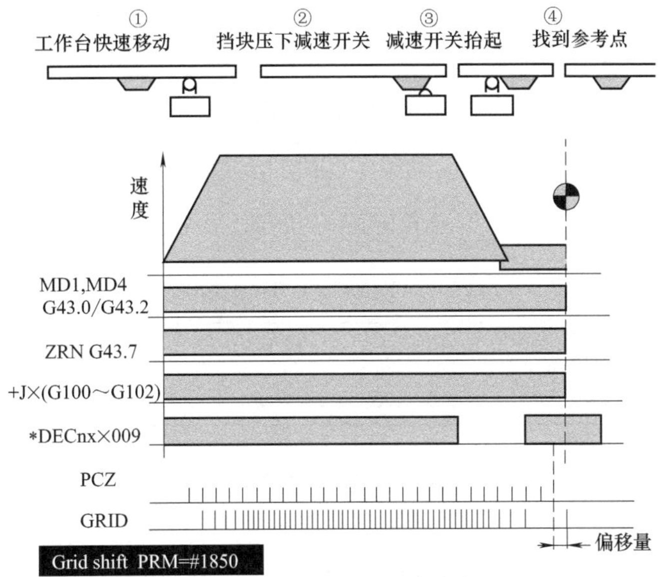

图 5-103 增量方式回参考点

图 5-104 栅格零点

FANUC 数控系统除了与一般数控系统一样，在返回参考点时需要寻找真正的物理栅格（栅格零点）——编码器的一转信号（如图 5-104 所示）或光栅尺的栅格信号（如图 5-105 所示），并且还要在物理栅格的基础上再加上一定的偏移量——栅格偏移量（1850＃参数中设定的量），形成最终的参考点，也即图5-103中的 GRID 信号。GRID 信号可以理解为是在所找到的物理栅格基础上再加上“栅格偏移量”后生成的点。

FANUC 公司使用电气栅格 GRID 的目的，就是可以通过 1850＃ 参数的调整，在一定量的范围内（小于

参考计数器容量设置范围）灵活地微调参考点的精确位置。

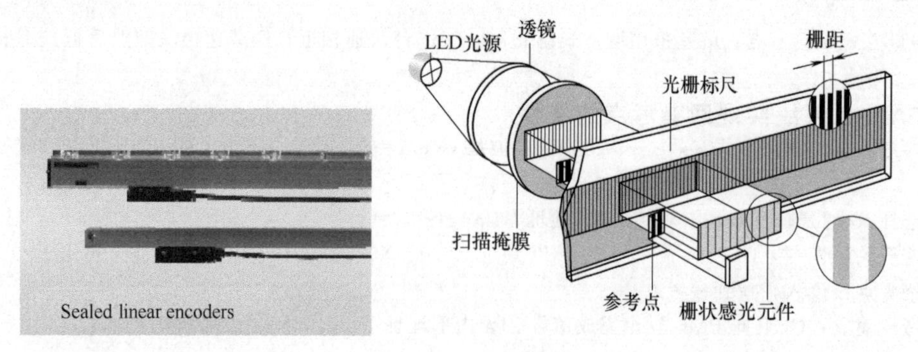

图 5-105　增加距离

（2）参数设置

① 1005 号参数，如表 5-32 所示。

表 5-32　1005 号参数

	#7	#6	#5	#4	#3	#2	#1	#0
1005							DLZx	

输入类型	参数输入	参数	说　明	设　置	
参数输入	位轴型	DLZx	无挡块参考点设定功能	0	无效
				1	有效

② 1821 号参数，如表 5-33 所示。

表 5-33　1821 号参数

1821	每个轴的参考计数器容量

输入类型	参数输入	数据单位	数据范围
参数输入	2 字轴型	检测单位	0～999999999

数据范围为参数设定参考计数器的容量，为执行栅格方式的返回参考点的栅格间隔。设定值在 0 以下时，将其视为 10000。在使用附有绝对地址参照标记的光栅尺时，设定标记 1 的间隔。在设定完此参数后，需要暂时切断电源。

③ 1850 号参数，如表 5-34 所示。

表 5-34　1850 号参数

1850	每个轴的栅格偏移量/参考点偏移量

输入类型	参数输入	数据单位	数据范围
参数输入	2 字轴型	检测单位	－99999999～99999999

数据范围是参数为每个轴设定使参考点位置偏移的栅格偏移量或者参考点偏移量。可以设定的栅格量为参考计数器容量以下的值。参数 SFDX（No. 1008＃4）为“0”时成为栅格偏移量，为“1”时成为参考点偏移量。若是无挡块参考点设定，仅可使用栅格偏移，不能使用参考点偏移。

④ 1815 号参数，如表 5-35 所示。

APZx：作为位置检测器使用绝对位置检测器时，机械位置与绝对位置检测器之间的位置对应关系。使用绝对位置检测器时，在进行第一次调节时或更换绝对位置检测器时，必须将其设定为“0”，再次通电后，通过执行手动返回参考点等操作进行绝对位置检测器的原点设定。由此，完成机械位置与绝对位置检测器之间的位置对应，此参数即被自动设定为“1”。

表 5-35　1815 号参数

	#7	#6	#5	#4	#3	#2	#1	#0
1815			APCx	APZx			OPTx	

输入类型	参数输入	参数	说明	设置		备注
参数输入	位轴型	OPTx	位置检测器	0	不使用外置脉冲编码器	使用带有参照标记的光栅尺或者带有绝对地址原点的光栅尺(全闭环系统)时，将参数值设定为“1”
				1	使用外置脉冲编码器	
		APZx	对应关系	0	尚未建立	
				1	已经结束	
		APCx	位置检测器	0	非绝对位置检测器	
				1	绝对位置检测器	

⑤ 外置脉冲编码器与光栅尺的设置，如图 5-106 所示。通常，将电动机每转动一圈的反馈脉冲数作为参考计数器容量予以设定。

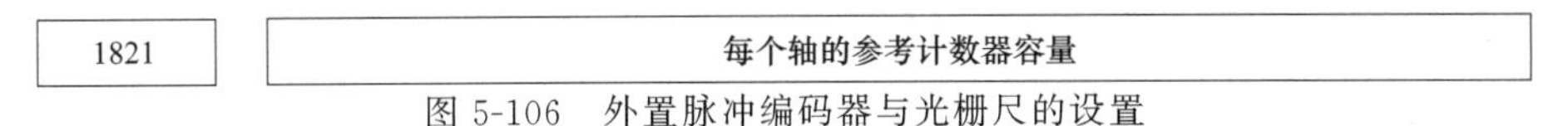

图 5-106　外置脉冲编码器与光栅尺的设置

光栅尺上多处具有参照标记的情况下，有时将该距离以整数相除的值作为参考计数器容量予以设定，如图 5-107 所示。

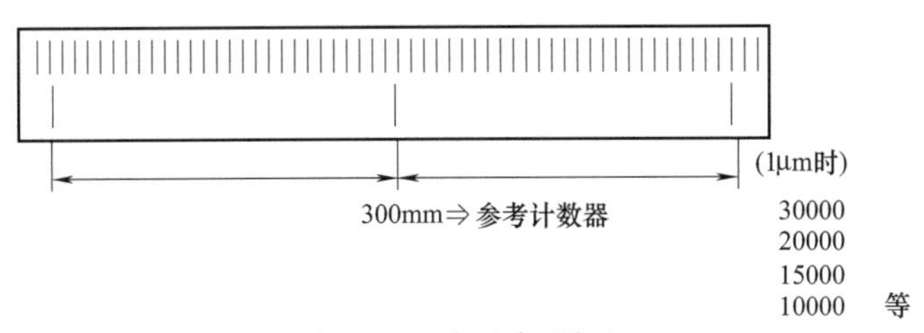

图 5-107　多处参照标记

5.4.2　绝对方式回参考点

所谓绝对回零（参考点），就是采用绝对位置编码器建立机床零点，并且一旦零点建立，无须每次开电回零，即使系统关断电源，断电后的机床位置偏移（绝对位置编码器转角）被保存在电动机编码器 SRAM 中，并通过伺服放大器上的电池支持电动机编码器 SRAM 中的数据。

传统的增量式编码器，在机床断电后不能够将零点保存，所以每遇断电再开电后，均需要操作者进行返回零点操作。20 世纪 80 年代中后期，断电后仍可保存机床零点的绝对位置编码器被用于数控机床上，其保存零点的“秘诀”就是在机床断电后，将机床微量位移的信息保存在编码器电路的 SRAM 中，并有后备电池保持数据。FANUC 早期的绝对位置编码器有一个独立的电池盒，内装干电池，电池盒安装在机柜上便于操作者更换。目前，αi 系列绝对位置编码器电池安装在伺服放大器塑壳迎面正上方。

这里需要提醒读者注意的是，当更换电动机或伺服放大器后，由于将反馈线与电动机航空插头脱开，或电动机反馈线与伺服放大器脱开，必将导致编码器电路与电池脱开，SRAM 中的位置信息即刻丢失，再开机后会出现 300＃报警，需要重新建立零点。

(1) 绝对零点建立的过程（图 5-108）

(2) 操作

① 将希望进行参考点设定的轴向返回参考点方向 JOG 进给到参考点附近。

② 选择手动返回参考点方式，将希望设定参考点的轴的进给轴方向选择信号（正向或者负向）设定为“1”。

③ 定位于以从当前点到参数 ZMIx（No. 1006＃5）中所确定的返回参考点方向的最靠近栅格位置，将该

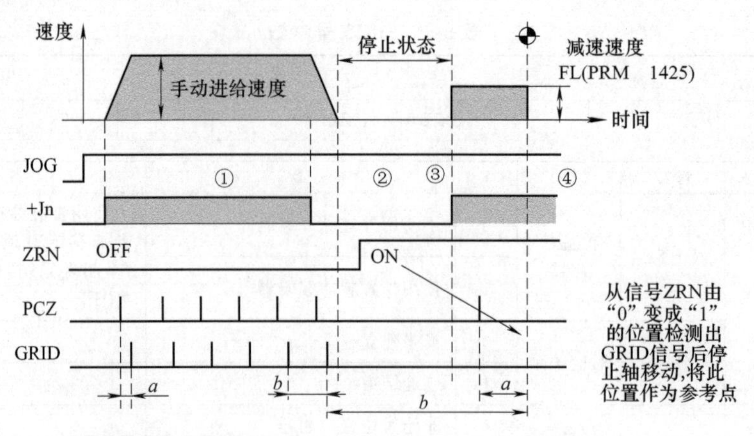

图 5-108 绝对零点建立的过程

点作为参考点。

④ 确认已经到位后，返回参考点结束信号（ZPn）和参考点建立信号（ZRFn）即被设定为“1”。

设定完参考点后，只要将 ZRN 信号设定为“1”，通过手动方式赋予轴向信号，刀具就返回到参考点。

(3) 参数设置

① 1005 号参数，如表 5-32 所示。

② 1006 号参数，如表 5-36 所示。

表 5-36 1006 号参数

	#7	#6	#5	#4	#3	#2	#1	#0
1006			ZMIx					

输入类型	参数输入	参数	说 明	设 置	
参数输入	位轴型	ZMIx	手动返回参考点的方向	0	正
				1	负

5.4.3 距离编码回参考点

光栅尺距离编码是解决“光栅尺绝对回零”的一种特殊的解决方案，具体工作原理如下。

传统的光栅尺有 A 相、B 相以及栅格信号，A 相、B 相作为基本脉冲根据光栅尺分辨精度产生步距脉冲，而栅格信号是相隔一固定距离产生一个脉冲，所谓固定距离是根据产品规格或订货要求而确定的，如 10mm、15mm、20mm、25mm、30mm、50mm 等。该栅格信号的作用相当于编码器的一转信号，用于返回零点时的基准零位信号。

而距离编码的光栅尺，其栅格距离不像传统光栅尺那样是固定的，它是按照一定比例系数变化的，如图 5-109所示。当机床沿着某个轴返回零点时，CNC 读到几个不等距离的栅格信号后，会自动计算出当前的位置，不必像传统的光栅尺那样每次断电后都要返回到固定零点，它仅需在机床的任意位置移动一个相对小的距离就能够“找到”机床零点。

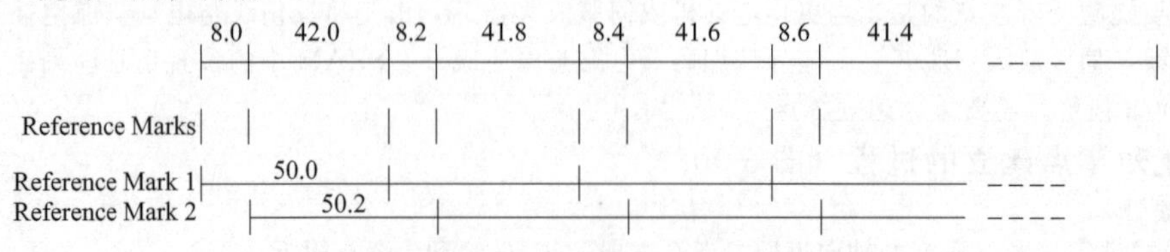

图 5-109 比例光栅

(1) 距离编码零点建立过程

① 选择回零方式，使信号 ZRN 置 1，同时 MD1、MD4 置 1。

② 选择进给轴方向（+J1、−J1、+J2、−J2 等）。

③ 机床按照所选择的轴方向移动寻找零点信号，机床进给速度遵循 1425 参数中（FL）设定速度运行。

④ 一旦检测到第一个栅格信号，机床即停顿片刻，随后继续低速（按照参数 1425 FL 中设定的速度）按照指定方向继续运行。

⑤ 继续重复上述④的步骤，找到 3～4 个栅格后停止，并通过计算确立零点位置。

⑥ 最后发出参考点建立信号（ZRF1、ZRF2、ZRF3 等置 1），如图 5-110 所示。

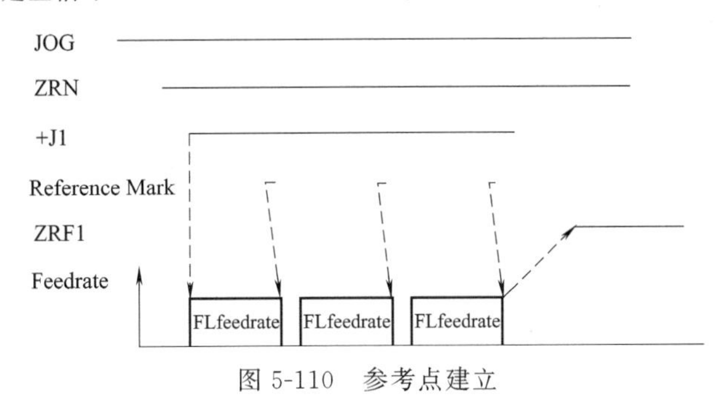

图 5-110　参考点建立

(2) 参数设置

参数结构如图 5-111～图 5-115 所示。

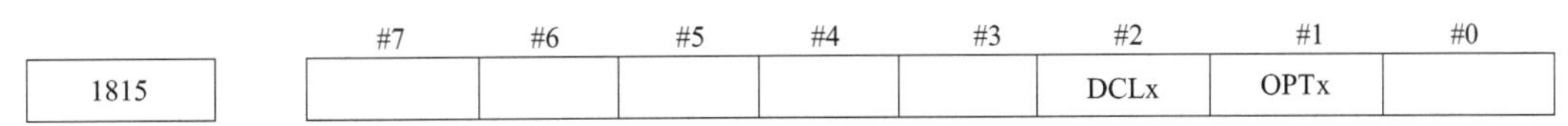

	#7	#6	#5	#4	#3	#2	#1	#0
1815						DCLx	OPTx	

图 5-111　参数结构（一）

① 参数 1815

数据类型：位数据。

• OPTx：位置检测方式。

0：不使用分离式编码器（采用电动机内置编码器作为位置反馈）；1：使用分离式编码器（光栅）。

• DCLx：分离检测器类型。

0：光栅尺检测器不是绝对栅格的类型；1：光栅尺采用绝对栅格的类型。

	#7	#6	#5	#4	#3	#2	#1	#0
1802							DC4	

图 5-112　参数结构（二）

② 参数 1802

数据类型：位数据。

DC4：当采用绝对栅格建立参考点时。

0：检测 3 个栅格后确定参考点位置；1：检测 4 个栅格后确定参考点位置。

1821	参考计数器容量

图 5-113　参数结构（三）

③ 参数 1821

数据类型：双字节数据。

数据单位：检测单位。

数据有效范围：0～99999999。

1882	距离编码2 (Mark2)栅格的间隔

图 5-114　参数结构（四）

④ 参数 1882

数据类型：双字节数据。

数据单位：检测单位。

数据有效范围：0～99999999。

1883	光栅尺栅格起始点与参考点的距离

图 5-115　参数结构（五）

⑤ 参数 1883

数据类型：双字节数据。

数据单位：检测单位。

数据有效范围：−99999999～99999999。

1821、1882、1883 参数关系如图 5-116 所示。

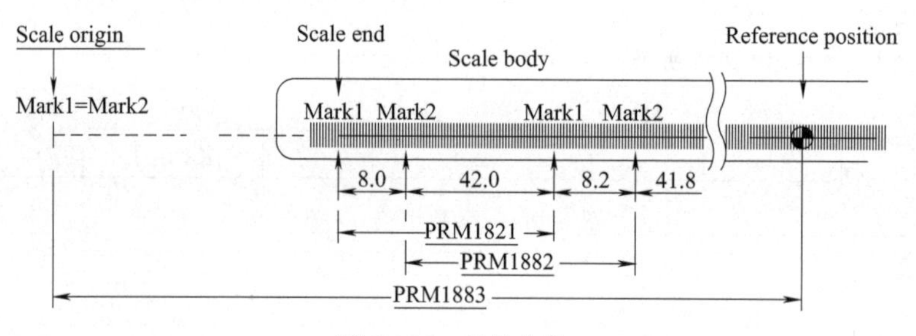

图 5-116　相关参数

具体实例如图 5-117 所示，机床采用米制输入。

Parameter No.1821(Mark1 interval) ="20000"

No.1882(Mark2 interval) ="20020"

No.1883(Reference position)=Position of point A +5.000

$$=\frac{\text{Distance between A and B}}{\text{Mark2 interval–Mark 1 interval}}\ \text{*Mark1 interval+5.000}$$

$$=\frac{9960}{20020–20000}\ \text{*20000+5000}$$

=9965000

→ "–9965000"(reference position in the negative direction)

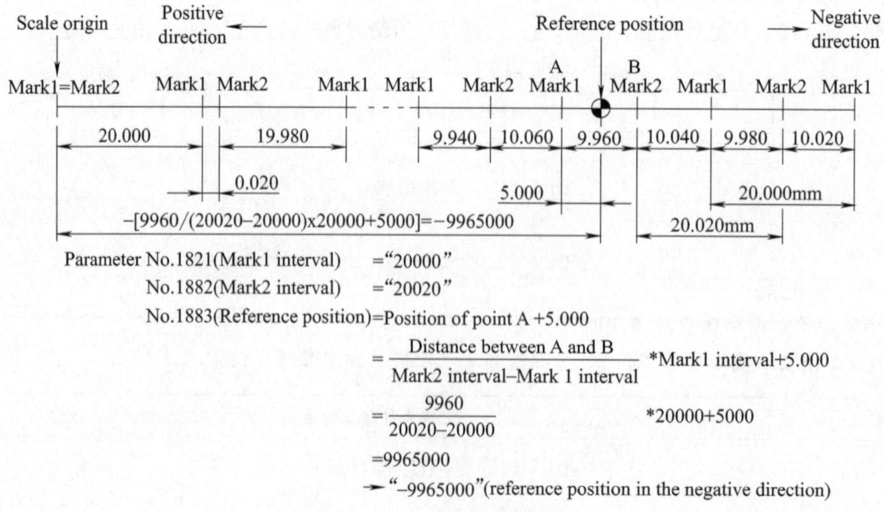

图 5-117　参数设置实例

5.4.4 回参考点常见故障及排除

(1) 回参考点常见故障（表 5-37）

表 5-37 回参考点常见故障

<table>
<tr><th>故障现象</th><th colspan="2">故障原因</th><th>排除方法</th></tr>
<tr><td rowspan="2">回参考点后，原点漂移</td><td rowspan="2">参考点发生单个螺距漂移</td><td>减速开关与挡块安装不合理，使减速信号与零脉冲信号相隔太近</td><td>调整减速开关或者挡块的位置，使机床轴开始减速的位置大概处在一个栅距或者一个螺距的中间位置</td></tr>
<tr><td>机械安装不到位</td><td>调整机械部分</td></tr>
<tr><td>参考点发生多个螺距偏移</td><td colspan="2">①参考点减速信号不良引起的故障
②减速挡块固定不良引起寻找零脉冲的初始点发生了漂移
③零脉冲不良引起</td><td>①检查减速信号是否有效，接触是否良好
②重新固定减速挡块
③对码盘进行清洗</td></tr>
<tr><td>系统开机回不了参考点、回参考点不到位</td><td colspan="2">①系统参数设置错误
②零脉冲不良引起的故障，回零时找不到零脉冲
③减速开关损坏或者短路
④数控系统控制检测放大的线路板出错
⑤导轨平行、导轨与压板面平行、导轨与丝杠的平行度超差
⑥当采用全闭环控制时光栅尺进了油污</td><td>①重新设置系统参数
②对编码器进行清洗或者更换
③维修或更换
④更换线路板
⑤重新调整平行度
⑥清洗光栅尺</td></tr>
<tr><td>找不到零点或回参考点时超程</td><td colspan="2">①回参考点位置调整不当引起的故障，减速挡块距离限位开关行程过短
②零脉冲不良引起的故障，回零时找不到零脉冲
③减速开关损坏或者短路
④数控系统控制检测放大的线路板出错
⑤导轨平行、导轨与压板面平行、导轨与丝杠的平行度超差
⑥当采用全闭环控制时光栅尺进了油污</td><td>①调整减速挡块的位置
②对编码器进行清洗或者更换
③维修或更换
④更换线路板
⑤重新调整平行度
⑥清洗光栅尺</td></tr>
<tr><td>回参考点的位置随机性变化</td><td colspan="2">①干扰
②编码器的供电电压过低
③电机与丝杠的联轴器松动
④电动机扭矩过低或由于伺服调节不良，引起跟踪误差过大
⑤零脉冲不良引起的故障
⑥滚珠丝杠间隙增大</td><td>①找到并消除干扰
②改善供电电源
③紧固联轴器
④调节伺服参数，改变其运动特性
⑤对编码器进行清洗或者更换
⑥修磨滚珠丝杠螺母调整垫片，重调间隙</td></tr>
<tr><td>攻螺纹时或车螺纹时出现乱扣</td><td colspan="2">①零脉冲不良引起的故障
②时钟不同步出现的故障
③主轴部分没有调试好，如主轴转速不稳，跳动过大，或因为主轴过载能力太差，加工时因受力使主轴转速发生太大的变化</td><td>①对编码器进行清洗或者更换
②更换主板或更改程序
③重新调试主轴</td></tr>
<tr><td>主轴定向不能够完成，不能够进行镗孔、换刀等动作</td><td colspan="2">①脉冲编码器出现问题
②机械部分出现问题
③PLC 调试不良，定向过程没有处理好</td><td>①维修或更换编码器
②调整机械部分
③重新调试 PLC</td></tr>
</table>

(2) 返回参考点不准确的维修

【例 5-17】 某森精机数控车床 FANUC 21T 系统，增量回零方式，*Z* 轴返回参考点可以完成，不报警；但偶尔会差一个丝杠螺距，非常有规律。

这种现象是数控机床非常典型的故障之一。其原因是减速挡块位置距离栅格位置太近或太靠近参考点时，处于一种“临界状态”，导致了离散误差，如图 5-118 所示。

由于触电开关信号通、断的精确度比较差，所以信号触发的时间不很准确，当信号来早时，如图 5-119 所示，就找到栅格①；当信号来迟时，就找到信号②，参见图 5-118；或者时而找到栅格②，时而找到栅格③，如图 5-119 所示。解决方案如下。

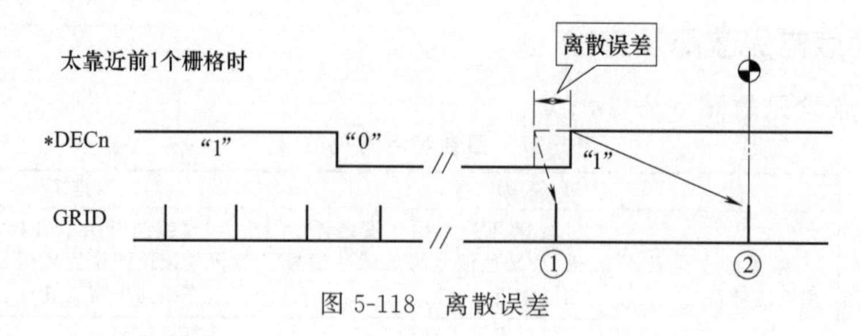

图 5-118 离散误差

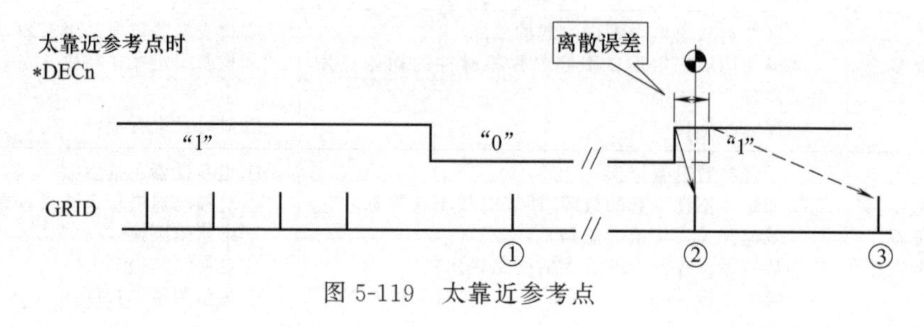

图 5-119 太靠近参考点

① 调整挡块位置

a. 手动返回参考点。

b. 选择诊断画面，读取诊断号 0302 的值（0302 的含义——从挡块脱离的位置到读取到第一个栅格信号处的距离）。

c. 记录参数 1821 的值，1821 参数中设定的是参考计数器容量。

d. 微调减速挡块，使诊断号 0302 中的值等于 1821 设定值的一半（½栅格）。

e. 之后，一面多次重复进行手动回参考点，一面确认诊断号 0302 上显示的值每次为 1/2 栅格左右，而且变化幅度不大。

② 调整栅格偏移量 通过参数 1850 调整栅格偏移量，调整栅格位置处于合理位置。

【例 5-18】 某数控车床，FANUC 0i-TB 数控系统，半闭环，增量编码器。X 轴每次回零点位置不准确，但是不发生报警，误差没有规律，有时 3mm 左右，有时 7mm 左右。操作者每天开机回零点后通过刀补校正工件零点，在不关机的情况下加工尺寸准确。但是一旦关电，重新回零后，工件坐标尺寸不准确，实际上是零点不准确。

这种故障很少发生，一般是由栅格位置不稳定造成的。FANUC 系统找零实际上是在找到物理栅格（玻璃编码盘上的一转信号）后，再移动一个偏移量后形成的栅格停止作为零点，这个经过偏移后的栅格实际上是电气栅格。电气栅格是由一组溢出脉冲发出的，每相隔一定容量值产生一个溢出脉冲。这个容量值是通过参数 1821“参考计数器容量”决定的。当参考计数器容量设置错误时，电气栅格的“溢出”是不规律的，从而造成每次回零不准。

故障解决过程：查看参数 1821——参考计数器容量设置值为 3600，核算设置是不正确的；X 轴丝杠螺距为 10mm，并且确认电动机与丝杠的传动链是直连的，通过相关计算得到，参考计数器容量应设置为 10000。

【例 5-19】 故障现象：某机床在回零时，Y 轴回零不成功，报超程错误。

故障检查与分析：首先观察轴回零的状态，选择回零方式，让 X 轴先回零，结果能够正确回零，再选择 Y 轴回零，观察到 Y 轴在回零的时候，压到减速开关后 Y 轴并不进行减速动作，而是越过减速开关，直至压到限位开关机床超程，观察机床 PLC 的输入状态，发现 Y 轴的减速信号并没有到达系统；可以初步判断有可能是机床的减速开关或者 Y 轴的回零输入线路出现了问题，然后用万用表进行逐步测量，最终确定为减速开关的焊接点出现了脱落。

故障处理：用烙铁将脱落的线头焊接好，故障即可以排除。

【例 5-20】 故障现象：一台普通的数控铣床，开机回零，X 轴正常，Y 轴回零不成功。

故障检查与分析：机床轴回零时有减速过程，说明减速信号已经到达系统，证明减速开关及其相关电气没有问题，问题可能出在了编码器上，用示波器测量编码器的波形，但是零脉冲正常，可以确定编码器没有出现问题，问题可能出现在了接受零脉冲反馈信号的线路板上。

故障处理：更换线路板，有的系统可能每个轴的检测线路板是分开的，可以将 X、Y 两轴的板子进行互换，确认问题的所在，然后更换板子，有的系统可能把检测的板子与 NC 板集成为了一块，则可以直接更换整个板子。

【例 5-21】 故障现象：某配套 FANUC 0M 的数控机床，在回参考点时发现，机床在参考点位置停止后，参考点指示灯不亮；机床无法进行下一步操作；机床关机后，又可手动操作，回参考点后上述现象又出现。

故障检查与分析：

根据以上现象判断，机床回参考点动作属于正常。考虑到机床已在参考点附近停止运动，因此，初步判断其原因可能是参考点定位精度未达到规定的要求所引起的。通过机床的诊断功能，在诊断页面下对系统的位置跟随误差（DGN800-02）进行了检查，发现机床 Y 轴的跟踪误差超过了定位精度的允许范围。

故障处理：经调整伺服驱动器的偏移电位器，使位置跟随误差的值接近 0 后，机床恢复正常。

【例 5-22】 故障现象：某配套 FANUC 6M 的卧式加工中心，在回参考点时发生 ALM091 报警。

故障检查与分析：

ALM091 报警的含义是"脉冲编码器同步出错"，可能出错的原因有两个方面：①编码器零脉冲不良；②回参考点时位置跟随误差值小于 128μm。维修时对回参考点的跟随误差进行了检查，发现此值回参考点时为 83μm 左右，小于规定的 128μm 值。进一步检查机床参数的设定，发现该轴位置环增益（PRM090）设置为 30，回参考点减速速度为 150mm/min。如根据机床的实际情况，该机床属于大型机床 ，工作台负载重，其快进速度、加速度等设定都应较低。因此引起故障的原因可能是位置环增益设置过大。根据机床生产厂家的推荐，参照同类机床的数据比较，并经计算校验后得出：对于该机床，位置环增益应在 16.67 左右。

故障处理：维修时将位置环增益设置为 16.67 后，机床恢复正常，测试 3 轴的动态性，也满足机床动特性的要求。

【例 5-23】 故障现象：某配套 FANUC 0M 的数控机床，在回参考点时发现机床无减速过程。

故障诊断与分析：因为无减速过程的原因可能为机床减速信号没有输入，所以检查机床回零点的减速开关，发现线路老化断裂。

故障处理：重新连接好减速开关，机床回零正常。

【例 5-24】 故障现象：某配套 FANUC 11M 的加工中心，在回参考点过程中，发生超程报警。

故障诊断与分析：经检查，发现该机床在"回参考点减速"挡块压上后，坐标轴无减速动作，由此判断故障原因应在减速信号上。通过系统的诊断显示，发现该信号的状态在"回参考点减速"挡块压上、松开后均无变化。对照原理图检查线路，最终确认该轴的"回参考点减速"开关由于切削液的侵入而损坏。

故障处理：更换开关后，机床恢复正常。

【例 5-25】 参数 1815 原点设定不进去。

解决步骤如下：

① 确定伺服电动机采用绝对位置编码器。绝对位置编码器后盖打开后，有电容如图 5-120 所示。

图 5-120　电容

图 5-121　电压测量

② 确定编码器线插头有 6V 电池供电（4.5V 以上都可以），在 4 脚和 7 脚之间测量电压，如图 5-121 所示。

③ 满足①和②条件后，参数 1815 设定原点步骤如下。

a. 关机。

b. 拔掉驱动器该轴的 24V 供电（CX19B 插头或者 CXA2A 插头），如图 5-122 所示。

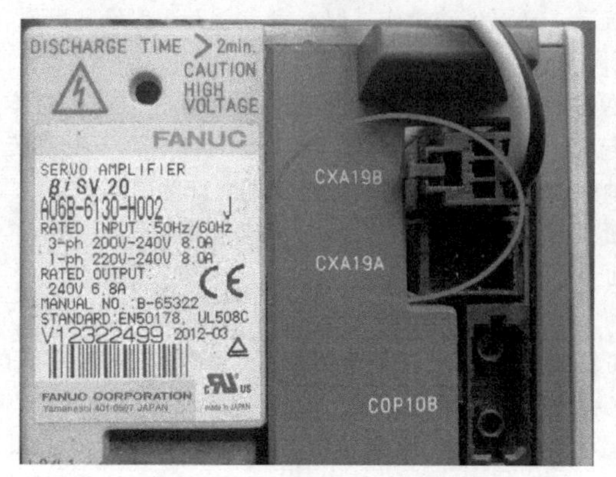

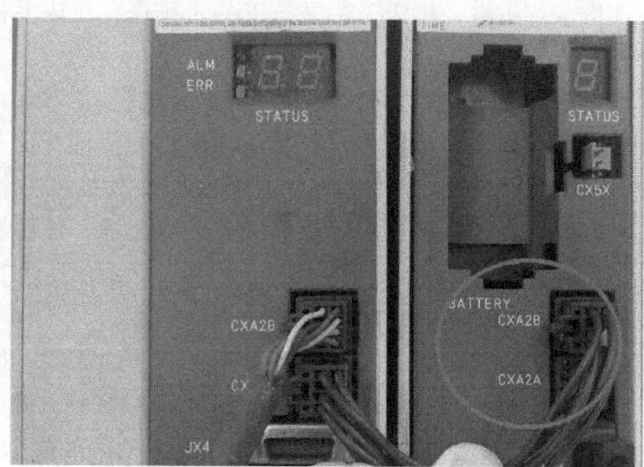

图 5-122　CX19B 插头/CXA2A 插头

c. 开机，会出现 5136 报警，设定参数 1815.4 和 1815.5。

d. 关机，拔掉电缆恢复。

e. 开机，无报警，则设定成功。

第6章 自动换刀装置的结构与维修

6.1 加工中心无机械手刀具交换

加工中心的自动换刀装置有机械手换刀与无机械手换刀两种［二维码 6.1-1］。

6.1.1 无机械手换刀具交换过程

无机械手换刀装置一般采用把刀库放在主轴箱可以运动到的位置或整个刀库（或某一刀位）能移动到主轴箱可以达到的位置，同时，刀库中刀具的存放方向一般与主轴上的装刀方向一致。换刀时，由主轴运动到刀库上的换刀位置，利用主轴直接取走或放回刀具。有主轴移动式［二维码 6.1-2］和刀库移动式等形式。图 6-1 所示是 TH5640 无机械手刀库移动式的换刀过程［二维码 6.1-3］。当然，在换刀前要把刀具放入刀库中。

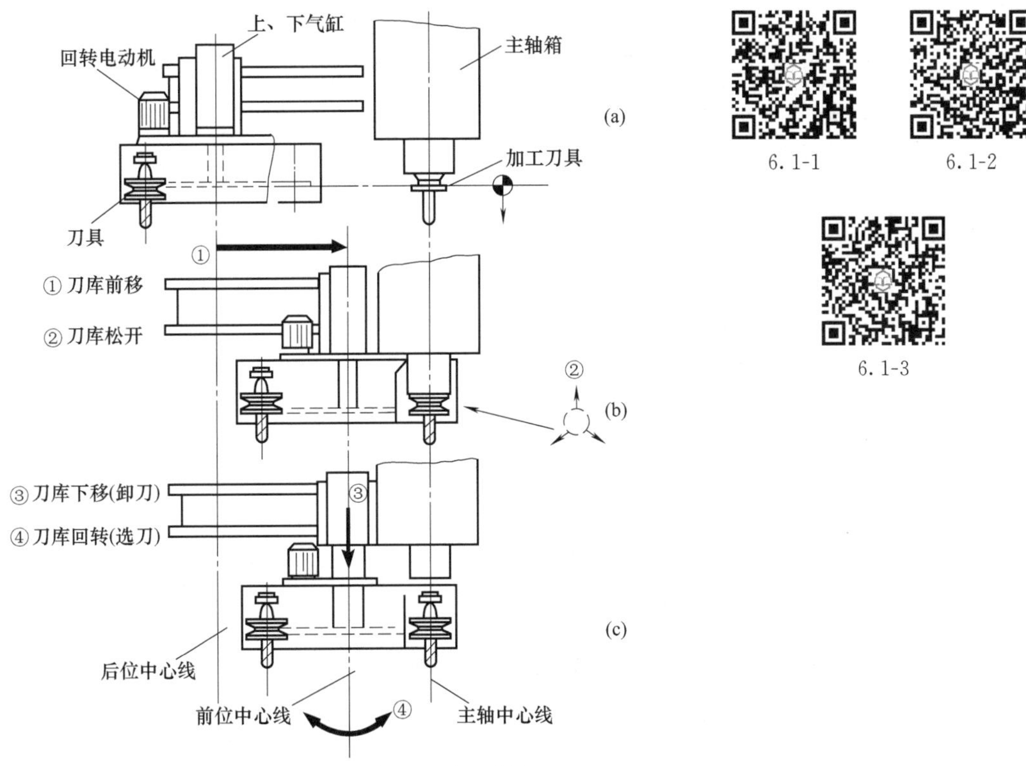

图 6-1　TH5640 无机械手换刀动作示意图

TH5640 的自动换刀装置由刀库和自动换刀机构组成。刀库可在导轨上作左右及上下移动，以完成卸刀和装刀动作，左右、上下运动分别通过左右运动气缸及上下运动气缸来实现。刀库的选刀是利用电动机经减速带动槽轮机构回转实现的。为确定刀号，在刀库内安装有原位开关和计数开关。换刀时，首先刀库由左右运动气缸驱动在导轨上作水平移动，刀库鼓轮上一空缺刀位插入主轴上刀柄凹槽处，刀位上的夹刀弹簧将刀柄夹紧，见图 6-1（a）；然后主轴刀具松开装置工作，刀具松开，见图 6-1（b）；刀库在上下运动气缸的作用下向下运动，完成拔刀过程，见图 6-1（c）；接着刀库回转选刀，当刀位选定后，在上下运动气缸的作用下，刀库向上运动，选中刀具被装入主轴锥孔，主轴内的拉杆将刀具拉紧，完成刀具装夹；左右运动气缸带动刀库沿导轨返回原位，完成一次换刀。无机械手换刀装置的优点是结构简单、成本低，换刀的可靠性较高；缺点是换刀时间长，刀库因结构所限容量不多。这种换刀装置在中、小型加工中心上经常采用。

6.1.2 斗笠式刀库的结构

图 6-2 为斗笠式刀库传动示意图，图 6-3 为斗笠式刀库结构示意图。各零部件的名称和作用见表 6-1。

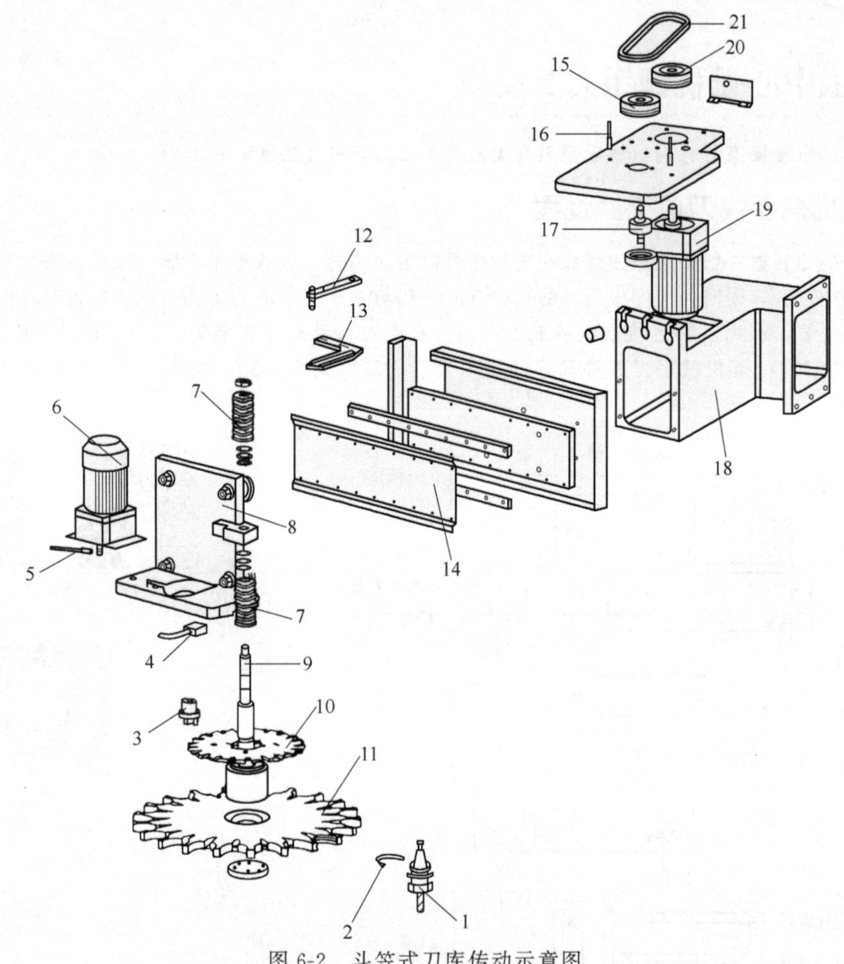

图 6-2 斗笠式刀库传动示意图

1—刀柄；2—刀柄卡簧；3—槽轮套；4,5—接近开关；6—转位电动机；7—碟形弹簧；8—电动机支架；9—刀库转轴；10—马氏槽轮；11—刀盘；12—杠杆；13—支架；14—刀库导轨；15,20—带轮；16—接近开关；17—带轮轴；18—刀库架；19—刀库移动电动机；21—传动带

表 6-1 斗笠式刀库各零部件的名称和作用

名称	图 示	作 用
刀库 防护罩	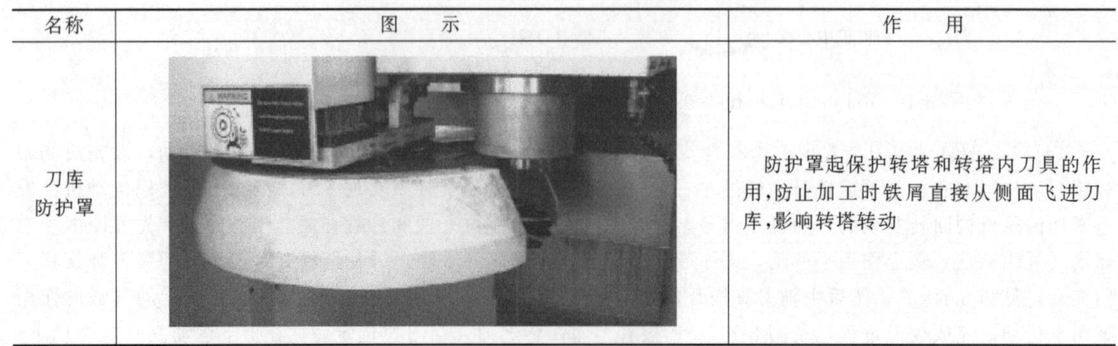	防护罩起保护转塔和转塔内刀具的作用,防止加工时铁屑直接从侧面飞进刀库,影响转塔转动

续表

名称	图　示	作　用
刀库转塔电动机		主要是用于转动刀库转塔
刀库导轨		由两圆管组成，用于刀库转塔的支承和移动
气缸		用于推动和拉动刀库，执行换刀
刀库转塔		用于装夹备用刀具

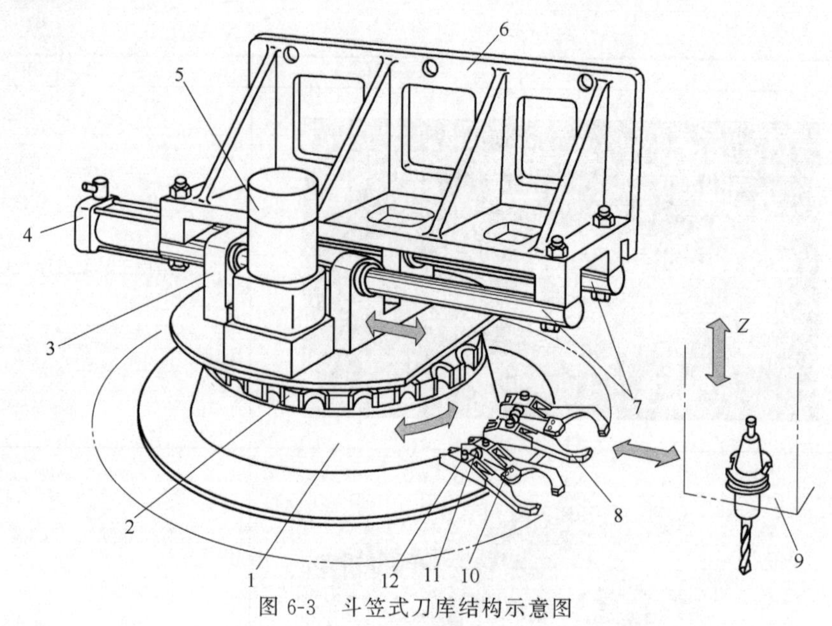

图 6-3　斗笠式刀库结构示意图

1—刀盘；2—分度轮；3—导轨滑座（和刀盘固定）；4—气缸（缸体固定在机架上，活塞与导轨滑座连接）；5—刀盘电动机；6—机架（固定在机床立柱上）；7—圆柱滚动导轨；8—刀夹；9—主轴箱；10—定向键；11—弹簧；12—销轴

6.1.3　斗笠式刀库的电气控制

(1) 控制电路说明

机床从外部动力线获得三相交流 380V 后，在电控柜中进行再分配，经变压器 TC1 获得三相 AC 200～230V 主轴及进给伺服驱动装置电源；经变压器 TC2 获得单相 AC 110V 数控系统电源、单相 AC l00V 交流接触器线圈电源；经开关电源 VC1 和 VC2 获得 DC ＋24V 稳压电源，作为 I/O 电源和中间继电器线圈电源；同时进行电源保护，如熔断器、断路器等。图 6-4 所示为该机床电源配置。系统电气原理如图 6-5～图 6-8 所示。图 6-9 所示为换刀控制电路和主电路，表 6-2 所示为输入信号所用检测元件，检测开关位置如图 6-10 所示，图 6-11 所示为换刀控制中的 PLC 输入/输出信号分布。

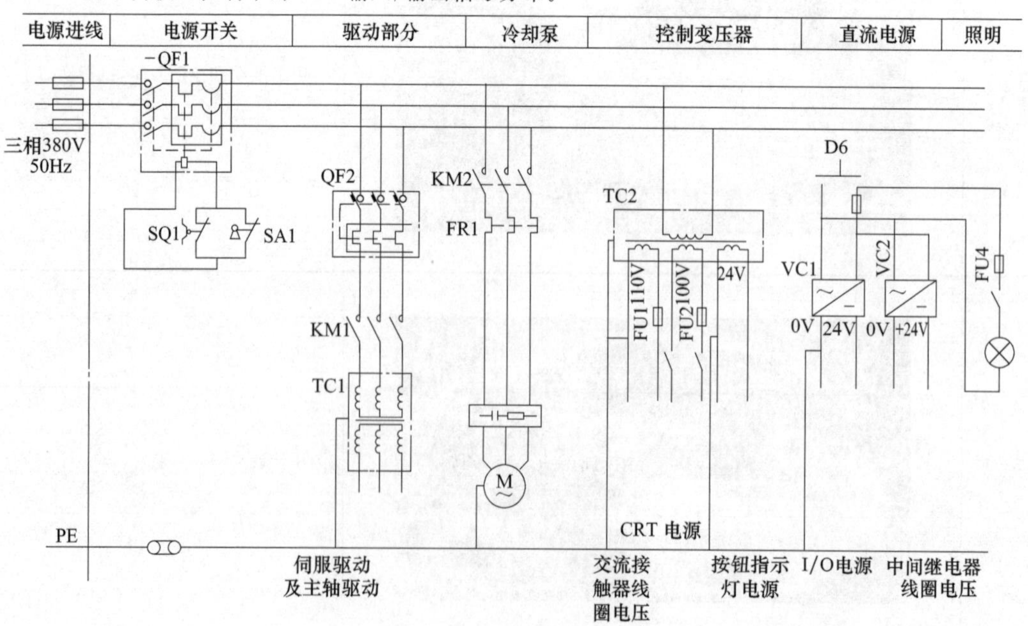

图 6-4　电源配置

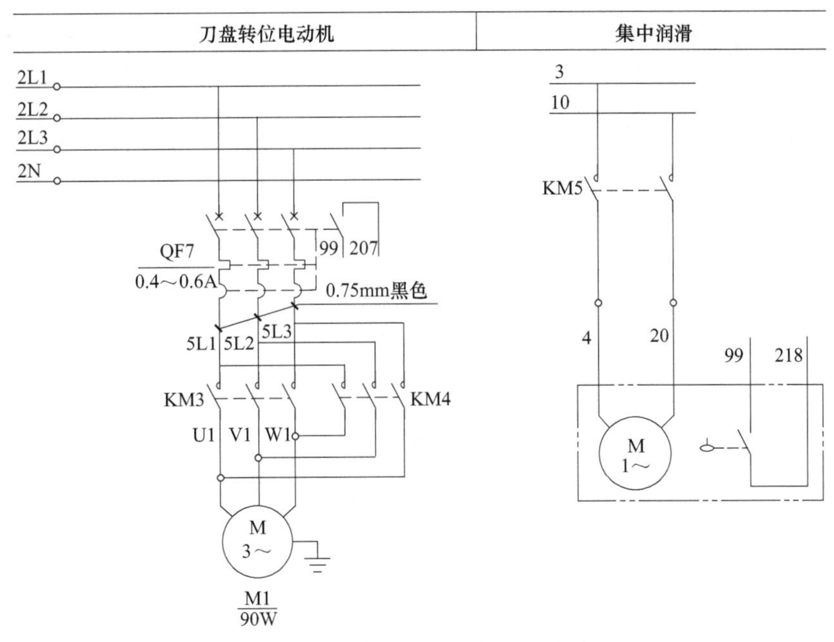

图 6-5 刀库转盘电动机强电电路

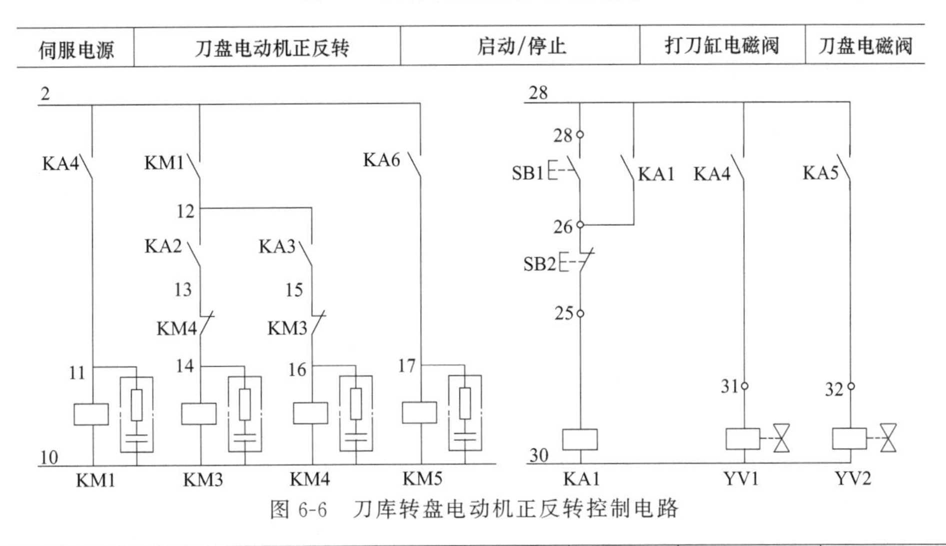

图 6-6 刀库转盘电动机正反转控制电路

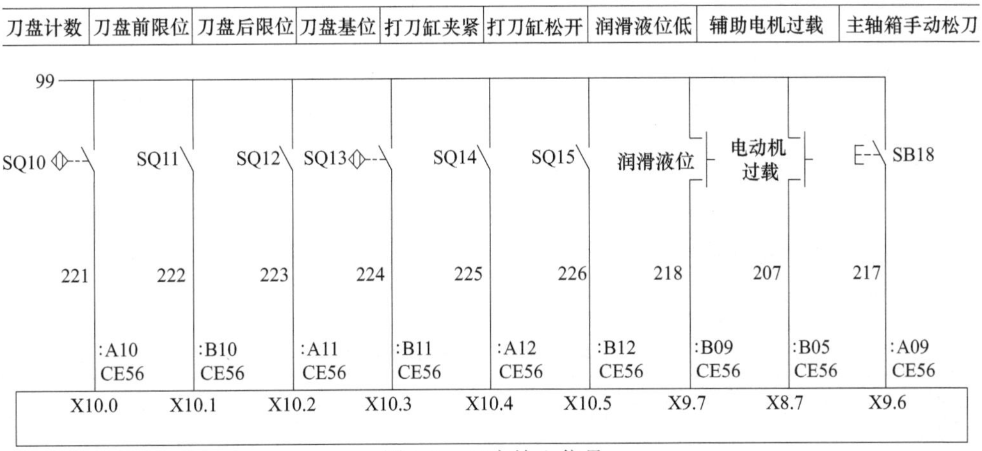

刀盘计数	刀盘前限位	刀盘后限位	刀盘基位	打刀缸夹紧	打刀缸松开	润滑液位低	辅助电机过载	主轴箱手动松刀
SQ10	SQ11	SQ12	SQ13	SQ14	SQ15	润滑液位	电动机过载	SB18
221	222	223	224	225	226	218	207	217
:A10 CE56	:B10 CE56	:A11 CE56	:B11 CE56	:A12 CE56	:B12 CE56	:B09 CE56	:B05 CE56	:A09 CE56
X10.0	X10.1	X10.2	X10.3	X10.4	X10.5	X9.7	X8.7	X9.6

99

图 6-7 刀库输入信号

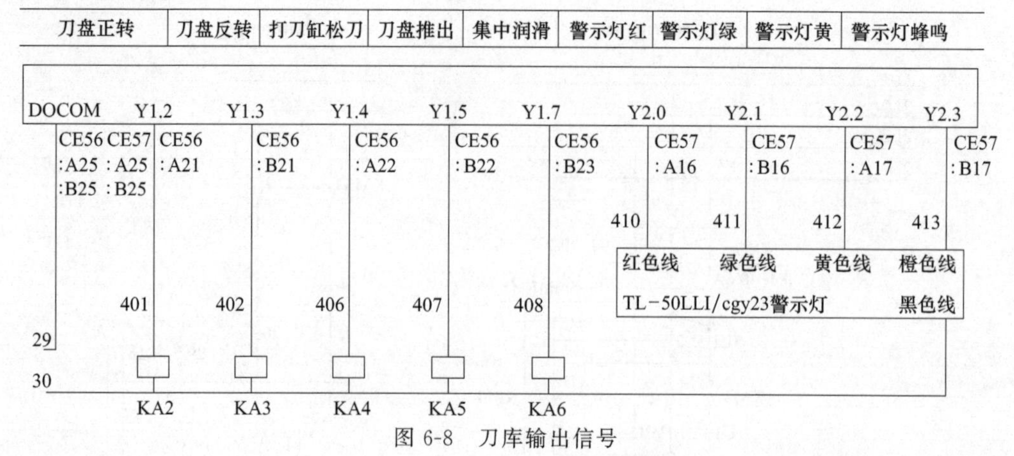

图 6-8 刀库输出信号

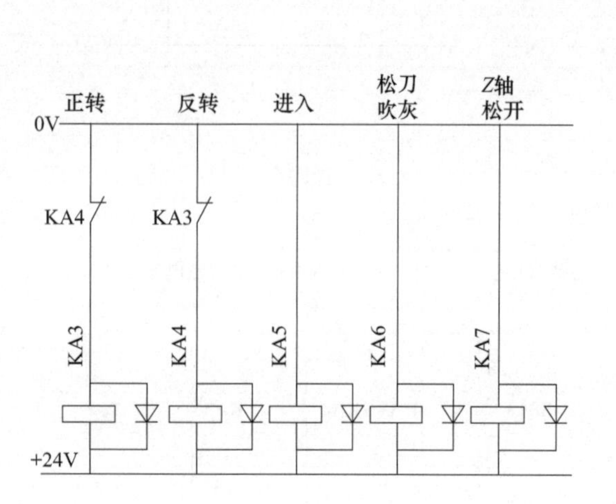

(a) 控制电路

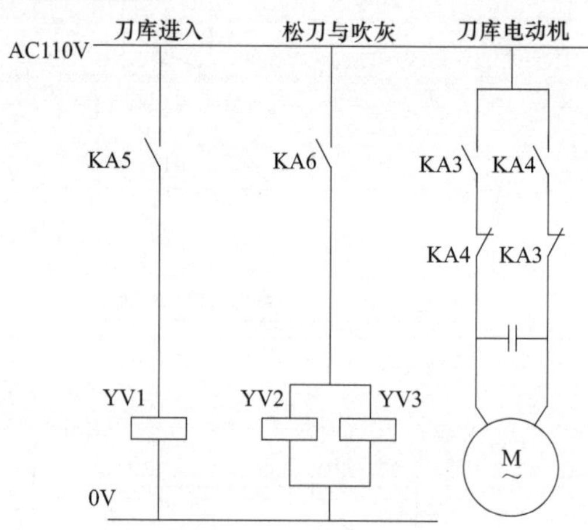

(b) 主电路

图 6-9 换刀控制电路和主电路

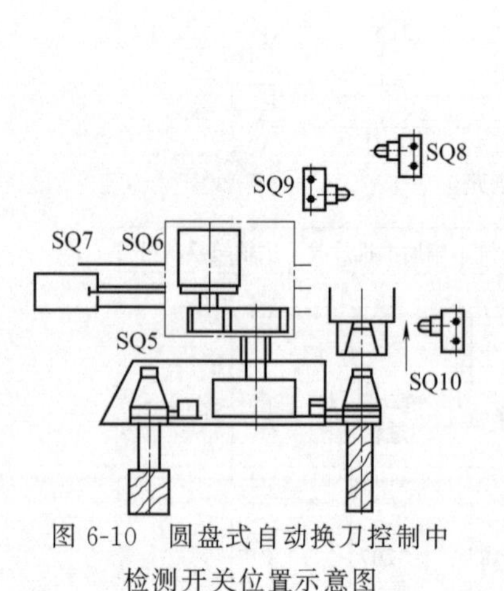

图 6-10 圆盘式自动换刀控制中检测开关位置示意图

X32 (A18) — SQ5 刀库计数
X33 (A17) — SQ6 刀库入位
X34 (A16) — SQ7 刀库出位
X35 (A15) — SQ8 刀具夹紧到位
X36 (A14) — SQ9 刀具松开到位
X37 (A13) — SQ10 Z轴到位
+24V
COM (A3)
0V (A2)
0V (A1)
0V

(a) 换刀控制中的输入信号

Y0A (B10) MAZCW 刀库正转
Y0B (B9) MAZCCW 刀库反转
Y0C (B8) MAZIN 刀库进入
Y0D (B7) LOOSE 松开刀具
Y0E (B6) ZLOOSE 松开Z轴
Y0F (B5)
0V (B3) 0V
COM (B2) +24V
COM (B1)

(b) 换刀控制中的输出信号

图 6-11 换刀控制中的PLC输入/输出信号分布

表 6-2 输入信号使用到的检测元件

元件代号	元件名称	作用
SQ5	行程开关	刀库圆盘旋转时，每转到一个刀位凸轮会压下该开关
SQ6	行程开关	刀库进入位置检测

续表

元件代号	元件名称	作　　用
SQ7	行程开关	刀库退出位置检测
SQ8	行程开关	气缸活塞位置检测,用于确认刀具已经夹紧
SQ9	行程开关	气缸活塞位置检测,用于确认刀具已经放松
SQ10	行程开关	此处为换刀位置检测。换刀时 Z 轴移动到此位置

(2) 换刀过程

当系统接收到 M06 指令时，换刀过程如下。

① 系统首先按最短路径判断刀库旋转方向，然后令 I/O 输出端 YOA 或 YOB 为“1”，即令刀库旋转，将刀盘上接受刀具的空刀座转到换刀所需的预定位置，同时执行 Z 轴定位和执行 M19 主轴准停指令。

② 待 Z 轴定位完毕，行程开关 SQl0 被压下，且完成“主轴准停”，PLC 程序令输出端 YOC 为“1”，图 6-9 (a) 中所示的 KA5 继电器线圈得电，电磁阀 YV1 线圈得电，从而使刀库进入到主轴下方的换刀位置，夹住主轴中的刀柄。此时，SQ6 被压下，刀库进入检测信号有效。

③ PLC 令输出端 YOD 为“1”，KA6 继电器线圈得电，使电磁阀 YV2、YV3 线圈通电，从而使气缸动作，令主轴中刀具放松，同时进行主轴锥孔吹气。此时 SQ9 被压下，使 I/O 输入端 X36 信号有效。

④ PLC 令主轴上移直至刀具彻底脱离主轴（一般 Z 轴上移到参考点位置）。

⑤ PLC 按最短路径判断出刀库的旋转方向，令输出端 YOA 或 YOB 有效，使刀盘中目标刀具转到换刀位置。刀盘每转过一个刀位，SQ5 开关被压一次，其信号的上升沿作为刀位计数的信号。

⑥ Z 轴下移至换刀位置，压下 SQ10，令输入端 X37 信号有效。

⑦ PLC 令 I/O 输出端 Y0D 信号为“0”，使 KA6 继电器线圈失电，电磁阀 YV2、YV3 线圈失电，从而使气缸回退，夹紧刀具。

⑧ 待 SQ8 开关被压下后，PLC 令 I/O 输出端 Y0C 为“0”，KA5 线圈失电，电磁阀 YV1 线圈失电，气缸活塞回退，使刀库退回至其初始位置，待 SQ7 被压下，表明整个换刀过程结束。

6.2 刀库机械手刀具交换

6.2.1 刀库与机械手的种类

(1) 刀库的种类

常见的刀库如表 6-3 所示。

表 6-3　常见刀库结构实物图

名称	结构形状
盘式刀库	

续表

名称	结构形状
斗笠式刀库	
篮式刀库	
多层库	

续表

名称	结构形状
链式刀库  6.2-1	
加长链条式刀库  6.2-2	

6.2-3

(2) 机械手的种类［二维码6.2-3］

采用机械手进行刀具交换的方式应用得最为广泛，这是因为机械手换刀有很大的灵活性，而且可以减少换刀时间。

在自动换刀数控机床中，机械手的形式也是多种多样的，常见的如图6-12所示。

(a) (b) (c)

刀库

主轴

(d) (e) (f)

图6-12 机械手形式

① 单臂单爪回转式机械手［图6-12(a)］ 这种机械手的手臂可以回转不同的角度进行自动换刀，手臂上只有一个夹爪，不论是在刀库上还是在主轴上，均靠这一个夹爪来装刀及卸刀，因此换刀时间较长。

② 单臂双爪摆动式机械手［图6-12(b)］ 这种机械手的手臂上有两个夹爪，两个夹爪有所分工，一个夹爪只执行从主

轴上取下“旧刀”送回刀库的任务，另一个爪则执行由刀库取出“新刀”送到主轴的任务，其换刀时间较上述单爪回转式机械手要短。

③ 单臂双爪回转式机械手［图 6-12（c）］［**二维码 6.2-4**］ 这种机械手的手臂两端各有一个夹爪，两个夹爪可同时抓取刀库及主轴上的刀具，回转 180°后，又同时将刀具放回刀库及装入主轴。其换刀时间较以上两种单臂机械手均短，是最常用的一种形式。图 6-12（c）右边所示的一种机械手在抓取刀具或将刀具送入刀库及主轴时，两臂可伸缩。

6.2-4

④ 双机械手［图 6-12（d）］ 这种机械手相当于两个单爪机械手，相互配合起来进行自动换刀。其中一个机械手从主轴上取下“旧刀”送回刀库；另一个机械手由刀库里取出“新刀”装入机床主轴。

6.2-5

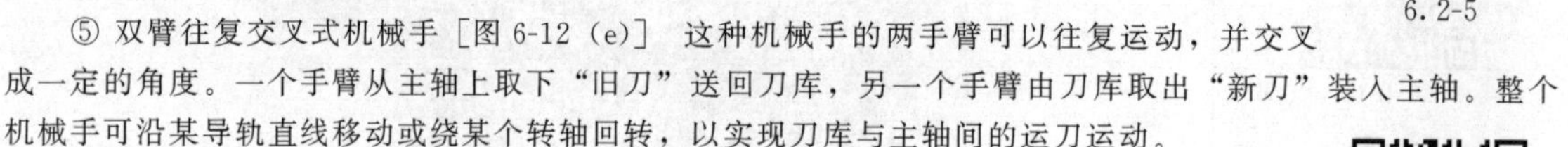

⑤ 双臂往复交叉式机械手［图 6-12（e）］ 这种机械手的两手臂可以往复运动，并交叉成一定的角度。一个手臂从主轴上取下“旧刀”送回刀库，另一个手臂由刀库取出“新刀”装入主轴。整个机械手可沿某导轨直线移动或绕某个转轴回转，以实现刀库与主轴间的运刀运动。

⑥ 双臂端面夹紧机械手［图 6-12（f）］ 这种机械手只是在夹紧部位上与前几种不同。前几种机械手均靠夹紧刀柄的外圆表面以抓取刀具，这种机械手则夹紧刀柄的两个端面。

6.2-6

6.2.2 采用机械手的刀具交换过程

采用机械手的自动换刀装置在加工中心中应用最广泛。采用机械手换刀根据结构不同，其换刀过程也各异，有的有刀具搬运装置［**二维码 6.2-5**］［**二维码 6.2-6**］，有的没有。以 JCS-018 立式加工中心的自动换刀过程为例介绍。

在换刀前先把刀具放入刀库中，上一工序加工完毕后，主轴在“准停”位置由自动换刀装置换刀，其过程如下［**二维码 6.2-7**］：

① 机床的刀库位于立柱左侧，刀具在刀库中的安装方向与主轴垂直，如图 6-13 所示。换刀之前，刀库转动将待换刀具 5 送到换刀位置之后，把带有刀具 5 的刀套 4 向下翻转 90°，使得刀具轴线与主轴轴线平行，如图 6-14（b）所示。

② 机械手转 75°，如图 6-13 中 K 向视图与图 6-14（c）所示。在机床切削加工时，机械手的手臂与主轴中心到换刀位置的刀具轴线的连线成 75°，该位置为机械手的原始位置。机械手换刀的第一个动作是顺时针转 75°，两手分别抓住刀库上和主轴上的刀柄。

③ 机械手抓住主轴刀具的刀柄后，刀具的自动夹紧机构松开刀具。

④ 机械手下降，同时拔出两把刀具，如图 6-14（d）所示。

⑤ 机械手带着两把刀具逆时针转 180°（如图 6-13 所示 K 向观察），使主轴刀具与刀库刀具交换位置，如图 6-14（e）所示。

⑥ 机械手上升，分别把刀具插入主轴锥孔和刀套中，如图 6-14（f）所示。

6.2-7

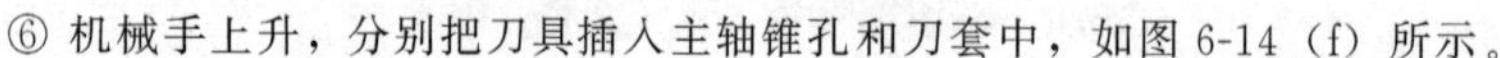

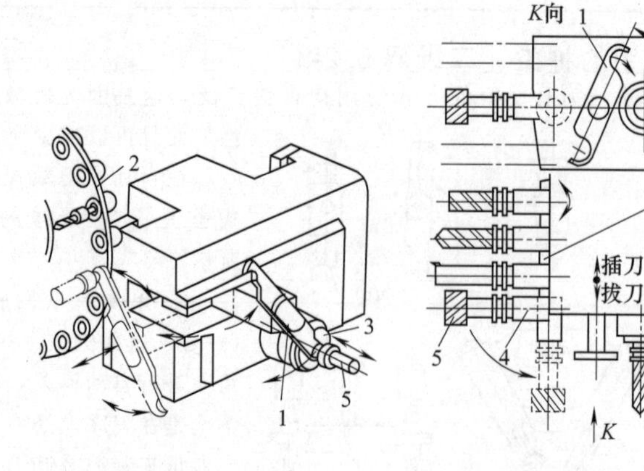

图 6-13 抓刀位置

1—机械手；2—刀库；3—主轴；4—刀套；5—刀具

⑦ 刀具插入主轴锥孔后，刀具的自动夹紧机构夹紧刀具。

⑧ 驱动机械手逆时针转180°的液压缸复位，机械手无动作。

⑨ 机械手反转75°，回到原始位置，如图6-14（h）所示。

⑩ 刀套带着刀具向上翻转90°，为下一次选刀做准备，如图6-14（g）所示。整个换刀过程可以用图6-14表示。

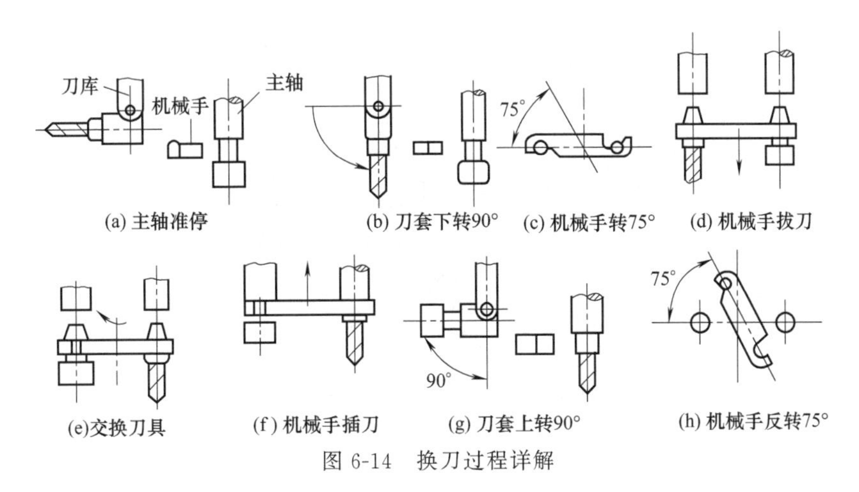

图6-14 换刀过程详解

6.2.3 单臂双爪回转式机械手与刀库换刀

(1) 刀库的结构

图6-15是JCS-018A型加工中心的圆盘式刀库的结构简图。当数控系统发出换刀指令后，直流伺服电动

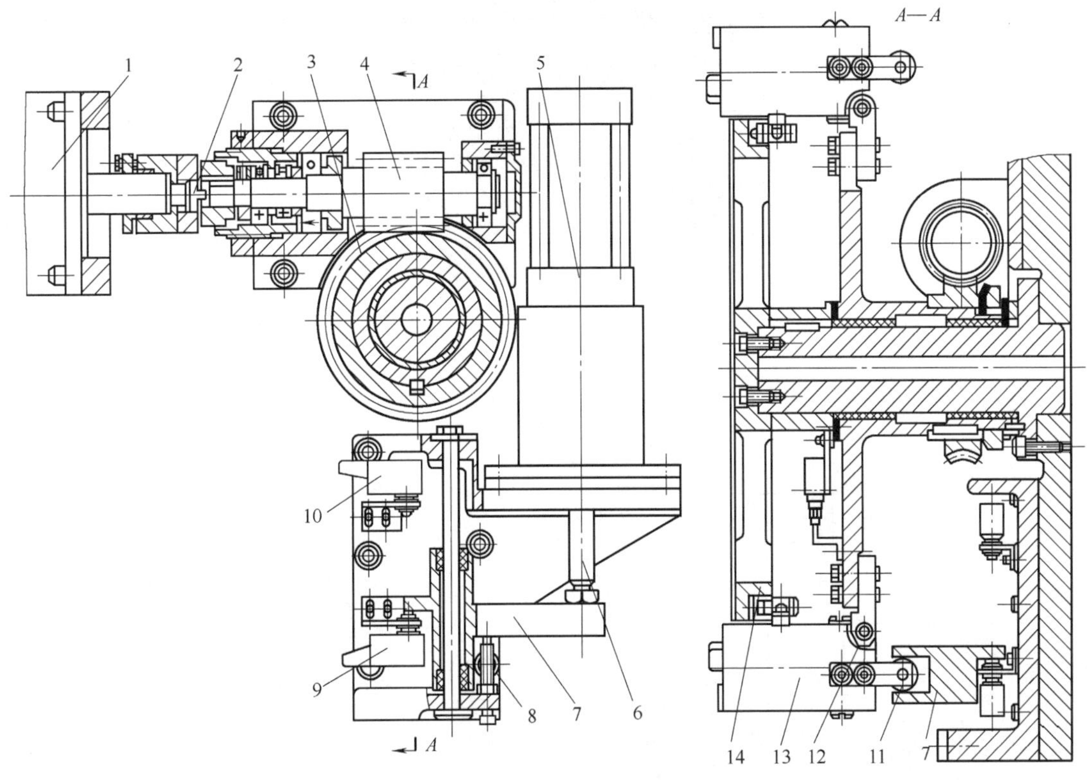

(a) JCS-018A刀库结构简图

图6-15

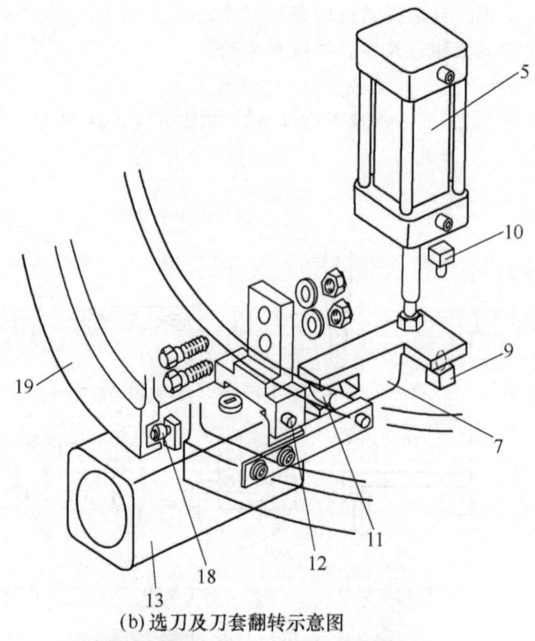

(b) 选刀及刀套翻转示意图

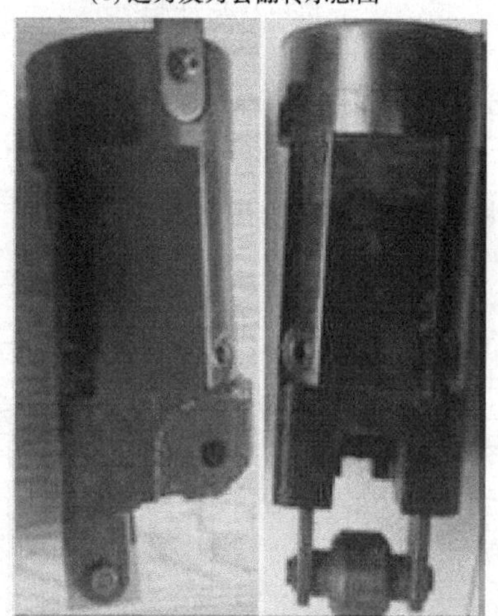

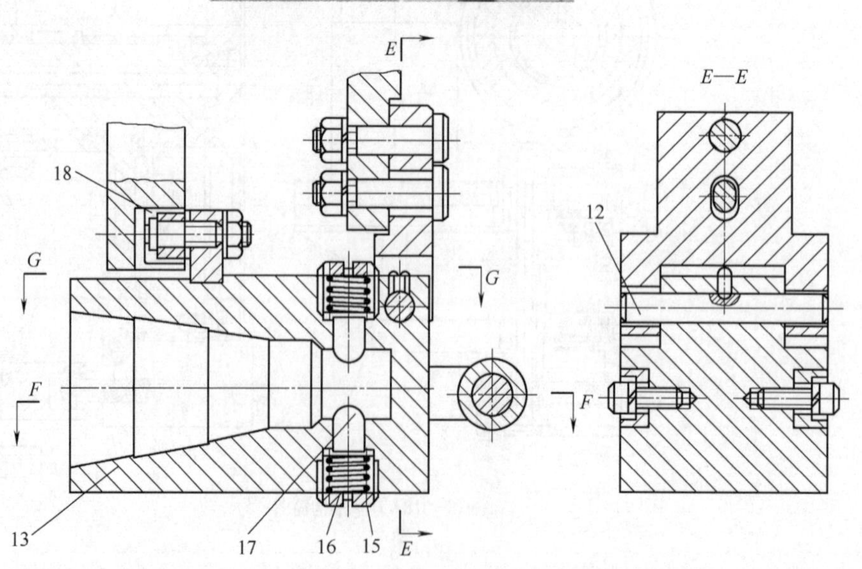

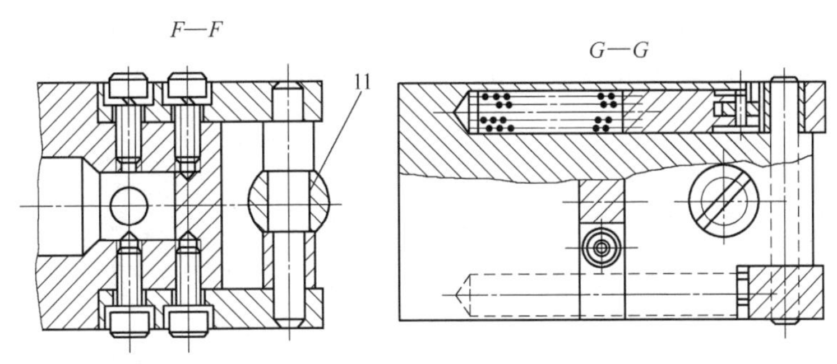

(c) JCS-018A 刀库结构图

图 6-15 JCS-018A 型加工中心的圆盘式刀库的结构

1—直流伺服电动机；2—十字联轴器；3—蜗轮；4—蜗杆；5—气缸；6—活塞杆；7—拨叉；8—螺杆；9—位置开关；10—定位开关；11—滚子；12—销轴；13—刀套；14—刀盘；15—弹簧；16—螺纹套；17—球头销钉；18—滚轮；19—固定盘

机 1 接通，其运动经过十字联轴器 2、蜗杆 4、蜗轮 3 传到刀盘 14，刀盘带动其上面的 16 个刀套 13 转动，完成选刀工作。每个刀套尾部有一个滚子 11，当待换刀具转到换刀位置时，滚子 11 进入拨叉 7 的槽内。同时气缸 5 的下腔通压缩空气，活塞杆 6 带动拨叉 7 上升，放开位置开关 9，用以断开相关的电路，防止刀库、主轴等有误动作。拨叉 7 在上升的过程中，带动刀套绕着销轴 12 逆时针向下翻转 90°，从而使刀具轴线与主轴轴线平行。

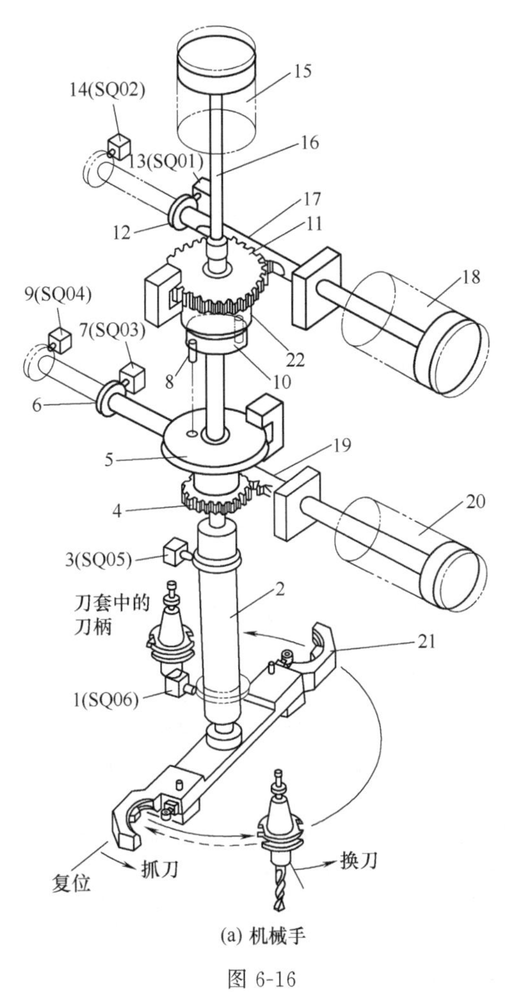

(a) 机械手

图 6-16

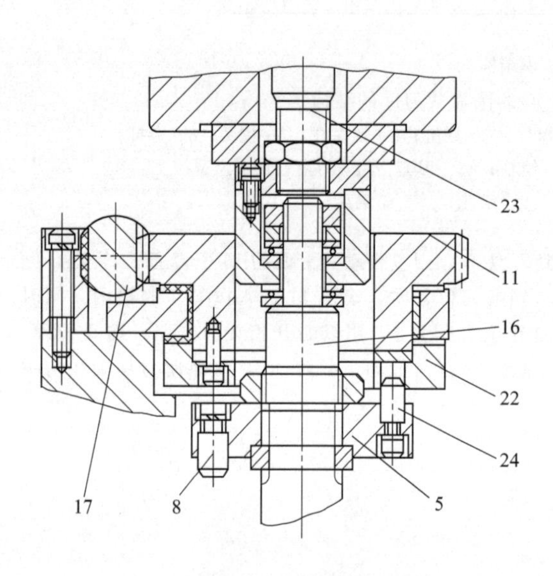

(b) 传动盘与连接盘结构图

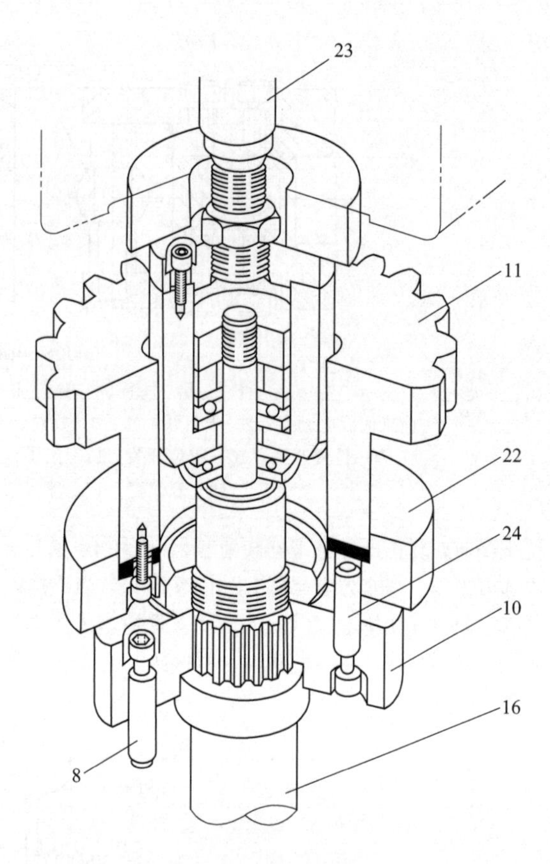

(c) 传动盘与连接盘示意图

图 6-16　JCS-018A 型加工中心机械手传动结构示意图

1,3,7,9,13,14—位置开关；2,6,12—挡环；4,11—齿轮；5,22—连接盘；8,24—销子；10—传动盘；15,18,20—液压缸；16—轴；17,19—齿条；21—机械手；23—活塞杆

刀库下转 90°后，拨叉 7 上升到终点，压住定位开关 10，发出信号使机械手抓刀。通过螺杆 8 可以调整拨叉的行程。拨叉的行程决定刀具轴线相对主轴轴线的位置。

刀套 13 的锥孔尾部有两个球头销钉 17。在螺纹套 16 与球头销之间装有弹簧 15，当刀具插入刀套后，由于弹簧力的作用，刀柄被夹紧。拧动螺纹套，可以调整夹紧力大小，当刀套在刀库中处于水平位置时，靠刀套上部的滚轮 18 来支承。

(2) 机械手的结构

图 6-16 为 JCS-018A 型加工中心机械手传动结构示意图。当前面所述刀库中的刀套逆时针旋转 90°后，压下上行程位置开关，发出机械手抓刀信号。此时，机械手 21 正处在如图所示的上面位置，液压缸 18 右腔通压力油，活塞杆推着齿条 17 向左移动，使得齿轮 11 转动。传动盘 10 与齿轮 11 用螺钉连接，它们空套在机械手臂轴 16 上，传动盘 10 与机械手臂轴 16 用花键连接，它上端的销子 24 插入连接盘 22 的销孔中，因此齿轮转动时带动机械手臂轴转动，使机械手回转 75°抓刀。抓刀动作结束时，齿条 17 上的挡环 12 压下位置开关 14，发出拔刀信号，于是液压缸 15 的上腔通压力油，活塞杆推动机械手臂轴 16 下降拔刀。在轴 16 下降时，传动盘 10 随之下降，其上端的销子 24 从连接盘 22 的销孔中拔出；其下端的销子 8 插入连接盘 5 的销孔中，连接盘 5 和其下面的齿轮 4 也是用螺钉连接的，它们空套在轴 16 上。当拔刀动作完成后，轴 16 上的挡环 2 压下位置开关 1，发出换刀信号。这时液压缸 20 的右腔通压力油，活塞杆推着齿条 19 向左移动，使齿轮 4 和连接盘 5 转动，通过销子 8，由传动盘带动机械手转 180°，交换主轴上和刀库上的刀具位置。换刀动作完成后，齿条 19 上的挡环 6 压下位置开关 9，发出插刀信号，使液压缸 15 下腔通压力油，活塞杆带着机械手臂轴上升插刀，同时传动盘下面的销子 8 从连接盘 5 的销孔中移出。插刀动作完成后，轴 16 上的挡环压下位置开关 3，使液压缸 20 的左腔通压力油，活塞杆带着齿条 19 向右移动复位，而齿轮 4 空转，机械手无动作。齿条 19 复位

后，其上挡环压下位置开关7，使液压缸18的左腔通压力油，活塞杆带着齿条17向右移动，通过齿轮11使机械手反转75°复位。机械手复位后，齿条17上的挡环压下位置开关13，发出换刀完成信号，使刀套向上翻转90°，为下次选刀做好准备。图6-17所示为机械手的驱动机构。图6-18所示为机械手的回转机构。

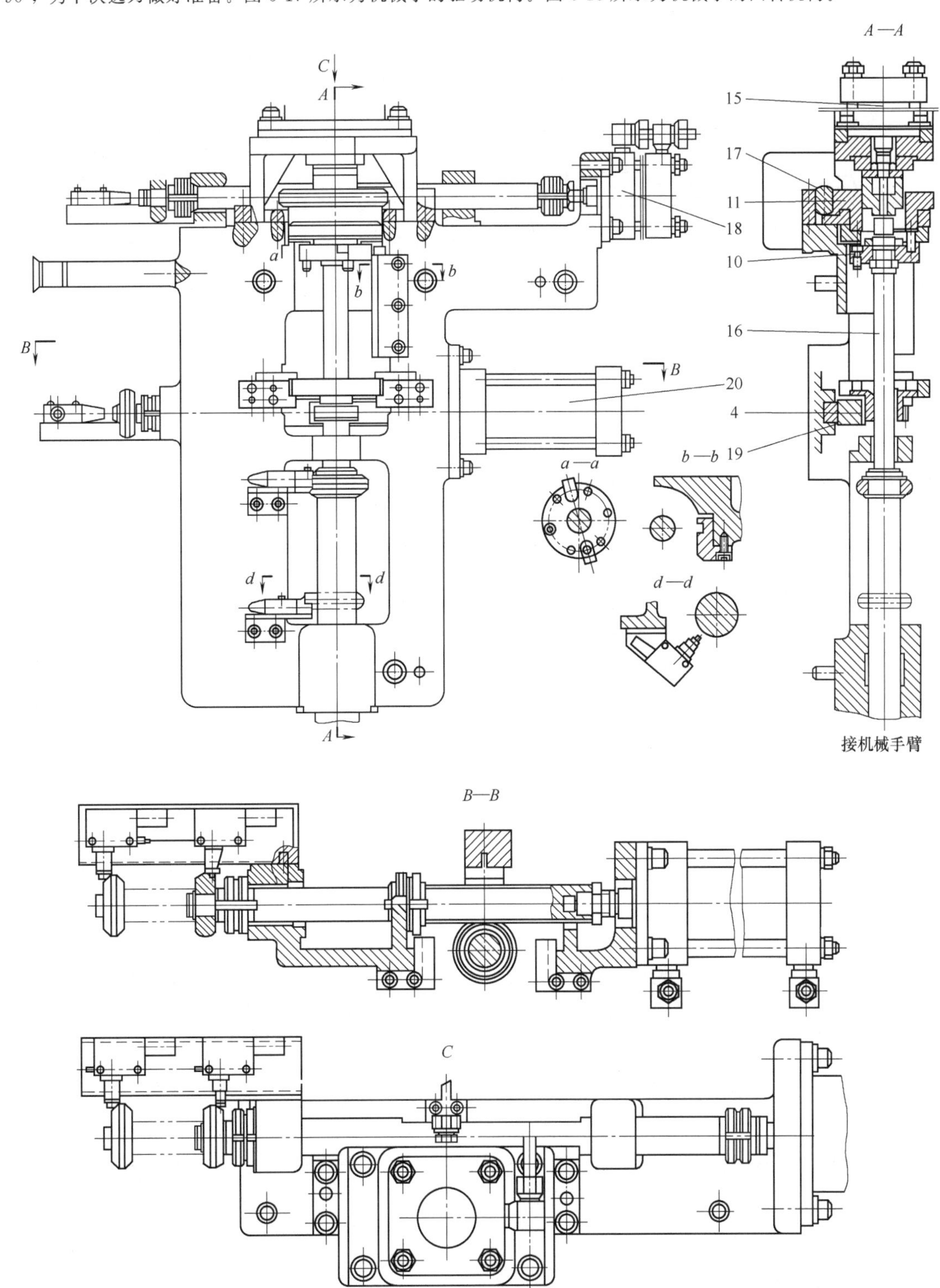

图6-17 机械手的驱动机构

4,11—齿轮；10—传动盘；15,18,20—液压缸；16—轴；17,19—齿条

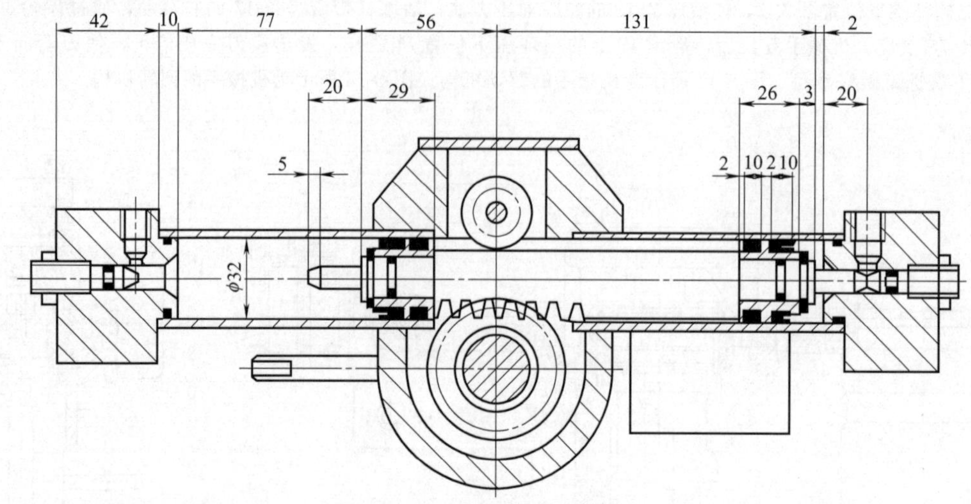

图 6-18　机械手的回转机构

(3) 机械手爪

图 6-19 所示为机械手抓刀部分的结构，它主要由手臂 1 和固定其两端的结构完全相同的两个手爪 7 组成。手爪上握刀的圆弧部分有一个锥销 6，机械手抓刀时，该锥销插入刀柄的键槽中。当机械手由原位转 75°抓住刀具时，两手爪上的长销 8 分别被主轴前端面和刀库上的挡块压下，使轴向开有长槽的活动销 5 在弹簧 2 的作用下右移顶住刀具。机械手拔刀时，长销 8 与挡块脱离接触，锁紧销 3 被弹簧 4 弹起，使活动销顶住刀具不能后退，这样机械手在回转 180°时，刀具不会被甩出。当机械手上升插刀时，两长销 8 又分别被两挡块压下，锁紧销从活动销的孔中退出，松开刀具，机械手便可反转 75°复位。

机械手爪的形式很多［二维码 6.2-8］，应用较多的是钳形手爪。钳形的杠杆手爪如图 6-20所示。图 6-20 中所示的锁销 2 在弹簧（图中未画出此弹簧）作用下，其大直径外圆顶着止退销 3，杠杆手爪 6 就不能摆动张开，手中的刀具就不会被甩出。当抓刀和换刀时，锁销 2 被装在刀库主轴端部的撞块压回，止退销 3 和杠杆手爪 6 就能够摆动，放开，刀具能装入和取出。这种手爪均为直线运动抓刀。

6.2-8

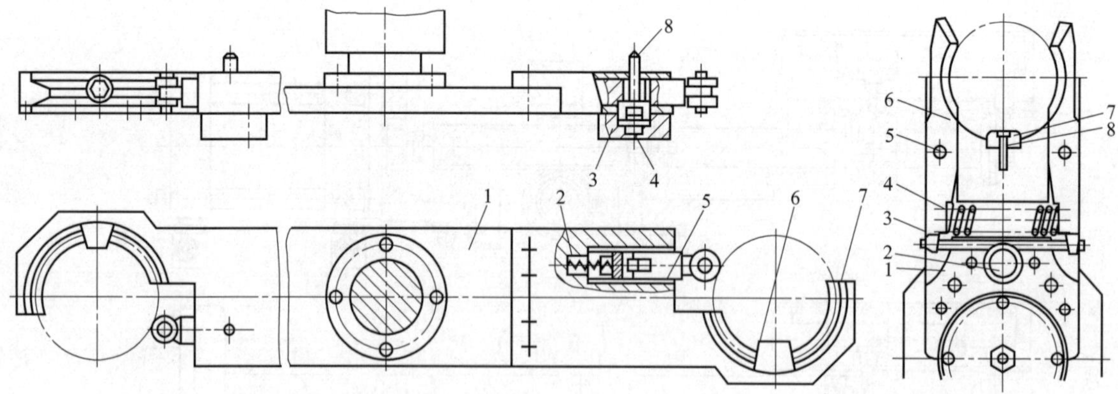

图 6-19　机械手臂和手爪

1—手臂；2,4—弹簧；3—锁紧销；5—活动销；6—锥销；7—手爪；8—长销

图 6-20　钳形机械手爪

1—手臂；2—锁销；3—止退销；4—弹簧；5—支点轴；6—杠杆手爪；7—键；8—螺钉

(4) 换刀流程

根据上述的刀库、机械手和主轴的联动，得到换刀流程如图 6-21 所示，换刀液压系统如图 6-22 所示。

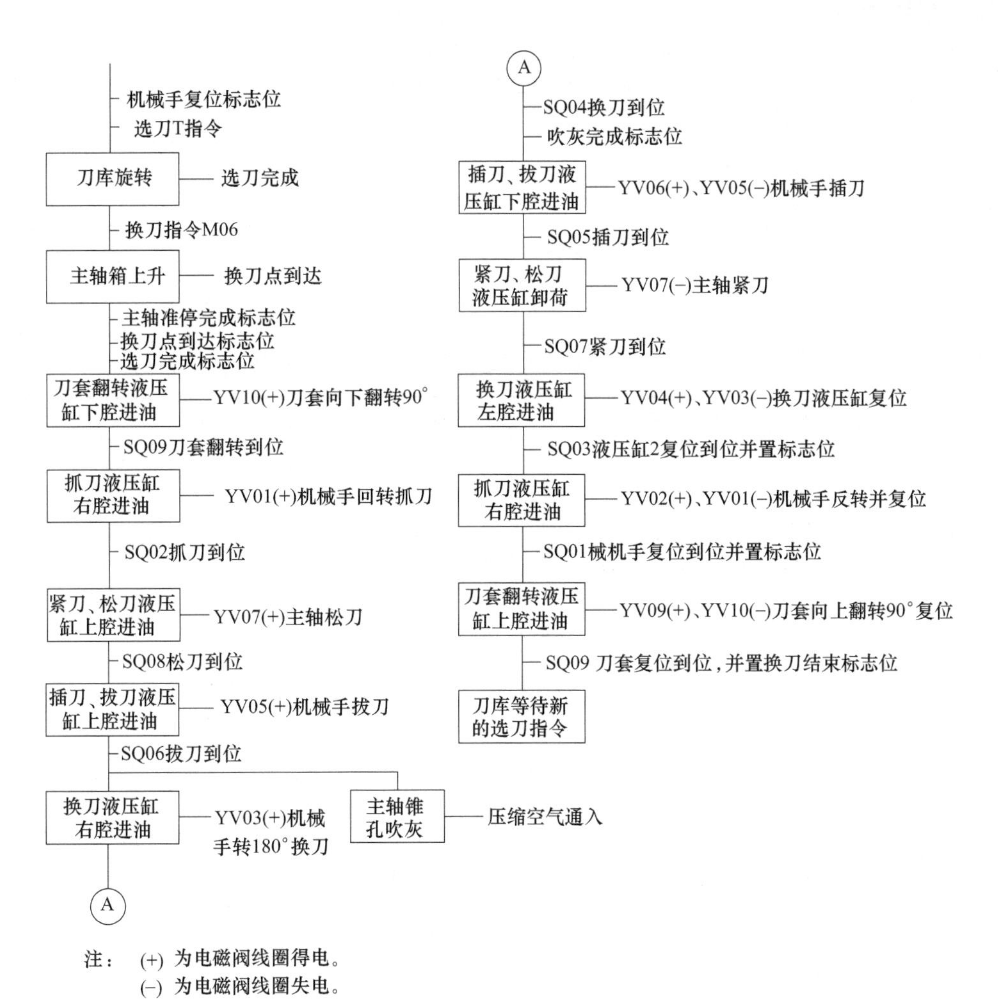

图 6-21　换刀流程

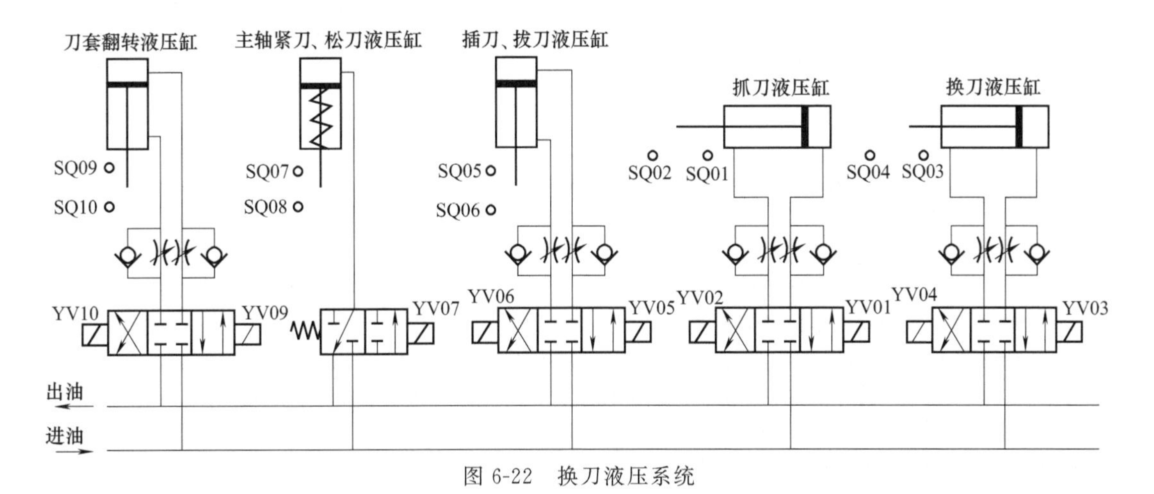

图 6-22　换刀液压系统

6.2.4　刀库与机械手常见故障及排除方法

刀库及换刀机械手结构复杂，且在工作中又频繁运动，所以故障率较高。目前数控机床 50%以上故障都与它们有关。

刀库及换刀机械手的常见故障及排除方法见表6-4。

表6-4　刀库及换刀机械手常见故障及排除方法

序号	故障现象	故障原因	排除方法
1	刀库不能旋转	连接电动机轴与蜗杆轴的联轴器松动	紧固联轴器上的螺钉
		刀具重量超重	刀具重量不得超过规定值
2	刀套不能夹紧刀具	刀套上的调整螺钉松动或弹簧太松，造成卡紧力不足	顺时针旋转刀套两端的调节螺母，压紧弹簧，顶紧卡紧销
		刀具超重	刀具重量不得超过规定值
3	刀套上不到位	装置调整不当或加工误差过大而造成拨叉位置不正确	调整好装置，提高加工精度
		限位开关安装不正确或调整不当造成反馈信号错误	重新调整安装限位开关
4	刀具不能夹紧	气压不足	调整气压在额定范围内
		增压漏气	关紧增压
		刀具卡紧液压缸漏油	更换密封装置，卡紧液压缸不漏
		刀具松卡弹簧上的螺母松动	旋紧螺母
5	刀具夹紧后不能松开	松锁刀的弹簧压力过紧	调节锁刀弹簧上的螺钉，使其最大载荷不超过额定值
6	刀具从机械手中脱落	机械手卡紧销损坏或没有弹出来	更换卡紧销或弹簧
		换刀时主轴箱没有回到换刀点或换刀点发生漂移	重新操作主轴箱运动，使其回到换刀点位置，并重新设定换刀点
		机械手抓刀时没有到位，就开始拔刀	调整机械手手臂，使手臂爪抓紧刀柄后再拔刀
		刀具重量超重	刀具重量不得超过规定值
7	机械手换刀速度过快或过慢	气压太高或节流阀开口过大	保证气泵的压力和流量，旋转节流阀到换刀速度合适

【例6-1】 故障现象：斗笠式刀库从主轴取完刀，不旋转到目标刀位。

故障分析：

一般刀库的旋转电动机为三相异步电动机，如果发生以上故障，要进行以下检查：①参照机床的电气图纸，利用万用表等检测工具检查电动机的启动电路是否正常；②检查刀库部分的电源是否正常，交流接触器开关是否正常，一般刀库主电路部分的动力电源为三相交流380V电压，交流接触器线圈控制部分的电源为交流110V或直流24V，检查此部分的电路并保证电路正常；③如果在保证以上部分都正常的情况下，检查刀库驱动电动机是否正常；④如果以上故障都排除，请考虑刀库机械部分是否有干涉的地方，刀库旋转驱动电动机和刀库的连接是否脱离。

【例6-2】 故障现象：主轴抓刀后，刀库不移回初始位置。

故障诊断与分析：

①检查气源压力是否在要求范围内。②检查刀库驱动电动机控制回路是否正常。刀库控制电动机正、反转实现刀库的左、右平移，如果反转控制部分故障，容易出现以上故障。③检查刀库控制电动机。④检查主轴刀具抓紧情况，主轴刀具抓紧通过加紧传感器D发出回馈信号到数控系统，如果数控系统接收不到传感器D发送的加紧确认信号，刀库就不执行下面的动作。⑤检查刀库部分是否存在机械干涉现象。

加工中心采用斗笠式刀库换刀，一般刀库的平移过程通过气缸动作来实现，所以在刀库动作过程中，保证气压的充足与稳定非常重要，操作者开机前首先要检查机床的压缩空气压力，保证压力稳定在要求范围内。对于刀库出现的其他电气问题，维修人员参照机床的电气图册，通过分析斗笠式刀库的动作过程，一定能找出原因，解决问题，保证设备的正常运转。

【例6-3】 故障现象：一台立式加工中心，配套SIEMENS 6M系统，在换刀过程中发现刀库不能正常旋转。

故障诊断与分析：通过机床电气原理图分析，该机床的刀库回转控制采用的是6RA系列直流伺服驱动，刀库转速是由机床生产厂家制造的“刀库给定值转换/定位控制”板进行控制的。

故障处理：刀库回转时，PLC的转动信号已输入，刀库机械插销已经拔出，但6RA驱动器的转换给定模拟量未输入，由于该模拟量的输出来自“刀库给定值转换/定位控制”板，因此，由机床生产厂家提供的“刀库给定值转换/定位控制”板原理图逐级测量，最终发现该板上的模拟开关已损坏，更换更换同规格备件后，机床恢复正常工作。

【例6-4】 故障现象：一台立式加工中心，配套SIEMENS 6M系统，在开机调试时，出现手动按下刀库回转按钮后，刀库即高速旋转，导致机床报警。

故障诊断与分析：根据故障现象，可以初步确定故障是由测速反馈线脱落引起的速度环正反馈或开环、刀库直流驱动器测速反馈极性不正确引起的。

故障处理：测量确认该伺服电动机测速反馈线已连接，但极性不正确；交换测速反馈极性后，刀库动作恢复正常。

【例6-5】 故障现象：某配套SIEMENS 810D的进口卧式加工中心，在自动换刀过程中停电，开机后，系统显示“ALM3000”报警。

故障分析与处理：由于本机床故障是由自动换刀过程中的突然停电引起的，因此观察机床状态，换刀机械手和主轴上的刀具已经啮合，正常的换刀动作被突然停止，机械手处于非正常的开机状态，引起系统的急停。

故障处理：本故障维修的第一步是根据机床的液压系统原理图，在启动液压电动机后，通过手动调节液压阀，依此完成了刀具松刀、卸刀、机械手退回等规定的动作，使机械手回到原位，机床恢复正常的初始状态，并关机；再次启动机床，报警消失，机床恢复正常。

【例6-6】 故障现象：一台配套FANUC OMC系统、型号为XH754的数控机床，刀库在换刀过程中不停转动。

故障诊断与分析：拿螺钉旋具将刀库伸缩电磁阀手动钮拧到刀库伸出位置，保证刀库一直处于伸出状态，复位，手动将刀库当前刀取下，停机断电，用扳手拧刀库齿轮箱方头轴，让空刀爪转到主轴位置，对正后再用螺钉旋具将电磁阀手动钮关掉，让刀库回位；再查刀库回零开关和刀库电动机电缆正常，重新开机回零正常，在MDI方式下换刀正常，怀疑系干扰所致。

故障处理：将接地线处理后，故障再未出现过。

6.3 刀架换刀的结构与维修

刀架换刀一般应用在数控车床上，以加工轴类零件为主，控制刀具沿 X、Z 向进行各种车削、镗削、钻削等加工，但所加工孔的轴线一般都与 Z 轴重合，加工偏心孔要靠夹具协助完成。在车削中心上，动力刀具还可以沿 Y 轴进行运动，完成铣削加工，也可以进行轴线不与 Z 轴重合的孔加工；还可以进行其他加工，以实现工序集中的目的，如表6-5所示为常用刀架实物图。

表6-5 常用刀架实物图

名称	实　物
四工位方刀架	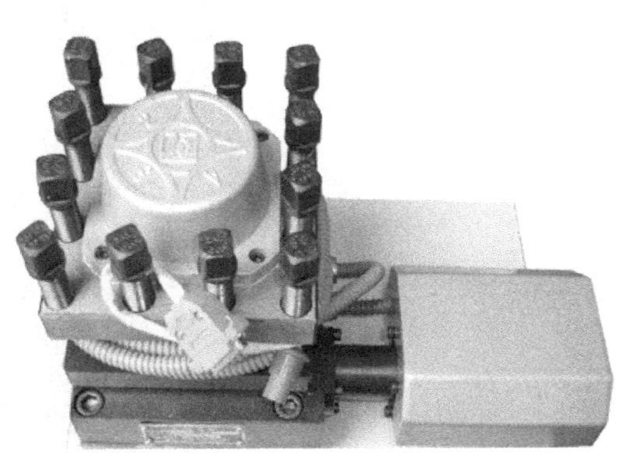

续表

名称	实　物
排刀架	
回转刀架	
动力刀架	
独立刀架	

续表

名称	实　物
多轴数控车床刀架	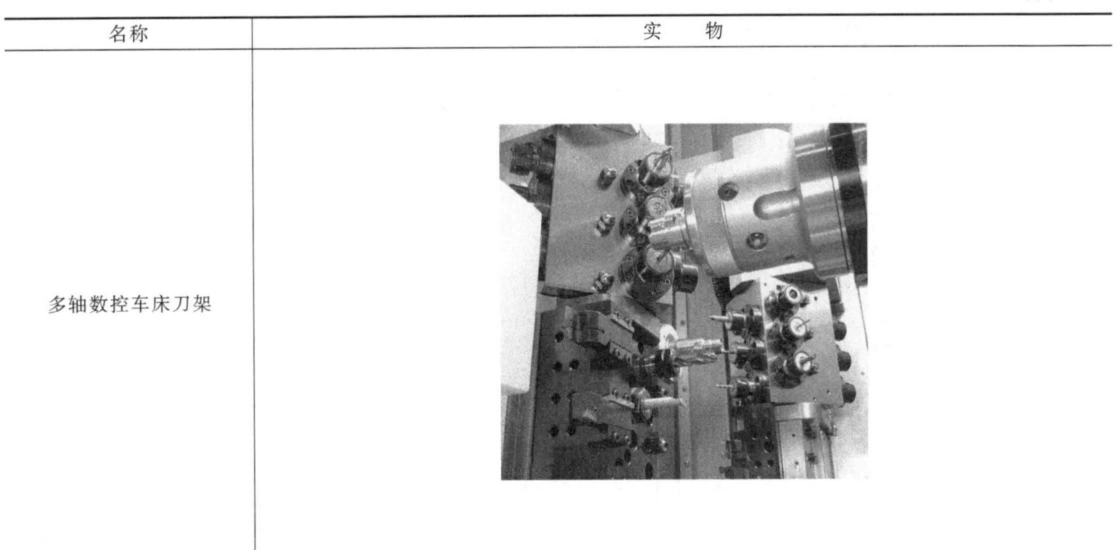

6.3.1 经济型数控车床方刀架

(1) 刀架的结构

以经济型数控车床方刀架来介绍其结构，经济型数控车床方刀架是在普通车床四方刀架的基础上发展出来的一种自动换刀装置，其功能和普通四方刀架一样：有四个刀位，能装夹四把不同功能的刀具，方刀架回转90°时，刀具交换一个刀位，但方刀架的回转和刀位号的选择是由加工程序指令控制的。图6-23为其自动换刀工作原理图。图6-24所示为WED4型方刀架结构，主要由电动机1、刀架底座5、刀架体7、蜗轮丝杠4、粗定位盘6、转位套9等组成。

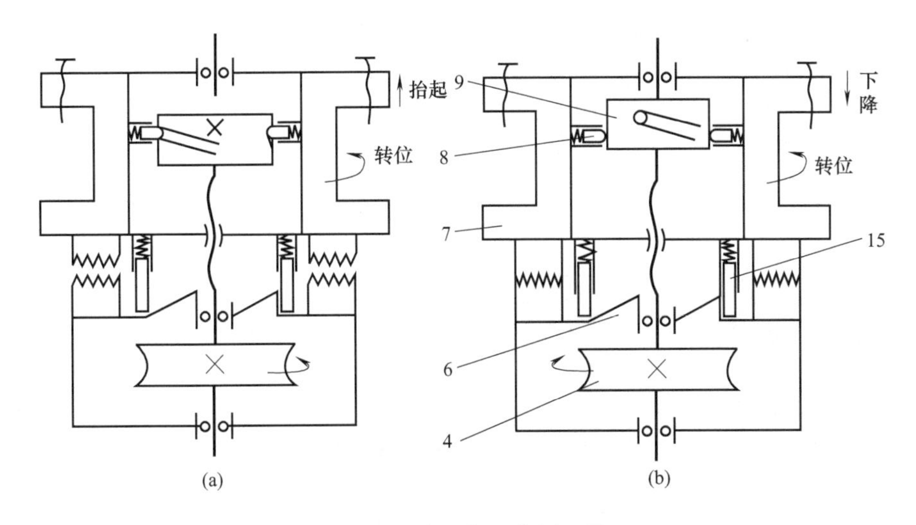

图6-23　方刀架工作原理图

4—蜗轮丝杠；6—粗定位盘；7—刀架体；8—球头销；9—转位套；15—粗定位销

(2) 刀架的电气控制

图6-25为四工位立式回转刀架的电路控制图，主要是通过控制两个交流接触器来控制刀架电动机的正转和反转，进而控制刀架的正转和反转的。图6-26所示为刀架的PMC系统控制的输入及输出回路。其换刀流程图如图6-27所示。

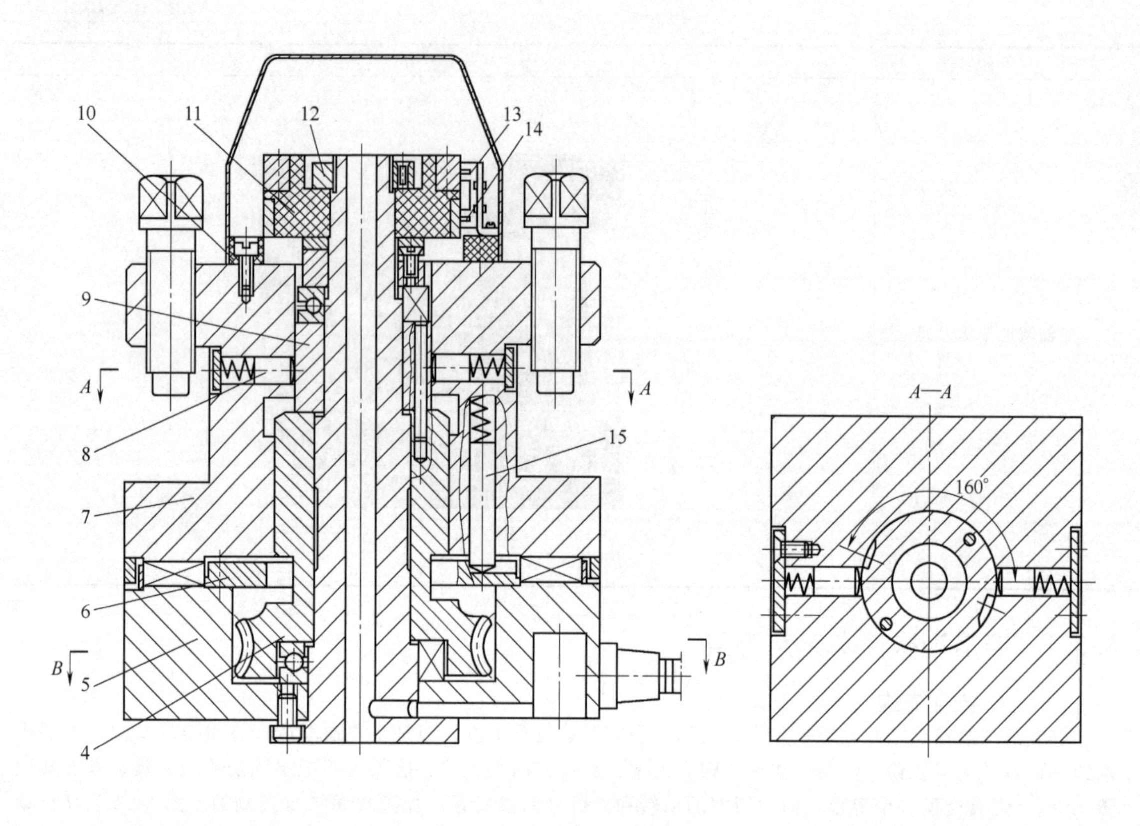

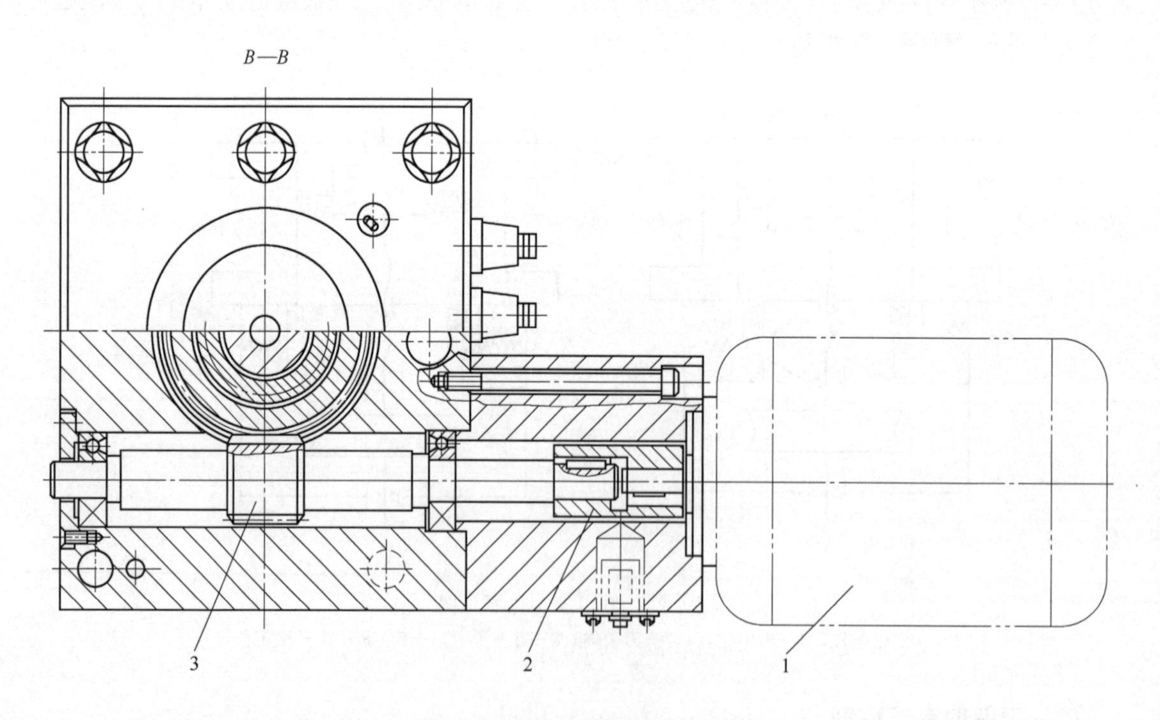

图 6-24　WED4 型方刀架结构

1—电动机；2—联轴器；3—蜗杆轴；4—蜗轮丝杠；5—刀架底座；6—粗定位盘；7—刀架体；8—球头销；9—转位套；10—电刷座；11—发信体；12—螺母；13,14—电刷；15—粗定位销

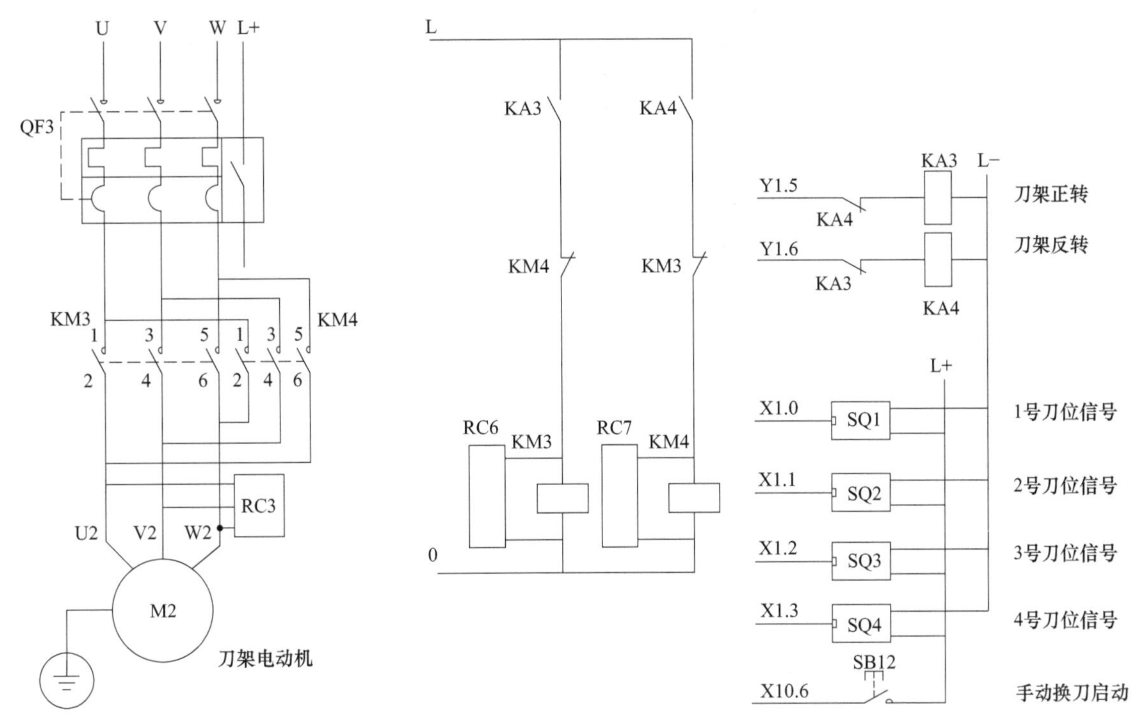

图 6-25 四工位立式回转刀架的电路控制图
M2—刀架电动机；KM3,KM4—刀架电动机正、反转控制交流接触器；
QF3—刀架电动机带过载保护的电源断路器；
KA3,KA4—刀架电动机正、反转控制中间继电器；
RC3—三相灭弧器；RC6、RC7—单相灭弧器

图 6-26 四工位立式回转刀架的 PMC 系统控制的输入及输出回路图
PMC 输入信号：X1.0～X1.3—1～4 号刀到位信号输入；X10.6—手动刀位选择按钮信号输入 PMC 输出信号：
Y1.5—刀架正转继电器控制输出；
Y1.6—刀架反转继电器控制输出；
SB12—手动换刀启动按钮；
SQ1～SQ4—刀位检测霍尔开关

(3) 工作原理

换刀时方刀架的动作顺序是：刀架抬起、刀架转位、刀架定位和刀架锁紧。

① 刀架抬起 该刀架可以安装四把不同的刀具，转位信号由加工程序指定。数控系统发出换刀指令发出后，PMC 控制输出正转信号 Y1.5（图 6-26），刀架电动机正转控制继电器 KA3 吸合（图 6-26），刀架电动机正转控制接触器 KM3 吸合（图 6-25），小型电动机 1 启动正转（图 6-24），通过平键套筒联轴器 2 使蜗杆轴 3 转动，从而带动蜗轮 4 转动。蜗轮的上部外圆柱加工有外螺纹，所以该零件称为蜗轮丝杠。刀架体 7 内孔加工有内螺纹，与蜗轮丝杠旋合。蜗轮丝杠内孔与刀架中心轴外圆是滑配合，在转位换刀时，中心轴固定不动，蜗轮丝杠环绕中心轴旋转。当蜗轮开始转动时，由于在刀架底座 5 和刀架体 7 上的端面齿处在啮合状态，且蜗轮丝杠轴向固定，这时刀架体 7 抬起。当刀架体抬至一定距离后，端面齿脱开。转位套 9 用销钉与蜗轮丝杠 4 连接，随蜗轮丝杠一同转动。

② 刀架转位 当端面齿完全脱开，转位套正好转过 160°（如图 6-24 中 A—A 剖视图所示），蜗轮丝杠 4 前端的转位套 9 上的销孔正好对准球头销 8 的位置 [图 6-23 (b)]。球头销 8 在弹簧力的作用下进入转位套 9 的槽中，带动刀架体转位，进行换刀。

③ 刀架定位 刀架体 7 转动时带着电刷座 10 转动，当转到程序指定的刀号时，PMC 释放正转信号 Y1.5，KA3、KM3 断电，输出反转信号 Y1.6，刀架电动机反转控制继电器 KA4 吸合，刀架电动机反转控制接触器 KM4 吸合，刀架电动机反转，定位销 15 在弹簧的作用下进入粗定位盘 6 的槽中进行粗定位，由于粗定位槽的限制，刀架体 7 不能转动，使其在该位置垂直落下，刀架体 7 和刀架底座 5 上的端面齿啮合，实现

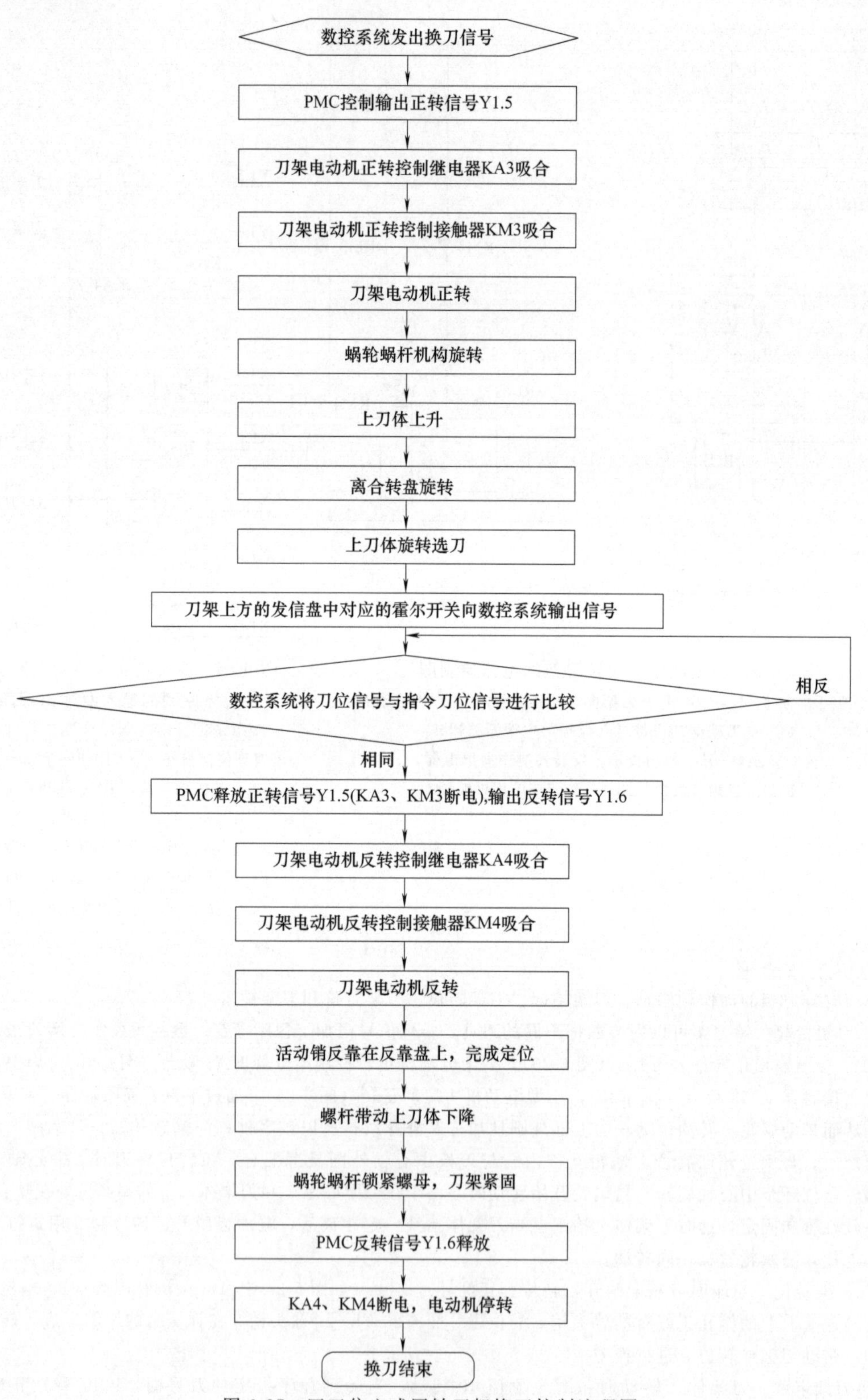

图 6-27　四工位立式回转刀架换刀控制流程图

精确定位。同时球头销 8 在刀架下降时可沿销孔的斜楔槽退出销孔，如图 6-23（a）所示。

④ 刀架锁紧　电动机继续反转，此时蜗轮停止转动，蜗杆轴 3 继续转动，随夹紧力增加，转矩不断增

大，达到一定值时，在传感器的控制下，电动机 1 停止转动。

译码装置由发信体 11 和电刷 13、14 组成，电刷 13 负责发信，电刷 14 负责位置判断。刀架不定期会出现过位或不到位时，可松开螺母 12 调好发信体 11 与电刷 14 的相对位置。有些数控机床的刀架用霍尔元件代替译码装置。

图 6-28 为霍尔集成电路在 LD4 系列电动刀架中应用的示意图。其动作过程为：数控装置发出换刀信号→刀架电动机正转使锁紧装置松开且刀架旋转→检测刀位信号→刀架电动机反转定位并夹紧→延时→换刀动作结束。其中刀位信号是由霍尔式接近开关检测的，如果某个刀位上的霍尔式元件损坏，数控装置检测不到刀位信号，会造成刀台连续旋转不定位。

在图 6-28 中，霍尔集成元件共有三个接线端子，1、3 端之间是＋24V 直流电源电压；2 端是输出信号端，判断霍尔集成元件的好坏。可用万用表测量 2、3 端的直流电压，人为将磁铁接近霍尔集成元件，若万用表测量数值没有变化，再将磁铁极性调换；若万用表测量数值还没有变化，说明霍尔集成元件已损坏。

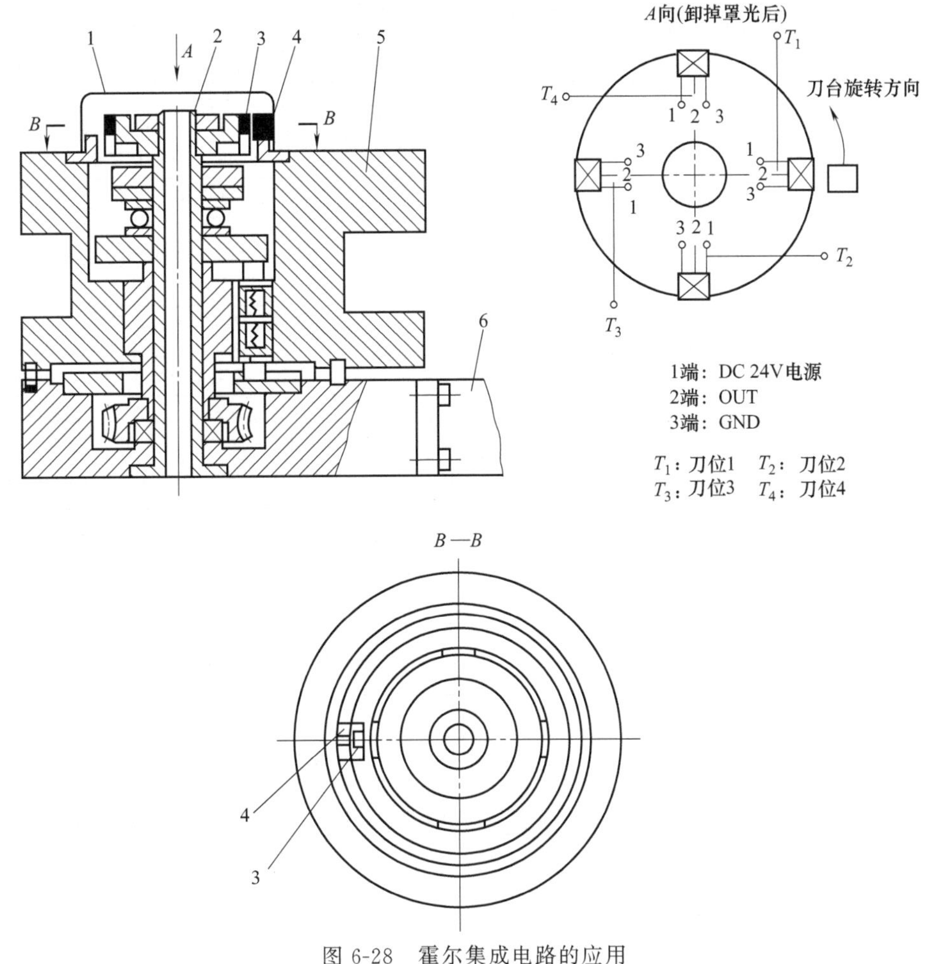

图 6-28 霍尔集成电路的应用

1—罩壳；2—定轴；3—霍尔集成电路；4—磁钢；5—刀台；6—刀架座

(4) 故障维修

① 经济型方刀架常见故障及解决方法见表 6-6。

表 6-6 经济型方刀架常见故障及解决方法

故障现象	故障原因	解决方法
电动刀架的每个刀位都转动不停	系统无＋24V 或 COM 输出	用万用表测量系统出线端，看这两点输出电压是否正常或存在，若电压不存在，则为系统故障，需更换主板或送厂维修

续表

故障现象	故障原因	解决方法
电动刀架的每个刀位都转动不停	系统有+24V、COM输出，但与刀架发信盘连线断路；或是+24V对COM地短路	用万用表检查刀架上的+24V、COM地与系统的接线是否存在断路；检查+24V是否对COM地短路，从而使+24V电源电压降低
	系统有+24V、COM输出，连线正常，发信盘的发信电路板上+24V和COM地回路有断路	发信盘长期处于潮湿环境造成线路氧化断路，用焊锡或导线重新连接
	刀位上+24V电压偏低，线路上的上拉电阻开路	用万用表测量每个刀位上的电压是否正常，如果偏低，检查上拉电阻，若是开路，则更换0.25W、2kΩ上拉电阻
	系统的反转控制信号TL－无输出	用万用表测量系统出线端，看这一点的输出电压是否正常或存在，若电压不存在，则为系统故障，需更换主板或送厂维修
	系统有反转控制信号TL－输出，但与刀架电动机之间的回路存在问题	检查各中间连线是否存在断路，检查各触点是否接触不良，检查强电柜内直流继电器和交流接触器是否损坏
	刀位电平信号参数未设置好	检查系统参数刀位高低电平检测参数是否正常，修改参数
	霍尔元件损坏	在对应刀位无断路的情况下，若所对应的刀位线有低电平输出，则霍尔元件损坏，否则需更换刀架发信盘或其上的霍尔元件。一般4个霍尔元件同时损坏的概率很小
	磁块故障，磁块无磁性或磁性不强	更换磁块或增强磁性，若磁块在刀架抬起时位置太高，则需调整磁块的位置，使磁块对正霍尔元件
电动刀架不转	刀架电动机三相反相或缺相	将刀架电动机三相电源线中任两条互换连接或检查外部供电
	系统的正转控制信号TL＋无输出	用万用表测量系统出线端，量度+24V和TL＋两触点，同时手动换刀。看这两点的输出电压是否有+24V，若电压不存在，则为系统故障，需送厂维修或更换相关IC元器件
	系统的正转控制信号TL＋输出正常，但控制信号这一回路存在断路或元器件损坏	检查正转控制信号线是否断路，检查这一回路各触点接触是否良好；检查直流继电器或交流接触器是否损坏
	刀架电动机无电源供给	检查刀架电动机电源供给回路是否存在断路，各触点是否接触良好，强电电气元器件是否有损坏；检查熔断器是否熔断
	上拉电阻未接入	将刀位输入信号接上2kΩ上拉电阻，若不接此电阻，则刀架在宏观上表现为不转，实际上的动作为先进行正转后立即反转，使刀架看似不动
	机械卡死	通过手摇使刀架转动，通过刀架转动的灵活程度判断是否卡死，若是，则需拆开刀架，调整机械，加入润滑液
	反锁时间过长造成机械卡死	将刀架的机械定位装置松开，然后通过系统参数调节刀架反锁时间
	刀架电动机损坏	拆开刀架电动机，转动刀架，看电动机是否转动，若不转动，再确定线路没问题时，更换刀架电动机
	刀架电动机进水造成电动机短路	烘干电动机，加装防护，做好绝缘措施

② 维修实例如下：

【例 6-7】 手动换刀故障诊断。

故障现象：FANUC 0i Mate-C数控车床的四工位刀架现正处于1号刀位，欲手动操作换到2号刀位，在机床操作面板上按换刀键，刀架旋转不停，而未在下一刀位（2号位）停止。

故障分析：

从表6-7中查得2号刀位地址为“X10.1”，显示PMC梯形图（PM-CLAD）屏面，检索信号“X10.1”。依次按键：

[SYSTEM] →[PMC]→[PMCLAD]→[STARCH]→X10.1→[SRCH]

功能键　软键　软键　软键　地址　软键

显示PMC梯形图（PMCLAD）屏面，检索到的信号如图6-29所示。图中信号“X10.1”为细实线，即信号为“0”，不通；而在实际操作中换刀键已按下，2号刀位地址“X10.1”应该为“1”，因此判断有断路存在，经检查相关线路发现图6-26中2号刀位信号节点处断线。

故障处理：把图6-26中2号刀位信号节点处线路接通，再查梯形图（PMCLAD）屏面，如图6-30所示，此时图中“X10.1”为粗实线，即信号为“1”，导通，故障消除。

工厂经验：通过信号状态检查，初步确定故障范围，缩小了检查范围，容易找出故障。

表6-7 RS-SY-FANUC 0iMate-c机床的部分I/O信号地址

地址	信号含义	地址	信号含义	地址	信号含义
X8.0	变频报警	X10.0	换1号刀	X11.5	机床锁住
X8.1	空气开关	X10.1	换2号刀	X11.6	*X* 手轮
X8.2	超程	X10.2	换3号刀	X11.7	*Z* 手轮
X8.3	−*Z* 超程	X10.3	换4号刀	X12.0	手轮倍率ROV1
X8.4	急停	X10.6	+*Y* 点动	X12.1	手轮倍率RVO2
X8.5	−*X* 超程	X10.7	−*Y* 点动	X12.2	+*X* 点动
X8.6	+*Z* 超程	X11.0	循环启动	X12.3	−*X* 点动
X8.7	+*X* 超程	X11.1	进给保持	X12.4	+*Z* 点动
X9.0	*X* 轴回参考点	X11.2	单段运行	X12.5	−*Z* 点动
X9.1	*Y* 轴回参考点	X11.3	M01有效	X12.6	快速移动
X9.2	*Z* 轴回参考点	X11.4	空行程	X12.7	超程复位

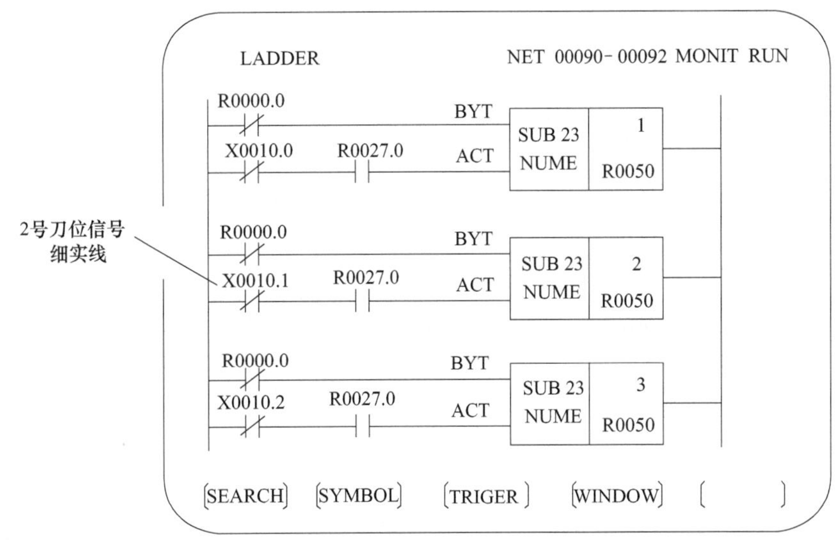

图6-29 2号刀信号断路（触点X10.1为“0”）屏面

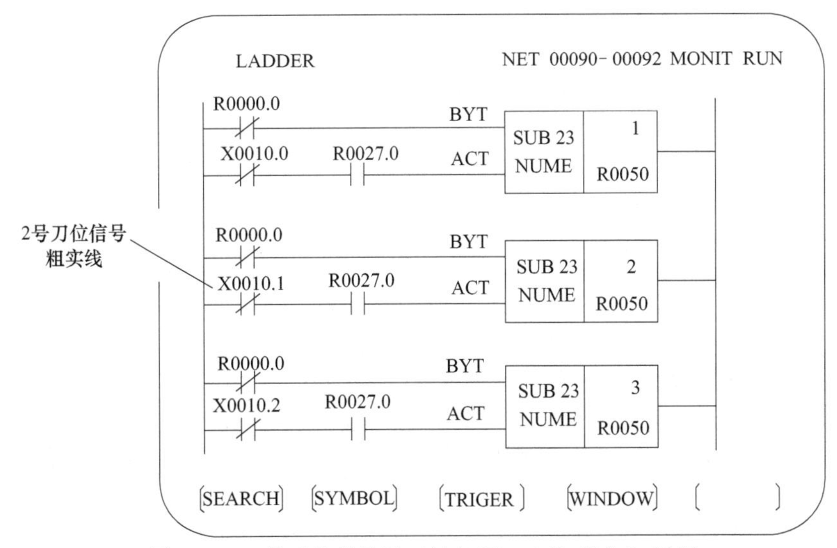

图6-30 2号刀信号导通（触点X10.1为“1”）屏面

【例 6-8】 运行自动换刀故障诊断。

故障现象：

a. 操作机床。在 MDI 方式下键入指令“T0100”；按下循环启动键，刀架旋转不停。虽然程序执行换刀指令，但因 1 号刀位信号已断开，系统找不到需定位的信号，出现自动换刀故障。b. 打开梯形图，检索 1 号刀位地址，显示在 1 号刀位断开下的梯形图，如图 6-31 所示。c. 分析梯形图。在图 6-31 中，刀位地址（X10.0、X10.1、X10.2 等）都是细实线，即刀位地址都为“0”，表明没有选中的刀位。程序已经指定 1 号刀位（X10.1），而信号 X10.0 仍为“0”，说明 1 号刀位信号出现断线故障。

故障处理：接通图 6-26 中的 1 号刀位信号节点，1 号刀位信号通，故障消除。

工厂经验：观察 PMC 触点信号，程序指令已令某触点为“1”，而 PMC 实时状态却为“0”，说明该信号有断线的可能。

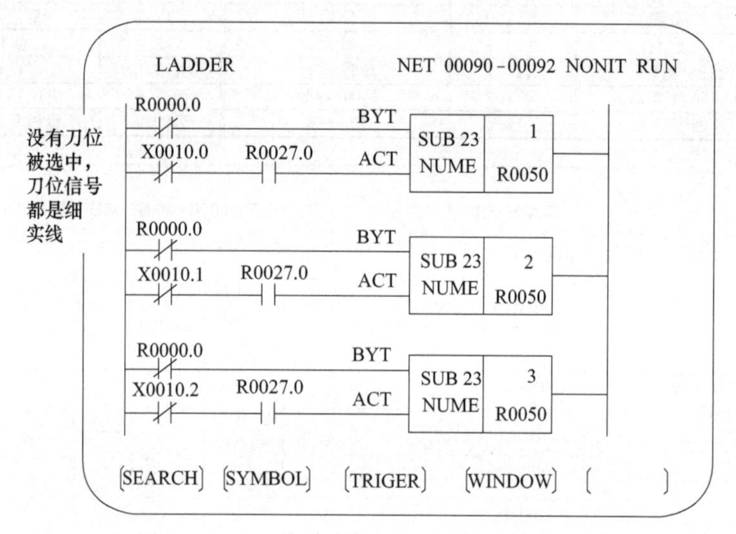

图 6-31 没有刀位被选中（触点皆为“0”）屏面

【例 6-9】 由换刀定时参数引发的换刀故障诊断。

FANUC 0i Mate-C 数控车床装备四工位刀架，电动机顺时针旋转为刀架选刀过程，逆时针旋转为刀架锁紧过程，选刀时间由 PMC T14 号定时器决定，锁紧时间由 PMC T15 号定时器决定（定时器中数值的计时单位为 ms）。调整 T14 定时器参数，观察刀架选刀运行过程。

a. 显示定时器（TIME）屏面。

依次按键：

SYSTEM（功能键）→[PMC]（软键）→[PMCLAD]（软键）→[STARCH]（软键）→X10.1（地址）→[SRCH]（软键）

显示定时器（TIME）屏面，如图 6-32 所示。

b. 用 MDI 方式改动 T14 参数。

• 操作方式置于 MDI 或急停方式。
• 把 SETING 屏面上的“参数写入”项设定为“1”，或将程序保护开关（KEY4）设为“1”（允许写入）。
• 显示 TIMER 定时器屏面，如图 6-32 所示。
• 把光标键置于需要的地址上——T14。
• 输入数字（5s），按功能键［INPUT］，数据被输入。
• 输入数据后，把［SETTING］屏面中的“参数写入”置“0”（禁止写入）。

故障现象：刀架在 2 号刀位与 3 号刀位之间往复转动，不能完成换刀指令，同时系统显示报警屏面，如图 6-33 所示。

故障分析：

查表 6-7 得知 2 号刀位地址为 X10.1，3 号刀位地址为 X10.2，打开 PMC 梯形图，检索到 2 号（X10.1）、

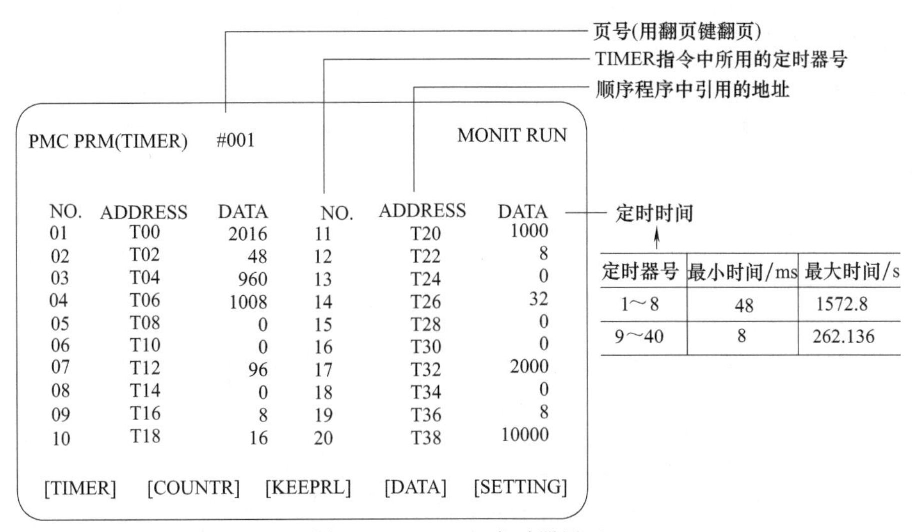

定时器号	最小时间/ms	最大时间/s
1～8	48	1572.8
9～40	8	262.136

图 6-32 TIMER 定时器屏面

3 号（X10.2）刀位地址，屏面如图 6-34 所示。图 6-34 所示的梯形图中 X10.1（2 号刀位地址）、X10.2（3 号刀位地址）均为粗实线，即这两个刀位同时为“1”，信号为“1”，是系统换刀的目标位置，两个刀位均为换刀的目标位置，显然不合理。

换刀正确的运行过程应该是刀架到达换刀位置（3 号刀位）时 X10.2 导通为“1”，2 号刀位地址 X10.1 断开为“0”。由于换刀时间设定太短，刀架在没转到 3 号位时，使 3 号位信号导通，这样 2 号、3 号刀位信号同时为“1”，因而系统无法识别换刀目标位，致使刀架在 2 号位与 3 号位之间往复转动。

故障处理：把 T14 定时时间重新改为原值 8s，再次运行换刀程序，故障消除。

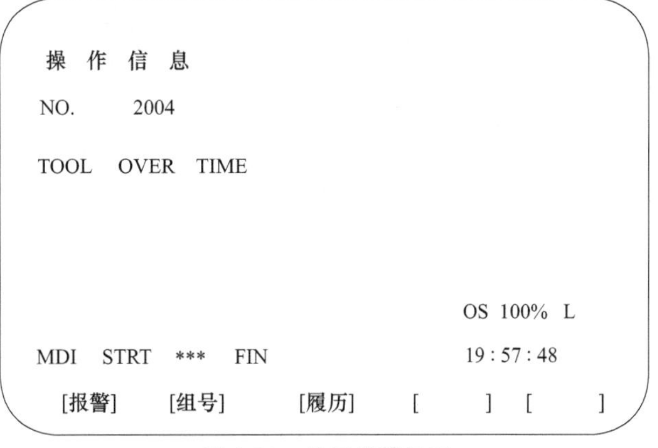

图 6-33 换刀报警屏面

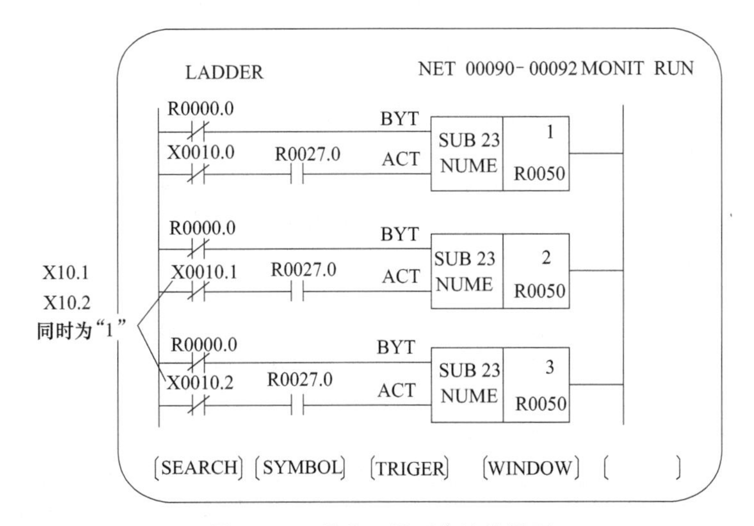

图 6-34 2 号和 3 号刀位地址屏面

6.3.2 卧式回转刀架

(1) 卧式回转刀架的结构

图 6-35 所示为卧式回转刀架结构。从图 6-35 中可以看出，刀架采用三联齿盘作为分度定位元件，由电动机驱动后，通过一对齿轮和一套行星轮系进行分度传动。

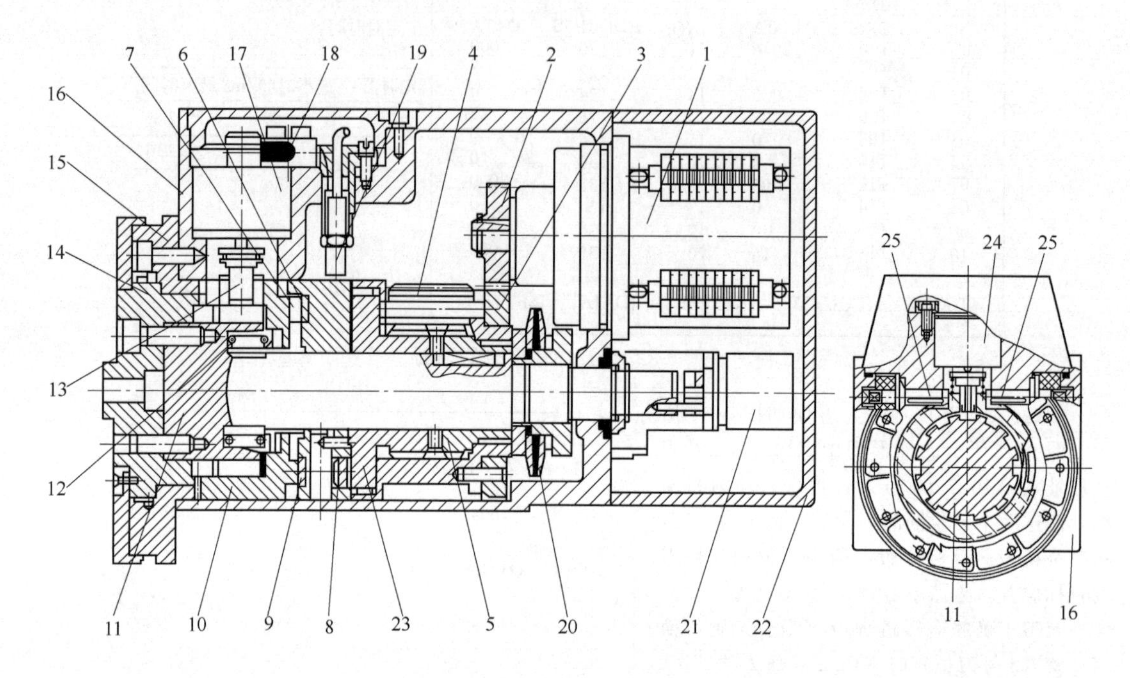

图 6-35　AK31 系列六工位卧式回转刀架结构图

1—电动机；2—电动机齿轮；3—齿轮；4—行星齿轮；5—驱动齿轮；6—滚轮架端齿；7—沟槽；8—滚轮架；9—滚轮；10—双联齿盘；11—主轴；12—弹簧；13—插销；14—动齿盘；15—定齿盘；16—箱体；17—电磁铁；18—预分度接近开关；19—锁紧接近开关；20—碟形弹簧；21—角度编码器；22—后盖；23—空套齿轮；24—电磁铁衔铁；25—吸振杆

工作程序为：主机控制系统发出转位信号→刀架上的电动机制动器松开，电源接通，电动机开始工作→通过齿轮 2、齿轮 3 带动行星齿轮 4 旋转→行星齿轮 4 带动空套齿轮 23 旋转→空套齿轮带动滚轮架 8 转过预置角度→端齿盘后面的端面凸轮松开，端齿盘向后移动脱开端齿啮合，滚轮架 8 受到端齿盘后端面键槽的限制而停止转动，这时空套齿轮 23 成为定齿轮→行星齿轮 4 通过驱动齿轮 5 带动主轴 11 旋转，实现转位分度，当主轴转到预选位置时，角度编码器 21 发出信号，电磁铁 17 向下将插销 13 压入主轴 11 的凹槽中，主轴 11 停止转动→预分度接近开关 18 给电动机发出信号，电动机开始反向旋转，通过齿轮 2 与齿轮 3、行星齿轮 4 和空套齿轮 23，带动滚轮架 8 反转，滚轮压紧凸轮，使端齿盘向前移动，端齿盘重新啮合→锁紧接近开关 19 发出信号，切断电动机电源，制动器通电刹紧电动机→电磁铁断电→插销 13 被弹簧弹回，转位工作结束，主机开始工作。其动作流程如图 6-36 所示。

(2) 卧式回转刀架的电气控制线路

电动刀塔电动机是由电动机、制动器、热保护开关组成一体的三相力矩电动机，制动器安装在电动机后端盖上，制动器的线圈为 DC 24V 直流线圈，热保护开关在电动机绕组内，电气控制线路如图 6-37 所示。

接触器 KM1 控制电动机正转，接触器 KM2 控制电动机反转，接触器 KM1、KM2 分别由继电器 KA1、KA2 控制。断路器 QF 实现电动机的短路和过载保护。继电器 KA3 控制电动机的制动器线圈，当 KA3 闭合时，电动机后端的制动器线圈获电动作，电动机处于松开状态；当 KA3 断开时，制动器线圈断电，电动机处于锁紧状态。当电动刀塔转到目标位置的前一位置时，继电器 KA4 获电动作，预分度电磁铁线圈获电，当刀

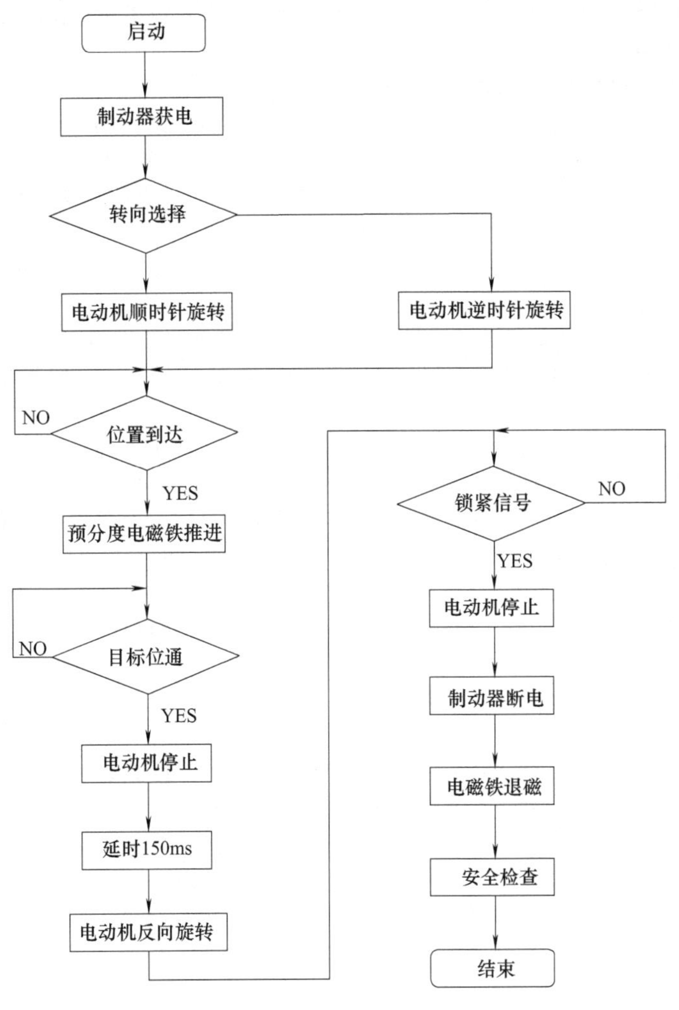

图 6-36　动作流程图

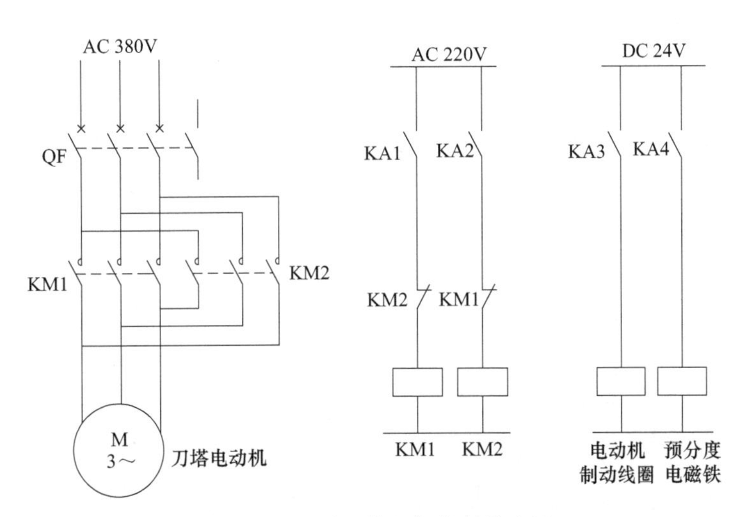

图 6-37　电动刀塔电气控制线路图

塔转到换刀位置时，电磁铁推动插销移动，分度到位检测接近开关 SQ1 发出信号，停止电动机转动，电动机

开始反转进行锁紧。锁紧到位后，接近开关 SQ2 发出信号，继电器 KA3 获电动作，电动机制动，完成换刀控制后，KA4、KA3 断电。

(3) 卧式回转刀架的 PMC 控制

① 系统 PMC 输入/输出信号地址分配　图 6-38 为系统 PMC 输入/输出信号地址分配图，X20.0、X20.1、X20.2、X20.3 为来自角度编码器的刀塔分度位置（实际刀号位置）检测信号，X20.4 为编码器的选通信号，24 V、0 V 为来自系统 24E、0 V 的编码器输入电源。X21.0 为电动机短路和过载保护信号，X21.1 为预分度电磁铁动作检测信号，X21.2 为刀塔锁紧到位检测信号，X21.3 为电动机过热保护检测信号。YS0.1 为刀塔电动机正转输出信号，YS0.2 为刀塔电动机反转输出信号，YS0.3 为电动机制动线圈输出信号，YS0.4 为刀塔预分度电磁铁线圈输出信号。

② PMC 控制梯形图　当程序执行 T 码指令时，系统 T 码选通信号 F7.3 为 1。如果移动指令结束（T 码和移动指令在同一程序段时，移动指令结束后，系统分配结束状态信号 F1.3 为 1）和刀塔正常，系统就发出换刀指令（R5.0 为 1）。通过定时器 TMR01 延时后，产生一个换刀开始指令 R5.1，再经过继电器 R5.2、R5.3 转换成换刀开始的脉冲信号。逻辑与后传输功能指令 MOVE 分别把程序的 T 码指令信息（F26）传送到继电器 RS00，并把编码器检测到的实际刀号信息（X20）传送到继电器 R510 中；数据转换功能指令 DCNV 把二进制数据形式的 T 码指令信息和实际刀号信息转换成 2 位 BCD 代码分别存储在继电器 R505 和 R515 中；2 位 BCD 代码数据判别一致指令 COIN 用来判别程序中的 T 码和刀塔的实际刀号是否相符，转塔转到换刀位置时，继电器 R5.6 为 1；二进制旋转控制功能指令 ROTB 用来判定电动机的旋转方向和刀塔转到目标位置的前一位置。继电器 R5.4 为 1 时，电动机反转分度选刀，继电器 R5.4 为 0 时，电动机正转分度选刀，从而实现就近选刀的控制。ROTB 功能指令还把转塔转到目标位置（换刀位置）前一位置的信息存储在继电器 R520 中，其中 D200 数据为刀塔分度数（刀具数量），本机床设定数据为 12（12 把刀）；二进制数据比较功能指令 COMPB 用来比较实际刀号位置和目标位置的前两位置是否相等，当转塔转到目标位置的前一位置后，继电器 R5.5 为 l，预分度电磁铁线圈获电（Y50.4 为 1）。当转塔转到换刀位置后，转塔插销在预分度电磁铁的作用下插入主轴的凹槽中，通过接近开关 SQ1 检测预分度电磁铁是否到位。预分度电磁铁到位后（转塔分度到位），信号 X21.1 为 1，X21.1 的常闭点切断电动机旋转控制使电动机立即停止。X21.1 同时接通 2 号定时器，经过定时器 TMR02 的延时（02 定时器的设定时间为 150ms）后，继电器 K6.0 为 l：电动机开始反方向旋转进行锁紧转塔控制。当刀塔锁紧到位后，锁紧到位接近开关发出信号使 X21.2 为 1，电动机制动器输出信号 Y50.4 为 1，电动机立即制动停止，同时继电器 R5.7 为 1，T 码完成信号 R100.1 为 1，系统辅助功能结束信号 G4.3 为 1，换刀指令及换刀开始指令信号 R5.0、R5.1、R5.2 为 0，预分度电磁铁断电，插销在弹簧作用下弹回，电动机制动器线圈断电，完成整个换刀控制。具体 PMC 控制梯形图如图 6-39 所示。

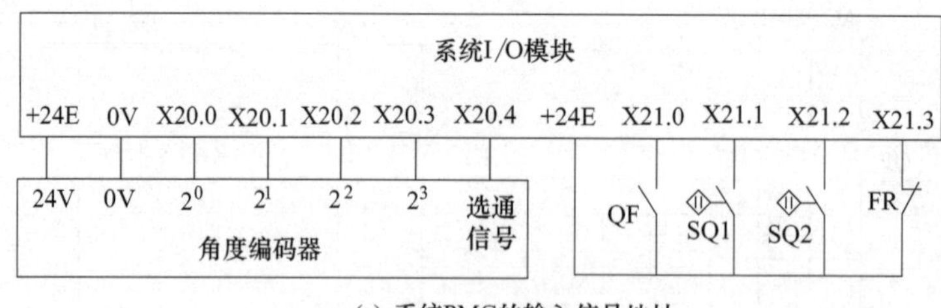

(a) 系统PMC的输入信号地址

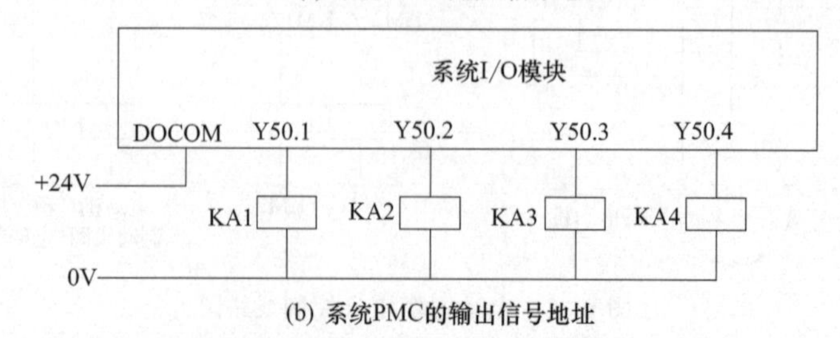

(b) 系统PMC的输出信号地址

图 6-38　系统 PMC 输入/输出信号地址分配图

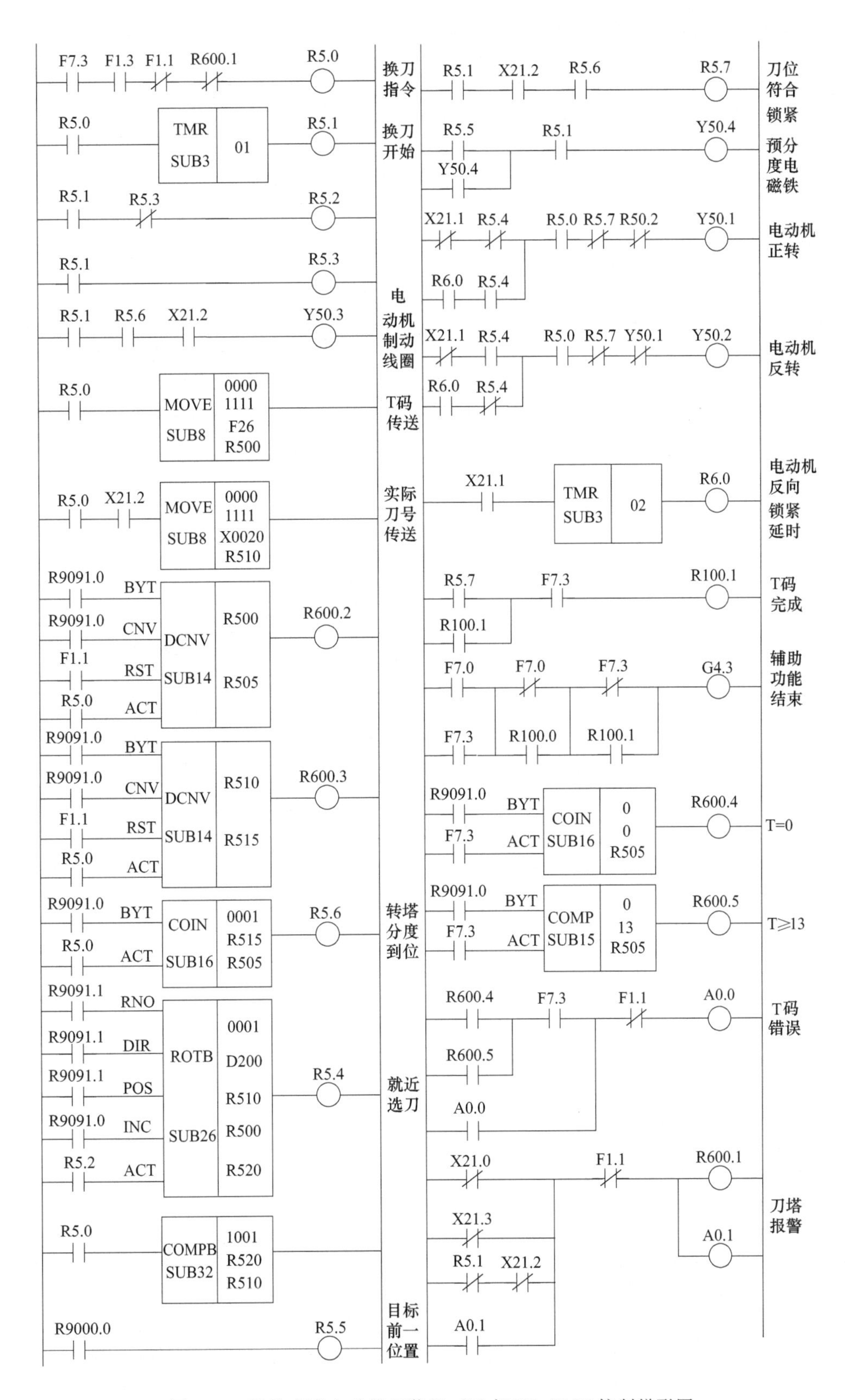

图 6-39 数控车床自动换刀装置（12 把刀）PMC 控制梯形图

(4) 卧式回转刀架常见故障及维修（表 6-8）

表 6-8　卧式回转刀架常见故障及维修

故障现象	故障原因	检　查	故障处理方法
刀塔不转	①电动机断电故障	检查电动机端子板上的电压是否正常	恢复正确电源
	②电动机击穿	检查电动机绝缘电阻和相间阻值	更换电动机
	③发出温度检测信号	检查是否超出许可温度	当温度下降时等待检测信号恢复
		检查当电磁铁断电时电磁铁衔铁是否受阻	润滑电磁铁衔铁且移去阻碍物
		当刀塔开始旋转时电磁铁断电	按照时序图恢复正确的动作
刀塔不能达到指定位置	①电动机运转故障而停止	保护电动机的断路器是否动作	更换电动机或检修刀塔机械部件
	②电磁铁供电过早	按照时序图检查工作动作	按照时序图恢复正确的动作
		检查编码器输出信号是否正确	恢复编码器工作或更换编码器
	③循环的停顿时间短	按照时序图检查此时间	恢复正确的时间
刀塔不能锁紧	①没有预定位信号	检查预定位开关	更换预定位开关
	②制动器故障	检查制动器电源	恢复制动器电源
		检查制动器本身不工作	更换制动器
		在工作循环中检查电动机和制动器供电时间	按时序图更正正确时间
	③电动机反转时刀盘不能锁紧	检查当锁紧时电动机的旋转方向	手动锁紧刀盘
刀盘越过正确位置	①电磁铁断电	检查电磁铁是否通电	恢复电源
	②电磁铁通电时有相位延迟	根据时序图检查延迟最大值	根据时序图恢复正确时间
	③电磁铁本身故障	检查电磁铁	更换或维修电磁铁
刀塔连续旋转不停止	编码器无输出信号	检查编码器的输入输出	更换编码器并使其正确工作
刀塔经过较长时间运转才到达一个新位置	电动机的相序接反	检查电动机的相序	更正相序
当刀盘在检索旋转时强烈振动	①电动机在反向旋转时暂停时间不正确	检查暂停时间	按照建议值恢复该时间
	②转动惯量比所承担的大	检查转动惯量的值	恢复转动惯量到允许的范围内
	③动平衡超出允许值	检查动平衡值	使动平衡值限制在允许值内

6.3.3 凸轮选刀刀架的结构

(1) 平板共轭分度凸轮选刀

图 6-40 为数控车床用的卧式回转刀架结构简图，其转位换刀过程为：

① 刀盘脱开　接收到数控系统的换刀指令→活塞 9 右腔进油→活塞推动轴承 12 连同刀架主轴 6 左移→动、静鼠牙盘脱开，刀盘解除定位、夹紧。

② 刀盘转位　液压马达 2 启动→推动平板共轭分度凸轮→推动齿轮副 5、4→刀架主轴 6 连同刀盘旋转，刀盘转位。

③ 刀盘定位夹紧　活塞 9 左腔进油→刀架主轴 6 右移→动、静鼠牙盘啮合，实现定位夹紧。

该回转刀架的夹紧与松开、刀盘的转位均由液压系统驱动、PLC 顺序控制来实现。件 11 是安装刀具的刀盘，它与刀架主轴 6 固定连接。当刀架主轴 6 带动刀盘旋转时，其上的鼠牙盘 13 和固定在刀架上的鼠牙盘

10脱开，旋转到指定刀位后，刀盘的定位由鼠牙盘的啮合来完成。

活塞9支承在一对推力轴承7和12及双列滚针轴承8上，它可带动刀架主轴移动。当接到换刀指令时，活塞9及轴6在压力油推动下向左移动，使鼠牙盘13与10脱开，液压马达2启动带动平板共轭分度凸轮1转动，经齿轮5和齿轮4带动刀架主轴及刀盘旋转。刀盘旋转的准确位置，通过开关PRS1、PRS2、PRS3、PRS4的通断组合来检测确认。当刀盘旋转到指定的刀位后，开关PRS7通电，向数控系统发出信号，指令液压马达停转，这时压力油推动活塞9向右移动，使鼠牙盘10和13啮合，刀盘被定位夹紧。开关PRS6确认夹紧并向数控系统发出信号，于是刀架的转位换刀循环完成。

在数控车床的回转刀架装置中，采用了平板共轭分度凸轮机构，该机构将液压马达的连续回转运动转换成刀盘的分度运动。

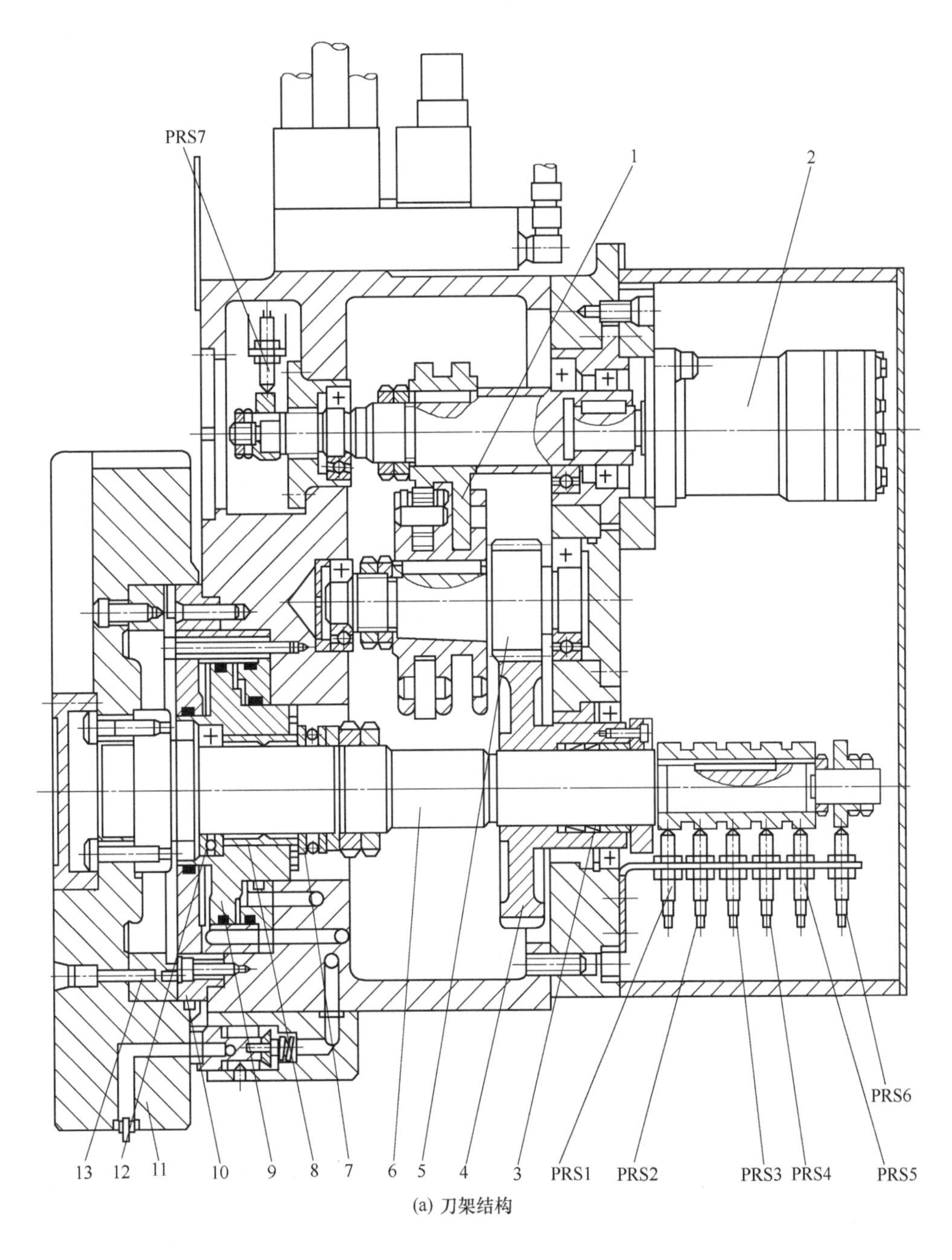

(a) 刀架结构

图6-40

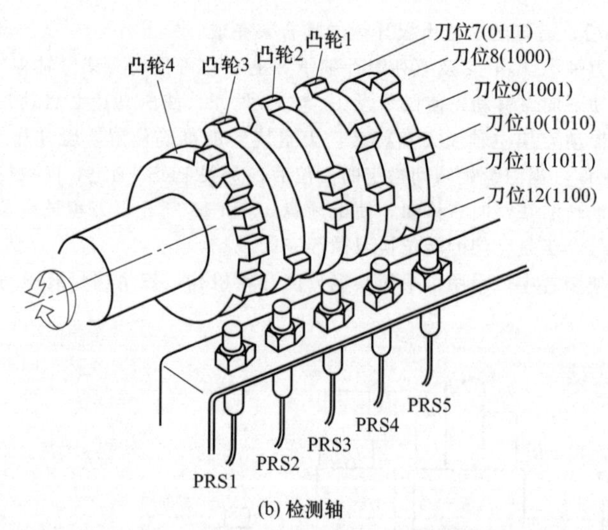

(b) 检测轴

图 6-40　数控车床卧式回转刀架结构简图

1—平板共轭分度凸轮；2—液压马达；3—锥环；4,5—齿轮副；6—刀架主轴；7,12—推力轴承；8—滚针轴承；9—活塞；10,13—动、静鼠牙盘；11—刀盘

图 6-41 为平板共轭分度凸轮的工作原理图。平板共轭分度凸轮副的主动件由轮廓形状完全相同的前后两片盘形凸轮 1 和 1′构成，且互相错开一定的相位角安装，在从动转盘 2 的两端面上，沿周向均布有几个滚子 3 和 3′。

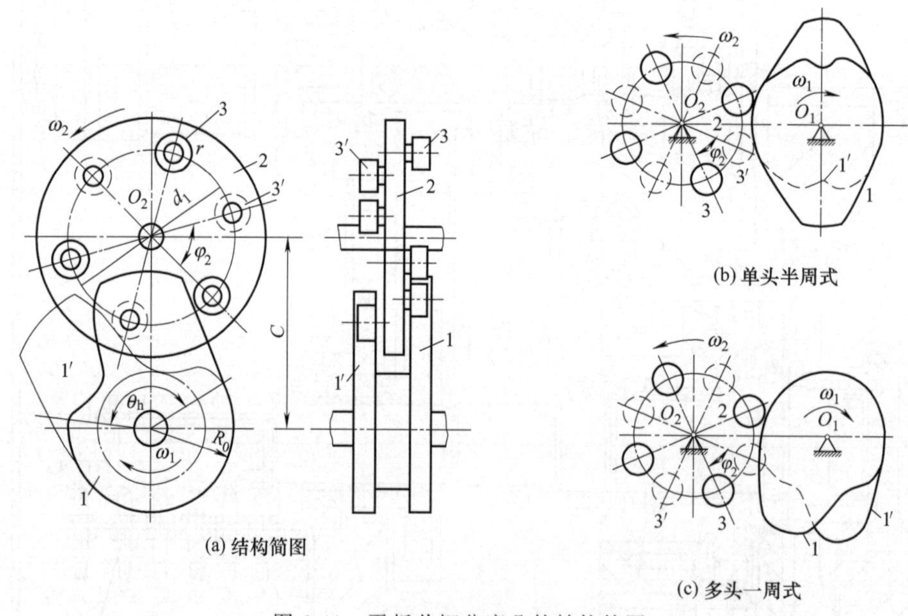

图 6-41　平板共轭分度凸轮结构简图

1,1′—主动凸轮；2—从动转盘；3,3′—滚子

当凸轮旋转时，两凸轮廓线分别与相应的滚子接触，相继推动转盘分度转位，或抵住滚子起限位作用。当凸轮转到圆弧形轮廓时，转盘停止不动，由于两凸轮是按要求同时控制从动转盘，因此凸轮与滚子间能保持良好的形封闭性。可按要求设计好凸轮的形状，完成旋转机构的间歇运动。

平板共轭盘形分度凸轮机构主要有两种类型，即单头半周式和多头一周式。图 6-41（b）中所示为单头半周式，凸轮每转半周，从动盘分度转位一次，每次转位时，从动盘转过一个滚子中心角 φ_2。设凸轮的头数 $H=1$，从动盘上滚子数 $z=8$，则：

$$\varphi_2=\frac{360^\circ}{z}=45^\circ$$

在机床工作状态下，当指定了换刀的刀号后，数控系统可以通过内部的运算判断，实现刀盘就近转位换刀，即刀盘可正转也可反转。但当手动操作机床时，从刀盘方向观察，只允许刀盘顺时针转动换刀。

(2) 圆柱凸轮选刀刀架

图 6-42（a）所示为液压驱动的转塔式回转刀架。其结构主要由液压马达、液压缸、刀盘及刀架中心轴、转位凸轮机构、定位齿盘等组成。图 6-42（c）为其工作原理图，换刀过程如下：

① 刀盘松开　液压缸 1 右腔进油，活塞推动刀架中心轴 2 将刀盘 3 左移，使端齿盘 4、5 脱开啮合，松开刀盘。

② 刀盘转位　齿盘脱开啮合后，液压马达带动转位凸轮 6 转动。凸轮每转一周拨过一个柱销 8，通过回转盘 7 便带动中心轴及刀盘转 $1/n$ 周（n 为拨销数），直至刀盘转到指定的位置，液压马达刹车，完成转位。

③ 刀盘定位与夹紧　刀盘转位结束后，液压缸 1 左腔进油，活塞将刀架中心轴 2 和刀盘拉回，齿盘重新啮合，液压缸 1 左腔仍保持一定压力将刀盘夹紧。

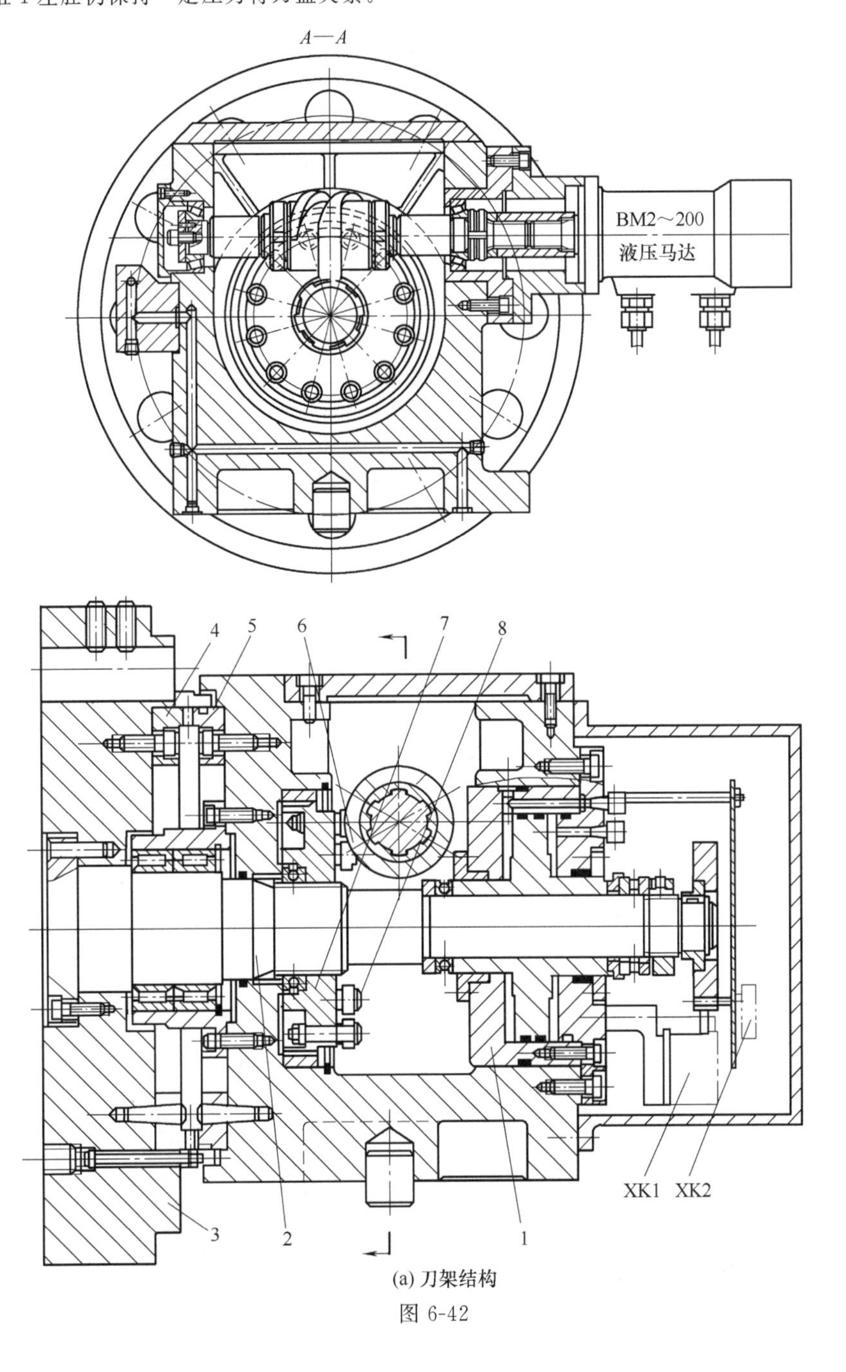

(a) 刀架结构

图 6-42

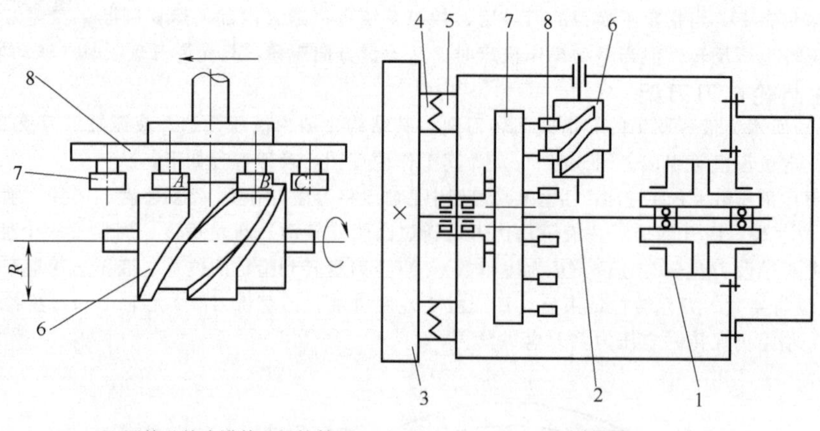

(b) 圆柱凸轮步进传动机构简图　　(c) 原理图

图 6-42　双齿盘转塔刀架

1—液压缸；2—刀架中心轴；3—刀盘；4,5—端齿盘；6—转位凸轮；7—回转盘；8—分度柱销；XK1—计数行程开关；XK2—啮合状态行程开关

6.3.4　刀架常见故障诊断及维修

(1) 刀架常见故障诊断及维修方法（表 6-9）

表 6-9　刀架常见故障诊断及维修方法

序号	故障现象	故障原因	维修方法
1	刀架不能启动	刀架预紧力过大	调小刀架电动机夹紧电流
		夹紧装置反靠装置位置不对造成机械卡死	反靠定位销如不在反靠棘轮槽内，就调整反靠定位销位置；若在，则需将反靠棘轮与螺杆连接销孔回转一个角度重新打孔连接
		主轴螺母锁死	重新调整主轴螺母
		润滑不良造成旋转件研死	拆开润滑
		可能是熔断器损坏、电源开关接通不好、开关位置不正确，或是刀架至控制器断线、刀架内部断线、霍尔元件位置变化导致不能正常通断	更换保险，使接通部位接触良好，调整开关位置，重新连接，调整霍尔元件位置
		电机相序接反	通过检查线路，变换相序
		如果手动换刀正常、不执行自动换刀，则应重点检查微机与刀架控制器引线、微机 I/O 接口及刀架到位回答信号	分别对其加以调整、修复
2	刀架连续运转，到位不停	若没有刀架到位信号，则是发信盘故障	发信盘是否损坏、发信盘地线是否断路或接触不良或漏接，针对其线路中的继电器接触情况、到位开关接触情况、线路连接情况相应地进行线路故障排除
		若仅为某号刀不能定位，一般是该号刀位线断路或发信盘上霍尔元件烧毁	重新连接或更换霍尔元件
3	刀架越位过冲或转不到位	后靠定位销不灵活，弹簧疲劳	应修复定位销使其灵活或更换弹簧
		后靠棘轮与蜗杆连接断开	需更换连接销
		刀具太长过重	应更换弹性模量稍大的定位销弹簧
		发信盘位置固定偏移	重新调整发信盘与弹性片触头位置并固定牢靠
		发信盘夹紧螺母松动，造成位置移动	紧固调整
4	刀架不能正常夹紧	夹紧开关位置是否固定不当	调整至正常位置
		刀架内部机械配合松动，有时会出现内齿盘上有碎屑造成夹紧不牢而使定位不准	应调整其机械装配并清洁内齿盘

(2) 维修实例

【例 6-10】 台湾大冈 TNC-20N 数控车床刀架乱刀故障处理。

故障现象：该机床发生碰撞事故后，刀架在垂直导轨方向上偏差 0.9mm，刀架在原方向上旋转 90°后，用另一组定位销定位刀架后，偏位故障排除，但刀塔转了 90°，刀具号在原刀号上增加了“3”，即选择一号刀时实际到位刀是四号刀，这使操作工极易产生误读。

故障检查与分析：

台湾大冈工业公司 TNC-20N 数控车床，系统型号为 FANUC 0-T。该刀架的换刀过程为：①选择刀号发出换刀指令；②NC 选择刀架旋转方向；③刀架旋转；④编码器输出刀码；⑤要换的刀具到位，PLC 指令刀架定位销插入；⑥刀架夹紧。

最终选择的刀具是由编码器输出刀码决定的。重新安装刀架时转 90°后定位。而编码器并没有旋转，还停在原来的刀码位置，这是造成乱刀的原因。

故障处理：

由于编码器输出 4 位开关信号，PLC 以二进制码对刀具绝对编码，改 PLC 程序可以调整刀码，但要请机床制造厂家来完成，花费大、维修周期长，此法不考虑。

除此之外采用以下两种方法均可使刀号调整正常：①让刀架固定在某刀具号 A 上，脱开编码器与刀架驱动电动机之间的齿轮连接，旋转编码器使其编码与刀架固定的刀号 A 一致，再将编码器与刀架连接即可；②固定编码器输出某个刀具编码 A，脱开编码器与刀架驱动电动机之间的齿轮连接，拔出刀架定位销，用手盘动刀架使指定刀号与编码号一致。采用上述第一种方法时，由于编码器在约 15°范围内转动时，输出码不变化，均与指定刀码一致，所以往往要多次调整其位置才能使刀架准确定位；采用第二种方法时，刀架是靠定拉销插入定位槽来定位的，每个指定刀位对应一个定位槽，一次即可完成定位。

用上述两种方法时，系统启动，但急停开关一定要按下，以防发生事故。

【例 6-11】 济南 MJ-50 数控车床刀架故障排除。

故障现象：在机床调试过程中，无论手动、MDI 或自动循环，刀架有时转位正常，有时出现转位故障，刀架不锁紧，同时“进给保持”灯亮，刀架停止运动。

故障检查与分析：

济南第一机床厂的 MJ-50 数控车床所配系统为 FANUC 0TE。该转位刀架是济南第一机床厂的专利产品，是由液压夹紧、松开，由液压马达驱动转位的。因此，认为是刀架机械问题是无根据的。

应确认转位刀架 PLC 控制程序是否有问题，尤其是刀架控制程序中延时继电器的时间设定不当，有可能出现这种故障。因为刀架装上刀具以后，各刀位回转的时间就不一样了，有可能延时时间满足了回转较快的刀位，而满足不了回转较慢的刀位，出现转位故障。不过，这种故障是有规律可循的，而我们这台机床转位刀架故障找不到这种规律。

根据每次转位刀架出现故障时“进给保持”灯亮这一点，我们从 PLC 梯形图上分析，反推故障点，但查不到原因。机床厂两年前提供的 PLC 梯形图上，“进给保持”灯与转位刀架故障信号无关。显然，机床厂提供的这份 PLC 程序梯形图与机床实际控制程序不符。

由于程序与梯形图不符，无法分析，只能完全依靠 I/O 诊断画面来分析故障原因。在反复手动刀架转位中，我们逐渐找到了规律，那就是奇数刀位很少出故障，故障大多发生在偶数刀位且无规律可循。因此，重点调看刀架奇偶校验开关信号 X14.3，发现在偶数刀位时，奇偶校验开关信号 X14.3 时有时无，于是断定找到了故障原因。因为本刀架设计为偶数奇偶校验，在偶数刀位时，如果奇偶校验开关 X14.3 有信号，则奇偶校验通过，刀架结束转位动作并夹紧；如果 X14.3 无信号，则奇偶校验出错，发出报警信号，“进给保持”灯亮，刀架不能结束转位动作，保持松开状态。而在奇数刀位不受奇偶校验影响，因而转位正常。

故障处理：拆开转位刀架后罩，检查奇偶校验开关及接线均正常，接着检查由开关到数控系统 I/O 板的线路，发现电箱内接线端子板上 X14.3 导线与端子压接不良，导线在端子内是松动的，重新压好端子，故障排除，刀架位正常。

【例 6-12】 德国德马吉 MD51T 车削中心刀架故障排除。

故障现象：一号刀架出现了偶尔找不到刀的故障，刀架处在自由转动状态，有时输入换刀指令时，出现刀架没有动而且刀架锁死的现象，CRT 显示刀号编码错误信息；刀架锁死后，更换任何刀都没动作，不管断电还是带电，都无法转动刀架，只有在拆除刀架到位信号线后再送电才能转动刀架。

故障检查与分析：

从上述现象看，可能是两种情况所致：一种是编码器接线接触不良；另一种是编码器损坏。通过检查编码器连线，没发现接线松动现象，接线良好，排除接触不良因素。再结合刀架卡死现象分析：由于刀架夹紧之后编码器出现故障，发出了错误的二进制编码；即计算机不能识别的代码，所以计算机处在等待换刀指令状态，而且刀架到位信号一直有效，刀架被锁死，因此，可以认为是编码器损坏。

故障处理：

在刀架卡锁死的情况下，必须把刀架到位信号线断开（注意：在机床断电以后），然后机床再通电，任意选一刀号，输入换刀指令，让刀架松开，此时刀架处在自由转动状态。断电，拆下原来的编码器，按原来的接法把新编码器与机床的连线接好。刀架与编码器轴连接好，不要固定编码器。然后机床送电，一边观察CRT显示的编码器编码，即PLC的输入刀号信息，一边用手转动刀架，需要说明一下，此机床上有两个刀架，每个刀架有12个刀位。对应的编码由四位二进制数字组成，有一个8位PLC输入口。第7位为刀架旋转准备好信号；第6位为刀架锁位信号；第5位为在位信号；第3、2、1、0位为12个刀号编码，1号编码为0001，2号编码为0010，以此类推。

在转动刀架时，手握住编码器，只让刀架带动编码器轴转动，使1号刀对准工作位置。然后用手旋转编码器直到CRT显示刀号编码为0001；按同样方式再转动刀架，让2号刀对准工作位置，使CRT显示编码为0010；至此，其余十把刀与其编码一一对应，最后固定编码器，更换编码器工作结束。试车，故障排除。

6.3.5 动力刀架的结构与维修

车削中心动力刀具主要由三部分组成：动力源、变速装置和刀具附件（钻孔附件和铣削附件等）。

(1) 动力刀架的结构

车削中心加工工件端面或柱面上与工件不同心的表面时，主轴带动工件作分度运动或直接参与插补运动，切削加工主运动由动力刀具来实现。图6-43所示为车削中心转塔刀架上的动力刀具结构。

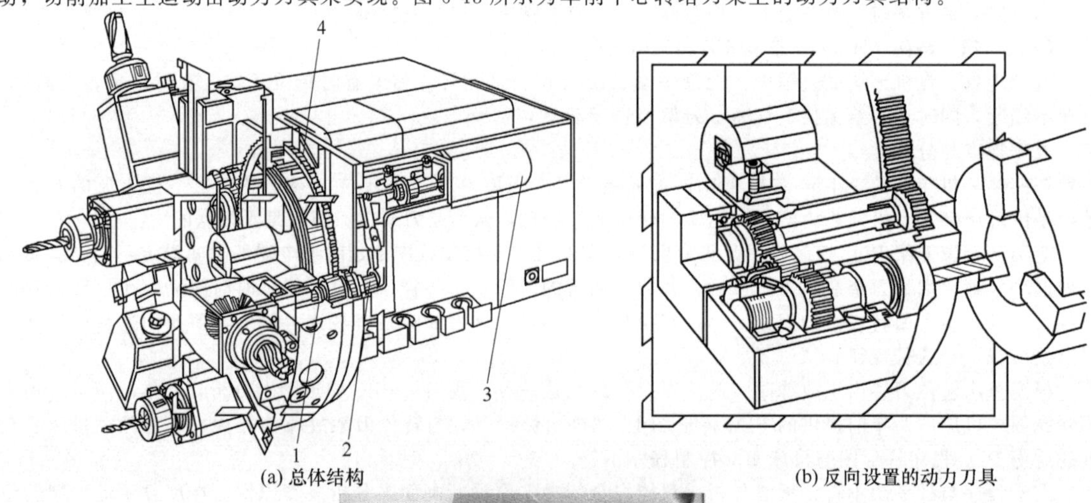

(a) 总体结构

(b) 反向设置的动力刀具

(c) 动力刀具照片图

图6-43 车削中心转塔刀架上的动力刀具

1—刀具传动轴；2—齿轮轴；3—液压缸；4—大齿轮

当动力刀具在转塔刀架上转到工作位置时［图 6-43（a）中所示位置］，定位夹紧后发出信号，驱动液压缸 3 的活塞杆通过杠杆带动离合齿轮轴 2 左移，离合齿轮轴左端的内齿轮与动力刀具传动轴 1 右端的齿轮啮合，这时大齿轮 4 驱动动力刀具旋转。控制系统接收到动力刀具在转塔刀架上需要转位的信号时，驱动液压缸活塞杆通过杠杆带动离合齿轮轴右移至转塔刀盘体内（脱开传动），动力刀具在转塔刀架上才开始转位。

有一种模块化的结构，由转塔刀架加上传动单元，再加上刀盘，如图 6-44 所示动力刀具的联轴器的离合由力矩电动机驱动杠杆来实现。

近来出现了一种新结构，转塔刀架分度电动机与动力刀座传动电动机合为一个。还有一种结构是动力刀具的驱动电动机内置于转塔刀盘中。

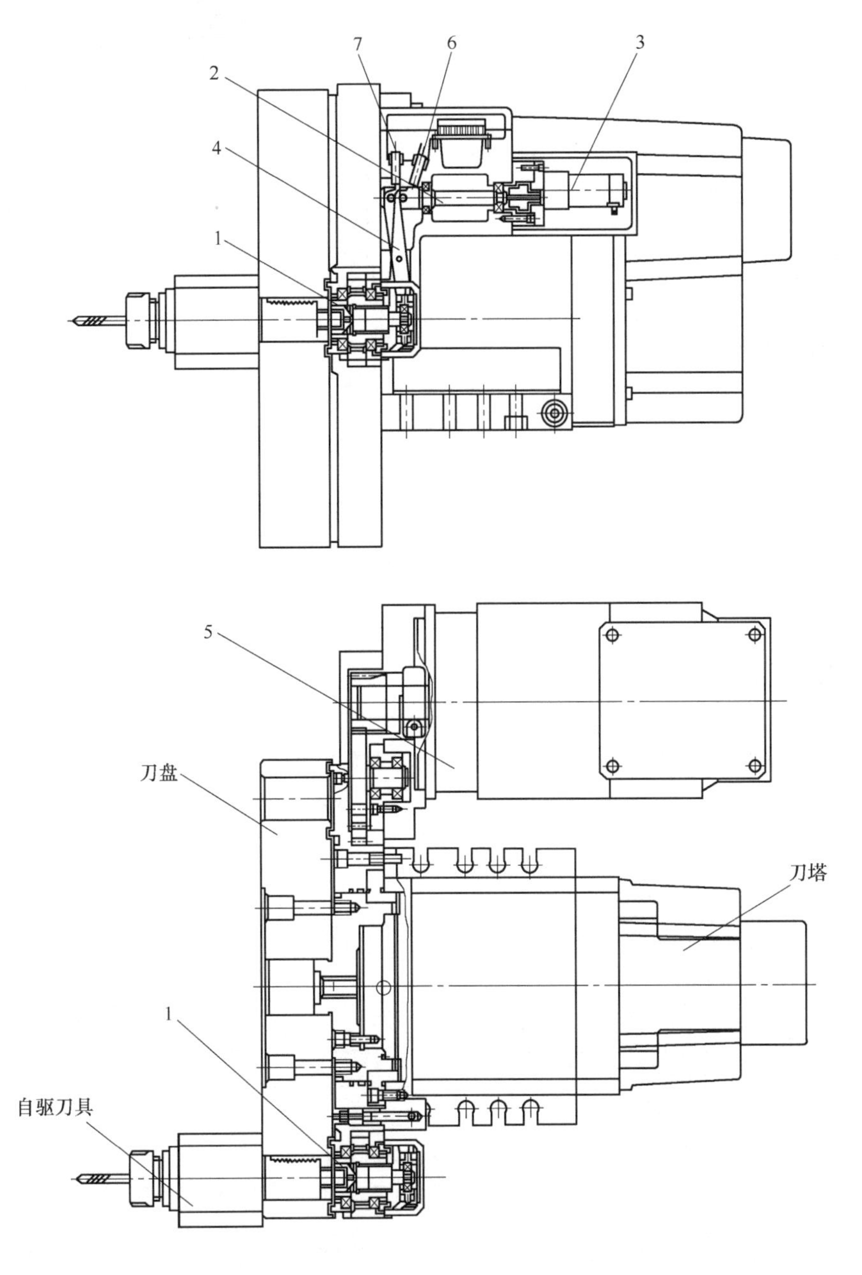

图 6-44　模块化动力刀架展开图

1—传动轴；2—凸轮轴；3—电动机；4—摆动杠杆；
5—自驱刀具驱动电动机；6，7—接近开关

(2) 变速传动装置

图6-45所示是动力刀具的传动装置。传动箱2装在转塔刀架体（图中未画出）的上方。变速电动机3经锥齿轮副和同步齿形带，将动力传至位于转塔回转中心的空心轴4。轴4的左端是中央锥齿轮5。

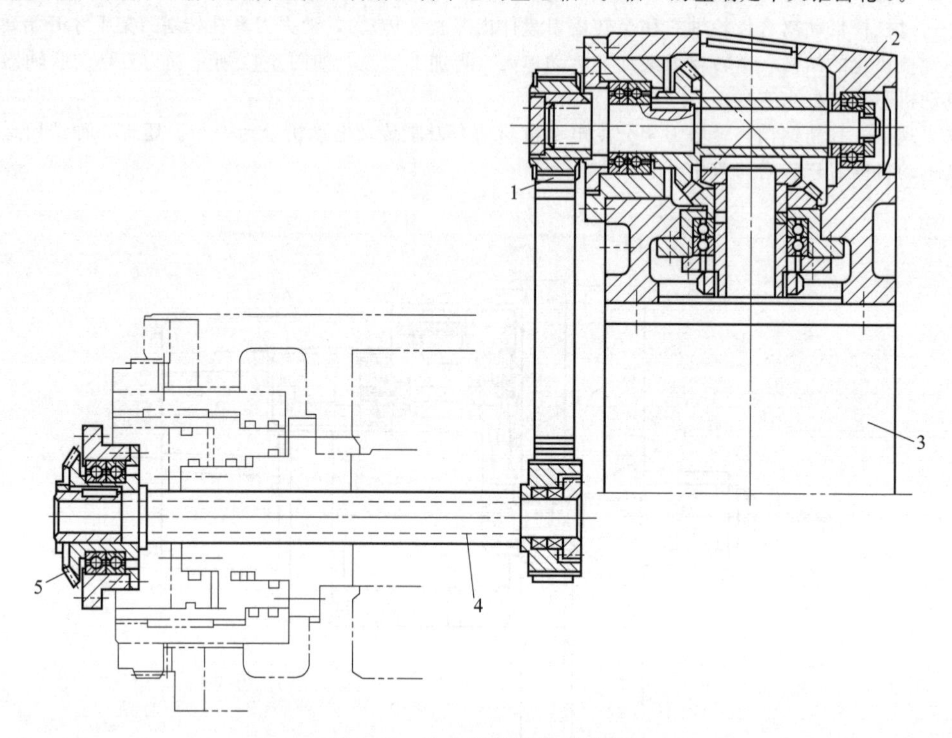

图6-45 动力刀具的传动装置

1—齿形带；2—传动箱；3—变速电动机；4—空心轴；5—中央锥齿轮

(3) 动力刀具附件

动力刀具附件有许多种，现仅介绍常用的两种。

图6-46所示是高速钻孔附件。轴套的A部装入转塔刀架的刀具孔中。刀具主轴3的右端装有锥齿轮1，与图6-45所示的中央锥齿轮5相啮合。主轴前端支承是三联角接触球轴承4，后支承为滚针轴承2。主轴头部有弹簧夹头5。拧紧外面的套，就可靠锥面的收紧力夹持刀具。

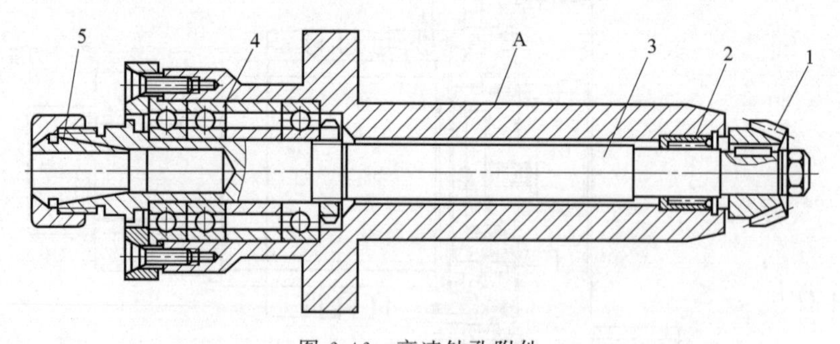

图6-46 高速钻孔附件

1—锥齿轮；2—滚针轴承；3—刀具主轴；4—角接触球轴承；5—弹簧夹头

图6-47所示是铣削附件，分为两部分。图6-47（a）所示是中间传动装置，仍由锥套的A部装入转塔刀架的刀具孔中，齿轮1与图6-45中所示的中央锥齿轮5啮合。轴2经锥齿轮副3、横轴4和圆柱齿轮5，将运动传至图6-47（b）所示的铣主轴7上的齿轮6，铣主轴7上装铣刀。中间传动装置可连同铣主轴一起转动方向。

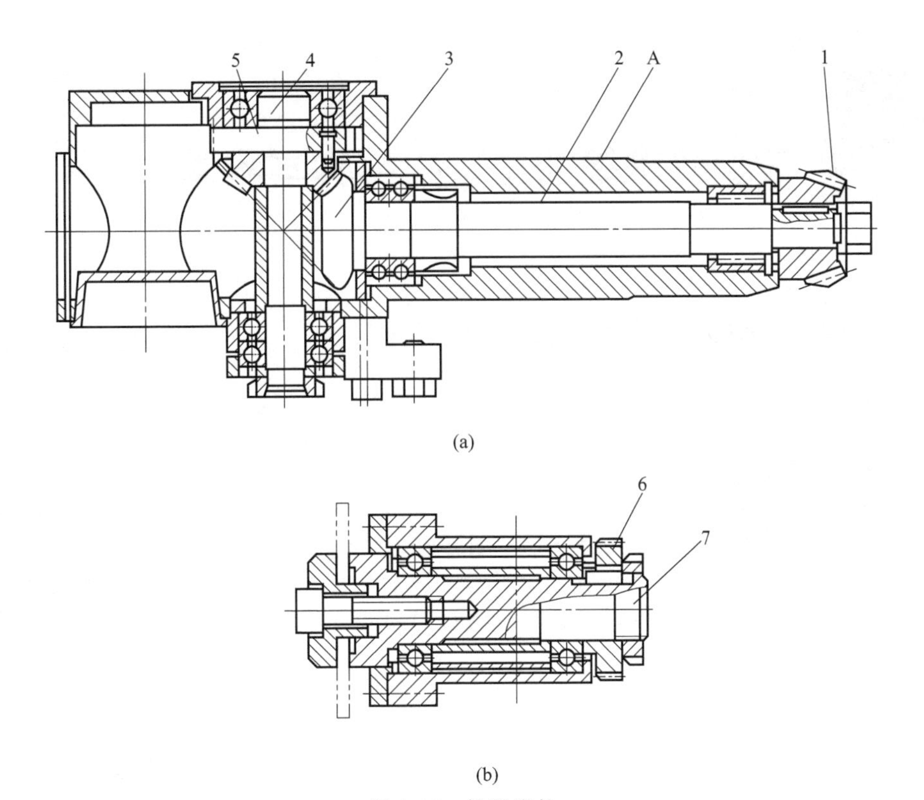

图 6-47　铣削附件

1,3—锥齿轮；2—轴；4—横轴；5,6—圆柱齿轮；7—铣主轴；A—轴套

第7章 数控机床辅助装置的结构与维修

7.1 数控铣床/加工中心辅助装置的维修

7.1.1 数控工作台

(1) 数控回转工作台

① 立式数控回转工作台的结构

a. 单蜗杆数控回转工作台［二维码 7.1-1］。蜗杆回转工作台有开环数控回转工作台与闭环数控回转工作台，它们在结构上区别不大。开环数控转台和开环直线进给机构一样，都可以用功率步进电动机来驱动。图 7-1 所示为自动换刀立式镗铣床数控回转工作台。

7.1-1

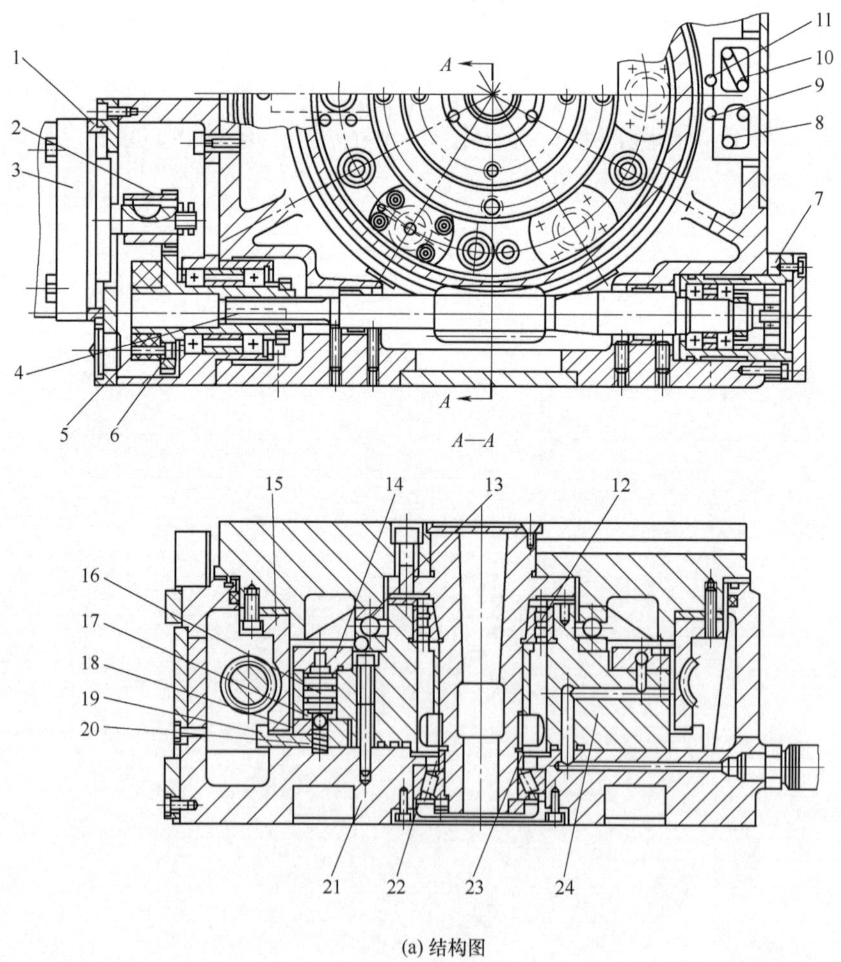

(a) 结构图

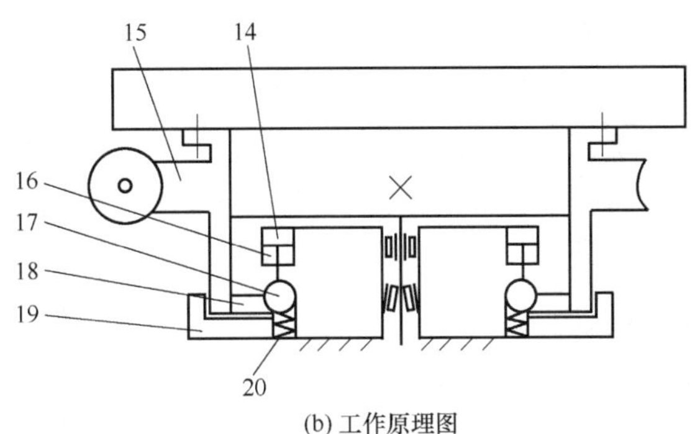

(b) 工作原理图

图 7-1　自动换刀立式镗铣床数控回转工作台

1—偏心环；2,6—齿轮；3—电动机；4—蜗杆；5—垫圈；7—调整环；8,10—微动开关；9,11—挡块；12,13—轴承；14—液压缸；15—蜗轮；16—柱塞；17—钢球；18,19—夹紧瓦；20—弹簧；21—底座；22—圆锥滚子轴承；23—调整套；24—支座

步进电动机 3 的输出轴上齿轮 2 与齿轮 6 啮合，啮合间隙由偏心环 1 来消除。齿轮 6 与蜗杆 4 用花键结合，花键结合间隙应尽量小，以减小对分度精度的影响。蜗杆 4 为双导程蜗杆，可以用轴向移动蜗杆的办法来消除蜗杆 4 和蜗轮 15 的啮合间隙。调整时，只要将调整环 7（两个半圆环垫片）的厚度尺寸改变，便可使蜗杆沿轴向移动。

蜗杆 4 的两端装有滚针轴承，左端为自由端，可以伸缩；右端装有两个角接触球轴承，承受蜗杆的轴向力。蜗轮 15 下部的内、外两面装有夹紧瓦 18 和 19，数控回转台的底座 21 上固定的支座 24 内均布 6 个液压缸 14。液压缸 14 上端进压力油时，柱塞 16 下行，通过钢球 17 推动夹紧瓦 18 和 19 将蜗轮夹紧，从而将数控转台夹紧，实现精确分度定位。当数控转台实现圆周进给运动时，控制系统首先发出指令，使液压缸 14 上腔的油液流回油箱，在弹簧 20 的作用下把钢球体 17 抬起，夹紧瓦 18 和 19 就松开蜗轮 15。柱塞 16 到上位发出信号，功率步进电动机启动并按指令脉冲的要求，驱动数控转台实现圆周进给运动。当转台做圆周分度运动时，先分度回转再夹紧蜗轮，以保证定位的可靠，并提高承受负载的能力。

数控转台的分度定位和分度工作台不同，它是按控制系统所指定的脉冲数来决定转位角度的，没有其他的定位元件。因此，对开环数控转台的传动精度要求高，传动间隙应尽量小。数控转台设有零点，当它作回零控制时，先快速回转运动至挡块 11 压合微动开关 10 时，发出从“快速回转”变为“慢速回转”的信号，再由挡块 9 压合微动开关 8 发出从“慢速回转”变为“点动步进”的信号，最后由功率步进电动机停在某一固定的通电相位上（称为锁相），从而使转台准确地停在零点位置上。数控转台的圆形导轨采用大型推力滚珠轴承 13，使回转灵活。径向导轨由滚子轴承 12 及圆锥滚子轴承 22 保证回转精度和定心精度。调整轴承 12 的预紧力，可以消除回转轴的径向间隙。调整轴承 22 的调整套 23 的厚度，可以使圆导轨上有适当的预紧力，保证导轨有一定的接触刚度。这种数控转台可做成标准附件，回转轴可水平安装也可垂直安装，以适应不同工件的加工要求。

数控转台的脉冲当量是指数控转台每个脉冲所回转的角度 [(°) /脉冲]，现在尚未标准化。现有的数控转台的脉冲当量有小到 0.001°/脉冲的，也有大到 2′/脉冲的，设计时应根据加工精度的要求和数控转台直径大小来选定。一般来讲，加工精度愈高，脉冲当量应选得愈小；数控转台直径愈大，脉冲当量应选得愈小。但也不能盲目追求过小的脉冲当量。脉冲当量 δ 选定之后，根据步进电动机的脉冲步距角 θ 就可决定减速齿轮和蜗轮副的传动比：

$$\delta=\frac{z_1}{z_2}\times\frac{z_3}{z_4}\theta$$

式中　z_1，z_2——分别为主动、被动齿数；

　　z_3，z_4——分别为蜗杆头数和蜗轮齿数。

在决定 z_1、z_2、z_3、z_4时，一方面要满足传动比的要求，另一方面也要考虑到结构的限制。

b. 双蜗杆回转工作台。图 7-2 所示为双蜗杆传动结构，用两个蜗杆分别实现对蜗轮的正、反向传动。蜗杆 2 可轴向调整，使两个蜗杆分别与蜗轮左右齿面接触，尽量消除正反传动间隙。调整垫 3、5 用于调整一对锥齿轮的啮合和间隙。双蜗杆传动虽然较双导程蜗杆平面齿圆柱齿轮包络蜗杆传动结构复杂，但普通蜗轮蜗杆制造工艺简单，承载能力比双导程蜗杆大。

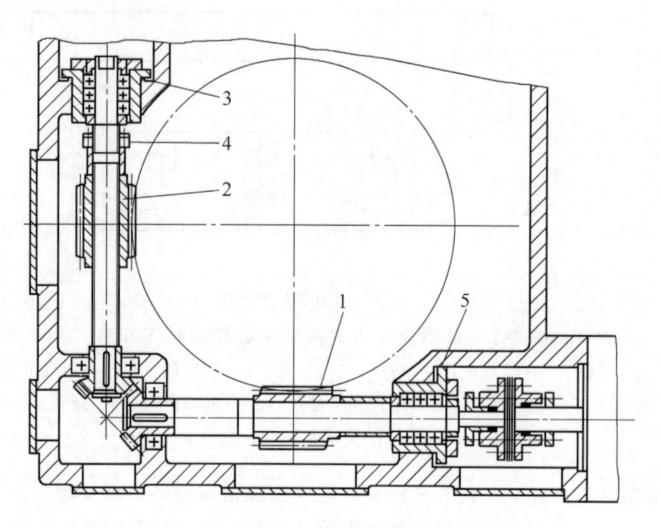

图 7-2　双蜗杆传动

1—轴向固定蜗杆；2—轴向调整蜗杆；3,5—调整垫；4—锁紧螺母

c. 直接驱动回转工作台。直接驱动回转工作台如图 7-3 所示。一般采用力矩电动机（synchronous built-in Servo motor）驱动。力矩电动机（图 7-4）是一种具有软机械特性和宽调速范围的特种电动机。它在原理上与他励直流电动机和两相异步电动机一样，只是在结构和性能上有所不同，力矩电动机的转速与外加电压成正比，通过调压装置改变电压即可调速。不同的是它的堵转电流小，允许超低速运转，它有一个调压装置调节输入电压以改变输出力矩，比较适合低速调速系统，甚至可长期工作于堵转状态只输出力矩，因此它可以直接与控制对象相连而不需减速装置而实现直接驱动（DD，direct drive）。采用力矩电动机为核心动力元件的数控回转工作台见图 7-5，具有没有传动间隙、没有磨损、传动精度和效率高等优点。

图 7-3　直接驱动回转工作台

图 7-4　力矩电动机

② 卧式回转工作台　卧式数控回转工作台主要用于立式机床，以实现圆周运动，它一般由传动系统、蜗轮蜗杆副、夹紧机构等部分组成。图 7-5 所示是一种数控机床常用的卧式数控回转工作台，可以采用气动或液压夹紧，其结构原理如下：

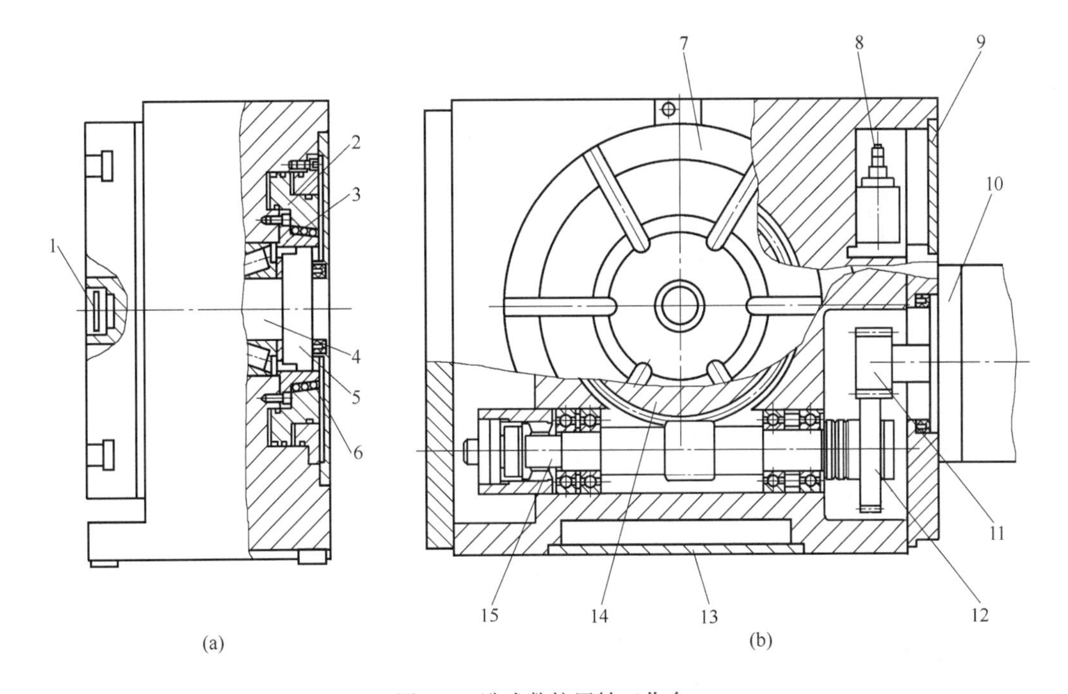

图 7-5　卧式数控回转工作台

1—堵；2—活塞；3—夹紧座；4—主轴；5—夹紧体；6—钢球；7—工作台；8—发信装置；9,13—盖板；10—伺服电动机；11,12—齿轮；14—蜗轮；15—蜗杆

在工作台回转前，首先松开夹紧机构，活塞 2 左侧的工作台松开腔通入压力气（油），活塞 2 向右移动，使夹紧装置处于松开位置。这时，工作台 7、主轴 4、蜗轮 14、蜗杆 15 都处于可旋转的状态。松开信号检测微动开关（在发信装置 8 中，图 7-5 中未画出）发信，夹紧微动开关不动作。

工作台的旋转、分度由伺服电动机 10 驱动。传动系统由伺服电动机 10，齿轮 11、12，蜗轮 14，蜗杆 15 及工作台 7 等组成。当电动机接到由控制单元发出的启动信号后，按照指令要求的回转方向、速度、角度回转，实现回转轴的进给运动，进行多轴联动或带回转轴联动的加工。工作台到位后，依靠电动机闭环位置控制定位，工作台依靠蜗杆副的自锁功能保持准确的定位，但在这种定位情况下，只能进行较低切削扭矩的零件加工，在切削扭矩较大时，必须进行工作台的夹紧。

工作台夹紧机构的工作原理如图 7-5（a）所示。工作台的主轴 4 后端安装有夹紧体 5，当活塞 2 右侧的工作台夹紧腔通入压力气（油）后，活塞2由初始的松开位置向左移动，并压紧钢球6，钢球6再压紧夹紧座3，夹紧座3夹紧夹紧体5，实现工作台的夹紧。当工作台松开液压缸腔通入压力气（油）后，活塞2由压紧位置回到松开位置，工作台松开。工作台夹紧气缸的旁边有与之贯通的小气（液压）缸，与发信装置8相连，用于夹紧、松开微动开关的发信。

卧式回转工作台也有使用谐波齿轮的结构，这种结构尺寸紧凑，端面谐波齿轮传动的结构如图7-6所示。

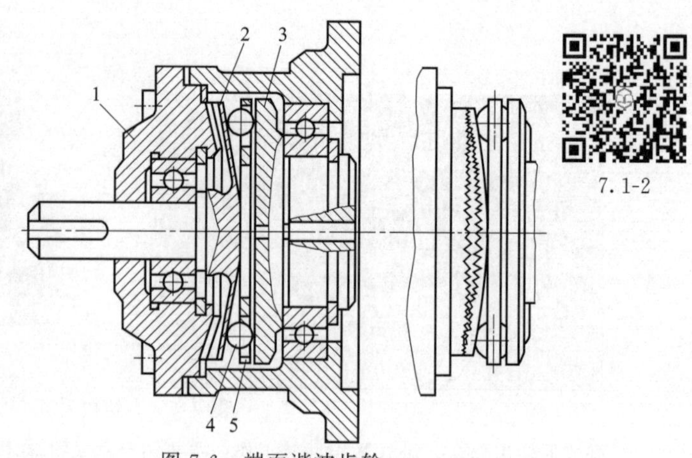

图7-6　端面谐波齿轮

1—刚性构件；2—柔性构件；3—波发生器；4—圆球；5—球保持架

③ 立卧两用回转工作台［二维码7.1-2］　图7-7所示为立卧两用数控回转工作台，有两个相互垂直的定位面，而且

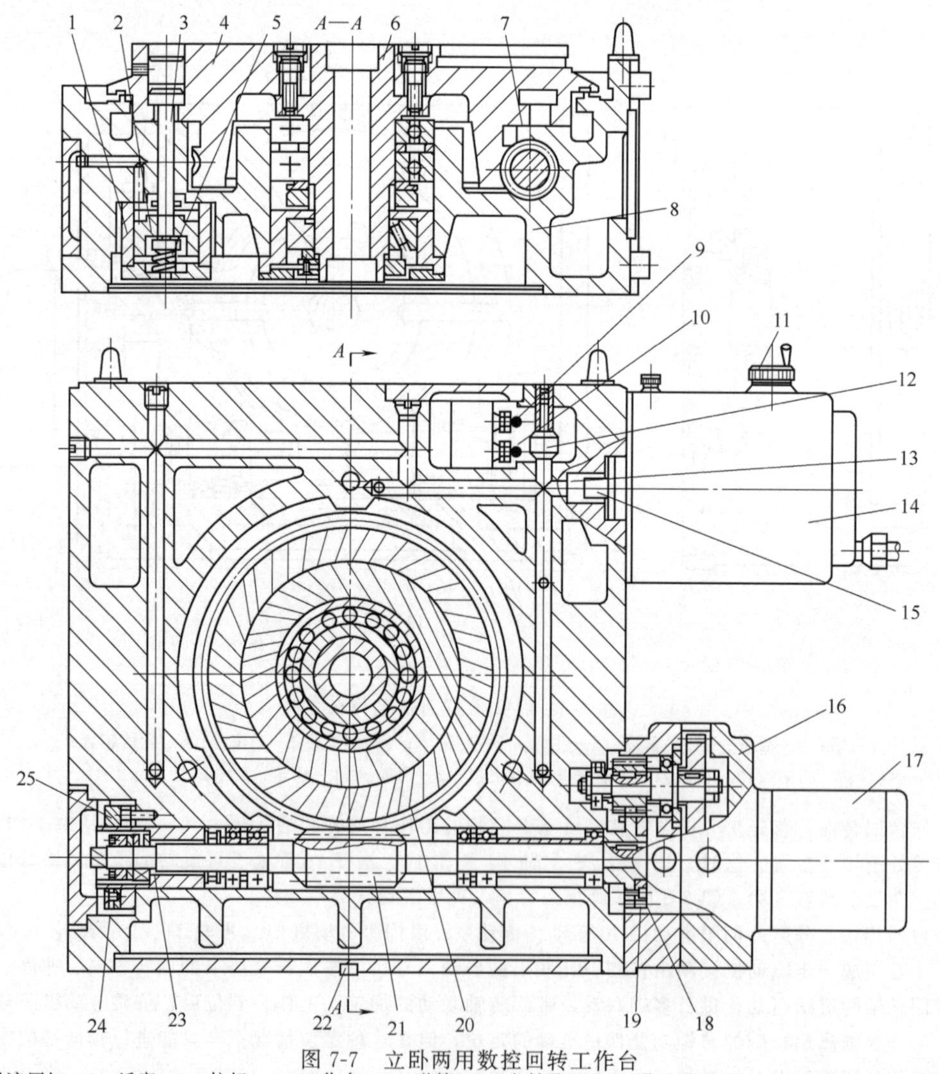

图7-7　立卧两用数控回转工作台

1—夹紧液压缸；2—活塞；3—拉杆；4—工作台；5—弹簧；6—主轴孔；7—工作台导轨面；8—底座；9,10—信号开关；11—手摇脉冲发生器；12—触头；13—油腔；14—气液转换装置；15—活塞杆；16—法兰盘；17—直流伺服电动机；18,24—螺钉；19—齿轮；20—蜗轮；21—蜗杆；22——定位键；23—螺纹套；25—螺母

装有定位键22，可方便地进行立式或卧式安装。工件可由主轴孔6定心，也可装夹在工作台4的T形槽内。工作台可以完成任意角度分度和连续回转进给运动。工作台的回转由直流伺服电动机17驱动，伺服电动机尾部装有检测用的每转1000个脉冲信号的编码器，实现半闭环控制。

机械传动部分是两对齿轮副和一对蜗杆副。齿轮副采用双片齿轮错齿消隙法消隙。调整时卸下直流伺服电动机17和法兰盘16，松开螺钉18，转动双片齿轮消隙。蜗杆副采用变齿厚双导程蜗杆消隙法消隙。调整时松开螺钉24和螺母25，转动螺纹套23，使蜗杆21轴向移动，改变蜗杆21与蜗轮20的啮合部位，消除间隙。工作台导轨面7贴有聚四氟乙烯，改善了导轨的动、静摩擦因数，提高了运动性能和减少了导轨磨损。

工作时，首先气液转换装置14中的电磁换向阀换向，使其中的气缸左腔进气、右腔排气，气缸活塞杆15向右退回，油腔13及管路中的油压下降，夹紧液压缸1上腔减压，活塞2在弹簧的作用下向上运动，拉杆3松开工作台。同时触头12退回，松开夹紧信号开关9，压下松开信号开关10。此时直流伺服电动机17开始驱动工作台回转（或分度）。工作台回转完毕（或分度到位），气液转换装置14中的电磁阀换向，使气缸右腔进气、左腔排气，活塞杆15向左伸出，油腔13、油管及夹紧液压缸1上腔的油压增加，使活塞2压缩弹簧5，拉杆3下移，将工作台压紧在底座8上，同时触头12在油压作用下向外伸出，放开松开信号开关10，压下夹紧信号开关9。工作台完成一个工作循环时，零位信号开关（图中未画出）发出信号，使工作台返回零位。手摇脉冲发生器11可用于工作台的手动微调。

(2) 分度工作台

分度工作台的分度和定位按照控制系统的指令自动进行，每次转位回转一定的角度（90°、60°、45°、30°

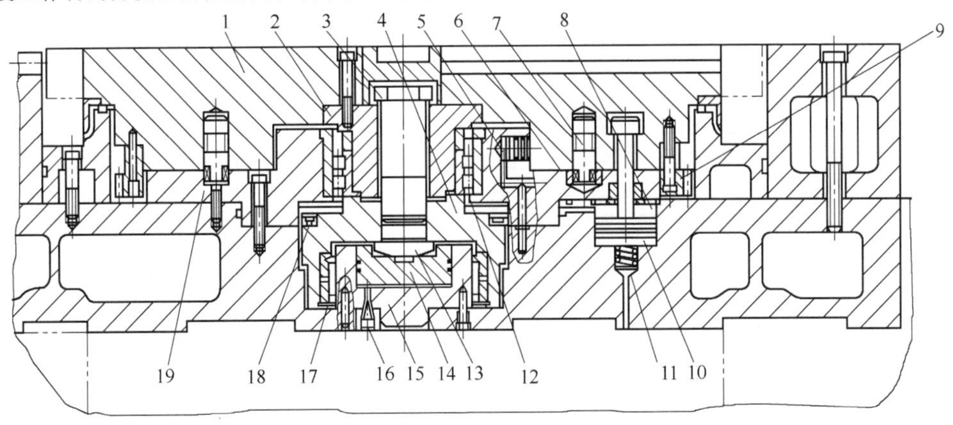

(a) 结构图

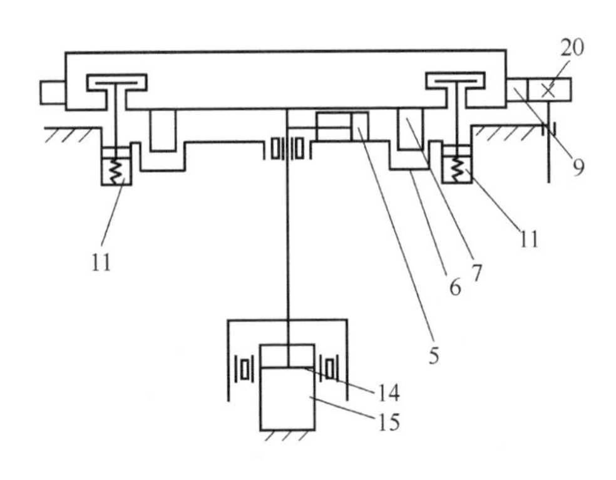

(b) 工作原理图

图7-8 自动换刀数控卧式镗铣床分度工作台

1—工作台；2—转台轴；3—六角螺钉；4—轴套；5—径向消隙液压缸；6—定位套；7—定位销；8—定位夹紧液压缸；9,20—齿轮；10,14—活塞；11—弹簧；12,17,18—轴承；13—止推螺钉；15—中央液压缸；16—管道；19—转台座

等），为满足分度精度的要求，所以要使用专门的定位元件。常用的定位元件有插销定位、反靠定位、端齿盘定位和钢球定位等几种。

① 插销定位的分度工作台　这种工作台的定位元件由定位销和定位套孔组成。图 7-8 所示是自动换刀数控卧式镗铣床分度工作台。

a. 主要结构。这种插销式分度工作台主要由工作台台面、分度传动机构（液压马达、齿轮副等）、8 个均布的定位销 7、6 个均布的定位夹紧液压缸 8 及径向消隙液压缸 5 等组成，可实现二、四、八等分的分度运动。

b. 工作原理。工作台的分度过程主要为：工作台松开，工作台上升，回转分度，工作台下降及定位，工作台夹紧。图 7-8（b）为该工作台的工作原理图。

• 松开工作台。在接到分度指令后 6 个夹紧液压缸 8 上腔回油，弹簧 11 推动活塞 10 向上移动，同时径向消隙液压缸 5 卸荷，松开工作台。

• 工作台上升。工作台松开后，中央液压缸 15 下腔进油，活塞 14 带动工作台上升，拔出定位销 7，工作台上升完成。

• 回转分度。定位销拔出后，液压马达回转，经齿轮副 20、9 使工作台回转分度，到达分度位置后液压马达停转，完成回转分度。

• 工作台下降定位。液压马达停转后，中央液压缸 15 下腔回油，工作台靠自重下降，使定位销 7 插入定位套 6 的销孔中，完成定位。

• 工作台夹紧。工作台定位完成后，径向消隙液压缸 5 活塞杆顶向工作台消除径向间隙，然后夹紧液压缸 8 上腔进油，活塞下移夹紧工作台。

② 端齿盘定位的分度工作台

a. 结构。齿盘定位的分度工作台能达到很高的分度定位精度，一般为±3″，最高可达±0.4″。能承受很大的外载，定位刚度高，精度保持性好。实际上，由于齿盘啮合脱开相当于两齿盘对研过程，因此，随着齿盘使用时间的延续，其定位精度还有不断提高的趋势。其广泛用于数控机床，也用于组合机床和其他专用机床。

图 7-9（a）所示为 THK6370 自动换刀数控卧式镗铣床分度工作台的结构，主要由一对分度齿盘 13、14［图 7-9（b）］，升夹油缸 12，活塞 8，液压马达，蜗轮蜗杆副 3、4 和减速齿轮副 5、6 等组成。分度转位动作包括：①工作台抬起，齿盘脱离啮合，完成分度前的准备工作；②回转分度；③工作台下降，齿盘重新啮合，完成定位夹紧。

工作台 9 的抬起是由升夹油缸的活塞 8 来完成的，其油路工作原理如图 7-10 所示。当需要分度时，控制系统发出分度指令，工作台升夹油缸的换向阀电磁铁 E2 通电，压力油便从管道 24 进入分度工作台 9 中央的升夹油缸 12 的下腔，于是活塞 8 向上移动，通过止推轴承 10 和 11 带动工作台 9 也向上抬起，使上、下齿盘 13、14 相互脱离啮合，油缸上腔的油则经管道 23 排出，通过节流阀 L3 流回油箱，完成分度前的准备工作。

当分度工作台 9 向上抬起时，通过推杆和微动开关，发出信号，使控制液压马达 ZM-16 的换向阀电磁铁 E3 通电。压力油从管道 25 进入液压马达使其旋转。通过蜗轮蜗杆副 3、4 和齿轮副 5、6 带动工作台 9 进行分度回转运动。液压马达的回油是经过管道 26、节流阀 L2 及换向阀 E5 流回油箱。调节节流阀 L2 开口的大小，便可改变工作台的分度回转速度（一般调在 2r/min 左右）。工作台分度回转角度的大小由指令给出，共有八个等分，即为 45°的整倍数。当工作台的回转角度接近所要分度的角度时，减速挡块使微动开关动作，发出减速信号，换向阀电磁铁 E5 通电，该换向阀将液压马达的回油管道关闭，此时，液压马达的回油除了通过节流阀 L2 还要通过节流阀 L4 才能流回油箱，节流阀 L4 的作用是使其减速。因此，工作台在停止转动之前，其转速已显著下降，为齿盘准确定位创造了条件，当工作台的回转角度达到所要求的角度时，准停挡块压合微动开关，发出信号，使电磁铁 E3 断电，堵住液压马达的进油管道 25，液压马达便停止转动。到此，工作台完成了准停动作，与此同时，电磁铁 E2 断电，压力油从管道 24 进入升夹油缸上腔，推动活塞 8 带着工作台下降，于是上下齿盘又重新啮合，完成定位夹紧。油缸下腔的油便从管道 23 经节流阀 L3 流回油箱。在分度工作台下降的同时，由推杆使另一微动开关动作，发出分度转位完成的回答信号。

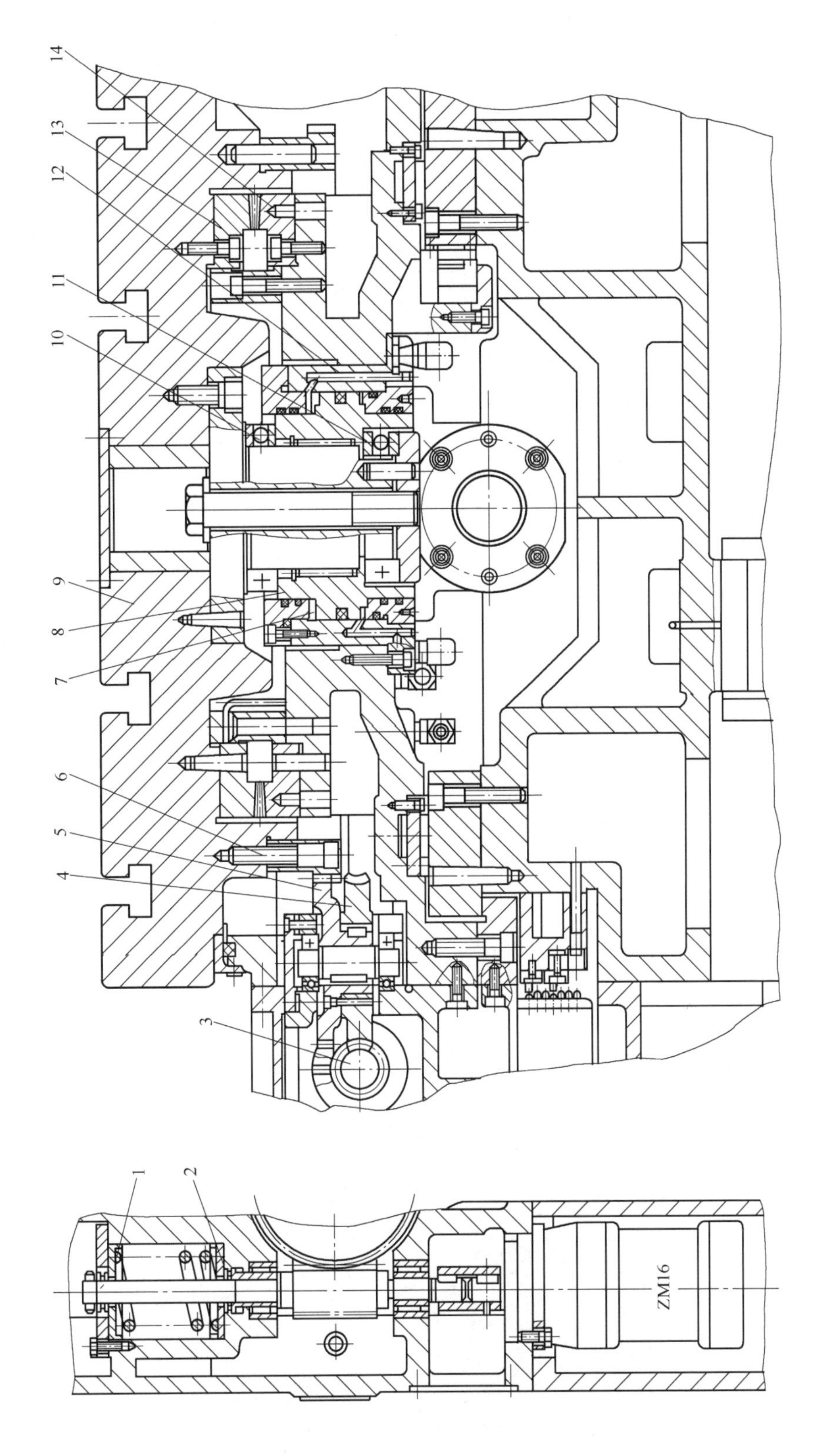

(a) 端齿盘定位分度工作台的结构

图 7-9

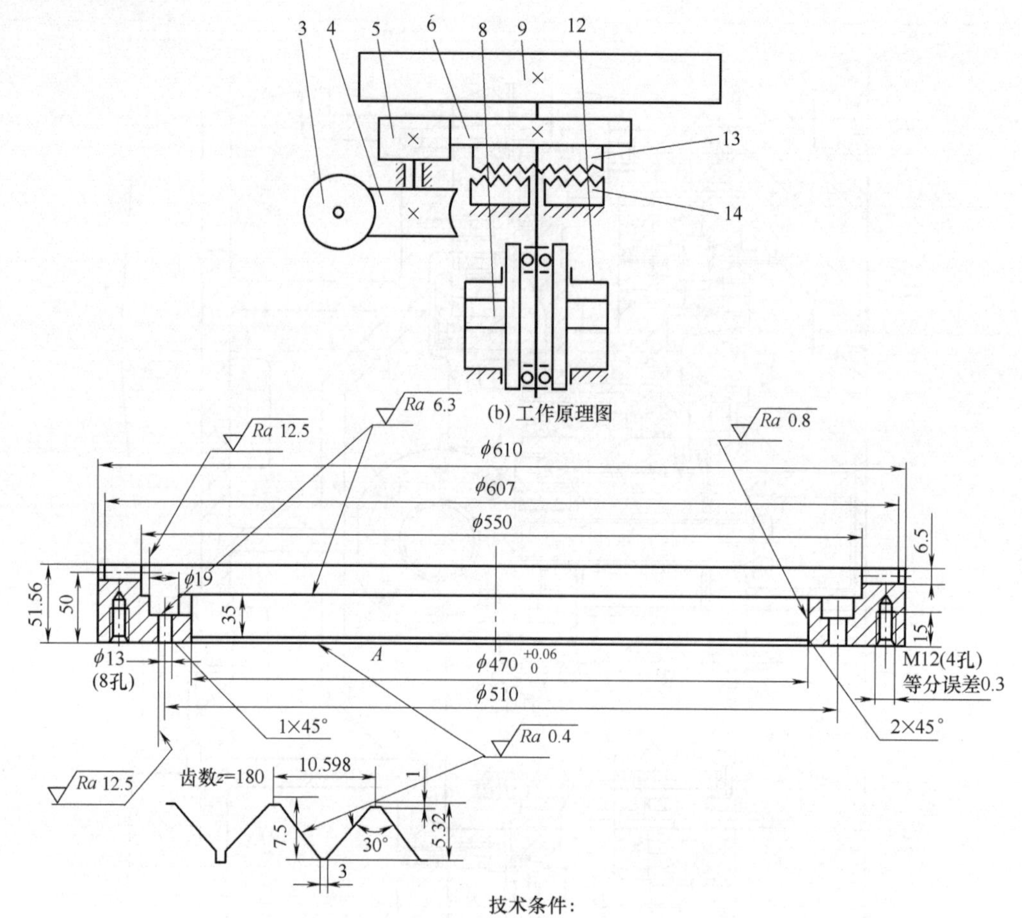

技术条件：

1.分度盘由相同的上下齿盘啮合组成；

2.上下齿盘在任一分度啮合时，上下底面的不平行度允差0.05mm；

3.上下齿盘在任一分度啮合时，角度误差＜5″，其积累误差＜20″；

4.上下齿盘在任一分度啮合时，各齿Ra 3.2～6.3mm 表面其接触面＞60%；

5.平面A对孔ϕ 470mm跳动＜0.03mm；

6.锐边倒角R1mm；

7.热处理：30～35HRC。

(c) 端齿盘及其齿形结构图

图 7-9　端齿盘定位分度工作台

1—弹簧；2,10,11—轴承；3—蜗杆；4—蜗轮；5,6—齿轮；7—管道；8—活塞；9—工作台；12—升夹油缸；13,14—端齿盘分度工作台的转动是由蜗轮副 3、4 带动的，而蜗轮副转动具有自锁性，即运动不能从蜗轮 4 传至蜗杆 3。但是工作台下降时，最后的位置由定位元件——齿盘所决定，即由齿盘带动工作台作微小转动来纠正准停时的位置偏差，如果工作台由蜗轮 4 和蜗杆 3 锁住而不能转动，这时便产生了动作上的矛盾。为此，将蜗杆轴设计成浮动式的结构（见图 7-9)，即其轴向用两个止推轴承 2 抵在一个螺旋弹簧 1 上面。这样，工作台作微小回转时，便可由蜗轮带动蜗杆压缩弹簧 1 作微量的轴向移动，从而解决了它们的矛盾。

若分度工作台的工作台尺寸较小，工作台面下凹程度不会太多，但是当工作台面较大（例如 800mm×800mm 以上）时，如果仍然只在台面中心处拉紧，势必增大工作台面下凹量，不易保证台面精度。为了避免这种现象，常把工作台受力点从中央附近移到离多齿盘作用点较近的环形位置上，改善工作台受力状况，有利于台面精度的保证，如图 7-11 所示。

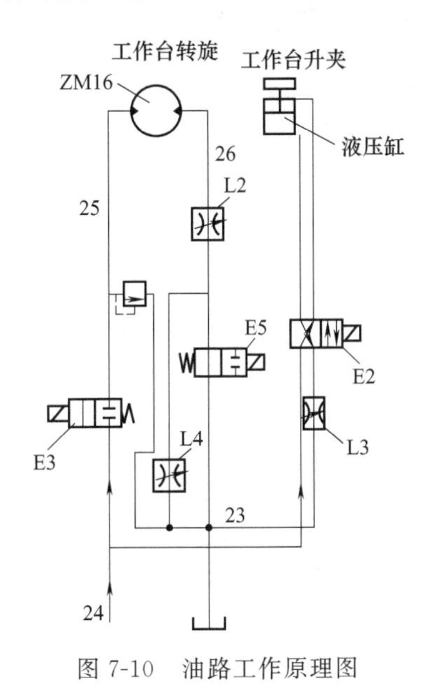

图 7-10　油路工作原理图

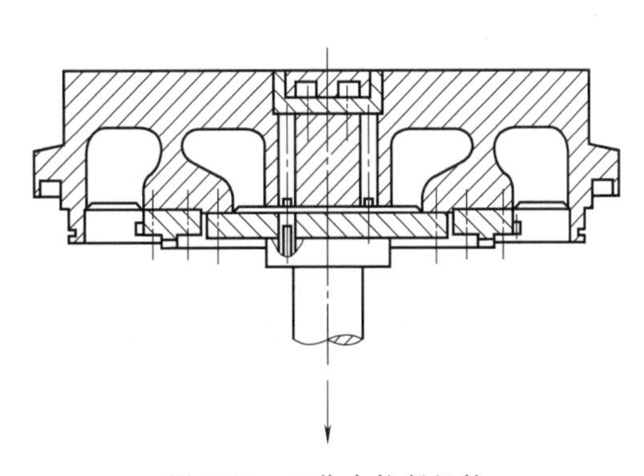

图 7-11　工作台拉紧机构

b. 多齿盘的分度角度。多齿盘的分度可实现分度角度为：

$$\theta = 360^\circ / z$$

θ——可实现的分度数（整数）；

z——多齿盘齿数。

③ 带有交换托板的分度工作台　图 7-12 所示是 ZHS-K63 卧式加工中心上的带有交换托板的分度工作台，采用端齿盘分度结构。其分度工作原理如下：

当工作台不转位时，上齿盘 7 和下齿盘 6 总是啮合在一起，当控制系统给出分度指令后，电磁铁控制换向阀运动（图中未画出)，使压力油进入油腔 3，使活塞体 1 向上移动，并通过滚珠轴承带动整个工作台台体 13 向上移动，台体 13 的上移使得端齿盘 6 与 7 脱开，装在工作台 13 上的齿圈 14 与驱动齿轮 15 保持啮合状态，电动机通过皮带和一个降速比为 $i=1/30$ 的减速箱带动齿轮 15 和齿圈 14 转动，当控制系统给出转动指令时，驱动电动机旋转并带动上齿盘 7 旋转进行分度，当转过所需角度后，驱动电动机停止，压力油通过液压阀 5 进入油腔 4，迫使活塞体 l 向下移动并带动整个工作台台体 13 下移，使上、下齿盘相啮合，可准确地定位，从而实现了工作台的分度。

驱动齿轮 15 上装有剪断销（图中未画出)，如果分度工作台发生超载或碰撞等现象，剪断销将被切断，从而避免了机械部分的损坏。

分度工作台根据编程命令可以正转，也可以反转，由于该齿盘有 360 个齿，因此最小分度单位为 1°。

分度工作台上的两个托板是用来交换工件的，托板规格为 ϕ630mm。托板台面上有 7 个 T 形槽，两个边缘定位块用来定位夹紧，托板台面利用 T 形槽可安装夹具和零件。托板是靠四个精磨的圆锥定位销 12 在分

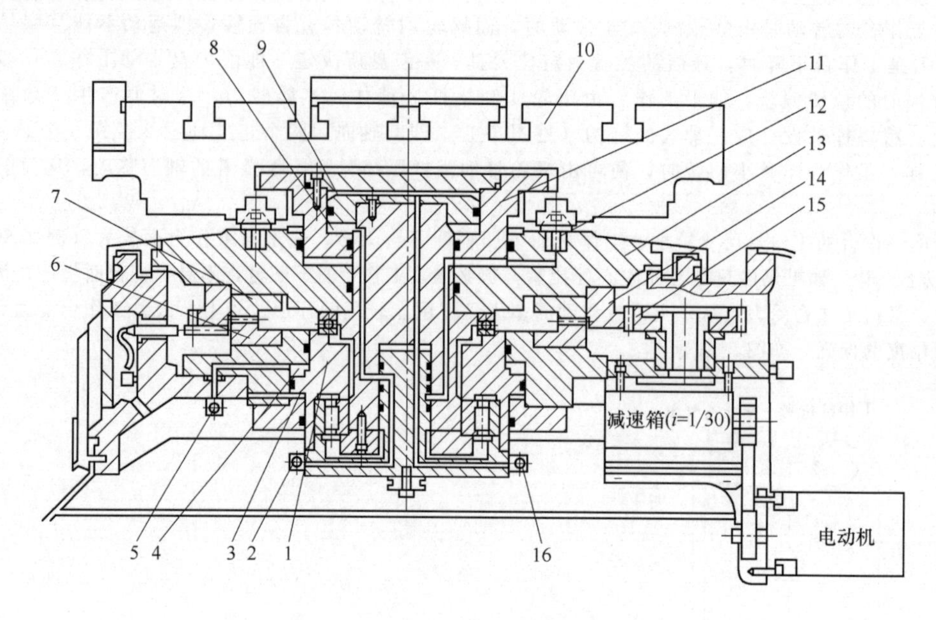

图 7-12　带有交换托板的分度工作台

1—活塞体；2,5,16—液压阀；3,4,8,9—油腔；6,7—端齿盘；10—托板；
11—油缸；12—定位销；13—工作台台体；14—齿圈；15—齿轮

度工作台上定位，由液压夹紧的。托板的交换过程如下：

当需要更换托板时，控制系统发出指令，使分度工作台返回零位，此时液压阀 16 接通，使压力油进入油腔 9，使得油缸 11 向上移动，托板则脱开定位销 12，当托板被顶起后，油缸带动齿条（见图 7-13 中虚线部分）向左移动，从而带动与其相啮合的齿轮旋转并使整个托板装置旋转，使托板沿着滑动轨道旋转 180°，从而达到交换托板的目的。当新的托板到达分度工作台上面时，空气阀接通，压缩空气经管路从托板定位销 12 中间吹出，清除托板定位销孔中的杂物。同时，电磁液压阀 2 接通，压力油进入油腔 8，迫使油缸 11 向下移动，并带动托板夹紧在 4 个定位销 12 中，完成整个托板的交换过程。

托板夹紧和松开一般不单独操作，而是在托板交换时自动进行。图 7-13 所示的是二托板交换装置。作为选件也有四托板交换装置（图略）。

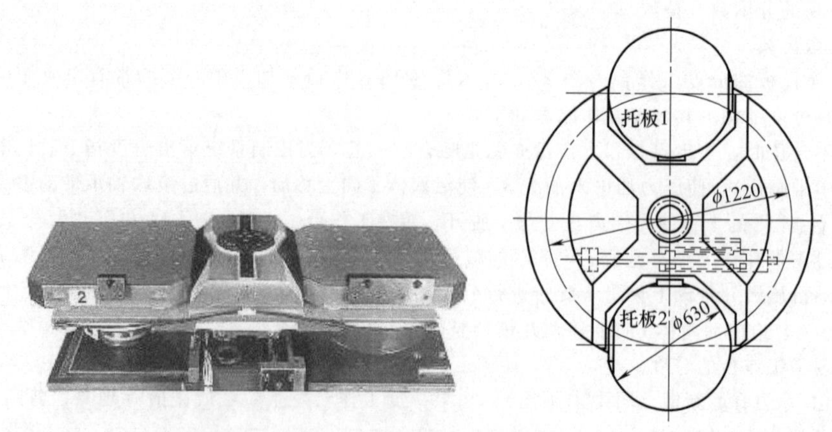

图 7-13　二托板交换装置

(3) 数控工作台的电路连接

数控工作台的电路连接如图 7-14～图 7-17 所示。

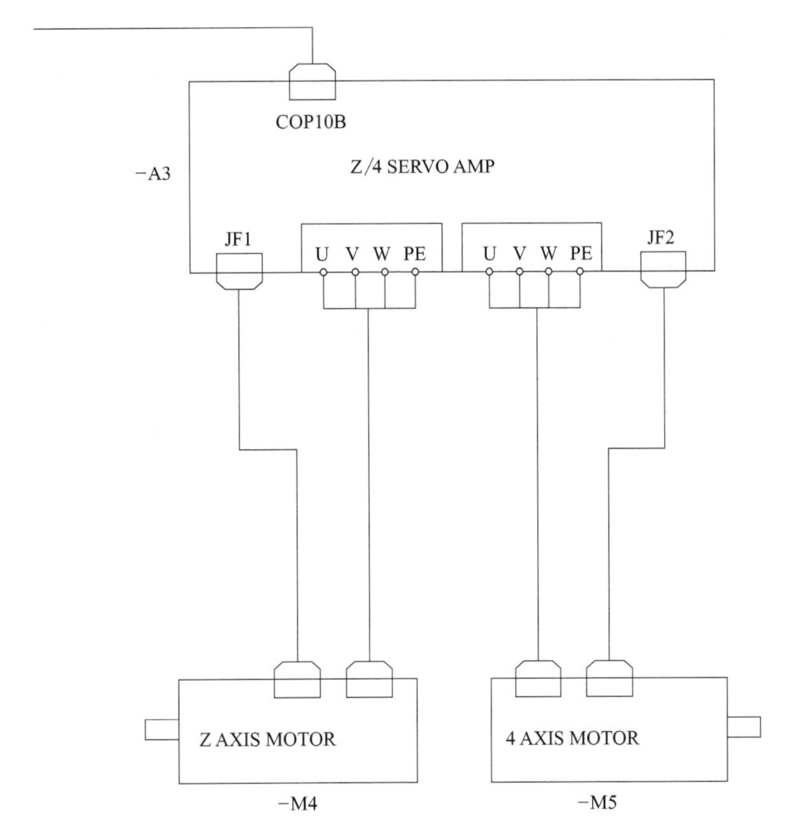

图 7-14 伺服系统的连接

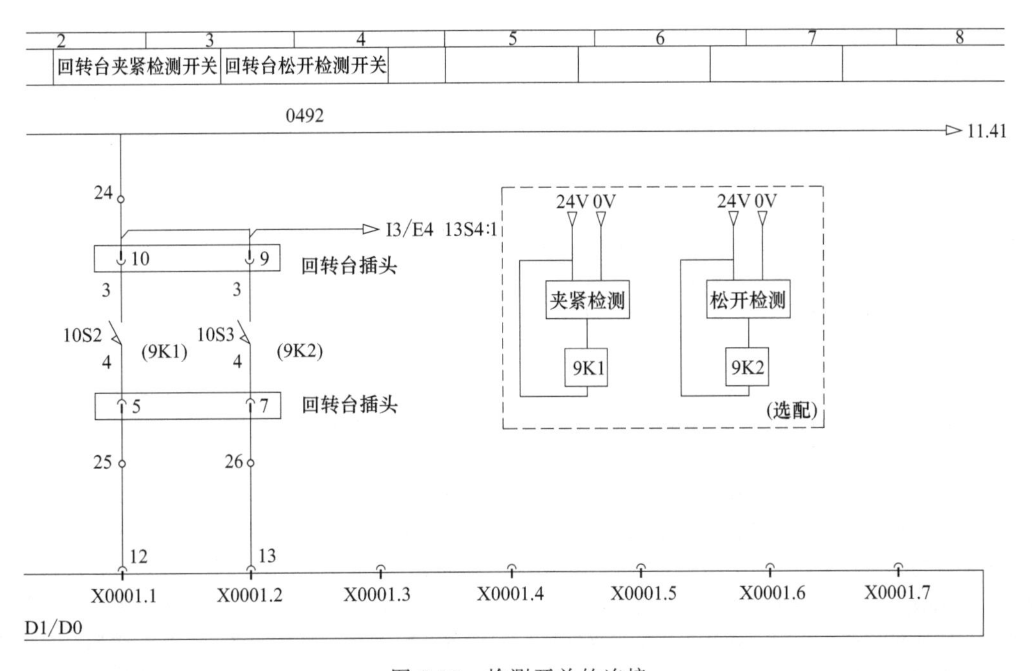

图 7-15 检测开关的连接

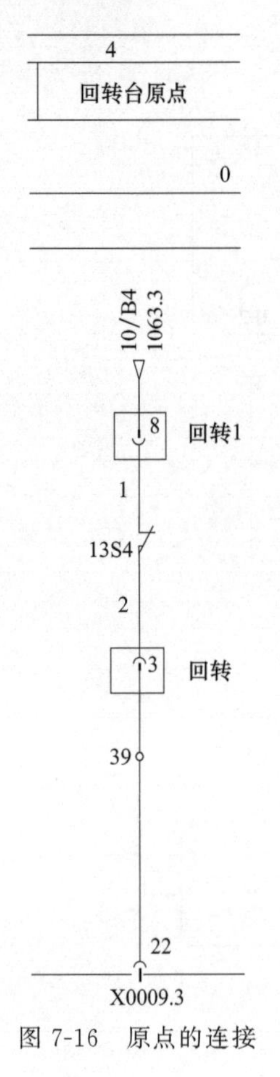

图 7-16　原点的连接

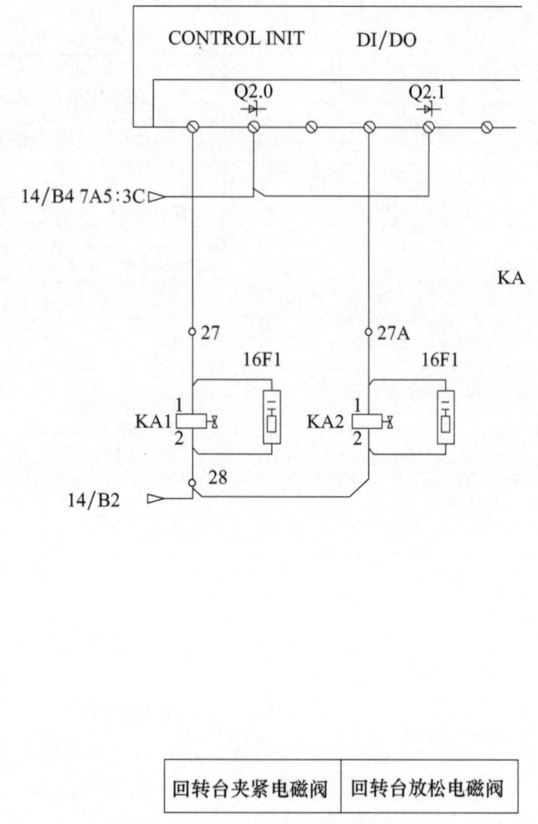

图 7-17　夹紧松开电磁阀的连接

(4) 数控机床用工作台的维修

① 检修实例如下：

【例 7-1】 工作台不能回转到位而中途停止的故障排除。

故障现象：输入指令要工作台回转 180°或回零时，工作台只能转约 114°左右的角度就停下来；当停顿时用手用力推动，工作台也会继续转下去，直到目标为止；但再次启动分度工作时，仍出现同样故障。

故障分析：在 CRT 显示器上检查回转状态时，发现每次工作台在转动时，传感器显示正常，表示工作台上升到规定的高度，但每次工作台半途停转或晃动工作台时，传感器总不能维持正常工作状态；拆开工作台后，发现传感器部位传动杆中心线偏离传感器中心线距离较大。

故障处理：调整和校正传动感器，故障排除。

【例 7-2】 数控回转工作台回参考点的故障排除。

故障现象：TH6363 卧式加工中心数控回转工作台，在返回参考点（正向）时，经常出现抖动现象，有时抖动大，有时抖动小，有时不抖动；如果按正向继续做若干次不等值回转，则抖动很少出现；做负向回转时，第一次肯定要抖动，而且十分明显，随后抖动会明显减少，直至消失。

故障分析：

该 TH6363 卧式加工中心，在机床调试时就出现过数控回转工作台抖动现象，并一直从电气角度来分析和处理，但始终没有得到满意的结果。有可能是机械因素造成的？转台的驱动系统出了问题？顺着这个思路，从传动机构方面找原因，对驱动系统的每个相关件逐个进行仔细的检查。终于发现固定蜗杆轴向的轴承右边的锁紧螺母左端没有紧靠其垫圈，有 3mm 的空隙，用手可以往紧的方向转两圈；这个螺母根本就没起锁紧作用，致使蜗杆产生窜动。故转台抖动是锁紧螺母松动造成的。锁紧螺母之所以没有起作用，是因为其直径方向开槽深度及所留变形量不够合理，使 4 个 M4×6 紧定螺钉拧紧后，不能使螺母产生明显变形，起不到防松作用。在转台经过若干次正、负方向回转后，不能保持其初始状态，逐渐松动，而且越松越多，导致轴承内环与蜗杆出现3mm轴向窜动。这样回转工作台就不能与电动机同步动作。这不仅造成工作台的抖动，而且随着反向间隙增大，蜗轮与蜗杆相互碰撞，使蜗杆副的接触表面出现伤痕，影响了机床的精度和使用寿命。

故障排除：将原锁紧螺母所开的宽2.5mm、深10mm的槽开通，与螺纹相切，并超过半径，调整好安装位置后，用2个紧定螺钉紧固，即可起到防松作用。经以上修改后，故障排除。

【例7-3】 低压报警的故障排除。

故障现象：一台配套FANUC 0MC系统、型号为XH754的数控机床，出现油压低报警。

分析及处理过程：首先检查气液转换的气源压力正常，检查工作台压紧液压缸油位指示杆，已到上限，可能缺油，用螺钉旋具拧工作台上升、下落电磁阀手动钮，让工作台压紧气液转换缸补油，油位指示杆回到中间位置，报警消除。但过半小时左右，报警又出现，再查压紧液压缸油位，又缺油，故怀疑油路有泄漏。查油管各接头正常，怀疑对象缩小为工作台夹紧工作液压缸和夹紧气液转换缸，查气液转换缸，发现油腔端Y形聚氨酯密封有裂纹，导致压力油慢慢回流到补油腔，最后因油不够不能形成油压而报警。

故障排除：更换密封圈后故障排除。

【例7-4】 工作台回零不旋转的故障排除。

故障现象：TH6232加工中心，开机后工作台回零不旋转且出现05、07号报警。

故障分析：

首先利用梯形图和状态信息对工作台夹紧开关的状态进行实验检查（138.0为“1”正常。手动松开工作台，138.0由“1”变为“0”，表明工作台能松开。回零时，工作台松开了，地址211.1TABSC$_1$由“0”变为“1”。211.3TABSC$_2$也由“0”变为“1”，然而经2000ms延时后，由“1”变成了“0”，致使工作台旋转信号存在问题），是电动机过载，还是工作台液压有问题？经过反复几次实验，排除了电动机过载故障的可能，发现是工作台液压存在问题。工作台正常压力为4.0～4.5MPa，在工作台松开抬起时，液压由4.0MPa下降到2.5MPa左右，泄压严重，致使工作台未能完全抬起，松开延时后，无法旋转，产生过载。

故障处理：将液压泵检修后，保证正常的工作压力，故障排除。

【例7-5】 工作台回零不旋转的故障排除。

故障现象：TH6232加工中心，开机后工作台回零不旋转且出现05、07号报警。

故障分析：

首先完全按“例7-4”所示的方法进行检查，检查状态信息同上例一样，查液压也正常。故此故障肯定是由过载引起的。而引起过载的原因有两方面：电动机过载和工作机械故障。首先检查电动机，将刀库电动机与工作台电动机交换（型号一致），故障仍未消除，因而排除了电动机故障。然后将工作台卸开，发现端齿盘中的6组碟簧损坏不少。更换碟簧，如更换碟簧后工作台仍不旋转，则仍利用梯形图和状态信息检查，139.3INP.M信息由“1”变成了“0”，139.5SALM.M由“0”变为“1”。即简易定位装置在位信号灯不亮，未在位，且报警。

故障排除：更换碟簧，并手动旋转电动机使之进入在位区INP为“1”，灯亮，则故障排除。

【例7-6】 *B*轴不能回参考点的故障排除。

Bridgeport FGC1000强力磨床系统采用海德汉iTNC530系统，出现*B*轴不能回参考点故障。机床回参考点的顺序是*C*轴、*Z*轴、*B*轴、*A*轴、*X*轴和*Y*轴，采用的是绝对光栅尺。机床各轴不完成回参考点动作，不能移动。现场检查，当*B*轴回参考点时，出现“5th AXIS DRIVE NEAR OVERLOAD”（第五轴接近过载）和“8640 I^2T Valve of motor is too high B”（*B*轴电动机I^2T值过高）报警。

按［HELP］键显示如下：

Reason（故障原因）：

The overload the duration of the motor is too high（由于过载电动机温度过高）

Corrective action（维修指示）

1）Reduce the load or the duration（减小过载）

2）Check the motor tabIe and machine parameters（检查电动机电缆和机床参数）

3）Check whether the motor is designed for the load（检查电动机负载）

机床的*A*、*B*轴是NiKKen旋转工作台，如图7-18所示。两轴的电动机型号相同：FK7042-5AF71-1AA2 SIEMENS无抱闸电动机，两轴抱闸是由6CR和58SCR控制电磁阀的气压抱闸，6CR和58SCR分别由PLC输出的03和027控制，*A*、*B*轴的控制，用的是西门子双轴驱动模块。利用交换法把*A*、*B*轴进行互换，并

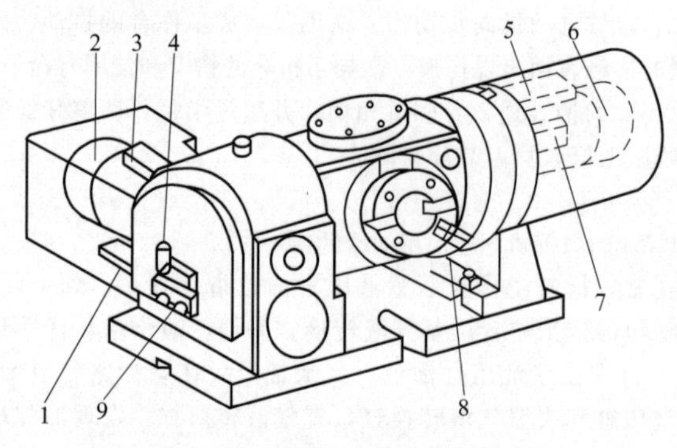

图 7-18 NiKKen 旋转工作台

1—倾斜轴夹紧确认位置；2—倾斜电动机（B 轴）；3,7—电磁阀（抱闸）；4—参考点开关；5—旋转轴夹紧确认位置；6—旋转电动机（A 轴）；8—旋转轴参考点减速开关；9—超程开关

且把原 B 轴屏蔽，方法是把 MIO-63 改为 M10-47。机床重新启动后，显示器显示"X、Y、Z、C"（原为"X、Y、Z、A、B、C"），这时 A 轴驱动器带的是 B 轴电动机。再进行回参考点操作，A 轴出现了"4th AXIS DRIVE NEAR O—VERLOAD"和"8640 I^2 T Valve ofmotor is too high A"报警，这样判断机床故障可能在 B 轴传动链上。拆下电动机后再重新进行回参考点操作，报警没有变化，断定电动机损坏。在检查电磁阀时，发现电磁阀卡死。经维修电动机和更换电磁阀后，机床工作正常。由此可以看出，B 轴电动机的损坏是因为电磁阀卡死而电动机一直处在高负载运行，故而损坏更换电动机与电磁阀后报警消失。

② 回转工作台的常见故障及排除方法见表 7-1。

表 7-1 回转工作台（用端齿盘定位）的常见故障及排除方法

序号	故障现象	故障原因	排除方法
1	工作台没有抬起动作	控制系统没有抬起信号输入	检查控制系统是否有抬起信号输入
		抬起液压阀卡住没有动作	修理或清除污物,更换液压阀
		液压压力不够	检查油箱中的油是否充足,并重新调整压力
		与工作台相连接的机械部分研损	修复研损部位或更换零件
		抬起液压缸研损或密封损坏	修复研损部位或更换密封圈
2	工作台不转位	工作台抬起或松开完成信号没有发出	检查信号开关是否失效,更换失效开关
		控制系统没有转位信号输入	检查控制系统是否有转位信号输出
		与电动机或齿轮相连的胀套松动	检查胀套连接情况,拧紧胀套压紧螺钉
		液压转台的转位液压阀卡住没有动作	修理或清除污物,更换液压阀
		工作台支承面回转轴及轴承等机械部分研损	修复研损部位或更换新的轴承
3	工作台转位分度不到位,发生顶齿或错齿	控制系统输入的脉冲数不够	检查系统输入的脉冲数
		机械转动系统间隙太大	调整机械转动系统间隙,轴向移动蜗杆,或更换齿轮、锁紧胀紧套等
		液压转台的转位液压缸研损,未转到位	修复研损部位
		转位液压缸前端的缓冲装置失效,死挡铁松动	修复缓冲装置,拧紧死挡铁螺母
		闭环控制的圆光栅有污物或裂纹	修理或清除污物,或更换圆光栅
4	工作台不夹紧,定位精度差	控制系统没有输入工作台夹紧信号	检查控制系统是否有夹紧信号输出
		夹紧液压阀卡住没有动作	修理或清除污物,更换液压阀
		液压压力不够	检查油箱内油是否充足,并重新调整压力
		与工作台相连接的机械部分研损	修复研损部位或更换零件
		上下齿盘受到冲击松动,两齿牙盘间有污物,影响定位精度	重新调整固定,修理或清除污物
		闭环控制的圆光栅有污物或裂纹,影响定位精度	修理或清除污物,或更换圆光栅

7.1-3

7.1.2 数控分度头［二维码 7.1-3］

(1) 工作原理

图 7-19 所示的 FKNQ160 型数控气动等分分度头的动作原理如下：其为三齿盘结构，滑动端齿盘 4 的前腔通入压缩空气后，借助弹簧 6 和滑动销轴 3 在镶套内平稳地沿轴向右移。

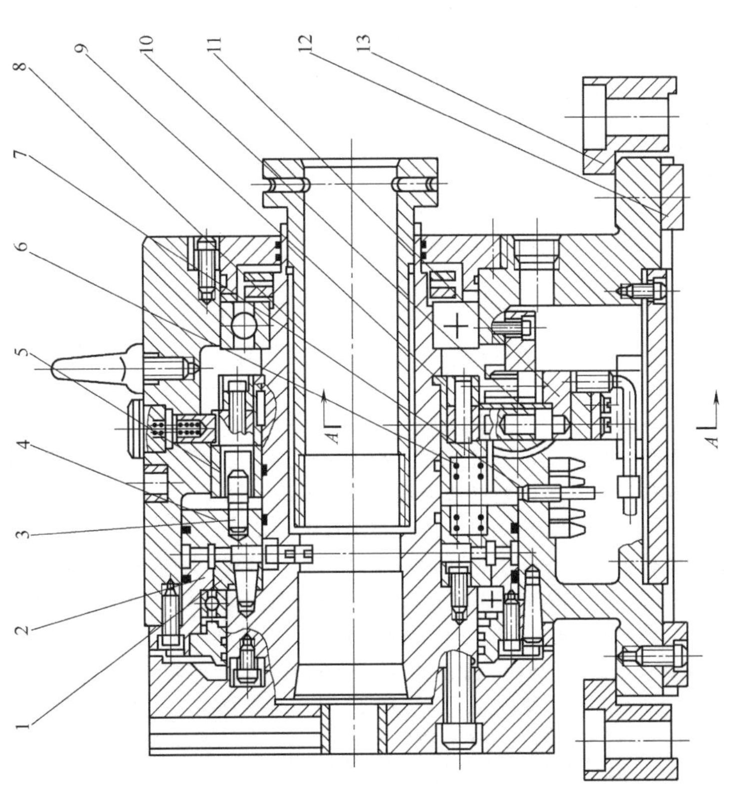

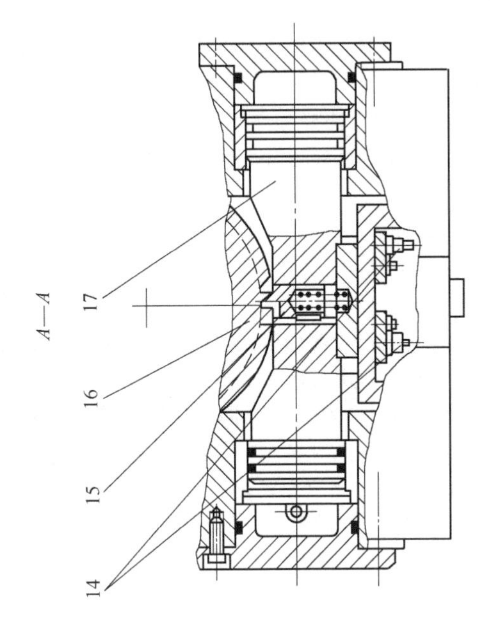

图 7-19 FKNQ160 型数控气动等分分度头结构

1—转动端齿盘；2—定位端齿盘；3—滑动销轴；4—滑动端齿盘；5—镶装套；6—弹簧；7—无触点传感器；8—主轴；9—定位轮；10—驱动销；11—凸块；12—定位键；13—压板；14—传感器；15—棘爪；16—棘轮；17—分度活塞

齿盘完全松开后，无触点传感器 7 发信号给控制装置，这时分度活塞 17 开始运动，使棘爪 15 带动棘轮 16 进行分度，每次分度角度为 5°。在分度活塞 17 下方有两个传感器 14，用于检测活塞 17 的到位、返回位置并发出分度信号。当分度信号与控制装置预置信号重合时，分度台刹紧，这时滑动端齿盘 4 的后腔通入压缩空气，端齿盘啮合，分度过程结束。为了防止棘爪返回时主轴反转，在分度活塞 17 上安装凸块 11，使驱动销 10 在返回过程中插入定位轮 9 的槽中，以防转过位。

数控分度头未来的发展趋势是：在规格上向两头延伸，即开发小规格和大规格的分度头及相关制造技术；在性能方面将向进一步提高刹紧力矩、提高主轴转速及可靠性方面发展。

(2) 分度装置检修实例

【例 7-7】 加工中心分度头过载报警的检修。

故障现象：机床开机后，第四轴报警。

故障分析：

该机床的数控系统为 FANUC-0MC。其数控分度头即第四轴过载多为电动机缺相，反馈信号与驱动信号不匹配或机械负载过大引起。打开电气柜，先用万用表检查第四轴驱动单元控制板上的熔断器、断路器和电阻是否正常；因为 X、Y、Z 轴和第四轴的驱动控制单元均属同一规格型号的电路板，所以采用替代法，把第四轴的驱动控制单元和其他任一轴的驱动控制单元对换安上，开机，断开第四轴，测试与第四轴对换的那根轴运行是否正常，若正常则证明第四轴的驱动控制单元是好的，否则证明第四轴的驱动控制单元是坏的；更换后继续检查第四轴内部驱动电机是否缺相，检查第四轴与驱动单元的连接电缆是否完好。由于连接电缆长期浸泡在油中会产生老化，且随着机床来回运动电缆反复弯折，直至折断，最后导致电路短路而造成开机后报警使第四轴过载。

故障处理：更换此电缆后，故障排除。

7.1-4

7.1.3 万能铣头［二维码 7.1-4］

万能铣头部件结构见图 7-20，主要由前、后壳体 12、5，法兰 3，传动轴Ⅱ、Ⅲ，主轴Ⅳ及两对弧齿锥齿轮组成。万能铣头用螺栓和定位销安装在滑枕前端。铣削主运动同滑枕上的传动轴Ⅰ（见图 7-21）的端面键传到轴Ⅱ，端面键与连接盘 2 的径向槽相配合，连接盘与轴Ⅱ之间由两个平键 1 传递运动，轴Ⅱ右端为弧齿锥齿轮，通过轴Ⅲ上的两个锥齿轮 22、21 和用花键连接方式装在主轴Ⅳ上的锥齿轮 27，将运动传到主轴上。主轴为空心轴，前端有 7∶24 的内锥孔，用于刀具或刀具心轴的定心；通孔用于使安装拉紧刀具的拉杆通过。主轴端面有径向槽，并装有两个端面键 18，用于主轴向刀具传递扭矩。

万能铣头能通过两个互成 45°的回转面 A 和 B 调节主轴Ⅳ的方位，在法兰 3 的回转面 A 上开有 T 形圆环槽 a，松开 T 形螺栓 4 和 24，可使铣头绕水平轴Ⅱ转动，调整到要求位置将 T 形螺栓拧紧即可；在万能铣头后壳体 5 的回转面 B 内，也开有 T 形圆环槽 b，松开 T 形螺栓 6 和 23，可使铣头主轴绕与水平轴线成 45°夹角的轴Ⅲ转动。绕两个轴线转动组合起来，可使主轴轴线处于前半球面的任意角度。

万能铣头作为直接带动刀具的运动部件，不仅要能传递较大的功率，更要具有足够的旋转精度、刚度和抗振性。万能铣头除对零件结构、制造和装配精度要求较高外，还要选用承载力和旋转精度都较高的轴承。两个传动轴都选用了 D 级精度的轴承，轴上为一对 D7029 型圆锥滚子轴承，一对 D6354906 型向心滚针轴承 20、26，承受径向载荷；轴向载荷由两个型号分别为 D9107 和 D9106 的推力短圆柱滚针轴承 19 和 25 承受。主轴上前后支承均为 C 级精度轴承，前支承是 C3182117 型双列圆柱滚子轴承，只承受径向载荷；后支承为两个 C36210 型向心推力角接触球轴承 9 和 11，既承受径向载荷，也承受轴向载荷。为了保证旋转精度，主轴轴承不仅要消除间隙，而且要有预紧力，轴承磨损后也要进行间隙调整。前轴承消除和预紧的调整是靠改变轴承内圈在锥形颈上的位置，使内圈外胀实现的。调整时，先拧下四个螺钉 16，卸下法兰 15，再松开螺母 8 上的锁紧螺钉 7，拧松螺母 8 将主轴Ⅳ向前（向下）推动 2mm 左右，然后拧下两个螺钉 17，将半圆环垫片 14 取出，根据间隙大小磨薄垫片，最后将上述零件重新装好。后支承的两个向心推力角接触球轴承开口相背（轴承 9 开口朝上，轴承 11 开口朝下），作消隙和预紧调整时，采用两轴承外圈不动、内圈的端面距离相对减小的办法实现。具体是通过控制两轴承内圈隔套 10 的尺寸。调整时取下隔套 10，修磨到合适尺寸，重新装好后，用螺母 8 顶紧轴承内圈及隔套即可。最后要拧紧锁紧螺钉 7。

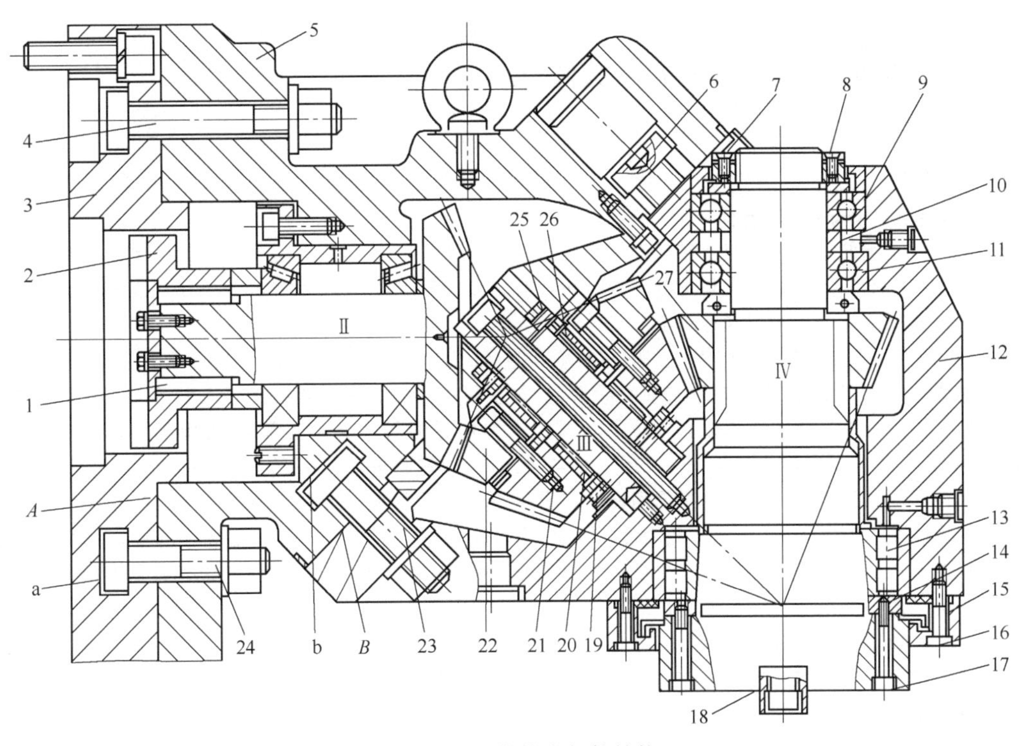

图 7-20　万能铣头部件结构

1—键；2—连接盘；3—法兰；4,6,23,24—T形螺栓；5—后壳体；7—锁紧螺钉；8—螺母；9,11—向心推力角接触球轴承；10—隔套；12—前壳体；13—轴承；14—半圆环垫片；15—法兰；16,17—螺钉；18—端面键；19,25—推力短圆柱滚针轴承；20,26—向心滚针轴承；21,22,27—锥齿轮

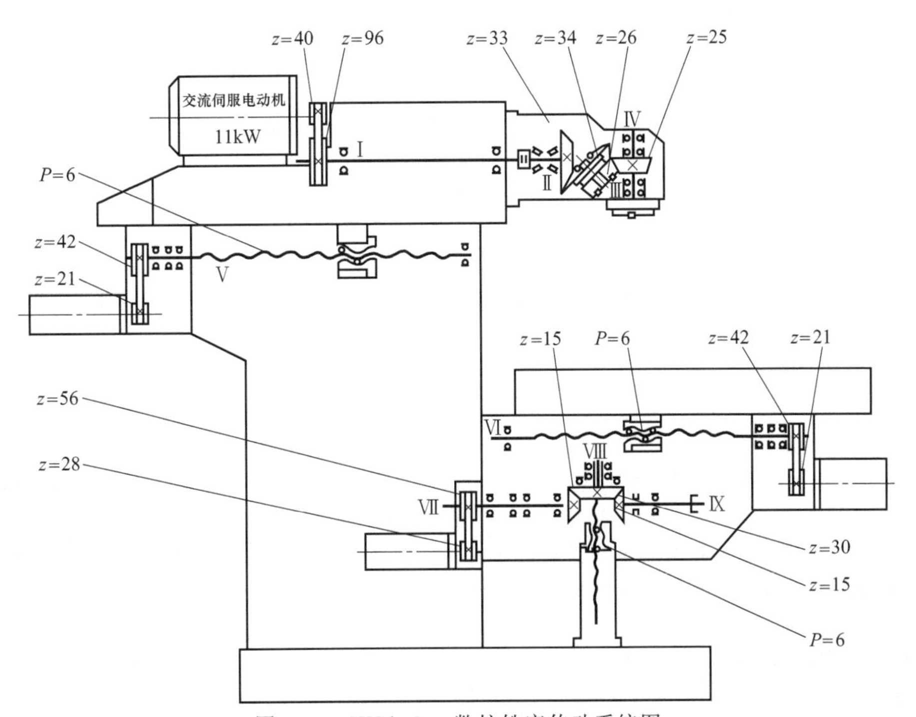

图 7-21　XKA5750 数控铣床传动系统图

7.2 数控车床用辅助装置的维修

7.2.1 卡盘

(1) 高速动力卡盘的结构

为提高数控车床的生产率，对主轴转速要求越来越高，以实现高速甚至超高速切削。现在数控车床的最高转速已由1000～2000r/min提高到每分钟数千转，有的数控车床甚至达到10000r/min。普通卡盘已不能胜任这样的高转速要求，必须采用高速卡盘。

图7-22为中空式动力卡盘结构图，图中右端所示为KEF250型卡盘，左端所示为P24160A型油缸。这种卡盘的动作原理是：当油缸21的右腔进油使活塞22向左移动时，通过与连接螺母5相连接的中空拉杆26，使滑体6随连接螺母5一起向左移动，滑体6上有三组斜槽分别与三个卡爪座10相啮合，借助10°的斜槽，卡爪座10带着卡爪1向内移动夹紧工件。反之，当油缸21的左腔进油使活塞22向右移动时，卡爪座10带着卡爪1向外移动松开工件。当卡盘高速回转时，卡爪组件产生的离心力使夹紧力减小。与此同时，平衡块3产生的离心力通过杠杆4（杠杆力肩比为2∶1）变成压向卡爪座的夹紧力，平衡块3越重，其补偿作用越大。为了实现卡爪的快速调整和更换，卡爪1和卡爪座10采用端面梳形齿的活爪连接，只要拧松卡爪1上的螺钉，即可迅速调整卡爪位置或更换卡爪。

(2) 卡盘的液压控制

某数控车床卡盘与尾座的控制回路如图7-23所示。分析液压控制原理，得知液压卡盘与液压尾座的电磁阀动作顺序，见表7-2。

(3) 卡盘电气连接

卡盘电气控制主电路与控制电路、信号电路如图7-24所示。

① 卡盘夹紧　卡盘夹紧指令发出后，数控系统经过译码在接口发出卡盘夹紧信号→图7-24（b）中的KA3线圈得电→图7-24（a）中KA3常开触头闭合→YV1电磁阀得电→卡盘夹紧。

② 卡盘松开　卡盘松开指令发出后，数控系统经过译码在接口发出卡盘松开信号→图7-24（b）中的KA4线圈得电→图7-24（a）中KA4常开触头闭合→YV2电磁阀得电→卡盘松开。

(4) 卡盘故障检修

【例7-8】 液压卡盘失效的故障排除。

故障现象：某配套FANUC 0TD的数控车床，在开机后发现液压站发出异响，液压卡盘无法正常装夹。

故障分析：

经现场观察，发现机床开机启动液压泵后，即产生异响，而液压站输出部分无液压油输出，因此，可断定产生异响的原因出在液压站上。而产生该故障的原因可能有：

a. 液压站油箱内液压油太少，导致液压泵因缺油而产生空转。

b. 液压站油箱内液压油由于长久未换，污物进入油中，导致液压油黏度太高而产生异响。

c. 由于液压站输出油管某处堵塞，产生液压冲击，发出声响。

d. 液压泵与液压电动机连接处产生松动，而发出声响。

e. 液压泵损坏。

f. 液压电动机轴承损坏。

检查后，发现在液压泵启动后，液压泵出口处压力为“0”；油箱内油位处于正常位置，液压油还是比较干净的。进一步拆下液压泵检查，发现液压泵为叶片泵，叶片泵正常，液压电动机转动正常，因此，液压泵和液压电动机轴承均正常。而该泵与液压电动机连接的联轴器为尼龙齿式联轴器，由于该机床使用时间较长，液压站的输出压力调得太高，导致联轴器的啮合齿损坏，从而当液压电动机旋转时，联轴器不能很好地传递转矩，从而产生异响。

故障排除：更换该联轴器后，机床恢复正常。

【例7-9】 卡盘无松、夹动作的故障排除。

故障现象：液压卡盘无松、夹动作。

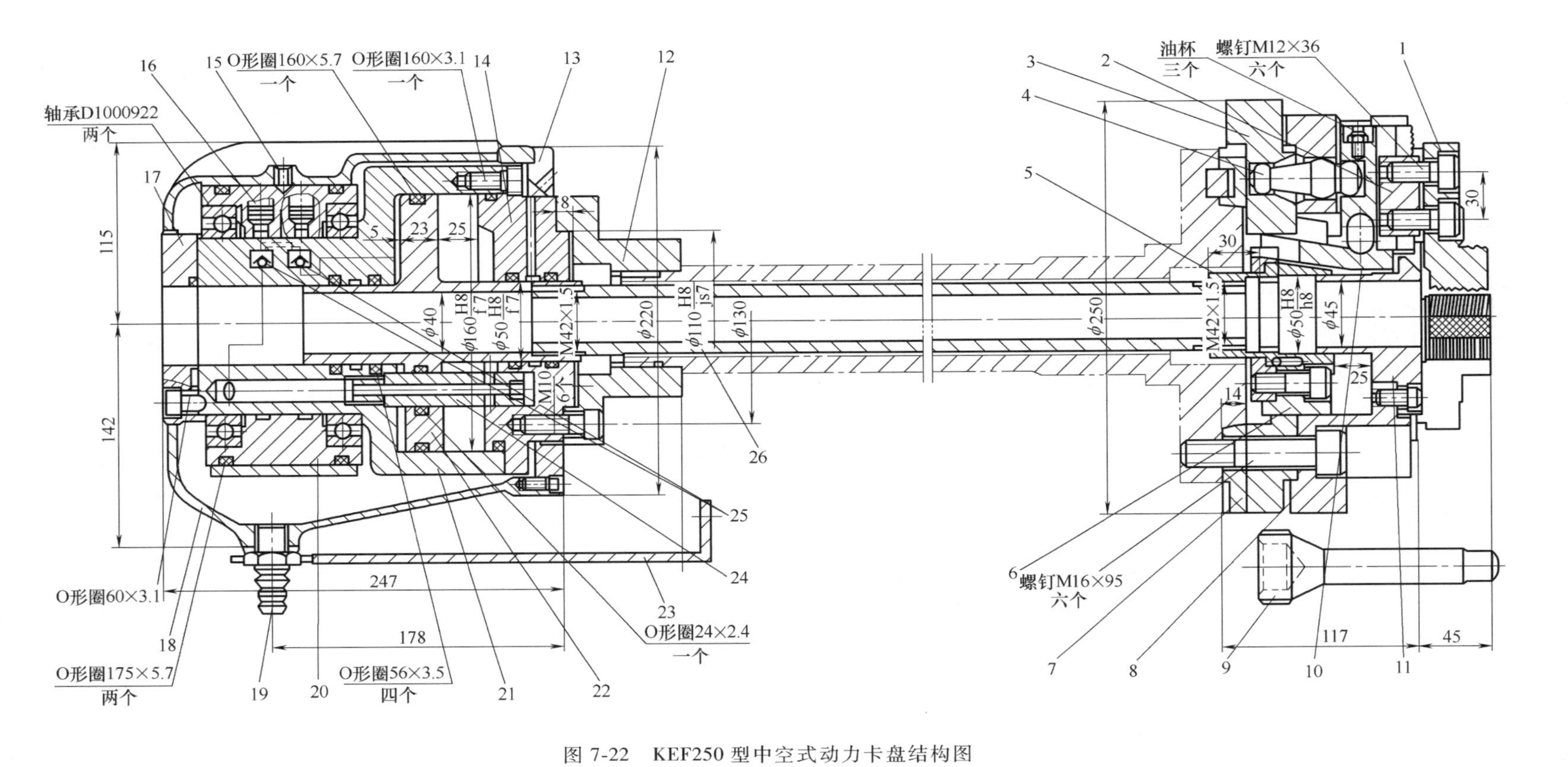

图 7-22 KEF250 型中空式动力卡盘结构图

1—卡爪；2—T 形块；3—平衡块；4—杠杆；5—连接螺母；6—滑体；7,12—法兰盘；8—盘体；9—扳手；10—卡爪座；11—防护盘；13—前盖；14—油缸盖；15—紧定螺钉；16—压力管接头；17—后盖；18—罩壳；19—漏油管接头；20—导油套；21—油缸；22—活塞；23—防转支架；24—导向杆；25—安全阀；26—中空杠杆

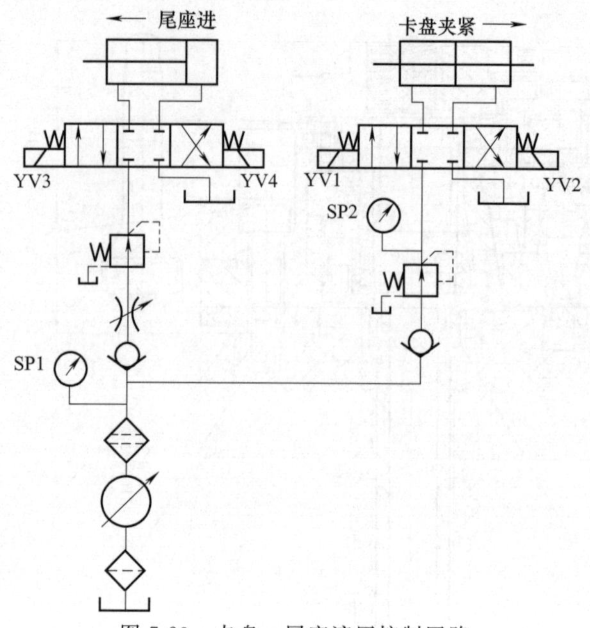

图 7-23　卡盘、尾座液压控制回路

表 7-2　电磁阀动作顺序表

元件	工作状态	电磁阀				备注
		YV1	YV2	YV3	YV4	
尾座	尾座进	+	−			电磁阀通电为“+”，断电为“−”
	尾座退	−	+			
卡盘	夹紧			+	−	
	松开			−	+	

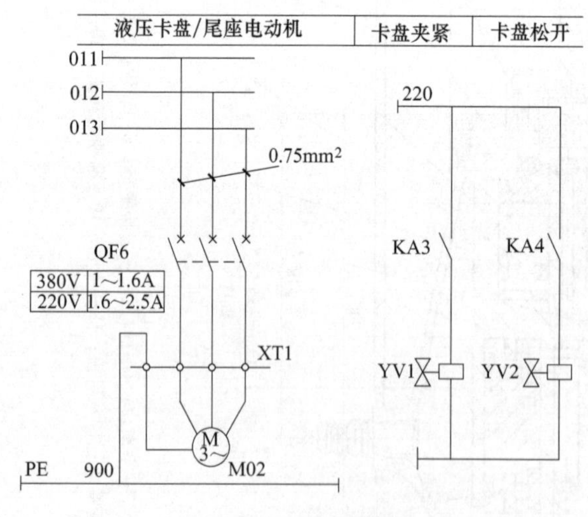

(a) 主电路与控制电路　　(b) 信号电路

图 7-24　卡盘电气控制主电路与控制电路、信号电路

故障分析：造成此类故障的原因可能是电气故障或液压部分故障，如液压压力过低、电磁阀损坏、夹紧液压缸密封环破损等。

故障排除：相继检查上述部位，调整液压系统压力或更换损坏的电磁阀及密封圈等，故障排除。

【例 7-10】 CDK6140 数控车床卡盘失压的故障排除。

故障现象：液压卡盘夹紧力不足，卡盘失压，监视不报警。

故障分析：CDK6140 SAG210/2NC数控车床，配套的电动刀架为LD4-I型；卡盘夹紧力不足，可能是液压系统压力不足、执行件内泄、控制回路不稳定及卡盘移动受阻造成的。

故障处理：调整系统压力至要求，检修液压缸的内泄及控制回路动作情况，检查卡盘各摩擦副的滑动情况，发现卡盘仍然夹紧力不足；经分析后，发现高速液压缸与卡盘间连接杆拉钉的调整螺母松动，紧固后故障排除。

(5) 卡盘故障的诊断

数控机床卡盘常见故障诊断如表7-3所示。

表7-3 数控机床卡盘常见故障诊断

状况	可能发生的原因	对策
卡盘无法动作	卡盘零件损坏	拆下并更换
	滑动件研伤	拆下，然后去除研伤零件的损坏部分并修理之，或更换新件
	液压缸无法动作	测试液压系统
底爪的行程不足	卡盘内部残留大量的碎屑	分解并清洁之
	连接管松动	拆下连接管并重新锁紧
	底爪的行程不足	重新选定工件的夹持位置，以便使底爪能够在行程中点附近的位置进行夹持
	夹持力量不足	确认油压是否达到设定值
工件打滑	软爪的成形直径与工件不符	依照正确的方式重新成形
	切削力量过大	重新推算切削力量，并确认此切削力是否符合卡盘的规格要求
	底爪及滑动部位失油	自黄油嘴处施打润滑油，并空车实施夹持动作数次
	转速过高	降低转速直到能够获得足够的夹持力
精密度不足	卡盘偏摆	确认卡盘圆周及端面的偏摆度，然后锁紧螺栓予以校正
	底爪与软爪的齿状部位积尘，软爪的固定螺栓没有锁紧	拆下软爪，彻底清扫齿状部位，并按规定扭力确实锁紧螺栓
	软爪的形成方式不正确	确认成形圆是否与卡盘的端面相对面平行，平行圆是否会因夹持力而变形。同时，亦须确认成形时的油压，成形部位粗糙度等
	软爪高度过高，软爪变形或软爪固定螺栓已拉伸变形	降低软爪的高度（更换标准规格的软爪）
	夹持力量过大而使工件变形	将夹持力降低到机械加工得以实施而工件不会变形的程度

7.2.2 尾座

(1) 尾座的结构

CK7815型数控车床尾座结构如图7-25所示。当手动移动尾座到所需位置后，先用螺钉16进行预定位，拧紧螺钉16时，使两楔块15上的斜面顶出销轴14，使得尾座紧贴在矩形导轨的两内侧面上，然后，用螺母3、螺栓4和压板5将尾座紧固。这种结构可以保证尾座的定位精度。

尾座套筒内轴9上装有顶尖，因轴9能在尾座套筒内的轴承上转动，故顶尖是活顶尖。为了使顶尖保证高的回转精度，前轴承选用NN3000K双列短圆柱滚子轴承，轴承径向间隙用螺母8和6调整；后轴承为三个角接触球轴承，由防松螺母10来固定。

尾座套筒与尾座孔的配合间隙，用内、外锥套7来作微量调整。当向内压外锥套时，使得内锥套内孔缩小，即可使配合间隙减小；反之变大，压紧力用端盖来调整。尾座套筒用压力油驱动。若在油孔13内通入压力油，则尾座套筒11向前运动；若在孔12内通入力油，尾座套筒就向后运动。移动的最大行程为90mm，预紧力的大小用液压系统的压力来调整。在系统压力为$(5\sim15)\times10^5$Pa时，液压缸的推力为1500～5000N。

尾座套筒行程大小可以用安装在套筒 11 上的挡铁 2 通过行程开关 1 来控制。尾座套筒的进退由操作面板上的按钮来操纵。在电路上尾座套筒的动作与主轴互锁，即在主轴转动时，按动尾座套筒退出按钮，套筒并不动作，只有在主轴停止状态下，尾座套筒才能退出，以保证安全。

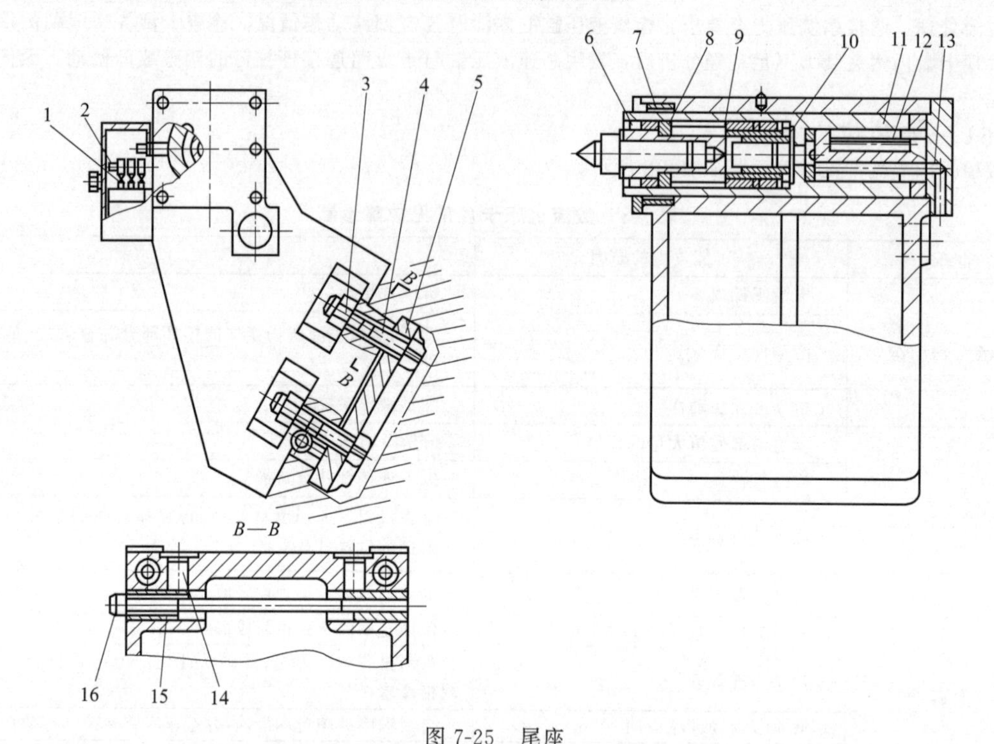

图 7-25　尾座

1—开关；2—挡铁；3,6,8,10—螺母；4—螺栓；5—压板；7—锥套；9—套筒内轴；11—套筒；12,13—油孔；14—销轴；15—楔块；16—螺钉

(2) 尾座电气连接

尾座主电路与控制电路、信号电路以及液压控制回路如图 7-26 所示。

① 尾座进　尾座进指令发出后，数控系统经过译码在接口发出尾座进信号→图 7-26（b）中的 KA13 线圈得电→图 7-26（a）中 KA13 常开触头闭合→YV1 电磁阀得电→尾座进。

② 尾座退　尾座退指令发出后，数控系统经过译码在接口发出尾座退信号→图 7-26（b）中的 KA14 线圈得电→图 7-26（a）中 KA14 常开触头闭合→YV2 电磁阀得电→尾座退。

(3) 故障检修

【例 7-11】　CDK6140 数控车床尾座行程不到位的故障排除。

故障现象：尾座移动时，尾座套筒出现抖动且行程不到位。

故障分析：该机床为德州机床厂生产的 CDK6140 及 SAG210/2NC 数控车床，配套的电动刀架为 LD4-Ⅰ型；检查发现液压系统压力不稳，套筒与尾座壳体内配合间隙过小，行程开关调整不当。

故障处理：调整系统压力及行程开关位置，检查套筒与尾座壳体孔的间隙并修复至要求。

【例 7-12】　数控车床尾座套筒报警的检修。

故障现象：FANUC 0T 系统数控车床尾座套筒报警。

故障分析：

该机床尾座套筒的伸缩由 FANUC 0T 系统中 PLC 控制。检查尾座套筒的工作状态，当脚踏开关顶紧时，系统产生报警。在系统诊断状态下，调出 PLC 参数检查，系统 PLC 输入/输出正常；进一步分析检查套筒液压系统，发现液压系统中压力继电器触点开关损坏，导致压力继电器触点信号不正常，造成 PLC 输入信号不正常，从而系统认为尾座套筒未顶紧而产生报警。

故障处理：更换压力继电器，故障排除。

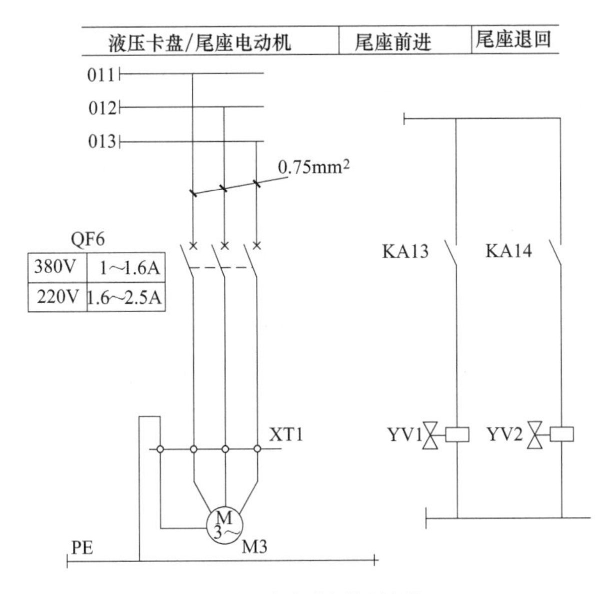

(a) 主电路与控制电路

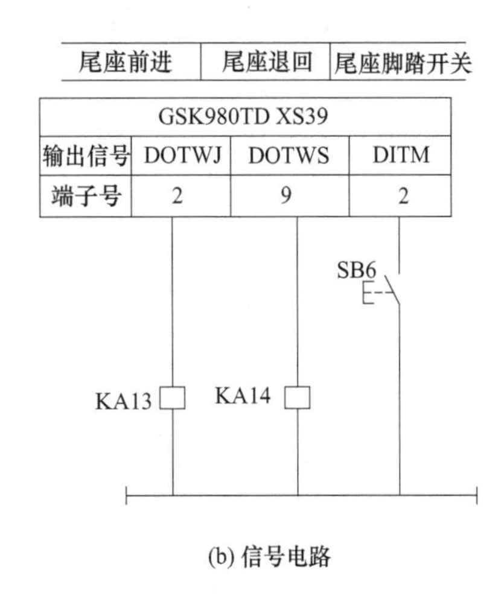

(b) 信号电路

图 7-26 尾座电气控制

(4) 尾座常见故障

液压尾座的常见故障是尾座顶不紧或不运动，其故障原因及排除方法见表 7-4。

表 7-4 尾座常见故障及排除方法

序号	故障现象	故障原因	排除方法
1	尾座顶不紧	压力不足	用压力表检查
		液压缸活塞拉毛或研损	更换或维修
		密封圈损坏	更换密封圈
		液压阀断线或卡死	清洗、更换阀体或重新接线
2	尾座不运动	以上使尾座顶不紧的原因均可能造成尾座不运动	分别同上述各排除方法
		操作者保养不善、润滑不良使尾座研死	数控设备上没有自动润滑装置的附件，应保证做到每天人工注油润滑
		尾座端盖的密封不好，进了铸铁屑以及切削液，使套筒锈蚀或研损，尾座研死	检查其密封装置，采取一些特殊手段避免铁屑和切削液的进入；修理研损部件
		尾座体较长时间未使用，尾座研死	较长时间不使用时，要定期使其活动，做好润滑工作

7.2.3 自动送料装置

自动棒料送料装置有简易式、料仓式及液压送进式等。

(1) 夹持抽拉式棒料供料装置

这种供料装置属于简易型，其结构如图 7-27 所示。工作时夹持抽拉装置需安装在数控车床的回转刀架上，其安装柄可以根据刀架上刀具的安装形式来确定，可以是 VDI（德国国家标准）标准的或其他形式的。夹持钳口的开口大小可以通过调节螺栓来调整，以满足不同直径棒料的供料。供料装置的工作过程如图 7-28 所示。该供料装置工作前，需人工将锯好的棒料装入车床主轴孔中，并进行对刀，以确定供料装置每次抽拉棒料时刀架所需走到的位置。采用这种供料装置时，由于在棒料的后端无支承，因此棒料不能太长，否则会引起棒料的颤振，从而影响零件车削的精度。棒料的长度与棒料的材质和直径有关，一般棒料长度在 500mm 以下，棒料直径较大和棒料材质的密度较低时可取较长的棒料；棒料材质的密度较高时应取较短的棒料；棒料的直径较小时也应取较短的棒料。最佳的棒料长度应根据棒料的实际情况进行试车削来确定。

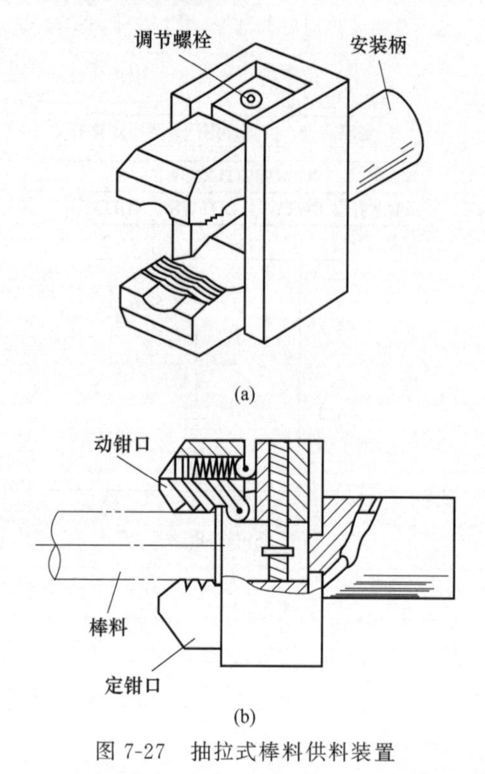

图 7-27　抽拉式棒料供料装置

刀架分度
接近棒料
液压卡盘松开
拉动棒料
液压卡盘夹紧
退回
车削
切断工件

图 7-28　抽拉式棒料供料装置工作过程

(2) 液压推进式棒料送料器［二维码 7.2-1］

7.2-1

这种送料器是靠液压推动进行工作的，由液压站、料管、推料杆、支架、控制电路等五部分组成，工作原理如图 7-29 所示。油泵以恒定的压力（0.1～0.2MPa）向料管供油，推动活塞杆（推料杆）将棒料推入主轴，工作时棒料处于料管的液压油内，当棒料旋转时，在油液的阻尼反作用力下，棒料就会从料管内浮起，当转速快时棒料就会自动悬浮在料管中央转动，大大地减少棒料与送料管壁的碰撞与摩擦。这种送料器工作时振动与噪声非常小，特别适用高转速、长棒料、精密工件加工。

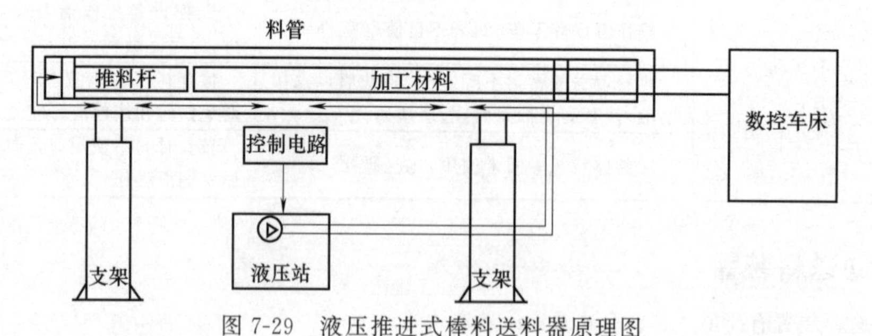

图 7-29　液压推进式棒料送料器原理图

7.3　数控机床液压与气动装置的维修

7.3.1　数控机床液压系统的维修

(1) 数控铣床/加工中心液压系统的维修

① 数控铣床/加工中心液压系统分析　VP1050 加工中心为工业型龙门结构立式加工中心，它利用液压系

统传动功率大、效率高、运行安全可靠的优点，在该加工中心中主要实现链式刀库的刀链驱动、上下移动的主轴箱的配重、刀具的安装和主轴高低速的转换等辅助动作的完成。图7-30为VP1050加工中心的液压系统工作原理图。整个液压系统采用变量叶片泵为系统提供压力油，并在泵后设置止回阀2用于减小系统断电或其他故障造成的液压泵压力突降而对系统的影响，避免机械部件的冲击损坏。压力开关YK1用以检测液压系统的状态，如压力达到预定值，则发出液压系统压力正常的信号，该信号作为CNC系统开启后PLC高级报警程序自检的首要检测对象，如YK1无信号，则PLC自检发出报警信号，整个数控系统的动作将全部停止。

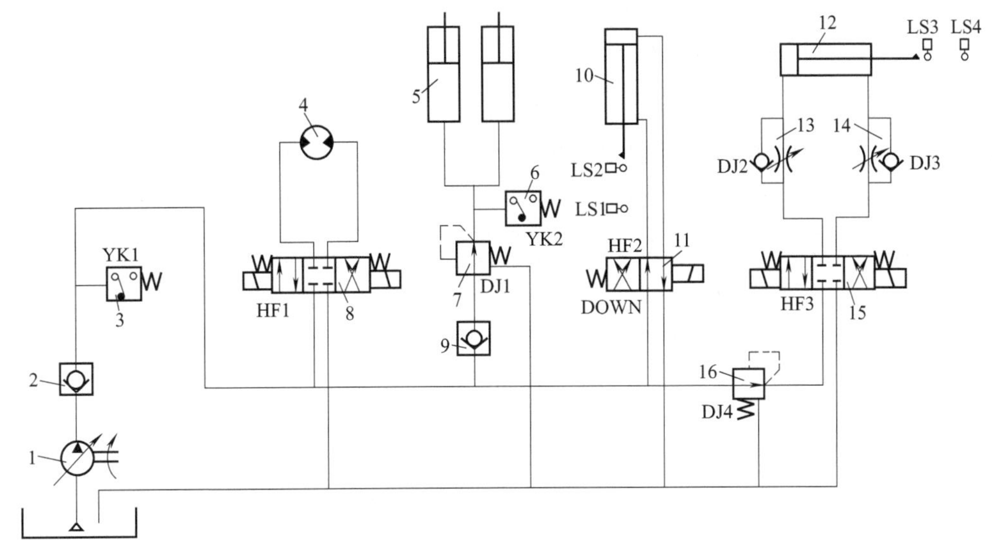

图7-30　VP1050加工中心的液压系统工作原理图

1—液压泵；2,9—止回阀；3,6—压力开关；4—液压马达；5—配重液压缸；7,16—减压阀；8,11,15—换向阀；10—松刀缸；12—变速液压缸；13,14—单向节流阀；LS1,LS2,LS3,LS4—行程开关

a. 刀链驱动支路。VP1050加工中心配备24刀位的链式刀库，为节省换刀时间，选刀采用就近原则。在换刀时，由双向液压马达4拖动刀链使所选刀位移动到机械手抓刀位置。液压马达的转向控制由双电控三位电磁阀HF1完成，具体转向由CNC进行运算后，发信给PLC控制HF1，用HF1不同的得电方式进行对液压马达4的不同转向的控制。刀链不需驱动时，HF1失电，处于中位截止状态，液压马达4停止。刀链到位信号由感应开关发出。

b. 主轴箱平衡支路。VPl050加工中心*Z*轴进给是由主轴箱作上下的移动实现的，为消除主轴箱自重对*Z*轴伺服电动机驱动*Z*向移动的精度和控制的影响，机床采用两个液压缸进行平衡。主轴箱向上移动时，高压油通过止回阀9和直动型减压阀7向平衡缸下腔供油，产生向上的平衡力；当主轴箱向下移动时，液压缸下腔高压油通过减压阀7进行适当减压。压力开关YK2用于检测平衡支路的工作状态。

c. 松刀缸支路。VP1050加工中心采用BT40型刀柄使刀具与主轴连接。为了能够可靠地夹紧与快速地更换刀具，采用碟簧拉紧机构使刀柄与主轴连接为一体，采用液压缸使刀柄与主轴脱开。机床在不换刀时，单电控两位四通电磁换向阀HF2失电，控制高压油进入松刀缸10下腔，松刀缸10的活塞始终处于上位状态，感应开关LS2检测松刀缸上位信号；当主轴需要换刀时，通过手动或自动操作使单电控两位四通电磁阀HF2得电换位，松刀缸10上腔通入高压油，活塞下移，使主轴抓刀爪松开刀柄拉钉，刀柄脱离主轴，松刀缸运动到位后感应开关LS1发出到位信号并提供给PLC使用，协调刀库、机械手等其他机构完成换刀操作。

d. 高低速转换支路。VP1050主轴传动链中，通过一级双联滑移齿轮进行高低速转换。在由高速向低速转换时，主轴电动机接收到数控系统的调速信号后，降低电动机的转速到额定值，然后进行齿轮滑移，完成高低速的转换。在液压系统中该支路采用双电控三位四通电磁阀HF3控制液压油的流向，变速液压缸12通过推动拨叉控制主轴变速箱的交换齿轮的位置，来实现主轴高低速的自动转换。高速、低速齿轮位置信号分别由感应开关LS3、LS4向PLC发送。当机床停机时或控制系统出现故障时，液压系统通过双电控三位四通电磁阀HF3使变速齿轮处于原工作位置，避免高速运转的主轴传动系统产生硬件冲击损坏。单向节流阀DJ2、DJ3用以控制液压缸的速度，避免齿轮换位时的冲击振动。减压阀16用于调节变速液压缸12的工作压力。

② 维修实例

【例 7-13】 某厂一台从美国引进的 T-30 加工中心，在进行二级保养后不久，出现工作台不能交换的现象。检查 PLC 输出正常，测量电磁阀 62SOL 线圈开路。拆下电磁阀，发现阀芯卡住，更换电磁阀后，工作台交换正常。没工作多长时间，又出现刀库定位错误报警。经仔细观察发现，在找刀或换刀过程中，定位销拔出或插入动作缓慢，定位销到位信号延迟，引起超时报警。

定位销由液压缸驱动，液压缸的进、出油受一双向电磁阀 1SOL 控制。检查液压缸无泄漏，测量 PLC 输出电压和驱动电磁阀线圈的电流均在正常范围内。拆下电磁阀，清洗阀芯后重新安装，定位销动作自如，报警消失。工作几天后，又出现主轴不能定向的故障。打开护罩检查时，发现定向销运动特别缓慢，主轴定向命令给出后，主轴慢速旋转好几转，定向销还未进入定向槽。手动电磁阀 23SOL 阀芯不灵活。

综合分析电磁阀连续出现故障，可能是由液压油造成的。从油箱中取出部分油液装入透明玻璃杯中，发现杯底部有黑色沉淀物，经化学分析黑色沉淀物为碳化物质。分析原因，系二级保养时更换的液压油质量较差，含杂质太多，经过高温高压后，这些杂质成为碳化物，堵塞电磁阀阀芯，造成流量减小，致使液压缸动作缓慢。堵塞严重时，会造成电磁阀线圈烧毁。后将全部电磁阀、液压泵和油箱拆开清洗，对管路逐段加压清洗，并重新换符合机床说明书要求的液压油，机床正常工作数月，未出现过类似问题。

【例 7-14】 T40 卧式加工中心刀链不执行校准回零的故障排除。

故障现象：

开机，待自检通过后，启动液压，执行轴校准，其后在执行机械校准时出现以下两个报警：

ASL40　ALERT　CODE　16154
　　　CHAIN　NOT　ALIGNED
ASL40　ALERT　CODE　17176
　　　CHAIN　POSITION　ERROR

因此机床不能正常工作。

故障检查与分析：

美国辛辛那提·米拉克龙公司的 T40 卧式加工中心，其计算机部分采用该公司的 A950 系统。T40 刀链校准是在 NC 接到校准指令后，使电磁阀 3SOL 得电控制液压马达驱动刀链顺时针转动，同时 NC 等待接收刀链回归校准点（HOME POSITION）的接近开关 3PROX（常开）信号，收到该信号后电磁阀 3SOL 失电，并使电磁阀 1SOL 得电，刀链制动销插入，同时 NC 再接收到制动销插入限位开关 1LS（常开）信号，刀链校准才能完成。

据此分析故障范围在以下 3 方面：①刀链因故未能转到校准位置（HOME POSITION）就停止；②刀链确已转到了校准位置，但由于接近开关 3PROX 故障，NC 没有接收到到位信号，刀链一直转动，直到 NC 在设定接收该信号的时间范围到时产生以上报警，刀链才停止校准；③刀链在转到校准位置时，NC 虽接到了到位信号，但由于 1SOL 故障，导致制动销不能插入，限位开关 1LS 信号没有，而且 3SOL 因惯性使刀链错开回归点，接近开关信号又没有。

故障处理：

根据以上分析，首先检查接近开关 3PROX 确认正常。再通过该机在线诊断功能发现在机械校准操作时 1LS 信号 I0033（LS APIN-ADV）和 3PROX 信号 I0034（PR-CHNA-HOME）状态一直都为 OFF，观察刀链在校准过程中确实没有到位就停止转动，而且发现每次校准时转过的刀套数目也没有规律，怀疑电磁阀 3SOL 或者液压马达有问题。进一步查得液压马达有漏油现象，拆下更换密封圈，排除漏油问题，但仍不能校准，最后更换电磁阀 3SOL 后故障排除。

说明：由于用万用表测量电磁阀电压及阻值基本正常，而且每次校准时刀链也确实转动，因此在排除了其他原因后，最后才更换性能不良的电磁阀。

【例 7-15】 BX-110P 加工中心采用 FANUC-11 系统，由日本某公司制造。其在 JOG 方式下，机械手在取送刀具时，不能缩爪。

故障现象：机床在 JOG 状态下加工工件时，机械手将刀具从主刀库中取出送入送刀盒中，不能缩爪，但却不报警，将方式选择到 ATC 状态，手动操作都正常。

故障检查与分析：

经查看梯形图，原来是限位开关 LS916 没有压合，调整限位开关位置后，机床恢复正常。但过一段时间后，再次出现此故障。检查 LS916 并没松动，但却没有压合，由此怀疑机械手的油缸拉杆没伸到位，经查发现液压缸拉杆顶端锁紧螺母的顶丝松动，使液压缸伸缩的行程发生了变化，调整了锁紧螺母并拧紧顶丝后，此故障排除。

(2) 数控车床液压系统

① 数控车床液压系统分析　MJ-50 数控车床液压系统主要承担卡盘、回转刀架与刀盘及尾架套筒的驱动与控制。它能实现卡盘的夹紧与放松及两种夹紧力（高与低）之间的转换、回转刀盘的正、反转及刀盘的松开与夹紧、尾架套筒的伸缩。液压系统的所有电磁铁的通、断均由数控系统用 PLC 来控制。整个系统由卡盘、回转刀盘与尾架套筒三个分系统组成，并以一变量液压泵为动力源。系统的压力调定为 4MPa。图 7-31 是 MJ-50 数控车床液压系统的原理图。各分系统的工作原理如下：

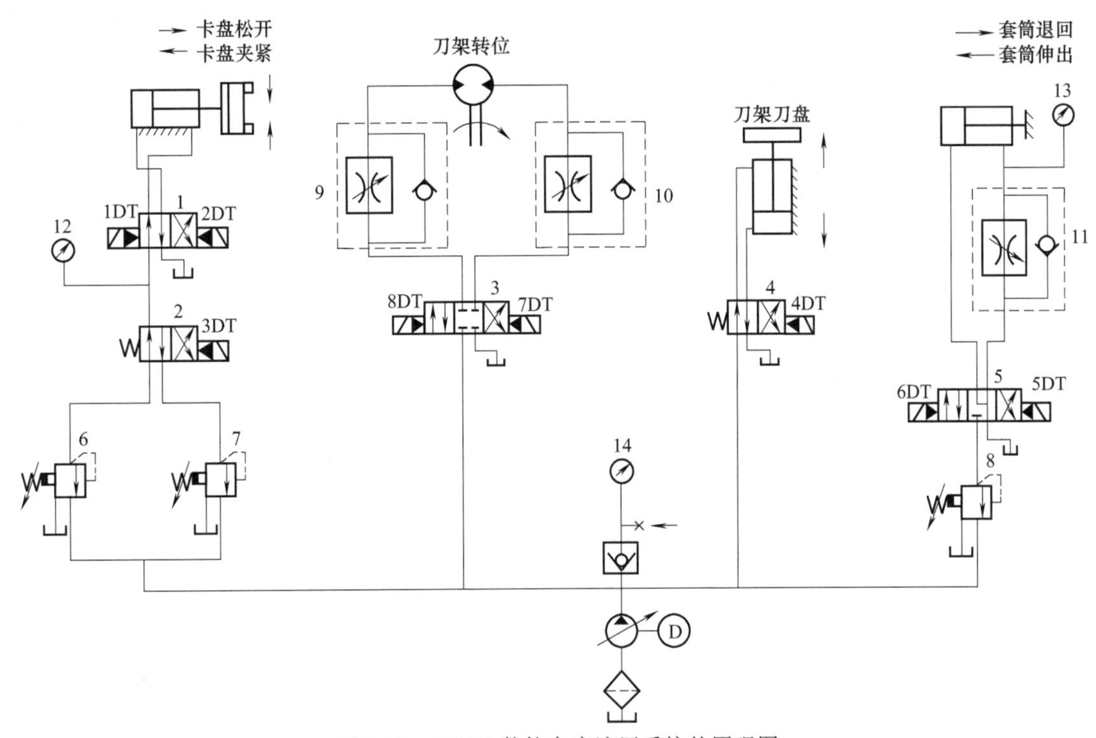

图 7-31　MJ-50 数控车床液压系统的原理图

1～5—换向阀；6～8—减压阀；9～11—调速阀；12～14—压力表

a. 卡盘分系统。卡盘分系统的执行元件是一液压缸，控制油路则由一个有两个电磁铁的二位四通换向阀 1、一个二位四通换向阀 2、两个减压阀 6 和 7 组成。

高压夹紧：3DT 失电、1DT 得电，换向阀 2 和 1 均位于左位。分系统的进油路：液压泵→减压阀 6→换向阀 2→换向阀 1→液压缸右腔。回油路：液压缸左腔→换向阀 1→油箱。这时活塞左移使卡盘夹紧（称正卡或外卡），夹紧力的大小可通过减压阀 6 调节。由于阀 6 的调定值高于阀 7，所以卡盘处于高压夹紧状态。松夹时，使 2DT 得电、1DT 失电，阀 1 切换至右位。进油路：液压泵→减压阀 6→换向阀 2→换向阀 1→液压缸左腔。回油路：液压缸右腔→换向阀 1→油箱。活塞右移，卡盘松开。

低压夹紧：油路与高压夹紧状态基本相同，唯一的不同是这时 3DT 得电而使阀 2 切换至右位，因而液压泵的供油只能经减压阀 7 进入分系统。通过调节阀 7 便能实现低压夹紧状态下的夹紧力。

b. 回转刀盘分系统。回转刀盘分系统有两个执行元件，刀盘的松开与夹紧由液压缸执行，而液压马达则驱动刀盘回转。因此，分系统的控制回路也有两条支路。第一条支路由三位四通换向阀 3 和两个单向调速阀 9 和 10 组成。通过三位四通换向阀 3 的切换控制液压马达即刀盘正、反转，而两个单向调速阀 9 和 10 与变量液压泵则使液压马达在正、反转时都能通过进油路容积节流调速来调节旋转速度。第二条支路控制刀盘的放松与夹紧，它是通过二位四通换向阀的切换来实现的。

刀盘的完整旋转过程是刀盘松开→刀盘通过左转或右转就近到达指定刀位→刀盘夹紧。因此电磁铁的动作顺序是4DT得电（刀盘松开)→8DT（正转）或7DT（反转）得电（刀盘旋转)→8DT（正转时）或7DT（反转时）失电（刀盘停止转动)→4DT失电（刀盘夹紧)。

c. 尾架套筒分系统。尾架套筒通过液压缸实现顶出与缩回。控制回路由减压阀8、三位四通换向阀5和单向调速阀11组成，分系统通过调节减压阀8将系统压力降为尾架套筒顶紧所需的压力。单向调速阀11用于在尾架套筒伸出时实现回油节流调速控制伸出速度。所以尾架套筒伸出时6DT得电，其油路为系统供油经阀8、阀5左位进入液压缸的无杆腔，而有杆腔的液压油则经阀11和阀5回油箱。尾架套筒缩回时5DT得电，系统供油经阀8、阀5右位、阀11的单向阀进入液压缸的有杆腔，而无杆腔的油则经阀5直接回油箱。

② 数控车床液压系统典型故障的维修

【例7-16】 某企业MJ-50型数控车床（见图7-31）故障为尾座套筒在工作中突然停止运行。检测机床电气系统，工作正常。根据尾座工作原理，分析故障原因有：压力不足、泄漏、液压泵不供油或流量不足、液压缸活塞拉毛或研损、密封圈损坏、液压阀断线或卡死等。

针对以上这些故障原因，按照拆卸分解及观测液压元件的难易程度，设定检测次序如下：

a. 检查卡盘、回转刀架的运动。按下卡盘、回转刀架的运动按钮，若运动正常，则可排除液压泵装反、液压泵转向相反、定子偏心方向相反、泵转速太低而使叶片不能甩出、叶片在转子槽内卡死、油的黏度过高而使叶片运动不灵活等故障原因，接下来进行步骤b～i的检查；否则进行步骤b，检查油箱若没问题，则依次检查过滤器、吸油管是否堵塞，油的黏度是否过高，泵是否调节不当或损坏。

b. 查看系统管道、接头、元件处是否有泄漏。

c. 检查油箱油位，看看油位是否在最低油位以上，吸油管、过滤器是否露出油面，回油管是否高出油面而使空气进入油箱。

d. 手动操纵换向阀5（电磁阀通过电磁铁两端的手动按钮推动)，如果阀芯推不动，说明是方向阀出现了故障；如果方向阀可以换向，且液压缸动作了，说明是电磁阀的电路或气路出现了故障。如果液压缸还不能动作，则进行步骤e的检查。

e. 手动操纵单向调速阀11，将单向调速阀开口调大，若液压缸动作了，说明是单向调速阀11堵塞了；否则将单向调速阀旋钮调至最松，然后进行步骤f的检查。

f. 调节减压阀8，若液压缸动作了，说明是减压阀堵塞或调节不当；否则将减压阀旋钮调至最松，然后进行下一步检查。

g. 检查泵站压力。换向阀5处中位，查看泵出口处压力表14的读数是否调至设定值，如果不是，则做下列检查：

- 检查压力表开关是否打开了，压力表是否损坏。
- 检查液压泵压力调节弹簧是否过松。
- 检查吸油过滤器是否部分堵塞，容量是否不足。
- 检查吸油管是否部分堵塞。
- 检查泵是否损坏，是否有严重的内泄漏。

将泵压力调高，再控制换向阀换向，液压缸应动作。如果液压缸的运动速度满足工作要求，故障就排除了；如果速度不能满足要求，则需修理液压泵。如果在泵压力值调高后，液压缸仍不能动作，则做下一步检查。

h. 将换向阀5切换至右位，查看压力表13的读数。如果读数与主压力表14读数不接近，说明右边管路、单向调速阀11堵死；如果接近，说明没有堵死。

i. 若上述工作做完以后，仍没有排除故障，那么就可能是液压缸出现故障。首先不要急于拆卸液压缸，把方向阀打开到左位或右位，启动液压泵一段时间以后，仔细摸一摸整个缸壁，看看是否有局部发热处。如果活塞处密封损坏了，就会有油液从高压腔漏至低压腔，油液从狭窄的缝隙流过时，液压能便转化为热能；如果没有局部热点，进行下一步检查。

j. 拆开液压缸另一端的管接头，把它连接到一个三通管接头上，三通的另外两端分别接压力表与截止阀，换向阀5换向至左位，读压力表的读数。同样，如果读数与主压力表14读数不接近，说明管路堵死；如果接近，说明没有堵死。如果管路无堵塞，进行下一步。

k. 拆卸分解并检测液压缸。

按上述步骤对液压系统进行了检测，系尾座活塞密封圈损坏所致。更换密封圈后，故障排除。

【例 7-17】 润滑油路电磁阀的故障排除。

故障现象：一台配套 SIEMENS 810T 系统的数控立式车床，一次出现刀架上下运动时，刀架顶端进油管路出现异常连续冒油，系统报警油压过低。

分析及处理过程：检查液压系统管路无损坏，PLC 控制系统正常，进一步检查液压系统控制元件，发现刀架润滑油路中的一个两位三通电磁阀线圈烧坏，阀芯不能回位，使得刀架润滑供油始终处于常开状态。更换电磁阀后，故障消除。

【例 7-18】 数控车床卡盘失压的故障排除。

故障现象：液压卡盘夹紧力不足，卡盘失压，监视不报警。

故障检查与分析：该数控车床，配套的电动刀架为 LD4-I 型，卡盘夹紧力不足，可能是系统压力不足、执行件内泄、控制回路动作不稳定及卡盘移动受阻造成的。

故障处理：调整系统压力至要求，检修液压缸的内泄及控制回路动作情况，检查卡盘各摩擦副的滑动情况，卡盘仍然夹紧力不足；经过分析后，调整液压缸与卡盘间连接拉杆的调整螺母，故障排除。

7.3.2 数控机床气动装置的维修

(1) 数控铣床/加工中心气动装置的维修

① 数控铣床/加工中心气动装置的分析 某立式加工中心气动系统的气动三联件（过滤、减压、油雾）安装在立柱左侧支架的下方。用户自备气源，应保证工作气压不低于 0.5MPa，气源要干燥、清洁。

气动系统用于主轴锥孔清洁、清扫切屑、插拔销移动气缸及刀套翻转气缸。图 7-32 为机床气压系统图。

主轴锥孔清洁是在每一次换刀时，刀柄离开锥孔后便开始吹气清洁锥孔，新的刀柄装入主轴锥孔后清洁工作即停止。清扫切屑是在加工完成后，由安装在主轴端面上的喷嘴喷气清除切屑。

机床换刀时，由换向阀控制插拔销轴上的活塞移动，可分别锁住刀库盘和凸轮，配合换刀动作完成。刀套翻转气缸安装在刀库盘后面，由换向阀控制气缸，通过连杆机构驱动刀套翻转。

空气压力由转动旋钮调整。油雾器储油量为 0.05L，从上部给油口补给 ISO VG32 透平 1 号油，油滴流

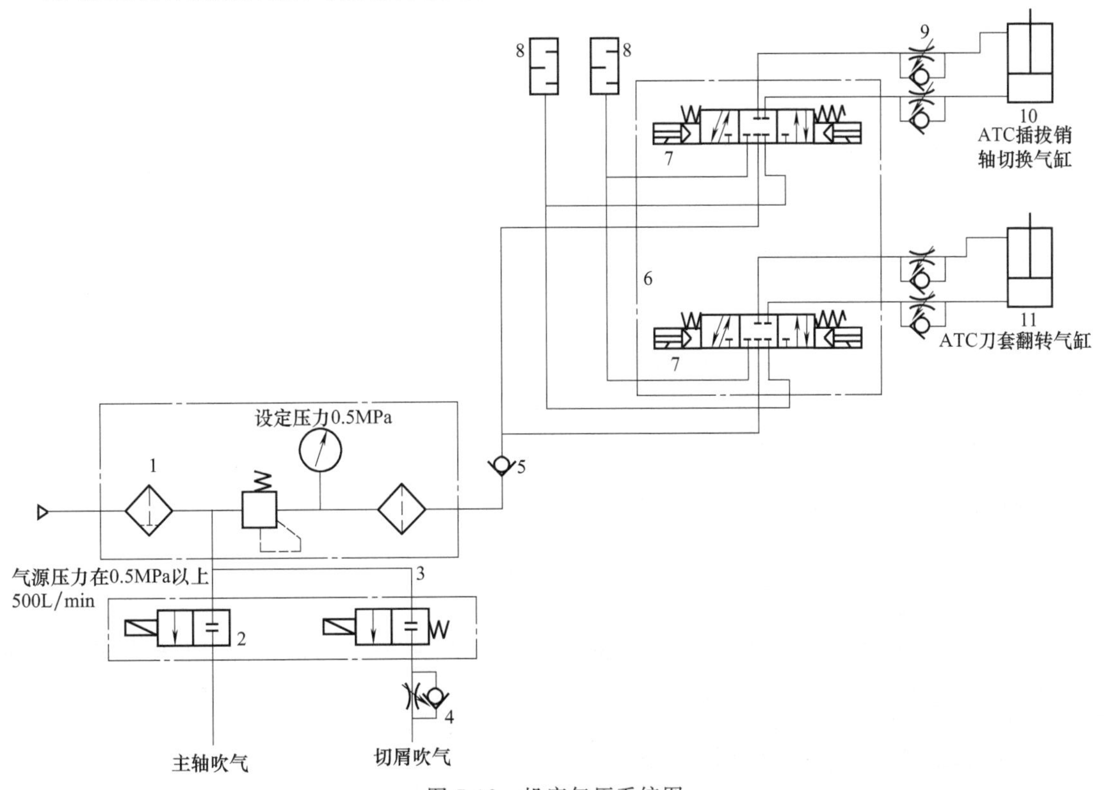

图 7-32 机床气压系统图

1—过滤器；2,4,5,7,9—气阀；3,6—气管；8—气源；10,11—气缸

量为每分钟 5 滴。空气过滤器可滤去空气中水分，并自动从排泄口排出。

② 维修实例

【例 7-19】 刀柄和主轴的故障排除。

故障现象：一立式加工中心换刀时，主轴锥孔吹气，把含有铁锈的水分子吹出，并附着在主轴锥孔和刀柄上，刀柄和主轴接触不良。

分析及处理过程：

立式加工中心气动控制原理如图 7-33 所示。故障产生的原因是压缩空气中含有水分。如采用空气干燥机，使用干燥后的压缩空气问题即可解决。若受条件限制，没有空气干燥机，也可在主轴锥孔吹气的管路上进行两次分水过滤，设置自动放水装置，并对气路中相关零件进行防锈处理，故障即可排除。

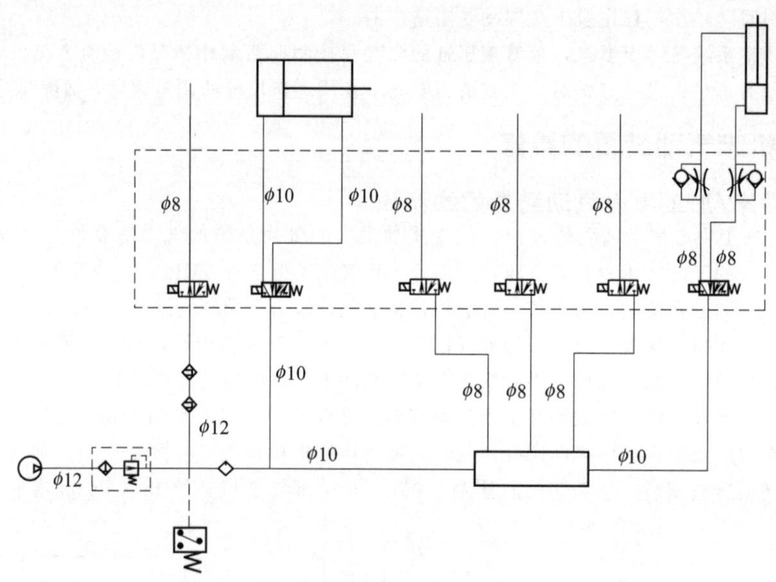

图 7-33　某立式加工中心的气动控制原理图

【例 7-20】 松刀动作缓慢的故障维修。

故障现象：一立式加工中心换刀时，主轴松刀动作缓慢。

分析及处理过程：

根据图 7-33 所示的气动控制原理进行分析，主轴松刀动作缓慢的原因有：a. 气动系统压力太低或流量不足；b. 机床主轴拉刀系统有故障，如碟型弹簧破损等；c. 主轴松刀气缸有故障。根据分析，首先检查气动系统的压力，压力表显示气压为 0.6MPa，压力正常；将机床操作转为手动，手动控制主轴松刀，发现系统压力下降明显，气缸的活塞杆缓慢伸出，故判定气缸内部漏气。拆下气缸，打开端盖，压出活塞和活塞环，发现密封环破损，气缸内壁拉毛。更换新的气缸后，故障排除。

【例 7-21】 变速无法实现的故障排除。

故障现象：一立式加工中心换挡变速时，变速气缸不动作，无法变速。

分析及处理过程：根据图 7-33 所示的气动控制原理图进行分析，变速气缸不动作的原因有：

a. 气动系统压力太低或流量不足；

b. 气动换向阀未得电或换向阀有故障；

c. 变速气缸有故障。

根据分析，首先检查气动系统的压力，压力表显示气压为 0.6MPa，压力正常；检查换向阀电磁铁已带电，用手动换向阀，变速气缸动作，故判定气动换向阀有故障。拆下气动换向阀，检查发现有污物卡住阀芯。进行清洗后，重新装好，故障排除。

(2) 数控车床上典型气压回路分析

① 数控车床上的自动门气压回路　数控机床的气动装置主要用于刀具检测、主轴孔切屑的清理、卡盘吹气以及自动门开关等，它由外接气源与回路的各元件组成，其回路图见图 7-34。

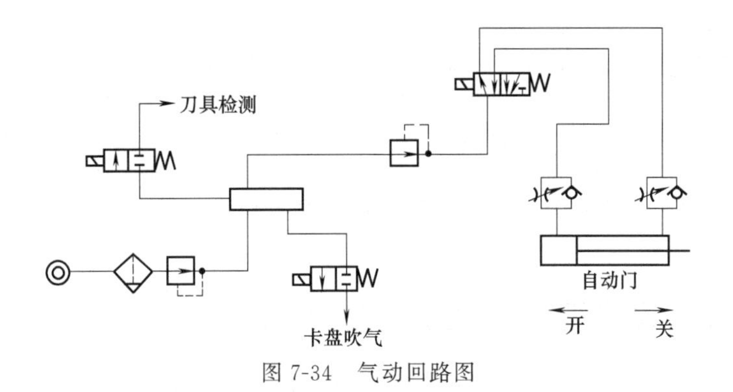

图 7-34　气动回路图

② 真空卡盘　薄的加工件进行车削加工时是难于夹紧的，很久以来这已成为从事工艺的技术者的一大难题。虽然对铁系材料的工件可以使用磁性卡盘，但是加工件容易被磁化，这是一个很麻烦的问题，而真空卡盘则是较理想的夹具。真空卡盘的结构原理如图 7-35 所示，下面简单介绍其工作原理。

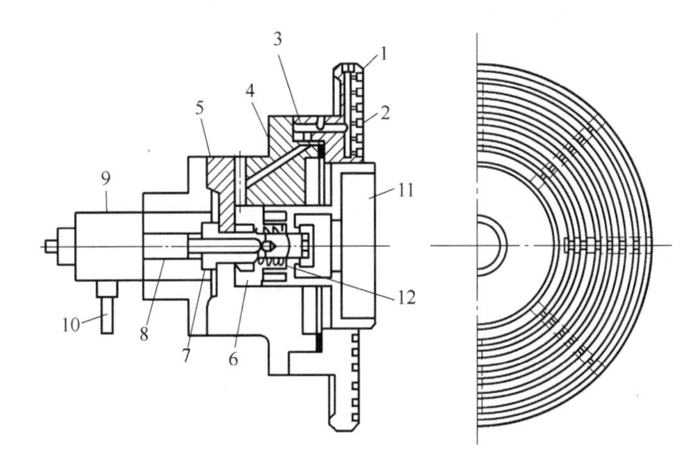

图 7-35　真空卡盘的结构简图

1—卡盘本体；2—沟槽；3—小孔；4—孔道；5—转接件；6—腔室；7—孔；8—连接管；9—转阀；10—软管；11—活塞；12—弹簧

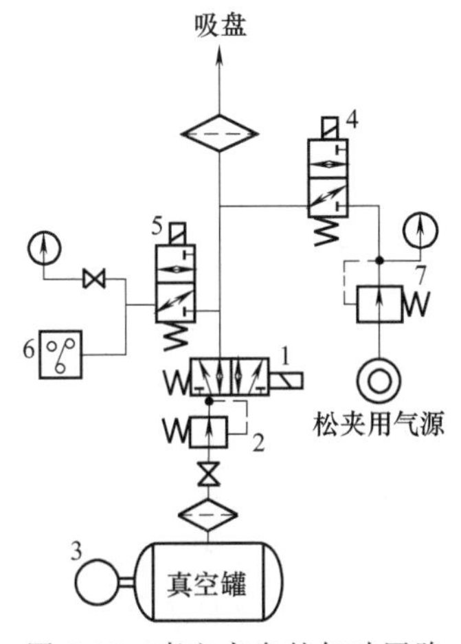

图 7-36　真空卡盘的气动回路

1,4,5—电磁阀；2—调节阀；3—真空罐；6—压力继电器；7—压力表

在卡盘的前面装有吸盘，盘内形成真空，而薄的被加工件就靠大气压力被压在吸盘上以达到夹紧的目的。一般在卡盘本体 1 上开有数条圆形的沟槽 2，这些沟槽就是前面提到的吸盘，这些吸盘是通过转接件 5 的孔道 4 与小孔 3 相通，然后与卡盘体内气缸的腔室 6 相连接。另外腔室 6 通过气缸活塞杆后部的孔 7 通向连接管 8，然后与装在主轴后面的转阀 9 相通，通过软管 10 同真空泵系统相连接，按上述的气路造成卡盘本体沟槽内的真空，以吸着工件。反之，要取下被加工的工件时，则向沟槽内通以空气。气缸腔室 6 内有时真空有时充气，所以活塞 11 有时缩进有时伸出。此活塞前端的凹窝在卡紧时起到吸着的作用。即工件被安装之前缸内腔室与大气相通，所以在弹簧 12 的作用下活塞伸出卡盘的外面。当工件被卡紧时缸内造成真空则活塞头缩进，一般真空卡盘的吸引力与吸盘的有效面积和吸盘内的真空度成正比例。在自动化应用时，有时要求卡紧速度要快，而卡紧速度则由真空卡盘的排气量来决定。

真空卡盘的夹紧与松夹是由图 7-36 中所示电磁阀 1 的换向来

进行调节的。即打开包括真空罐3在内的回路以造成吸盘内的真空，实现卡紧动作。松夹时，在关闭真空回路的同时，通过电磁阀4迅速地打开空气源回路，以实现真空下瞬间松卡的动作。电磁阀5是用以开闭压力继电器6的回路。在卡紧的情况下此回路打开，当吸盘内真空度达到压力继电器的规定压力时，给出夹紧完了的信号。在松卡的情况下，回路已换成空气源的压力了，为了不损坏检测真空的压力继电器，将此回路关闭。如上所述，卡紧与松卡时，通过上述的三个电磁阀自动地进行操作，而卡紧力的调节是由真空调节阀2来进行的，根据被加工工件的尺寸、形状可选择最合适的卡紧力数值。

7.4-1

7.4 数控机床的润滑与冷却系统的维修

数控机床上的润滑、冷却系统与普通机床上的是有很大差别的，在普通机床上一般是采用手工润滑与单管冷却的方式［二维码7.4-1］；在数控机床上一般采用自动润滑，润滑间隔时间可以根据需要而调整，数控机床时的冷却一般采用多管淋浴式冷却［二维码7.4-2］，有的还可以从刀具中进行冷却。

7.4-2

7.4.1 机床的冷却系统

（1）机床冷却

图7-37为电控箱冷气机的原理图和结构图。其工作原理是：电控箱冷气机外部空气经过冷凝器，吸收冷凝器中来自压缩机的高温空气的热量，使电控箱内的热空气得到冷却。在此过程中蒸发器中的液态冷却剂变成低温低压气态制冷剂，压缩机再将其吸入压缩成高温高压气态制冷剂，由此完成一个循环。同时电控箱内的热空气再循环经过蒸发器使其中的水蒸气被冷却，凝结成液态水而排出，这样热空气在经过冷却的同时也得到了除湿、干燥。

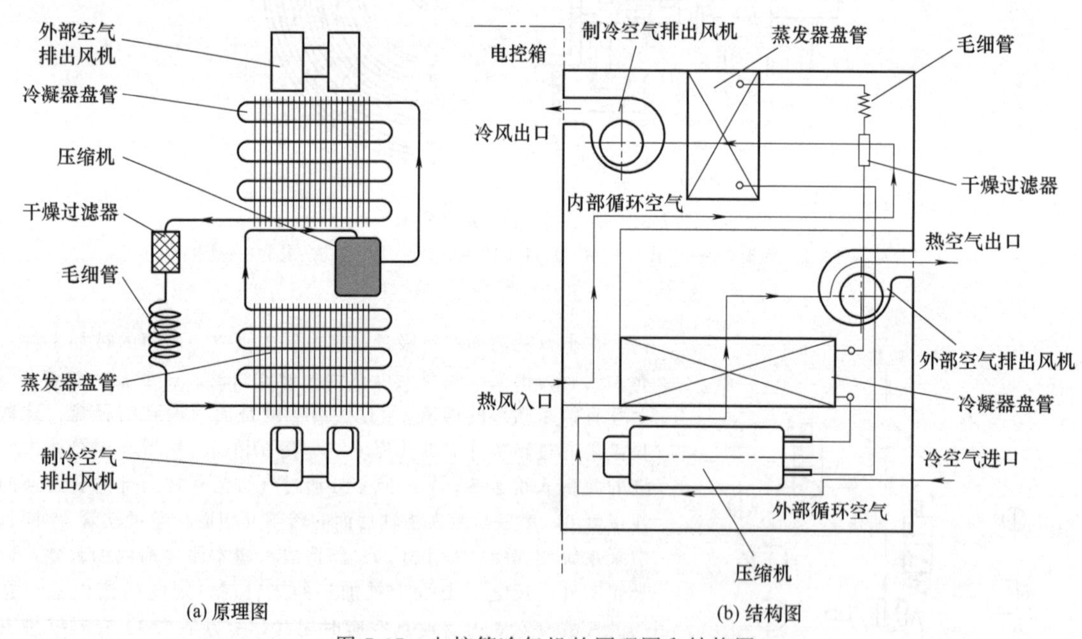

图7-37 电控箱冷气机的原理图和结构图

VP1050加工中心采用专用的主轴温控机对主轴的工作温度进行控制。图7-38（a）为主轴温控机的工作原理图，循环液压泵2将主轴头内的润滑油（L-AN32机油）通过管道6抽出，经过过滤器4过滤送入主轴头内，温度传感器5检测润滑油液的温度，并将温度信号传给温控机控制系统，控制系统根据操作人员在温控机上的预设值，来控制冷却器的开停。冷却润滑系统的工作状态由压力继电器3检测，并将此信号传送到数控系统的PLC。数控系统把主轴传动系统及主轴的正常润滑作为主轴系统工作的充要条件，如果压力继电器3无信号发出，则数控系统PLC发出报警信号，且禁止主轴启动。图7-38（b）所示为温控机操作面板。操作人员可以设定油温和室温的差值，温控机根据此差值进行控制，面板上设置有循环液压泵，冷却机工作、故障等多个指示灯，供操作人员识别温控机的工作状态。主轴头内高负荷工作的主轴传动系统与主轴同时得到冷却。

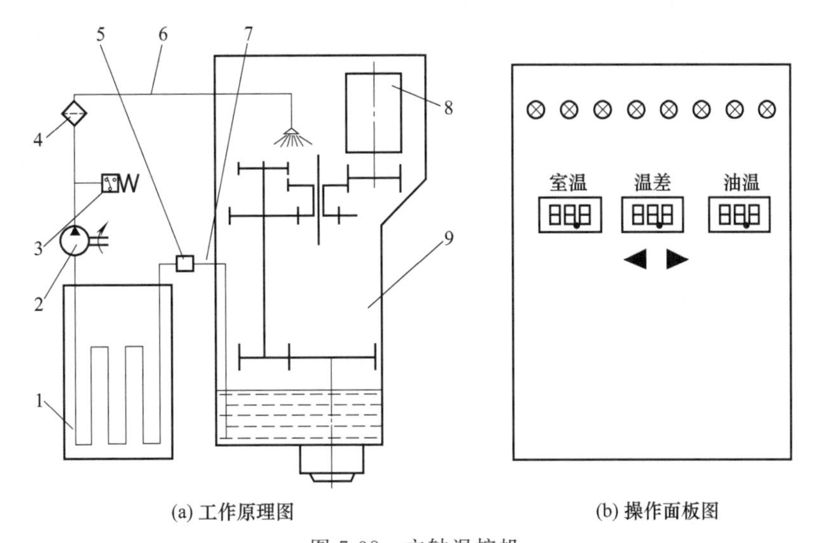

图 7-38　主轴温控机

1—冷却器；2—循环液压泵；3—压力继电器；4—过滤器；5—温度传感器；6—出油管；7—进油管；8—主轴电动机；9—主轴头

(2) 工件切削冷却

数控机床在进行高速大功率切削时伴随大量的切削热产生，使刀具、工件和内部机床的温度上升，进而影响刀具的寿命、工件加工质量和机床的精度。所以，在数控机床中，良好的工件切削冷却具有重要的意义，切削液不仅具有对刀具、工件、机床的冷却作用，还起到在刀具与工件之间的润滑、排屑清理、防锈等作用。如图 7-39 所示为 H400 加工中心切削冷却系统原理。H400 加工中心在工作过程中可以根据加工程序的要求，由两条管道喷射切削液，不需要切削液时，可通过切削液开/停按钮关闭切削液。通常在 CAM 生成的程序代码中会自动加入切削液开关指令。手动加工时机床操作面板上的切削液开/停按钮可启动切削液电动机，送出切削液。

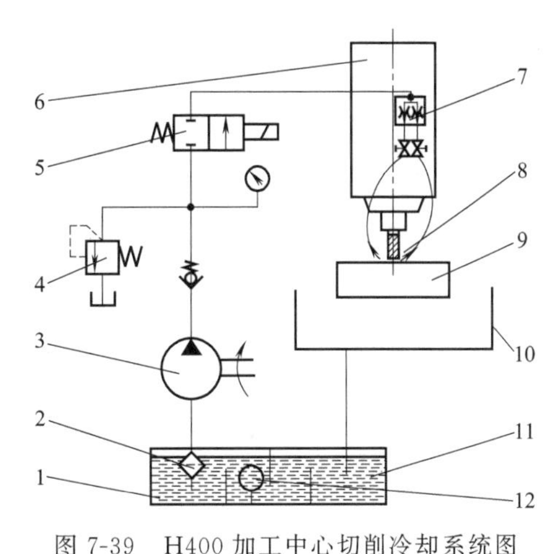

图 7-39　H400 加工中心切削冷却系统图

1—冷却液箱；2—过滤器；3—液压泵；4—溢流阀；5—电磁阀；6—主轴部件；7—分流阀；8—冷却液喷嘴；9—工件；10—冷却液收集装置；11—液位指示计；12—油标

为了充分提高冷却效果，在一些数控机床上还采用了主轴中央通水和使用内冷却刀具的方式进行主轴和刀具的冷却。这种方式对提高刀具寿命、发挥数控机床良好的切削性能、切屑的顺利排出等方面具有较好的作用，特别是在加工深孔时效果尤为突出，所以目前应用越来越广泛。

7.4.2　数控机床的润滑系统

VP1050 加工中心润滑系统综合采用脂润滑和油润滑。其中主轴传动链中的齿轮和主轴轴承转速较高、温升剧烈，所以与主轴冷却系统采用循环油润滑。图 7-40 为 VP1050 主轴润滑冷却管路示意图。要求机床每运转 1000h 更换一次润滑油，当润滑油液位低于油窗下刻度线时，需补充润滑油到油窗液位刻度线规定位置(上、下限之间)，主轴每运转 2000h 需要清洗过滤器。VP1050 加工中心的滚动导轨、滚珠螺母丝杠及丝杠轴承等由于运动速度低，无剧烈温升，因此这些部位采用脂润滑。图 7-41 为 VP1050 导轨润滑脂加注嘴示意图。要求在机床运转 1000h（或 6 个月）补充一次适量的润滑脂，采用规定型号的锂基类润滑脂。

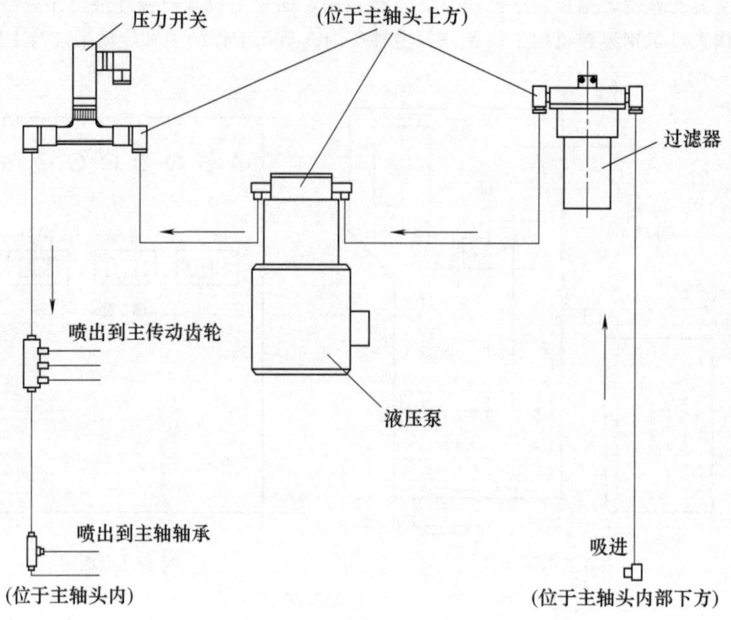

图 7-40　VP1050 主轴润滑冷却管路示意图

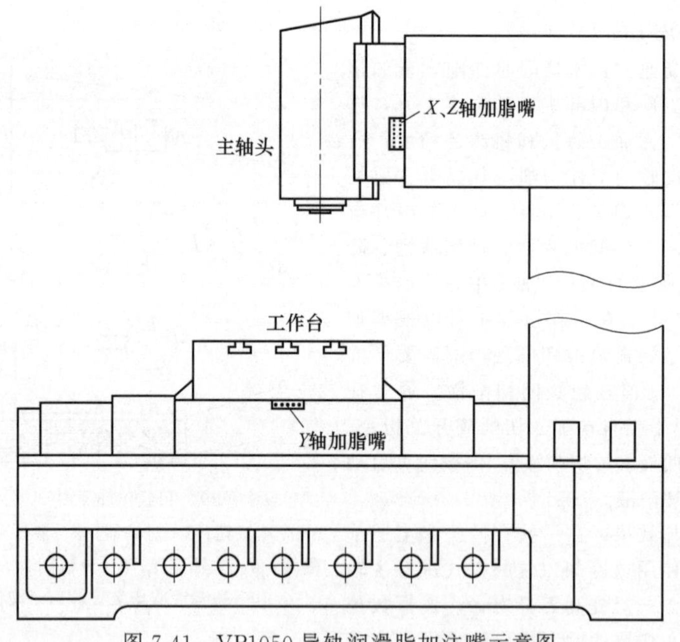

图 7-41　VP1050 导轨润滑脂加注嘴示意图

7.4.3　故障维修

(1) 润滑故障的维修方法

以 X 轴导轨润滑不良故障维修介绍之。

① 故障维修流程见图 7-42。

② 维修步骤：

a. 检查润滑单元。按自动润滑单元上面的手动按钮，压力表指示压力由 0 升高，说明润滑泵已启动，自动润滑单元正常。

b. 检查数控系统设置的有关润滑时间和润滑间隔时间。润滑打油时间为15s，间隔时间为6min，与出厂数据对比无变化。

c. 拆开 X 轴导轨护板，检查发现两侧导轨一侧润滑正常，另一侧明显润滑不良。

d. 拆检润滑不良侧有关的分配元件，发现有两只润滑计量件堵塞，更换新件后，运行30min，观察 X 轴润滑正常。

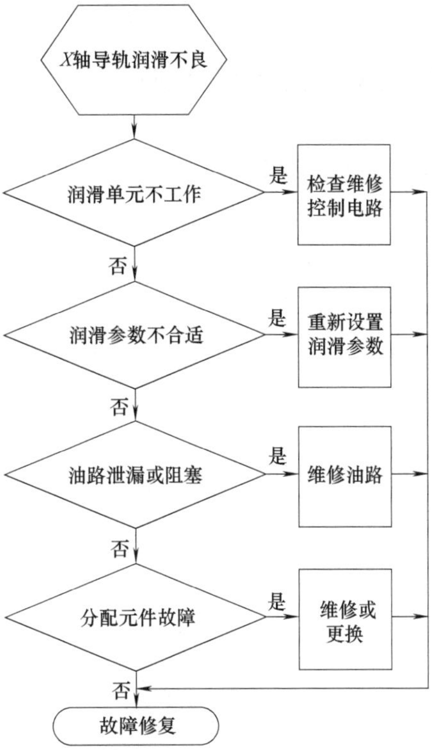

(2) 故障维修

【例 7-22】 加工表面粗糙度不理想的故障排除。

故障现象：某数控龙门铣床，用右面垂直刀架铣产品机架平面时，发现工件表面粗糙度达不到预定的精度要求。

分析及处理过程：

这一故障产生以后，把查找故障的注意力集中在检查右垂直刀架主轴箱内的各部滚动轴承（尤其是主轴的前后轴承）的精度上，但出乎意料的是各部滚动轴承均正常。后来经过研究分析及细致的检查发现，为工作台蜗杆及固定在工作台下部的螺母条这一传动副提供润滑油的四根管基本上都不来油。经调节布置在床身上的控制这四根油管出油量的四个针形节流阀，使润滑油管流量正常后，故障消失。

图 7-42 X 轴导轨润滑不良故障维修流程图

【例 7-23】 润滑油损耗大的故障排除。

故障现象：TH5640立式加工中心，集中润滑站的润滑油损耗大，隔1天就要向润滑站加油，切削液中明显混入大量润滑油。

分析及处理过程：

TH5640立式加工中心采用容积式润滑系统。这一故障产生以后，开始认为是润滑时间间隔太短，润滑电动机启动频繁，润滑过多，导致集中润滑站的润滑油损耗大。将润滑电动机启动时间间隔由12min改为30min后，集中润滑站的润滑油损耗有所改善但是油损耗仍很大。故又集中注意力查找润滑管路问题，润滑管路完好并无漏油，但发现 Y 轴丝杠螺母润滑油特别多，拧下 Y 轴丝杠螺母润滑计量件，检查发现计量件中的Y形密封圈破损。换上新的润滑计量件后，故障排除。

【例 7-24】 导轨润滑不足的故障排除。

故障现象：TH6363卧式加工中心，Y 轴导轨润滑不足。

分析及处理过程：

TH6363卧式加工中心采用单线阻尼式润滑系统。故障产生以后，开始认为是润滑时间间隔太长，导致 Y 轴润滑不足。将润滑电动机启动时间间隔由15min改为10min，Y 轴导轨润滑有所改善但是油量仍不理想。故又集中注意力查找润滑管路问题，润滑管路完好；拧下 Y 轴导轨润滑计量件，检查发现计量件中的小孔堵塞。清洗后，故障排除。

【例 7-25】 润滑系统压力不能建立的故障排除。

故障现象：TH68125卧式加工中心，润滑系统压力不能建立。

分析及处理过程：

TH68125卧式加工中心组装后，进行润滑试验。该卧式加工中心采用容积式润滑系统。通电后润滑电动机旋转，但是润滑系统压力始终上不去。检查润滑泵工作正常，润滑站出油口有压力油；检查润滑管路完好；检查 X 轴滚珠丝杠轴承润滑，发现大量润滑油从轴承里面漏出；检查该计量件，型号为ASA-5Y，查计量件生产公司润滑手册，发现ASA-5Y为单线阻尼式润滑系统的计量件，而该机床采用的是容积式润滑系统，两种润滑系统的计量件不能混装。更换容积式润滑系统计量件ZSAM-20T后，故障排除。

7.5 数控机床的排屑与防护系统的维修

7.5.1 排屑装置

(1) 排屑装置结构

排屑装置是数控机床的必备附属装置，其主要作用是将切屑从加工区域排到数控机床之外。切屑中往往都混合着切削液，排屑装置从其中分离出切屑，并将它们送入切屑收集箱（车）内，而切削液则被回收到冷却液箱。数控铣床、加工中心和数控镗铣床的工件安装在工作台上，切屑不能直接落入排屑装置，故往往需要采用大流量冷却液冲刷或压缩空气吹扫等方法使切屑进入排屑槽，然后回收切削液并排出切屑。排屑装置的种类繁多，表 7-5 所示为常见的几种排屑装置结构。

表 7-5 排屑装置结构

名称	实物	结构简图
平板链式排屑装置		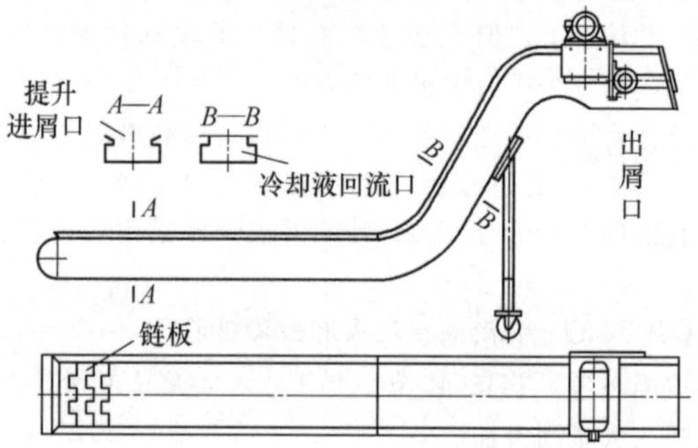 提升进屑口 A—A B—B 冷却液回流口 出屑口 链板
刮板式排屑装置	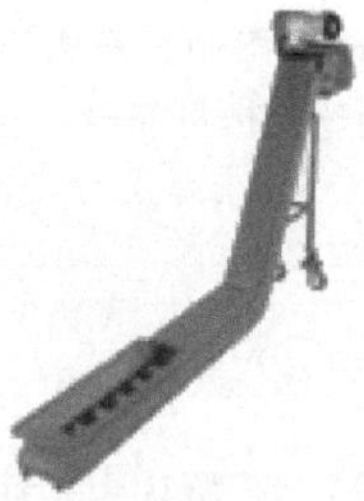	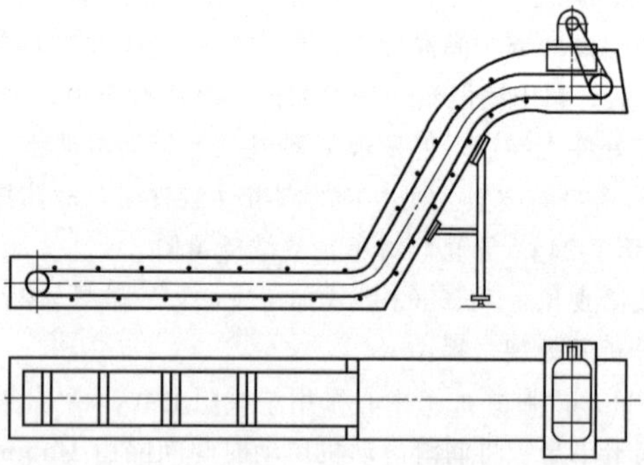
螺旋式排屑装置［二维码 7.4-1］	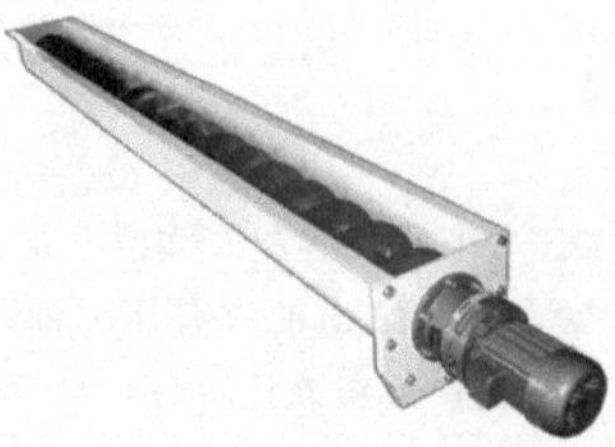	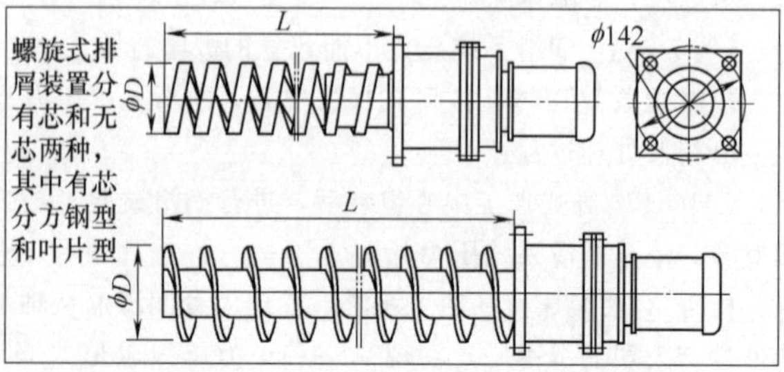 螺旋式排屑装置分有芯和无芯两种，其中有芯分方钢型和叶片型 L φD φ142

续表

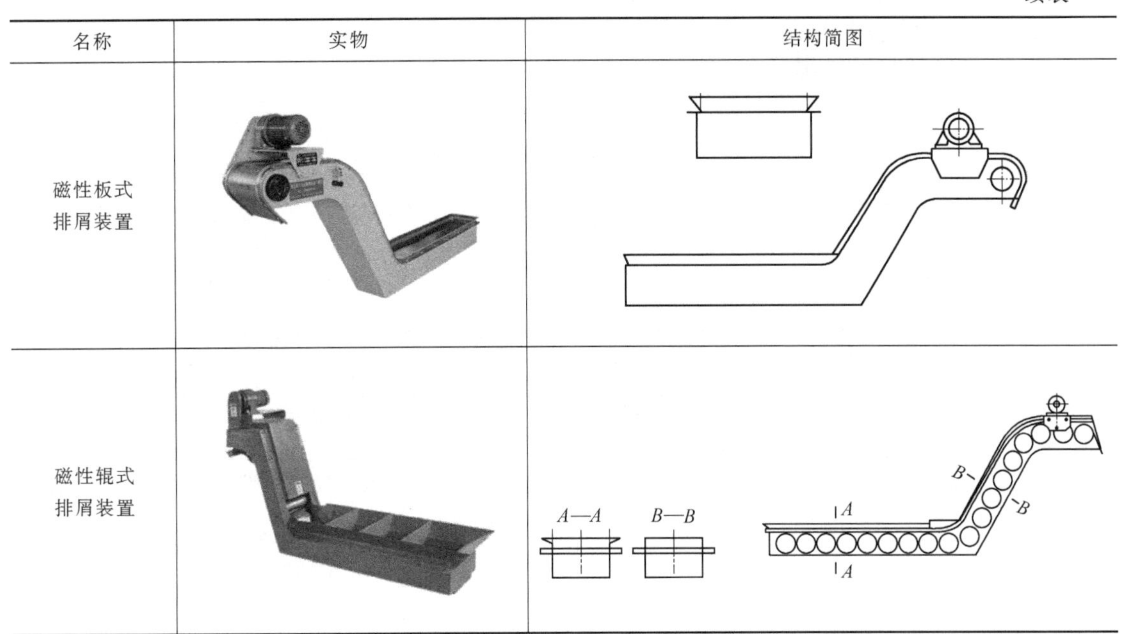

名称	实物	结构简图
磁性板式排屑装置		
磁性辊式排屑装置		A—A B—B A A B B

(2) 排屑装置电气控制

排屑装置电气控制如图7-43所示。

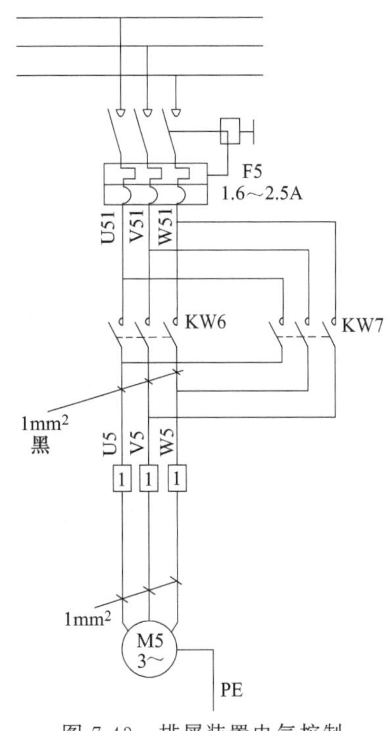

图7-43 排屑装置电气控制

(3) 维修实例

【例7-26】 排屑困难的故障排除。

故障现象：ZK8206数控锪端面钻中心孔机床，排屑困难，电动机过载报警。

故障分析：

ZK8206数控锪端面钻中心孔机床采用螺旋式排屑器，加工中的切屑沿着床身的斜面落到螺旋式排屑器所在的沟槽中，螺旋杆转动时，沟槽中的切屑即由螺旋杆推动连续向前运动，最终排入切屑收集箱。机床设计时为了在提升过程中将废屑中的切削液分离出来，在排屑器排出口处安装一直径为160mm、长350mm的圆筒型排屑口，排屑口向上倾斜30°。机床试运行时，大量切屑阻塞在排屑口，电动机过载报警。原因是切屑在提升过程中，受到圆筒型排屑口内壁的摩擦，相互挤压，集结在圆筒型排屑口内。

故障排除：将圆筒型排屑口改为喇叭型排屑口后，锥角大于摩擦角，故障排除。

【例7-27】 MC320立式加工中心机床排屑困难的故障排除。

故障现象：MC320立式加工中心机床，其刮板式排屑器不运转，无法排除切屑。

故障分析：

MC320立式加工中心采用刮板式排屑器。加工中的切屑沿着床身的斜面落到刮板式排屑器中，刮板由链带牵引在封闭箱中运转，切屑经过提升将废屑中的切削液分离出来，切屑排出机床，落入集屑车。刮板式排屑器不运转的原因可能有：

① 摩擦片的压紧力不足：先检查碟形弹簧的压缩量是否在规定的数值之内：碟形弹簧自由高度为8.5mm，压缩量应为2.6～3mm，若在这个数值之内，则说明压紧力已足够了；如果压缩量不够，可均衡地调紧3只M8压紧螺钉。

② 若压紧后还是继续打滑，则应全面检查卡住的原因。

检查发现排屑器内有数只螺钉，其中有一只螺钉卡在刮板与排屑器体之间。

故障排除：将卡住的螺钉取出后，故障排除。

(4) 排屑装置常见故障及排除方法

排屑装置常见故障及排除方法见表 7-6。

表 7-6　排屑装置常见故障及排除方法

序号	故障现象	故障原因	排除方法
1	执行排屑器启动指令后，排屑器未启动	排屑器上的开关未接通	将排屑器上的开关接通
		排屑器控制电路故障	由数控机床的电气维修人员来排除故障
		电机保护热继电器跳闸	测试检查，找出跳闸的原因，排除故障后，将热继电器复位
2	执行排屑器启动指令后，只有一个排屑器启动工作	另一个排屑器上的开关未接通	将未启动的排屑器上的开关接通
		控制电路故障	方法同上
		电机保护热继电器跳闸	方法同上
3	排屑器噪声增大	排屑器机械变形或有损坏	检查修理，更换损坏部分
		铁屑堵塞	及时将堵塞的铁屑清理掉
		排屑器的固定松动	重新紧固牢固
		电机轴承润滑不良，磨损或损坏	定期检修，加润滑脂，更换已损坏的轴承
4	排屑困难	排屑口切屑卡住	及时清除排屑口积屑
		机械卡死	调整修理
		刮板式排屑器摩擦片的压紧力不足	调整碟形弹簧压缩量或调整压紧螺钉

7.5.2　防护装置

(1) 机床防护门

图 7-44　防护门

数控机床一般配置机床防护门，防护门多种多样。图 7-44 所示就是常用的一种防护门，数控机床在加工时，应关闭机床防护门。

(2) 防护罩系列

防护罩种类繁多，表 7-7 所示为几种常见的机床防护罩。

(3) 拖链系列

各种拖链可有效地保护电线、电缆、液压与气动的软管，可延长被保护对象的寿命，降低消耗，并改善管线分布零乱状况，增强机床整体艺术造型效果。表 7-8 所示为常见的拖链。

7.5.3　故障诊断与维修实例

【例 7-28】 故障现象：一台配套 OKUMA OSP700 系统、型号为 XHAD765 的数控机床，换刀过程中出现 2834 “刀库关门检测器异常”报警，刀库门未关上，随后出现 1728 “刀库防护门电动机断路器”报警。

表 7-7　机床防护罩系列

名称	实物	结构简图
柔性风琴式防护罩	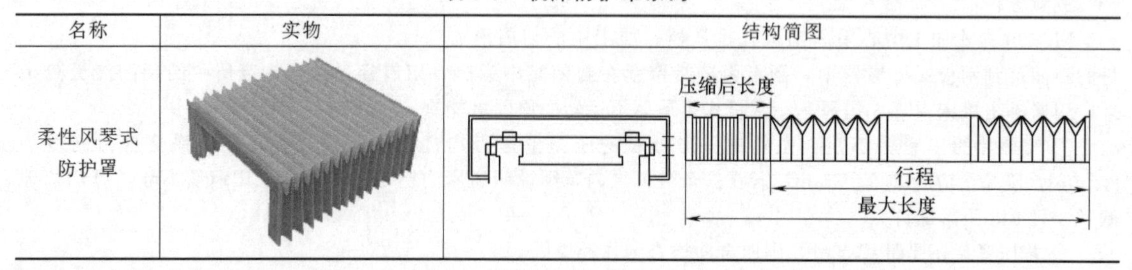	压缩后长度；行程；最大长度

续表

名称	实物	结构简图
钢板机床导轨防护罩	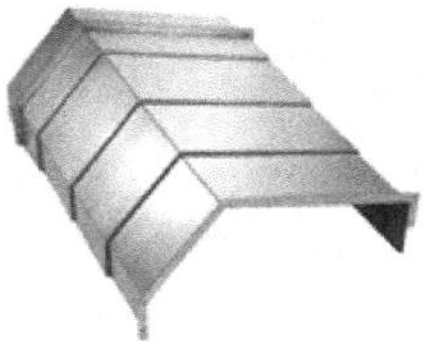	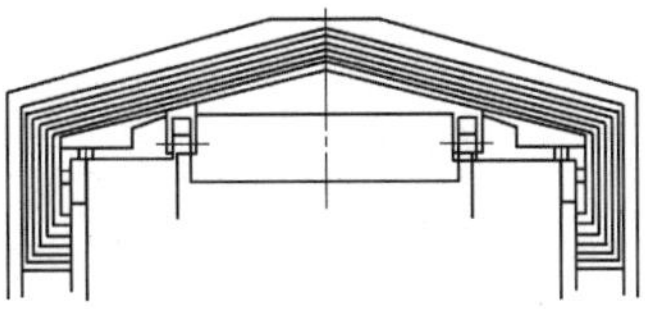
盔甲式机床防护罩		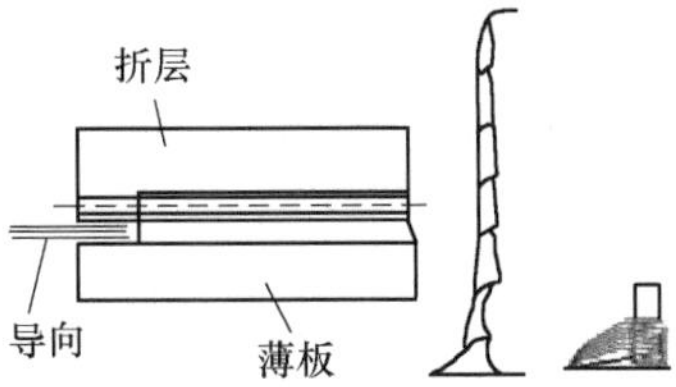 折层 导向 薄板
卷帘布式防护罩		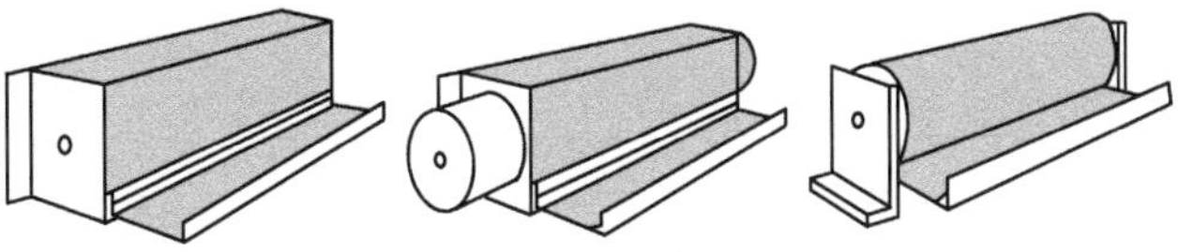
防护帘		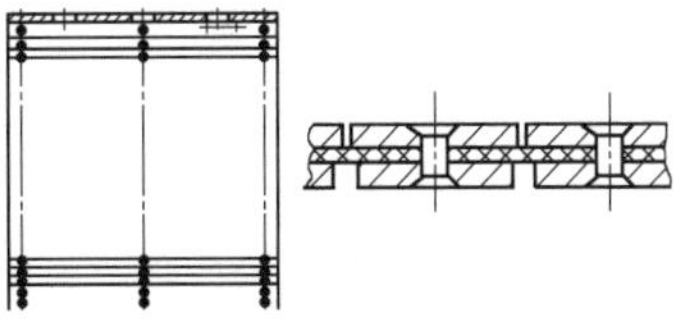
防尘折布		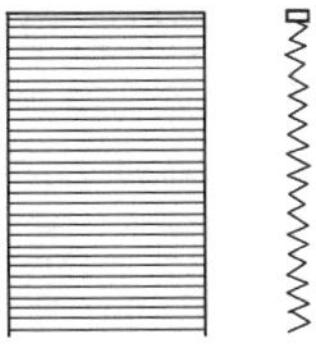

表7-8 拖链系列

名 称	实 物
桥式工程塑料拖链	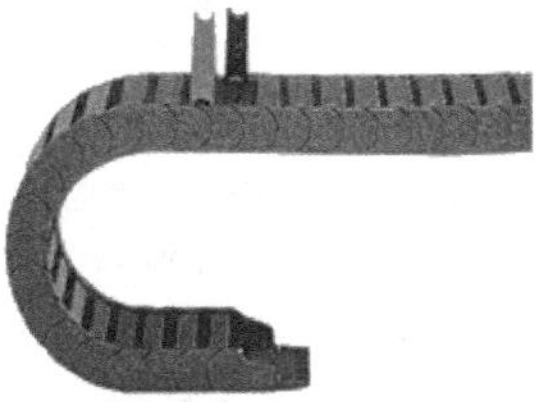
全封闭式工程塑料拖链	

续表

名称	实物
DGT导管防护套	
JR-2型矩形金属软管	
加重型工程塑料拖链、S型工程塑料拖链	
钢制拖链	

分析及处理过程：

出现“2834，刀库关门检测器异常”报警，原因有：刀库门未关上，超时报警，传感器SQ8不良或线路不良。根据故障现象，估计本例中刀库门未关上应该是刀库门关上动作超时报警所致。据操作工介绍，刀库门近期动作迟缓、停顿，似乎很费力，而1728报警说明刀库电动机过载，刀库门卡滞。关机后将刀库门驱动电动机传动带拆下，用手推拉刀库，确是有卡滞，仔细检查，发现刀库门滚珠导轨由于无防护，导轨槽中有细小切屑；用油冲洗，直到用手推拉灵活自由后，将刀库门关上，装上传动带。打开电柜，将热继电器FRM6复位，开机，将参数P16 bit7设定为1，将P56 bit7设定为1；再切换到手动运行方式，按“［ATC］＋［互锁解除］”，ATC灯亮，按［扩展］→［PLC测试］进入M06调整方面，设“EACH OPERATION POSSIBLE”为1，设“MAGAZINE DOOR OPEN”为1，按单步退，打开刀库门，再设“MAGAZINE DOOR CLOSE”为1，按单步退，如此多次，刀库门开关正常；再将M06调整画面恢复到准备状态，按“ATC＋锁解除”，关闭ATC灯，设定参数P16 Bit7为1，P56 Bit7为0，切换到MDI方式，用T#、M06指令换刀正常。

【例7-29】 故障现象：一台配套OKUMA OSP700系统、型号为XHAD765的数控机床，故障现象同上例。

分析及处理过程：

关机后，拆下刀库门电动机传动带，用手推拉刀库门很轻松，无卡滞现象，负载很小，也不应是传动带松动的问题（传动带松动不会引起刀库门电动机过载保护）。查电动机供电正常，于是怀疑是电动机本身的问题；送电开机按上例进入M06调整方面，打开、关闭刀库门，由于传动带未安装，这时需人为用手模拟将刀库门打开或关闭，同时观察刀库门电动机轴的转动情况，发现电动机轴转动有卡滞，证实电动机部分确有问题。断电关机，将电动机拆下检查，该电动机为普通微型三相异步电动机，在轴端加了一级电磁抱刹，结构原理类似交流伺服电动机上的电磁刹车。在电动机要运转时，电磁线圈通电吸合铁芯，松开刹车，电动机带动刀库门运转；动作结束，电磁线圈断电，弹簧将刹车抱紧。如果该电磁刹车不良，则也会导致电动机过载。将电磁刹车拆下检查，机械正常，用手拧电动机轴正常，用表测电动机绕组，无不平衡及碰壳短路现象；将电磁抱刹接上96V直流电源，观察衔铁未吸合到位，正常情况下，通电后铁芯应清脆地吸合；铁芯未吸合到位，刹车不能完全解除，导致电动机过载；因为电压正常，而电磁力不足，说明电磁线圈有点问题。由于配件一时不易购到，临时将刹车弹簧加载螺钉调松，到铁芯能清脆吸合即可；再安装回电动机，接通96V直流电，用手拧输出轴，手感轻松灵活。将该电动机装回机床，装上传动带，再按上例调整刀库门，正常，恢复状态，退出后到MDI方式下，换刀正常。

第8章 综合故障的诊断与维修

8.1 数控系统综合故障诊断与维修

下面以 FANUC 0 系统为例来说明数控系统综合故障的维修，对于其他 FANUC 系统，可根据实际系统中的编号对照进行检查。

8.1.1 系统无显示的故障诊断

系统无显示的故障可以按如图 8-1 所示步骤对系统进行检查，其中元件、插头编号与 FS0 相对应，对于

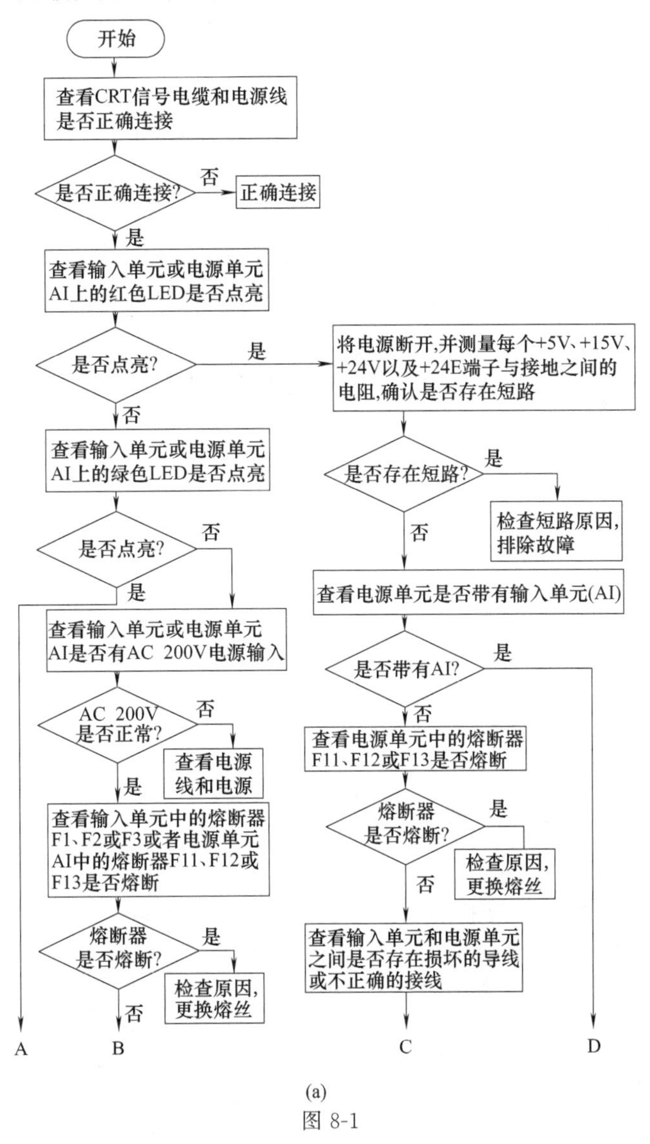

(a)

图 8-1

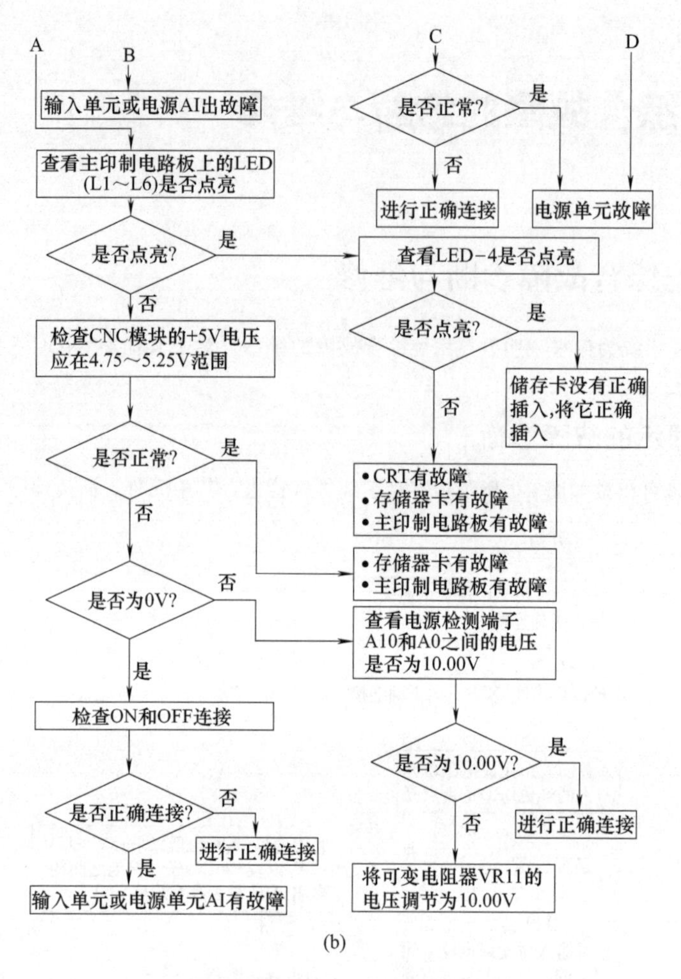

图 8-1　系统无显示的故障诊断步骤

其他 FANUC 系统，可根据实际系统中的编号对照进行检查。

8.1.2　不能回参考点的故障诊断

① 不能进行回参考点的故障诊断　指机床不执行回参考点动作，或者是动作错误，或者是回参考点过程中系统出现报警。这时，可以按如图 8-2 所示的步骤对系统进行检查。其中具体参数号与 FS0C 对应。

② 回参考点位置不正确的故障诊断　指机床可以执行回参考点动作，但是参考点定位位置出现错误的情况。这时，可以按如图 8-3 所示的步骤对系统进行检查。

8.1.3　系统 I/O 接口故障的诊断

(1) 数据输入输出接口（RS-232）不能正常工作

① 报警　对于 FANUC 系统，当数据输入输出接口不能正常且报警时，有两个系列的报警号。

a. 3/6/0/16/18/20/POWER-MATE，当发生报警时，显示 85～87 报警。

b. 10/11/12/15，当发生报警时，显示 820～823 报警。

② 原因与故障部位　当数据输出接口不能正常工作时，一般有以下几个原因。

a. 如果做输入输出数据操作时，系统没有反应：

• 检查系统工作方式是否正确，把系统工作方式置于 EDIT 方式且打开程序保护键，或者在输入参数时，也可以置于急停状态。

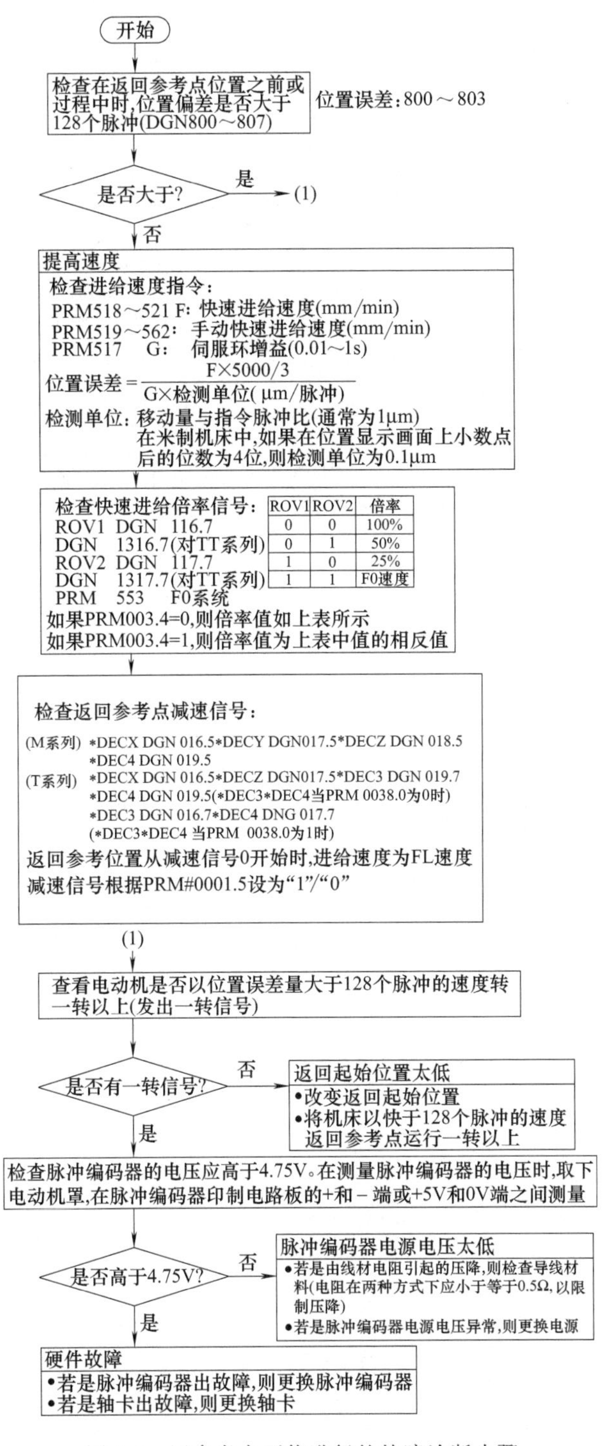

图 8-2 回参考点不能进行的故障诊断步骤

• 按 FANUC 出厂时数据单重新输入功能选择参数。

• 检查系统是否处于 RESET 状态。

b. 如果做输入输出数据操作时，系统发生了报警：

• 检查系统参数，如表 8-1 所示。

• 电缆接线。图 8-4 所示是 FANUC 系统到机床面板的连接中继终端，接口和计算机连接线如图 8-5 所示。

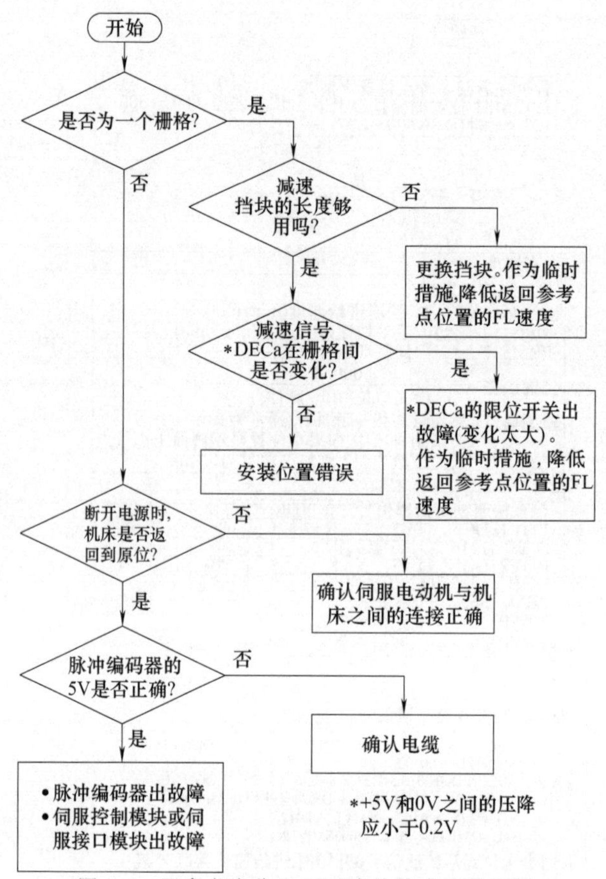

图 8-3　回参考点位置不正确的故障诊断步骤

表 8-1　FANUC 系统的有关输入/输出接口的参数表

机种	项目设定	CNC 侧设定		便携式 3in 磁盘驱动器或计算机侧的设定
		第 1 通道	第 2 通道	
FANUC 16/18/21/0i	通道名称	JD5A	JD5B	波特率＝4800bit/s 停止位＝2 奇偶校验位＝偶校验 通道＝RS-232
	通道设置	020＝1	020＝2	
	停止位	0101＝1×××0××1	0121＝1×××0××1	
	输入输出设备	0102＝3	0102＝3	
	波特率	0103＝10	0123＝10	
FANUC 10/11/12/15	通道名称	CD4A 或 D5A(15B)	CD4B 或 JD5B(15B)	波特率＝4800bit/s 停止位＝2 奇偶校验位＝偶校验 通道＝RS-232
	通道设置	020＝1,021＝1	020＝2,021＝2	
	输入输出设备号	5001＝1	5001＝1	
	输入输出设备	5110＝7	5110＝7	
	停止位	5111＝2	5111＝2	
	波特率	5112＝10	5113＝10	
	控制码	0000＝×××0×0××	0000＝×××0×0××	
FANUC 0A/0B/0C/0D	通道号名称	M5	M74	波特率＝4800bit/s 停止位＝2 奇偶校验位＝偶校验 通道＝RS-232
	通道号	I/O ＝0,I/O＝1	I/O ＝2	
	停止位	0002＝1××××0×1 0012＝1××××0×1	0050＝1××××0×1	
	输入输出设备	0038＝10××××××	0038＝××10×××	
	波特率	0552＝10 0553＝10	0250＝10	

续表

机种	项目设定	CNC 侧设定		便携式 3in 磁盘驱动器或计算机侧的设定
		第 1 通道	第 2 通道	
FANUC 3	通道号	I/O =0		波特率=4800bit/s 停止位=2 奇偶校验位=偶校验 通道=RS-232
	停止位	0005=1××××0×1		
	波特率	0068=4800		
FANUC 6	通信通道	INPUTDEVICE=0 INPUTDEVICE=1		波特率=4800bit/s 停止位=2 奇偶校验位=偶校验 通道= RS-232
	输入输出设备	0340=3 0341=3		
	停止位/波特率	0312=10011001		
FANUC 0P	通道名称	M5	M74	
	通道设置	0340=1 0341=1 018#1=1	0340=3 0341=3 018#1=1	
	停止位/波特率	0311=10011100	0312=10011001	
FANUC Power Mate-A/B/C	通道名称	JD5		
	通道设置	I/O=0		
	停止位	1××××××1		
	波特率	0226=10		

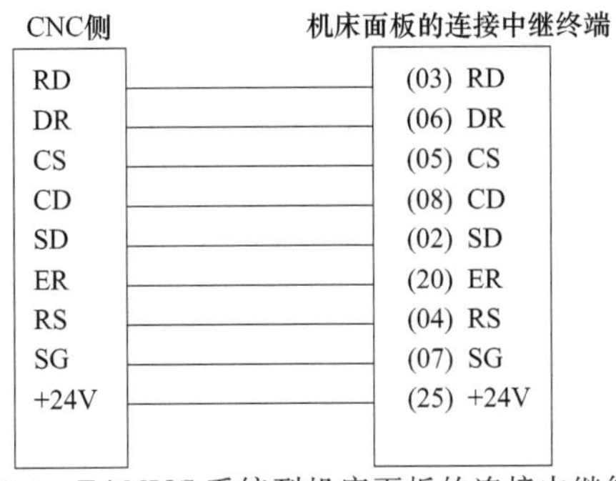

图 8-4 FANUC 系统到机床面板的连接中继终端

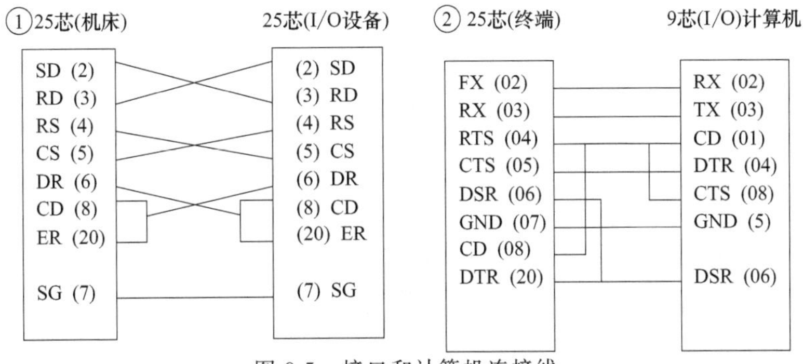

图 8-5 接口和计算机连接线

c. 外部输入输出设备的设定错误或硬件故障。

外部输入输出设备有 FANUC 纸带穿孔机、手持磁盘盒、FANUC P-G、计算机等设备。在进行传输时，要进行如下确认。

• 电源是否打开？
• 波特率与停止位是否与 FANUC 系统的数据输入输出参数设定匹配？
• 硬件有何故障？

• 传输的数据格式是否为 ISO/EIA?

• 数据位设定是否正确? 一般为 7 位。

d. CNC 系统与通信有关的印刷板故障。FANUC 数控系统与通信接口有关的印制板如表 8-2 所示。

表 8-2 FANUC 数控系统与通信接口有关的印制板

系统	印制板	系统	印制板
0	存储板或主板	16/18-A/B/C	MAIN 板上的通信接口模块
3	主板	0i-A	I/O 接口板或主板
6	显示器控制板(CRTC 板)	0i-B/C	主板或 CPU 板
11	主板或显示器屏幕/MDI 控制板	21B	I/O 接口板
15A	BASE 0	16/18/21i	主板或 CPU 板
15B	MAIN CPU 板或 OPTI 板	Power Mate	基板

(2) 当 FANUC 系统与计算机进行通信时的注意事项

① 计算机的外壳与 CNC 系统同时接地。

② 不要在通电的情况下拔连接电缆。

③ 不要在有雷雨时进行通信作业。

④ 通信电缆不能太长。

(3) 发生 85、86、87 号报警时的检修步骤

系统 I/O 接口故障是指示系统在与外部设备进行数据传输时，出现系统报警或数据不能进行正常传输的故障。可以按如图 8-6 所示的步骤对系统进行检查。

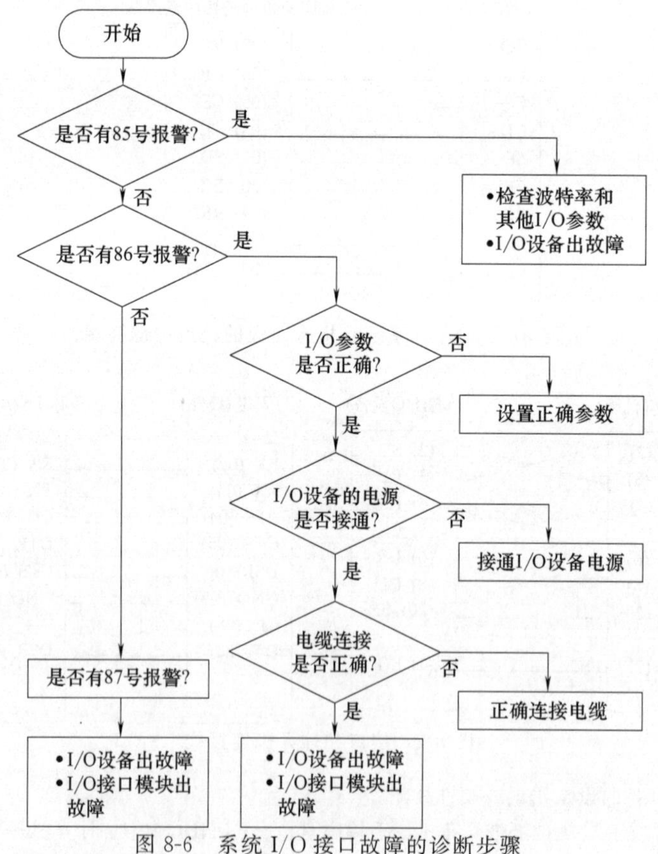

图 8-6 系统 I/O 接口故障的诊断步骤

8.1.4 手动、手摇脉冲发生器或增量进给操作失败的故障

手动、手摇脉冲发生器或增量进给操作失败的故障如图 8-7 所示。

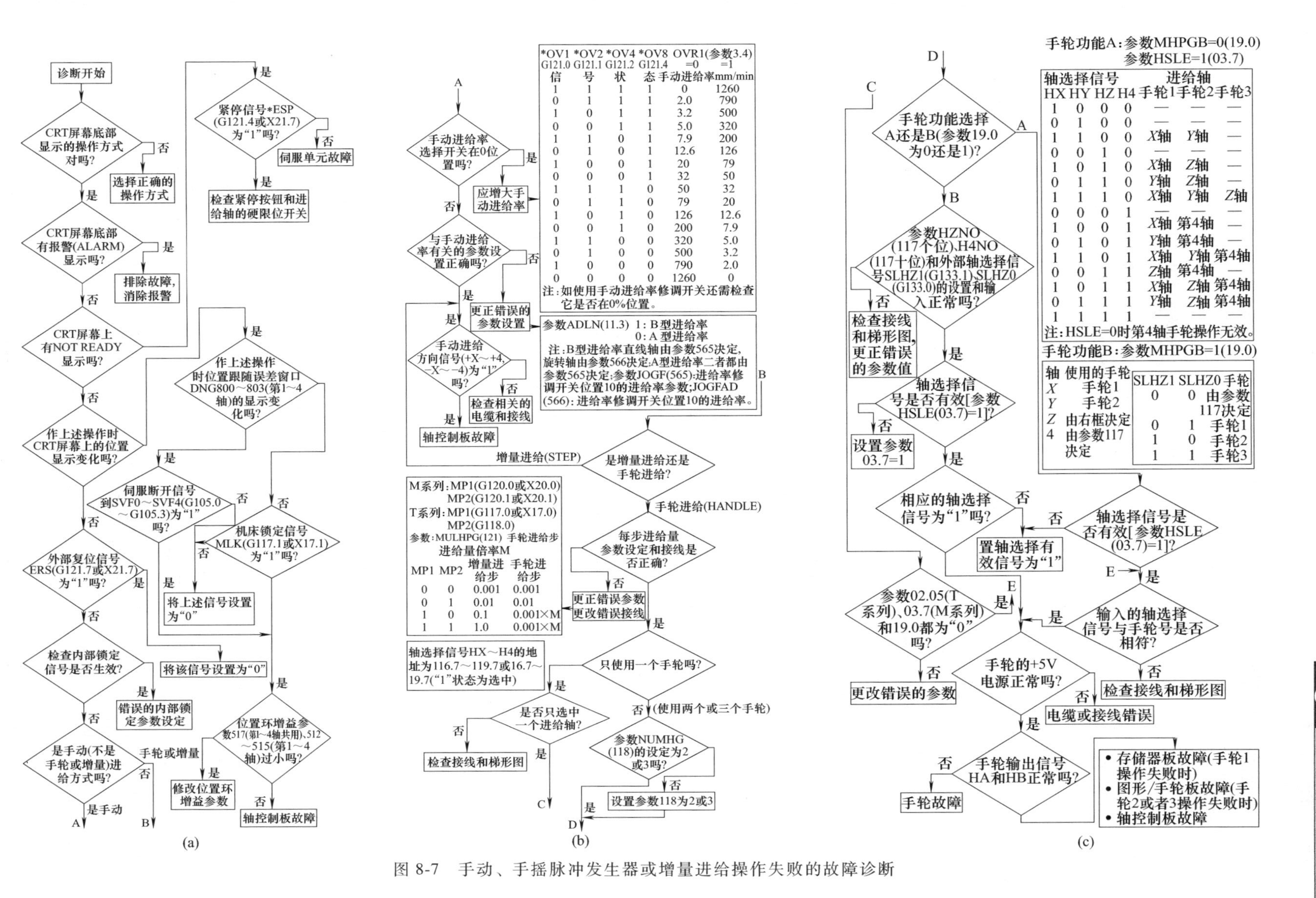

图 8-7 手动、手摇脉冲发生器或增量进给操作失败的故障诊断

8.1.5 自动操作故障

自动操作故障诊断如图 8-8 所示。

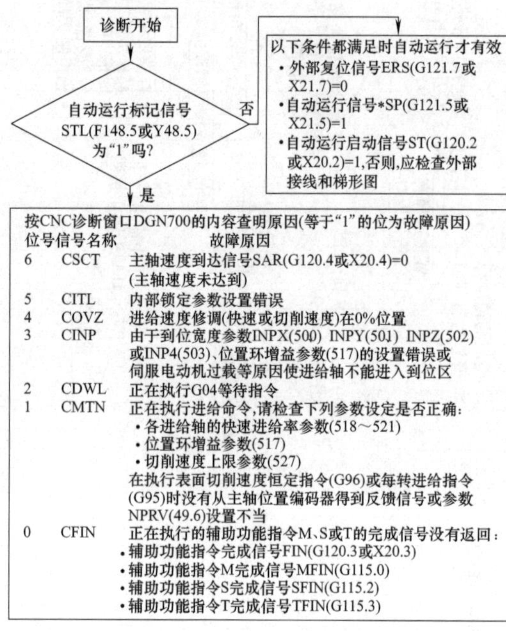

图 8-8 自动操作故障诊断

8.1.6 增加第四轴

目前市场上常见的 FANUC 系统有 0 系列、0i-A 系列、0i-B 系列、0i-C 系列、0i-D 系列以及 0i-F 系列。0i-A 系列、0i-B 系列以及 0 系列的机床由于年代较为久远，虽然现在应用的还有，但基本没有增加第四轴的价值，其他的是否可增加见表 8-3。

通过表 8-3 可知是否可以增加第四轴，当然某些机床采用的是伺服刀库等功能已经占用了第四轴，由于增加比较复杂，一般不在考虑之内。

目前我们常用的驱动是 αi 系列和 βi 系列。电动机 αi 系列和 βi 系列基本上是可以通用的，驱动应遵循的基本原则就是第四轴驱动尽量与前三个轴是同一个批次的，例如前三个轴是 A06B-6114-HXXX，那第四轴选型尽量也要使用 A06B-6114-HXXX，当然，FANUC 也提供了一定兼容性，例如 0i-MD 型标准驱动是 A06B-6117-HXXX 也可以混用 A06B-6240-HXXX，但是到了最新的 0i-MF 型就必须用 A06B-6240-HXXX。所以我们还是尽量坚持同一批次的原则。

表 8-3 是否可增加第四轴

序号	系统	可否增加	备注
1	0i-MC	可以	
2	0i-MATE-MC	不可以	
3	0i-MD	可以	
4	0i-MATE-MD(C 包)	选项功能	诊断 1148＃7＝1
5	0i-MATE-MD(S 包)	选项功能	诊断 1148＃7＝1　1233＃1＝1
6	0i-MF	可以	

关于参数及 PMC，FANUC-0i 系列的参数基本一致，只有微小差别，见表 8-4。

表 8-4 参数设置

序号	参数	说明	备注
1	1100＝4	系统控制 4 个进给轴	0i-MC 专有参数
2	8130＝4	系统控制 4 个进给轴	0i-MC、0I-MD 共有参数
3	987＝4	系统控制 4 个进给轴	0i-MF 专有参数
4	1902＃1＝0	FSSB 自动匹配	
5	1005＃1＝1	无挡块回零	用于绝对值电动机
6	1006＃0＝1	第四轴为旋转轴	
7	1008＃0 ＃2＝1	旋转轴循环功能	
8	1020	第四轴程序名称	根据第四轴的摆放位置不同而不同
9	1022	基本坐标系中的哪个轴	
10	1023	伺服轴号	一般填 4
11	1260	旋转一周的移动量	一般填 360
12	1320	正方向软限位	999999
13	1321	负方向软限位	－999999
14	1420	快速移动速度	4000
15	1421	快移倍率 F0 速度	100
16	1423	JOG 进给速度	4000
17	1424	手动快移速度	4000
18	1428	返回参考的速度	4000

续表

序号	参数	说明	备注
19	1430	最大切削进给速度	4000
20	1620	快速移动直线加减速时间常数	100
21	1622	切削进给加减速时间常数	32
22	1624	JOG 进给加减速时间常数	100
23	1815＃4、＃5＝1	绝对位置设置	先设 APC，再设 APZ
24	2000	初始化设定	伺服设定画面快捷设定
25	2020	电动机代码	伺服设定画面快捷设定
26	2001	AMR	伺服设定画面快捷设定
27	1820	指令倍乘比	伺服设定画面快捷设定
28	2084	柔性齿轮分子	伺服设定画面快捷设定
29	2085	柔性齿轮分母	伺服设定画面快捷设定
30	2022	电动机方向	伺服设定画面快捷设定
31	2023	速度脉冲	伺服设定画面快捷设定
32	2024	位置脉冲	伺服设定画面快捷设定
33	1821	参考计数器容量	伺服设定画面快捷设定
34	1825	位置环增益	3000
35	1826	到位宽度	10
36	1828	移动中位置偏差极限值	10000
37	1829	停止时位置偏差极限值	500

由于要增加的数控机床为成品，所以很多信号不需要处理，只需要设定 PMC 的内部信号即可（表 8-5）。

表 8-5 设定 PMC 的内部信号

序号	信号	内容
1	G18.2	第四轴手轮选择信号
2	G100.3	第四轴正方向选择信号
3	G102.3	第四轴负方向选择信号
4	G126.3	第四轴伺服关断信号
5	G130.3	第四轴互锁信号
6	F102.3	第四轴移动中信号

另外我们还需要处理第四轴松开检测信号、第四轴夹紧检测信号、第四轴电磁阀控制信号等。

8.1.7 打不开 9000 号宏程序的故障处理

在打开 FANUC 9000～9999 之间的宏程序时，经常打不开。

（1）原因

参数 3202.4 NE9 设为 1，如图 8-9 所示。有时这个值不能修改，那是因为 3210 和 3211 设置了密码，如图 8-10 所示。

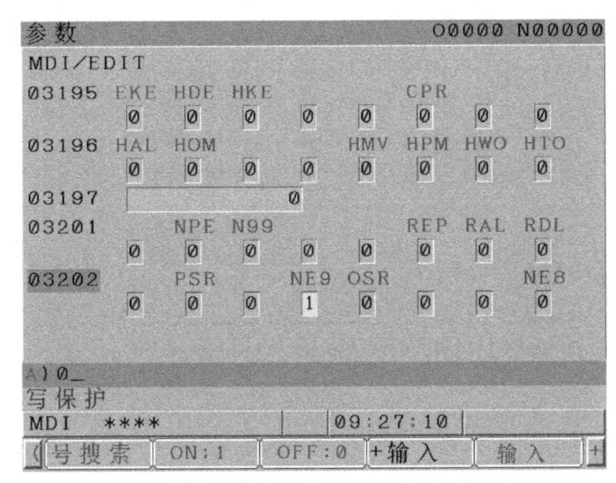

图 8-9 参数 3202.4 NE9 设为 1

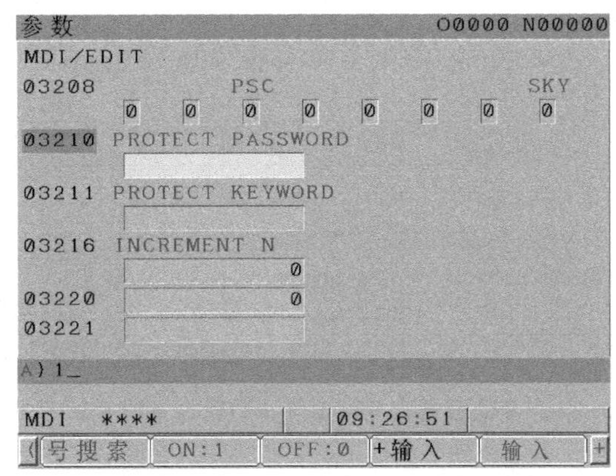

图 8-10 设置了密码

(2) 解密

如图 8-11 所示，通过梯形图来解密。

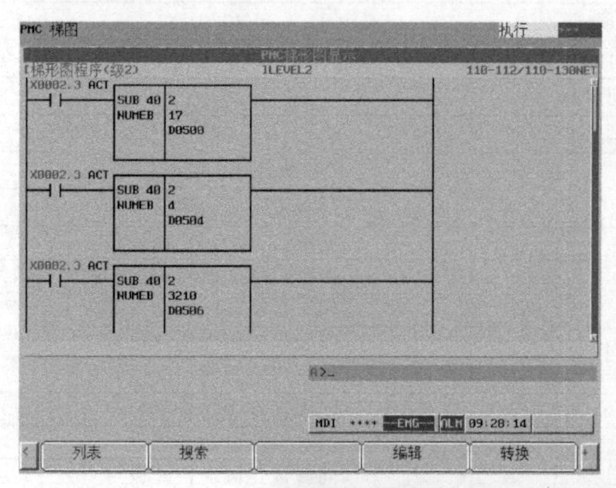

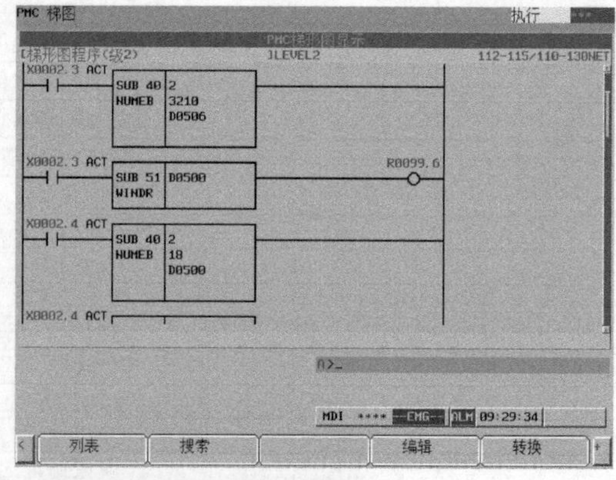

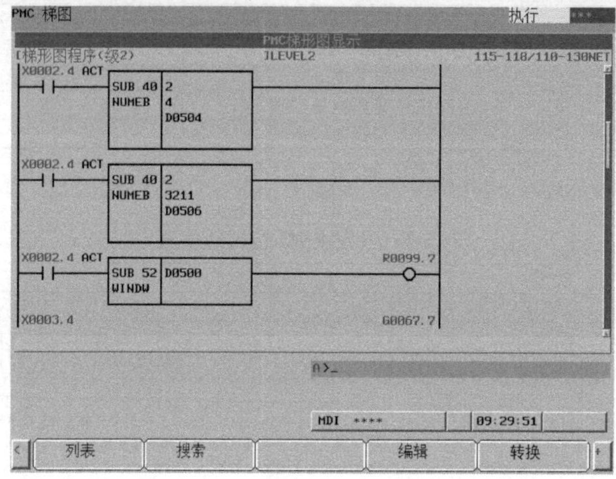

图 8-11 解密

8.1.8 FANUC 温度高的处理

(1) 检查

① 首先打开诊断画面：

a. 按下［SYSTEM］键。

b. 按下软键［诊断］，进入诊断画面。

② 按几次［PAGEDOWN↓］键就可以查看以下内容。

a. 查看伺服电动机是否过热，如图 8-12 所示。

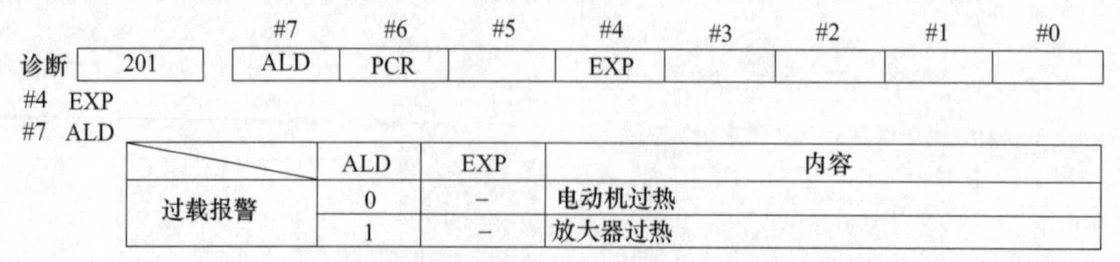

		#7	#6	#5	#4	#3	#2	#1	#0
诊断	201	ALD	PCR		EXP				

#4 EXP

#7 ALD

	ALD	EXP	内容
过载报警	0	–	电动机过热
	1	–	放大器过热

图 8-12 查看伺服电动机是否过热

b. 查看伺服电动机和编码器温度，如图 8-13 所示。

c. 查看主轴电动机温度，如图 8-14 所示。

③ 机床负载显示如图 8-15 所示。

a.将显示操作监控画面的参数OPM(No.3111#5)设定为1。

b.按下功能键 POS ，选择位置显示画面。

c.按继续菜单键 ▷ ，显示出软键[监控]。

d.按下软键[监控]，显示出操作监控画面。

诊断	308	伺服电动机温度(℃)

[数据类型] 字节轴型
[数据单位] ℃
[数据范围] 0～255
显示伺服电动机的绕组温度。在达到140℃的阶段，发生电动机过热的报警。

诊断	309	脉冲编码器温度(℃)

[数据类型] 2字轴型
[数据单位] ℃
[数据范围] 0～255
显示脉冲编码器内印刷电路板的温度。在达到100℃(脉冲编码器内环境温度大约85℃)的阶段，发生电动机过热的报警。

注释
1 温度信息误差如下所示。
50～160℃ ±5℃
160～180℃±10℃
2 发生过热报警的温度，最大出现5℃的误差。

图 8-13 伺服电动机和编码器温度

诊断	403	主轴电动机温度

[数据类型] 字节主轴型
[数据单位] ℃
[数据范围] 0～255
显示主轴电动机的绕组温度。
该信息将成为主轴的过热报警的大致标准。
(发生过热的温度随电动机不同而不同)

注释
1 温度信息的误差如下所示。
• 50～160℃ ± 5℃
• 160～180℃±10℃
2 所显示的温度，以及发生过热的温度存在如下误差。
• 小于等于160℃最大5℃
• 160～180℃最大10℃

诊断		#7	#6	#5	#4	#3	#2	#1	#0
	408	SSA		SCA	CME	CER	SNE	FRE	CRE

#0 CRE 发生了CRC错误(警告)。
#1 FRE 发生了成帧误差(警告)。
#2 SNE 发送方或接受方不正确。
#3 CER 接收发生了异常。
#4 CME 在自动扫描中没有回信。
#5 SCA 在主轴放大器一侧发生了通信报警。
#7 SSA 在主轴放大器一侧发生了系统报警。
以上这些都是发生报警(SP0749)的原因，
但是成为这些状态的主要原因在于噪声、
断线或电源的突然中断。

诊断	410	主轴的负载表显示(%)

[数据类型] 字主轴型
[数据单位] %

图 8-14 主轴电动机温度

在立式加工中心中，Z 轴的负载比较大，有的机床可能是 50%以上，但是当 Z 轴负载长期超过 80%时，Z 轴电动机寿命会有很大影响，可以给 Z 轴电动机单独增加一个散热风扇。

(2) 处理

FANUC 风扇是易耗品，在伺服驱动器、数控系统和主轴电动机里面都有风扇，在空闲保养时，应根据电器柜的情况及时更换，如图 8-16～图 8-18 所示。

① 系统用风扇参数＋24V，三线。如有 701 报警，则用 8901＃1（fan）参数可屏蔽。

② 电源、伺服和主轴驱动器上的风扇。

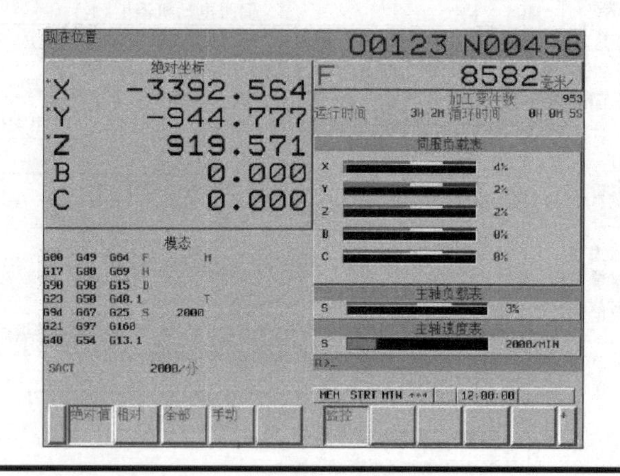

⚠ 注意

1 负载表的图形最多可以显示200%的载荷。

2 速度表的图形显示出将主轴的最高转速设为100%时的当前的转速比率。

图 8-15 机床负载显示

图 8-16 电源风扇

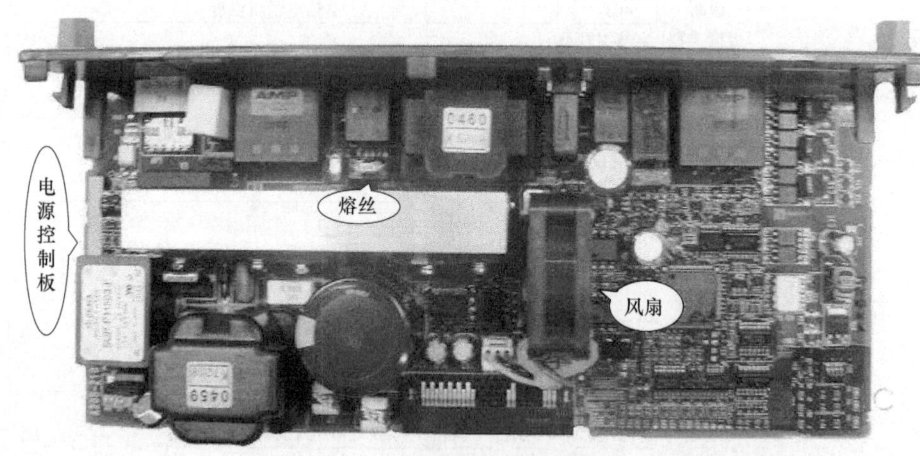

图 8-17 电源驱动器内部风扇

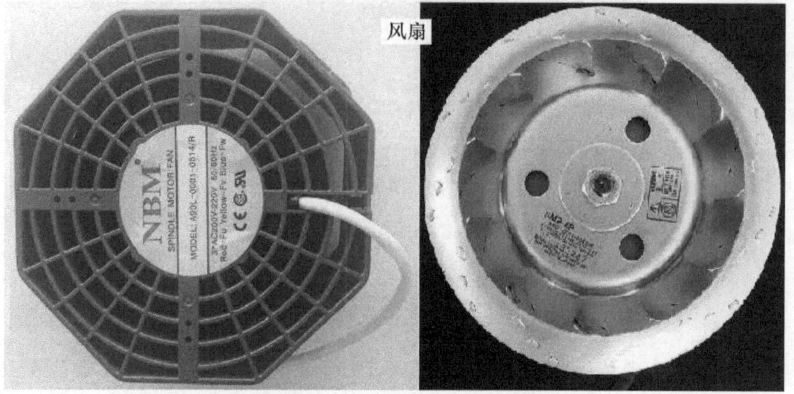

图 8-18 主轴电机后盖风扇

8.2 综合故障维修实例

8.2.1 FANUC 0系统的故障诊断与维修

FANUC 0 系统的故障诊断与维修如表 8-6 所示。

表 8-6 FANUC 0 系统的故障诊断与维修

序号	故障征兆	故障原因	解决办法
1	当选完刀号后，X、Y 轴移动的同时，机床也进行换刀的动作，但是，X、Y 轴移动的距离与 X、Y 轴的移动指令不相吻合，并且每次的实际移动距离与移动指令之差还不一样	没有任何报警，应属于参数问题	①修改参数 0009 号 TMF，由 0000××××改为 0111××××，该故障得以解决。当 0009＝0000××××时，TMF＝16ms。当 0009＝0111××××时，TMF＝128ms ②冬天，有可能润滑油的黏度大
2	手动脉冲发生器偶尔失效	手动脉冲发生器的信号回路产生故障	①确认手动脉冲发生器是否正常 ②更换存储板
3	机床不能回机床参考点	检查位置错	①检查参数 534，最好在 200～500 之间 ②把机床移动至坐标的中间位置 ③更换电动机位置编码器
4	机床工作 3h，X 轴发出振动声音	在显示器屏幕上没有报警，是由参数设置不正确引起的	①修改参数 8103＃2 由 0→1 ②修改参数 8121 由 120→100
5	进给轴低速运行时，有爬行现象	参数设置错	①调整伺服增益参数 ②调整电动机的负载惯量
6	机床回参考点时，每次返回参考点时的位置都不一样	参数设置错	重新计算并调整参考计数容量的值，即参数 4～7 或者参数 570～573 的值
7	切削螺纹时乱扣	参数设置错	更换了位置编码器和主轴伺服放大器及存储板都无效时，则是参数 49 设定不对，修改参数 49＃6 由 0→1
8	不能进行螺纹切削	位置编码器反馈信号线路有问题	①更换主轴位置编码器 ②修改参数
9	在单脉冲方式下，给机床 1μm 指令，实际走 30μm 的距离	参数问题	参数 8103 设定错误，修改参数 8103＃5 由 1→0
10	车床：用 MX 不能输入刀偏量	未设参数	参数 10＃7 位设 1
11	X、Y 轴加工圆度超差	没有报警	调整参数： ①伺服的增益：要求两轴一致 ②伺服控制参数：见伺服参数说明书 ③加反向间隙补偿
12	轮毂加工车床，当快节奏地加工轮毂时，经常出现电源单元和主轴伺服单元的模块严重烧毁	主轴频繁高低速启动	更换电源控制单元和主轴伺服控制单元的功率驱动模块，并用 A50L-0001-0303 替换以前使用的功率模块
13	立式加工中心，按急停按钮，Z 轴向下下降 2mm	Z 轴电动机的制动器回路处理不妥	①按伺服的说明书，正确地设计 Z 轴的制动器回路 ②检查参数 8×05＃6＝1，8×83＝200 左右
14	加工中心 Z 轴运动时产生振动，并且通过交换印制板实验确认 Z 轴控制单元及电动机正常	参数设置引起的故障	①调整参数 517 ②检查并调整 8300～8400 之间的参数
15	X 轴加工一段时间后，X 轴坐标发生偏移	如果更换电动机编码器无效，应属机械故障	①更换电动机编码器 ②检查并调整丝杠与电动机之间的联轴器
16	主轴低速不稳，而且不能准停	反馈信号不好	①检查确认主轴电动机反馈信号插头是否松动 ②更换主轴电动机编码器 ③更换定位用的磁传感器

续表

序号	故障征兆	故障原因	解决办法
17	当使用模拟主轴时,模拟电压没有输出		①主板上是否有87103芯片 ②检查参数0539～0542的数值或者重新计算和设定主轴箱的齿轮比 ③更换主板
18	控制系统在使用模拟主轴时,没有模拟电压的输出	模拟电压的输出回路有故障或参数有问题	①确认SSTP＊＝1,即G120＃6＝1 ②设定模拟电压10V时所对应的最高转速的参数,例如,对于T系列,设定PRM540＝6000 ③在AUTO或MDI方式下,输入S指令,就可以用万用表在M12或M26端口上测量出SVC的输出 ④如果没有,请更换主板
19	机床液压泵不能启动,机床换刀时的油缸没有动作	输入、输出板输出信号回路有故障	①检查输入、输出板上的元件TD62107是否有明显烧毁痕迹 ②更换输入/输出卡或输入/输出卡上的元件TD62107
20	电源报警红灯亮,显示器屏幕没有显示	外部电源有短路或内部印制板电源短路	①测量＋5V、＋15V、＋24V及＋24E对地的电阻 ②如果故障是系统印制板内部短路造成的,可把印制板外接的信号线插座全部拔下,然后把印制板一块一块地往下拔,每拔一块后,打开电源,直到发现拔下其中一块印制板后可以通上电,这样就可以认为故障是由该印制板内部电源短路造成的
21	系统显示器屏幕上显示NOT READY	诊断G121.4＝0,急停回路出现故障	①查电气图中的急停回路 ②查机床各轴的行程开关是否有断线,是否完好 ③把系统的参数、程序等全部清除,重新输入参数、加工程序等系统数据
22	在手动或自动方式下机床都不运行,且位置界面显示的数字不变化	参数设置错	①诊断G121.4(＊ESP信号)是否等于1 ②诊断G121.7(ERS信号)是否等于0 ③诊断G104.6(RRW信号)是否等于0 ④诊断G122＃0/1、1的状态。G122.0＝××××010即JOG状态。G122.1＝×××××001即AUTO状态 ⑤确认到位检查是否在执行,DGN800(位置偏差)＞PRM500(到位宽度) ⑥检查各个轴互锁信号,诊断G128＃0～＃3(ITX、ITY、ITZ、IT4)是否等于0 ⑦检查倍率信号G121.0～G121.3(＊OV1、＊OV2、＊OV4、＊OV8)。如果PRM03＃4(OVRI)＝0,当G121＝××××1111时,倍率为100% ⑧检查JOG倍率信号G104 0～3即JOV1、JOV2、JOV4、JOV8,当JOV1～JOV8＝0000时,其倍率为0%
	在手动或自动方式下机床都不运行,且显示器屏幕上的位置显示数字在变化	参数设置错	检查机床锁住信号,诊断G117＃1是否等于0(即MLK信号)
23	在手动方式下,机床不能运行,且显示器屏幕上的位置显示数字不变化	参数设置错	①检查方式选择信号,诊断G122＃2/＃1/＃3(即MD4、MD2、MD1信号)是否为101 ②检查进给轴及其轴方向的信号是否已输入系统,即G116＃3、＃2,即进给轴参数和－X、＋X信号 ③确认到位检查是否在进行,DGN800(位置偏差)＞PRM500(到位宽度) ④检查参数PRM517或PRM512、PRM513、PRM514、PRM515,正常状况下PRM517为3000 ⑤检查互锁信号是否已起作用 ⑥检查倍率信号＊OV8、＊OV4、＊OV2、＊OV1即诊断G121＃3～0,当PRM3＃4＝0时,G121＝××××1111,其倍率为0%;当PRM3＃4＝1时G121＝××××0000,其倍率为100% ⑦检查JOG倍率信号,当诊断G104＝××××0000时,其倍率为0% ⑧检查JOG进给率的参数设定,即RM559～RM562 ⑨对于车床类机床而言,应该确认目前是每分进给还是每转进给,当PRM8＃4＝0时,JOG进给处于每分进给,反之则为每转进给

续表

序号	故障征兆	故障原因	解决办法
24	在自动方式下，机床不能运行，机床启动的指示灯也不亮(CYCLE START)	参数设置错	①确认机床运行方式即G122.2～G122.0(MD4、MD2、MD1)，若G122=×××××001，即为AUTO方式；若G122=×××××000，即为MDI方式 ②检查运转启动(ST)信号(即G120#2/3)是否输入，确认进给保持信号(*SP)即G121#5=1
	在自动方式下，机床不能运行，机床启动指示灯亮，但不报警	参数设置错	①查诊断700DGN0700 a. 700#0(CFIN)：M、S、T功能正在执行 b. 700#1(CMTN)：自动运行的指令正在执行 c. 700#2(CDWL)：暂停指令正在执行 d. 700#3(CINP)：正在执行到位检查 e. 700#4(COVZ)：倍率为0% f. 700#5(CITL)：互锁信号输入 g. 700#6(CSCT)：等待主轴速度到位信号 h. 700#7(CRST)：即急停、外部复位、MDI键盘的复位信号输入 ②检查是否有互锁信号输入 ③检查是否输入了启动互锁信号，即G120#1 ④当PARAM24.2=1时，主轴速度到达信号SAR有效，即当主轴没有到达规定的速度时，机床不能自动运行 ⑤检查快速进给速度PARAM518～PARAM521 ⑥检查快速进给倍率，这还取决于PRM003#4(OVRI)的设定值。其中F0=PRM533、G116#7(ROV1)、G117#7(ROV2)
25	在自动运行状态下突然停机，有急停外部复位等信号输入	参数设置错	①查诊断712号 ②检查G121.4#4(*ESP)急停信号、G121#7(ERS)外部复位信号、G104#6(RRW)复位倒转信号G121#6(*SP)暂停信号、G116#1(SBK)单段执行程序信号
26	开机后约半个小时，MDI键盘上的某些键，如[PAGE]键、光标键失效	操作面板的输入信号不正常	①检查MDI键盘是否正确接地 ②更换存储板A16B-2201-010×
27	MDI方式总为G90或G91	MDI方式下设定了G00或G91模态	在SETTING界面中设定ABS(其他系统也可这样做)
28	系统不能通电，并且把系统控制板一块一块地卸掉，发现卸掉存储板后，可以通电	在通信中，通信接口芯片75188、75189的±15 V工作电压与0V之间短路	更换存储板A16B-2201-010×或A16B-1212-021×，由于更换存储板，当然需要重新输入以下数据： ①系统参数 ②PMC参数 ③09000以后的程序 ④宏变量或P-CODE等
29	机床的操作面板的所有开关都不起作用，即所有输入/输出点不起作用	电压有问题	①测量输入、输出板的+24V，因为+24V是输入、输出板上信号接收器的工作电压 ②如果+24V的电压值为0V，或在断电的情况下测量+24V与0V之间的电阻在0至几十欧姆时，请同时更换主板与存储板
30	显示器屏幕字符显示不正常	显示器屏幕显示回路出现问题	①主板上的字符显示ROM是否装好 ②更换显示器屏幕 ③调整显示器屏幕 ④更换主板
31	显示器屏幕上字符正常，但在EDIT方式下不见光标	显示器屏幕显示回路出现故障	①清洗主板 ②更换主板
32	系统出现死机现象，并且显示器屏幕的界面也不能切换	CPU及CPU周边回路故障，系统软件不能正常工作	①做全清存储器实验，重新输入参数和程序 ②更换主板A20B-2002-065×或A20B-2000-017×
33	系统具有图形功能，但不能显示图形，有时显示器屏幕上什么都不显示	系统的显示回路出现故障	拆下图形板，把显示器屏幕信号线连到存储板的CCX5上，如果能正常地显示界面，请更换图形板
34	系统不能正常通电，且输入、输出板有严重的烧毁痕迹	由于外部继电器和外围电压等原因，使输入、输出接口板上的TD62107严重烧毁而造成电源短路	①更换输入/输出板 ②更换输入/输出板上TD62107

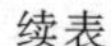
续表

序号	故障征兆	故障原因	解决办法
35	系统工作半个月左右或一个月左右,必须更换电池,不然参数就会丢失	电池是为了保障在系统不通电的情况下,不丢失 NC 数据	①检查确认电池连接电缆是否有破损 ②存储板上的电池保持回路不良,请更换存储板
36	机床不能正常工作,机床有 PMC-L 功能,且 PRM60＃2=1,但显示器屏幕上不能查看梯形图	PMC-L ROM 没有被系统选上,即 PMC-L ROM 没起作用	①检查确认 PMC-L ROM 是否完好 ②更换存储板,因为 PMC-L ROM 的片选信号线可能断路
37	系统有时钟针显示功能,但不显示系统时间	时针回路不正常	①确认时钟显示功能,即 900 以后参数 ②更换存储板,因为时钟芯片及时钟控制回路都在存储板上
38	MDI 键盘上功能键有的能起作用,有的键不能起作用	MDI 键盘的信号接收回路出现故障	①检查确认 MDI 电缆是否有破损 ②更换存储板,因为 MDI 键盘的信号接收回路在存储板上 ③更换主板,因为 MDI 键盘的信号控制回路在主板上
39	显示器屏幕上没有报警,但机床运行时,电动机运转声音很大	电动机反馈的格雷码信号回路有问题	①查电动机编码器及反馈电缆是否完好 ②更换轴卡,因为电动机编码器的格雷码信号的接收回路和控制回路在轴卡上
40	在机床运行中,控制系统偶尔出现突然掉电现象	电源供应系统故障	①更换系统电源 ②更换电源输入单元
41	加工中心:主轴运行时,显示器屏幕上不能显示主轴运行的实际速度	参数设置	请检查以下参数: ①PRM14.2=1 ②PRM71＃0=0/1。当 PRM71＃0=0 时,反馈线应连接在 JY4;当 PRM71＃0=1 时,反馈线应连接在 M27 ③PRM6501＃2=1 ④PRM910.4=1
42	系统使用 14″显示器,但显示器屏幕的显示格式与 9″显示器屏幕显示格式一样	系统软件和参数	①更换字符显示 ROM ②更改显示格式的功能参数
43	快速移动倍率(ROV1、ROV2)0%、25%、50%、100%顺序相反	参数设置	修改参数 41＃3 由 1→0
44	当查看梯形图时,梯形图的地址符号以及显示器屏幕下端的软件都显示不出来	显示器屏幕显示太暗	调整显示器屏幕后面的“BRIGHT”及“CONT”直到显示正常
45	机床操作面板上有的键起作用,有的不起作用	机床操作面板的控制板 A16B-1300-0380 出现故障而引起的	更换机床操作面板的控制板 A16B-1310-0380
46	机床工作一段时间后,有时是一天,有时甚至是三、五天,突然断电,开机后,有时系统能正常工作,有时不能正常工作	查主板上的+5V 电压为 4.6~4.8V 左右	①确认主板上有的元器件失效 ②更换主板 A20B-2002-065×
47	系统在一般情况下能正常工作,但是当运行 64KB 以上程序时,出现 910 或 911 报警	系统出现了 RAM 奇偶错误	①检查确认存储板上附加 RAM 是否正确地安装 ②更换存储板,由于更换存储板,当然需要重新输入以下数据: a. 系统参数 b. PMC 参数 c. 09000 以后的程序 d. 宏变量或 P-CODE 等
48	开机就出现 910 或 911 报警	系统出现了 RAM 奇偶错误	①按住 MDI 键盘上的[RESET]与[DELETE]键,同时开机,如果不出现 910 或 911 报警了,就重新输入 CNC 参数、PMC 参数和程序等,就能使系统恢复正常 ②如果按[RESET]与[DELETE]键也不能清除 910 或 911 报警,则更换存储板

续表

序号	故障征兆	故障原因	解决办法
49	系统出现913或914报警	伺服控制板上的公用RAM出现奇偶报警	更换轴卡A16B-2200-039×、0C(32位)α系列伺服用,或A16B-2200-036×、0C(32位)S系列伺服用,或A16B-2200-022×、0C(16位)S系列
50	显示器屏幕上出现915、916报警	梯形图编辑盒出现RAM奇偶校验错误	①更换梯形图编辑盒 ②存储卡的后备电池小于2.6 V,同时显示器屏幕上会显示“BAT”警告 ③做全清存储器实验,然后重新输入参数、梯形图等
51	系统通电后,能正常工作,但只要用手抖动轴卡或机床有些振动就出现920报警	系统出现“Watch dog timer”报警	①紧固轴卡的固定螺钉 ②更换轴卡
52	每天出现几次920报警,并且关机后再开机,故障可清除	系统出现“Watch dog timer”报警,是由控制系统主板或干扰引起的	①清洁系统的各印刷板 ②更换主板A20B-2002-065× ③检查系统的各信号线的屏蔽线是否接地完好 ④请把信号线与动力线或电源线分开
53	显示器屏幕上出现922报警	7/8轴伺服系统报警	①更换7/8轴伺服板 ②CPU或周边回路有故障,更换主板 ③由于存储板不能正常地工作,因此软件也不能正常工作 ④电源单元的直流输出电压不正常也可能导致报警
54	按软操作键时出现930报警	软操作键的信号电缆出现破损	软操作键的连接电缆破损,有些信号线与机床的金属面板压在了一起,请重新布线
55	显示器屏幕上出现930报警,即使关机,再开机后,还是出现930报警	系统CPU及其周边回路出现错误	①更换主板A16B-2000-017×或A20B-2002-065× ②更换存储板A16B-2200-010×或A16B-1212-021 ③换轴卡A16B-2200-036×或A16B-2200-036× ④更换输入/输出接口板
56	偶有930报警,有时10～30min出现一次,有时一两天出现一次	930报警系统是系统CPU及其周边回路的故障引起的	①确认接地是否正确 ②更换主板A20B-2002-065×
57	940报警	印制板安装错误	当使用伺服软件9030及控制软件0469或0669以后的版本时,轴卡A16B-2200-036×与A16B-2200-039×可以互换;但当使用伺服软件9040版以上时,如果系统的轴卡用的是A16B-2200-0360,就会出现940报警
58	系统工作一天或两天左右,出现941报警	存储板与主板之间连接不良	①检查确认连接是否紧固 ②更换主板 ③更换存储板。由于更换存储板,当然需要重新输入以下数据: a. 系统参数 b. PMC参数 c. 09000以后的程序 d. 宏变量或P-CODE等
59	显示器屏幕上显示945报警	串行主轴控制单元与系统之间的通信不正确	①检查确认光缆及光缆适配器是否正确 ②检查确认主轴控制单元是否完好 ③更换存储板上的光缆座
60	一天或更长时间出现945报警,并且通过关机再开机后,又可正常工作	串行主轴系统的通信出现故障	①清洁存储板上的光缆座 ②更换存储板 ③更换光缆及其适配器
61	显示器屏幕上出现946报警	第2串行主轴出现通信错误	①从第1主轴放大器到第2主轴放大器的光缆的适配器电缆有故障,进行更换 ②第2主轴放大器有故障,进行更换

续表

序号	故障征兆	故障原因	解决办法
62	946 报警	第 2 主轴通信错误	①检查确认第 2 主轴连接是否正确 ②更换第 2 主轴伺服放大器
63	950 报警	＋24E 电源的保险熔断了	①更换电源上的＋24E 保险 ②也有可能是由主板及存储板＋24E 的检测回路的故障造成的，因此也需要更换主板或存储板
64	960 报警	CPU 及其周边回路出现故障	①同时按住[S]与[Delete]再开机，报警消除 ②如果报警不能消除，则更换 CPU 印制板
65	998 报警，并且显示器屏幕上显示了某一位置的 ROM 号	ROM 奇偶错误	①更换所显示位置的 ROM ②更换存储板
66	0L 系统：同时出现 603、604 报警	603 报警：PMC Watch dog timer 报警。604 报警：PMC 的 ROM 奇偶校验错误	更换 A16B-1212-0270（激光信号检测板）
67	不定时出现 401 报警、941 报警、930 报警	系统硬件故障	更换 A16B-2201-010×
68	401 报警	1、2 轴伺服单元的 DRDY 信号不能反馈给系统，经查 1、2 轴电动机伺服控制单元正常	①轴卡的 DRDY 回路出现故障或轴卡上有断线 ②更换轴卡
69	加工中心：X 轴采用光栅全反馈，当移动 X 轴时，飞车并出现 410、411 报警	反馈信号连接有问题	请把光栅反馈的 PA、* PA 与 PB、* PB 交换
70	414 报警，诊断 720＃4＝1，并且经过检测，发现电动机及伺服控制单元正常	伺服板的电流检测回路出现故障	①更换轴卡 ②更换轴卡上的 A/D 转换器
71	414 报警，诊断 720＃5＝1，并且经过检测，发现电动机及伺服控制单元正常	伺服出现过载报警	①更换轴卡 ②更换指令电缆
72	414 报警，诊断 720＃5＝1，即 OVC	电动机过流报警，电动机三相对地短路	①电动机进水，更换电动机 ②如果 Z 轴电动机带抱闸，有可能是抱闸控制回路出现故障，从而使抱闸未打开
73	显示器屏幕上出现 414、424、434 报警	断线	①查轴卡及伺服放大器、主轴放大器及电源模块是否正常，若不正常应进行更换 ②电动机反馈线及指令线在长期的工作中老化腐蚀；或者随着机床的运动部件来回运动，电缆被磨损；或者被老鼠咬断，应进行更换
74	显示器屏幕上出现 414、424、434 报警	电源模块 A06B-6077-H111 上无＋24V 输出	更换电源单元 A06B-6077-H111
75	偶尔出现 414、424 报警。诊断 700＃4＝1，经查伺服电动机及伺服控制单元处于正常状态	高电流报警，伺服轴卡上的电流检测回路出现故障	①检查确认电动机的编码器反馈线是否屏蔽接地 ②更换轴卡或轴卡上的 A/D 转换器
76	系统工作一天之内或数天就出现一次 414、424 报警，并且关机再开机后能消除，诊断 720＃6＝1，721＃6＝1	伺服低电压报警，经查电动机及伺服控制单元处于正常工作状态	由于机床工作电压的外接开关有时缺相而引起，更换其开关
77	显示器屏幕上显示 416 报警	电动机反馈信号断线报警	要分清楚是硬件断线报警，还是软件断线报警。如果是硬件断线报警，请更换电动机编码器或电缆；如果是软件断线报警，则只需要修改参数
78	执行刚性攻螺纹时，出现 430 报警，主轴控制系统用的是 A06B-6064-H002	执行刚性攻螺纹时，经检查，系统参数和主轴系统硬件、光缆都无问题	调整主轴系统参数 F31，由 0→1

续表

序号	故障征兆	故障原因	解决办法
79	车床、主轴采用高分辨率磁性传感器，在刚性攻螺纹时，出现430报警	高分辨率磁性传感器的反馈信号不正常	①用示波器测量高分辨率磁性传感器的反馈信号，并调整到所要求的幅值 ②切记不要把磁性传感器的磁鼓装反
80	加工中心出现434报警，诊断720＃5=1	过载报警	①检查伺服控制板是否出现故障 ②检查伺服控制单元是否出现故障 ③检查 Z 轴电动机的抱闸是否没有打开
81	出现317、327、337报警	X、Y、Z 轴的绝对位置编码器电池电压偏低	最好使用高质量电池
82	偶尔出现319报警	串行编码器出现错误	①检查电动机编码器是否进水 ②检查电动机编码器的反馈电缆是否破损 ③更换电动机编码器
83	在回零时，经常出现510、511报警	参数调整错误	把参数700改为99999999，把参数704改为－99999999，当回零正确后，再把它改为原来的值
84	偶尔出现408报警	串行主轴连接错误	①清洗存储板上的光缆座 ②更换存储板A16B-2201-0101
85	显示器屏幕上显示报警408	系统使用了串行主轴，当电源正常供给时，主轴放大器没有正常地开始工作；如果当CNC正常工作了，而主轴放大器不能工作时，则发生945报警	①检查光缆 ②检查主轴放大器上的电源是否正常 ③当主轴放大器显示SU-01或AL-24的报警时，就接通CNC电源，此时也会出现408报警 ④检查硬件连接是否正确 ⑤第2主轴在以上①～④的条件下，也会出现408报警 ⑥如果使用了第2主轴，则应设定PARAM71＃4=1
86	显示器屏幕上显示409报警	这个报警表明，主轴放大器出现报警AL-××时，如果参数397＃7=1，CNC显示器上就会显示报警409(AL-××)	这个报警一旦出现，就要看主轴放大器的报警号，根据这个报警号再去排除其故障
87	系统通电工作半小时左右，CRT上出现409报警，查主轴放大器的报警号为AL-31	系统控制部分没有故障，是由主轴放大器或主轴电动机的反馈信号故障引起的	①更换主轴放大器A06B-6087-H××× ②更换主轴电动机的编码器 ③更换主轴放大器中的驱动印刷板
88	系统侧出现409报警，主轴伺服侧出现AL-31报警	①轴电动机的反馈信号异常 ②接线错误	①更换电动机的信号反馈元件及电缆 ②检查电动机的U、V、W相序是否接错
89	NC侧出现409报警，主轴伺服侧出现AL-27报警	主轴位置编码器信号有误	①检查主轴位置编码器安装是否正确，包括有没有进水、有没有磨损 ②更换主轴位置编码器
90	显示器屏幕上显示700报警	系统控制单元的温度偏高，装在主板上的温度检测器已经检测到了高温度	①检查控制柜的风扇是否坏了 ②检查控制柜的温度是否高于45℃以上，如果是，则要考虑打开控制柜的门来散热或安装空调器 ③如果控制柜的温度低于45℃，则主板或主板上的温度检测器可能坏了
91	显示器屏幕上显示704报警	这个报警表明主轴速度由于负载的原因而变得不正常	①检查主轴速度是否恒速 ②如果恒速，请检查参数PARAM531、PARAM532、PARAM564、PARAM712 ③如果主轴速度不恒速，则检查主轴切削力是否过重。如果过重，请改变切削条件 ④如果切削量不大，请检查刀具是否锋利 ⑤交换主轴控制单元或交换主轴电动机
92	显示器屏幕上显示500～599报警	MACRO报警	此报警与用户宏程序、宏程序执行器、对话程序输入等功能有关，请参阅相关手册

续表

序号	故障征兆	故障原因	解决办法
93	数控系统与计算机之间通信时出现86报警	通信接口的硬件出现问题	更换A16B-2201-010×或A16B-1212-021×，有时还需要连同主板一起更换。由于更换存储板，当然需要重新输入以下数据： ①系统参数 ②PMC参数 ③09000以后的程序 ④宏变量或P-CODE等
94	数控系统与计算机之间的通信出现87报警	数控系统与通信有关的参数和计算机侧与通信有关的参数设置不匹配	①检查系统的2、12、552、553参数，以及输入、输出、ISO的设置，检查计算机侧与通信有关参数(如停止位、波特率及奇偶校验位)的设置 ②检查计算机侧的通信用软件是否出现故障
95	Remote Buffer不能通信	Remote Buffer控制板的通信接口回路或通信电缆有不正确之处	①检查M73或M77端口是否有松动 ②检查其通信电缆是否太长(一般应小于60m) ③检查电缆连线是否正确 ④检查参数是否设定正确
96	返回参考点时出现90报警，并且经查电动机、轴卡无故障，参数设置也正确	试图返回参考点，但没完成	原因是电动机的反馈电缆时断时不断，需更换反馈电缆
97	101报警	正在对存储器写程序时，突然断电	按住[Delete]键，同时开机，清除所有程序，然后再输入零件加工程序和09000以后的程序
98	参数10#2=1，09000以后的程序也看不见	这是因为09000以后的程序有密码保护，但密码丢失	找回密码的方法如下： ①置参数64#4=1，参数629=0 ②按诊断界面 ③找到D4A0 ④输入A、B、C时，同时按“·”和“1”，出现A；同时按“·”和“2”，出现B；同时按“·”和“3”，出现C ⑤把D4A0换成十进制数即为新设的密码 ⑥把密码输入到参数798中 ⑦将参数64#4置成0
99	控制系统使用14″的CRT，做全清后画面显示9″格式		①重新输入系统的选择(功能)参数 ②同时按住操作面板上的“1”和“4”，接通电源

8.2.2 FANUC其他系统的故障诊断与维修

FANUC其他系统的故障诊断与维修如表8-7所示。

表8-7 FANUC其他系统的故障诊断与维修

序号	故障现象	故障分析	故障产生原因	排除方法	系统型号
1	CRT无显示	查CRT、显示电路、主控板	主控板故障	更换主控板	3
2	CRT无显示，操作面板上所有指示灯均不亮	查稳压电源，无±5V输出，查三端稳压器7805，提升电源管	稳压电源内2SA770开关损坏	更换电源管	7
3	CRT光标无显示	查CRT板	光标电路不正常	更换移位寄存器74LS166	3
4	CRT无显示	查CRT板的I/O信号、主板到CRT板的I/O信号	主板地址总线不正常	更换主板上的地址锁存器E39	3
5	CRT无显示	查CRT板及系统主板	RAM片选信号没输出	更换主板D36的74LS32芯片	3

续表

序号	故障现象	故障分析	故障产生原因	排除方法	系统型号
6	CRT显示:NOT READY	从PLC查输入条件,查其余外围条件	A14(换刀到位检测)继电器线圈一端对地短接	排除短接	3TF
7	CRT显示晃动	将MDI/CRT板与主机、连接器断开,查6845水平同步器信号,查+5V电源	+5V电源坏	修电源	6MB
8	CRT画面不能翻转	查主板,报警	参数变化	输入特殊9000~9031号进行调整	10TF
9	通电后CRT出现伺服01报警	查变压器接线、I/O电压;查伺服系统接线、热继电器的设定;查伺服单元短路棒的设定	伺服单元短路棒设定错误	将带变压器过热开关的伺服单元上的S20短路棒拔下来	3MF
10	通电后,*X*、*Z*轴电动机抖动,噪声极大	查机械齿轮;查速度控制单元指令脉冲输出;查伺服板	机床生产厂把一根*X*、*Z*轴动力线互相接错	更换接线	3MA
11	*Y*向坐标抖动	查:系统位置环、速度环增益;可控硅电路;坐标平衡;测速机	位置检测装置	调整定、滑尺	6M
12	主轴有严重噪声,最初间隙作响,后来剧烈振动,主轴转速骤升骤降	查:主轴伺服电动机的连接插头;伺服电路某相,主轴电动机本身;输出脉冲波;主轴伺服系统的波形整理电路	时钟集成块7555自然损坏	换新时钟集成块	6MB
13	机床振动,*Y*轴强振,401报警	查电源相序、伺服板频率开关	机床移动后,生产厂家把电源与各伺服单元相序搞错	调整相关相序	6M
14	*X*向坐标抖动	查:系统位置环、速度环增益;可控硅电路;坐标平衡;测速机;伺服驱动电动机;机械传动	轴承	更换轴承	7CM
15	*X*轴在运动中振动,快速时尤为明显,加速、减速停止时更严重	查:电动机及反馈装置的连线;更换伺服驱动装置(仍故障);测电动机电流、电压(正常);测量测速机反馈电流、电压,发现电压波纹过大而且非正常波纹	测速机中转子换向片间被炭粉严重短路,造成反馈异常	清洗炭粉	7
16	在运行程序时,机床突然停止运动,并瞬间报警	反复操作,查报警原因	接触不良,+LX信号瞬间消失	调整紧固该信号插头	3TA
17	换刀停止,出现99报警	查刀具对准主轴锥孔情况	定程器检测开关松动,计算机检测不到刀具上升的高度	重新固定定程器检测开关	3MC
18	机床工作台不能动作	控制液压阀的线路板中一只固态继电器损坏	外电源10~500V变压器断了一相熔丝,变成单相	把控制线路板上没有用上功能的另一固态继电器拆下换上	6M
19	机床工作台不能动作	查控制液压阀的固态继电器正常,但液压阀指示灯不亮,手推液压阀芯,工作台可动	液压阀内的小线路板虚焊	拆开液压阀,取出小线路板焊好	6M

续表

序号	故障现象	故障分析	故障产生原因	排除方法	系统型号
20	机械手不能动	突然停电前,机械手换刀指令已读入,因停电,机械手没有执行动作,当外电源恢复供电后,换刀指令未复位	外电源突然停电	人为地把控制机械手的液压阀芯推向机械手的正常方向	6M
21	主轴不制动,执行制动功能时主轴振动	查制动电路,检查主轴控制装置	元器件损坏	更换元器件	6MB
22	变频控制器不工作	查NC是否有故障,PLC接口是否有故障,变频控制器本身是否有故障	PLC接口故障,导致断电	修PLC接口17#板	6TB
23	数控柜不能启动	合ZK总开关,其他各部均正常	ZK总开关中电流继电器有一相烧坏	修继电器	6M
24	未达参考点,发生超程,间断发生	查参数是否正确,检查超程限位开关	切削液渗进限位开关;操作者保养机床时动了限位开关	修限位开关,将行程限位的参数改为较大值,将机床开往参考点,压限位开关,再改回原设定参数	3MC/3MA
25	工作台Y轴回参考点无快速或无减速过程;有时Y轴运动到行程范围中心部位却发出超程报警	查限位参数及外围电路部分	Y轴限位组合开关有问题,连线及触点等腐蚀生锈、断线	清理限位开关	3M
26	系统无报警,Y轴原点复归完不成,执行到某一程序段尾时,程序停顿,下一程序段不执行	查各部位信号,查外围环境	系统过热	降温	6MB
27	Z轴不能回零	分析回零原理及方式	Z轴的低速运动性能下降	调整驱动系统	6M
28	程序运行时,刀台往前冲,至超程报警	查CNC系统,查编程	编程错误	有一个程序少了一个小数点	6TC
29	快速定位时,Z轴上下抖动,无报警	查放大量是否过大,查加/减速时间是否过短	加/减速时间过短	调整伺服板放大器上的补偿电容,增大电容量	6
30	机床乱走	查内部程序,乱	不详	重新送程序	7
31	Y轴超程,急停报警,机床锁住	查开关位置、参数,查参数保护开关发现处于未锁状态	因参数开关未锁,信号误触发	重新输入参数,锁住	7CM
32	刀库进出有撞击现象	①检查行程开关 ②检查连线 ③检查电磁阀 ④动作不可靠	工作环境不好,电磁阀维护周期长,器件质量差	注意平时保养	3M
33	不论手动或自动状态,换刀时找不到第3、4号刀具	①检查线路连接情况 ②检查刀位检测编码器 ③检查PLC	PLC中ESB及E4B(SN75463)烧坏	更换75463驱动块	3TF
34	刀库不拔刀	查LS12开关,查PLC界面46.2参数	开关断线,信号没有反馈到PLC	焊线	6M

续表

序号	故障现象	故障分析	故障产生原因	排除方法	系统型号
35	刀号写不进去，读数状态不一致。显示：地址00，01，02，03，04，05，…，17，18，19；刀号01，01，03，03，05，05，…，17，17，19，19；刀库回零产生报警，使用T指令时，单数09报警，双数10报警	分析逻辑电路图，存储器随机换刀控制部分检查RA，从片子的各控制端发现在写状态时，WE保持高电平，始终处于读状态。B6件早已被代替，检查B6件，前一级片子的输出信号为正常，故障可能在B6件与前一级片子间	PLC机03板有虚焊点	排除虚焊点	7
36	刀库回零定位不准	观察刀库回零状态看行程开关	行程开关经减速后提前释放，未进入定位区造成向前或向后到最近一个波距零点使定位不准，定向挡块移动	调整定位挡块	7
37	CRT显示刀具编码只允许单数写入，刀库回零09报警	查PC上各RAM的控制端；查刀具编码盘C1偶数写入情况；查B2、D3、D4；查RAMA49端、10端；查195比较器10端与9端不一样，9端处于高电平	印制电路板上有断点	清除断点	7
38	手动、自动交换刀具时刀套无动作，且主轴准停，刀库回零后，相关指示灯不亮	查电磁阀PDNT，无动作；继电器PDNT也无动作；查PC发出信号，R0724无反应	机床输出PLC内信号没有满足刀套动作要求，机械手180°返回行程开关位置移动	调整感应行程开关位置，使其发出信号	7
39	刀库不回转，不回参考点，也不转位	首查行程开关	未压上行程开关	帮助压上开关	7M
40	01报警	查电柜，LED亮；查耦合电路	F1、F2、F3熔断	换熔断器	7M
41	自动换刀动作，刀套下后，主轴同时向下运动	查PLC板	20ms时钟发生器损坏	换熔断器	7M
42	刀具补偿出现错误	用老程序检验正常，复校新程序无误	刀具补偿硬件EPROM损坏	更换EPROM	7CM
43	换刀不能正常进行	查PLC，走梯形图判断	连接线连接不良	把线重新接好	11M
44	*Z*轴伺服系统不能工作，开机时易烧*Z*轴30A熔断器	查伺服系统（含更换速度调节单元印制板）	SCR在小信号时关断不可靠	更换SCR	7CM
45	*Y*轴振荡	查伺服系统，发现TACH损坏	测速电动机转子开路	更换测速电动机转子	7CM
46	*Y*轴伺服板报警："07"，速度控制单元未准备好	按说明书查，均正常，查电动机电枢	炭刷粉污染严重，测速电动机的电枢也污染	清洗正常	7M
47	整个伺服系统报警："07"	查伺服板无报警，三轴皆报警，查PC参数	PLC参数全部丢失，电池接触不良	补参数，修电池	7M
48	*Y*轴行走时振动	机械检查；速度环，位置环，*X*、*Y*轴交换对比，查GN7.12板	C38（LM301）元件性能问题	更换	7CT
49	*Z*轴伺服电动机过热	*Z*轴负载过重：①链条过紧 ②导轨研伤	因试机时润滑油不适，造成导轨损伤	更换国产46#液压油，用油石精研伤痕，使导轨伤痕低于导轨面0.02～0.05mm	9

续表

序号	故障现象	故障分析	故障产生原因	排除方法	系统型号
50	Z 轴振荡有噪声	查电极及有关传动齿轮，调 23 号参数	平衡锤配置不当	调整伺服单元负反馈量	7M
51	工作长度无规律，误差 2mm	查机床，伺服系统	用于 Z 轴原点开关不良	修复	2000C
52	Z 轴电动机快速抖动，伺服报警	查伺服电动机及速度控制单元	Z 轴进油，炭粉沾满，整流子脱焊	加焊、清洗	2000C
53	伺服不准备	查各开关位置，NC、PLC 参数，查 SV 电源输出	SV 板电源损坏	更换电源	3MA
54	进给尺寸不稳	查伺服	速度环给定值不足	统一调整	3T
55	位置增量值不稳	查参数，参数出错	失电保护	调修电源	3T
56	伺服报警	查伺服单元的电路	放大三极管击穿	换三极管	6
57	车螺纹锥度不合要求，配合超差	①刀台松紧 ②伺服电动机 ③伺服控制系统	伺服电动机与滚珠丝杠装配不当	取下伺服电动机，重新与丝杠装配	6TC
58	机床一运动，伺服就报警	查伺服单元，可控硅出现自打火现象	可控硅输出端螺钉松动，接触不良	清理、紧固螺钉，故障消失	7M
59	存储器报警		器件损坏	换板	3
60	纸带输入，奇数孔可输入，偶数孔报警	纸带在别的机床试验正常。查 ALM，TV＝1，穿孔带误差	机器数据破坏	重新调整数据	5T
61	参数、程序丢失，奇偶报警	①参数和程序寄存器由于失电可使信息丢失 ②查寄存器芯片	电池接头有时悬空	改进电池串接方式	5T
62	416、426 报警	更换脉冲编码器，报警消失	环境太潮湿	修复编码器	6M
63	414 报警	缺 SIN 信号	器件损坏	更换 A20B-0008-0461 板	6T
64	系统 86 报警	查 RS-232 故障，接口部分可能有问题	接口硬件故障	修复器件	6MB
65	系统 901 报警	查磁泡存储器板	数据线故障	换芯片	6MB
66	交流主轴 13 报警	查各部件信号，检查主轴控制装置	元器件损坏	更换元器件	6MB
67	1000 报警，交流伺服 AL-17、AL-18 报警		输入电压过高(450V)，稳压器自动控制失灵	更换备件	6CM
68	主轴伺服主回路保险及报警保险均在正常加工时熔断	查主轴伺服板单元及相关连线部分	可控硅中一路产生故障	更换主轴伺服单元	3TA
69	Z 轴编码器 A·/A、B·/B 信号全无	查编码器内的反相器	反相器损坏	用 7404 组合，使之产生 A·/A、B·/B 信号	3TA
70	系统不能启动	查 NC 柜与主 PCB 板连接的各插头，查 PCB 板输入接口及输出接口	M18 短路，产生在机床侧分线盒内	处理短路	3TF
71	M04→M03 停机	查 2d152、1d98，不动作；再查 NC 柜 B 板 BG56、RLY-14	小型 RLY-14 损坏	更换 RLY-14	5T
72	机床碰车	查 NC 系统，查机床本身	伺服电动机与丝杠脱离	改进连接方式	5T

续表

序号	故障现象	故障分析	故障产生原因	排除方法	系统型号
73	送电后机床各部乱动，无法运行	查机床逻辑输入输出组件、时序发生器、电源	集成电路芯片性能变坏	更换芯片	5M
74	机械手角度转错；机械手只能向前不能后退	查连接线路板，重点是继电器	连接线路板损坏	换连接线路板	6M
75	手摇脉冲发生器不能正常工作，出现两个轴同时动或时动时停	查连接板，重点是查与手摇脉冲发生器相关的元器件	连接板上RV05专用集成块损坏	找FANUC服务中心，换板	6M
76	机械手不能把刀具放回刀库	查外围元器件	有一金属屑粘在进刀库前的一个刀具"有否"检测器上	去掉金属屑	6M
77	外电源恢复供电后，重新通电，声音报警，CRT未显示报警	依声音出处查连接板，再查有关继电器	RY2继电器损坏	用丹东产ZC-ZZF继电器改装，正常	6M
78	当数控车床顶尖出来时，QF5跳开	查短路、相关继电器、电磁阀	热敏电阻有异，数处有短路现象	初步采取摘掉热保护装置做法处理短路	3T
79	执行加工螺纹程序时，每次加工螺纹前有一停顿时间，其他程序正常	换A板和螺纹编码器无效	数控柜插头氧化较重，接触不良	清除氧化物，仔细安装，正常	5T
80	X轴下沉	查PCB主板驱动管	管坏，质量问题	换驱动管	OT
81	Y轴电动机过热	查伺服单元正常，线路无故障	机床配重与说明书数据不符	调整配重	6ME
82	Z轴在ZRN方式无快速，一直慢速并超程	查限位开关LS3；查PC输入信号	连线断	换线	6M
83	X轴电动机过热	查电动机，观察旋转变压器传动齿轮；查6号参数，调23号参数	工作台压板塞铁器装配过紧	正确设置6号参数，正确调整各轴压板塞铁的松紧	7M
84	X轴窜动	查增益，调有关设定；查位置环电路板	01GN710板上有虚焊点	更换电路板	7CM
85	X、Y、Z三轴正、负向同时报警	查外部；查接口板	插头中接点断	修复断开点	7M
86	X、Y、Z三轴正、负向同时报警	查外部；查接口板	接口板硬件故障	更换损坏件	11MF
87	Y轴中高速怪叫		机床使用8年后性能变化	调整阻尼	7CM
88	冷却水泵工作一会儿，空气开关QF2跳闸	查短路，查电动机绕阻接地情况	接地电阻小于2MΩ	更换水泵电动机	3T
89	主轴头机械变速换挡失灵，不能换挡	查箍制机械变速换挡的液压阀	液压阀内的小线路板接液压阀的电磁线圈的焊片虚焊	拆开取出，焊好	6M
90	401等报警		伺服电动机磁钢脱落	粘上磁钢，保养电动机	6M、6T
91	NC电源开关不起作用。当总电源开后，CRT显示，但NC POWER OFF不起作用，故障时有时无	查NC电源开关连线及其相关部分，查继电器保险和电源插头	接触不良	重新插紧各部分元器件，故障消失	6
92	系统送不上电	查电源短路，查主板、分析定位故障	芯片损坏	更换元件	6MB
93	系统无报警，输出信号失效	查接口板，定位故障	芯片损坏	更换芯片	6MB

续表

序号	故障现象	故障分析	故障产生原因	排除方法	系统型号
94	断线报警	查PCB板，将X轴脉冲编码器所有信号与Z轴比较，查反馈电缆	15V电源线有一根阻值大，且不断变化，由脉冲编码器反馈信号中断引起	更换X轴反馈电缆	6T
95	“414位置监测系统故障”报警	按维修说明书检查正常，查元件，查电参数漂移	放大量不足	测波形，调节放大可变电阻使波形合适	6
96	运行中产生411、412报警	跟踪误差超过了6TBNC系统参数设定值	机床长期使用，机械传动、NC系统逐渐老化	遵循K_v因数的调整步骤，重新确定新的因数值	6FB
97	在运行程序时，遇M03指令，机床不执行，无报警	查M03信号，发现在I/O板失踪	I/O板F41芯片工作不正常	更换F41芯片后正常	7M
98	自动运行方式下主轴不转，子程序不能返回到主程序	自动运行方式下主轴不转，说明M03、M04指令未执行；子程序不返回主程序，说明M17指令未执行，故障应在控制M机能部分	NC侧输入输出板F41，即06片子的13脚与输入线接触不良	重新焊好接触不良处	7M
99	主轴转速不对，不报警	查5CR、DCM电流，方向判别电路，速度控制回路各点，查出IC9.07为0	运算放大器IC9芯片坏	更换后排除	7CM
100	系统无报警，但3000号以上补偿参数丢失	检查参数，定位故障	参数设定错误	更正错误设定	6MB
101	螺纹铣削时进给失控	更换主板无效，查主轴位置脉冲	可能丢失主轴位置脉冲	调高主轴转速	6TB
102	工作台在ZRN方式下压上减速开关后多转5°，有时慢转两圈	工作台LS6开关与碰杆位置距离太近，当减速开关碰块断开时，减速开关LS6不断，始终保持慢速信号	同左	调整LS6位置	6M
103	不按程序走，加工件报废	查NC柜	地线松动	紧固地线	6M
104	机床不按规定程序运行，在换刀过程中有跳段运行现象	编制M80、M89单步执行换刀动作，出现程序跳跃，测FIN信号最末端PC-NC，FIN一直存在，但其前级在变化	输出FIN的干簧继电器失效，04板G3继电器触点黏滞	更换G3干簧继电器	7
105	机床总电源开，但NC不能启动	查NC柜门，查交流回路主接触器	MCC主接触器不吸合，导致200 V交流回路不正常，主轴伺服板有故障	更换主轴伺服板	7
106	NC不启动	查各开关位置，查NC参数（丢失），测电池电压，测电池至主板输入端电压为0	NC参数丢失，电池接触不良	改善接触，重新输入参数	7CM
107	工作台在ZRN方式下时，快速返回冲过回零位置10°左右	调整RVT6、RVT5；查简易定位板上ZD4二极管	因测速机静电等造成击穿	换管	6M

续表

序号	故障现象	故障分析	故障产生原因	排除方法	系统型号
108	00报警	查NC报警内容07、22或26，指示定位超差、速度超差，给出移动指令；CRT显示Z轴变化，但Z轴实际不动，用Y轴伺服板试用，证明Z轴板正常；检查M板发现+24V、+15V电源无输出，发现一个限流电阻变色	1W/1Ω的限流电阻损坏，阻值增大，导致无电压输出	更换1W/1Ω电阻	7
109	开机，出现9999报警	查机床参数；判断I/O口地址不正常部分	PC-NC之间20芯航空插头某一根线中间断线	焊好断线，重新输入全部参数	
110	失电，送入机内的程序、内存数据失去，字长容量冲乱	发现报警号为05、07、20、21、22；查机床各电源电压正常；查机床参数发现都消失了，但内存参数纸带送不进；查字长容量，发现全都到SP003F内	不详	安排字长容量送内存数据，送工作程序	7M
111	手摇脉冲负向进给失控	查手摇脉冲发生器、位置板	位置板故障	更换位置板	7
112	机床数据丢失	查电池电压	电池夹接触不良	擦拭电池及电池头	7CM
113	开机后，某驱动轴即动作，进给中灯亮	查位置反馈	位置反馈元件感应同步器断线	接好断线，调整定滑尺间隙	7M
114	不执行移动指令	查接口信号、参数	参数丢失	恢复参数	7CM
115	主轴准停功能丧失	查主轴准停控制板及编码器	主轴光电编码器损坏	更换编码器	7CM
116	回参考点就超程报警	查参数	参数丢失	恢复参数	7CM
117	不能输入加工程序	查参数及各程序文件区容量的设定	程序各存储区容量设定值混乱	重新设定	7CM
118	M功能均不能执行，不能正常工作	查硬件PC 14CX	插座14CX损坏	修理	7CM
119	采样报警故障，NC功能全停	排除温度、湿度、电源波动、NC框振动因素及位置控制板参数RAM、工作RAM因素影响	ROM片坏	调换	7CM
120	第4轴回零时找不到原点，CRT无报警	查开关及连线，查01GN705板上RV9输入块的1、2端及16.8端	RV9集成块16.8端输出与非门可能出现击穿	更换RV9输入块	7CM
121	机床定位精度太差，>0.02/300	查机床本身、减速齿轮、位置回路及定位精度有关的参数	TE013号参数值不合适	借助双频激光干涉仪找到最佳参数为2541(原为2000)	7CT
122	Y轴出现换向误差0.02mm	查齿隙	机械问题	调齿隙补偿号，采用优选法补偿	9
123	主轴定向左右摆动	N/A	不详	调整RV6集成块	7M
124	Y轴伺服电动机不转，CRT显示正、负方向都有3mm运动	依报警号7及伺服报警号21、25、37，查伺服电动机电枢	不详	调换Y轴伺服板	7M

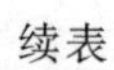

序号	故障现象	故障分析	故障产生原因	排除方法	系统型号
125	PC47报警	常发生在油泵水泵启动、停止时，且输出接口板A20B-0007-020上的三个指示灯没亮	电磁干扰	在机床控制电器交流输入侧增加阻容吸收网络	7T
126	9999报警	多发生在开门或受到振动时，重新启动，报警消失，参数程序未丢；查连线	CPU板上，XA350芯片插座中一个脚断了半截	在插头脚内多加一段硬铜丝	7T
127	机床在加工当中，NC电源突然跳闸；有时在刚启动NC电源时，NC电源不能启动	①为软件故障，有重新恢复正常工作的可能 ②集成元器件老化 ③集成元器件的热稳定性差	EPROM2716只读存储器接触不良	清除存储器脚上的氧化物	7CM
128	机床在加工当中，CRT突然中止显示，在MDL/DPL盘上指示灯大都在一直亮着，按键失控，机床无报警	①这是硬件故障，启动机床就产生 ②CRT不工作应与接口电路有关 ③机床仍可按程序执行，表明NC正常	01GN740接口板坏	更换损坏的集成块	7CM
129	Y轴不执行原点复归动作	在CRT上调出PC梯形图，查出Y轴原点减速开关输入地址X4.2	减速行程开关有污垢卡死，无法复位	清洗行程开关活动部分，回弹动作灵活	11MF
130	供电恢复后，液压泵站不能启动	因CRT无报警显示，机床又不能执行任何动作，应首先考虑该动作的执行条件不具备，调梯形图，查过载保护触点地址X6.6	车间先发生缺相断电，导致液压泵过载，保护元件未被复位	将MSI复位	11MF
131	误动作，不报警，如转速暂时下降，进给暂时停止，主轴准停时突转一个角度	查误动作瞬间机床是否有别的电动机启动	电动机运动瞬间电弧引起	装一灭弧装置	7
132	主轴系统损坏	电网停电后发生，应与停电前有能量存储的环节有关	突然停电，造成再生放电回路失控，导致主轴电动机能量无处泄放，产生高电势	更换元件，修改电路	12M
133	机床不能执行任何动作，CRT显示X、Y、Z三轴正、负向同时超程	①实际上不可能出现正、负向同时超程 ②测行程极限开关电平，发现由I/O板提供的PLC 24V为0V ③查该板1.6A快速熔丝	1.6A快速熔丝熔断，导致各轴正负端行程开关的输出均为低电平，被NC系统误判“超程”	更换熔丝，报警消失	11MF
134	NC软件超程报警	由于某原因使伺服电动机与丝杠连接的离合器脱开，在修理时用手旋转丝杠，当执行参考点返回时，NC出现软件超程报警	不清	使伺服电动机与丝杠连接	10TF
135	不能启动主轴，否则报警	查启动故障、超程、过热、过流	电动机线有一相短接，接线端子击穿	修复端子	11M

续表

序号	故障现象	故障分析	故障产生原因	排除方法	系统型号
136	有手动，无自动	查设定值参数	干扰	统一调整	11M
137	两台加工中心在正常开机使用中，同时停机并报同一警讯	两台加工中心均为11MF系统，在同一时刻发生“Z轴脉冲编码器断线”报警是不可能的，故可认为是误报警	强电源偶然出现的干扰脉冲冲破系统滤波网络，扰乱了系统正常时序	按正常关机步骤关机；切断电源，重新送电、开机，正常	11MF
138	机床开机后，各轴未运动，出现07报警	机床数控箱长期未工作，可能使部分元器件失灵	查出速度控制单元出现漏电流且逐渐增大，造成热继电器动作	反复运动故障轴或检修该轴速度控制单元	7M
139	Z轴不回零，不能手动数据输入，不能循环启动	置换主板-接口板、PLC板、查诊断8010显示值	诊断8010显示值过大，漂移所致	进行自动漂移补偿，使8010显示趋于零	6TB
140	伺服不准备，伺服回路熔断器熔断	查电动机，查伺服输出回路可控硅	工作台机械部分太紧	因机械部分不好调整，故只好将熔断器容量放大1A	3MA
141	伺服不准备	查C轴电动机是否过载	更换模具时，C轴原点角度不正确	调整C轴原点，按C轴复位开关	6MB
142	机床低速切削时X轴走走停停，快速时情况好，无报警	查机械连接部分，查位置环	有一根信号线因长时间磨损裸露，通过油垢接地	排除裸露	7CT
143	Z轴（重力轴）33、35报警，伺服单元过流报警	问题可能出在电气及丝杠本身上，查802参数看有无变化，再按急停按钮，看802是否有变化，因无变化说明丝杠有问题	Z轴丝杠质量差	更换丝杠	3M
144	X轴F1熔断	逐步排除电动机速度板故障，最后确定为可控硅模块故障	主机为1982年产品，估计为元件老化损坏	更换可控硅模块	6
145	机械手拔刀后，停止工作	自诊断显示“ADNLS NOT ACT”	机械手下限位开关损坏	换掉	6M
146	主轴无论设定多大速度，实际速度都是20 r/min	查主轴速度设定是否输入，查参数设定是否有误差或丢失，查N、M、L三挡换速电磁阀动作是否正常	因电磁阀吸合正常，在处理故障试验中曾发现一瞬间主轴转速提高，接着又降下来，说明某处连线有问题	将主轴电缆插头中两处不牢固的焊点（一脱落，一虚焊）处理好	11ME
147	钻削中心的刀库卡在主轴上部下不来，报警	因原点数据丢失，造成刀库在原点复归时超程	因刀具位置错误而错位，使刀库卡住	将Z轴的RMV参数设定为“0”，Z轴的伺服系统与Z轴电动机脱开，靠重力使Z轴下降，待刀库脱离超程位置后，再将RMV设定为“1”	11M
148	系统不执行螺纹指令	置换ROM板一主轴编码器	主轴编码器坏	更换主轴编码器	6TB
149	加工螺纹时乱扣，无报警	检查NC，查位置环，查机械连接	电动机轴与丝杠连接松动，间隙过大，半闭环无法检测	调整机械连接	3TF
150	机床运行中自动停机，不准备	查KA08回路、行程开关回路	行程开关有接触不良现象	短路KA08线圈回路，校验各行程开关是否有效，将故障开关更换	3M

续表

序号	故障现象	故障分析	故障产生原因	排除方法	系统型号
151	报警号1021,下模具座检查错误	查加工程序,用自诊断检查急停时的NC状态	12#模具的下模具座尺寸精度不够	更换12#模具下模具座	6MB
152	机床开机后某轴即运动且到位指示灯亮	查该轴位置检测装置(感应同步器)电线连接情况或动尺与定尺间气隙情况	发生断线及气隙过大	接线,调整两尺间隙	7M
153	X等指令不能输入	查按键本身是否正常	按键触点不闭合,导致指令未输入进去	检修按键	7M
154	工作程序丢失	发生在较长时间断电后,应查工作程序存储器电池	后备电池无电	更换后备电池	7M
155	先是Z轴热继电器跳开,后停止运动,先后报警401,403,431……	检查插头、保险、伺服电动机	在第一个炭刷烧坏后热继电器跳开,第二个炭刷坏后,TGLS亮,完全不能动	换炭刷	6M
156	Z轴过流,交流接触器全部跳开	启动后测X、Y、Z轴电流,差不多,再摇动Z轴,其电流超额定值	查电气部分良好,故障主要由Z轴超载引起,查机床Z轴丝杠,发现丝杠顶端螺帽松动卡死	重新装好螺帽	7
157	程序、CRT、机床各功能闭锁	只能全面检查	因一编辑键内部没有断开,一直接通	修键	7CT
158	刀库自动换刀时没有换完就停止换刀	查刀库部分的梯形图,查到一个检测开关应该闭合但却没有闭合	检查上部光电检测开关,灰尘太多遮光	将光电检测开关擦净	11
159	X轴偶尔窜动,产生410、411伺服报警	首先将X轴、Y轴的速度板对调,Y轴仍然报警,再将主回路板对调,Y轴出现报警	检查发现主回路板电阻RC、RD接线端子松动,造成MCC接触器主回路触点拉弧	将MCC触点彻底清理,故障消除	6M
160	CRT突然没有显示,但机床仍继续运行	初步判断为元件虚接,用手触动一集成块管脚显示会消失	集成块管脚没有完全插进插座内	重新插紧集成块,焊好虚焊点	6M
161	刀库不能连续自动换刀	自动换刀是由PLC控制完成的	查出PLC板上有一输出固体继电器损坏	到厂家购买此元件换上,故障排除	7M
162	CNC主板出现"日""丁"报警	因为在CNC柜的I/O模块也有报警显示,在检查CNC主板上的COP2B到CNC远程柜COP4的光缆时有一路光很弱	光缆的问题	更换光缆或找专业专家处理连接插头	11TA
163	CNC主板出现"丁"报警	在存储板和I/O模块上有水,造成报警	空调漏水流到控制板	取下控制板擦净并吹干或更换新板	11TA
164	CNC显示SVO19报警	故障范围指出的是脉冲编码器反馈问题,首先检查伺服电动机、伺服控制器的电缆插头	交流伺服电动机的电缆插头松动	拧紧后报警消除	11TA
165	CNC显示SV023报警	此报警是伺服过载,检查伺服电动机连接的丝杠以及机械传动装置均正常,最后发现伺服电动机内过热原件的常闭点断开	连接过热原件的外部接线52A29的端子松动	紧固52A29的端子后恢复正常	11TA

续表

序号	故障现象	故障分析	故障产生原因	排除方法	系统型号
166	Y 轴驱动有时中断	查伺服驱动装置及电动机测量反馈装置	到电动机及测量反馈装置的电缆插头积尘并有松动现象	清理灰尘，锁紧插头	6MB
167	开机后 X 轴电动机有响声，30 A 保险烧断	查电动机	电刷炭粉使换向器短路	对伺服电动机进行保养，更换电刷	6ME
168	加工中心换刀时突然停止，出现报警号 EX10 或 EX73	查刀库电动机的热接点跳开，按面板复位按钮 EX73 清除，但 EX10 未清除	刀库电动机超负荷，导相器上指示灯变红闪动	按面板复位按钮清除	11MA
169	主轴电动机不转，伺服板 AL-12 报警	查伺服板	大功率晶体管模块烧坏	更换元件	0TB
170	Y 轴断续间歇性移动	用示波器测试测速发电动机输出信号，发现毛刺严重	测速发电动机炭刷已磨损，无法紧压电枢整流子	调换炭刷	F. B7C
171	加工中心转台自行升起	NC 电源刚接通没有任何指令，转台自行升起，主要原因必在控制转台升起的部分	转台内转台松开头 SQ11 渗有冷却液，一滴水珠引起短路	将断点擦干	6M
172	加工中心 Y 轴上升正常，下降时不定期、不定点地过流保护	查 Y 轴电动机、Y 轴推动平衡油缸、储气缸等	平衡油缸中的缓冲橡皮环损坏成大小二十多片，Y 轴下降使油路堵塞	清洗油路，换新缓冲橡皮圈	7M
173	CNC 显示 SV011 报警	实践证明，此报警与参数设定和伺服调整无关，主要是与机械负载过大、伺服控制器过热、位置反馈元件失控等原因有关	伺服柜内温度高，电源板过热，联轴器松动，润滑不良，光栅尺内有异物	降温，检查风扇电动机，紧固联轴器，改善润滑情况，更换光栅尺	11T
174	数控车床 Z 轴回参考点时出现 520 报警，Z 轴距离参考点尚差 6mm 左右	520 报警为 Z 轴超程，其原因应为控制 Z 轴回参考点的有关部位发生故障	减速开关撞块位置走动	移动降速开关撞块位置或修改 509 参数	0T
175	Z 轴工作一段时间出现 21 报警或 01 伺服过载报警，Z 轴热继电器热脱扣	检查伺服单元，检察系统主板，发现电动机与丝杠脱开转动	丝杠连接问题	重新安装丝杠	3TA
176	每次执行完辅助功能后，程序就不继续执行	检查主板 I/O 接口部分	输出信号 MF、SPL 通电后始终接通	更换输出芯片	3M
177	回转台(B 轴)低速时运转正常，中速和快速时出现抖动	先区分是机械故障还是电气故障，将电动机从回转台上拆下，再快速旋转，仍抖动，再检查测速反馈(通常测速机输出信号波大，会造成越快越抖动厉害故障)	回转工作台常放在水平工作台上使用，电动机易进入冷却油，产生故障	修测速机，清洗电动机	7CM
178	CNC 显示 SV008、SV011 报警	发现每次 Z 轴到 5.47°时出现报警，检查伺服系统均正常	Z 轴主轴移动部分被堆积的铁屑阻碍	清理	11T
179	Z 轴在加工时经常无规律地窜动，易打刀或闷车	因不影响机床的自动循环，伺服系统各部件都换过也没有任何报警，应怀疑接线端子松动	51A24 指令线虚接，此线传输的是 CNC 到伺服系统的指令信号	更换新端子	11T

参考文献

[1] 曹智军，肖龙. 数控 PMC 编程与调试. 北京：清华大学出版社，2010.

[2] 龚仲华. 数控机床故障诊断与维修 500 例. 北京：机械工业出版社，2004.

[3] 韩鸿鸾. 数控机床维修技师手册. 北京：机械工业出版社，2005.

[4] 孙勋群. 数控电气维修笔记——积累、经验和心得. 北京：机械工业出版社，2009.

[5] 牛志斌. FANUC 系统现场故障检修速查手册. 北京：机械工业出版社，2010.

[6] 王锋. 数控机床故障诊与维护. 北京：清华大学出版社，2010.

[7] 吴国经. 数控机床故障诊断与维修. 北京：电子工业出版社，2004.

[8] FANUC 0i 系统安装与调试说明书.

[9] 韩鸿鸾. 数控机床电气系统检修. 北京：中国电力出版社，2008.

[10] 周晓宏. 数控维修电工实用技能. 北京：中国电力出版社，2008.

[11] 劳动和社会保障部教材办公室组织编写. 数控机床故障诊断与维修. 北京：中国劳动社会保障出版社，2007.

[12] 郑晓峰，陈少艾. 数控机床及其使用和维修. 北京：机械工业出版社，2008.

[13] 刘永久. 数控机床故障诊断与维修技术. 北京：机械工业出版社，2007.

[14] 蒋建强. 数控机床故障诊断与维修. 北京：机械工业出版社，2008.

[15] 中国机械工业教育协会组编. 数控机床及其使用维修. 北京：机械工业出版社，2001.

[16] 龚仲华，等. 数控机床维修技术与典型实例——FANUC0/6 系统. 北京：人民邮电出版社，2006.

[17] 李河水. 数控机床故障诊断与维护. 北京：北京邮电大学出版社，2009.

[18] 王悦. FANUC 系统装调与实训. 北京：机械工业出版社，2010.

[19] 董原. 数控机床维修实用技术. 呼和浩特：内蒙古人民出版社，2008.

[20] 孙德茂. 数控机床逻辑控制编程技术. 北京：机械工业出版社，2008.

[21] 浦艳敏. 现代数控机床刀具及应用. 北京：化学工业出版社，2018.

[22] 王小荣. 机床数控技术及应用. 北京：化学工业出版社，2017.